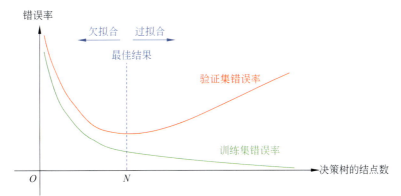

图 5.14　过拟合问题示意图

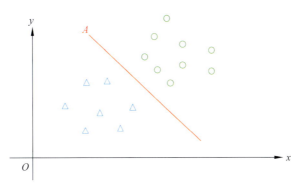

图 5.25　两个类别示意图——一种划分方法

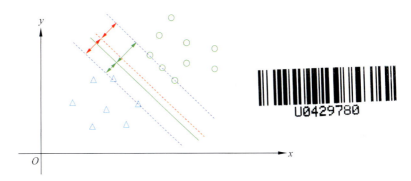

图 5.28　偏离中间线的分界线

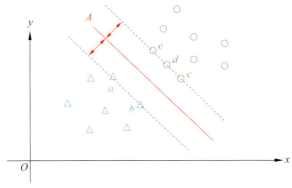

图 5.29　最优分界线示意图

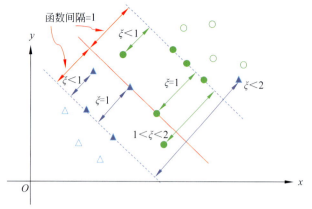

图 5.35 支持向量与 ξ_i 之间的关系示意图

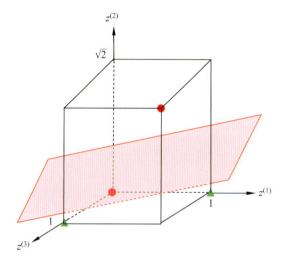

图 5.39 变换后在三维空间的示意图

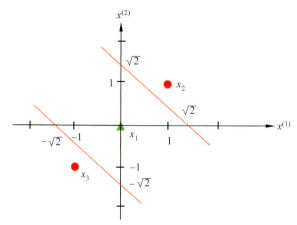

图 5.41 例题的最优分界超曲面示意图

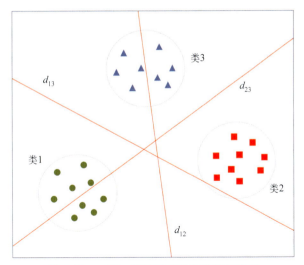

图 5.42　一对一法做三分类方法的示意图

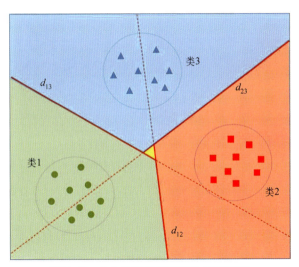

图 5.43　3 个类别最优决策边界示意图

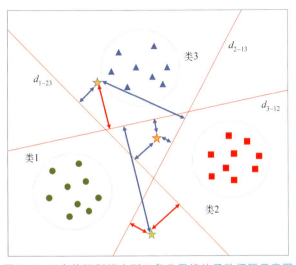

图 5.45　3 个待识别样本到 3 条分界线的函数间隔示意图

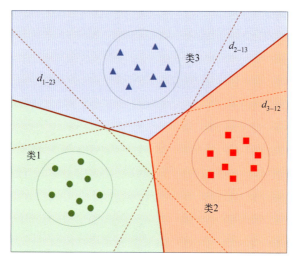

图 5.46　3 个类别最优决策边界示意图

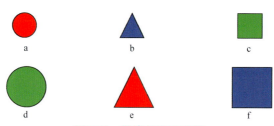

图 5.48　聚类问题示意图

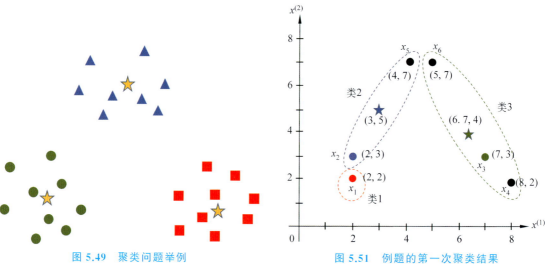

图 5.49　聚类问题举例　　　　图 5.51　例题的第一次聚类结果

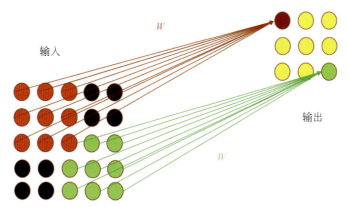

图 6.17 卷积神经网络示意图

图 6.18 "口"字的图像

(a) "口"字卷积结果（没有加激活函数）　　　　(b) "口"字卷积结果（加了激活函数）

图 6.20 "口"字卷积结果

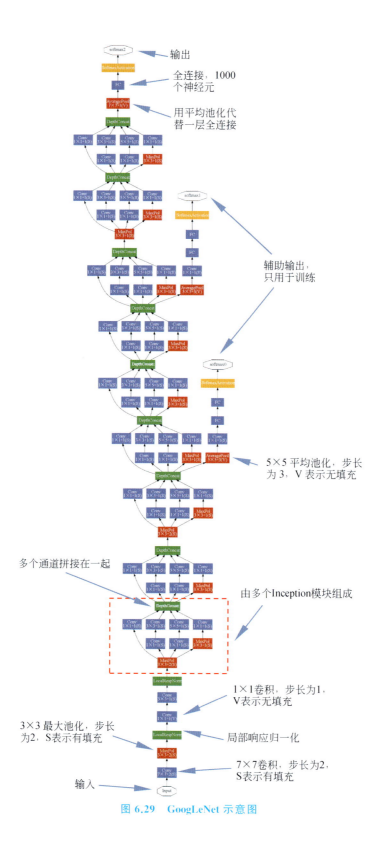

图 6.29 GoogLeNet 示意图

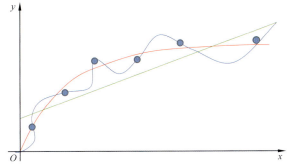

图 6.37　过拟合问题示意图

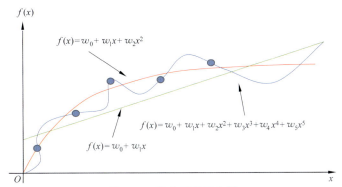

图 6.39　拟合函数示意图

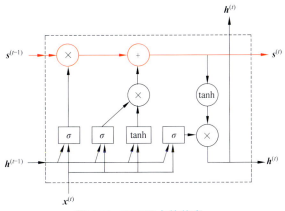

图 6.63　LSTM 中的状态 s

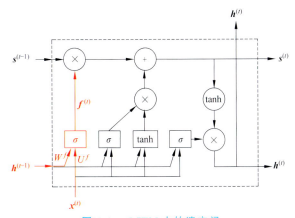

图 6.64　LSTM 中的遗忘门

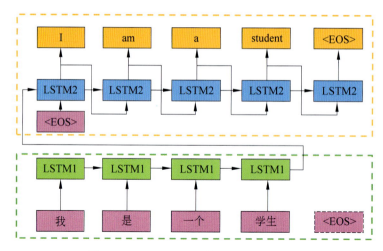

图 6.72 用 LSTM 实现的机器翻译示意图

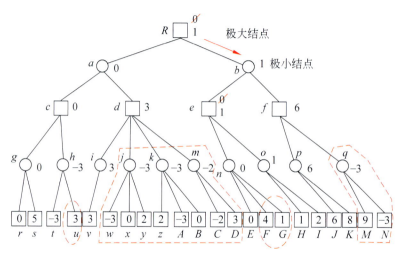

图 7.6 α-β 剪枝示意图

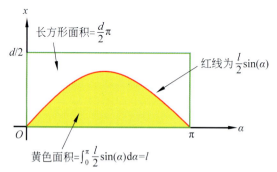

图 7.10 蒲丰投针计算 π 值示意图

北京高等教育精品教材

清华大学优秀教材

21世纪大学本科计算机专业系列教材

丛书主编 李晓明

人工智能
（第2版）

马少平 朱小燕 编著

清华大学出版社
北京

内容简介

本书主要阐述人工智能问题求解方法的一般性原理和基本思想。主要内容有：一般的搜索问题，包括盲目搜索和启发式搜索等；对抗搜索，包括博弈树搜索、蒙特卡洛树搜索和AlphaGo原理等；谓词逻辑以及基于归结的定理证明方法；知识表示，包括产生式方法、语义网络、框架等；不确定性推理方法，包括贝叶斯方法、证据理论和确定性方法等；统计机器学习方法，包括朴素贝叶斯方法、决策树、k近邻方法、支持向量机、K均值聚类算法、DBSCAN聚类算法等；神经网络与深度学习方法，包括全连接神经网络、卷积神经网络、循环神经网络、词向量等；高级搜索，包括局部搜索方法、模拟退火方法和遗传算法等。

本书可作为高等学校计算机专业的本科生或者研究生学习"人工智能基础"课程的教材或参考书。

版权所有，侵权必究。举报：010-62782989，beiqinquan@tup.tsinghua.edu.cn。

图书在版编目(CIP)数据

人工智能 / 马少平，朱小燕编著. -- 2版. -- 北京：清华大学出版社，2025.4.
(21世纪大学本科计算机专业系列教材). -- ISBN 978-7-302-68907-2

Ⅰ.TP18

中国国家版本馆CIP数据核字第2025L3P598号

责任编辑：张瑞庆　常建丽
封面设计：常雪影
责任校对：刘惠林
责任印制：宋　林

出版发行：清华大学出版社
　　　　网　　址：https://www.tup.com.cn,https://www.wqxuetang.com
　　　　地　　址：北京清华大学学研大厦A座　　　　邮　　编：100084
　　　　社　总　机：010-83470000　　　　　　　　　　邮　　购：010-62786544
　　　　投稿与读者服务：010-62776969, c-service@tup.tsinghua.edu.cn
　　　　质量反馈：010-62772015, zhiliang@tup.tsinghua.edu.cn
　　　　课件下载：https://www.tup.com.cn, 010-83470236
印　装　者：三河市铭诚印务有限公司
经　　销：全国新华书店
开　　本：185mm×260mm　　　印　　张：27.5　　插页：4　　字　　数：681千字
版　　次：2004年8月第1版　　2025年6月第2版　　　　　　　印　　次：2025年6月第1次印刷
定　　价：79.00元

产品编号：107352-01

21世纪大学本科计算机专业系列教材编委会

主　　任：李晓明

副 主 任：蒋宗礼　卢先和

委　　员：(按姓氏笔画为序)

马华东　马殿富　王志英　王晓东　宁　洪
刘　辰　孙茂松　李仁发　李文新　杨　波
吴朝晖　何炎祥　宋方敏　张　莉　金　海
周兴社　孟祥旭　袁晓洁　钱乐秋　黄国兴
曾　明　廖明宏

秘　　书：张瑞庆

本书责任编委：孙茂松

前言

人工智能自1956年诞生以来,已经历了近70年的风风雨雨,其发展并非一帆风顺,曾经历几次大起大落。也正是在这样的起落中,人工智能这门学科得以逐步发展壮大起来。

实际上,从古代开始,人类就一直幻想能制造出具有智能的机器。很多古代的传说,无不体现了这样的思想。但是,只有在计算机出现之后,借助计算机这种工具,人工智能才有可能从幻想走向现实。

究竟什么是人工智能?人工智能是否能实现?在人工智能发展史上,一直是人们争议的话题。由于对智能本身研究得不够充分,人们往往将智能神秘化。当1997年IBM公司的"深蓝"第一次战胜国际象棋世界冠军卡斯帕罗夫时,先是惊叹人工智能的发展,继而,当对"深蓝"的原理有所了解之后,又有很多人提出这样的疑问:这就是人工智能吗?人类下棋可不是这样的。随着人工智能的发展,关于人工智能是否可以实现,已经不再是问题,继而谈论的则是人工智能的极限是什么,人工智能的发展是否会对人类造成危险等话题。

人工智能是对人类智能行为的模拟,是功能上的模拟,而不是机理上的模拟。由于对人类智能的了解还远远不够,因此从机理上模拟人类的智能,虽然也有研究,但总的来说进展缓慢,至少近期是不现实的,而且也不一定能成功。当年莱特兄弟成功地制造了飞机,正是因为他们没有模拟鸟的飞行,制造的飞机不是像鸟那样依靠翅膀的扇动而飞行,才取得了成功。可以想象,如果当时他们制造的是翅膀可以扇动的飞机,也许到现在飞机也不能成为一种常用的交通工具。因此,在研究人工智能的过程中,不必追求其机理是否与人类的大脑一致,所追求的应该是人工智能的行为、功能。

通俗地说,人工智能就是一些方法,依靠这些方法,计算机可以比较好地求解一些难的问题,帮助人类做许多以前需要人类的智能才能完成的任务。

人工智能一直在发展中,虽然还没有形成统一的学科体系,但也提出了一系列的理论和方法,这些理论和方法已经在专家系统、自然语言处理、模式识别、人机交互、智能信息处理、信息检索、图像处理、数据挖掘、智能机器人等各人工智能的应用领域发挥着重要的作用。尤其是近几年发展起来的大模型方法,已经体现出通用人工智能的雏形。

人工智能是一门多学科交叉学科,涉及的内容比较广泛,也相对比较杂乱,并且一直在发展过程中,不断涌现出新方法。但万变不离其宗,总有一些基础内容,新方法的提出往往是基于这些基础内容发展起来的。本书作为人工智能入门性质的教材,主要介绍人工智能发展过程中产生的一些基本的、经典的理论和方法,为计算机科学与技术人员,以及其他学科领域中对人工智能感兴趣的科技工作者、学生,提供最基本的人工智能技术和有关人工智能问题的求解方法,为进一步学习和研究人工智能打下基础。

本书第 1 版于 2004 年 8 月出版,至今已过去了 20 年,这 20 年中人工智能研究取得了翻天覆地的变化。但本书一直被一些学校当作教材使用,其根本原因就是本书主要讲解的是人工智能的基础内容,而基础内容变化往往并不大。

为了适应当前人工智能的发展,本书在第 1 版的基础上进行了较大的更新,但其宗旨还是以人工智能基础为主,没有涉及太多的人工智能中自然语言处理、图像识别等具体方向,重点讲授人工智能各具体方向用到的基本方法,适当结合了一些相对简单的例子。

对于本书中可能出现的任何问题,欢迎读者给予批评指正。

马少平　朱小燕
清华大学计算机科学与技术系
2025 年 1 月

目录

CONTENTS

第 0 章　绪论 ··· 1
- 0.1　人工智能的诞生 ································ 1
- 0.2　人工智能发展简史 ······························ 4
  - 0.2.1　初期时代 ································· 4
  - 0.2.2　知识时代 ································· 6
  - 0.2.3　特征时代 ································· 7
  - 0.2.4　数据时代 ································· 9
  - 0.2.5　大模型时代 ······························· 12
- 0.3　什么是人工智能 ································ 17
- 0.4　图灵测试与中文屋子问题 ························ 19
  - 0.4.1　图灵测试 ································· 19
  - 0.4.2　中文屋子问题 ····························· 21
- 0.5　第三代人工智能 ································ 22
- 0.6　总结 ·· 25

第 1 章　搜索问题 ··································· 28
- 1.1　回溯策略 ······································ 29
- 1.2　图搜索策略 ···································· 34
- 1.3　无信息图搜索过程 ······························ 35
- 1.4　启发式图搜索过程 ······························ 37
- 1.5　搜索算法讨论 ·································· 58
- 习题 ··· 62

第 2 章　谓词逻辑与归结原理 ·························· 65
- 2.1　命题逻辑 ······································ 65
  - 2.1.1　命题 ······································ 65
  - 2.1.2　命题公式 ·································· 66
  - 2.1.3　命题逻辑的意义 ···························· 69
  - 2.1.4　命题逻辑的推理规则 ························ 70

	2.1.5	命题逻辑的归结方法	71
2.2	谓词逻辑基础		74
	2.2.1	谓词基本概念	75
	2.2.2	一阶谓词逻辑	76
	2.2.3	谓词演算与推理	78
	2.2.4	谓词知识表示	80
2.3	谓词逻辑归结原理		82
	2.3.1	归结原理概述	83
	2.3.2	Skolem 标准型	83
	2.3.3	子句集	85
	2.3.4	置换与合一	87
	2.3.5	归结式	89
	2.3.6	归结过程	91
	2.3.7	归结过程控制策略	92
2.4	Herbrand 定理		96
	2.4.1	概述	96
	2.4.2	H 域	96
	2.4.3	H 解释	99
	2.4.4	语义树与 Herbrand 定理	100
	2.4.5	Herbrand 定理	102
	2.4.6	Herbrand 定理与归结法的完备性	102
习题			103

第 3 章　知识表示　105

3.1	概述		105
	3.1.1	知识	105
	3.1.2	知识表示	107
	3.1.3	知识表示观	108
3.2	产生式表示		110
	3.2.1	事实与规则的表示	110
	3.2.2	产生式系统的结构	111
	3.2.3	产生式系统的推理	112
	3.2.4	产生式表示的特点	116
3.3	语义网络表示		117
	3.3.1	语义网络的结构	117
	3.3.2	基本的语义关系	118
	3.3.3	语义网络的推理	121
	3.3.4	语义网络表示法的特点	123
3.4	框架表示		124

		3.4.1 框架结构	124
		3.4.2 框架表示下的推理	126
		3.4.3 框架表示法的特点	127
	3.5	其他表示方法	128
		3.5.1 脚本知识表示方法	128
		3.5.2 过程性知识表示法	129
		3.5.3 直接性知识表示方法	131
	习题		131

第 4 章 不确定性推理方法 133

	4.1	概述	133
		4.1.1 不确定性	133
		4.1.2 不确定性推理的基本问题	135
		4.1.3 不确定性推理方法的分类	136
	4.2	概率论基础	137
		4.2.1 随机事件	137
		4.2.2 事件的概率	139
		4.2.3 贝叶斯定理	142
		4.2.4 信任概率	143
	4.3	贝叶斯网络	143
		4.3.1 贝叶斯网络基本概念	144
		4.3.2 贝叶斯网络的推理模式	149
	4.4	主观贝叶斯方法	152
		4.4.1 规则的不确定性	152
		4.4.2 证据的不确定性	155
		4.4.3 推理计算	155
	4.5	确定性方法	159
		4.5.1 规则的不确定性度量	161
		4.5.2 证据的不确定性度量	162
		4.5.3 不确定性的传播与更新	162
		4.5.4 问题	164
	4.6	证据理论(D-S theory)	165
		4.6.1 基本概念	165
		4.6.2 证据的不确定性	166
		4.6.3 规则的不确定性	168
		4.6.4 推理计算	168
	习题		170

第 5 章　统计机器学习方法 … 173

- 5.1 什么是统计机器学习方法 … 173
- 5.2 朴素贝叶斯方法 … 177
- 5.3 决策树 … 183
  - 5.3.1 决策树算法——ID3 算法 … 185
  - 5.3.2 决策树算法——C4.5 算法 … 197
  - 5.3.3 过拟合问题与剪枝 … 204
  - 5.3.4 随机森林算法 … 210
- 5.4 k 近邻方法 … 212
- 5.5 支持向量机 … 215
  - 5.5.1 什么是支持向量机 … 215
  - 5.5.2 线性可分支持向量机 … 220
  - 5.5.3 线性支持向量机 … 232
  - 5.5.4 非线性支持向量机 … 236
  - 5.5.5 核函数与核方法 … 239
  - 5.5.6 支持向量机用于多分类问题 … 245
- 5.6 K 均值聚类算法 … 248
- 5.7 层次聚类算法 … 255
- 5.8 DBSCAN 聚类算法 … 257
- 5.9 验证与测试问题 … 259
- 5.10 特征抽取问题 … 262
- 5.11 总结 … 266

第 6 章　神经网络与深度学习 … 269

- 6.1 从数字识别谈起 … 269
- 6.2 神经元与神经网络 … 273
- 6.3 神经网络的训练方法 … 276
- 6.4 卷积神经网络 … 283
- 6.5 梯度消失问题 … 292
- 6.6 过拟合问题 … 300
- 6.7 词向量 … 303
  - 6.7.1 词的向量表示 … 303
  - 6.7.2 神经网络语言模型 … 305
  - 6.7.3 word2vec 模型 … 310
  - 6.7.4 词向量应用举例 … 312
- 6.8 循环神经网络 … 315
- 6.9 长短期记忆网络 … 322
- 6.10 深度学习框架 … 329
- 6.11 总结 … 329

第 7 章　对抗搜索 · · · · · · 330

- 7.1　能穷举吗？· · · · · · 331
- 7.2　极小-极大模型 · · · · · · 332
- 7.3　α-β 剪枝算法 · · · · · · 334
- 7.4　蒙特卡洛树搜索 · · · · · · 336
- 7.5　AlphaGo 原理 · · · · · · 344
- 7.6　围棋中的深度强化学习方法 · · · · · · 350
  - 7.6.1　基于策略梯度的强化学习 · · · · · · 352
  - 7.6.2　基于价值评估的强化学习 · · · · · · 353
  - 7.6.3　基于演员-评价方法的强化学习 · · · · · · 354
- 7.7　AlphaGo Zero 原理 · · · · · · 356
- 7.8　总结 · · · · · · 362

第 8 章　高级搜索 · · · · · · 364

- 8.1　基本概念 · · · · · · 364
  - 8.1.1　组合优化问题 · · · · · · 364
  - 8.1.2　邻域 · · · · · · 366
- 8.2　局部搜索算法 · · · · · · 367
- 8.3　模拟退火算法 · · · · · · 373
  - 8.3.1　固体退火过程 · · · · · · 373
  - 8.3.2　模拟退火算法 · · · · · · 376
  - 8.3.3　参数的确定 · · · · · · 379
  - 8.3.4　应用举例——旅行商问题 · · · · · · 386
- 8.4　遗传算法 · · · · · · 389
  - 8.4.1　生物进化与遗传算法 · · · · · · 389
  - 8.4.2　遗传算法的实现问题 · · · · · · 396
- 习题 · · · · · · 407

附录 · · · · · · 408

- 附录 A　BP 算法 · · · · · · 408
  - A.1　求导数的链式法则 · · · · · · 408
  - A.2　符号约定 · · · · · · 410
  - A.3　对于输出层的神经元 · · · · · · 410
  - A.4　对于隐含层的神经元 · · · · · · 412
  - A.5　BP 算法——随机梯度下降版 · · · · · · 415
- 附录 B　序列最小最优化(SMO)算法 · · · · · · 415
  - B.1　SMO 算法的基本思想 · · · · · · 416
  - B.2　SMO 算法的详细计算过程 · · · · · · 421

参考文献 · · · · · · 427

第 0 章

绪 论

0.1 人工智能的诞生

人类自古就有制造智能机器的幻想,比如传说中的木牛流马就是诸葛亮发明的一种运输工具,解决了几十万大军的粮草运输问题。在指南针出现之前,作为行军打仗指引方向的装置,三国时期的马钧发明了指南车(见图 0.1)。车上有一个木人,无论车子如何行走,木人的手指永远指向南方,"车虽回运而手常指南"。这些可以说就是最早的机器人。

英文 Robot(机器人)一词最早来源于 1921 年上演的一部捷克舞台剧《罗素姆万能机器人》(*Rossum's Universal Robots*)(见图 0.2),该剧描写了一批听命于人、进行各种日常劳动的人形机器,捷克语取名为 Robota,意为"苦力""劳力",英文的 Robot 由此衍生而来,用来表示"机器人"。

图 0.1 指南车

计算机科学之父图灵(见图 0.3)很早就对智能机器进行过研究,其于 1950 年发表了一篇非常重要的论文《计算机与智能》("Computing machinery and intelligence"),文中提出一个"模仿游戏",详细论述了如何测试一台机器是否具有智能,这就是后来的"图灵测试",并预测 50 年之后

图 0.2 《罗素姆万能机器人》剧照

可建造出通过图灵测试的智能机器。现在来看，图灵的这个预测过于乐观了，目前还没有一般意义下能通过图灵测试的人工智能系统。

图 0.3　计算机科学之父图灵

虽然人类很早就有建造智能机器的幻想，但苦于没有合适的工具，直到电子计算机诞生，人们突然意识到，借助计算机也许可以实现建造智能机器的梦想。正是在这样的背景下，诞生了人工智能一词，开创了一个至今仍然火热的研究领域。

那是在 1956 年的夏天，一群意气风发的年轻人聚集在达特茅斯学院，利用暑假的机会召开了一次夏季讨论会，讨论会前后长达 2 个月，正是在这次讨论会上，第一次公开提出人工智能，标志了人工智能这一研究方向的诞生。当年参加达特茅斯会议（见图 0.4）的大多数学者是年龄二十几岁的年轻人，他们年轻气盛，敢想敢干，很多人后来成为人工智能研究的著名学者，且多人获得计算机领域最高奖图灵奖，如图 0.5 和图 0.6 所示。这次讨论会的发起者是来自达特茅斯学院的助理教授约翰·麦卡锡（见图 0.7），也是他最早提出了人工智能这一名称。1971 年，约翰·麦卡锡教授因在人工智能方面的突出贡献获得图灵奖。

图 0.4　达特茅斯会议会址

当时一些学者已经开展了与人工智能相关的研究工作，在讨论会上就有人报告了有关定理证明、模式识别、计算机下棋的一些成果。研究方向是明确的，但是对这一方向应起一个什么样的名称充满了争议，开始时研究者对人工智能一词并没有取得共识，比如有学者建议用复杂信息处理，英国等一直用机器智能表示，若干年之后大家才逐渐接受了人工智能这一说法。

图 0.5　一群具有青春活力的年轻人聚集在达特茅斯学院

图 0.6　曾经参加 1956 年达特茅斯会议的部分学者

图 0.7　达特茅斯会议组织者、图灵奖获得者约翰·麦卡锡

在达特茅斯讨论会的建议书中，罗列了讨论的几方面内容。

- 自动计算机（这里的自动指可编程）
- 编程语言

- 神经网络
- 计算规模理论(指计算复杂性)
- 自我改进(指机器学习)
- 抽象
- 随机性与创造性

从这些内容可以看出,达特茅斯会议上讨论的内容十分广泛,涉及人工智能的方方面面,很多问题现在还处于研究中。

0.2 人工智能发展简史

人工智能诞生60多年了,经历过几次高潮和低谷,既有成功又有失败。60多年来,人工智能的研究一直在曲折地前进,大体上可以将人工智能划分为以下几个时代。

- 初期时代
- 知识时代
- 特征时代
- 数据时代
- 大模型时代

这几个时代主要是以处理对象的不同划分的,每个时代代表了当时人工智能主要的研究方法。下面分别简述每个时代的主要代表性研究工作。

0.2.1 初期时代

初期时代,也就是人工智能诞生的1956年前后,当时人们对人工智能研究有极高的热情度,研究内容涉及人工智能的很多方面,从多方面积极探索人工智能实现的可能性。

赫伯特·西蒙和艾伦·纽厄尔(见图0.8)开发了一个定理证明程序"逻辑理论家",在达特茅斯会议上二人演示了这个程序,可以对著名数学家罗素和怀特海的名著《数学原理》第二章52个定理中的38个定理给出证明。后来经过改进,可以实现第二章全部52个定理的证明。据说其中有一个定理,还给出一种比之前更加简练的证明方法。

在"逻辑理论家"的基础上,赫伯特·西蒙和艾伦·纽厄尔又进一步开发了一个称作通用问题求解器(General Problem Solver,GPS)的计算机程序,试图从逻辑的角度构造一个可以解决多种问题的问题求解器,其逻辑基础就是赫伯特·西蒙和艾伦·纽厄尔提出的逻辑机。从原理上来说,这种求解器可以解决任何形式化的符号问题,如定理证明、几何问题、下棋等,经形式化后,可以统一在通用问题求解器这个框架下得以解决。

1975年,赫伯特·西蒙和艾伦·纽厄尔二人同获图灵奖,赫伯特·西蒙后来还获得了诺贝尔经济学奖,成为一代传奇人物。

下棋可以认为是人类的一种高级智力活动,一开始就被当作人工智能研究的对象,在1956年的达特茅斯夏季讨论会上,就曾经演示过计算机下棋。图灵很早就对计算机下棋做过研究,信息论的提出者香农早期也发表过论文《计算机下棋程序》,提出了极小极大算法,成为计算机下棋最基础的算法。图灵和香农还一起就计算机下棋问题进行过探讨。约翰·麦卡锡在20世纪50年代提出了$\alpha\text{-}\beta$剪枝算法的雏形,Edwards、Timothy于1961年,

图 0.8　图灵奖获得者赫伯特·西蒙和艾伦·纽厄尔

Brudno 于 1963 年分别独立提出了 α-β 剪枝算法。在相当长时间内，α-β 剪枝算法成为计算机下棋的主要算法框架。1963 年，一个采用该算法的跳棋程序，战胜了美国康涅狄格州的跳棋大师罗伯特·尼尔利，这在当时可以说是非常辉煌的成绩。1997 年，战胜国际象棋大师卡斯帕罗夫的"深蓝"采用的也是 α-β 剪枝算法。

机器翻译也是当时的一个研究热点。当时把这个问题看得有些简单化，认为只要建造一个强大的电子词典，借助计算机的强大计算能力，就可以解决世界范围内的语言翻译问题了。然而，翻译问题不可能只依靠词典就可解决，结果自然是以失败告终。

在初期时代，人工智能开展了很多研究，虽然取得了一些很好的成果，但是由于对人工智能研究的困难认识不足，很快就陷入了困境中。如何走出困境成为人们思考的问题，科学家开始认真反思以往的研究工作存在的问题。

以机器翻译为例，对于这样一个英文句子：

The spirit is willing but the flesh is weak.

其中文意思是：

心有余而力不足。

为了检验机器翻译的效果，有人将这句英文输入一个英-俄翻译系统中，翻译得到一句俄语，然后又将翻译得到的俄语输入一个俄-英翻译系统中，再次得到一句英语。如果翻译系统较好，前后两句英文的意思应该差不多，然而最后得到的却是下面这句英文：

The vodka is strong but meat is rotten.

其中文意思是：

伏特加酒虽然很浓，但肉是腐烂的。如图 0.9 所示。

图 0.9　一个机器翻译结果示意图

这曾经被当成人工智能的笑话而广泛流传。

为什么会出现这样的翻译结果呢？因为当时的机器翻译缺乏理解能力，只是机械地按照词典进行翻译。而一些词具有多个含义，不同的搭配具有不同的意思，如果不加以区分，就不能正确理解词的意思，从而出现翻译错误。

比如这里的 spirit 一词，字典上有两个意思：一个是"精神的"；另一个是"烈性酒"，在这句英文中，正确的含义应该是指"精神的"，显然机器翻译系统把它当成"烈性酒"了。如果按照"烈性酒"理解，翻译成"伏特加酒"还是比较确切的，因为"伏特加酒"是俄罗斯的一种烈性酒，但是这里的意思是"精神的"，所以造成了翻译错误。

也有人说这并不是一个真实的例子，而是根据当时的机器翻译水平人为构造的一个例子。无论是真实例子还是人为构造的例子，其实都反映了当时机器翻译系统的一个痛点问题，即单凭构造一个庞大的字典是不能解决机器翻译问题的。翻译需要理解，而理解需要知识。

经过总结经验教训，研究者认识到知识在人工智能中的重要性，于是开始研究如何将知识融入人工智能系统中，这就进入了人工智能的知识时代。

0.2.2 知识时代

知识时代最典型的代表性工作是专家系统。

一个专家之所以能成为某个领域的专家，因为他充分掌握了该领域的知识，并具有运用这些知识解决本领域问题的能力。如果将专家的知识总结出来，以某种计算机可以使用的形式存储到计算机中，那么计算机也可以使用这些知识解决该领域的问题。存储了某领域知识，并能运用这些知识像专家那样求解该领域问题的计算机系统称作专家系统。

斯坦福大学的爱德华·费根鲍姆（见图 0.10）开发了世界上第一个专家系统 DENDRAL，该系统可以帮助化学家判断某待定物质的分子结构。接着他又开发了帮助医生对血液感染者进行诊断和药物治疗的专家系统 MYCIN，可以说 MYCIN 奠定了专家系统的基本结构。在此基础上，爱德华·费根鲍姆又进一步提出知识工程，并使知识工程成为人工智能领域的重要分支。在这个时期，专家系统几乎成为人工智能的代名词，也是最早应用于实际，并取得经济效益的人工智能系统。

爱德华·费根鲍姆因在专家系统、知识工程等方面的贡献，于 1994 年获得图灵奖。

这个时代的研究内容主要包括知识表示方法和非确定性推理方法等。首先，为了让计算机能使用知识，必须将专家的知识以某种计算机可以使用的形式存储起来，以便计算机能使用这些知识求解问题，为此提出了很多种知识表示方法，比如常用的知识表示方法有规则、逻辑、语义网络和框架等。其次，现实生活中的问题大多数具有非确定性，而计算机擅长求解确定性问题，如何用善于求解确定性问题的计算机完成具有非确定性问题的求解，也是专家系统研究中遇到的问题，为此很多学者从不同角度提出很多非确定性推理方法等，像 MYCIN 系统采用的置信度方法就是非确定性推理的典型方法。

专家系统的出现让人工智能走向了实用，XCON 是第一个实现商用并带来经济效益的专家系统，该系统拥有 1000 多条人工整理的规则，帮助 DEC 公司为计算机系统配置订单。美军在伊拉克战争中也使用了专家系统为后勤保障做规划。战胜国际象棋大师卡斯帕罗夫的"深蓝"，在"浪潮杯"首届中国象棋人机大战中战胜以柳大华（见图 0.11）为首的 5 位中国象棋大师的"浪潮天梭"等，均属于专家系统的范畴。

图 0.10 图灵奖获得者爱德华·费根鲍姆　　图 0.11 与"浪潮天梭"对战的中国象棋大师柳大华

构建专家系统一个重要的问题是如何获取专家的知识。

一个专家系统能否成功,很大程度上取决于是否整理了足够的专家知识,这是一个非常困难的任务,也是构建专家系统时最花费精力的地方。一方面,领域专家一般并不懂人工智能,专家系统的构建者也不懂领域知识,双方沟通起来非常困难。另一方面,专家可以解决某个问题,但是很多情况下,专家又难以说清楚具体在解决这个问题的过程中运用了哪些知识。因此,知识获取成为建造专家系统的瓶颈问题。如果不能有效地获取到专家的知识,那么建造的专家系统也就没有任何意义了。

为什么专家知识难于获取呢?

以骑自行车为例。几乎人人都会骑自行车,但是如果一个不会骑自行车的人向你请教如何骑车才不至于摔倒时,除了建议他多加练习外,有哪些知识可向他传授呢?

很多专家也是类似的,他们长期从事某个领域的工作,积累了大量的经验,但是却很难将知识整理出来,存在"只可意会不可言传"的问题,从而如何有效地获取知识成为专家系统建构过程中的瓶颈问题。这极大地影响了专家系统的研发和应用。

专家的一个特点就是善于学习。我们人类一生都在学习,从中小学到大学,再到工作中,一直都在学习,我们所有的知识都是通过学习得到的。那么,计算机是否也可以像人类那样学习呢?通过学习获得知识?在这样的背景下,为了克服专家系统获取知识的瓶颈问题,研究者提出了机器学习,也就是研究如何让计算机自己学习,以便获取解决某些问题的知识。

早期曾提出过很多种机器学习方法,如归纳学习、基于解释的学习等,虽然取得了一些研究成果,但距离实用还很远,直到统计机器学习方法的提出,才使得机器学习走向了实用。这就进入了特征时代。

0.2.3 特征时代

特征时代的代表性工作是统计机器学习方法。所谓机器学习,是指通过执行某个过程从而改进系统性能的方法。统计机器学习是运用数据和统计方法提高系统性能的机器学习方法。统计机器学习方法的提出让人工智能走向了更广泛的应用,同时随着互联网的发展,网上内容越来越多,也为人工智能应用提供了用武之地。毫不夸张地说,统计机器学习方法的提出和互联网的发展拯救了人工智能,将滑向低谷的人工智能从崩溃的边缘又拉了回来,并逐步走向发展高潮。像 IBM 公司的"沃森"在美国电视智力竞猜节目《危险边缘》中战胜两位人类冠军选手、清华大学的中文古籍识别系统实现《四库全书》的数字化等，都采用了统计机器学习方法，见图 0.12 和图 0.13。

图 0.12　"沃森"在《危险边缘》竞赛中

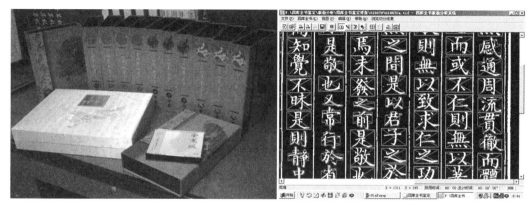

图 0.13　大型中文古籍《四库全书》识别

《危险边缘》是美国的一个智力竞猜节目，已经有数十年历史，问题涉及历史、文学、艺术、流行文化、科技、体育、地理、文字游戏等，范围广泛。与一般的智力竞猜节目不同，选手听到的题目是问题的答案，选手需要根据答案构造一个合适的问题。例如，对于"他是一位计算机理论学家，他提出一种测试方法，用于测试一台机器是否具有智能"，选手要构造出类似"图灵是谁"这样的问题。

研究者提出很多不同的统计机器学习方法，常用的方法有朴素贝叶斯方法、决策树、随机森林、支持向量机等，这些都是在实际工作中经常使用的方法。莱斯利·瓦利安特和朱迪亚·佩尔（见图 0.14）两位学者做了很多基础理论方面的研究工作，为机器学习研究建立了理论基础，二人分别于 2010 年和 2011 年获得图灵奖。

统计机器学习方法具有很多方法，但是它们的共同特点是将特征作为处理对象，也就是输入是抽取的特征，对特征数据进行统计分析和处理。所以把这一时代称作特征时代。例如，用统计机器学习方法做汉字识别，首先需要编写程序抽取出汉字的特征，然后再运用统计机器学习方法对汉字的特征数据进行处理，从而实现汉字识别。而这里的特征是人为定义的。

图 0.14　图灵奖获得者莱斯利·瓦利安特（左）和朱迪亚·佩尔（右）

特别需要强调的是，计算机用的特征与人类用的特征并不一定一致，需要定义计算机可以使用的特征。还是以汉字识别为例，人认识汉字靠的是偏旁部首、横竖撇捺等特征，但是这些特征并不能用于计算机识别汉字，因为无论是偏旁部首，还是横竖撇捺特征，都很难抽取出来，这些特征的抽取难度并不亚于汉字识别的难度。因此，定义的特征必须是计算机容易抽取并且具有一定区分度的特征。

利用统计机器学方法做应用时，最主要的是如何抽取特征问题。然而，寻找一个计算机可以使用、容易抽取并具有一定区分度的特征，并不是一件容易的事情。比如语音识别，我们很容易听懂别人说什么，但是其特征是什么？什么特征可以区分出每个音节？我们很难说出来。很多研究者对语音识别特征抽取做了大量研究，然而并没有找出一个有效的特征，很长时间内语音识别的错误率居高不下。这就遇到了特征抽取的瓶颈问题。

人类是如何抽取特征的？比如我们很容易区分猫和狗，也很容易区分自家的猫和别人家的猫，哪怕是同一品种的猫。在这个过程中并没有人告诉我们如何区分，用的特征是什么。一个小孩刚开始可能并不能准确地做出这些区分，但是看得多了，自然就会区分了，正是所谓的见多识广。计算机是否也可以从原始数据中自动抽取特征呢？这就进入了数据时代。

0.2.4　数据时代

数据时代的典型代表是深度学习，实际上是采用深层神经网络实现的一种学习方法，其特点是直接输入原始数据，深度学习方法可以自动地抽取特征，而且还可以抽取不同层次、不同粒度的特征，实现深层次的特征映射，获得更好的系统性能。由于深度学习直接处理原始数据，自动抽取特征，所以称这个时代为数据时代。

深度学习的概念首先由多伦多大学的杰弗里·辛顿教授提出，实际上就是一种多层的神经网络。神经网络的研究起始于 20 世纪 40 年代，20 世纪 80 年代中期，随着反向传播算法（BP 算法）的提出，又一次掀起了研究热潮。由于受当时计算条件的限制，以及统计机器学习方法的崛起，有关神经网络的研究很快落入低谷，不被人看好。但是，以辛顿教授为代表的少数研究者一直坚持自己的理念，在不被看好、得不到研究经费、发表不了论文的情况下，依然"固执"地从事相关研究，直到 2006 年辛顿教授在《科学》期刊上发表论文提出深度学习的概念，才再次受到业界重视。

在这个过程中，两件事情引起了研究者对深度学习的广泛关注，推动了深度学习的发展。第一件事是辛顿教授与微软公司合作,将深度学习应用于语音识别中,在公开的测试集上取得了非常惊人的成绩,使得错误率下降了30%,如同一石激起千层浪,让沉默多年的语音识别看到了新的希望,在此之前,多年来语音识别没有大的进展,识别错误率每年只以不到1%的水平下降。第二件事是辛顿教授组织学生用深度学习方法参加 ImageNet 比赛。ImageNet 比赛是一个图像识别任务,需要对多达1000个类别的图像做出分类。在比赛中辛顿教授及他的学生率先使用线性整流单元激活函数(ReLU)和舍弃正则化方法(Dropout)提升了深度卷积神经网络的性能,首次参赛就以远高于第二名的成绩取得了第一名,分类错误率几乎降低一半。自此以后,ImageNet 比赛就成为深度学习的天下,历届前几名均为深度学习方法,最终达到在这个数据集上分类错误率小于人工分类的结果。

深度学习的提出,极大地推动了这次人工智能的发展浪潮,先后战胜了世界顶级围棋手李世石、柯洁的 AlphaGo,就是在蒙特卡洛树搜索的基础上引入了深度学习的结果。围棋曾经被认为是计算机下棋领域的最后一个堡垒,战胜世界顶级围棋手,这在以前是不可想象的。清华大学与搜狗公司合办的天工智能计算研究院研发的"汪仔",在浙江卫视智力竞赛《一站到底》中,多次战胜人类,并最终战胜五年巅峰战的人类冠军,采用的也是深度学习方法。图0.15所示的就是汪仔参加《一站到底》节目时的电视截屏图,汪仔以一个机器人的形象出场,同时以语音和文字两种形式给出问题的答案。

图0.15 参加《一站到底》节目的汪仔(右)

在神经网络和深度学习的发展过程中,4位研究者的贡献功不可没,除前面提到的辛顿教授外,另3位研究者分别是纽约大学的杨立昆教授、蒙特利尔大学的约书亚·本吉奥和瑞士人工智能实验室(IDSIA)的于尔根·施密布尔博士(Jürgen Schmidhuber)。这3位学者均出生于20世纪60年代初期,而辛顿教授则年长他们近20岁。

纽约大学的杨立昆(Yann LeCun)教授曾经跟随辛顿教授做博士后研究,杨立昆是他自己确认的中文名。杨立昆教授在卷积神经网络方面做出了特殊贡献,早在20世纪90年代他就开展了有关卷积神经网络的研究工作,实现的数字识别系统取得了很好的成绩,可用于支票识别中。现在卷积神经网络已经成为深度学习中几乎不可或缺的组成部分。

蒙特利尔大学的约书亚·本吉奥教授曾经于20世纪90年代提出序列概率模型,将神经网络与概率模型(隐马尔可夫模型等)相结合,用于手写识别数字,现代深度学习技术中的语音识别可以认为是该模型的扩展。2003年，本吉奥教授发表了一篇具有里程碑意义的论文《神经概率语言模型》，通过引入高维词嵌入技术实现了词义的向量表示，将一个单词表达为一个向量，通过词向量可以计算词的语义之间的相似性。该方法对包括机器翻译、知识问答、语言理解等在内的自然语言处理任务产生了巨大的影响，使得应用深度学习方法处理自然语言问题成为可能，相关任务的性能得到大幅提升。本吉奥教授的团队还提出一种注意力机制，直接导致机器翻译取得突破性进展，并构成深度学习序列建模的关键组成部分。本吉奥教授与其合作者提出的生成对抗网络（GAN），引发了一场计算机视觉和图形学的技术革命，使得计算机生成与原始图像相媲美的图像成为可能。

鉴于辛顿教授、杨立昆教授和本吉奥教授3人对深度学习的贡献，2018年3人同时获得图灵奖，如图0.16所示。

图0.16　图灵奖获得者杨立昆、辛顿和本吉奥（从左至右）

非常难能可贵的是，在神经网络、深度学习遭遇学界质疑甚至不被看好的情况下，3位教授仍然坚持研究，经过30多年的不断努力，终于克服了种种困难，取得了突破性进展。如今计算机视觉、语音识别、自然语言处理和机器人技术以及其他应用取得的突破，均与他们的研究探索有关，并引发了新的人工智能热潮。

在神经网络、深度学习的发展过程中，另一位值得一提的是瑞士人工智能实验室的于尔根·施密布尔博士（见图0.17）。1997年，施密布尔博士和塞普·霍克利特（Sepp Hochreiter）博士共同发表论文，提出长短时记忆（Long Short-Term Memory，LSTM）循环神经网络，为神经网络提供了一种记忆机制，可以有效解决长序列训练过程中的梯度消失问题。由于其思想过于超前，在当时并没有得到学界的理解和广泛关注。后来的实践证明，这项技术对自然语言理解和视觉处理等序列问题的处理，起到非常关键的作用，广泛应用于机器翻译、自然语言处理、语音识别、对话机器人等任务。2016年、2021年IEEE神经网络先驱奖分别授予了施密布尔博士和霍克利特博士。

对于2018年图灵奖颁发给辛顿、杨立昆和本吉奥3位教授，施密布尔博士多次表达过不满，认为现在很多神经网络和深度学习的工作是在自己以前工作的基础上发展起来的，忽略了自己在神经网络方面做出的贡献，曾发表长文列举自己在20世纪90年代的20项有关神经网络方面的研究工作，以及这些工作与现在的深度学习方法的关系。

图 0.17　施密布尔博士

深度学习方法不需要人为提取特征,直接输入原始数据,实现自动特征抽取,不但解决了特征抽取的瓶颈问题,其效果还远好于人为抽取的特征,因为深度学习方法可以抽取多层次、多粒度的特征。

0.2.5　大模型时代

2022 年年末,OpenAI 公司推出 ChatGPT,标志着人工智能研究进入大模型时代。

ChatGPT 是 OpenAI 公司推出的一个以大语言模型为基础实现的"聊天"系统,其强大的语言理解能力和生成能力,一经推出就受到研究界的广泛关注,由于其以"聊天"的形式出现,很快被社会大众所接受,成为人人谈论的话题。

ChatGPT 是一个非常庞大的神经网络系统,拥有 1750 亿个参数,训练数据为 45TB 的文本数据,硬件系统由 28.5 万个 CPU 和 1 万个高端 GPU 组成,训练一次的成本就高达 1200 万美元,其主要花费为电费。

ChatGPT 具有 4 个能力和 1 个缺陷。

- 强大的语言理解能力。

其表现在无论向它提出什么问题,ChatGPT 都会围绕你的问题进行回答,很少出现答非所问的情况,虽然给出的回答不一定正确。

- 强大的语言生成能力。

ChatGPT 以自然语言的形式回答问题,其结果非常通顺、流畅,达到非常高的水平,甚至可以帮助人类,对人类给出的文字进行润色。

- 强大的交互能力。

ChatGPT 具有很强的交互管理能力,可以很好地实现多轮会话管理,在会话过程中体现出很好的前后关联性,很少出现对话主题漂移的情况。

- 强大的多任务求解能力。

ChatGPT 可以自动适应不同类型的自然语言求解任务,实现对多种自然语言理解任务的求解,从某种程度来说,具有了通用人工智能的雏形。

- 幻觉。

ChatGPT 虽然在上述几方面取得了惊人的成绩,但也存在 1 个缺陷——幻觉。

所谓的幻觉,其实是一种"无中生有"的能力,常被人说成"一本正经地胡说八道",比如让 ChatGPT 介绍某个人,很可能就是拼凑出该人的简历,很多内容可能与该人没有任何关系。但是,这种"无中生有"的能力,也体现出某种"创造力",所以这也是一把双刃剑。

ChatGPT 是如何实现这些能力的？下面简单"剖析"其基本原理。

首先说明什么是 GPT。GPT 是"生成式预训练变换模型"(Generative Pre-Trained Transformer)的英文缩写，从字母含义可以看出包含了"生成式模型""预训练模型"和"变换模型"3 部分内容。

ChatGPT 具有的强大的自然语言生成能力就是通过生成模型实现的，其本质是一个"文字接龙"，根据当前输入的信息生成下一个文字。

如图 0.18 所示，假定当前输入的信息是"我是一个"，模型分别预测出下一个文字可能是"教""工""学""医"等的概率，按照概率预测，得到下一个文字为"学"，然后将"学"拼接到输入中，将"我是一个学"作为输入，再次依据概率预测下一个文字为"生"。

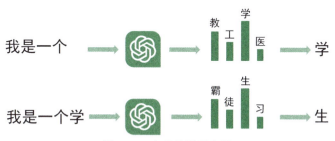

图 0.18　生成模型示意图

采用这样的方法，生成模型就可以实现问答，比如输入的信息为"白日依山尽的下一句是"，模型就可以给出回答"黄河入海流"。当然，这里的"黄河入海流"也是一个文字一个文字生成出来的，如图 0.19 所示。

图 0.19　问答示意图

这里所说的文字，在 GPT 中称作 token，是按照统计划分的词的基本组成元素，也是模型进行语言处理的基本信息单元，可以翻译为"词元""词素"等。对于英文来说，极限情况下，一个英文字母可以是一个 token，共 26 个 token，显然 token 数太少，不利于预测。另一个极限情况是一个英文单词就是一个 token，有几十万个 token，显然数量又太多，而且无法处理新出现的单词。ChatGPT 采用统计的方法，在字母和单词之间选择一个折中方案，按照统计规律划分出字母的常用组合作为 token，如 re、tion 等，对于比较短的单词，如 car，则直接作为 token。这样一个英文单词由一个或者若干 token 组成，也可以处理一些新出现的单词。汉语也采用类似的处理方法，token 可能是字也可能是词。生成模型实际上是按照 token 进行预测的。

所谓的"文字接龙"只是一个比喻，实际情况要复杂得多。生成模型为什么具有这样的预测能力呢？这是通过预训练实现的。

一般地，预训练模型是一种迁移学习方法，为了完成某种任务，预先训练一个模型，或者将别人训练好的模型迁移到自己的目标任务上。

GPT 中的预训练模型是利用大量的文本信息，学习输入句子中每个文字间的相关表示，隐式地学习通用的语法、语义知识。这种预训练方法类似于中小学阶段的学习，并不针对学生将来做什么，学习的是通用知识。

预训练模型学习的是给定输入下一个文字的概率,即
$$P(w_n \mid w_1 w_2 \cdots w_{n-1})$$
其中,w_i 是组成句子的文字。

预训练模型可以有很多种实现方式,在 GPT 中通过多个基本的 Transformer 模块组合而成,具体的 Transformer 模块如图 0.20 所示,图 0.21 是多个 Transformer 模块组合而成的 ChatGPT 示意图,其中每个 Trm 是一个 Transformer 模块。前面提到的 ChatGPT 拥有多达 1750 亿个参数,指的就是这些模块的参数,预训练的目的是通过大规模的文本数据确定这些参数值。

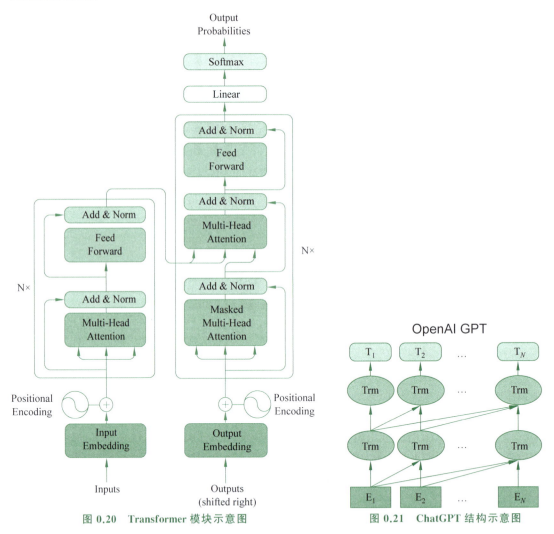

图 0.20　Transformer 模块示意图　　图 0.21　ChatGPT 结构示意图

在这里我们不详细介绍 Transformer 模块的实现方法,其中最重要的是注意力机制,通过注意力机制,预训练模型在文本中的文字间建立联系,形成一定的概率约束,从而具有预测下一个文字的能力。

预训练模型利用大规模的文本,学习输入文本中的每个文字的上下文相关的表示,从而实现隐式地学习通用的语法、语义知识。

ChatGPT 中的 Chat 是"聊天"的意思，预训练模型完成后如何实现"聊天"呢？这是通过基于人类反馈的强化学习实现的，为此 ChatGPT 通过以下 3 个步骤实现"聊天"能力。

第一步：指令学习。

首先随机地从问题集抽取问题，人工给出问题的答案，利用监督学习技术对预训练模型进行微调，学习像人一样回答问题。

通过指令学习，模型具有了一定的回答问题的能力。

第二步：偏好学习。

人工给出的答案总是有限的，能否学习人类的偏好，让模型自己学习呢？偏好学习就是为了解决这个问题，首先让模型学会具有"判断是非"的能力，即对于同样的问题，哪些答案好，哪些答案不好。为此，还是从问题集中随机抽取问题，模型采样生成多个问题的答案，然后标注人员按照答案质量给出排序。利用排序数据训练一个评估模型，该模型可以对问题的答案进行评估。

第三步：强化学习。

这一步也称作对齐，其意思是让模型进一步学会像人类一样回答问题，并符合人类的价值观。

同前面一样，还是从问题集中随机抽取问题，模型给出一个答案，评估模型对答案做出评价，依据评价结果利用强化学习方法优化模型。经过反复学习后，模型逐步改善回答问题的能力，并在一定程度上符合人类的价值观。

通过以上步骤就得到了具有聊天能力的 ChatGPT。

现在国内外都建造了很多大模型，大模型的出现，标志着人工智能研究迈入了新时代，是人工智能发展史上的重要里程碑。

随着大模型技术的发展，大模型中也越来越多地融入了多媒体信息，不仅可以处理文本，也可以处理图像、视频等，这方面的发展也非常快，2024 年年初出现的 Sora 就是一个采用大模型技术实现的根据给定文字生成视频的系统。

上面简述了人工智能发展的几个不同的时代，下面通过一个男女同学分类的例子，看看不同时代是如何解决这个问题的，如图 0.22 所示。

图 0.22 男女同学分类问题

在知识时代，如果用专家系统解决这个问题，需要总结大量相关知识，并以规则的形式表达出来。例如，可以总结如下规则：

　　　　如果 长发 并且 戴发卡 则 是女同学
　　　　如果 短发 并且 穿短裤 则 是男同学
　　　　如果 穿高跟鞋 则 是女同学

通过这些知识实现男女同学的分类。需要总结很多知识，才有可能建立一个具有一定分类能力的专家系统。

在特征时代，不需要总结知识，只给出不同的特征即可。每种特征只需要具有一定的分类能力，不需要100%的区分能力，比如头发长度、鞋跟高度、衣服颜色等都可以作为特征使用。也不需要给出特征的组合，这些都交给统计机器学习方法求解即可。比起总结知识，抽取特征相对容易得多。

在数据时代，只收集数据就可以了，找足够多的男女同学照片，并分别标注哪些照片是男同学，哪些照片是女同学。收集好数据后，提交给深度学习进行训练就可以了。比起总结知识、抽取特征，收集数据是一件更容易的事情。

在大模型时代，可以预训练很多多媒体信息，并建立不同信息之间的联系，从而实现多种不同类型复杂任务求解，不但具有男女同学分类的能力，还可以解释图像内容等，回答与图像有关的问题，从某种程度上来说具有一定的通用性。下面给出国内某个大模型的应用例子。

图0.23给出一张头戴棉帽的男士照片，询问系统该照片所处的环境，系统识别出男士头戴的棉帽子以及背后的白雪，回答出照片所处环境是"下雪的寒冷天气"。再询问"这是男性还是女性"，系统也给出"男性"的正确答案。

图0.24给出一张董存瑞的纪念雕塑，然后问"这个雕塑是谁"，系统不仅可以准确识别出这是"董存瑞纪念碑"，还可以就照片内容给出一些具体说明。

图0.23　大模型应用举例1

图0.24　大模型应用举例2

这两个例子充分说明大模型具有强大的功能，并显示出一定的通用人工智能能力。

从男女分类这个例子可以看出，不同方法解决问题的角度是不同的，但它们也存在共同之处。从实现的角度，人工智能一直在研究如何定义问题、描述问题，然后再结合具体的表示方法加以求解。这样我们可以将人工智能表示如下：

$$人工智能 = 描述 + 算法$$

其中，"描述"指的是如何定义问题、描述问题，告诉计算机做什么。"算法"则是具体的求解方法。这就如同老师布置作业一样。老师布置作业时，要说清楚具体的作业是什么，有什么要求，这就相当于描述问题。然后学生按照学过的方法完成作业，所学的方法就相当于"算法"。

对于人工智能来说，不同时代用不同的描述方法，比如知识时代用规则等描述问题，而特征时代用特征描述问题，数据时代就是用数据描述问题，而大模型时代则是通过预训练的方式描述问题，从而具有一定的通用性。这些都必须以计算机可以处理的方式给出描述，不同的描述问题的方法，再配以相应的算法进行求解，比如数据时代用的是深度学习方法，大模型时代采用的是更加复杂的预训练方法和基于人类反馈的强化学习方法等。

虽然现在深度学习、大模型在多个方面具有优势，实现了很强大的功能，但是传统方法也有不可替代的作用，比如专家系统对结果比较容易控制，遇到不能求解或者求解错误的问题，容易分析出问题所在，找出问题的根源，也可以对结果给出解释。而基于特征的统计机器学习方法则具有很好的理论基础。这些都是深度学习方法不可比拟的。而深度学习方法也存在很多问题，比如不具有可解释性、理论依据不足等。以大模型为基础的多专家系统也是当前的研究热点之一，通过大模型调用一些专用系统，以更好地求解问题。所以，学习人工智能，要学习不同的方法，而不能只限于少数方法。知识面要宽，这样才有利于创新。

0.3　什么是人工智能

由于智能包含了多种因素，智能的表现也各种各样，所以如何定义人工智能也是一个难题。很多研究者从不同角度给出了人工智能的定义，都局限于智能的某一方面，挂一漏百，因此到目前为止也没有一个能让大家都接受的统一定义。麻省理工学院人工智能实验室前任主任帕特里克·温斯顿（Patrick Winston）教授，从功能的角度将人工智能定义如下：

"人工智能就是研究如何使计算机做过去只有人才能做的智能工作。"

该定义虽然也存在一些问题，但比较通俗易懂，回避了什么是智能的问题，直接从模拟人的智能行为角度说明了什么是人工智能，初学者更容易理解。

本质上，人工智能是研究如何制造出人造的智能机器或系统，模拟人类的智能行为，以延伸人类智能的科学。

这里有3个关键词：第一，人工智能是一个"人造"系统；第二，人工智能"模拟"人类的智能行为；第三，人工智能"延伸"人类的智能。这3点即人工智能的关键因素，反映了人类研究人工智能的目的，就是让人工智能为人类服务，帮助人类做更多的事情，成为人类智力的放大器。

从这个角度出发，我们可以将人工智能定义为：

"人工智能是探讨用计算机模拟人类智能行为的科学。"

这里强调的是模拟人类智能的行为，而不是模拟人类智能的机理。

从应用的角度来说，一个实用、受欢迎的人工智能系统应具有如下5个要素，称作"五算"：

- 算据
- 算力

- 算法
- 算者
- 算景

如何理解这"五算"呢？可以做一个类比，做一桌丰盛的年夜饭需要哪些要素呢？

首先要有好的食材，鸡鸭鱼肉样样都有，没有好的食材是做不出来一桌丰盛的年夜饭的，正所谓"巧妇难为无米之炊"。然后再有一个好的厨师，厨师的手艺很重要，否则再好的食材也做不出好的饭菜。还有就是有一副好的灶具，灶具对厨师来说是非常重要的武器，家里普通的灶具很难做出饭馆的味道，主要原因是火力不够。还有一个要素是菜谱。比如鱼可以红烧，也可以清蒸，同样是鱼，红烧和清蒸的味道完全不同，并且有的鱼适合红烧，有的鱼适合清蒸。当然，这个菜谱可能是一本书，也可能完全装在厨师的脑子里。除此之外，还有一个重要的要素，就是天时地利。做任何事情都需要天时地利，做年夜饭也不例外。比如年夜饭等到凌晨三四点钟才开饭，大家睡得正香呢，突然喊起来吃饭，即便是满汉全席，大家也不一定喜欢。所以，一桌受欢迎的年夜饭应该具备食材、厨师、灶具、菜谱和天时地利这5个要素，如图 0.25 所示。

图 0.25　年夜饭五要素

一个实用、受欢迎的人工智能系统就如同一桌年夜饭一样，也具有与此对应的五个要素，就是前面说的"五算"。

算据对应食材，简单说就是计算的依据，包括数据、特征、知识等，是一个人工智能系统要加工的原始材料。

算力对应灶具，就是计算的能力。现在强调大数据预训练，这些都需要超强的计算能力，大型计算平台是必备条件。

算法对应菜谱，就是对数据、特征、知识等进行处理的计算方法。不同的算法可以解决不同的问题，同一问题也可以有不同的解决方法。

算者对应厨师，是熟练掌握了算法和计算工具的人。

算景对应的是天时地利，简单说就是合适的计算场景。如同年夜饭，必须正确选择合适的时间、合适的场景和合适的人，才能成为一款受欢迎的人工智能系统。

图 0.26 给出了人工智能五要素。

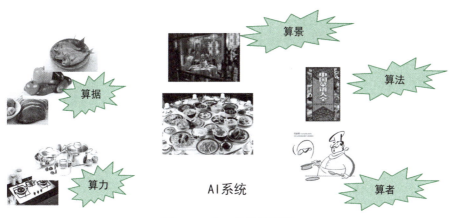

图 0.26　人工智能五要素

0.4　图灵测试与中文屋子问题

0.4.1　图灵测试

一个人工智能系统做到什么程度就算有了智能呢？计算机科学之父图灵早在 1950 年就对这个问题进行了深入研究。

前面我们提到过，人工智能至今没有统一的定义，不同的人从不同的角度给出了不同的定义，每种定义都侧重了人工智能的某方面。为什么定义人工智能这么难呢？究其根源在于什么是智能至今都无法说清楚。图灵早就意识到这一点，在早期研究"机器能思维吗"问题时曾经提到："定义很容易拘泥于词汇的常规用法，但这种思路很危险。""与其如此定义，倒不如用另一个相对清晰无误表达的问题取代原问题"。

1950 年，图灵发表了一篇题为"计算机与智能（Computing Machinery and Intelligence）"的论文，这里的 Computing Machinery 指的就是现在所说的计算机，由于当时 Computer 一词指从事计算工作的一种职业，所以图灵采用了 Computing Machinery。在这篇论文中，图灵提出判断机器是否具有智能的一种测试方法，后来被称为"图灵测试"。

图灵测试（见图 0.27）来源于一种模仿游戏，描述图灵生平的电影《模仿游戏》片名就来源于此。游戏由一男（A）、一女（B）和一名测试者（C）进行；C 与 A、B 隔离，通过电传打字机与 A、B 对话。测试者 C 通过提问和 A、B 的回答，做出谁是 A 即男士，谁是 B 即女士的结论。在游戏中，A 必须尽力使 C 判断错误，而 B 的任务是帮助 C。也就是说，男士 A 要尽力模仿女士，从而让测试者 C 错误地将男士 A 判断为女士。这也是模仿游戏名称的由来。在论文中，图灵首先叙述了这个游戏，进而提出这样一个问题：如果让一台计算机代替游戏中的男士 A，将会发生什么情况呢？也就是说，B 换成一般的人类，机器 A 尽可能模仿人类，如果测试者 C 不能区分 A 和 B 哪个是机器，哪个是人类，那么是不是就可以说这台机器具有了智能呢？图灵在论文中预测，50 年之后，计算机在模拟游戏中就会如鱼得水，一般的提问者在 5 分钟提问后，能准确鉴别"哪个是机器哪个是人类"的概率不会高于 70%，也就是说，机器成功欺骗了测试者的概率将会大于 30%。后来，图灵在一次 BBC 的广播节目中，进一步明确说：让计算机模仿人，如果不足 70% 的人判断正确，也就是超过 30% 的测试者误以为在和自己说话的是人而非计算机,那就算机器具有了智能。

图 0.27　图灵测试

事实上,与其说图灵测试是一种测试,倒不如说是一种思想实验,是对什么是人工智能的一种定义,计算机只有达到这样的程度,才可以说具有了智能。

在图灵测试中,为什么提出"5 分钟内""30%"这样的标准呢? 是如何确定的呢? 据说当初男士模仿女士的游戏就是 5 分钟之后由测试者判断,而据统计,当时测试者区分出男女的成功率大约为 70%。也就是说约 30% 的情况下,男士成功地扮演了女士,骗过了测试者。图灵也从拟人的角度,以此作为人工智能通过测试的标准。

在论文中,图灵非常详细地讨论了图灵测试的各种情况,但是提到图灵测试时,经常会遇到一些错误的说法或用法。

常见的错误有以下两种。

错误 1:将机器在某一方面的能力超过人类认为通过了图灵测试。比如有人说 AlphaGo 在围棋比赛中通过了图灵测试,这也是不正确的说法。图灵测试要求的是模仿人类,不能让测试者很容易就分辨出它是机器,除了要求像人一样回答问题外,还要求它会伪装,不能表现出明显的超人一等的能力。因为如果一台机器具有明显的超出人类的能力,也很容易让测试者判断出它不是人类,而是一台机器。就如同谷歌的 Master 在网上围棋赛上连续获胜时,很多人就已经猜测它是机器了。

图灵在论文中也已经明确提到这一点:"有人声称,在游戏中提问者可以向被试问几道算术题来分辨哪个是机器,哪个是人,因为机器在回答算术题时总是丝毫不差。这种说法未免太轻率了。(带模拟游戏程序的)机器并没有准备给算术题以正确的答案。它会故意算错,以蒙骗提问者。"也就是说,一个通过了图灵测试的机器,应该会蒙骗,也会像人一样出错,也不能表现出明显超出人类的能力。例如,当他遇到一个复杂的计算题时,应适当地说不会做,或者说我需要一些时间计算,甚至可能会算错。学会隐藏自己的实力也是智能的一种表现。

错误 2:将超过 30% 的测试者误把机器当作人类,理解为机器的回答中超过 30% 的内容与人类一致,区分不出是否为机器所答。例如在某年某市的高考试卷上就出现了这样的说法:"超过 30% 的回答让测试者误认为是人类所答,那么就可以认为这台机器具有了智能"。曾在新闻中看到有公司声称自己的产品通过了图灵测试,给出的理由是超过 30% 的内容区分不出是否为机器所答。这显然是错误的。因为对于测试者来说,只要有一个回答有明显的问题,就可以被认作机器所答,图灵测试的通过标准是骗过 30% 以上的测试者,而不是超过 30% 的回答无法确认是否为人回答的。

还有一点需要说明的是,图灵测试是一个全面的测试,而不是某一单一领域的测试。在单一领域,机器水平再高,也不能说它通过了图灵测试。

0.4.2 中文屋子问题

关于图灵测试,一直存在一些争议,即便通过了图灵测试,就说明计算机具有智能了吗?哲学家希尔勒对此有不同看法,提出"中文屋子问题"加以反驳,如图 0.28 所示。

图 0.28 中文屋子问题

什么是中文屋子问题呢?这要从罗杰·施安克设计的故事理解程序开始讲起,该程序可以理解用自然语言输入的一段简短的故事。

如何知道这个程序理解了输入的故事呢?这就如同上课学习一样,老师通过提问,看学生是否能正确回答问题就知道学生是否听懂了上课内容。对于故事理解程序也采用类似的方法,输入一段简短的故事后,就故事内容进行提问,如果程序能正确回答问题,则说明程序理解了这段故事。提问的内容可以是故事中直接叙述的内容,也可以是故事并没有明确说明,但隐含在故事内的内容,尤其是后者更能检验程序是否理解了故事。

对于比较简单的故事,罗杰·施安克的程序可以正确回答与故事有关的问题。比如如下两小段故事。

故事 A:

"一个人进入餐馆并订了一份汉堡包。当汉堡包端来时发现被烘脆了,此人暴怒地离开餐馆,没有付账或留下小费。"

故事 B:

"一个人进入餐馆并订了一份汉堡包。当汉堡包端来后他非常喜欢,而且在离开餐馆付账之前,给了女服务员很多小费。"

这两段故事情节差不多,但是结果不同。作为对程序是否"理解"了故事的检验,可以分别向程序提问:在每个故事中,主人公是否吃了汉堡包。

两段故事都没有明确说主人公是否吃了汉堡包,但是根据故事情节,故事 A 中主人公并没有吃汉堡包,因为该人"暴怒地离开餐馆,没有付账或留下小费"。而在故事 B 中,主人公肯定吃了汉堡包,因为该人"非常喜欢""给了女服务员很多小费"。这些都是隐含的内容,对于人来说理解起来并不难,让程序做到这一点却不容易,具有一定的难度,但是对于类似的简短故事,罗杰·施安克的程序可以正确地回答这类问题,看起来程序似乎理解了故事。

但是,哲学家希尔勒却提出了异议。他说,能正确回答问题就是理解了吗?希尔勒背后质疑的实际是图灵测试,他认为,计算机即便通过了图灵测试,也并不代表计算机就具有了智能。

为此,希尔勒构造了一个理想实验,即"中文屋子问题",用来阐述他的思想。

罗杰·施安克的程序本来是理解英文故事的,希尔勒认为什么语言并不重要,他假定该程序同样可以理解中文故事。

既然这是一个程序,那么懂编程的人就可以看得懂这段程序,并按照程序像计算机一样进行数据处理,虽然可能很慢。希尔勒设想自己就是那个懂编程的人,把自己和程序一起关在一个称作"中文屋子"的房间里,有人将中文故事和问题像输入给计算机一样送到屋子里,希尔勒按照程序一步步地操作,并按照程序给出答案,显然答案也是中文的,因为希尔勒一切都在按照程序操作,如果程序能给出中文回答,那么希尔勒也可以做到。如果程序可以理解这段中文故事、给出正确答案,那么希尔勒自己按照程序也同样可以给出正确答案。

但是希尔勒最后说"我并不认识中文,也不知道这段故事讲了什么,甚至最后给出的答案是什么也不知道,但是我却通过了这个测试"。

所以希尔勒提出疑问:

"能给出正确答案就是理解了吗?就实现了智能吗?"

中文屋子问题提出后,引起世界范围内有关什么是智能的大讨论,有赞同希尔勒观点的,也有反对他的观点的,公说公有理婆说婆有理,各自发表不同的见解。

这类问题注定不会有一个统一的结论,但是通过讨论,加深了人们对什么是智能、什么是人工智能的认识。

我们应该如何看待中文屋子问题呢?一种看法是,中文屋子应该当作一个整体看待,虽然屋子里的希尔勒并没有理解这段中文故事,但是从屋子整体来说,能正确回答问题就是理解了,也就具有了智能。就如同我们人,也是从一个人的整体讨论是否理解了问题,不能说人体里的哪个部分理解了故事。

图灵测试与中文屋子问题,实质上反映了两种不同的实现人工智能的路线,即人工智能是模拟人类的智能行为还是模拟人类的智能机理。图灵测试反映的是模拟智能行为,而中文屋子则体现的是模拟智能机理。目前还不能说哪种路线是正确的,但在对于人类智能机理还缺乏足够了解的今天,模拟智能行为可能是一个更现实的路线。

0.5 第三代人工智能

人工智能发展到今天虽然取得了很好的成绩,但是目前以深度学习为主导的人工智能还存在很多问题有待解决。下面通过一些典型的例子说明当前以深度学习为主导的人工智能存在的问题。

在大数据时代,人工智能需要大量的数据,但是人认识事物,并不需要太多的数据,人很容易做到举一反三。如图 0.29 所示是国宝级文物东汉时期的青铜器"马踏飞燕"的侧面和正面图,对于人来说,如果认识了侧面图是马踏飞燕,那么当看到正面图时,也能认出是马踏飞燕，不会由于没有见过正面图而不认识。但是，对于目前的人工智能系统来说，很难做到这一点，需要学习大量不同角度的图片，才有可能正确识别出不同角度的马踏飞燕。

图 0.29　马踏飞燕图

为什么人工智能系统不能像人一样做到举一反三呢？人之所以能做到举一反三，是人具有理解能力，是在理解的基础上做识别，很多情况下即便不给出全图，也可以正确识别。而目前的人工智能系统依靠的是"见多识广"，通过大量数据的训练形成"概念"，人工智能所谓的"认识"，其实是在猜测，由于"见过"的数据多，往往猜测也比较准确，但也存在猜错了的风险，甚至可能错得离谱，从而给应用带来风险。

图 0.30 给出的是某自动驾驶汽车发生的车祸照片，其中图 0.30(a)是车祸后的汽车，图 0.30(b)是与汽车发生碰撞的大货车。当时该自动驾驶汽车在没有任何刹车的情况下，与大货车直接相撞，造成惨重后果。经事后分析，自动驾驶汽车将大货车识别为立交桥，所以没有采取任何措施就撞了上去。图 0.30(b)圆圈所标示的就是汽车与大货车相撞的具体位置。

 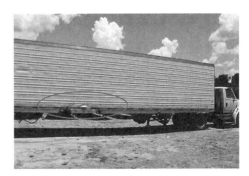

(a) 某自动驾驶汽车车祸现场　　　　　　　　(b) 发生碰撞的大货车

图 0.30　某自动驾驶汽车车祸

还有人针对人工智能系统研究对抗样本，利用人工智能系统的脆弱性，对人工智能系统进行攻击。

这里说的攻击，指的是在一个原始图像上增加少量人眼无法察觉的噪声，欺骗人工智能系统从而发生识别错误，达到攻击的目的。图 0.31 就是一个对抗样本攻击的例子。其中图 0.31(a)是一个熊猫图像，图 0.31(b)是专为攻击构造的噪声图像，然后将噪声图像以 0.7% 的强度添加到图 0.31(a)中，得到图 0.31(c)所示的添加了噪声后的熊猫图像。

对于人来说，加上这么少的噪声不会有任何影响，即便是涂抹几下，或者部分遮挡，也不

 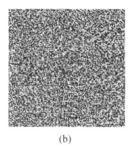

图 0.31 对抗样本举例

会影响人类识别这是一个熊猫。但是，对于人工智能系统就不同了，对于图 0.31(a)，可以正确识别出这是熊猫，但是却将图 0.31(c)识别为一只长臂猿，并且信心满满地认为是长臂猿的可信度高达 99.3%。

这就是对抗样本带来的效果，这个噪声不是普通的噪声，而是利用了目前人工智能方法的弱点，为了攻击有意构造的噪声。这件事情就更危险了，对一些人工智能的应用可能带来灾难性的后果。例如，如果自动驾驶汽车大量使用，有人对路标进行攻击，本来指引右转的路牌，攻击者通过对抗样本的方法让汽车错误地识别为向左转，而人又很难发现路牌有问题，岂不是非常危险？

MIT 和 UC Berkeley 的研究者发表了他们的研究成果，利用类似对抗样本的攻击方法，成功攻击了与 AlphaGo 类似的计算机围棋系统 KataGo，通过训练得到的围棋 AI 可以77% 的胜率战胜 KataGo，而 KataGo 同 AlphaGo，在围棋方面具有超越人类的能力。

其实这个训练得到的围棋 AI 水平并不高，甚至下不过普通的业余棋手，只能说是一物降一物，只对 KataGo 有效，它是通过欺骗 KataGo 犯下严重错误而获胜的，并不是真的具有下棋水平。

这些都说明目前的人工智能方法存在着漏洞，就如同古希腊神话中的"阿喀琉斯之踵"（见图 0.32）。阿喀琉斯是一位大英雄，刚出生时其母将其沉浸进冥河中做洗礼，因为相传在冥河水中洗过礼就可以做到刀枪不入、长生不老。但遗憾的是洗礼时被母亲提着的脚踝没有浸入水中，从而留下了一个死穴，最终在特洛伊战争中阿喀琉斯被帕里斯一箭射中脚踝而死。目前的人工智能可能就存在这样的"死穴"，一旦这些"死穴"被利用，就可能带来不可预测的灾难性后果。

 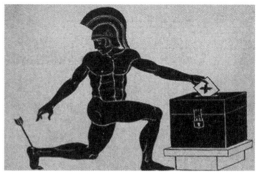

图 0.32 阿喀琉斯之踵

这里只是通过几个例子说明了当前人工智能存在的一些典型问题。这些问题在实际应用中出现就会带来不可靠、不可信、不安全等问题,究其原因是因为目前的人工智能方法靠的是猜测,缺乏理解和可解释性,无论是做对了还是做错了,都很难给出原因。

为了克服存在的这些问题,清华大学的张钹院士提出了第三代人工智能的概念。张钹院士按照人工智能的发展,将目前的人工智能划分为两代。第一代是以专家系统、知识工程为代表的基于知识的人工智能,第二代是以统计机器学习、深度学习为代表的基于数据的人工智能。这里,张钹院士认为特征也是数据的一种,所以将特征时代和数据时代合并为一代。在两代人工智能发展过程中,虽然取得了很好的成绩,但是还存在诸如我们所说的各种问题。

张钹院士认为,当前的人工智能适应于求解满足如下条件的问题:
- 掌握丰富的数据或知识
- 信息完全
- 确定性信息
- 静态与结构化环境
- 有限领域与单一任务

但是,在实际应用中并不能满足这样的条件,比如不足的数据、不完备的信息、动态的环境、非确定性信息等,因此,一旦超出条件所限,人工智能系统就可能出现问题。第三代人工智能就是要解决这些问题,在数据不充分、信息不完全、信息不确定、动态环境、复合任务条件下,实现安全、可信、可靠、可扩展、可解释的人工智能。这也是人工智能今后发展的重要方向,在其中一个或者几方面取得进展,都将是人工智能研究的重大突破。

0.6 总　　结

1956年在达特茅斯讨论会上第一次公开提出人工智能这一概念,这标志着人工智能的诞生。60多年来,人工智能研究经风历雨,几次陷入困境,在一代代研究者不畏艰难的努力之下,终于取得了今天这样的成绩。人工智能60多年的研究史,可以大体上划分为5个时代。

第一个时代为初期时代。随着人工智能的提出,研究者满腔热情地投入研究中,在诸如定理证明、通用问题求解、机器博弈、机器翻译等多方面开展了全方位的研究工作,也取得了一些成绩。但是,由于对实现人工智能的困难估计不足,很快陷入困境。通过总结经验教训,人们认识到知识的重要性,必须让计算机拥有知识,才有可能实现人工智能。

第二个时代为知识时代。一个专家之所以能成为某个领域的专家,关键是他拥有了这个领域的知识以及运用这些知识解决领域内问题的能力。如果能将专家的知识总结出来,并以计算机可以使用的方式加以表示、存储,那么计算机也可以像专家那样求解该领域的问题,这就诞生了专家系统。专家系统是知识时代最具代表性的工作,后来又进一步发展为知识工程。

专家系统最重要的就是知识,但是如何获取专家的知识,成为建造专家系统的瓶颈问题。

第三个时代是特征时代。人的知识是通过学习获得的,那么计算机是否可以实现自动学习呢？这就诞生了机器学习，也就是让计算机自动获取知识。曾经提出过多种机器学习方法，但都无法应用于实际中，直到统计机器学习方法的提出才改变了这一现象，使得机器学习可以真正解决实际问题。

统计机器学习方法利用统计学方法对输入特征进行统计分析，找出特征之间的统计规律，实现对特征数据统计建模，并应用于求解实际问题。在互联网大发展、数据海量增加的情况下，为人工智能的广泛应用打下了基础，可以说是统计机器学习方法将人工智能从低谷中拯救回来，为后来的人工智能热潮奠定了基础。

在应用统计机器学习解决实际问题过程中，除统计机器学习方法外，最重要的是特征抽取，各种应用研究主要围绕着针对具体问题的特征抽取方法展开，但是如何抽取特征又成为人工智能应用中新的瓶颈问题，阻碍了人工智能的发展。

第四个时代是数据时代。能否让计算机从原始数据中自动抽取特征呢？能从数据中自动抽取特征的深度学习方法应运而生。

简单地说，深度学习就是一种多层人工神经网络，简称神经网络。神经网络的研究起始于20世纪40年代，五六十年代曾经有过很多研究，但由于缺少通用的学习方法而受到冷落。到了20世纪80年代中期，随着BP算法的提出，再次受到研究者的重视，并掀起新的研究热潮。但由于受诸如计算能力、数据量等客观条件的限制，有关神经网络的研究再次陷入低潮。直到2006年神经网络以深度学习的面貌再次出现，并在语音识别、图像识别中获得成功应用后，以深度学习为主导的人工智能取得了爆发性发展，在多个不同的领域取得快速发展和应用，重新引领了人工智能的发展热潮。

深度学习之所以能在多方面取得好成绩，主要是因为深度学习方法具有从原始数据中自动抽取特征的能力，通过多层神经网络，可以实现不同层次、不同粒度的特征抽取，实现多层的特征映射。

第五个时代是大模型时代，这一时代刚刚开始。利用巨大的数据实现预训练，再通过微调、对齐等手段得到一个具有一定通用能力的大模型。以ChatGPT为代表的大模型，以其出色的语言理解能力、语言生成能力，以及多轮对话管理能力，实现了人工智能发展史上的大突破。

如何验证一个计算机系统是否具有了智能？图灵对此进行了深入研究，提出著名的图灵测试。图灵在论文中设想，有一台机器A和一个人B，并有一个测试者C。测试者C向机器A和人B提出问题，机器A和人B回答问题。如果经过若干轮测试后，测试者C不能准确判断出A是机器、B是人，则说明机器A通过了测试，具有了智能。

针对通过图灵测试是否就预示着具有智能这个问题也引起过争论，"中文屋子问题"就是针对此问题而提出的。假设有一个可以理解中文的程序，一个懂得编程但并不懂中文的人，把人和程序放在一个称作"中文屋子"的房间里，提问者用中文向屋子里的人提问，屋子里的人按照程序像计算机那样"人工"执行程序。如果程序可以给出正确答案，那么屋子里的人也应该可以给出正确答案，因为他是严格按照程序操作的。虽然答案是正确的，但是屋子里的人不懂中文，他根本不知道问题是什么，也不知道回答的是什么，能说他理解了中文吗？这样的讨论推动了研究者对什么是智能、什么是人工智能的理解。

人工智能应模拟人类的智能行为还是模拟智能机理？图灵测试与中文屋子问题，本质上反映的是两种不同的实现人工智能的路线之争。

基于深度学习的人工智能虽然取得了很辉煌的成绩，但是在很多方面还存在不足，具有被攻击的风险，从而导致人工智能系统具有不安全、不可靠、不可信等问题。如何解决这些问题，是下一代人工智能也就是第三代人工智能要解决的问题，也是未来人工智能的重要发展方向。

第 1 章

搜 索 问 题

　　人类的思维过程,可以看作一个搜索的过程。从小学到现在,你也许遇到过很多种智力游戏问题,比如传教士和野人问题。有 3 个传教士和 3 个野人来到河边准备渡河,河岸有一条船,每次至多可供 2 人乘渡。问传教士为了安全起见,应如何规划摆渡方案,使得任何时刻,在河的两岸以及船上的野人数目总是不超过传教士的数目(允许在河的某一岸只有野人而没有传教士)? 如果要做这个智力游戏,每一次渡河之后,都会有几种渡河方案供选择,究竟哪种方案有利于在满足题目所规定的约束条件下顺利过河? 这就是搜索问题。经过反复努力和试探,你终于找到一种解决办法。在高兴之余,你马上又会想到,这个方案所用的步骤是否最少? 也就是说,它是最优的吗? 如果不是,如何才能找到最优的方案? 在计算机上又如何实现这样的搜索? 这些问题就是本章要介绍的搜索问题。

　　一般而言,很多问题可以转换为状态空间的搜索问题。

　　比如传教士和野人问题,当用在河左岸的传教士人数、野人人数和船的情况表示问题时,该问题的初始状态可以用三元组表示为(3,3,1),结束状态可以表示为(0,0,0),而中间状态则可以表示为(2,2,0)、(3,2,1)、(3,0,0)等,每个三元组对应三维空间上的一个点。而问题的解则是一个合法状态的序列,其中序列的第一个状态是问题的初始状态,最后一个状态是问题的结束状态。介于初始状态和结束状态的则是中间状态。除了第一个状态外,该序列中任何一个状态都可以通过一条规则由与它相邻的前一个状态转换得到。

　　图 1.1 给出了一个搜索问题示意图。其含义是如何在一个比较大的问题空间中,只通过搜索比较小的范围,就找到问题的解。使用不同的搜索策略,找到解的搜索空间范围是有区别的。一般来说,对大空间问题,搜索策略是要解决组合爆炸的问题。

　　通常,搜索策略的主要任务是确定如何选取规则的方式。有两种基本方式:一种是不考虑给定问题所具有的特定知识,系统根据事先确定好的某种固定排序,依次调用规则或随机调用规则,这实际上是盲目搜索的方法,一般统称为无信息引导的搜索策略;另一种是考虑问题领域可应用的知识,动态地确定规则的排序,优先调用较合适的规则使用,这就是通常称为启发式搜索策略或有信息引导的搜索策略。

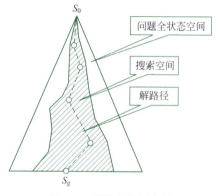

图 1.1　搜索空间示意图

到目前为止，在人工智能领域中已提出许多具体的搜索方法，概括起来有以下几种。

（1）求任一解路径的搜索策略

回溯法（backtracking）　　　　　　　　深度优先法（depth-first）

爬山法（hill climbing）　　　　　　　　限定范围搜索法（beam search）

宽度优先法（breadth-first）　　　　　　好的优先法（best-first）

（2）求最佳解路径的搜索策略

大英博物馆法（British Museum）　　　动态规划法（dynamic programming）

分支界限法（branch and bound）　　　最佳图搜索法（A*）

（3）求与或关系解图的搜索法

一般与或图搜索法（AO*）　　　　　　α-β 剪枝法（alpha-beta pruning）

极小-极大法（minimax）　　　　　　　启发式剪枝法（heuristic pruning）

本章及第 2 章仅对其中几个基本搜索策略进行讨论。

1.1　回　溯　策　略

回溯策略（backtracking strategies）[①]属于盲目搜索的一种。所谓回溯策略，简单地说是这样一种策略：首先对规则给出一个固定的排序，搜索时，对当前状态（搜索开始时，当前状态是初始状态）依次检测每一条规则，在当前状态未使用过的规则中找到第一条可应用规则，应用于当前状态，得到的新状态重新设置为当前状态，并重复以上搜索。如果当前状态无规则可用，或者所有规则已经被试探过但仍未找到问题的解，则将当前状态的前一个状态（即直接生成该状态的状态）设置为当前状态。重复以上搜索，直到找到问题的解，或者试探了所有可能后仍找不到问题的解为止。

回溯策略有多种实现方法，其中递归法是一种最直接的实现方法。下面定义一个递归过程 BACKTRACK，实现回溯搜索策略。其功能是：如果从当前状态 DATA 到目标状态有路径存在，则返回以规则序列表示的从 DATA 到目标状态的路径；如果从当前状态 DATA 到目标状态没有路径存在，则返回 FAIL。

下面用类 LISP 语言的形式给出一个具有两个回溯点（即设置两个回溯条件）的简单算法，并通过"四皇后"问题说明算法的运行过程。算法描述中";"号后面的内容为注释。

1. 递归过程

递归过程 BACKTRACK(DATA)

① IF TERM(DATA), RETURN NIL；TERM 取真即找到目标，则过程返回空表 NIL。

② IF DEADEND(DATA), RETURN FAIL；DEADEND 取真，即该状态不合法，则过程返回 FAIL，必须回溯。

③ RULES := APPRULES(DATA)；APPRULES 计算 DATA 的可应用规则集，依某种原则（任意排列或按启发式准则）排列后赋给 RULES。

---

① 这里介绍的回溯搜索策略，在有些书中称为"深度优先"搜索，而在本书中"深度优先"搜索有另外的含义，具体见 1.3 节中的"深度优先"一节。

④ LOOP：IF NULL(RULES),RETURN FAIL；NULL 取真,即规则用完未找到目标,过程返回 FAIL,必须回溯。

⑤ R := FIRST(RULES)；取第一条可应用规则。

⑥ RULES := TAIL(RULES)；删去第一条规则,缩短可应用规则表的长度。

⑦ RDATA := GEN(R,DATA)；调用规则 R 作用于当前状态,生成新状态。

⑧ PATH := BACKTRACK(RDATA)；对新状态递归调用本过程。

⑨ IF PATH＝FAIL,GO LOOP；当 PATH＝FAIL 时,递归调用失败,转移调用另一规则进行测试。

⑩ RETURN CONS(R,PATH)；过程返回解路径规则表(或局部解路径子表)。

递归过程 BACKTRACK 是将循环与递归结合在一起的。下面通过一个示意图说明该算法的思想。

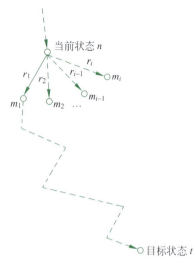

图 1.2　回溯算法示意图

如图 1.2 所示,当前状态 n 相当于算法中的 DATA,$(r_1,r_2,\cdots,r_{i-1},r_i)$ 是 n 的可应用规则集 RULES,$m_1,m_2,\cdots,m_{i-1},m_i$ 是 n 的 i 个子状态,它们分别可以通过 r_1、r_2、$\cdots$、r_{i-1}、r_i 这 i 个规则作用于状态 n 得到。t 是目标状态。

为了得到从当前状态 n 到目标状态 t 的路径,可以从两方面考虑。一是要探索 n 的 i 个子状态 m_1、m_2、$\cdots$、m_{i-1}、m_i 中,通过哪一个状态可以达到目标状态 t。这一点,算法是通过循环实现的,每次从 n 的可应用规则集中选取一个规则作用于 n,所体现的是"横向"探索。二是"纵向"探索。为了探索 n 的某一个子状态 $m_k(k=1,2,\cdots,i)$ 是否可以达到目标状态 t,算法通过递归完成试探。

整个算法的思想是：要想求得从 n 到 t 的路径,首先查看 m_1 到 t 是否有路径存在。如果从 m_1 到 t 有路径存在,则在该路径前加上 r_1,就得到从 n 到 t 的路径(这里的路径是用规则的集合表示的)。在试探 m_1 到 t 有没有路径的过程中,m_1 又成为当前状态,又要探索 m_1 的子状态到 t 是否有路径存在,如此进行下去。递归起的正是这样的作用。如果从 m_1 到 t 没有路径存在,算法则试探 m_2 到 t 是否存在路径,它同样也要试探 m_2 的子状态到 t 有无路径存在,等等。所以,算法中循环和递归是交叉进行的,一方面是"横向"探索,另一方面是"纵向"探索。

下面对这个算法进行说明。首先解释其中的变量、常量、谓词、函数等符号的意义。变量符号 DATA、RULES、R、RDATA、PATH 分别表示当前状态、规则集序列表、当前调用规则、新生成状态、当前解路径表。常量符号 NIL、FAIL、LOOP 分别表示空表、回溯点标记、循环标号。当状态变量 DATA 满足结束条件时,TERM(DATA)取真；当 DATA 为非法状态时,DEADEND(DATA)取真；当规则集序列表 RULES 取空时,NULL 取真。函数 RETURN、APPRULES、FIRST、TAIL、GEN、GO、CONS 的作用是：RETURN 返回其自变量值；APPRULES 求可应用规则集；FIRST 和 TAIL 分别取表头和表尾；GEN 调用规则 R 生成新状态；GO 执行转移；CONS 构造新表,把其第一个自变量加到一个表(第二个自变量)的前头。BACKTRACK(RDATA)表示调用递归过程作用于新自变量上。

这里再说明一下该过程的运行情况。当某一个状态 S_g 满足结束条件时,算法才在第 1 步结束并返回 NIL,此时 BACKTRACK(S_g)=NIL。失败退出发生在第 2、4 步,第 2 步是处理不合法状态的回溯点,而第 4 步是处理全部规则应用均失败时的回溯点。若处在递归调用过程期间失败,过程会回溯到上一层继续运行;若在最高层失败,则整个过程宣告失败后退出。构造成功结束时的规则表在第 10 步完成。算法第 3 步实现可应用规则的排序,可以是固定排序或根据启发信息排序。

这个简单的 BACKTRACK 过程只设置两个回溯点,可用于求解 N-皇后这类性质的问题,下面以四皇后问题为例说明算法的运行过程。

2. 四皇后问题

在一个 4×4 的国际象棋棋盘上,一次一个地摆布 4 枚皇后棋子,摆好后要满足每行、每列和对角线上只允许出现一枚棋子,即棋子间不许相互俘获。

图 1.3 给出棋盘的几个势态,其中图 1.3(a)、图 1.3(b)满足目标条件,图 1.3(c)~(e)为不合法状态,即不可能构成满足目标条件的中间势态。

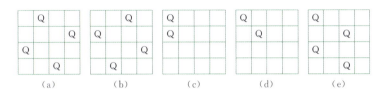

图 1.3　四皇后问题棋盘的几个势态

综合数据库:DATA=L(表),L 的元素$\subset\{ij\}$ $1\leqslant i,j\leqslant 4$。DATA 非空时,其表元素表示棋子所在的行和列。因只有 4 个棋子,故表元素个数最多为 4。

图 1.3(a)、图 1.3(b)分别记为(12　24　31　43)和(13　21　34　42),图 1.3(c)~(e)分别记为(11　21)、(11　22)、(11　23　31　43)。

规则集:if $1\leqslant i\leqslant 4$ 且 Length(DATA)=$i-1$
　　　　then APPEND(DATA (ij))　　($1\leqslant j\leqslant 4$)

共 16 条规则,每条规则 R_{ij} 表示满足前提条件下,在 ij 处放一棋子。

当规则序列以 R_{11},R_{12},R_{13},R_{14},R_{21},…,R_{44} 这种固定排序方式调用 BACKTRACK 时,四皇后问题的搜索示意图如图 1.4 所示(为简单起见,每个状态只写出其增量部分)。可以看出,总共回溯 22 次,主过程结束时返回规则表(R_{12}　R_{24}　R_{31}　R_{43})。

在回溯策略中,也可以通过引入一些与问题有关的信息加快搜索解的速度。对于皇后问题来说,由于每一行、每一列和每一个对角线都只能放一个皇后,当一个皇后放到棋盘上后,不管它放在棋盘的什么位置,它所影响的行和列方向上的棋盘位置数是固定的,因此在行、列方面没有什么信息可以利用。但在不同的位置,在对角线方向所影响的棋盘位置数则是不同的。可以想象,如果把一个皇后放在棋盘的某个位置后,它所影响的棋盘位置数少,那么给以后放皇后留有的余地就大,找到解的可能性也大;反之,留有的余地就小,找到解的可能性也小。如图 1.5 所示,图 1.5(a)皇后所影响的最长对角线上的位置数是 3,而图 1.5(b)皇后所影响的最长对角线上的位置数是 2,显然在图 1.5(b)位置放置皇后找到解的可能

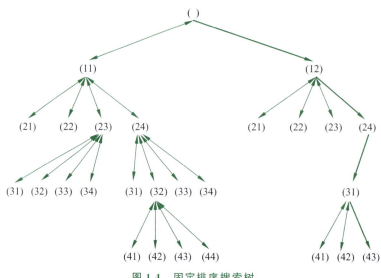

图 1.4 固定排序搜索树

性大于图 1.5(a)位置。利用这样的信息对可应用规则集进行动态排序,可以加快找到解的速度。图 1.5(c)给出了采用这种方法四皇后问题的搜索树,比较图 1.4 和图 1.5,可以说明这种方法对于加快找到解的速度是很有效的,只回溯 2 次就找到了问题的解。

3. 递归过程 BACKTRACK1(DATALIST)

在前面的回溯算法 BACKTRACK 中,设置了两个回溯点,一个是当遇到非法状态时回溯,另一个是当试探了一个状态的所有子状态后,仍然找不到解时回溯。对于某些问题,可能会遇到这样的问题:一个是问题的某一个(或者某些)分支具有无穷个状态,算法可能落入某一个"深渊",永远也回溯不回来,这样就不能找到问题的解。另一个问题是,在某一个分支上具有环路,搜索会在这个环路中一直进行下去,同样也回溯不出来,从而找不到问题的解,如图 1.6 所示。

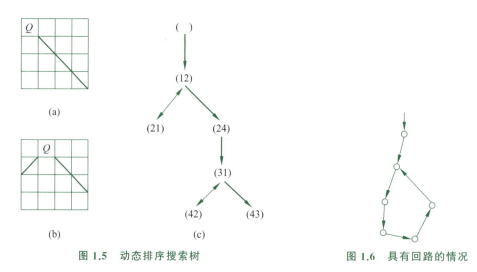

图 1.5 动态排序搜索树　　　　图 1.6 具有回路的情况

为了解决这两个问题,下面给出回溯算法 BACKTRACK1,该算法比前面的回溯算法增加了两个回溯点:一个是用一个常量 BOUND 限制算法所能搜索的最大深度,当当前状态的深度达到限制深度时,算法将进行回溯,从而可以避免落入"深渊";另一个是将过程的参数用从初始状态到当前状态的表替代原来的当前状态,当新的状态产生时,查看是否已经在该表中出现过。如果出现过,则表明有环路存在,算法将进行回溯,从而解决了环路问题。

改进后的算法如下:

递归过程 BACKTRACK1(DATALIST)

① DATA := FIRST(DATALIST);设置 DATA 为当前状态。

② IF MEMBER(DATA,TAIL(DATALIST)),RETURN FAIL;TAIL 是取尾操作,表示取表 DATALIST 中除第一个元素外的所有元素。如果 DATA 在 TAIL(DATALIST)中存在,则表示有环路出现,过程返回 FAIL,必须回溯。

③ IF TERM(DATA),RETURN NIL;TERM 取真即找到目标,则过程返回空表 NIL。

④ IF DEADEND(DATA),RETURN FAIL;DEADEND 取真,即该状态不合法,则过程返回 FAIL,必须回溯。

⑤ IF LENGTH(DATALIST)＞BOUND,RETURN FAIL;LENGTH 计算 DATALIST 的长度,即搜索的深度,当搜索深度大于给定值 BOUND 时,则过程返回 FAIL,必须回溯。

⑥ RULES := APPRULES(DATA);APPRULES 计算 DATA 的可应用规则集,依某种原则(任意排列或按启发式准则排列)排列后赋给 RULES。

⑦ LOOP: IF NULL(RULES),RETURN FAIL;NULL 取真,即规则用完未找到目标,过程返回 FAIL,必须回溯。

⑧ R := FIRST(RULES);取第一条可应用规则。

⑨ RULES := TAIL(RULES);删去第一条规则,缩短可应用规则表的长度。

⑩ RDATA := GEN(R,DATA);调用规则 R 作用于当前状态,生成新状态。

⑪ RDATALIST := CONS(RDATA,DATALIST);将新状态加入表 DATALIST 中。

⑫ PATH := BACKTRACK1(RDATALIST);递归调用本过程。

⑬ IF PATH=FAIL,GO LOOP;当 PATH＝FAIL 时,递归调用失败,则转移调用另一规则进行测试。

⑭ RETURN CONS(R,PATH);过程返回解路径规则表(或局部解路径子表)。

这个算法与 BACKTRACK 的差别是递归过程自变量是状态的链表。在过程 BACKTRACK1 中,形参 DATALIST 是从初始状态到当前状态的逆序表,即初始状态排在表的最后,而当前状态排在表的最前面。返回值同前面的算法一样,是以规则序列表示的路径表(当求解成功时),或者是 FAIL(当求解失败时)。此外,在第 2、5 步增设了两个回溯点以检验是否重新访问已出现过的状态和限定搜索深度范围,这分别由谓词 MEMBER 和＞、函数 LENGTH、常量 BOUND 实现。

推广的回溯算法可应用于一般问题的求解,但这两个算法只描述了回溯一层的情况,即第 n 层递归调用失败,则控制退回到第 $n-1$ 层继续搜索。实际上造成深层搜索失败往往由浅层原因引起,因此也可以利用启发信息分析失败的原因,再回溯到合适的层次上,这就是多层回溯策略的思想,目前有一些系统已使用了这种策略。

1.2 图搜索策略

回溯搜索策略的一个特点是只保留了从初始状态到当前状态的一条路径(无论是 BACKTRACK 还是 BACKTRACK1 都是如此)。当回溯出现时,回溯点处进行的搜索将被算法"忘记"。其好处是节省了存储空间,不足是这些被回溯掉的已经搜索过的部分,以后不能再被使用。与此对应的,将所有搜索过的状态都记录下来的搜索方法称为"图搜索",搜索过的路径除可以重复利用外,其最大的优点是可以更有效地利用与问题有关的一些知识,从而达到启发式搜索的目的。

实际上,图搜索策略是实现从一个隐含图中生成一部分确实含有一个目标结点的显式表示子图的搜索过程。图搜索策略在人工智能系统中广泛使用,本节将对算法及涉及的基本理论问题进一步讨论。

首先回顾图论中几个术语的含义。

结点深度:根结点的深度为0,其他结点的深度规定为父结点深度加1,即 $d_{n+1}=d_n+1$。

路径:设一结点序列为 $(n_0,n_1,\cdots,n_i,\cdots,n_k)$,对 $i=1,2,\cdots,k$,若任一结点 n_{i-1} 都具有一个后继结点 n_i,则该结点序列称为从结点 n_0 到结点 n_k 长度为 k 的一条路径。

路径耗散值:令 $C(n_i,n_j)$ 为结点 n_i 到 n_j 这段路径(或弧线)的耗散值,一条路径的耗散值等于连接这条路径各结点间所有弧线耗散值的总和。路径耗散值可按如下递归公式计算:

$$C(n_i,t)=C(n_i,n_j)+C(n_j,t)$$

$C(n_i,t)$ 为 $n_i \rightarrow t$ 这条路径的耗散值。

扩展一个结点:后继结点操作符(相当于可应用规则)作用到结点(对应某一状态描述)上,生成其所有后继结点(新状态),并给出连接弧线的耗散值(相当于使用规则的代价),这个过程叫作扩展一个结点。扩展结点可使定义的隐含图生成显式表示的状态空间图。

下面首先给出一般的图搜索算法。

一般图搜索算法

① $G := G_0(G_0=s)$,OPEN $:=(s)$;G 表示图,s 为初始结点,设置 OPEN 表,最初只含初始结点。

② CLOSED $:=()$;设置 CLOSED 表,起始设置为空表。

③ LOOP:IF OPEN $=()$,THEN EXIT(FAIL)。

④ $n := $ FIRST(OPEN),REMOVE(n,OPEN),ADD(n,CLOSED);称 n 为当前结点。

⑤ IF GOAL(n),THEN EXIT(SUCCESS);由 n 返回到 s 路径上的指针,可给出解路径。

⑥ EXPAND(n)$\rightarrow \{m_i\}$,$G := $ ADD(m_i,G);子结点集$\{m_i\}$中不包含 n 的父辈结点。

⑦ 标记和修改指针
- ADD(m_j,OPEN),并标记 m_j 连接到 n 的指针;m_j 为 OPEN 和 CLOSED 中未出现过的子结点;
- 计算是否修改 m_k,m_l 到 n 的指针;m_k 为已出现在 OPEN 中的子结点,m_l 为已出现在 CLOSED 中的子结点,$\{m_i\}=\{m_j\}\cup\{m_k\}\cup\{m_l\}$;
- 计算是否修改 m_l 到其后继结点的指针。

⑧ 对 OPEN 中的结点按某种原则重新排序。

⑨ GO LOOP。

这是一个一般的图搜索过程，通过不断循环，生成出一个显式表示的图 G(搜索图)和一个 G 的子集 T(搜索树)。该搜索树 T 由第 7 步中标记的指针决定，除根结点 s 外，G 中每个结点只有一个指针指向 G 中的一个父结点，显然树中的每一个结点都处在 G 中。由于图 G 是无环的，因此可根据树定义任一条特殊的路径。可以看出，OPEN 表上的结点都是搜索树的端结点，即至今尚未被选作为扩展的结点，而 CLOSED 表上的结点，可以是已被扩展而不能生成后继结点的那些端结点，也可以是树中的非端结点。

这个过程在第 8 步对 OPEN 表上的结点进行排序，以便在第 4 步能选出一个"最好"的结点优先扩展。不同的排序方法可构成形式多样的专门搜索算法，这在后面还要进一步讨论。如果选出待扩展的结点是目标结点，则算法在第 5 步成功结束，并可根据回溯到 s 的指针给出解路径。如果某个循环中，搜索树不再剩有待选的结点，即 OPEN 表变空时，则过程以失败结束，问题找不到解。

下面再说明一下第 7 步中标记和修改指针的问题。如果要搜索的隐含图是一棵树，则可肯定第 6 步生成的后继结点不可能是以前生成过的，这时搜索图就是搜索树，不存在 m_k、m_l 这种类型的子结点，因此不必进行修改指针的操作。如果要搜索的隐含图不是一棵树，则有可能出现 m_k 这样的子结点，就是说这时又发现了到达 m_k 的新通路，这样就要比较不同路径的耗散值，把指针修改到具有较小耗散值的路径上。例如，图 1.7 所示的两个搜索图中，实心圆点在 CLOSED 表中(已扩展过的结点)，空心圆点则在 OPEN 表中(待扩展结点)。先设下一步要扩展结点 6，并设生成的两个子结点，其中有一个结点 4 已在 OPEN 中，那么原先路径(s→3→2→4)的耗散值为 5(设每段路径均为单位耗散)，新路径(s→6→4)的耗散值为 4，所以 4 的指针应由指向 2 修正为指向 6，如图 1.7(a)所示。接着设下一循环要扩展结点 1，若结点 1 只生成一个子结点 2(它已在 CLOSED 上)，显然这时结点 2 原先指向结点 3 的指针，要修改为指向结点 1，由此引起子结点 4 的指针又修改为指向 2，如图 1.7(b)所示。

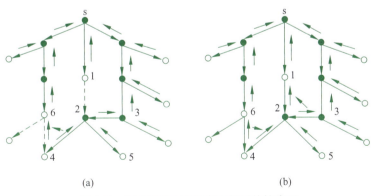

图 1.7 扩展结点 6 和结点 1 得到的搜索图

1.3 无信息图搜索过程

无信息图搜索过程是在算法的第 8 步中任意排列 OPEN 表结点的顺序，通常有两种排列方式，分别构成了深度优先搜索和宽度优先搜索。

1. 深度优先搜索

过程 DEPTH-FIRST-SEARCH

① $G := G_0 (G_0 = s)$, OPEN := (s), CLOSED := ();

② LOOP: IF OPEN=() THEN EXIT(FAIL);

③ n := FIRST(OPEN);

④ IF GOAL(n) THEN EXIT(SUCCESS);

⑤ REMOVE(n,OPEN), ADD(n,CLOSED);

⑥ EXPAND(n)→$\{m_j\}$;
　　$G := ADD(m_j, G)$;

⑦ ADD(m_j, OPEN), 并标记 m_j 到 n 的指针; 把不在 OPEN 或 CLOSED 中的结点放在 OPEN 表的最前面, 使深度大的结点可优先扩展;

⑧ GO LOOP。

该算法是根据一般的图搜索算法改变而成的。所谓深度优先搜索,就是在每次扩展一个结点时,选择到目前为止深度最深的结点优先扩展。这一点在算法的第 7 步有所体现。第 7 步中的 ADD(m_j, OPEN) 表示将被扩展结点 n 的所有新子结点 m_j 加到 OPEN 表的前面。开始时, OPEN 表中只有一个初始结点 s, s 被扩展, 其子结点被放入 OPEN 表中。在算法的第 3 步, OPEN 表的第一个元素——设为 n——被取出扩展,这时结点 n 的深度在 OPEN 表中是最大的, OPEN 表中的其他结点的深度都不会超过 n 的深度。n 的子结点被放到 OPEN 表的最前面。由于子结点的深度大于父结点的深度,实际上 OPEN 表是按照结点的深度进行排序的,深度深的结点排在前面,而深度浅的结点排在后面。这样, 当下一个循环再次取出 OPEN 表的第一个元素时,实际上选择的就是到目前为止深度最深的结点,从而实现了深度优先的搜索策略。

一般情况下,当问题有解时,深度优先搜索不但不能保证找到最优解,也不能保证一定能找到解。如果问题的状态空间是有限的,则可以保证找到解;当问题的状态空间是无限的,则可能陷入"深渊",而找不到解。为此,像回溯算法一样,可以加上对搜索的深度限制。其方法是在算法的第 7 步,当结点的深度达到限制深度时,则不将其子结点加入 OPEN 表中,从而实现对搜索深度的限制。当然,这个深度限制应该设置得合适,深度过深会影响搜索的效率; 而深度过浅,则可能影响找到问题的解。

2. 宽度优先搜索

与深度优先算法一样,宽度优先算法也是从一般的图搜索算法变化而来的。在深度优先搜索中,每次选择深度最深的结点首先扩展,而宽度优先搜索则正好相反,每次选择深度最浅的结点优先扩展。与深度优先算法不同的只是第 7 步,这里 ADD(OPEN, m_j) 表示将 m_j 类子结点放到 OPEN 表的后边,从而实现了对 OPEN 表中的元素按结点深度排序,只不过这次将深度浅的结点放在 OPEN 表的前面,而深度深的结点放在 OPEN 表的后边。当问题有解时,宽度优先算法一定能找到解,并且在单位耗散的情况下,可以保证能找到最优解。

过程 BREADTH-FIRST-SEARCH

① $G := G_0 (G_0 = s)$, OPEN := (s), CLOSED := ( );

② LOOP: IF OPEN=( ) THEN EXIT(FAIL);

③ n := FIRST(OPEN);
④ IF GOAL(n) THEN EXIT(SUCCESS);
⑤ REMOVE(n,OPEN),ADD(n,CLOSED);
⑥ EXPAND(n)→{m_i},
　G := ADD(m_i,G);
⑦ ADD(OPEN,m_j),并标记 m_j 到 n 的指针；把不在 OPEN 或 CLOSED 中的结点放在 OPEN 表的后面，使深度浅的结点可优先扩展；
⑧ GO LOOP。

1.4　启发式图搜索过程

启发式搜索是利用问题拥有的启发信息引导搜索，达到缩小搜索范围，降低问题复杂度的目的。这种利用启发信息的搜索过程称为启发式搜索方法。在研究启发式搜索方法时，先说明启发信息应用、启发能力度量及如何获得启发信息这几个问题，然后再讨论算法及一些理论问题。

一般来说，启发信息过弱，搜索过程在找到一条路径之前将扩展过多的结点，即求得解路径所需搜索的耗散值（搜索花费的工作量）较大；相反，引入强启发信息，有可能大大降低搜索工作量，但不能保证找到最小耗散值的解路径（最佳路径）。因此，实际应用中，希望最好引入降低搜索工作量的启发信息，而不牺牲找到最佳路径的保证。这是一个重要而又困难的问题，在理论上要研究启发信息和最佳路径的关系，在实际中则要解决获取启发信息方法的问题。

比较不同搜索方法的效果可用启发能力的强弱度量。在大多数实际问题中，人们感兴趣的是使路径的耗散值和求得路径所需搜索的耗散值两者的某种组合最小，更一般的情况是考虑搜索方法对求解所有可能遇见的问题，其平均的组合耗散值最小。如果搜索方法 1 的平均组合耗散值比方法 2 的平均组合耗散值低，则认为方法 1 比方法 2 有更强的启发能力。实际上很难给出一个计算平均组合耗散值的方法，因此启发能力的度量也只能根据使用方法的实际经验判断，没有必要追求严格的比较结果。

启发式搜索过程中，要对 OPEN 表进行排序，这就需要有一种方法来计算待扩展结点有希望通向目标结点的不同程度，人们总是希望能找到最有希望通向目标结点的待扩展结点优先扩展。一种常用的方法是定义一个评价函数（evaluation function）对各个子结点进行计算，其目的是估算"有希望"的结点。如何定义一个评价函数呢？通常可以参考的原则有：一个结点处在最佳路径上的概率；求出任意一个结点与目标结点集之间的距离度量或差异度量；根据格局（博弈问题）或状态的特点打分，即根据问题的启发信息，从概率角度、差异角度或记分法给出计算评价函数的方法。

1. 启发式搜索算法 A

启发式搜索算法 A，一般简称为 A 算法，是一种典型的启发式搜索算法。其基本思想是：定义一个评价函数 f，对当前的搜索状态进行评估，找出一个最有希望的结点来扩展。

评价函数的形式如下：

$$f(n) = g(n) + h(n)$$

其中，n 是被评价的结点。

$f(n)$、$g(n)$ 和 $h(n)$ 各自表示什么含义？先定义下面几个函数的含义，它们与 $f(n)$、$g(n)$ 和 $h(n)$ 的差别是都带有一个 * 号。

$g^*(n)$：表示从初始结点 s 到结点 n 的最短路径的耗散值；

$h^*(n)$：表示从结点 n 到目标结点 g 的最短路径的耗散值；

$f^*(n) = g^*(n) + h^*(n)$：表示从初始结点 s 经过结点 n 到目标结点 g 的最短路径的耗散值。

而 $f(n)$、$g(n)$ 和 $h(n)$ 则分别表示对 $f^*(n)$、$g^*(n)$ 和 $h^*(n)$ 3 个函数值的估计值，是一种预测。A 算法就是利用这种预测，达到有效搜索的目的。它每次按照 $f(n)$ 值的大小对 OPEN 表中的元素进行排序，f 值小的结点放在前面，而 f 值大的结点则放在 OPEN 表的后面，这样，每次扩展结点时，总是选择当前 f 值最小的结点优先扩展。

过程 A

① OPEN := (s), f(s) := g(s) + h(s);

② LOOP: IF OPEN = () THEN EXIT(FAIL);

③ n := FIRST(OPEN);

④ IF GOAL(n) THEN EXIT(SUCCESS);

⑤ REMOVE(n, OPEN), ADD(n, CLOSED);

⑥ EXPAND(n) → {m_i}，计算 f(n, m_i) = g(n, m_i) + h(m_i); g(n, m_i) 是从 s 通过 n 到 m_i 的耗散值，f(n, m_i) 是从 s 通过 n、m_i 到目标结点耗散值的估计;

- ADD(m_j, OPEN)，标记 m_j 到 n 的指针。
- IF f(n, m_k) < f(m_k) THEN f(m_k) := f(n, m_k)，标记 m_k 到 n 的指针；比较 f(n, m_k) 和 f(m_k)，f(m_k) 是扩展 n 之前计算的耗散值。
- IF f(n, m_l) < f(m_l) THEN f(m_l) := f(n, m_l)，标记 m_l 到 n 的指针, ADD(m_l, OPEN); 当 f(n, m_l) < f(m_l) 时，把 m_l 重放回 OPEN 中，不必考虑修改到其子结点的指针。

⑦ OPEN 中的结点按 f 值从小到大排序;

⑧ GO LOOP。

A 算法同样由一般的图搜索算法改变而成。在算法的第 7 步，按照 f 值从小到大对 OPEN 表中的结点进行排序，体现了 A 算法的含义。

要计算 $f(n)$、$g(n)$ 和 $h(n)$ 的值，$g(n)$ 根据已经搜索的结果，按照从初始结点 s 到结点 n 的路径，计算这条路径的耗散值就可以了。而 $h(n)$ 则依赖启发信息，是与问题有关的，需要根据具体的问题定义。通常称 $h(n)$ 为启发函数，是对未来扩展的方向进行估计。

A 算法是按 $f(n)$ 递增的顺序排列 OPEN 表的结点，因而优先扩展 $f(n)$ 值小的结点，体现了好的优先搜索思想，所以 A 算法是一个好的优先的搜索策略。图 1.8 展示了当前要扩展结点 n 之前的搜索图，扩展 n 后新生成的子结点 m_1 ($\in \{m_j\}$)、m_2 ($\in \{m_k\}$)、m_3 ($\in \{m_l\}$) 要分别计算其评价函数值。

$$f(m_1) = g(m_1) + h(m_1)$$
$$f(n, m_2) = g(n, m_2) + h(m_2)$$
$$f(n, m_3) = g(n, m_3) + h(m_3)$$

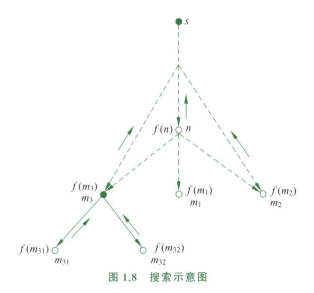

图 1.8　搜索示意图

然后按第 6 步的条件进行指针设置和第 7 步重排 OPEN 表结点顺序,以便确定下一次要扩展的结点。

下面再以八数码问题为例,说明 A 算法的搜索过程。

八数码问题(Eight-Puzzle)描述如下。

在 3×3 的九宫格棋盘上摆有 8 个将牌,每个将牌都刻有 $1 \sim 8$ 数码中的某一个数码。棋盘中留有一个空格,允许其周围的某个将牌向空格移动,这样,通过移动将牌就可以不断改变将牌的布局。这种游戏求解的问题是:给定一种初始的将牌布局或结构(称作初始状态)和一个目标的布局(称作目标状态),问如何移动将牌,实现从初始状态到目标状态的转变。问题的解答其实就是给出一个合法的走步序列。

设评价函数 $f(n)$ 形式如下:

$$f(n) = d(n) + W(n)$$

其中,$d(n)$ 代表结点的深度,取 $g(n) = d(n)$ 表示讨论单位耗散的情况;取 $h(n) = W(n)$ 表示以"不在位"的将牌个数作为启发函数的度量,这时 $f(n)$ 可估计出通向目标结点的希望程度。

"不在位的将牌数"计算方法可以图 1.9 为例说明。

图 1.9(a)是八数码问题的一个初始状态,图 1.9(b)是八数码问题的目标状态。初始状态和目标状态相比,看初始状态的哪些将牌不在目标状态的位置上,这些将牌的数目之和,就是"不在位的将牌数"。比较图 1.9 中的两个图形,发现"1""2""6"和"8"这 4 个将牌不在目标状态的位置上,所以初始状态的"不在位的将牌数"就是 4,也就是初始状态的 h 值。其他状态的 h 值,也按照此方法计算。

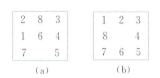

图 1.9　八数码问题

图 1.10 展示了使用这种评价函数时的搜索树,图中括号中的数字表示该结点的评价函数值 f。算法每一循环结束时,其 OPEN 表和 CLOSED 表的排列如表 1.1 所示。

表 1.1　搜索过程的 OPEN 表和 CLOSED 表

OPEN 表	CLOSED 表
初始化　　　　（s(4)）	（　）
第 1 循环结束（B(4) A(6) C(6)）	(s(4))
第 2 循环结束（D(5) E(5) A(6) C(6) F(6)）	(s(4) B(4))
第 3 循环结束（E(5) A(6) C(6) F(6) G(6) H(7)）	(s(4) B(4) D(5))
第 4 循环结束（I(5) A(6) C(6) F(6) G(6) H(7) J(7)）	(s(4) B(4) D(5) E(5))
第 5 循环结束（K(5) A(6) C(6) F(6) G(6) H(7) J(7)）	(s(4) B(4) D(5) E(5) I(5))
第 6 循环结束（L(5) A(6) C(6) F(6) G(6) H(7) J(7)M(7)）	(s(4) B(4) D(5) E(5) I(5) K(5))
第 7 循环结束 第 4 步成功退出	

根据目标结点 L 返回到 s 的指针,可得解路径 s(4),B(4),E(5),I(5),K(5),L(5)。

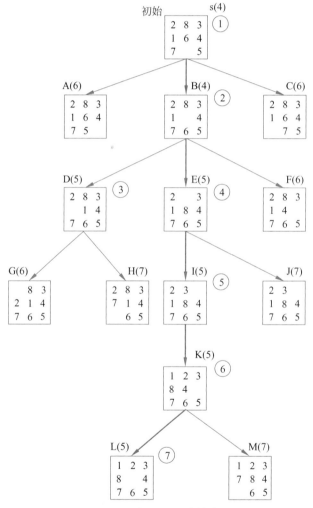

图 1.10　八数码问题的搜索树

2. 爬山法

过程 Hill-climbing

① n := s；s 为初始结点；

② LOOP：IF GOAL(n) THEN EXIT(SUCCESS)；

③ EXPAND(n)→{m_i},计算 h(m_i),nextn := m(min h(m_i)的结点);
④ IF h(n)<h(nextn) THEN EXIT(FAIL);
⑤ n := nextn;
⑥ GO LOOP。

显然,如果将山顶作为目标,$h(n)$ 表示山顶与当前位置 n 之间高度之差,则该算法相当于总是登向山顶,在单峰的条件下,必能到达山峰。

3. 分支界限法

分支界限法是优先扩展当前具有最小耗散值分支路径的端结点 n,其评价函数为 $f(n)=g(n)$。该算法的基本思想很简单,实际上是建立一个局部路径(或分支)的队列表,每次都选择耗散值最小的那个分支上的端结点进行扩展,直到生成含有目标结点的路径为止。

过程 Branch-Bound
① QUEUE :=(s-s),g(s)=0;
② LOOP: IF QUEUE=(   )THEN EXIT(FAIL);
③ PATH := FIRST(QUEUE),n := LAST(PATH);
④ IF GOAL(n) THEN EXIT(SUCCESS);
⑤ EXPAND(n) → {m_i},计算 $g(m_i) = g(n, m_i)$,REMOVE(s−n,QUEUE),ADD(s−m_i,QUEUE);
⑥ QUEUE 中局部路径 g 值最小者排在前面;
⑦ GO LOOP。

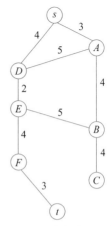

图 1.11 八城市地图示意图

利用该算法求解图 1.11 的最短路径问题,其搜索图如图 1.12 所示,求解过程中 QUEUE 的结果简记如下(D(4)代表耗散值为 4 的 s-D 分支,其余类推)。

初始(s(0))
① (A(3) D(4))
② (D(4) B(7) D(8))
③ (E(6) B(7) D(8) A(9))
④ (B(7) D(8) A(9) F(10) B(11))
⑤ (D(8) A(9) F(10) B(11) C(11) E(12))
⑥ (A(9) E(10) F(10) B(11) C(11) E(12))
⑦ (E(10) F(10) B(11) C(11) E(12) B(13))
⑧ (F(10) B(11) C(11) E(12) B(13) F(14) B(15))
⑨ (B(11) C(11) E(12) t(13) B(13) F(14) B(15))
⑩ (C(11) E(12) t(13) B(13) F(14) A(15) B(15) C(15))
⑪ (E(12) t(13) B(13) F(14) A(15) B(15) C(15))
⑫ (t(13) B(13) F(14) D(14) A(15) B(15) C(15) F(16))
⑬ 结束。

4. 动态规划法

在 A 算法中,当 $h(n)\equiv 0$ 时,A 算法演变为动态规划算法。由于在 A 算法中很多问题

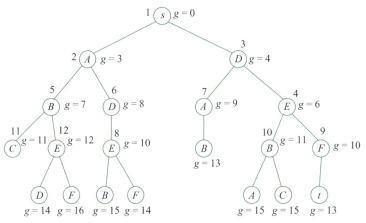

图 1.12 分支界限搜索树

的启发函数 h 难以定义,因此动态规划算法仍然是至今一直被使用的算法。在其他方面的一些书中,如运筹学方面的书,讲到的动态规划算法,形式上可能与这里介绍的有所不同,但其性质是一样的,而且这里介绍的动态规划算法具有更大的灵活性。

动态规划法实际上是对分支界限法的改进。从图 1.13 中可以看出,第二循环扩展 A(3) 后生成的 D(8) 结点(D(4)已在 QUEUE 上)和第三循环扩展 D(4) 之后生成的 A(9) 结点(A(3)已在 QUEUE 上)都是多余的分支,因为由 $s-D$ 到达目标的路径显然比 $s-A-D$ 到达目标的路径好。因此,删去类似于 $s-A-D$ 或 $s-D-A$ 这样一些多余的路径将会大大提高搜索效率。动态规划原理指出,求 $s \to t$ 的最佳路径时,对某一个中间结点 I,只要考虑 s 到 I 中最小耗散值这一条局部路径就可以,其余 s 到 I 的路径是多余的,不必考虑。下面给出具有动态规划原理的分支界限算法。

过程 Dynamic-Programming

① QUEUE:=(s-s),g(s)=0;

② LOOP:IF QUEUE=( ) THEN EXIT(FAIL);

③ PATH := FIRST(QUEUE),n := LAST(PATH);

④ IF GOAL(n) THEN EXIT(SUCCESS);

⑤ EXPAND(n)→{m_i},计算 g(m_i) = g(n,m_i),REMOVE(s-n,QUEUE),ADD(s-m_i,QUEUE);

⑥ 若 QUEUE 中有多条到达某一公共结点的路径,则只保留耗散值最小的那条路径,其余删去,并重新排序,g 值最小者排在前面;

⑦ GO LOOP。

对图 1.11 的例子利用该算法,其搜索图如图 1.13 所示,实际只剩下两条搜索路径,提高了搜索效率。

5. 最佳图搜索算法 A*(optimal search)

在算法 A 的评价函数中使用的启发函数 h(n) 处在 h*(n) 的下界范围时,即满足 h(n)≤ h*(n)时,则把这个算法称为 A* 算法。A* 算法实际上是分支界限和动态规划原理及使用下界范围的 h 相结合的算法。当问题有解时,A* 一定能找到一条到达目标结点的最佳路径。例如,在极端情况下,若 h(n)≡0(肯定满足下界范围条件),则一定能找到最佳路径。

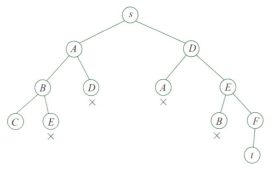

图 1.13 动态规划原理的搜索树

此时若 $g \equiv d$，则算法等同于宽度优先算法。前面已提到过，宽度优先算法能保证找到一条到达目标结点最小长度的路径，因而这个特例直观上就验证了 A^* 的一般结论。

一般来说，对任意一个图，当 s 到目标结点有一条路径存在时，如果搜索算法总是在找到一条从 s 到目标结点的最佳路径上结束，则称该搜索算法是可采纳的。A^* 就具有可采纳性(admissibility)。

下面证明 A^* 的可采纳性及若干重要性质。

定理 1.1 对有限图，如果从初始结点 s 到目标结点 t 有路径存在，则算法 A 一定成功结束。

证明 设 A 搜索失败，则算法在第 2 步结束，OPEN 表变空，而 CLOSED 表中的结点是在结束之前被扩展过的结点。由于图有解，令 $(n_0 = s, n_1, n_2, \cdots, n_k = t)$ 表示某一解路径，从 n_k 开始逆向逐个检查该序列的结点，找到出现在 CLOSED 表中的结点 n_i，即 $n_i \in$ CLOSED，$n_{i+1} \notin$ CLOSED（n_i 一定能找到，因为 $n_0 \in$ CLOSED，$n_k \notin$ CLOSED）。由于 n_i 在 CLOSED 中，必定在第 6 步被扩展，且 n_{i+1} 被加到 OPEN 中，因此在 OPEN 表空之前，n_{i+1} 已被扩展过。若 n_{i+1} 是目标结点，则搜索成功，否则它被加入 CLOSED 中，这两种情况都与搜索失败的假设矛盾，因此对有限图如果不失败，则成功。

因为 A^* 是 A 的特例，因此它具有 A 的所有性质。这样，对有限图如果有解，则 A^* 一定能在找到到达目标的路径结束，下面要证明即使是无限图，A^* 也能找到最佳解结束。下面先证明两个引理。

引理 1.1 对无限图，若存在从初始结点 s 到目标点 t 的一条路径，则 A^* 不结束时，在 OPEN 中即使最小的一个 f 值，也将增加到任意大，或有 $f(n) > f^*(s)$。

在如下的证明中，隐含了两个假设：① 任何两个结点之间的耗散值都大于某个给定的大于零的常量；② $h(n)$ 对于任何 n 来说，都大于或等于零。

证明 设 $d^*(n)$ 是 A^* 生成的搜索树中，从 s 到任一结点 n 最短路径长度的值（设每个弧的长度均为 1），搜索图上每个弧的耗散值为 $C(n_i, n_{i+1})$（C 取正）。令 $e = \min C(n_i, n_{i+1})$，则 $g^*(n) \geqslant d^*(n)e$。而 $g(n) \geqslant g^*(n) \geqslant d^*(n)e$，故有
$$f(n) = g(n) + h(n) \geqslant g(n) \geqslant d^*(n)e (\text{设 } h(n) \geqslant 0)$$

若 A^* 不结束，$d^*(n)$ 趋向于 ∞，f 值将增到任意大。

设 $M = \dfrac{f^*(s)}{e}$，M 是一个定数，所以搜索进行到一定程度，会有 $d^*(n) > M$，或

$\dfrac{d^*(n)}{M} > 1$,则

$$f(n) \geqslant d^*(n)e = d^*(n)\dfrac{f^*(s)}{M} = f^*(s)\dfrac{d^*(n)}{M} > f^*(s)。$$

引理 1.2 A* 结束前,OPEN 表中必存在 $f(n) \leqslant f^*(s)$ 的结点(n 是在最佳路径上的结点)。

证明 设从初始结点 s 到目标结点 t 的一条最佳路径序列为

$$(n_0 = s, n_1, n_2, \cdots, n_k = t)$$

算法初始化时,s 在 OPEN 中,由于 A* 没有结束,因此在 OPEN 中存在最佳路径上的结点。设 OPEN 表中的某结点 n 处在最佳路径序列中(至少有一个这样的结点,因为 s 一开始是在 OPEN 上),显然 n 的先辈结点 n_p 已在 CLOSED 中,因此能找到 s 到 n_p 的最佳路径,而 n 也在最佳路径上,因而 s 到 n 的最佳路径也能找到,因此有

$$f(n) = g(n) + h(n) = g^*(n) + h(n)$$
$$\leqslant g^*(n) + h^*(n) = f^*(n)$$

而最佳路径上任一结点均有 $f^*(n) = f^*(s)$ ($f^*(s)$ 是最佳路径的耗散值),所以 $f(n) \leqslant f^*(s)$。

定理 1.2 对无限图,若从初始结点 s 到目标结点 t 有路径存在,则 A* 也一定成功结束。

证明 假定 A* 不结束,由引理 1.1 有 $f(n) > f^*(s)$,或 OPEN 表中最小的一个 f 值也变成无界,这与引理 1.2 的结论矛盾,所以 A* 只能成功结束。

推论 1.1 OPEN 表上任一具有 $f(n) < f^*(s)$ 的结点 n,最终都将被 A* 选作扩展的结点。

定理 1.3 若存在初始结点 s 到目标结点 t 的路径,则 A* 必能找到最佳解结束。

证明

① 由定理 1.1 和定理 1.2 知 A* 一定会找到一个目标结点结束。

② 设找到一个目标结点 t 结束,而 s 到 t 不是一条最佳路径,即

$$f(t) = g(t) > f^*(s)$$

根据引理 1.2 知结束前 OPEN 表上有结点 n,且处在最佳路径上,并有 $f(n) \leqslant f^*(s)$,所以

$$f(n) \leqslant f^*(s) < f(t)$$

这时算法 A* 应选 n 作为当前结点扩展,不可能选 t,从而也不会测试目标结点 t,即这与假定 A* 选 t 结束矛盾,所以 A* 只能结束在最佳路径上。

推论 1.2 A* 选作扩展的任一结点 n,有 $f(n) \leqslant f^*(s)$。

证明 令 n 是由 A* 选作扩展的任一结点,因此 n 不会是目标结点,且搜索没有结束,由引理 1.2 可知在 OPEN 中有满足 $f(n') \leqslant f^*(s)$ 的结点 n'。若 $n = n'$,则 $f(n) \leqslant f^*(s)$,否则选 n 扩展,必有 $f(n) \leqslant f(n')$,所以 $f(n) \leqslant f^*(s)$ 成立。

6. 启发函数与 A* 算法的关系

应用 A* 的过程中,如果选作扩展的结点 n,其评价函数值 $f(n) = f^*(n)$,则不会扩展多余的结点就可找到解。可以想象,$f(n)$ 越接近 $f^*(n)$,扩展的结点数就越少。即启发函

数中,应用的启发信息(问题知识)越多,扩展的结点数就越少。

定理 1.4 有两个 A* 算法 A_1 和 A_2,若 A_2 比 A_1 有较多的启发信息(即对所有非目标结点均有 $h_2(n) > h_1(n)$),则在具有一条从 s 到 t 的路径的隐含图上,搜索结束时,由 A_2 所扩展的每个结点,也必定由 A_1 所扩展,即 A_1 扩展的结点至少和 A_2 一样多。

证明 使用数学归纳法,对结点的深度应用归纳法。

① 对深度 $d(n) = 0$ 的结点(即初始结点 s),定理结论成立,即若 s 为目标结点,则 A_1 和 A_2 都不扩展 s,否则 A_1 和 A_2 都扩展了 s(归纳法前提)。

② 设深度 $d(n) \leq k$,对所有路径的端结点,定理结论都成立(归纳法假设)。

③ 要证明 $d(n) = k+1$ 时,所有路径的端结点,结论成立,下面用反证法证明。

设 A_2 搜索树上有一个结点 $n(d(n) = k+1)$ 被 A_2 扩展了,而对应 A_1 搜索树上的这个结点 n,没有被 A_1 扩展。根据归纳法假设条件,A_1 扩展了 n 的父结点,n 是在 A_1 搜索树上,因此 A_1 结束时,n 必定保留在其 OPEN 表中,n 没有被 A_1 选择扩展,有

$$f_1(n) \geq f^*(s), 即 g_1(n) + h_1(n) \geq f^*(s)$$

所以
$$h_1(n) \geq f^*(s) - g_1(n) \tag{1.1}$$

另外,A_2 扩展了 n,有

$$f_2(n) \leq f^*(s), 即 g_2(n) + h_2(n) \leq f^*(s)$$

所以
$$h_2(n) \leq f^*(s) - g_2(n) \tag{1.2}$$

由于 $d = k$ 时,A_2 扩展的结点,A_1 也一定扩展,故有
$g_1(n) \leq g_2(n)$(因 A_1 扩展的结点数可能较多)

所以
$$h_1(n) \geq f^*(s) - g_1(n) \geq f^*(s) - g_2(n) \tag{1.3}$$

比较式(1-2)和式(1-3)可得:至少在结点 n 上有 $h_1(n) \geq h_2(n)$,这与定理 1.4 的前提条件矛盾,因此存在结点 n 的假设不成立。

在定理 1.4 中所说的"有两个 A* 算法 A_1 和 A_2",指的是对于同一个问题,分别定义了两个启发函数 h_1 和 h_2。这里要强调几点:第一,这里的 A_1 和 A_2 都是 A* 的,也就是说,定义的 h_1 和 h_2 都要满足 A* 算法的条件。第二,只有当对于任何一个结点 n,都有 $h_2(n) > h_1(n)$ 时,定理才能保证用 A_2 搜索所扩展的结点数≤用 A_1 搜索所扩展的结点数。而如果仅是 $h_2(n) \geq h_1(n)$ 时(比定理的条件多了一个"等于",而不只是单纯的"大于"),定理并不能保证用 A_2 搜索所扩展的结点数≤用 A_1 搜索所扩展的结点数。也就是说,如果仅是 $h_2(n) \geq h_1(n)$,有等于的情况出现,可能会有用 A_2 搜索所扩展的结点数反而多于用 A_1 搜索所扩展的结点数的情况。第三,这里所说的"扩展的结点数",是这样计算的,同一个结点不管它被扩展多少次(在 A 算法的第 6 步,对于 m_i 类结点,存在重新放回到 OPEN 表的可能,因此一个结点有可能被反复扩展多次,后面会看到这样的例子),计算"扩展的结点数"时,都只计算一次,而不管它被重复扩展了多少次。

该定理的意义在于,使用 A* 算法求解问题时,定义的启发函数 h,在满足 A* 的条件下应尽可能地大一些,使其接近 h^*,这样才能使得搜索的效率高。

由这个定理可知,使用启发函数 $h(n)$ 的 A* 算法,比不使用 $h(n)$($h(n) \equiv 0$)的算法,求得最佳路径时扩展的结点数要少,从图 1.14 的搜索图例子可看出比较的结果。当 $h \equiv 0$ 时,求得最佳解路径(s, C, J, t_7),其 $f^*(s) = 8$,但除 $t_1 \sim t_8$ 外所有结点都扩展了,即求出所有

解路径后，才找到耗散值最小的路径。而引入启发函数（设其函数值如图中结点旁边所示）后，除最佳路径上的结点 s、C、J 被扩展外，其余的结点都没有被扩展。当然，一般情况下，并不一定都能达到这种效果，主要在于获取完备的启发信息较为困难。

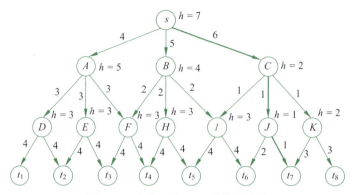

图 1.14 启发函数 $h(n)$ 的效果比较

7. A^* 算法的改进

前面讨论了启发函数对扩展结点数所起的作用。如果用扩展结点数作为评价搜索效率的准则，那么可以发现 A 算法第 6 步中，把 m_1 类结点重新放回 OPEN 表中的操作，将引起多次扩展同一结点的可能。因而，即使扩展的结点数少，但重复扩展某些结点，也将导致搜索效率下降。图 1.15 给出了同一结点多次扩展的例子，并列出了调用算法 A^* 过程时 OPEN 表和 CLOSED 表（如表 1.2 所示）的状态。从 CLOSED 表可以看出，在修改 m_1 类结点指针过程中，结点 A、B、C 重复扩展，次数分别为 8、4、2，总共扩展 16 次结点。

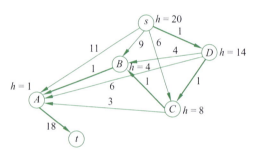

图 1.15 A^* 算法多次扩展同一结点搜索图举例

可以看出，如果不使用启发函数，则每个结点仅扩展一次，虽然扩展的结点数相同，但 A^* 扩展的次数多。如果对启发函数施加一定的限制——单调限制，则当 A^* 算法选择某一个结点扩展时，就已经找到到该结点的最佳路径。下面证明这个结论。

表 1.2 A^* 算法搜索表

	OPEN 表					CLOSED 表		
初始化	(s(20))					( )		
1	(A(12)	B(13)	C(14)	D(15))		(s(20))		
2	(	B(13)	C(14)	D(15)	t(29))	(s(20)	A(12))	
3	(A(11)		C(14)	D(15)	t(29))	(s(20)		B(13))
4	(		C(14)	D(15)	t(28))	(s(20)	A(11)	B(13))
5	(A(10)	B(11)		D(15)	t(28))	(s(20)		C(14))
6	(	B(11)		D(15)	t(27))	(s(20)	A(10)	C(14))
7	(A(9)			D(15)	t(27))	(s(20)	B(11)	C(14))

OPEN 表					CLOSED 表			
8 (			D(15)	t(26))	(s(20)	A(9)	B(11)	C(14))
9 (A(8)	B(9)	C(10)		t(26))	(s(20)			D(15))
10 (	B(9)	C(10)		t(25))	(s(20)	A(8)		D(15))
11 (A(7)		C(10)		t(25))	(s(20)		B(9)	D(15))
12 (		C(10)		t(24))	(s(20)	A(7)	B(9)	D(15))
13 (A(6)	B(7)			t(24))	(s(20)		C(10)	D(15))
14 (	B(7)			t(23))	(s(20)	A(6)	C(10)	D(15))
15 (A(5)				t(23))	(s(20)	B(7)	C(10)	D(15))
16 (				t(22)*	(s(20)	A(5)	B(7)	C(10) D(15))
17 成功结束								

一个启发函数 h，如果对所有结点 n_i 和 n_j（n_j 是 n_i 的子结点），都有 $h(n_i)-h(n_j) \leqslant C(n_i,n_j)$ 或 $h(n_i) \leqslant C(n_i,n_j)+h(n_j)$ 且 $h(t_i)=0$，则称该 h 函数满足单调限制条件。其意义是从 n_i 到目标结点，最佳路径耗散值的估计值 $h(n_i)$ 不大于 n_j 到目标结点最佳路径耗散值的估计值 $h(n_j)$ 与 n_i 到 n_j 弧线耗散值之和。

对八数码问题，$h(n)=W(n)$ 是满足单调限制的条件，证明如下。

当用"不在位的将牌数"定义八数码问题的 h 时（即 $h(n)=W(n)$），其目标的 h 值显然等于0。第二个条件成立。

由于八数码问题一次只能移动一个将牌，因此当移动完一个将牌后，会有以下3种情况：

① 一个将牌从"在位"移动到"不在位"，其结果是使得 h 值增加1，这时 $h(n_i)-h(n_j)=-1$；

② 一个原来就"不在位"的将牌，移动后，还是"不在位"，其结果是使得 h 值不变，这时 $h(n_i)-h(n_j)=0$；

③ 一个将牌从"不在位"移动到"在位"，其结果使得 h 值减少1，这时 $h(n_i)-h(n_j)=1$。

以上3种情况，均有 $h(n_i)-h(n_j) \leqslant 1$。而由于八数码问题每走一步耗散值为1，所以有 $C(n_i,n_j)=1$，因此有 $h(n_i)-h(n_j) \leqslant C(n_i,n_j)$，单调条件的第一条也满足了。所以，当用"不在位的将牌数"定义八数码问题的 h 时，该 h 是单调的。

定理 1.5 若 $h(n)$ 满足单调限制条件，则 A* 扩展结点 n 后，就找到了到达结点 n 的最佳路径。即若 A* 选择 n 扩展，则在单调限制条件下有 $g(n)=g^*(n)$。

证明 设 n 是 A* 选作扩展的任一结点，若 $n=s$，显然有 $g(s)=g^*(s)=0$，因此考虑 $n \neq s$ 的情况。

用序列 $P=(n_0=s,n_1,n_2,\cdots,n_k=n)$ 表达到达 n 的最佳路径。现在从 OPEN 中取出非初始结点 n 扩展时，假定没有找到 P，这时 CLOSED 中一定会有 P 中的结点（至少 s 在 CLOSED 中，n 刚被选作扩展，不在 CLOSED 中），把 P 序列中（依顺序检查）最后一个出现在 CLOSED 中的结点称为 n_j，那么 n_{j+1} 在 OPEN 中（$n_{j+1} \neq n$），由单调限制条件，对任意 i 有

$$g^*(n_i)+h(n_i) \leqslant g^*(n_i)+C(n_i,n_{i+1})+h(n_{i+1}) \tag{1.4}$$

因为 n_i 和 n_{i+1} 在最佳路径上,所以有
$$g^*(n_{i+1}) = g^*(n_i) + C(n_i, n_{i+1})$$
代入式(1-4)后有
$$g^*(n_i) + h(n_i) \leqslant g^*(n_{i+1}) + h(n_{i+1})$$
这个不等式对 P 上所有相邻的结点都合适,若从 $i=j$ 到 $i=k-1$ 应用该不等式,并利用传递性,有
$$g^*(n_{j+1}) + h(n_{j+1}) \leqslant g^*(n_k) + h(n_k), \text{即}$$
$$f(n_{j+1}) \leqslant g^*(n) + h(n) \tag{1.5}$$
另外,A^* 选 n 扩展,必有
$$f(n) = g(n) + h(n) \leqslant f(n_{j+1}) \tag{1.6}$$
比较式(1-5)、式(1-6)得 $g(n) \leqslant g^*(n)$,但已知 $g(n) \geqslant g^*(n)$,因此选 n 扩展时必有 $g(n) = g^*(n)$,即找到了到达 n 的最佳路径。

定理 1.6 若 $h(n)$ 满足单调限制,则由 A^* 所扩展的结点序列,其 f 值是非递减的,即 $f(n_i) \leqslant f(n_j)$。

证明 由单调限制条件:
$$h(n_i) - h(n_j) \leqslant C(n_i, n_j)$$
即
$$f(n_i) - g(n_i) - f(n_j) + g(n_j) \leqslant C(n_i, n_j)$$
$$f(n_i) - g(n_i) - f(n_j) + g(n_i) + C(n_i, n_j) \leqslant C(n_i, n_j)$$
$$f(n_i) - f(n_j) \leqslant 0$$

如果 h 满足单调限制条件,根据定理 1.5,应用 A^* 算法时,在第 6 步不必进行结点的指针修正操作,因而改善了 A^* 的效率。

另外,从图 1.15 的例子看出,因 h 不满足单调限制条件,扩展结点 n 时,有可能还没有找到到达 n 的最佳路径,因此该结点还会再次被放入 OPEN 中,从而造成该结点被重复扩展。

定义满足单调条件的 h,是避免重复扩展结点的好办法。但是,对于实际问题来说,定义一个单调的 h 并不是一件容易的事,那么能否通过修改算法,达到避免或者减少重复结点扩展的问题呢?答案是肯定的。只要适当修改 A 算法,就可以达到这样的目的。

改进 A^* 算法的时候,一是要保持 A^* 算法的可采纳性,二是不能增加过多的计算工作量。由推论 1.1 可知,OPEN 表上任一具有 $f(n) < f^*(s)$ 的结点 n 定会被 A^* 扩展。由推论 1.2 可知,A^* 选作扩展的任一结点,定有 $f(n) \leqslant f^*(s)$。这两个推论正是改进 A^* 算法的理论基础。

算法改进的基本思路是:如图 1.16 所示,仍像 A^* 算法那样,按照结点的 f 值从小到大排序 OPEN 表中的结点,以 $f^*(s)$ 为界将 OPEN 表划分为两部分,一部分由 f 值小于 $f^*(s)$ 的结点组成,称为 NEST,其他结点属于另一部分。

由推论 1.1 可知,OPEN 表上任一具有 $f(n) < f^*(s)$ 的结点 n 定会被 A^* 扩展。所以,NEST 中的结点,不管先扩展还是后扩展,在 A^* 结束前总归要被扩展。改变它们的扩展顺序,不会影响算法扩展结点的个数。如果 h 是单调的,就可以避免重复结点扩展问题。而如果 $h \equiv 0$,由于任何两个结点间的耗散值都大于 0,因此,对于任何结点 n_i 和 n_j,其中 n_j 是

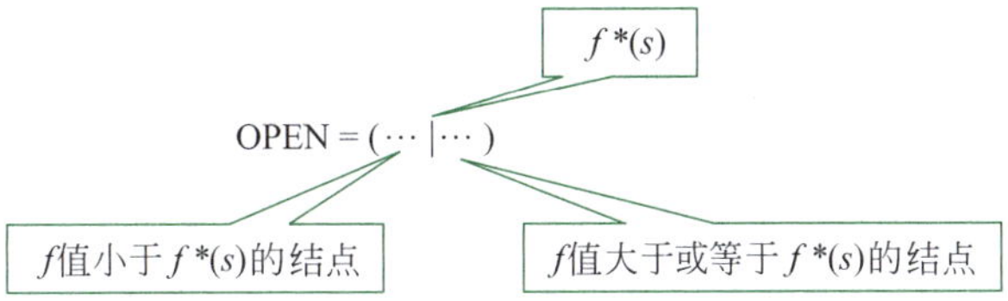

$f^*(s)$

OPEN = (··· | ···)

f 值小于 $f^*(s)$ 的结点 f 值大于或等于 $f^*(s)$ 的结点

图 1.16 算法的改进思路

n_i 的后继结点，有 $h(n_i) - h(n_j) = 0 - 0 < C(n_i, n_j)$，且 $h(t) = 0$（t 是目标结点），所以恒等于 0 的 h 是单调的。因此，如果对于 NEST 中的结点，令其 h 值为 0，至少在它们之间不会引起重复扩展结点问题。由以上分析，如果这样改变算法，对于在 NEST 中出现的结点，令其 h 值为 0，按照 $f(n) = g(n)$ 进行扩展，既可以避免重复扩展结点问题，又不会增加扩展结点的个数，而且也没有增加计算工作量，是对 A* 算法很好的改进。当然，这种改进并不是彻底的，它只可能减少重复扩展结点问题，并不能保证完全避免。最坏情况下，与 A* 完全一样，在避免重复扩展结点这一点上没有任何改进。

由于在问题得到解决之前，$f^*(s)$ 的值是未知的，那么如何得到 NEST 呢？可以用一种近似的方法得到一个 NEST 的子集。由推论 1.2 可知，A* 选作扩展的任一结点，定有 $f(n) \leqslant f^*(s)$，所以可以用到目前为止扩展过的结点中最大的 f 值作为 $f^*(s)$ 的近似值，记作 f_m。f_m 是动态改变的，随着搜索的进行，越来越接近 $f^*(s)$ 值。这样，实际使用时，不是直接用 $f^*(s)$ 对 OPEN 表进行划分，而是用 f_m 对 OPEN 进行划分，从而得到 NEST 的子集。这样得到的 NEST 的子集，仍然称为 NEST。

下面给出修正的 A 算法。

修正过程 A

① OPEN := (s), f(s) = g(s) + h(s) = h(s), f_m := 0；
② LOOP: IF OPEN = ( ) THEN EXIT(FAIL);
③ NEST := {n_i | f(n_i) < f_m}；NEST 给出 OPEN 中满足 f < f_m 的结点集合。

    IF NEST ≠ ( ) THEN n := NEST 中 g 最小的结点

    ELSE n := FIRST(OPEN), f_m := f(n)；NEST 不空时，取其中 g 最小者作为当前结点，否则取 OPEN 的第一个当前结点。

④～⑧ 同过程 A。

现在介绍用修正 A* 搜索图 1.15 的情况，如表 1.3 所示。

表 1.3 用修正 A* 搜索图 1.15 的情况

	OPEN	f_m	CLOSED
初始化	s(0+20)	0	
1	(A(11+1) B(9+4) C(6+8) D(1+14))	20	(s(0+20))
2	(A(7+1) B(5+4) C(2+8))	20	(s(0+20) D(1+14))
3	(A(5+1) B(3+4))	20	(s(0+20) C(2+8) D(1+14))
4	(A(4+1))	20	(s(0+20) B(3+4) C(2+8) D(1+14))
5	(t(22+0))	20	(s(0+20) A(4+1) B(3+4) C(2+8) D(1+14))
成功结束			

从 OPEN 表和 CLOSED 表中的状态看出,修正后的算法减少了重复扩展的次数。一般情况下,它比 A* 算法扩展结点的次数要少或相等。

8. A* 算法应用举例

A* 算法的理论意义在于给出了求解最佳解的条件 $h(n) \leqslant h^*(n)$。对给定的问题,函数 $h^*(n)$(n 是变量)在问题有解的条件下客观上是存在的,但在问题求解过程中不可能明确知道,因此,对实际问题,能不能使所定义的启发函数满足下界范围条件? 如果困难很大,那么 A* 算法的实际应用就会受到限制。下面通过几个应用实例说明这个问题。

(1) 八数码问题

对八数码问题,如图 1.17 所示,如果启发函数根据任意结点与目标之间的差异定义,例如取 $h(n)=W(n)$,就很容易看出,尽管很难确切知道具体的 $h^*(n)$ 是多少,但根据"不在位"将牌个数这个估计,就能得出至少要移动 $W(n)$ 步才能达到目标,显然有 $W(n) \leqslant h^*(n)$(假定为单位耗散的情况)。如果启发函数进一步考虑任意结点与目标之间距离的信息,例如取 $h(n)=P(n)$,$P(n)$ 定义为每一个将牌与其目标位置之间距离(不考虑夹在其间的将牌)的总和,那么同样能断定至少要移动 $P(n)$ 步才能到达目标,因此有 $P(n) \leqslant h^*(n)$。图 1.18 给出了 $h(n)=P(n)$ 时的搜索图,结点旁边还标出 $W(n)$ 和 $P(n)$ 启发函数值。由解路径可给出 $g^*(n)$ 和 $h^*(n)$ 的值,由此可得最佳路径上的结点有 $f^* = g^* + h^* = 5$。

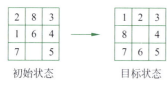

图 1.17 八数码问题

表 1.4 给出该八数码问题取不同启发函数,应用 A* 算法求得最佳解时所扩展和生成的结点数。

表 1.4 不同启发函数下扩展的结点数

启发函数	$h(n)=0$	$h(n)=W(n)$	$h(n)=P(n)$
扩展结点数	26	6	5
生成结点数	46	13	11

(2) 传教士和野人(missionaries and cannibals,M-C)问题

一般的传教士和野人问题描述如下。

有 N 个传教士和 N 个野人来到河边准备渡河,河岸有一条船,每次至多可供 K 人乘渡。问传教士为了安全起见,应如何规划摆渡方案,使得任何时刻,在河的两岸以及船上的野人数目总是不超过传教士的数目(但允许在河的某一岸只有野人而没有传教士)。

设 $N=5$,$K=3$。传教士和野人从左岸向右岸过河。在某时刻,在河左岸的传教士数用 M 表示,野人数用 C 表示。$B=1$ 表示船在左岸,$B=0$ 表示船在右岸。由分析可知至少往返 10 次才可能把全部 M 和 C 摆渡到右岸,因此 M 和 C 的线性组合可作为启发函数的基本分量,此外还可以考虑有船与否对摆渡的影响。图 1.19 给出 $h(n)=0$、$h(n)=M+C$、$h(n)=M+C-2B$ 这 3 种启发函数的搜索图(假定为单位耗散)。可以看出,$h(n)=0$ 的搜索图就是该问题的状态空间图;取 $h(n)=M+C$ 不满足 $h(n) \leqslant h^*(n)$ 条件;只有 $h(n)=M+C-2B$ 可满足 $h(n) \leqslant h^*(n)$。

要说明 $h(n)=M+C$ 不满足 A* 条件很容易,只给出一个反例就可以了。比如状态

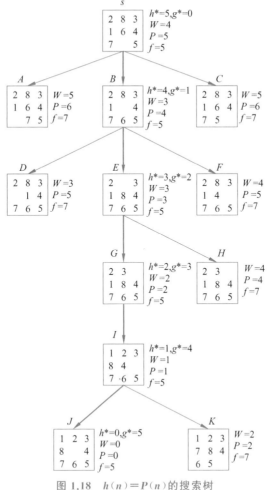

图 1.18 $h(n)=P(n)$ 的搜索树

$(1,1,1)$，$h(n)=M+C=1+1=2$，实际上只要一次摆渡就可以达到目标状态，其最优路径的耗散值为 1，所以不满足 A^* 的条件。

下面证明 $h(n)=M+C-2B$ 是满足 A^* 条件的。

分两种情况考虑。先考虑船在左岸的情况。如果不考虑限制条件，也就是说，船一次可以将 3 人从左岸运到右岸，然后再有一个人将船送回来。这样，船一个来回可以运 2 人过河，而船仍然在左岸。最后剩下的 3 个人，则可以一次将他们从左岸运到右岸。所以，在不考虑限制条件的情况下，至少需要摆渡 $\left\lceil\dfrac{M+C-3}{2}\right\rceil\times 2+1$ 次。其中分子上的"-3"表示剩下 3 人留待最后一次运过去。除以 2 是因为一个来回可以运 2 人过去，需要 $\dfrac{M+C-3}{2}$ 个来回，而"来回"数不能是小数，需要向上取整，用符号 $\lceil\ \rceil$ 表示。乘以 2 是因为一个来回相当于两次摆渡。最后的 $+1$，则表示将剩下的 3 人运过去，需要一次摆渡。化简后有

$$\left\lceil\dfrac{M+C-3}{2}\right\rceil\times 2+1 \geqslant \dfrac{M+C-3}{2}\times 2+1 = M+C-3+1 = M+C-2$$

再考虑船在右岸的情况。同样不考虑限制条件。船在右岸，需要一个人将船运到左岸。

因此，对于状态$(M,C,0)$来说，其所需要的最少摆渡数，相当于船在左岸时状态$(M+1,C,1)$或$(M,C+1,1)$所需要的最少摆渡数，再加上第一次将船从右岸送到左岸的一次摆渡数，因此所需要的最少摆渡数为$(M+C+1)-2+1$。其中$(M+C+1)$的$+1$表示送船回到左岸的那个人，而最后边的$+1$，表示送船到左岸时的一次摆渡。

化简后有$(M+C+1)-2+1=M+C$。

综合船在左岸和船在右岸两种情况，所需要的最少摆渡次数用一个式子表示为$M+C-2B$。其中$B=1$表示船在左岸，$B=0$表示船在右岸。

由于该摆渡次数是在不考虑限制条件下推出的最少需要的摆渡次数，因此，当有限制条件时，最优的摆渡次数只能大于或等于该摆渡次数，所以该启发函数h满足A^*条件。

在图 1.19 所示的几个搜索图中，圆圈中的数字表示结点扩展的顺序。当出现f值相同的结点时，其扩展顺序是任意的，所以结点的扩展顺序并不是唯一的。

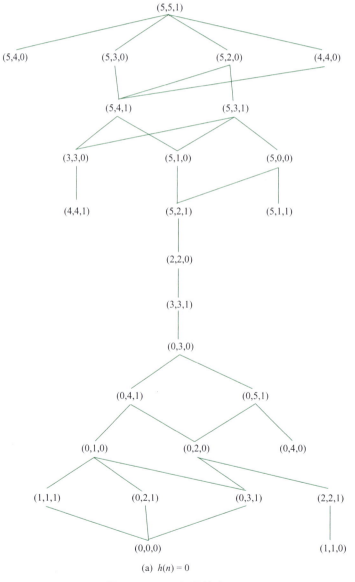

(a) $h(n)=0$

图 1.19 M-C 问题搜索图

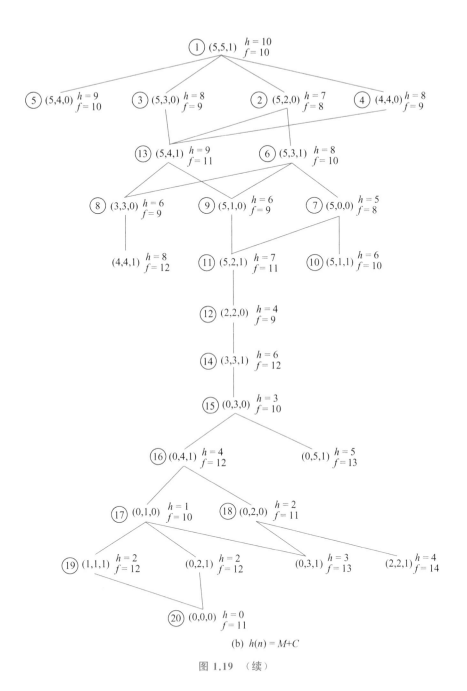

(b) $h(n) = M+C$

图 1.19 （续）

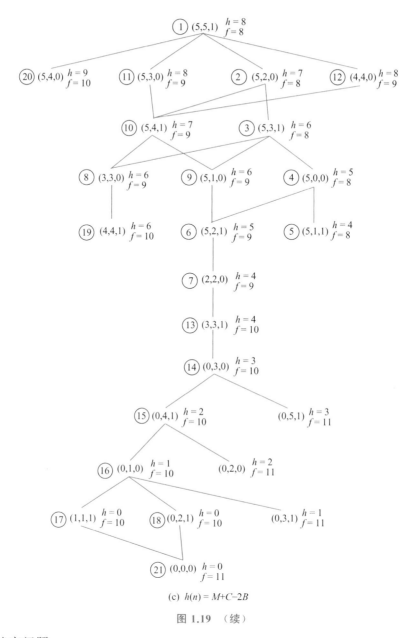

(c) $h(n) = M+C-2B$

图 1.19 （续）

（3）迷宫问题

迷宫图从入口到出口有若干条通路，求从入口到出口最短路径的走法。

图 1.20 为一简单迷宫示意图及其平面坐标表示。以平面坐标图表示迷宫的通路时，问题的状态以所处的坐标位置表示，即 (x,y)，$1 \leqslant x,y \leqslant N$（$N$ 为迷宫问题的最大坐标数），则迷宫问题归结为求 $(1,1)$ 到 $(4,4)$ 的最短路径问题。

迷宫走法规定为向东、南、西、北前进一步，由此可得规则集简化形式如下。

R_1: IF(x,y) THEN $(x+1,y)$

R_2: IF(x,y) THEN $(x,y-1)$

R_3: IF(x,y) THEN $(x-1,y)$

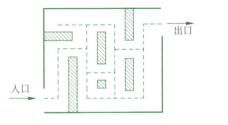
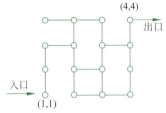

图 1.20 迷宫问题及其表示

R_4：IF(x,y) THEN (x,y+1)

对于这个简单例子，可给出状态空间如图 1.21 所示。

为求得最佳路径，可使用 A* 算法。假定搜索一步取单位耗散，则可定义

$$h(n)=|X_G-x_n|+|Y_G-y_n|$$

其中，(X_G,Y_G) 为目标点坐标，(x_n,y_n) 为结点 n 的坐标。由于该迷宫问题所有路都是水平或垂直的，没有斜路，因此，$h(n)=|X_G-X_n|+|Y_G-y_n|$，显然可以满足 A* 的条件，即 $h(n) \leqslant h^*(n)$。取 $g(n)=d(n)$，有 $f(n)=d(n)+h(n)$。再设当不同结点的 f 值相等时，以深度优先排序，则搜索图如图 1.22 所示。最短路径为 $((1,1),(2,3),(2,4),(3,4),(3,3),(4,3),(4,4))$。

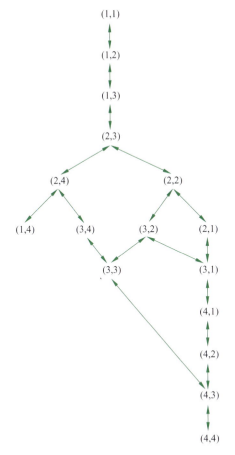

图 1.21 状态空间图

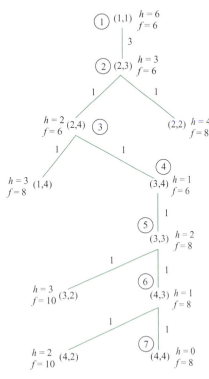

图 1.22 迷宫问题启发式搜索图

在该搜索图中,目标结点的 f 值是 8,有几个结点的 f 值也是 8,那么这几个 f 值为 8 的结点,也有被扩展的可能,就看它们在 OPEN 表中的具体排列次序了。这里假定 f 值相等时,以深度优先排序。

9. 评价函数的启发能力

首先通过图 1.23 所示的八数码问题说明 A 算法的启发能力与选择启发函数 $h(n)$ 的关系。一般来说,启发能力强,搜索效率就高。有时选用不是 $h^*(n)$ 下界范围的 $h(n)$ 时,虽然会牺牲找到最佳解的性能,但可使启发能力得到改善,从而有利于求解一些较难的问题。

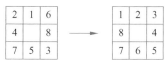

图 1.23 八数码问题

求解这个八数码问题,使用启发函数 $h(n)=P(n)$ 时,仍不能估计出交换相邻两个将牌位置难易程度的影响,为此可再引入 $S(n)$ 分量。$S(n)$ 是对结点 n 中将牌排列顺序的计分值,规定对非中心位置的将牌,顺某一方向检查,若某一将牌后面跟的后继者和目标状态相应将牌的顺序相比不一致时,则该将牌估分取 2,一致时则估分取 0;对中心位置有将牌时估分取 1,无将牌时估分取 0;所有非中心位置每个将牌估分总和加上中心位置的估分值定义为 $S(n)$。依据这些启发信息,取 $h(n)=P(n)+3S(n)$,也就是用 $f(n)=g(n)+P(n)+3S(n)$ 估计最佳路径的耗散值。$f(n)$ 值小的结点,的确能反映该结点越有希望处于到达目标结点的最佳路径上。图 1.24 给出了该问题的搜索树,图中给出了各结点的 f 值,圆圈中的数字表示扩展顺序。由图 1.24 可看出 $h(n)$ 函数不满足下界范围,但在该问题中,刚好找到了最小长度(18 步)的解路径。

该例子给了一个不满足 A^* 条件的 h 函数。从图 1.24 可以看出,启发效果非常好,对于需要 18 步才能完成的八数码问题,几乎没有扩展什么多余的结点,就找到了解路径。这里用的方法一是组合两个不同的启发函数;二是采取加权的方法(这里对 $S(n)$ 的加权为 3)加大 $S(n)$ 的作用。这样得到的启发函数由于不满足 A^* 条件,因此不能保证找到问题的最佳解,但往往可以提高搜索效率,加快找到解的速度。由于这样的启发函数还反映了被评估结点到目标结点路径耗散值的多少,算法虽然不一定能找到最优解,但一般来说,找到的也是一个可以被接受的满意解。很多情况下,满意解就足够了,最优解并没有什么特殊的意义,二者可能相差很少,但却使得问题简单了很多。

还有一个决定搜索算法启发能力的因素是涉及计算启发函数的工作量,从被扩展的结点数最少的角度看,$h\equiv h^*$ 最优,但这可能导致繁重的计算工作量。有时候一个不是 h^* 下界范围的 h 函数可能比起下界范围的 h 函数更容易计算,而且被扩展结点的总数可以减少,使启发能力加倍得到改善,虽然牺牲了可采纳性,但从启发能力的角度看仍是可取的。

在某些情况下,要改变启发能力,可以通过对 h 函数乘以加权系数的简单方法实现。当加权系数很大时,g 分量的作用相对减弱,因而可忽略不计,这相当于在搜索期间任何阶段上,并不在乎到目前为止所得到的路径耗散值,而只关心找到目标结点所需的剩余工作量,即可以使用 $f\equiv h$ 作为评价函数对 OPEN 表上的结点排序。但是,为了保证最终能找到通向目标结点的路径,即使并不要求寻找一条最小耗散的路径,也应当考虑 g 的作用。特别是当 h 不是一个理想的估计时,在 f 中把 g 考虑进去就是在搜索中添加一个宽度优先分量,从而保证了隐含图中不会有某些部分不被搜索到。而只扩展 h 值最小的结点,则会引起搜索过程扩展了一些靠不住的结点。

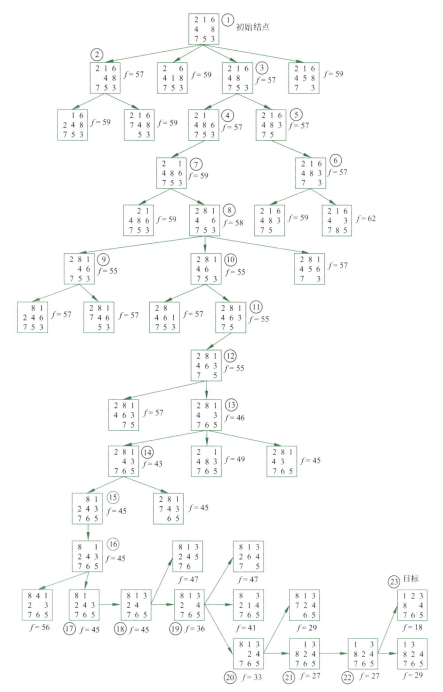

图 1.24 $h(n)=P(n)+3S(n)$ 的搜索树

评价函数中,g 和 h 的相对比例可通过选择 $f=g+wh$ 中 w 的大小加以控制。w 是一个正数,很大的 w 值则会过分强调启发分量,而过小的 w 值则突出宽度优先的特征。经验证明使 w 值随搜索树中结点深度成反比变化,可提高搜索效率,即在深度浅的地方,搜索主要依赖启发分量;而在深度较深的地方,搜索逐渐变成宽度优先,以保证最终找到到达目标的某一条路径。

总结以上讨论,可得出以下影响算法 A 启发能力的 3 个重要因素。
① 路径的耗散值;
② 求解路径时所扩展的结点数;
③ 计算 h 所需的工作量。
因此,选择 h 函数时,应综合考虑这些因素,以便使启发能力最大。

1.5 搜索算法讨论

1. 弱方法

人工智能范畴的一些问题都比较复杂,一般无法用直接求解的方法找到解答,因此通常都要借助搜索技术。前面几节讨论的搜索方法,其描述均与问题领域无关,如果把这些方法应用于特定问题的领域时,其效率依赖于该领域知识应用的情况,从前面举过的几个例子就可说明这个问题。但由于这些方法难以克服搜索过程的组合爆炸问题,因此在人工智能领域中把这些方法统称为"弱方法"。这些搜索方法可用来求解不存在确定求解算法的某一类问题,或者虽然有某种求解算法,但复杂性很高,有不少均属 NP 完全类的问题。为避免求解过程的组合爆炸,在搜索算法中引入启发性信息,多数情况能以较少的代价找到解,但并不能保证任何情况下都能获得解,这就是所谓"弱方法"的含义。当然,如果引入强有力的启发信息,则求解过程就能显示出"强"的作用。下面讨论用优选法求解极值这类问题时搜索过程的特点。

设状态是实数域 $[a,b]$ 上实值连续函数 f,求该目标函数在何处取得极值及其大小。

在几何学中黄金分割法的思想是在区间 $[0,1]$ 取 0.618 和 0.382 两个特殊点考虑问题:若 $f(0.382)$ 较优,则剪去 $[0.618,1]$ 区段;若 $f(0.618)$ 较优,则剪去 $[0,0.382]$ 区段;然后在新区间依此规则继续下去,直至函数 f 在某一点取得极值,这就是优选法的要点。显然,目标函数 f 中包含了启发信息,下面给出该算法(应用该算法时先把 $[a,b]$ 通过变换转换成 $[0,1]$):

黄金分割法
① $x_1:=0, x_2:=1, x_3:=0.382, x_4:=0.618$;赋变量初值
② LOOP1:IF $X_3 \approx X_4$ THEN EXIT(SUCCESS);
　　　　　　IF $f(x_3) > f(x_1)$ THEN GO LOOP2;
　　　　　　IF $f(x_3) < f(x_1)$ THEN GO LOOP3;
　　　　　　IF $f(x_3) = f(x_1)$ THEN GO LOOP2 ∨ LOOP3;可根据某种原则决定
③ LOOP2:$x_2:=x_4, x_4:=x_3, x_3:=x_1+x_2-x_4$;
④ GO LOOP1;
⑤ LOOP3:$x_1:=x_3, x_3:=x_4, x_4:=x_1+x_2-x_3$;
⑥ GO LOOP1。

由于计算中引入了极强的启发信息,因而获得最佳的搜索效果,可以证明 f 在 $[0,1]$ 具有单极值时,$f(x_3)$ 或 $f(x_4)$ 即求得的极值点,而且求解过程搜索的点数是最少的。

前面讨论的几个搜索算法都属弱方法,实际上人工智能研究中提出属于这类的算法很多(如约束满足法、手段目的分析法等),都可用来求解某一特定问题。至于具体选择哪一种策略,很大程度上取决于问题的特征和实际要求。另外,这些方法只提供了一种框架,对复杂问题,只要能较好地运用特定问题的启发信息,就可能获得较好的搜索效果。

2. 搜索算法分析

算法分析主要是回答这些方法执行的效果怎样，找到的解优劣程度如何。在一般的计算机科学领域中，主要强调对算法进行数学分析，若数学分析遇到困难，则采取运行一组经过精心挑选的问题，对其执行情况作统计分析。而人工智能领域研究这个问题的途径则采取将算法用某种语言具体实现，然后运行某个智能问题的典型实例，并观察其表现行为来进行分析比较。这主要是由于人工智能问题比较复杂，通常不容易对一个过程是否可行做出令人信服的分析证明。此外，有时甚至无法把问题的值域描述清楚，因而也难以对程序行为做统计分析。再者就是人工智能是一门实验科学，实践是目前主要的研究途径。

搜索过程最基本的一个分析是对深度为 D、分支因数为 B 的一棵完全树的结点数（为 B^D）进行讨论。显然，如果一过程执行的时间随问题的规模变大而呈指数增长时，则该过程无实用意义。因此要研究改进穷举搜索的各种方法，并通过所得到的搜索时间上界，和穷举法比较改善的程度。目前，优于穷举法的方法有 3 种情况。

① 能保证找到的解与穷举法所得结果一样好，但耗时较少。这类方法的问题是能否给出某一方法具体有多快。

② 对问题的一些实例，耗费时间和穷举法一样，但对另一些实例则较穷举法好得多。这类方法的问题是运行一组一般问题，期望有多快。

③ 得到的解比穷举法结果较差。问题是要在给定时间内找到解，这个解与最佳解之间有多大差别。

此外，对 NP 完全类问题，已知若干非确定型（即每次可得到任意数目的路径数）多项式时间的算法，但所有已知的确定性算法都是指数型的。可以证明，NP 完全类中的若干问题在下述意义上彼此等价：如果能找到其中一个问题的一种确定型多项式时间算法，则该算法可应用于所有的问题。

综上所述，求解人工智能问题的一个途径是企图以多项式时间求解 NP 完全类问题。实现这一点可有两种选择：一种是寻找平均角度看执行较快的一些算法，即使在最坏的情况下不慢也行；另一种是寻找近似算法，以能在可接受的时间限度内获得满意的解答。

分支界限法实际上是第一种选择的实例，对这种策略有如下评述。

① 各种选择按完美排序进行时，最好情况下其性能有多好。

② 各种选择按不良排序（从最坏到最好）进行时，最差情况下其性能有多好。结果显然，其搜索结点数同穷举法，此外还必须附加跟踪当前约束及进行无谓的比较的工作量。

③ 各种选择按某种随机过程的排序进行时，平均情况下其性能有多好。

④ 各种选择按应用于一组特定问题的启发函数排序进行时，在实际世界中，平均角度看其性能有多好。通常这个结果优于真正随机世界的平均情况。

总的来说，人们愿意接受良好的平均时间性能，但即使如此，也未必能做得满意，就连分支界限法的平均时间也是指数型的（$\sim 1.2e^N$，N 为问题的规模）。因此，有时也得牺牲完美解的要求并接受近似的解法。一种进一步改进的分支界限法，用于求解旅行商问题，它称为最近邻居算法，就是求满意解的一个实例。通过分析得到所需的时间与 N^2 成比例。

至于 A 算法既是"寻找平均较快"策略的例子，又是求满意解策略的例子，关键是启发函数 h 的选取问题。至于更深入的讨论，可参阅有关文献。

3. 数字魔方问题求解的搜索策略

数字魔方游戏已有悠久的历史，是古代数学家、哲学家、神学家、占星家等探索的问题。现在看一个 1750 年 Benjamin Franklin 编造的一个数字魔方。在 8×8 的棋盘方格上，填入 1～64 的数字，其结果如图 1.25 所示。

52	61	4	13	20	29	36	45
14	3	62	51	46	35	30	19
53	60	5	12	21	28	37	44
11	6	59	54	43	38	27	22
55	58	7	10	23	26	39	42
9	8	57	56	41	40	25	24
50	63	2	15	18	31	34	47
16	1	64	49	48	33	32	17

图 1.25 Benjamin Franklin 数字魔方

其主要特征是每行或每列 8 个数字的总和为 260。再进一步分析发现任一半行或半列 4 个数字的总和为 130；任一拐弯对角线 8 个数字的总和也是 260（如 16,63,57,10,23,40,34,17 或 50,8,7,54,43,26,25,47 两条拐弯对角线）；4 角的 4 个数字(52,45,16,17) 与中心的 4 个数字(54,43,10,23) 的总和也是 260；任意一个 2×2 的子魔方 4 个数字之和是 130（如 52,61,14,3 或 23,26,41,40），还可给出几个类似的性质。Benjamin Franklin 还研究了魔圆的构造问题，9 个同心圆等分为 8 个扇区，将 12～75 共 64 个数字填入空格中，如图 1.26 所示。其性质是：任一同心圆周格子上的 8 个数字之和加上中心圆的数字（为起始数 12）总和为 360；任一径向 8 个数字之和加上中心圆的数字总和也为 360（圆周的度数）。更

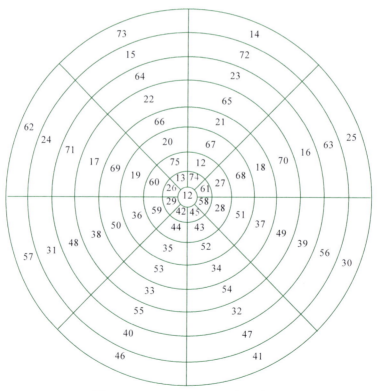

图 1.26 Benjamin Franklin 数字魔圆

为惊讶的是，任一径向半列的 4 个相邻格子数字和加上 6，其总和为 180；由水平直径分割后任一半圆数字和加上 6，其总和仍为 180。由此看出，构造这种数字魔方或魔圆并满足若干性质是一个极为复杂的搜索问题。

下面讨论一个最简单的 3×3 数字魔方问题。将 1～9 共 9 个数字填入魔方格，使行、列和对角线数字总和相等。对于奇数阶魔方问题，数学家已构造出一个极为巧妙的算法，不花费任何多余的搜索，就可以直接找到问题的解。

这个算法的要点如下。

N 阶(奇次)魔方算法：

① $D:=1, P\left(D,\left(x=\left[\frac{N}{2}\right], y=N\right)\right)$；函数 P 把最小数字置于顶行中心处，每一方格用坐标标记，如图 1.27 所示。

② LOOP：$D:=D+1, x:=x+1, y:=y+1$；

③ IF $D=N^2$ THEN EXIT(SUCCESS)；

④ IF $(x<N) \wedge (y<N)$ THEN IF $(x,y)=$NIL
      THEN $P(D,(x,y))$
      ELSE $P(D,(x-1,y-2))$
IF $(x<N) \wedge (y>N)$ THEN $P(D,(x,y-N))$
IF $(x>N) \wedge (y<N)$ THEN $P(D,(x-N,y))$
IF $(x>N) \wedge (y>N)$ THEN IF $(x-N,y-N)=$NIL
      THEN $P(D,(x-N,y-N))$
      ELSE $P(D,(x-1,y-2))$；

⑤ GO LOOP。

该算法应用于 3×3 数字魔方问题，其搜索图如图 1.28 所示，从搜索过程看出，构造算法的基本启发信息是把数字等分成 N 组，每一组 N 个数字放置原则是每一个数字必须处

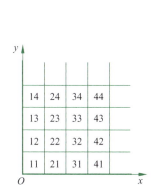

图 1.27　魔方坐标图

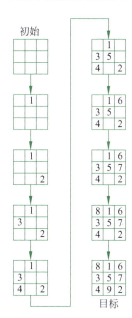

图 1.28　3×3 数字魔方搜索图

在不同行不同列的方格上,这样搭配就可能使行、列和对角线的数字和接近乃至完全相等。这是最有希望获得目标要求的搜索方向,这样就把许多没有希望的路径删弃,从而大大提高了搜索效果。

进一步分析数字魔方的要求,还可以给出若干有用的启发信息,例如 N(奇次)阶魔方,行、列或对角的总和值 $S=N\left(\dfrac{1+N^2}{2}\right)$,在 $C_{N^2}^N$ 种的数字组合中,只有满足数字总和为 S 的 $2N+2$ 组排法才可能构成解。其中具有公共元的 4 组数字应排列在中心行、中心列和对角线上,且公共元的那个数字必定处在中心格位置上,还有 3 组共有的那些数字必定处在四角位置上等。利用信息引导搜索,可求解任意阶数字魔方问题。

对于任意偶次阶的数字魔方问题,也有简单的求解算法,读者可从程序设计的参考书找到,这里不再介绍。

4. 搜索算法的研究工作

A^* 算法是 N.J.Nilsson 在 20 世纪 70 年代初的研究成果,是从函数的观点讨论搜索问题,并在理论上取得若干结果,但 A^* 算法不能完全克服"指数爆炸"的困难。

20 世纪 70 年代末,J.Pearl 从概率观点研究了启发式估计的精度同 A^* 算法平均复杂性的关系。Pearl 假设如下的概率搜索空间:一个一致的 m-支树 G,在深度 d 处有一个唯一的目标结点 G_d,其位置事先并不知道。

设估计量 $h(n)$ 是在 $[0,h^*(n)]$ 区间中的随机变量,由分布函数 $F_{h(n)}(x)=P[h(n)\leqslant x]$ 描述;$E(Z)$ 表示用 A^* 算法求到目标 G_d 时所展开的结点平均个数,并称为 A^* 的平均复杂性。若 $h(n)$ 满足

$$P\left[\dfrac{h^*(n)-h(n)}{h^*(n)}>\varepsilon\right]>\dfrac{1}{m},\varepsilon>0$$

则有 $E(Z)\sim O(e^{cd}),c>0$。

20 世纪 80 年代初,张钹、张铃提出把启发式搜索看成某种随机取样的过程,从而将统计推断引入启发式搜索。把各种统计推断方法,如序贯概率比检验法(SPRT)、均值固定宽度信度区间渐近序贯法(ASM)等,同启发式搜索算法相结合,得到一种称为 SA(统计启发式)的搜索算法。该算法在一定假设条件下,能以概率为 1 找到目标,且其平均复杂性为 $O(d\ln d)$ 或 $O(d\ln^2 d)$,而且证明其所需的条件比使 A^* 搜索为多项式复杂性的条件弱。

总之,搜索策略是人工智能研究的核心问题之一,已有许多成熟的结果,并在解决人工智能的有关问题中得到广泛应用。但目前仍有若干深入的问题有待发展,特别是结合实际问题,探索有效实用的策略仍是一个研究和开发的工作,还应当给予足够的重视。

习 题

1.1 用回溯策略求解如图 1.29 所示的二阶梵塔问题,画出搜索过程的状态变化示意图。

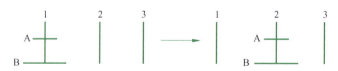

图 1.29 梵塔问题

对每个状态,规定的操作顺序为:先搬 1 柱的盘,放的顺序是先 2 柱后 3 柱;再搬 2 柱的盘,放的顺序是先 3 柱后 1 柱;最后搬 3 柱的盘,放的顺序是先 1 柱后 2 柱。

1.2 滑动积木块游戏的棋盘结构及某一种将牌的初始排列结构,如图 1.30 所示。

| B | B | B | W | W | W | E |

图 1.30 滑动积木块游戏问题

其中,B 表示黑色将牌,W 表示白色将牌,E 表示空格。游戏的规定走法是:

① 任意一个将牌可以移入相邻的空格,规定其耗散值为 1;

② 任意一个将牌可相隔 1 个或 2 个其他的将牌跳入空格,规定其耗散值等于跳过将牌的数目;游戏要达到的目标是使所有白将牌都处在黑将牌的左边(左边有无空格均可)。对这个问题,定义一个启发函数 $h(n)$,并给出利用这个启发函数用算法 A 求解时所产生的搜索树。能否辨别这个 $h(n)$ 是否满足下界范围? 在搜索树中,所有的结点是否满足单调限制?

1.3 对图 1.31 所示的旅行商问题,定义两个 h 函数(非零),并给出利用这两个启发函数用算法 A 求解五城市问题。讨论这两个函数是否都在 h^* 的下界范围及求解结果。

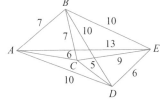

图 1.31 旅行商问题

1.4 在四皇后问题表述中,设应用每一条规则的耗散值均为 1,试描述这个问题 h^* 函数的一般特征。是否认为任何 h 函数对引导搜索都是有用的?

1.5 对 $N=5,k=3$ 的 M-C 问题,定义两个 h 函数(非零),并给出用这两个启发函数的 A 算法搜索图。讨论用这两个启发函数求解该问题时是否能得到最佳解。

1.6 证明 OPEN 表上具有 $f(n)<f^*(s)$ 的任何结点 n,最终都将被 A^* 选择去扩展。

1.7 如果算法 A^* 从 OPEN 表中去掉任一结点 n,对 n 有 $f(n)>F(F>f^*(s))$,试说明为什么算法 A^* 仍然是可采纳的。

1.8 用算法 A 逆向求解图 1.10 中的八数码问题,评价函数仍定义为 $f(n)=d(n)+w(n)$。逆向搜索在什么地方和正向搜索相会?

1.9 讨论一个 h 函数在搜索期间可以得到改善的几种方法。

1.10 4 个同心圆盘的扇区数字如图 1.32 所示,每个圆盘可单独转动。如何转动圆盘使得 8 个径向的 4 个数字和均为 12?

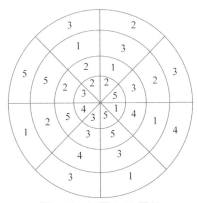

图 1.32 习题 1.10 图示

1.11 在 3×3 的九宫格内,将 1,2,…,9 这 9 个数字填入九宫格内,使得每行数字组成的十进制数平方根为整数。

试用启发式搜索算法求解,分析问题空间的规模和有用的启发信息,给出求解的搜索简图。

1.12 一个数码管由 7 段组成,用 7 段中某些段的亮与不亮分别显示 0～9 这 10 个数字。能否对这 10 个数字给出一种排列,使得每相邻两个数字之间的转换,只能是打开几个亮段或关闭几个亮段,而不能同时有打开的亮段,又有关闭的亮段?试用产生式系统求解该问题。

第 2 章
谓词逻辑与归结原理

逻辑是推理科学的研究。逻辑研究着重推理的过程是否正确,推理过程中各个语句之间的关系,而不考虑某一个特定语句是否正确。例如,有如下语句:

所有歌唱家都染头发。

任何染头发的人都是唱流行歌曲的。

因此,所有歌唱家都是唱流行歌曲的。

在此,无法判断每一个单独的句子是否正确,判断每一个句子的正确性对于逻辑推理也没有意义。但是,如果前两个句子为真,逻辑推理可以断定第 3 个句子是真的。

逻辑可分为经典逻辑和非经典逻辑,经典逻辑包括命题逻辑和谓词逻辑。谓词逻辑是一种表达能力很强的形式语言,同时又有许多种成熟的推理方法。因此,谓词逻辑及其推理方法就成为知识表示和机器推理的基本方法之一。在讨论谓词逻辑之前,先讨论命题逻辑的归结。归结原理是一种主要基于谓词(逻辑)知识表示的推理方法,而命题逻辑是谓词逻辑的基础。本章从命题逻辑入手,着重讨论逻辑运算在人工智能推理方法中的意义,谓词逻辑表示方法,归结原理推理方法及其理论基础。

2.1 命题逻辑

命题逻辑是数理逻辑的一个重要组成部分。本节将介绍命题逻辑的归结方法,以及有关的一些基础知识和重要概念,如数理逻辑基本公式变形、前束范式、子句集等。

2.1.1 命题

数理逻辑研究的中心问题是推理,而推理的前提和结论都是表达判断的陈述句。因而,表达判断的陈述句构成了推理的基本单位。于是,称能判断真假(不是既真又假)的陈述句为命题。本书中命题由小写英文字母 p,q,r,s 等表示。这种陈述句的取值非真即假,只有两种判断值。判断正确的命题称其真值为真,判断错误的命题称其真值为假。因此,可以称命题是具有唯一真值的陈述句。简单陈述句是用来描述事实、事物的状态、关系等性质的文字串。例如:

① $1+1=2$。

② 雪是黑色的。

③ 北京是中国的首都。

④ 到冥王星度假。

判断一个句子是否为命题，首先要看它是否为陈述句，然后看它的真值是否唯一。以上例子都是陈述句，第 4 句的真值现在是假，随着人类科学的发展，有可能变成真，但不管怎样，真值是唯一的。因此，以上 4 个例子都是命题。

而例如：

① 快点走吧！

② 到哪去？

③ $x+y>10$。

等句子，都不是命题。这 3 个句子，前两个不是陈述句，是祈使句和疑问句。第 3 个句子的真值随变量 x,y 的变化而变化，因此，真值不唯一，也不是命题。如果变量取了唯一的值，便可以转换成命题。这样，真值可以变化的简单陈述句称为命题变量或命题变元。如果命题的陈述句不能分解成更简单的句子，便称这个命题为简单命题或原子命题。以上命题都是简单命题，是基本的单元或不可再分的原子。

命题逻辑中主要研究由简单命题用联接词连接而成的命题，这样的命题称为复合命题。例如：

① 3 不是偶数。

② 如果天下雨，出门带伞。

③ 他会英语和日语。

2.1.2 命题公式

本节列出的是一些基本的数理逻辑公理公式和一些有用的基本定义，在归结法的推理过程中是必不可少的，也是归结法的基础，应熟练掌握。

1. 命题公式的定义

单个常量或变量的命题称作合式公式。联接词连接的合式公式的组合也是合式公式。合式公式有限次的组合构成的字符串称为命题公式。本书中命题公式由大写英文字母 A，B，C，D 等表示。

命题逻辑中的基本联接词有以下几个。

$\sim$：否定(非)

$\wedge$：合取(与)

$\vee$：析取(或)

$\rightarrow$：蕴含(IF…THEN)

$\leftrightarrow$：等价(当且仅当)

命题公式的联接词的组合仍然是命题公式。

- 合取式：A 与 B，记作 $A \wedge B$
- 析取式：A 或 B，记作 $A \vee B$
- 蕴含式：如果 A 则 B，记作 $A \rightarrow B$
- 等价式：A 当且仅当 B，记作 $A \leftrightarrow B$

将陈述句转换成命题公式，如：

设"下雨"为 p,"骑自行车上班"为 q,

① "只要不下雨,我骑自行车上班"。$\sim p$ 是 q 的充分条件,因而,可得命题公式:
$$\sim p \to q$$

② "只有不下雨,我才骑自行车上班"。$\sim p$ 是 q 的必要条件,因而,可得命题公式:
$$q \to \sim p$$

使用蕴含联接词时,一定要认真分析蕴含式的前件与后件的关系,然后组成蕴含式,另外,还应注意同一命题的各种等价说法,例如,"除非下雨,否则我就骑自行车上班"与"只要不下雨,我就骑自行车上班"是等价的。"如果下雨,我就不骑自行车上班"与"只有不下雨,我才骑自行车上班"是等价的。

给出事件的命题公式的基本步骤如下。

① 分析简单命题,将其符号化。

② 使用适当的联接词,把简单命题逐个连接起来组成复合命题的符号化表示。

例如:

① "如果我进城我就去看你,除非我很累。"

设 p 为"我进城",q 为"去看你",r 为"我很累",则有命题公式:$\sim r \to (p \to q)$。

② "应届高中生,得过数学或物理竞赛一等奖,保送北京大学。"

设 p 为"应届高中生",q 为"保送北京大学",r 为"得过数学一等奖",t 为"得过物理一等奖",则有命题公式:$p \wedge (r \vee t) \to q$。

2. 命题公式的解释

设 A 为一个命题公式,$p_1, p_2, p_3, \cdots, p_n$ 是出现在 A 中的全部命题变量,给 $p_1, p_2, p_3, \cdots, p_n$ 各指定一个真值(0 或 1),称为对 A 的一个赋值或解释。若赋值使 A 的真值为 1,则称该赋值为 A 的成真赋值;若赋值使 A 的真值为 0,则称该赋值为 A 的成假赋值。

在此有两点说明:

① 含命题变量 $p_1, p_2, p_3, \cdots, p_n$ 的公式 A 的赋值是由二进制数字组成的长度为 n 的符号串,例如,101 是含命题项 p_1, p_2, p_3 的公式 A 的一个赋值,其含义为指定 p_1, p_3 的真值为 1,p_2 的真值为 0;

② 若公式中命题变量由 $p, q, r, \cdots$ 给出,则它们的顺序由英文字母的顺序给出。

真值表

设公式 A 含 $n(n \geqslant 1)$ 个命题变量,将 A 在 2^n 个取值下的取值情况列成表,称为 A 的真值表。

公式的分类

设 A 为一个公式,

- 永真式:若 A 无成假赋值,则称 A 为重言式或永真式;
- 永假式:若 A 无成真赋值,则称 A 为矛盾式或永假式;
- 可满足式:若 A 至少有一个成真赋值,则称 A 为可满足式;
- 非重言式的可满足式:若 A 至少有一个成真赋值,又至少有一个成假赋值,则称 A 为非重言式的可满足式。

3. 等值演算

等值式

若等价式 $A \leftrightarrow B$ 是重言式,则称 A 和 B 等值,记作 $A <=> B$。

上述定义中的"<=>"为元语符号,用它说明 $A \leftrightarrow B$ 为重言式。

基本等值式
- 交换律:$A \vee B <=> B \vee A$;
  $A \wedge B <=> B \wedge A$
- 结合律:$(A \vee B) \vee C <=> A \vee (B \vee C)$;
  $(A \wedge B) \wedge C <=> A \wedge (B \wedge C)$
- 分配律:$A \vee (B \wedge C) <=> (A \vee B) \wedge (A \vee C)$;
  $A \wedge (B \vee C) <=> (A \wedge B) \vee (A \wedge C)$
- 双重否定律:$A <=> \sim\sim A$
- 等幂律:$A <=> A \vee A$;$A <=> A \wedge A$
- 摩根律:$\sim(A \vee B) <=> \sim A \wedge \sim B$;
  $\sim(A \wedge B) <=> \sim A \vee \sim B$
- 吸收律:$A \vee (A \wedge B) <=> A$;
  $A \wedge (A \vee B) <=> A$
- 同一律:$A \vee 0 <=> A$;
  $A \wedge 1 <=> A$
- 零律:$A \vee 1 <=> 1$;
  $A \wedge 0 <=> 0$
- 排中律:$A \vee \sim A <=> 1$
- 矛盾律:$A \wedge \sim A <=> 0$
- 蕴含等值式:$A \rightarrow B <=> \sim A \vee B$
- 等价等值式:$A \leftrightarrow B <=> (A \rightarrow B) \wedge (B \rightarrow A)$
- 假言易位式:$A \rightarrow B <=> \sim B \rightarrow \sim A$
- 等价否定等值式:$A \leftrightarrow B <=> \sim A \leftrightarrow \sim B$
- 归谬论:$(A \rightarrow B) \wedge (A \rightarrow \sim B) <=> \sim A$

等值演算
由等值式推演出新的等值式的过程称为等值演算。

置换规则
设 $\Phi(A)$ 是含公式 A 的公式,$\Phi(B)$ 是用 B 置换了 $\Phi(A)$ 中的 A 之后的公式,若 $A <=> B$,则 $\Phi(A) <=> \Phi(B)$。

联接词的优先顺序
在演算中,$\sim$ 最优先,其次为 $\wedge$ 与 $\vee$($\wedge$ 与 $\vee$ 同级),再次为 $\rightarrow$ 与 $\leftrightarrow$($\rightarrow$ 与 $\leftrightarrow$ 同级);若有括号(圆括号),则括号最优先;若同级则按从左到右的顺序演算。

4. 范式

范式:是公式的标准形式,公式往往需要变换为同它等价的范式,以便对它们进行一般性的处理。

简单合取式:仅由有限个命题变量或其否定构成的合取式称为简单合取式。

简单析取式:仅由有限个命题变量或其否定构成的析取式称为简单析取式。

合取范式:仅由有限个简单析取式构成的合取式称为合取范式,即单元子句、单元子句的或($\vee$)的与($\wedge$)。

形如：$P \wedge (P \vee Q) \wedge (\sim P \vee Q)$

析取范式：仅由有限个简单合取式构成的析取式称为析取范式，即单元子句、单元子句的与($\wedge$)的或($\vee$)。

形如：$P \vee (P \wedge Q) \vee (\sim P \wedge Q)$

范式的性质：

① 一个析取范式是矛盾式，当且仅当它的每一个简单合取式都是矛盾式。

② 一个合取范式是重言式，当且仅当它的每一个简单析取式都是重言式。

范式存在定理

任意命题公式都存在与之等值的析取范式和合取范式。

由于逻辑公式的归结推理方法是在该命题公式的子句集上进行的，而命题公式的子句集又是在合取范式的基础上求取的，因此，运用归结原理进行推理必须掌握逻辑公式的等值合取范式的求取方法。

求合取范式的基本原则：利用"$\vee$"对"$\wedge$"的分配。

求合取范式的基本步骤：

① 消去对于$\{\rightarrow, \vee, \wedge\}$来说冗余的联接词；

② 内移或消去否定号；

③ 利用分配律。

例 2.1 求取 $p \wedge (q \rightarrow r) \rightarrow s$ 的合取范式

解 $p \wedge (q \rightarrow r) \rightarrow s$

$= \sim(p \wedge (\sim q \vee r)) \vee s$

$= \sim p \vee \sim(\sim q \vee r) \vee s$

$= \sim p \vee (\sim\sim q \wedge \sim r) \vee s$

$= \sim p \vee (q \wedge \sim r) \vee s$

$= \sim p \vee s \vee (q \wedge \sim r)$

$= (\sim p \vee s \vee q) \wedge (\sim p \vee s \vee \sim r)$

例 2.2 求取 $((p \vee q) \rightarrow r) \rightarrow p$ 的合取范式

解 $((p \vee q) \rightarrow r) \rightarrow p$

$= (\sim(p \vee q) \vee r) \rightarrow p$

$= \sim(\sim(p \vee q) \vee r) \vee p$

$= \sim((\sim p \wedge \sim q) \vee r) \vee p$

$= ((\sim\sim p \vee \sim\sim q) \wedge \sim r) \vee p$

$= ((p \vee q) \wedge \sim r) \vee p$

$= (p \vee q \vee p) \wedge (\sim r \vee p)$

$= (p \vee q) \wedge (\sim r \vee p)$

值得注意的是，任何逻辑公式的析取范式和合取范式都是不唯一的。

2.1.3 命题逻辑的意义

人工智能是研究如何让机器实现人类智能的科学。给计算机、智能体建模的过程就是对知识进行描述,应用知识进行推理得到结论,并将结论用人能接受理解的形式显示的过程。除了第3章提到的直接知识表示方法外,所有的知识表示方法都是将原来用自然语言表示的知识转换成为用形式语言表示的知识,根本目的就是要计算机能接受。知识是对事物的描述,通常都是将事物分析简化成由其特征表述。因此,知识可以用公式表示为对特征值的约定。知识用特征描述后可用于推理。已经有很多用合适的特征集合描述各种物理系统、生物系统、电子机械系统等的例子。在一些应用实例的特征中约定将物理的或机械相关的规律进行编码,然后在其他的目标中进行推理,得到结论。例如,与"原因"相联系的特征可以从与"症状"相联系的特征推断得出。这种方法是人工智能中专家系统的基础。

在推理过程中可以用二元值特征描述不同的条件,如设特征:

$a:x$ 比 y 小。

$b:y$ 不易碎。

$c:x$ 可以放在 y 之上。

假设系统可以通过某种方式,例如通过图像处理得知第一个特征,x 比 y 小,同时又"看到"x 在 y 的上面。但是不知道 y 的材料特性,不知它是否易碎。那么,用二值特征表示时就可以约定:x 比 y 小时,a 的特征值为 1,反之为 0;y 不易碎时,b 的特征值为 1,反之为 0;特征 c 也如此。人是知道的,如果 c 的特征值为 0 时,即 x 不可以放在 y 之上时,可以肯定不是 x 比 y 大,就是 y 易碎,或者两者同时成立。也就是说,a 为 0 或 b 为 0,或者 a 和 b 同时为 0。如果进一步能肯定 a 为 1,那么 b 一定为 0,即可断定 y 是易碎的,反之,可以断定 y 的材料特性是不易碎的。希望机器能像人一样能推理。

在此,命题逻辑演算扩展了布尔代数,为人们提供了描述特征的约定和进行推理的必要工具。命题逻辑有数理逻辑作为坚实的理论支柱,同时又是谓词逻辑的基础,对于人工智能知识表示与推理研究有重要的意义。

2.1.4 命题逻辑的推理规则

逻辑结论(有效结论):$A \rightarrow B$。如 $A \rightarrow B$ 为重言式(永真式),则称 A 推结论 B 的推理正确。B 是 A 的逻辑结论。称 $A \rightarrow B$ 为由前件 A 推结论 B 的推理的形式结构。可以采用真值表法、等值演算法等证明逻辑结论。逻辑结论也称为假言推理或演绎推理。重言式表示为 $A => B$。

推理规则是用一些命题公式 $A_1, A_2, \cdots, A_n$ 推导出另一些命题公式 $B_1, B_2, \cdots, B_n$ 的方法。以下是一些常用的推理定律:

- 附加: $A => (A \vee B)$
- 简化: $(A \wedge B) => A$
- 假言推理: $((A \rightarrow B) \wedge A) => B$
- 拒取式: $((A \rightarrow B) \wedge \sim B) => \sim A$
- 析取三段论: $((A \vee B) \wedge \sim A) => B$
- 假言三段论: $((A \rightarrow B) \wedge (B \rightarrow C)) => (A \rightarrow C)$
- 等价三段论: $((A \leftrightarrow B) \wedge (B \leftrightarrow C)) => (A \leftrightarrow C)$
- 构造性二难: $(A \rightarrow B) \wedge (C \rightarrow D) \wedge (A \vee C) => (B \vee D)$

证明中常用的推理规则:

- 前提引入规则：在证明的任何步骤上，都可以引入前提。
- 结论引入规则：在证明的任何步骤上，所证明的结论都可作为后续证明的前提。
- 置换规则：在证明的任何步骤上，命题公式中的任何子命题都可以用与之等值的命题公式置换。例如：可用 $\sim p \vee q$ 置换 $p \rightarrow q$，此置换在定理证明中经常使用。

通过下面的例子，可以说明如何利用规则构造证明。

例 2.3 构造下列推理的证明。

前提 $p \vee q, p \rightarrow \sim r, s \rightarrow t, \sim s \rightarrow r, \sim t$

结论 q

证明

① $s \rightarrow t$　　　　　前提引入
② $\sim t$　　　　　　　前提引入
③ $\sim s$　　　　　　　①,②拒取规则
④ $\sim s \rightarrow r$　　　　前提引入
⑤ r　　　　　　　　③,④假言推理
⑥ $p \rightarrow \sim r$　　　　前提引入
⑦ $\sim p$　　　　　　　⑤,⑥拒取规则
⑧ $p \vee q$　　　　　　前提引入
⑨ q　　　　　　　　⑦,⑧析取三段论

例 2.4 写出对应下列推理的证明。

如果今天是下雨天，则要带伞或带雨衣。如果走路上班，则不带雨衣。今天下雨，走路上班，所以带伞。

解 p：今天下雨。
q：带伞。
r：带雨衣。
s：走路上班。

前提 $p \rightarrow (q \vee r), s \rightarrow \sim r, p, s$

结论 q

证明

① $p \rightarrow (q \vee r)$　　前提引入
② p　　　　　　　　前提引入
③ $q \vee r$　　　　　　①,②假言推理
④ $s \rightarrow \sim r$　　　　前提引入
⑤ s　　　　　　　　前提引入
⑥ $\sim r$　　　　　　　④,⑤假言推理
⑦ q　　　　　　　　③,⑥析取三段论

2.1.5 命题逻辑的归结方法

2.1.4 节的例子都是从一系列前提得出的结论，此种方法称为演绎推理。命题逻辑的归

结方法是一种新的推理方法,其基本思想与命题定理证明中的归谬法有相似之处。

归谬法

设 $A_1, A_2, A_3, \cdots, A_k$ 是 k 个命题,若 $A_1 \land A_2 \land A_3 \land \cdots \land A_k$ 是可满足式,则称 $A_1, A_2, A_3, \cdots, A_k$ 是相容的,否则(即 $A_1 \land A_2 \land A_3 \land \cdots \land A_k$ 是矛盾式)$A_1, A_2, A_3, \cdots, A_k$ 是不相容的。

由于 $A_1 \land A_2 \land A_3 \land \cdots \land A_k \to B <=> \sim(A_1 \land A_2 \land A_3 \land \cdots \land A_k \land \sim B)$,因此,若 $A_1, A_2, A_3, \cdots, A_k, \sim B$ 不相容,则说明 B 是公式 $A_1, A_2, A_3, \cdots, A_k$ 的逻辑结论。这种将 $\sim B$ 作为附加前提推出矛盾的证明方法称为归谬法。

下面给出一个用归谬法证明的例子:

前提 $p \to (\sim(r \land s) \to q), p, \sim s$

结论 q

证明

① $p \to (\sim(r \land s) \to q)$ 前提引入
② p 前提引入
③ $\sim(r \land s) \to q$ ①,②假言推理
④ $\sim q$ 否定结论引入
⑤ $r \land s$ ③,④拒取式
⑥ $\sim s$ 前提引入
⑦ s ⑤简化
⑧ $s \land \sim s$ ⑦,⑥合取

得到矛盾的结果。

归结原理

归结方法是 1965 年提出的一种证明方法,它依赖于一个单一的规则,即:

如 $p \lor q$ 和 $\sim q \lor r$ 都为真,则 $p \lor r$ 为真。

此规则可以由真值表证明是正确的。因为依赖于一个单一的、简单的规则,归结方法是许多进行推理和证明定理的基础。归结原理的理论基础是 Herbrand 定理,其基本思想是将待证明逻辑公式的结论,通过等值公式转换成附加前提,再证明该逻辑公式是不可满足的。

归结原理是在谓词逻辑公式的子句集合上进行归结的,因此下面首先要讨论子句集。

1. 子句集

子句:是变量(文字)的集合,各个项之间被析取分隔。此处的项是一个变量或者一个变量的否定。

例如,$\sim p \lor s \lor q$ 是子句,因为其各个项被析取分隔,同时每项都是一个变量或变量的否定。

$\sim xy \lor w \lor z$ 不是子句。因为它虽然被析取分隔,但是 xy 是由两个变量组成的。

$p \to r$ 不是子句。因为尽管每个项都是一个变量,但项之间是被"$\to$"分隔的。

子句集 S

如前定义所述,逻辑公式的子句集是合取范式形式下的所有子句(元素)的集合。

子句集是合取范式中各个合取分量的集合,生成子句集的过程可以简单地理解为将命题公式的合取范式中的与符号"$\land$"置换为逗号","。

例 2.5 例 2.4 的命题公式的等值合取范式为 $(\sim p \vee s \vee q) \wedge (\sim p \vee s \vee \sim r)$
其子句集 S：
$$S = \{\sim p \vee s \vee q, \sim p \vee s \vee \sim r\}$$

例 2.6 有命题公式：$p \wedge (p \vee q) \wedge (\sim p \vee q)$
其子句集 S：
$$S = \{p, p \vee q, \sim p \vee q\}$$

归结法推理的核心是在子句集之上求两个子句间的归结式，因此下面需要先讨论归结式的定义和性质。

2. 归结式

归结式：设 C_1 和 C_2 是子句集中的任意两个子句，如果 C_1 中的文字 L_1 与 C_2 中的文字 L_2 互补，那么可从 C_1 和 C_2 中分别消去 L_1 和 L_2，并将 C_1 和 C_2 中余下的部分按析取关系构成一个新子句 C_{12}，通常称这一个过程为归结，称 C_{12} 为 C_1 和 C_2 的归结式，称 C_1 和 C_2 为 C_{12} 的亲本子句。

例如，有子句 $C_1 = P \vee C_1'$，$C_2 = \sim P \vee C_2'$，存在互补对 P 和 $\sim P$，则可得归结式 $C_{12} = C_1' \vee C_2'$。

值得注意的是，$C_1 \wedge C_2 \to C_{12}$，反之不一定成立。下面证明归结式是原两子句的逻辑推论，或者说任一使 C_1，C_2 为真的解释 I 下必有归结式 C_{12} 也为真。

证明：设 I 是使 C_1，C_2 为真的任一解释，若 I 下的 p 为真，从而 $\sim p$ 为假，必有 I 下 C_2' 为真，故 C_{12} 为真。若不然，在 I 下 p 为假，从而 I 下 C_1' 为真，故 I 下 C_{12} 为真，于是 $C_1 \wedge C_2$ 为真。于是 $C_1 \wedge C_2 \to C_{12}$ 成立，由此可得归结式的性质。

归结式的性质：归结式 C_{12} 是亲本子句 C_1 和 C_2 的逻辑结论。

反之不一定成立，因为存在一个使 $C_1' \vee C_2'$ 为真的解释 I，不妨设 C_1' 为真，C_2' 为假。若 p 为真，则 $\sim p \vee C_2'$ 就假了。反之则不一定成立。

3. 归结法证明过程

命题逻辑的归结过程也就是推理过程。推理是根据一定的准则由称为前提条件的一些判断导出称为结论的另一些判断的思维过程。命题逻辑的归结方法推理过程可分为如下几个步骤。

① 建立待归结命题公式。首先根据反证法将所求证的问题转换为命题公式，求证其是矛盾式（永假式）。

② 求取合取范式。

③ 建立子句集。

④ 归结，对子句集中的子句使用归结规则：

  a) 归结式作为新子句加入子句集参加归结；

  b) 归结式为空子句□，停止。

得到空子句□，表示 S 是不可满足的（矛盾），故原命题成立。

归结法是在子句集 S 的基础上通过归结推理规则得到的，归结过程的最基本单元是得到归结式的过程。从子句集 S 出发，对 S 的子句间使用归结推理规则，并将所得归结式仍放入 S 中（注意，此过程使得子句集不断扩大，是造成计算爆炸的根本原因），进而再对新子句集使用归结推理规则。重复使用这些规则直到得到空子句□。这便说明 S 是不可满足的，从而与 S 对应的定理成立。

例 2.7 证明公式：$(p \to q) \to (\sim q \to \sim p)$

证明 根据归结原理将待证明公式转换成待归结命题公式：

$$(p \to q) \land \sim (\sim q \to \sim p)$$

分别将公式前项化为合取范式：

$$p \to q = \sim p \lor q$$

结论求～后的后项化为合取范式：

$$\sim(\sim q \to \sim p) = \sim(q \lor \sim p) = \sim q \land p$$

两项合并后化为合取范式：

$$(\sim p \lor q) \land \sim q \land p$$

则子句集为

$$\{\sim p \lor q, \sim q, p\}$$

对子句集中的子句进行归结可得：

① $\sim p \lor q$
② $\sim q$
③ p
④ q　　　　（①，③归结）
⑤ □　　　　（②，④归结）

由上可得原公式成立。

谓词的归结除了有量词和函数外，其余方面和命题归结过程一样。命题逻辑是学习归结法的必要基础，应该在前序的课程中学习。这里列出的只是一些简单的性质。如果对这些知识有什么疑惑，请参考数理逻辑或离散数学的有关书籍。命题逻辑的归结法的逻辑基础是假言易位式和摩根律。

4. 归结方法的完备性和不完备性

归结方法的完备性

如果 $A \to B$ 成立，那么归结过程将能归结出空子句。因而，可以说归结方法是完备的。注意，当逻辑公式中含有等号时，归结方法的完备性将被破坏，由此可见完备性是有条件的。

归结方法的不完备性

如果 $A \to B$ 不成立，那么使用归结方法得不到任何结论。

最终可以认为归结方法是半完备的。

有关推理方法的完备性还有其他的理解。归结推理方法完备性的证明是建立在 Herbrand 定理之上的。在此不详细描述证明过程，感兴趣的读者可以参考有关书籍。本章最后一节将简单介绍 Herbrand 定理。

2.2　谓词逻辑基础

2.1 节介绍了命题逻辑的演算、推理及归结。但是命题逻辑有其局限性，不能表达原子单元内部的结构。例如，小王和老王在命题逻辑中是完全不同的两个原子单位，使得事物表示过于烦琐,表示范围受到限制。在此需要一种语言,既能指明事物的名称,又能指明有关该事物性质(细节)。本节介绍的谓词逻辑就是具有此特性的语言。谓词有表示对象的个体常量、表示关系的个体常量和表示函数关系的个体变量,因此可以方便地描述想表示的知识。

本节主要介绍一阶谓词的一些基本概念、谓词逻辑表示、谓词公式的演算及谓词知识表示方法。

2.2.1 谓词基本概念

在一阶谓词逻辑中,简单命题被分解成个体词和谓词两部分。首先给出一阶谓词逻辑的一些基本定义。

个体词:可以独立存在的客体,可以是一个具体的事物,也可以是一个抽象的概念,如小王、茉莉花、自然数、思想、定理等。

谓词:用来刻画个体词的性质或个体词之间的关系的词,例如:

小王是一名工程师。

8 是一个自然数。

我去买花。

小丽和小华是朋友。

其中,"小王""工程师""8""我""花""小丽""小华"都是个体词,而"是一名工程师""是一个自然数""去买""是朋友"都是谓词。显然,前两个谓词表示的是事物的性质,第 3 个谓词"去买"表示的是一个动作,也表示了主、宾两个个体词的关系,最后一个谓词"是朋友"表示两个个体词之间的关系。

个体常量:表示具体的或特定的个体的词,一般用小写英文字母 a,b,c,d 等表示。

个体变量:表示抽象的或泛指的个体的词,用小写英文字母 x,y,z 等表示。

个体域:个体变量的取值范围,一般用 D 表示。个体域可以是有限事物的集合,如{1, 2,3,4}、{狮子,老虎,大象,猴子},也可以是无限事物的集合,如自然数集合、实数集合。在本书中,若无特殊声明,则将宇宙的一切事物组成的个体域称为全总个体域,简称个体域。

谓词常量:表示具体性质或关系的谓词,一般用大写英文字母 P,Q,R,T 等表示。

谓词变量:表示抽象的或泛指的谓词,一般用大写英文字母和个体变量结合表示为 $P(x),Q(x,y),R(x,b)$ 等。

n 元谓词:含有 $n(n\geqslant 1)$ 个个体的谓词。$P(x_1,x_2,x_3,\cdots,x_n)$ 表示 n 元谓词,其中 n 个个体变量之间的顺序不能随意改动。

一阶谓词:谓词中只含有个体词,不含有谓词。

一般情况下,$P(x_1,x_2,x_3,\cdots,x_n)$ 不是命题,它的真值无法确定,要想使它成为命题,必须指定某一谓词常量代替 P,同时还要用 n 个个体常量代替 n 个个体变量。

任意量词:对应日常语言中的"一切""所有的""任意的"等词,用符号"$\forall$"表示。$\forall xP(x)$ 表示个体域里的所有个体都有性质 P。

存在量词:对应日常语言中的"存在着""有一个""至少有一个"等词,用符号"$\exists$"表示。$\exists x$ 表示存在个体域的个体。$\exists xP(x)$ 表示个体域中存在至少一个个体具有性质 P。

在如上的基本定义下,可以开始将命题(也就是想要表达的知识)符号化了。

例如:

① 所有的人都是要死的。
② 有的人活到 100 岁以上。

在个体域 D 为人类集合时,可符号化为

- $\forall x P(x)$,其中 $P(x)$ 表示 x 是要死的。
- $\exists x Q(x)$,其中 $Q(x)$ 表示 x 活到 100 岁以上。

在个体域 D 是全总个体域时,引入特殊谓词 $R(x)$ 表示 x 是人,可符号化为

- $\forall x(R(x) \rightarrow P(x))$,其中 $R(x)$ 表示 x 是人;$P(x)$ 表示 x 是要死的。
- $\exists x(R(x) \land Q(x))$,其中 $R(x)$ 表示 x 是人;$Q(x)$ 表示 x 活到 100 岁以上。

使用量词时需要注意下列事项:

① 在不同的个体域中,命题符号化的形式可能不一样。
② 如果事先没有给出一个个体域,那么应该以全总个体域为个体域。
③ 引入特殊谓词后,使用任意量词与存在量词符号化的形式是不同的,如上例所示。
④ 个体域和谓词的含义确定后,n 元谓词要转换为命题至少需要 n 个量词。
⑤ 当个体域为有限集时,如 $D = \{a_1, a_2, a_3, \cdots, a_n\}$,从量词的意义可以看出,对于任意谓词 $P(x)$,都有

$$\forall x P(x) <=> P(a_1) \land P(a_2) \land P(a_3) \land \cdots \land P(a_n)$$
$$\exists x P(x) <=> P(a_1) \lor P(a_2) \lor P(a_3) \lor \cdots \lor P(a_n)$$

这实际上是将一阶谓词逻辑命题公式的问题转换为命题逻辑中的命题公式问题。

⑥ 多个量词同时出现时,不能随意颠倒它们的顺序,颠倒后会改变原命题的含义。例如,"对于任意 x,存在 y,使得 $x + y = 5$"。

取个体域为实数域,这个命题符号化为

$$\forall x \exists y P(x, y)$$

其中,$P(x, y)$ 表示 $x + y = 5$,这是一个真命题。

但是,如果将量词的顺序颠倒,得

$$\exists y \forall x P(x, y)$$

此式的含义为"存在 y,对任意的 x,都有 $x + y = 5$",这就与原命题的意义不同了,并且成了假命题。因此,量词的顺序不能随意颠倒。

2.2.2 一阶谓词逻辑

一阶谓词逻辑是谓词逻辑中最直观的一种逻辑。它以谓词形式表示动作的主题、客体。客体可以有多个。

1. 一阶谓词公式

下面先介绍一些本章中用到的必要定义:

① 个体常量:a, b, c;
② 变量:x, y, z;
③ 函数符号:f, g, h;
④ 谓词符号:P, Q, R;
⑤ 量词符号:$\forall, \exists$;
⑥ 联接词符号:$\sim, \land, \lor, \rightarrow, \leftrightarrow$。

原子公式：设 $P(x_1, x_2, x_3, \cdots, x_n)$ 是任意的 n 元谓词，$t_1, t_2, t_3, \cdots, t_n$ 是项，则称 $P(t_1, t_2, t_3, \cdots, t_n)$ 为原子公式。

谓词公式：

① 原子公式是谓词公式；

② 若 A 是谓词公式，则 $(\sim A)$ 也是谓词公式；

③ 若 A，B 是谓词公式，则 $(A \wedge B)$，$(A \vee B)$，$(A \rightarrow B)$，$(A \leftrightarrow B)$ 也是谓词公式；

④ 若 A 是谓词公式，则 $\forall x A$，$\exists x A$ 也是谓词公式；

⑤ 只有有限次地应用①～④构成的符号串，才是谓词公式。

指导变量：$\forall x A$，$\exists x A$ 中的 x 称为指导变量。

辖域：$\forall x A$，$\exists x A$ 中的 A 称为相应量词的辖域。在后面叙述的谓词公式归结前的前束范式转换中，将要用到辖域的概念。

约束出现：在辖域(A)中，x 的所有出现称为约束出现(即 x 受相应指导变量的约束)。

自由出现：在辖域(A)中，不是约束出现的其他变量的出现，称为自由出现。

例如，谓词公式 $\forall x(P(x) \rightarrow \exists y Q(x, y))$ 中，对于 $\exists y Q(x, y)$，y 为指导变量，$\exists$ 的辖域为 $Q(x, y)$，其中 y 是约束出现，x 是自由出现。整个谓词公式中，x 是指导变量，$\forall$ 的辖域为 $P(x) \rightarrow \exists y Q(x, y)$，$x$ 和 y 是约束出现。x 约束出现 2 次，y 约束出现 1 次。

换名规则：将量词辖域中出现的某个约束出现的个体变量及相应的指导变量，改成另一个此辖域中未曾出现过的个体变量符号，公式中其余部分不变。例如，$\forall x P(x, y) \wedge R(x, y)$ 可以转换成 $\forall z P(z, y) \wedge R(x, y)$，而 $\forall x (P(x, y) \wedge R(x, y))$ 则要转换成 $\forall z (P(z, y) \wedge R(z, y))$。

替代规则：对某自由出现的个体变量用与原公式中所有个体变量符号不同的变量符号替代，且处处替代。例如，$\forall x P(x, y) \wedge R(x, y)$ 可以替代成 $\forall x P(x, y) \wedge R(z, y)$。

一般情况下，一个一阶谓词公式中含有个体常量、个体变量(自由或约束出现的)、函数变量、谓词变量等。换名规则、替代规则在谓词逻辑归结的子句集求取过程中是不可缺少的。只有进行适当的换名和替代，才能得到正确的前束范式和 Skolem 标准型。

2. 谓词公式的解释

对谓词公式中的各种变量用特殊的常量替代，就构成了一个谓词的解释。也可以给定一个解释后用来解释多个公式。谓词公式中的解释也称为一个指派，这种指派把对象常量映射到个体域的对象。一个解释包括：非空个体域 D，D 中一部分特定元素，D 上一些特定的函数，D 上一些特定的谓词。

使用一个解释 I 解释一个谓词公式 A 时，将 A 中的个体常量用 I 中的特定常量代替，函数和谓词用 I 中的特定函数和谓词代替。

- 当被解释的谓词公式在特定解释下真值为真时，称这个解释满足这个谓词公式。
- 满足一个谓词公式的解释就是这个谓词公式的模型。
- 两个谓词公式是等价的，当且仅当在所有的解释下两个谓词公式都有相同值。

解释是一个集合的概念，此集合是在个体域的背景下讨论的，其中包括个体域的元素及在其上定义的函数和谓词。而解释谓词公式时，就是将解释中的相应变量、函数值等代入，观察其真值。

下面给出解释的例子。

例 2.8 给定解释 I 如下。

个体域 $D_I = \{2, 3\}$；

函数 $f(x)$ 为 $f(2) = 3, f(3) = 2$；

谓词 $P(x)$ 为 $P(2) = 0, P(3) = 1$；

$Q(x, y)$ 为 $Q(i, j) = 1, i, j = 2, 3$；

$R(x, y)$ 为 $R(2, 2) = R(3, 3) = 1, R(2, 3) = R(3, 2) = 0$。

求 (1) 在解释 I 下 $\exists x (P(f(x)) \wedge Q(x, f(x)))$ 的真值。

(2) 在解释 I 下 $\forall x \exists y R(x, y)$ 的真值。

解 (1) $\exists x (P(f(x)) \wedge Q(x, f(x)))$ 的真值为

$=> (P(f(2)) \wedge Q(2, f(2))) \vee (P(f(3)) \wedge Q(3, f(3)))$

$=> (P(3) \wedge Q(2, 3)) \vee (P(2) \wedge Q(3, 2))$

$=> (1 \wedge 1) \vee (0 \wedge 1) = 1$

(2) $\forall x \exists y R(x, y)$ 的真值为

$=> (R(2, 2) \vee R(2, 3)) \wedge (R(3, 3) \vee R(3, 2))$

$=> (1 \wedge 1) = 1$

由例 2.8 可以看出，求一个解释下某个谓词公式的真值，换句话说，用某个解释解释一个谓词公式，就是将解释中的各个值代到谓词公式中，要全部取到。同时还要注意，由于是求在该解释下的真值，所以约束出现的变量取值关系与量词的性质有关。第(1)问题中，由于指导变量 x 的相应量词是存在量词"$\exists$"，因此每个个体域的取值对应的谓词真值的关系为或（"$\vee$"）关系。也就是说，在个体域中有一个特定点解释该谓词公式即可。而第(2)问题中，由于第一个指导变量 x 的相应量词是任意量词"$\forall$"，因此对应的个体域的取值所对应的谓词真值的关系为与（"$\wedge$"）关系。也就是说，在个体域中所有的特定点同时解释该谓词公式。而该例中的第二个指导变量 y 的相应量词是存在量词"$\exists$"，因此，在 x 取值确定后，y 的每个个体域的取值对应的谓词真值的关系为或（"$\vee$"）关系。

由解释的性质可以给出如下的定义：

- 一个谓词公式在所有解释下都是真值，则称这个谓词公式是逻辑有效的或永真的。
- 一个谓词公式在所有解释下都是假值，则称这个谓词公式是不一致的或不可满足的。

谓词逻辑的归结推理方法，即归结原理，就是将对谓词公式的正确性推理证明转换为该谓词公式的不可满足性证明。

2.2.3 谓词演算与推理

1. 谓词演算公式

同命题逻辑一样，为了能正确地进行谓词公式的演算，首先必须掌握谓词逻辑的基本等值公式和一些基本规则。对于任意的谓词 P，任意的量词 $Q(\forall, \exists)$，有如下规则和等值公式。

约束变量换名规则：

$$(Qx)P(x) <=> (Qy)P(y)$$

$$(Qx)P(x, z) <=> (Qy)P(y, z)$$

量词否定等值式：

$$\sim (\forall x)P(x) <=> (\exists y) \sim P(y)$$

$$\sim(\exists x)P(x) \iff (\forall y)\sim P(y)$$

量词分配等值式：
$$(\forall x)(P(x) \land Q(x)) \iff (\forall x)P(x) \land (\forall x)Q(x)$$
$$(\exists x)(P(x) \lor Q(x)) \iff (\exists x)P(x) \lor (\exists x)Q(x)$$

消去量词等值式：设个体域为有穷集合$(a_1, a_2, \cdots, a_n)$
$$(\forall x)P(x) \iff P(a_1) \land P(a_2) \land \cdots \land P(a_n)$$
$$(\exists x)P(x) \iff P(a_1) \lor P(a_2) \lor \cdots \lor P(a_n)$$

量词辖域收缩与扩张等值式：
$$(\forall x)(P(x) \lor Q) \iff (\forall x)P(x) \lor Q \tag{2-1}$$
$$(\forall x)(P(x) \land Q) \iff (\forall x)P(x) \land Q \tag{2-2}$$
$$(\forall x)(P(x) \to Q) \iff (\exists x)P(x) \to Q \tag{2-3}$$
$$(\forall x)(Q \to P(x)) \iff Q \to (\forall x)P(x) \tag{2-4}$$
$$(\exists x)(P(x) \lor Q) \iff (\exists x)P(x) \lor Q \tag{2-5}$$
$$(\exists x)(P(x) \land Q) \iff (\exists x)P(x) \land Q \tag{2-6}$$
$$(\exists x)(P(x) \to Q) \iff (\forall x)P(x) \to Q \tag{2-7}$$
$$(\exists x)(Q \to P(x)) \iff Q \to (\exists x)P(x) \tag{2-8}$$

前束范式：谓词公式 P 如果具有以下形式，即把所有的量词都提到最左端，
$$(Q_1 x_1)(Q_2 x_2)\cdots(Q_n x_n)P(x_1, x_2, \cdots, x_n)$$
则称为 P 的前束范式。

在一阶逻辑中，任何谓词公式 P 的前束范式都存在。可利用换名规则和代替规则求前束范式。一般情况下，前束范式是不唯一的。

例 2.9　求 $(\forall x P(x, y) \to \exists y Q(y)) \to \forall x R(x, y)$ 的前束范式。

解　$(\forall x P(x, y) \to \exists y Q(y)) \to \forall x R(x, y)$
$\iff (\forall x P(x, z) \to \exists y Q(y)) \to \forall x R(x, z)$　　换名规则
$\iff (\forall x P(x, z) \to \exists y Q(y)) \to \forall t R(t, z)$　　换名规则
$\iff \exists x(P(x, z) \to \exists y Q(y)) \to \forall t R(t, z)$　　量词辖域收缩与扩张式(2-7)
$\iff \exists x \exists y(P(x, z) \to Q(y)) \to \forall t R(t, z)$　　量词辖域收缩与扩张式(2-8)
$\iff \forall x \forall y((P(x, z) \to Q(y)) \to \forall t R(t, z))$　　量词辖域收缩与扩张式(2-3)
$\iff \forall x \forall y \forall t((P(x, z) \to Q(y)) \to R(t, z))$　　量词辖域收缩与扩张式(2-4)

由于在进行等值演算时顺序的不同，给定公式的前束范式是不唯一的。另外还应注意到，一个谓词公式的前束范式的各指导变量是各不相同的，原公式中自由出现的个体变量在前束范式中还应该是自由出现的。若发现前束范式中有相同的指导变量，或原来自由出现的个体变量变成约束出现了，说明换名规则或替代规则用得有错误或用得不够。同时，由于所有量词的辖域都延伸到公式的末端(最右端)，即最左边量词将约束表达式中的所有同名变量，所以将量词提到公式最前端时要严守换名规则。

2. 谓词推理

谓词逻辑的推理过程中，除了运用与命题逻辑相同的推理规则外，还要进行量词的消除和引入。量词的消除和引入的基本思想是任意量词可以消除，用变量或常量表示，存在量词可以用常量表示。

对于任意量词，当 x 是自由出现的个体变量，y 为任意的不在 P 中约束出现的个体变量时，$\forall x P(x) => P(y)$ 成立；也可以在消除任意变量的同时用某个常量代替变量，即 $\forall x P(x) => P(c)$，其中 c 为任意个体变量。

而对于存在量词变量，只能用某个常量代替，即 $\exists x P(x) => P(c)$。

反之，对变量可以引入任意量词，即 $P(y) => \forall x P(x)$，条件是 y 在 $P(y)$ 中自由出现，且 y 取任何值时 $P(y)$ 均为真。同时，取代 y 的 x 不能在 $P(y)$ 中约束出现。

同理，对于常量，可以引入存在量词，$P(c) => \exists x P(x)$。条件是 c 是特定的个体常量，同时取代 c 的 x 不能在 $P(y)$ 中出现过。

值得注意的是，在两次的消除和引入过程中是有一定条件的，如果不保证条件成立，可能导致推导错误，甚至结论荒谬。由于主要讨论焦点是归结推理方法，因此下面仅给出一个简单的演绎谓词推理的例题。

例 2.10 所有手机都需要充电，a 是一部手机，a 需要充电。

解

设　$P(x)$：x 是手机

　　$Q(x)$：x 需要充电

　　a：一部手机

前提　$\forall x P(x) \rightarrow Q(x), P(a)$

结论　$Q(a)$

证明　(1) $\forall x P(x) \rightarrow Q(x)$

　　　(2) $P(a)$

　　　(3) $P(a) \rightarrow Q(a)$

　　　(4) $Q(a)$

可以看出，上述的推理过程完全是一个符号的变换过程。这种推理十分类似于人类用自然语言推理的思维过程，因此称为自然演绎推理。同时，这种推理实际上与谓词公式表示的含义完全无关，只是一种形式推理。于是很自然地将这种推理方法引入机器推理过程中。

但是，这种推理方法在机器推理过程中具体实现时却有许多难以想象的困难。首先是推理规则太多，何时何地使用何种规则需要很强的分析能力。其次，推理过程中的中间知识呈指数增长，极大地影响了推理效率。因此，完全按照人的思维方式进行自然演绎推理，是很难行得通的。于是提出了各种推理方法，其中包括本章将要阐述的归结推理方法。

2.2.4　谓词知识表示

谓词可用来表达人工智能需要处理的知识。表达知识的谓词公式构成一个集合，称为知识库。使用逻辑法表示知识，需将以自然语言描述的知识，通过引入谓词、函数加以形式描述，获得有关的逻辑公式，进而以机器内码表示。在逻辑法表示下可采用归结法或其他方法进行准确的推理。逻辑是一种重要的知识表示方法。当然，一阶逻辑的表达能力也是有限的，如具有归纳结构的知识，多层次的知识类型都难以用一阶逻辑描述。

谓词逻辑规范表达式

$P(x_1, x_2, x_3, \cdots)$，这里 P 是谓词，x_i 是主体与客体。

例如，小张与小李打网球(Zhang and Li play tennis)可写为 Play (Zhang, Li, tennis)

这里谓词是 Play，动词主体是 Zhang 和 Li，而客体是 tennis。

谓词表示的知识之间可以看作一种映射关系。知识之间的关系可以映射为关系谓词，知识的常量可以映射为谓词表示中的常量，谓词公式中的解释便表示了知识具体内容的真伪性。表示知识的第一步是用对象、函数、关系将知识概念化。接下来构造谓词表达式，用其表示的意义包含对象、函数和关系。最后写出概念化知识的谓词公式。这些公式同样可以在别的解释下得到，而人们关心的只是在某些解释（要解决的问题所涉及的）下，这些公式是否会得到满足。这些解释涉及的是所关心的知识水平能解决的问题。

谓词在以下几方面可以比命题更加细致地刻画知识：

① 表达能力强

例如，清华是一所大学，$Univ(x)$ 把大学这个概念分割出来。$Univ(清华)$ 把"大学"与"清华"两个概念连接在一起，而且说明"清华"是"大学"的子概念，或这是一个具体的变量。因此，谓词可以表达概念之间的层次关系。

② 谓词可以代表变化的情况

如：$Univ(清华)$ 是真的，而 $Univ(长城)$ 是假的。

③ 在不同的知识之间建立联系

例如，$Human(x) \to Lawed(x)$，人人都受法律管制，x 是同一个人。$Commit(x) \to Punished(x)$，$x$ 不一定是人，也可以是动物。

而 $\{[Human(x) \to Lawed(x)] \to [commit(x) \to Punished(x)]\}$，意为如果由于某个 x 是人而受法律管制，则这个人犯了罪就一定要受到惩罚。

谓词逻辑能表达无法用命题逻辑表达的事情。谓词演算能用数学演绎的方式导出一个新的语句，并且能判断这个语句的正确性。

谓词逻辑法是应用最广的方法之一，其原因是：

① 谓词逻辑与数据库，特别是关系数据库有密切的关系。在关系数据库中，逻辑代数表达式是谓词表达式之一。因此，如果采用谓词逻辑作为系统的理论背景，则可将数据库系统扩展改造成知识库。

② 一阶谓词逻辑具有完备的逻辑推理算法。如果对逻辑的某些外延扩展后，则可把大部分的知识表达成一阶谓词逻辑的形式。因此，知识表达比较容易。

③ 谓词逻辑本身具有比较扎实的数学基础，知识的表达方式决定了系统的主要结构。因此，对知识表达方式的科学严密性要求就比较容易得到满足。这样，对形式理论的扩展推动了整个系统框架的发展。

④ 逻辑推理是公理集合中演绎而得出结论的过程。逻辑及形式系统具有重要性质，可以保证知识库中新旧知识在逻辑上的一致性（或通过相应的一套处理过程检验）和所演绎出的结论的正确性。而其他的表示方法在这点上还不能与其相比拟。

尽管逻辑表示法有很多优点，在实际人工智能系统上得到应用，但是逻辑表示法仍然有一定的缺点，如谓词表示越细，越清楚，则推理越慢，效率越低。实际的系统是在二者之间的折中。

下面给出一个谓词知识表示的例子。

例 2.11 一个房间里有一机器人 $Robot$，一个积木块 Box，两个桌子 A 和 B，怎样用逻辑法描述从初始状态到目标状态的机器人操作过程？

先引入谓词：

$Table(A)$ 　　　　　　　　　表示 A 是桌子

$EmptyHanded(Robot)$ 　　　机器人 $Robot$ 双手空空

$At(Robot, A)$ 　　　　　　　表示机器人 $Robot$ 在 A 旁

$Holds(Robot, Box)$ 　　　　机器人 $Robot$ 拿着 Box

$On(Box, A)$ 　　　　　　　积木块 Box 在 A 上

设定初始状态：

$EmptyHanded(Robot)$

$On(Box, A)$

$Table(A)$

$Table(B)$

目标状态：

$EmptyHanded(Robot)$

$On(Box, B)$

$Table(A)$

$Table(B)$

机器人的每个操作的结果所引起的状态变化，可用对原状态的增添表和删除表表示。如机器人有状态变化，把 Box 从 A 桌移到 B 桌上，然后仍回到 A 桌，这时同初始状态相比，有

　　增添表　　$On(Box, B)$

　　删除表　　$On(Box, A)$

又如，机器人从初始状态走近 A 桌，然后拿起 Box，这时同初始状态相比，有

　　增添表　　$At(Robot, A)$

　　　　　　　$Holds(Robot, Box)$

　　删除表　　$At(Robot, A)$

　　　　　　　$EmptyHanded(Robot)$

　　　　　　　$On(Box, A)$

虽然谓词逻辑能把客观世界的各种事实表示为逻辑命题，但是它具有较大的局限性，不适合表达比较复杂的问题。对于推理求解过程来说，最重要的是表示了什么，而不是怎样表示。因此，可以认为谓词表示方法只是提供了一种形式比较统一的语言。用这种语言对知识世界的表示和推理是人工智能要研究的内容。下面将要介绍基于谓词知识表示的重要的推理方法：谓词逻辑归结方法。

2.3　谓词逻辑归结原理

谓词逻辑的归结方法和命题逻辑的归结方法的基本原理是一样的。由于谓词逻辑与命题逻辑不同，有量词、变量和函数，所以在生成子句集之前要对逻辑公式做一些处理，将其转换为 Skolem 标准型，然后在子句集的基础上再进行归结，其中还涉及置换与合一。因此，虽然基本的方法相同，但是归结过程较之命题公式的归结过程要复杂得多。

本节只讨论一阶谓词逻辑描述下的归结推理方法,不涉及高阶谓词逻辑问题。

2.3.1 归结原理概述

归结原理由 J.A.Robinson 于 1965 年提出,又称为消解原理。该原理是 Robinson 在 Herbrand 理论基础上提出的一种基于逻辑的、采用反证法的推理方法。由于其理论上的完备性,归结原理成为机器定理证明的主要方法。

定理证明的实质就是要对给出的(已知的)前提和结论,证明此前提推导出该结论这一事实是永恒的真理。这是非常困难的,几乎是不可实现的。要证明在一个论域上一个事件是永真的,就要证明在该域中的每个点上该事实都成立。很显然,当给定论域是不可数时,该问题不可能解决。即使所讨论的论域是可数的,如果该论域是无限的,问题也无法简单地解决。

Herbrand 采用了反证法的思想,将永真性的证明问题转换成为不可满足性的证明问题。Herbrand 理论为自动定理证明奠定了理论基础,而 Robinson 的归结原理使得自动定理证明得以实现。某种意义上,大部分人工智能问题都可以转换为一个定理证明问题。因此,归结推理方法在人工智能推理方法中有很重要的历史地位。

1. 归结法的特点

归结法是与自然演绎法完全不同的新的逻辑演算算法。它是一阶逻辑中至今为止最有效的半可判定的算法,也是最适合计算机进行推理的逻辑演算方法。之所以称其为半可判定,是因为一阶逻辑中任意恒真公式使用归结原理,总可以在有限步内给以判定(证明其为永真式),而当不知该公式是否为恒真时,使用归结原理不能得到任何结论。

2. 归结法基本原理

归结法的基本原理是采用反证法(也称为反演推理方法)将待证明的表达式(定理)转换成逻辑公式(谓词公式),然后再进行归结,归结能顺利完成,则证明原公式(定理)是正确的。

由命题逻辑描述的命题 A_1, A_2, A_3 和 B,要求证明:如果 $A_1 \land A_2 \land A_3$ 成立,则 B 成立,即 $A_1 \land A_2 \land A_3 \rightarrow B$ 是<u>重言式</u>(永真式)。归结法的思路是 $A_1 \land A_2 \land A_3 \rightarrow B$ 是重言式,等价于 $A_1 \land A_2 \land A_3 \land \sim B$ 是矛盾式,也就是永假式。反证法:证明 $A_1 \land A_2 \land A_3 \land \sim B$ 是矛盾式(永假式)。

归结的目的是建立基本谓词逻辑公式,证明该条定理(事实)成立。

3. 归结法和其他推理方法的比较

语义网络、框架表示、产生式规则等知识表示方法的推理都是以逻辑推理方法为前提的。也就是说,如果有规则和已知条件,就能依据一定的规则和公理顺藤摸瓜找到结果。有关其他知识表示法的具体内容,可以参考第 3 章的内容。本章涉及的归结方法完全没有这样一个循序渐进的过程,而是在一个规则指导下自动进行推导。归结方法多用于计算机自动推理、自动推导证明。同样的内容可以在有关数学定理机器证明的参考书中找到。

2.3.2 Skolem 标准型

为了能像命题逻辑计算那样进行归结,首先必须解决谓词逻辑中的量词问题,Skolem

标准型就是将谓词逻辑公式中的任意量词和存在量词所管辖的变量映射到 Skolem 函数或没有参数的 Skolem 函数(常量),形成 Skolem 标准型。在此基础上讨论谓词逻辑的归结问题。

1. 前束范式

Skolem 标准型是在前束范式的基础上进行变量映射的。

前束范式：

A 是一个前束范式,如果 A 中的一切量词都位于该公式的最左边(不含否定词),且这些量词的辖域都延伸到公式的末端。

前束范式可表示为 $(Q_1 x_1) \cdots (Q_n x_n) M(x_1, x_2, \cdots, x_n)$,其中,$Q_i (i = 1, 2, \cdots, n)$ 是存在量词或任意量词,而母式 $M(x_1, x_2, \cdots, x_n)$ 中不再含有任何量词。

例如,$(\forall w) P(w) \to (\forall x)((\forall y)((\exists z)(P(x, y, z) \to (\forall u) R(x, y, z, u))))$ 的前束范式可表示为

$(\exists w)(\forall x)(\forall y)(\exists z)(\forall u)(\sim P(w) \vee \sim P(x, y, z) \vee R(x, y, z, u))$

2. Skolem 标准型

若前束范式中消去所有的量词,则称这种形式的谓词公式为 Skolem 标准型,任何一个谓词公式都可以化为与之对应的 Skolem 标准型。但是,Skolem 标准型不唯一。

Skolem 标准型的转换过程为：依据约束变量换名规则,首先把公式变形为前束范式,然后依照量词消去原则消去或者略去所有量词。由前束范式的定义可知,前束范式最左端的所有量词的辖域延伸到整个谓词公式的结尾。此时如果某个存在量词在其他任意量词的辖域范围内,就已存在某种依赖关系。例如,$(\forall x)((\exists y)(P(x, y))$ 可以表示"每个人 x 都有自己的 y 年龄",那么显然,年龄 y 与人 x 有关。可以用一个函数 $f(x)$ 描述这种依赖关系,$f(x)$ 把每个 x 值映射为存在的 y 值,这样的函数叫 Skolem 函数。当存在量词不在任何任意量词的辖域范围内时,可以将变量映射为一个常量,该常量也可认为是没有变量的 Skolem 函数。如 $(\exists x) P(x)$,映射为 $P(a)$,其中 a 为没有在该谓词公式中出现过的任意常数。经过上述转换过程的谓词公式称为 Skolem 标准型。具体的量词消去原则如下。

① 消去存在量词"∃",即将该量词约束的变量用任意常量(a, b 等)或任意变量的函数($f(x)$, $g(y)$ 等)代替。如果存在量词左边没有任何量词,则只将其改写成为常量；如果左边有任意量词的存在量词,消去时该变量要改写成任意量词的函数。

② 略去任意量词"∀",简单地省略掉该量词。

例 2.12 将下式化为 Skolem 标准型：

$\sim (\forall x)(\exists y) P(a, x, y) \to (\exists x)(\sim (\forall y) Q(y, b) \to R(x))$

解 第 1 步,消去→号,得

$\sim (\sim (\forall x)(\exists y) P(a, x, y)) \vee (\exists x)(\sim \sim (\forall y) Q(y, b) \vee R(x))$

第 2 步,∼深入量词内部,得

$(\forall x)(\exists y) P(a, x, y) \vee (\exists x)((\forall y) Q(y, b) \vee R(x))$

第 3 步,变元易名,得

$(\forall x)((\exists y) P(a, x, y) \vee (\exists u)(\forall v) Q(v, b) \vee R(u))$

第 4 步,存在量词左移,直至所有的量词移到前面,得

$(\forall x)(\exists y)(\exists u)(\forall v) P(a, x, y) \vee (Q(v, b) \vee \sim R(u))$

由此得到前束范式。

第 5 步，消去"∃"（存在量词），略去"∀"（任意量词）。消去 $(\exists y)$，因为它左边只有 $(\forall x)$，所以使用 x 的函数 $f(x)$ 代替之，这样得到

$$(\forall x)(\exists u)(\forall v)(P(a,x,f(x)) \vee Q(v,b) \vee R(u))$$

消去 $(\exists u)$，同理使用 $g(x)$ 代替，得到

$$(\forall x)(P(a,x,f(x)) \vee Q(v,b) \vee R(g(x)))$$

略去全称变量，原式的 Skolem 标准型为

$$P(a,x,f(x)) \vee Q(v,b) \vee R(g(x))$$

3. Skolem 定理

可以证明谓词逻辑的任意公式都可以化为与之等价的前束范式，但其前束范式不唯一。值得注意的是，任意谓词公式 G 的 Skolem 标准型同 G 并不等值。

例如，有谓词公式 $G = (\exists z)P(x)$，其 Skolem 标准型为 $G' = P(a)$。

此处给出如下的解释 I：个体域 $D_I = \{0,1\}$，常数 $a = 0$，谓词 $P(x)$ 为 $P(0) = F$，$P(1) = T$，则在解释 I 下，

$$G = T, G' = F$$

2.3.3 子句集

1. 定义

同命题逻辑的归结方法一样，在应用谓词归结原理推理之前，首先要将待证明的定理的谓词公式集合转换成谓词子句的集合。为了描述子句集，先给出如下几个名词的定义。

文字：不含任何连接词的谓词公式。

子句：一些文字的析取（谓词的或）。不含任何文字的子句称为空子句，记作"□"。

子句集：所有子句的集合。

例如，$\{P(a,x,f(x)), \sim Q(g(x),b), \sim R(x)\}$ 和 $\{Q(y,b) \vee R(x), \sim P(x)\}$ 都是某谓词公式的子句集。而 $\{P(a,x,y) \rightarrow Q(y,b), \sim P(x)\}$ 和 $\{P(x,y) \wedge P(y,z), Q(x,z)\}$ 则不是谓词公式的子句集。

任何一个谓词公式 G，都可以通过 Skolem 标准型，标准化建立起一个子句集与之相对应。因为子句不过是一些文字的析取，是一种比较简单的形式，所以对 G 的讨论用对子句集 S 的讨论代替，更容易处理。

2. 子句集 S 的求取过程

① 将谓词公式 G 转换成前束范式；

② 消去前束范式中的存在量词，略去其中的任意量词，生成 Skolem 标准型；

③ 将 Skolem 标准型中的各个子句提取出来，表示为集合形式。

为了容易掌握，可以简单地理解为子句集生成过程用"，"取代 Skolem 标准型中的"∧"，并表示为集合形式。值得注意的是，Skolem 标准型必须满足合取范式的条件，即在生成子句集之前逻辑表达式必须是各个"谓词表达式"或"谓词或表达式"的与。

例如，$P(a,x,f(x)) \wedge \sim Q(g(x),b) \wedge \sim R(x)$ 的子句集为

$$\{P(a,x,f(x)), \sim Q(g(x),b), \sim R(x)\}$$

3. 子句集与谓词公式的不可满足性

此处讨论的中心问题是如何应用归结方法对谓词公式进行推理。到目前为止,将谓词公式经过前束范式和 Skolem 标准型转换成谓词子句的子句集。那么就有必要讨论谓词公式的子句集与原谓词公式在归结推理方面的关系。在本章最后部分,有关归结原理的理论基础的阐述中将提到,归结原理将谓词公式的正确性证明问题转换成谓词公式的不可满足性问题的证明。由子句集的求法可以看出,一个子句集的各个子句间为合取的关系,且每个个体变量都受任意量词的约束。所以,一个谓词公式的子句也就是该公式的 Skolem 标准型的另一个表达形式。有了子句集,就可以通过一个谓词公式的子句集判断该公式的不可满足性。其条件是,子句集的求取过程没有破坏原谓词公式的不可满足性。定理 2.1 保证了子句集的求取过程不会破坏原谓词公式的不可满足性,在这里只给出定理的结论,省略其证明过程。

定理 2.1 谓词公式 G 是不可满足的,当且仅当其子句集 S 是不可满足的。

公式 G 与其子句集 S 并不等值,但它们在不可满足的意义下是一致的。因此,如果要证明 $A_1 \wedge A_2 \wedge A_3 \rightarrow B$,只需证明 $G = A_1 \wedge A_2 \wedge A_3 \wedge \sim B$ 的子句集是不可满足的,这也正是引入子句集的目的。

公式 G 和子句集 S 虽然不等值,但是它们之间一般逻辑关系可以简单地说明为:G 真不一定 S 真,而 S 真必有 G 真,即 $S => G$。在生成 Skolem 标准型时将存在量词用常量或其他变量的 Skolem 函数代替,使得变量讨论的论域发生了变化,即论域变小了。所以,G 真不能保证 S 真。

定理 2.1 的推广

对于形如 $G = G_1 \wedge G_2 \wedge G_3 \wedge \cdots \wedge G_n$ 的谓词公式,G 的子句集的求取过程可以分解成几部分单独处理。如果 G_i 的子句集为 S_i,则有 $S' = S_1 \cup S_2 \cup S_3 \cup \cdots \cup S_n$,虽然 G 的子句集不为 S',但是可以证明:S_G 与 $S_1 \cup S_2 \cup S_3 \cup \cdots \cup S_n$ 在不可满足的意义上是一致的,即 S_G 不可满足 $<=> S_1 \cup S_2 \cup S_3 \cup \cdots \cup S_n$ 不可满足。

由上面的定理,S_G 可以用较为简单的 $S_1 \cup S_2 \cup S_3 \cup \cdots \cup S_n$ 代替。为方便起见,也称 $S_1 \cup S_2 \cup S_3 \cup \cdots \cup S_n$ 为 G 的子句型,即

$$S_G = S_1 \cup S_2 \cup S_3 \cup \cdots \cup S_n$$

根据以上定理可对一个复杂的谓词公式分而治之,化整为零,这样可大大降低计算复杂度。

例 2.13 对所有的 x, y, z 来说,如果 y 是 x 的父亲,z 又是 y 的父亲,则 z 是 x 的祖父。又知每个人都有父亲,试问对某个人来说谁是他的祖父?

用一阶逻辑表示这个问题,并建立子句集。

解 这里首先引入谓词:

$P(x, y)$ 表示 y 是 x 的父亲

$Q(x, y)$ 表示 y 是 x 的祖父

$ANS(x)$ 表示问题的解答

于是,对于第一个条件,"如果 y 是 x 的父亲,z 又是 y 的父亲,则 z 是 x 的祖父",其一阶逻辑表达式如下:

$$A_1: (\forall x)(\forall y)(\forall z)(P(x,y) \land P(y,z) \to Q(x,z))$$

把 A_1 化为合取范式，进而化为 Skolem 标准型，表示如下：

$$S_{A1}: \sim P(x,y) \lor \sim P(y,z) \lor Q(x,z)$$

对于第二个条件："每个人都有父亲"，其一阶逻辑表达式如下：

$$A_2: (\forall x)(\exists y)P(x,y)$$

化为 Skolem 标准型，表示如下：

$$S_{A2}: P(x, f(x))$$

结论：某个人是它的祖父

$$B: (\exists x)(\exists y)Q(x,y)$$

否定后得到子句：

$$S_{\sim B}: \sim Q(x,y) \lor ANS(y)$$

则得到的相应的子句集为

$$\{S_{A1}, S_{A2}, S_{\sim B}\} = \{\sim P(x,y) \lor \sim P(y,z) \lor Q(x,z), P(x, f(x)), \sim Q(x,y) \lor ANS(y)\}$$

2.3.4 置换与合一

一阶谓词逻辑的归结比命题逻辑的归结复杂得多，其中一个原因就是谓词逻辑公式中含有个体变量与函数。因此，寻找互补子句的过程就比较复杂。例如，

$$P(x) \lor Q(y) \text{ 与 } \sim P(a) \lor R(z)$$

就不易从直接比较中发现这两个子句中含有互补对，但如果将 x 取 a 值，则很显然这两个子句为互补对。这就是将要讨论的置换与合一，即对个体变量适当进行替换。

1. 置换

置换可以简单地理解为在一个谓词公式中用置换项置换变量。

置换

置换是形如 $\{t_1/x_1, t_2/x_2, \cdots, t_n/x_n\}$ 的有限集合。其中，$x_1, x_2, \cdots, x_n$ 是互不相同的变量，即置换变量，$t_1, t_2, \cdots, t_n$ 是不同于 x_i 的项（常量、变量、函数），即置换项；t_i/x_i 表示用 t_i 置换 x_i，并且要求 t_i 与 x_i 不能相同，而且 x_i 不能循环地出现在另一个 t_i 中。同时要注意，这里 t_i/x_i 的意思是说用 t_i 置换在整个置换区域范围内的所有 x_i，每一次出现都要置换。

例如，$\{a/x, c/y, f(b)/z\}$ 是一个置换，而 $\{g(y)/x, f(x)/y\}$ 不是一个置换，原因是它在 x 和 y 之间出现了循环置换现象。置换的目的是将某些变量用另外的变量、常量或函数取代，使其不在公式中出现。但在 $\{g(y)/x, f(x)/y\}$ 中，它用 $g(y)$ 置换 x，用 $f(g(y))$ 置换 y，既没有消去 x，也没有消去 y。若改为 $\{g(a)/x, f(x)/y\}$，可以了。

通常，用希腊字母 $\theta, \sigma, \alpha, \lambda$ 表示置换。

置换的合成

设 $\theta = \{t_1/x_1, t_2/x_2, \cdots, t_n/x_n\}$ 和 $\lambda = \{u_1/y_1, u_2/y_2, \cdots, u_n/y_n\}$ 是两个置换，则 θ 与 λ 的合成也是一个置换，记作 $\theta \cdot \lambda$。它是集合

$$\{t_1 \cdot \lambda/x_1, t_2 \cdot \lambda/x_2, \cdots, t_n \cdot \lambda/x_n, u_1/y_1, u_2/y_2, \cdots, u_n/y_n\}$$

即对 t_i 先做 λ 置换，然后再做 θ 置换，置换 x_i，其中删去以下两种元素：

① $t_i\lambda = x_i$ 时，删去 $t_i\lambda/x_i (i = 1, 2, \cdots, n)$；

② 当 $y_i \in \{x_1, x_2, \cdots, x_n\}$ 时,删去 $u_j/y_j (j = 1, 2, \cdots, m)$。
最后剩下的元素构成新的置换集合。

例 2.14 设 $\theta = \{f(y)/x, z/y\}$,$\lambda = \{a/x, b/y, y/z\}$,求 θ 与 λ 的合成。

解 先求出集合
$$\{f(b/y)/x, (y/z)/y, a/x, b/y, y/z\} = \{f(b)/x, y/y, a/x, b/y, y/z\}$$
其中,$f(b)/x$ 中的 $f(b)$ 是置换 λ 作用于 $f(y)$ 的结果;y/y 中的 y 是置换 λ 作用于 z 的结果。在该集合中,y/y 满足定义中的条件①,需要删除;$a/x, b/y$ 满足定义中的条件②,也需要删除,最后得
$$\theta \cdot \lambda = \{f(b)/x, y/z\}$$

置换的性质

结合律

可以证明 $(\theta \cdot \lambda_1) \lambda_2 = \theta(\lambda_1 \cdot \lambda_2)$,同样,$\theta(\lambda_1 \cdot \lambda_2) = (\theta \cdot \lambda_1) \lambda_2$,即置换的合成满足结合律。

交换律(不成立)

一般来讲,置换的合成不满足交换律,即 $\lambda_1 \cdot \lambda_2 \neq \lambda_2 \cdot \lambda_1$。因此,改变置换的顺序会产生差异。

2. 合一

合一可以简单地理解为"寻找相对变量的置换,使两个谓词公式一致"。

合一

设有公式集 $F = \{F_1, F_2, \cdots, F_n\}$,若存在一个置换 θ,使 $F_1\theta = F_2\theta = \cdots = F_n\theta$,则称 θ 是 F 的一个合一,同时称 $F_1, F_2, \cdots, F_n$ 是可合一的。

例 2.15 设有公式集 $F = \{P(x, y, f(y)), P(a, g(x), z)\}$,则 $\lambda = \{a/x, g(a)/y, f(g(a))/z\}$ 是它的一个合一。

一般来说,一个公式集的合一不是唯一的。

最一般合一

设 σ 是谓词公式集 F 的一个合一,如果对 F 的任意一个合一 θ 都存在一个置换 λ,使得 $\theta = \sigma \cdot \lambda$,则称 σ 是一个最一般(或最简单)合一(most general unifier, mgu)。

最一般合一求取方法

对于给定的谓词公式 F_1 和 F_2,采用逐一比较法找出不一致,并进行相应的合一置换,则可求得最一般合一置换。其算法如下。

① 令 $W = \{F_1, F_2\}$
② 令 $k = 0, W_0 = W, \sigma_0 = \varepsilon$
③ 如果 W_k 已合一,则停止,$\sigma_k =$ mgu
否则,找不一致集 D_k
④ 若 D_k 中存在元素 v_k 和 t_k,其中 v_k 不出现于 t_k 中,转⑤
否则,不可合一
⑤ 令 $\sigma_{k+1} = \sigma_k \cdot \{t_k/v_k\}$,$W_{k+1} = W_k\{t_k/v_k\} = W\sigma_{k+1}$
⑥ $k = k+1$ 转③

可证明若 F_1 和 F_2 可合一,算法必停于③。

例 2.16　$W=\{P(a,x,f(g(y))),P(z,f(a),f(u))\}$,其中,$F_1=P(a,x,f(g(y))),F_2=P(z,f(a),f(u))$。

求　F_1 和 F_2 的 mgu。

解　由以上算法

(1) $W=\{P(a,x,f(g(y))),P(z,f(a),f(u))\}$

(2) $W_0=W,\sigma_0=\varepsilon$

(3) W_0 未合一,从左到右找不一致集,有 $D_0=\{a,z\}$

(4) 取 $v_0=z,t_0=a$

(5) 令 $\sigma_1=\sigma_0\cdot\{t_0/v_0\}=\{a/z\}$

　　　$W_1=W_0\sigma_1=\{P(a,x,f(g(y))),P(a,f(a),f(u))\}$

(3)′ W_1 未合一,从左到右找不一致集,有 $D_1=\{x,f(a)\}$

(4)′ 取 $v_1=x,t_1=f(a)$

(5)′ 令 $\sigma_2=\sigma_1\cdot\{t_1/v_1\}=\sigma_1\cdot\{f(a)/x\}=\{a/z,f(a)/x\}$

　　　$W_2=W_1\sigma_2=\{P(a,f(a),f(g(y))),P(a,f(a),f(u))\}$

(3)″ W_2 未合一,从左到右找不一致集,有 $D_2=\{g(y),u\}$

(4)″ 取 $v_2=u,t_2=g(y)$

(5)″ 令 $\sigma_3=\sigma_2\cdot\{t_2/v_2\}=\sigma_2\cdot\{g(y)/u\}=\{a/z,f(a)/x,g(y)/u\}$

　　　$W_3=W_2\sigma_3=\{P(a,f(a),f(g(y))),P(a,f(a),f(g(y)))\}$

(3)‴ W_3 已合一

$$\sigma_3=\{a/z,f(a)/x,g(y)/u\}$$

便是 F_1 和 F_2 的 mgu。

算法的第(4)步,当不存在 v_k 如 $W=\{P(a,b,c),P(d,b,c)\}$,或不存在 t_k 如 $W=\{P(a,b),P(x,y,z)\}$,或出现不一致集为 $\{x,f(x)\}$ 形,都会导致不可合一。此时算法返回失败。

一个经过最一般合一的谓词公式,除字母变化外,都是唯一的。归结原理方法与命题逻辑基本相同。但由于有变量与函数,所以要考虑合一和置换。因此,在进行归结之前,应采用最一般合一求取方法对待归结的一对子句(归结式)进行置换,得到最简练的谓词公式表达式,以判断是否可以进行归结。

2.3.5　归结式

在谓词逻辑下求两个子句的归结式,和命题逻辑一样是消去互补对,但需考虑变量的合一与置换。这里提到的子句是满足 Skolem 标准型的文字(谓词)析取。

1. 归结式

设 C_1,C_2 是两个无公共变量的子句,L_1,L_2 分别是 C_1,C_2 的文字,如果 $L_1,\sim L_2$ 有 mgu σ,则

$$R=(C_1\sigma-\{L_1\sigma\})\cup(C_2\sigma-\{L_2\sigma\})$$

称作 R 是子句 C_1,C_2 的一个二元归结式,而 L_1,L_2 为被归结的文字。用通俗的语言可描述为:如果两个子句中分别有可以合一的互补的文字,则通过置换减去互补对的并集便是归

结式。

例如：

(1) $P(x) \vee Q(x, y)$ 与 $\sim P(a) \vee R(b, z)$ 的归结式为
$$Q(a, y) \vee R(b, z)$$

(2) $P(x, y) \vee Q(x) \vee R(x)$ 与 $\sim P(a, z) \vee \sim Q(b)$ 的归结式有以下两种：
$$Q(a) \vee R(a) \vee \sim Q(b)$$
或
$$P(b, y) \vee R(b) \vee \sim P(a, z)$$

值得注意的是，上例如果归结成 $R(b)$ 或 $R(a)$ 则是错误的。一方面，$Q(a) \vee \sim Q(b)$ 或 $P(b, y) \vee \sim P(a, z)$，由于有不同的常量，根本不可能进行合一置换，也就不可能进行归结；另一方面，即使可以合一置换成为相同的表达式，也不允许同时归结两个文字项。由此例题可以看出，一定要在归结之前进行合一置换。因为置换要对出现的所有变量进行操作，置换后的文字内容将发生变化，不同的置换得到的归结式是不同的。

2. 归结式的合理性

谓词逻辑演算的归结式是合理的。也就是说，如果 R 是子句 C_1, C_2 的归结式，那么必有 $\{C_1, C_2\} \models R$。该问题的证明不比命题逻辑的合理性证明难，在此省略，不证明。但是，如同命题逻辑中提到的一样，归结的完备性证明是比较复杂的。同样，可以用本章最后介绍的 Herbrand 定理证明，在此也不详细叙述。

3. 归结式求取方法

求取归结式一定要考虑定义的严密性和计算的合理性。要注意以下几方面：

(1) 谓词的一致性

名称不一致的谓词，如 P 与 $\sim Q$ 不能进行归结。

(2) 常量的一致性

含有不同常量的谓词，如 $P(a, \cdots)$ 与 $\sim P(b, \cdots)$ 不能进行归结。而同样的谓词，如果是常量与变量不同，如 $P(a, \cdots)$ 与 $\sim P(x, \cdots)$，则可以通过置换合一，转换成同样形式后再进行归结。

(3) 变量与函数

$P(x, x, \cdots)$ 与 $\sim P(x, f(x), \cdots)$ 不能进行归结，因为不能进行 $\{x/f(x)\}$ 的置换。

但 $P(x, x, \cdots)$ 与 $\sim P(x, f(y), \cdots)$，可以通过对两式分别做 $\{f(y)/x\}$ 置换，而后进行归结。

(4) 不能同时消去两个互补对

对于形如 $P \vee Q$ 与 $\sim P \vee \sim Q$ 这样的子句，不能直接归结得到空子句，从而认为归结结果是不正确的。由真值表很容易证明 $(P \vee Q) \wedge (\sim P \vee \sim Q)$ 不是矛盾式，即不是永假式，因此不可能得到空子句。而 $P(u) \vee P(v)$ 与 $\sim P(x) \vee \sim P(y)$ 是可以通过合一置换后归结出空子句的。因为在这些文字的内部可以先进行合并，正确合并后的归结是没有错误的。

(5) 对子句集中的元素先进行内部简化，再进行适当的置换与合并。

例 2.17 设 $C_1 = P(y) \vee P(f(x)) \vee Q(g(x))$，$C_2 = \sim P(f(g(a))) \vee Q(b)$，求 C_1 和 C_2 的归结式。

解 对 C_1，取最一般合一 $\sigma = \{f(x)/y\}$，得 C_1 的因子

$$C_1\sigma = P(f(x)) \lor Q(g(x))$$

对 C_1 的因子和 C_2 进行归结,可得到 C_1 和 C_2 的归结式 $Q(g(g(a))) \lor Q(b)$。

2.3.6 归结过程

谓词逻辑的归结过程与命题逻辑的归结过程相比,其基本步骤相同,但每步的处理对象不同。谓词逻辑需要把由谓词构成的谓词公式集合化为子句集,必要时在得到归结式前要进行置换和合一。

具体的谓词逻辑归结过程如下。

① 写出谓词关系公式;
② 用反演法写出谓词表达式;
③ 化为 Skolem 标准型;
④ 求取子句集 S;
⑤ 对 S 中可归结的子句做归结;
⑥ 归结式仍放入 S 中,反复归结过程;
⑦ 得到空子句;
⑧ 命题得证。

例 2.18 假设任何通过计算机考试并获奖的人都是快乐的,任何肯学习或幸运的人都可以通过所有的考试,张不肯学习但他是幸运的,任何幸运的人都能获奖。求证:张是快乐的。

解 先将问题用谓词表示如下。

R_1:"任何通过计算机考试并获奖的人都是快乐的"
$$(\forall x)((Pass(x, computer) \land Win(x, prize)) \to Happy(x))$$

R_2:"任何肯学习或幸运的人都可以通过所有的考试"
$$(\forall x)(\forall y)(Study(x) \lor Lucky(x) \to Pass(x, y))$$

R_3:"张不肯学习但他是幸运的"
$$\sim Study(zhang) \land Lucky(zhang)$$

R_4:"任何幸运的人都能获奖"
$$(\forall x)(Lucky(x) \to Win(x, prize))$$

结论"张是快乐的"的否定

$$\sim Happy(zhang)$$

将上述谓词公式转换为子句集并进行归结如下。

首先将每个表示逻辑条件的谓词子句转换为子句集可以接受的 Skolem 标准型。

由 R_1 及逻辑转换公式 $P \land W \to H = \sim(P \land W) \lor H$,可得子句

① $\sim Pass(x, computer) \lor \sim Win(x, prize) \lor Happy(x)$

由 R_2 可得子句,为了避免混淆,在此进行了变量更名处理。

② $\sim Study(y) \lor Pass(y, z)$
③ $\sim Lucky(u) \lor Pass(u, v)$

由 R_3 可得子句

④ $\sim Study(zhang)$

⑤ $Lucky(zhang)$

由 R_4 可得子句,在此项也进行了变量更名处理

⑥ $\sim Lucky(w) \vee Win(w, prize)$

由结论的否定可得子句

⑦ $\sim Happy(zhang)$

根据以上 7 条子句,归结如下:

⑧ $\sim Pass(w, computer) \vee Happy(w) \vee \sim Lucky(w)$ ①与⑥,$\{w/x\}$

⑨ $\sim Pass(zhang, computer) \vee \sim Lucky(zhang)$ ⑧与⑦,$\{zhang/w\}$

⑩ $\sim Pass(zhang, computer)$ ⑨与⑤

⑪ $\sim Lucky(zhang)$ ⑩与③,$\{zhang/u, computer/v\}$

⑫ □   ⑪与⑤

归结原理显然是一个很好的推理方法,一般不用来直接从前提推导出结论,而是通过推导出空子句做间接的证明。也就是说,通过对谓词公式的否定式的子句集使用消解法归结,若在某一步时推导出空子句,即推导出了矛盾,则说明子句集是不可满足的,从而原谓词公式也是不可满足的。

为什么说一旦推导出空子句,就说明子句集是不可满足的呢?这是因为空子句就是假,即 F,推出空子句就是推出了 F。但是,消解法原理是推理规则,那么由正确的推理形式推出 F,则说明前提不真,消解出空子句的两个亲本子句中至少有一个为假。而这两个亲本子句如果都是原子句集中的子句,由于子句集中的各个子句间为合取关系,一个子句为假即可说明原子句集是不可满足的。如果这两个亲本子句不是或不全是原子句集中的子句,而是某次归结出的结果,同理向前追溯,同样可以推出原子句中至少有一个子句为假,从而说明子句集是不可满足的。

从归结原理提出的初衷看,是由于 Herbrand 定理的不实用性引出了可实用的归结法。Herbrand 定理是归结原理的理论基础,归结过程是谓词公式的语义树倒塌的过程。由 Herbrand 定理可以精确地证明归结原理是合理的、完备的。归结方法是完备的,也就是说,对于正确的逻辑公式,使用该方法可以在有限步内得到结论。归结法是仅有一条推理规则的推理方法。对于传统归结法,子句中有等号或不等号时,完备性不成立,即传统的归结法不能处理相等的关系。

2.3.7 归结过程控制策略

从命题逻辑和谓词逻辑的归结方法中可以看出,当使用归结法时,若从子句集 S 出发做所有可能的归结,并将归结式加入子句集 S 中,再做第二层这样的归结……直到产生空子句。这种无控制的、盲目全面归结导致大量不必要的归结式产生,无疑会产生组合爆炸问题。更严重的是,它们又将产生下一层的更大量的不必要的归结式。于是,如何给出控制策略,以使系统仅选择合适的子句对其做归结,来避免多余不必要的归结式出现,或者说少做一些归结但仍然可导出空子句,提高归结效率,已经成为一个重要的问题。

归纳起来,归结过程策略控制的要点有:

① 要解决的问题是归结方法的知识爆炸;

② 控制策略的目的是归结点尽量少;

③ 控制策略的原则是删除不必要的子句,或对参加归结的子句加以限制;
④ 给出控制策略,以便仅选择合适的子句对其做归结,避免多余的、不必要的归结式出现。

1. 删除策略

归类:设有两个子句 C 和 D,若有置换 σ,使得 $C\sigma \subset D$ 成立,则称子句 C 把子句 D 归类。

例如,$C = P(x)$,$D = P(a) \lor Q(y)$ 归类。

取 $\sigma = \{a/x\}$,便有 $C\sigma = P(a) \subset \{P(a), Q(y)\}$,而 $\{P(a), Q(y)\}$ 的逻辑表达式是 $D = P(a) \lor Q(y)$,C 与 D 是两个子句,它们的关系是"与"的关系,即 C,D 中有一个为假,整个谓词公式为假。当 $P(a)$ 为真时,C 与 D 都为真,C 可以代表 D;当 $P(a)$ 为假时,虽然 D 的真值由 $Q(y)$ 决定,但是,由于整个谓词公式的真值已经被确定了,所以讨论 $Q(y)$ 的真、假已经没有意义了。所以,C 还是可以代表 D。可以认为由于 C 经过置换可以成为 D 的一部分,因此可以代表 D。也可以简单地理解为,由于小的可以代表大的,所以小的吃掉了大的。

删除策略

在归结过程中可以随时删除以下子句:
① 含有永真式的子句;
② 被子句集中其他子句归类的子句。

也就是说,若对 S 使用归结推理过程,当归结式 C_j 是重言式,且 C_j 被 S 中子句和子句集的归结式 $C_i(i<j)$ 所归类时,便将 C_j 删除。这样的推理过程称作使用了删除策略的归结过程。

删除策略的主要想法是在归结过程中寻找可归结子句时,子句集中的子句越多,需要付出的代价就会越大。如果在归结时能把子句集中无用的子句删除,就会缩小搜索范围,减少比较次数,从而提高归结效率。

删除策略有效阻止了不必要的归结式的产生,从而缩短了归结过程。然而,要在归结式 C_j 产生后方能判别它是否可被删除,这部分是要花费计算量的,只是节省了被删除的子句又生成的归结式。

尽管使用删除策略的归结,虽少做了归结但不影响产生空子句,也就是说,删除策略的归结推理是完备的,即采用归结策略进行的归结过程没有破坏归结法的完备性。

由于删除策略的完备性,可以放心大胆地使用该方法提高归结的效率。但是,不是可以归结的谓词公式都可以采用删除策略处理,达到加快归结速度的目的。道理很简单,如果该谓词公式中没有可删除的子句,就无法使用删除策略。因此,完备的归结推理采用删除策略不一定都有效。

2. 采用支撑集策略

支撑集的定义:设有不可满足子句集 S 的子集 T,如果 $S-T$ 是可满足的,则称 T 是 S 的支撑集,参见图 2.1。

采用支撑集策略时,从开始到得到空子句 □ 的整个归结过程中,只选取不同时属于 $S-T$ 的子句

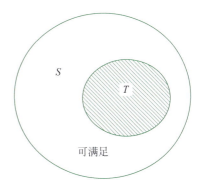

图 2.1 支撑集示意图

对,在其间进行归结。也就是说,至少有一个子句来自支撑集 T 或由 T 导出的归结式。

例如,$A_1 \wedge A_2 \wedge A_3 \wedge \sim B$ 中的 $\sim B$ 可作为支撑集使用。要求每次参加归结的亲本子句中,应该有一个是有目标公式的否定($\sim B$)所得到的子句或者它们的后裔。

这种策略的思想是尽量避免在可满足的子句集中进行归结,因为从中推导不出空子句。而求证公式的前提通常是一致的,因此,支撑集策略一般以目标公式的否定的子句作为支撑集,由此出发进行归结。所以,也可以将支撑集策略理解为目标指导的反向推力。

例如,$S = \{P \vee Q, \sim P \vee R, \sim Q \vee R, \sim R\}$

取 $T = \{\sim R\}$

支撑集归结过程通常为

① $P \vee Q$
② $\sim P \vee R$
③ $\sim Q \vee R$
④ $\sim R$
⑤ $\sim P$ ②,④
⑥ $\sim Q$ ③,④
⑦ Q ①,⑤
⑧ P ①,⑥
⑨ R ③,⑦
⑩ □   ④,⑨

这是采用支撑集策略的全面归结过程。可以证明支撑集策略的归结是完备的。也就是说,采用归结策略进行的归结过程没有破坏归结法的完备性。同时,任意完备的谓词归结过程都可以采用支撑集策略达到加快归结速度的目的。

对于任意的归结,可以放心大胆地运用支撑集策略,问题是如何寻找合适的支撑集。一个最容易找到的支撑集是目标子句的非,即 $S_{\sim B}$。

3. 语义归结策略

语义归结策略将子句 S 按照一定的语义分成两部分,约定每部分内的子句间不允许进行归结。同时还引入了文字次序,约定归结时,其中一个子句的被归结文字只能是该子句中"最大"的文字。

例如,$S = \{\sim P \vee \sim Q \vee R, P \vee R, Q \vee R, \sim R\}$,它首先规定 S 中出现的文字的次序,如依次为 P, Q, R,或记作 $P > Q > R$。再选出 S 的一个解释 I,如令

$$I = \{\sim P, \sim Q, \sim R\}$$

用这个解释将 S 分为两部分。规定在 I 下为假的子句放在 S_1 中,在 I 下为真的子句放在 S_2 中,于是有

$$S_1 = \{P \vee R, Q \vee R\}$$
$$S_2 = \{\sim P \vee \sim Q \vee R, \sim R\}$$

规定 S_i 内部的子句间不允许进行归结,同时 S_1 与 S_2 子句间的归结必须是 S_1 中的最大文字方可进行。这样所得的归结式,仍按照 I 放入 S_1 或 S_2。

归结过程为

① $\sim P \vee \sim Q \vee R$ $\in S_2$

② $P \vee R$　　　　　　　　$\in S_1$
③ $Q \vee R$　　　　　　　　$\in S_1$
④ $\sim R$　　　　　　　　　$\in S_2$
⑤ $\sim Q \vee R$　　　　　　②与①，$\in S_2$
⑥ $\sim P \vee R$　　　　　　③与①，$\in S_2$
⑦ R　　　　　　　　　　②与⑥，$\in S_1$
⑧ R　　　　　　　　　　③与⑤，$\in S_1$
⑨ □　　　　　　　　　　④与⑦

上例是采用了语义归结策略下的盲目归结过程，明显减少了归结的次数，阻止了①，④的归结，也阻止了②，④的归结。

可以证明与支撑集策略一样，语义归结策略的归结也是完备的。同样，所有可归结的谓词公式都可采用语义归结策略达到加快归结速度的目的。问题是如何寻找合适的语义分类方法，并根据其含义将子句集两部分中的子句进行适当的排序。

4. 线性归结策略

线性归结策略首先从子句集中选取一个称作顶子句的子句 C_0 开始归结。归结过程中所得到的归结式 C_i 立即同另一子句 B_i 进行归结，得归结式 C_{i+1}，而 B_i 属于 S 或已出现的归结式 $C_j(j<i)$。通过归结得到新的子句。简而言之，如图 2.2 所示，每次归结得到的新子句立即参加归结，之后再加入子句集等待再次参加归结。

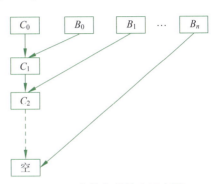

图 2.2　线性归结策略示意图

如同支撑集策略和语义归结策略一样，可以证明，线性归结策略没有破坏归结原理的基本完备性，同时，任意可归结的谓词公式集都可以采用线性归结策略提高归结效率，达到加快归结速度的目的。

最重要的是，如果能找到一个较好的顶子句，就可以使归结顺利进行；否则，也可能事与愿违。

5. 单元归结策略

单元归结策略要求在归结过程中，每次归结都有一个子句是单元子句，即只含一个文字的子句，或单元因子。显而易见，此种方法可以简单地消去另一个非单子句中的一个因子，使其长度缩短，构成简单化。因此，归结效率较高。同样，单元归结策略保持了归结原理的基本完备性，但是，不是所有可以归结的谓词公式集合都可以采用单元归结策略进行归结。

很显然，当初始子句集中没有单元子句时，单元归结策略无效。

6. 输入归结策略

与单元归结策略相似，输入归结策略要求在归结过程中，每次归结的两个子句中必须有一个是 S 的原始子句，这样可以避免归结出的不必要的新子句加入归结而造成的恶性循环，可以减少不必要的归结次数。同样，输入归结策略保持了归结原理的基本完备性，但是，不是所有可以归结的谓词公式集合都可以采用输入归结策略进行归结。

如同单元归结策略一样,不是所有的可归结谓词公式的最后结论都可以从原始子句集中得到。简单的例子是归结结束时,即最后一个归结式为空子句的条件是参加归结的双方必须是两个单元子句。原始子句集中没有单元子句的谓词公式集合一定不能采用输入归结策略。

2.4 Herbrand 定理

Herbrand 定理是归结原理的理论基础,归结原理的正确性是通过 Herbrand 定理证明的。同时,归结原理是 Herbrand 定理的具体实现,利用 Herbrand 定理对公式的证明是通过归结法进行的。本节简单描述了 Herbrand 定理的基本思想和相关预备知识,最后给出 Herbrand 定理的一般形式。

在此首先给出几个本节涉及的名词:

公式 G 永真:对于 G 的所有解释,G 都为真。

公式 G 永假(矛盾):没有一个解释使 G 为真。

2.4.1 概述

要判定一个子句集是不可满足的,就是要判定该子句集中的每个子句都是不可满足的;要判定一个子句是不可满足的,则需要判定该子句对任何非空个体域的任意解释都是不可满足的。可见,判定子句集的不可满足性是一项非常困难的工作。最重要的问题是,一阶逻辑公式的永真性(永假性)的判定是否能在有限步内完成。

1936 年,图灵(Turing)和邱吉(Church)互相独立地证明了:"没有一般的方法使得在有限步内判定一阶逻辑的公式是否为永真(或永假)。但是,如果公式本身是永真(或永假)的,那么就能在有限步内判定它是永真(或永假)。对于非永真(或永假)的公式,就不一定能在有限步内得到结论。判定的过程将可能是不停止的。"

Herbrand 定理思想

要证明一个公式是永假的,采用反证法的思想(归结原理),就是要寻找一个已给的公式是真的解释。然而,如果给定的公式的确是永假的,就没有这样的解释存在,并且算法在有限步内停止。因为量词是任意的,所讨论的个体变量域 D 是任意的,所以解释的个数是无限、不可数的,要找到所有的解释是不可能的。Herbrand 定理的基本思想是简化讨论域,建立一个比较简单、特殊的域,使得只要在这个论域上(此域称为 H 域或 Herbrand 域),原谓词公式仍是不可满足的,即保证不可满足的性质不变。

H 域与 D 域的关系示意图如图 2.3 所示。

2.4.2 H 域

1. H 域简介

H 域的定义

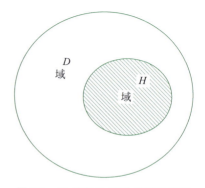

图 2.3 H 域与 D 域的关系示意图

设 S 为给定公式 G 的子句集,定义在论域 D 上,H_0 为 S 中的常量集。如果 S 中没有常量,H_0 由任意单个常量构成,如 $\{a\}$,$H_{i+1} = H_i \cup \{f^m(t_1, t_2, \cdots t_n)\}$,$i = 0, 1, \cdots, n$,其中,$f^m$ 为 S 中出现的所有函数符号的集合,$t_1, t_2, \cdots, t_n$ 为 H_{i-1} 的元素,$i = 1, 2, \cdots, n$,则规定 H_∞ 称为 G 的 H 域(或者说是相应的子句集 S 的 H 域)。

H_i 称为 S 的 i 水平常量集。不难看出,H 域是直接依赖 G 的,而且最多只有可数个元素。

例 2.19　设子句集 $S = \{P(x), Q(y) \vee R(z)\}$。

求 H 域。

解　在此题中设有常量 a。

$H_0 = \{a\}$

$H_1 = H_0 = \{a\}$

……

$H_\infty = H_1 \cup H_2 \cup H_3 \cdots = \{a\}$

例 2.20　设子句集 $S = \{P(a), Q(x) \vee R(f(x))\}$。

求 H 域。

解　在此题中只有一个常量 a。

$H_0 = \{a\}$

$H_1 = \{a, f(a)\}$

$H_2 = \{a, f(a), f(f(a))\}$,

……

$H_\infty = H_1 \cup H_2 \cup H_3 \cdots = \{a, f(a), f(f(a)), \cdots\}$

例 2.21　设子句集 $S = \{P(a), Q(b) \vee R(f(x))\}$。

求 H 域。

解　在此题中有两个常量 a, b。

$H_0 = \{a, b\}$

$H_1 = \{a, b, f(a), f(b)\}$

$H_2 = \{a, f(a), f(b), f(f(a)), f(f(b))\}$,

……

$H_\infty = H_1 \cup H_2 \cup H_3 \cdots = \{a, b, f(a), f(b), f(f(a)), f(f(b)), \cdots\}$

例 2.22　设子句集 $S = \{P(x), Q(y, f(z,b)), R(a)\}$。

求 H 域。

解　此题中 a, b 为子句集中出现的常量。

$H_0 = \{a, b\}$(为子句集中出现的常量)

$H_1 = \{a, b, f(a,b), f(a,a), f(b,a), f(b,b)\}$

$H_2 = \{a, b, f(a,b), f(a,a), f(b,a), f(b,b),$
　　　$f(a, f(a,b)), f(a, f(a,a)), f(a, f(b,a)), f(a, f(b,b)),$
　　　$f(b, f(a,b)), f(b, f(a,a)), f(b, f(b,a)), f(b, f(b,b)),$
　　　$f(f(a,b), a), f(f(a,b), b), f(f(a,b), f(a,b)), f(f(a,b), f(a,a)),$

$f(f(a,b),f(b,a)), f(f(a,b),f(b,b)),$
$f(f(a,a),a), f(f(a,a),b), f(f(a,a),f(a,b)), f(f(a,a),f(a,a)),$
$f(f(a,a),f(b,a)), f(f(a,a)f(b,b)),$
$f(f(b,a),a), f(f(b,a),b), f(f(b,a),f(a,b)), f(f(b,a),f(a,a)),$
$f(f(b,a),f(b,a)), f(f(b,a),f(b,b)),$
$f(f(b,b),a), f(f(b,b),b), f(f(b,b),f(a,b)), f(f(b,b),f(a,a)),$
$f(f(b,b),f(b,a)), f(f(b,b),f(b,b))\}$

……

$H_\infty = H_1 \bigcup H_2 \bigcup H_3 \cdots$

例 2.23 设子句集 $S = \{P(c), Q(f(x), R(g(x)))\}$。

求 H 域。

解 此题中 c 为子句集中的常量，$f(x), g(x)$ 为子句集中的函数。

$H_0 = \{c\}$（为子句集中出现的常量）

$H_1 = \{c, f(c), g(c)\}$

$H_2 = \{c, f(c), g(c), f(f(c)), f(g(c)), g(f(c)), g(g(c))\}$

……

$H_\infty = H_1 \bigcup H_2 \bigcup H_3 \cdots$

一个函数中含有多个变量时，每个变量都要做到全部的组合。

2. 原子集

原子集的定义

为研究子句集 S 中的不可满足性，需要讨论 H 域上 S 中各谓词的真值。原子集 A 为公式中出现的谓词取 H 域的元素值组成的集合。

$$A = \{\text{所有形如 } P(t_1, t_2, \cdots, t_n) \text{ 的元素}\}$$

这里，$P(x_1, x_2, \cdots, x_n)$ 为出现于 S 中的任一谓词符号，而 $t_1, t_2, \cdots, t_n$ 为 S 的 H 域中的任意元素，即把 H 域中的元素填到 S 的谓词里。

例如，设子句集 $S = \{P(x), Q(y, f(z, b)), R(a)\}$，其 H 域为

$H_\infty = \{a, b, f(a,b), f(a,a), f(b,a), f(b,b),$
$f(a, f(a,b)), f(a, f(a,a)), f(a, f(b,a)), f(a, f(b,b)),$
$f(b, f(a,b)), f(b, f(a,a)), f(b, f(b,a)), f(b, f(b,b)),$
$f(f(a,b), f(a,b)), f(f(a,b), f(a,a)), f(f(a,b), f(b,a)), f(f(a,b), f(b,b)),$
$f(f(a,a), f(a,b)), f(f(a,a), f(a,a)), f(f(a,a), f(a,b)), f(f(a,a), f(b,b)),$
$f(f(b,a), f(a,b)), f(f(b,a), f(a,a)), f(f(b,a), f(b,a)), f(f(b,a), f(b,b)),$
$f(f(b,b), f(a,b)), f(f(b,b), f(a,a)), f(f(b,b), f(b,a)), f(f(b,b),$
$f(b,b))\cdots\}$

其原子集为

$A = \{P(a), Q(a,a), R(a), P(b), Q(b,a), Q(b,b), Q(a,b), R(b), P(f(a,b)),$
$Q(f(a,b), f(a,b)), R(f(a,b), P(f(a,a)), P(f(b,a)), P(f(b,b)), \cdots\}$

一旦原子集内真值确定后，则 S 在 H 域上的真值可确定。S 中的谓词是有限的、可数的，H 域中的元素是可数的，因此，原子集 A 中的元素也是可数的。由此可见，在无限不可

数的个体域 D 上的问题转换成了可数的问题。

论域 D 上公式 G 或者说其子句集 S 的 H 域的建立,仅依赖 S 中出现的几个函数和 D 的几个常量,或 D 中任意一个常量,而且这些都是可数的,这就是 H 域比一般论域 D 简单的原因。因此,如果能够将谓词逻辑公式的不可满足性问题的讨论从 D 转换到 H 域,其复杂程度将相应降低,最终量变引起质变,使得不可解的问题成为可解的问题。

2.4.3　H 解释

解释 I:谓词公式 G 在论域 D 上任何一组真值的指定称为一个解释。公式 G 的一个解释就是公式 G 在其论域上的一个实例化。

H 解释:子句集 S 在其 H 域上的解释称为 H 解释。

I 是 H 域下的一个指派。简单地说,原子集 A 中的各元素真假组合都是 H 的解释(或真或假只取一个)。或者说,凡是对 A 中各元素真假值的一个具体设定或对 S 中出现的常量、函数及谓词的一次取值就构成 S 的一个 H 解释。

为谓词公式建立子句集 S,又建立 H 域、原子集 A,目的是希望定义于一般论域 D 上,使 S 为真的任一解释 I,可由 S 的 H 域上的某个解释 I^* 实现,这样才能真正做到任意论域 D 上 S 为真的问题,转换成仅有可数个元素的 H 域上 S 为真的问题,从而子句集 S 在 D 上不可满足问题转换成了 H 上的不可满足的问题。

在此首先定义几个名词。

基原子、基文字、基子句和基子句集:没有变量出现的原子、文字、子句和子句集,分别称为基原子、基文字、基子句和基子句集。

基例:子句集 S 中某子句 C 中所有变元符号均以 S 的 H 域中的元素代入后,所得的基子句 C' 称为 C 的一个基例。

由定义可知,若一个解释 I^* 使得某个基子句为假,则此解释 I^* 为假。

例 2.24　$S = \{P(x) \lor Q(x), R(f(y))\}$,求其一个 H 解释 I^*。

解　S 的 H 域为:$\{a, f(a), f(f(a)), \cdots\}$

S 的原子集为:$\{P(a), Q(a), R(a), P(f(a)), Q(f(a)), R(f(a)), \cdots\}$

凡对 A 中各元素真假值的一个具体设定都为 S 的一个 H 解释。如

$I_1^* = \{P(a), Q(a), R(a), P(f(a)), Q(f(a)), R(f(a)), \cdots\}$

$I_2^* = \{\sim P(a), \sim Q(a), \sim R(a), \sim P(f(a)), Q(f(a)), R(f(a)), \cdots\}$

$I_3^* = \{P(a), \sim Q(a), \sim R(a), P(f(a)), Q(f(a)), \sim R(f(a)), \cdots\}$

I_1^*, I_2^*, I_3^* 中出现的 $P(a)$ 表示 $P(a)$ 的取值为 T,出现的 $\sim P(a)$ 表示 $P(a)$ 的取值为 F。显然,在 H 域上,这样的定义 I^* 下,S 的真值就确定了。如

$$S|_{I_1^*} = T, S|_{I_2^*} = F, S|_{I_3^*} = F$$

这是因为子句集 $S = \{P(x) \lor Q(x), R(f(y))\}$ 的逻辑含义为

$$(\forall x)(\forall y)((P(x) \lor Q(x)) \land R(f(y)))$$

因此,只要有一个子句为假,则该谓词公式为假,即解释为假。

一般来说,一个子句集 S 的基原子有无限多个,因此,S 在 H 域上的解释 I^* 也有无限多个。对于公式 G,只有其所有的解释全为假,才可以判定 G 是不可满足的。因为所有解释代表了所有的情况,如果这些解释可以被穷举,就可以在有限步内判断公式 G 的不可满

足性，本节开始所提的问题便可解决。

如果试图在 H 域上讨论是否能解决如何证明 G 的解释全为假的问题，那么必须首先讨论，对论域 D 上的任一个解释 I，若有 $S|_I = T$，是否能求得一个相应的 H 解释，使得 $S|_{I^*} = T$ 成立。

可以证明，有如下 3 个定理。

定理 2.2 设 I 是 S 的论域 D 上的解释，存在对应于 I 的 H 解释 I^*，使得若有 $S|_I = T$，必有 $S|_{I^*} = T$。

定理 2.3 子句集 S 是不可满足的，当且仅当 S 的一切 H 解释都为假。

定理 2.4 子句集 S 是不可满足的，当且仅当每个解释 I 下至少有 S 的某个子句的某个基例为假。

以上 3 个定理保证了归结法的正确性。今后的讨论只需在 S 的 H 域上进行，不必涉及一般论域 D。

定理 2.4 的结果经常被引用。因为 S 的逻辑含义是所包含的子句的合取，而且变量受任意量词的作用。那么，在某个解释 I（均指 H 解释）下为假，只需某个子句的某个基例为假，而 S 是不可满足的，要求在任一解释下均为假，从而定理 2.4 成立。

一般来说，D 域是无穷不可列的，因此，子句集也是无穷不可列的。但子句集 S 确定后其 H 域是无穷可列的，在 H 上证明 S 的不可满足性仍然是不可能的。解决问题的方法便是下面介绍的语义树。

2.4.4 语义树与 Herbrand 定理

对 S 的不可满足性，从几何上进行一些讨论是有益的。可以将子句集 S 的所有可能解释展示在一棵树上，进而观察每个分支对应的 S 的逻辑真值是真是假。

1. 语义树

语义树的构成方法

原子集 A 中所有元素逐层添加到一棵二叉树上，并将元素的"是"与"非"分别标记在两侧的分支上。

下面是一个语义树的例子：

例 2.25 对子句集 $S = \{\sim P(x) \vee Q(x), P(f(y)), \sim Q(f(y))\}$，画出相应的语义树。

解 子句集 S 的 H 域为 $H = \{a, f(a), f(f(a)), \cdots\}$

原子集为 $A = \{P(a), Q(a), P(f(a)), Q(f(a)), \cdots\}$

从 A 出发便可画出 S 的语义树，如图 2.4 所示。

一般情况，H 是无限可数集，因此，S 的语义树是无限树。

语义树的意义

语义树可以理解为 H 域的图形解释。通过逻辑谓词公式子句集 S 的求导过程以及 H 域、原子集 A、语义树的求取过程，可以看出，讨论的对象从无限、不可数论域 D 渐渐地转换为可数的、有序的二叉语义树。

2. 完全语义树

对于子句集 S，如果有 N 个叶子结点的语义树包含了 S 的原子集 $A = \{A_1, A_2, \cdots\}$ 中

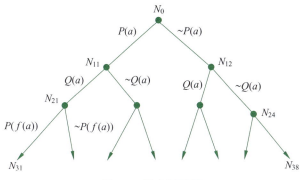

图 2.4 语义树实例

的所有元素 A_i 或 $\sim A_i (i=1,2,\cdots,n)$，则说 S 的语义树是完全的。

建立语义树的目的是把 S 中的每个解释都展开。通过对 S 的完全语义树的观察，判断每个解释的真值情况。如图 2.4 中的语义树，这棵树的每个到叶子结点的分支都对应 S 的一个解释。特别对有限树来说，若 N 是叶子结点，那么 $I(N)$ 便是 S 的一个解释。讨论 S 的不可满足性，就可通过对语义树的每个分支计算 S 的每个解释的真值而实现。

3. 封闭语义树

有时并非需要无限地延伸每个分支才能确定在相应的解释下 S 取假值。如果某个分支延伸到结点 N 时，$I(N)$ 已使 S 的某一子句的某一基例为假，就无须再对 N 作延伸。此结点就是失败结点。

失败结点

当（由上）延伸到点 N 时，$I(N)$ 已表明 S 的某子句的某个基例为假，但 N 以前尚不能判断这个事实，于是就称 N 为失败结点。

封闭语义树

如果 S 的完全语义树的每个分支上都有一个失败结点，就称它是一棵封闭语义树。

图 2.4 所示的完全语义树便具有每个分支上都有失败结点这样的性质，从而是一棵封闭的语义树。从图 2.4 中剪夫所有失败结点以下的分支，便可得相应的封闭语义树，如图 2.5 所示。

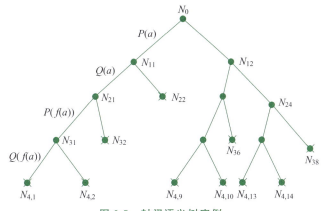

图 2.5 封闭语义树实例

如 $I(N_{22})=\{P(a),\sim Q(a)\}$，这个 S 的部分解释已使 S 中的子句 $\sim P(x) \lor Q(x)$ 的基例 $\sim P(a) \lor Q(a)$ 为假了，而 N_{11}, N_0 不具有这个性质。若将 $I(N_{22})$ 进一步扩充，仍然会使 S 为

假,扩充的部分对使 S 为假这一事实已经不起作用了。从图 2.5 中看,无须对 N_{22} 再作延伸。

2.4.5 Herbrand 定理

Herbrand 定理 1
子句集 S 是不可满足的,当且仅当对应于 S 的完全语义树是有限封闭树。

Herbrand 定理 2
子句集 S 是不可满足的,当且仅当存在不可满足的 S 的有限基例集。

Herbrand 定理的意义在于,将一阶逻辑证明问题转换成有限的命题逻辑问题。有以上定理保证,就可以放心地用机器实现自动推理了。

Herbrand 定理给出了一阶逻辑的半可判定算法,即仅当被证明定理成立时,使用该算法可以在有限步得证;当被证明定理并不成立时,使用该算法得不出任何结论。

使用 Herbrand 定理证明定理或 S 是不可满足的,或是寻找有限的封闭树或寻找有限的不可满足的基例集。

一个具体实现证明的方法是,对 S 的 H 域中的 H_i 作出基例集 S'_i,即将 H_i 中的元素依次代入 S 中的各个子句便构成 S'_i,若 S'_i 是不可满足的,必有 S 是不可满足的,或说相应的定理成立。若被证明的定理成立,必可在有限步内证明某个 S'_N 是不可满足的。

2.4.6 Herbrand 定理与归结法的完备性

H 域实际上是对于论域的一种简化,使得人们在一个能够把握的论域中对逻辑命题进行永假的判断。虽然建立 H 域、语义树的方法可以将在无限不可数的个体域上的不可满足问题转换成在可数有序域上的问题求解,但是仍存在基例集序列元素的数目随子句集的元素数目呈指数增加的问题。因此,尽管 Herbrand 定理是 20 世纪 30 年代提出的,但始终没有显著的成绩。直至 1965 年 Robinson 提出归结原理,才使得 Herbrand 定理的光彩得以发挥。

对于一个给定的定理来说,可以使用归结法建立定理证明过程。问题是,是否能保证,若定理成立,使用归结方法一定能得到证明;对一个公理体系来说,使用归结法能推出的定理和所有成立的定理个数上是否一致,即是不是都能得到证明,这就是所要讨论的归结法的完备性。结论是归结法是完备的。一个推理方法提出后,困难往往是完备性的证明。归结法完备性的证明要使用 Herbrand 定理,从这个意义上说,归结原理是建立在 Herbrand 定理基础之上的。

归结法的归结过程是归结语义树的"倒塌"过程。

下面以一个简单的例子说明。对于子句集 S 和相应的语义树 T,当将 S 的任意两个子句的归结式加入 S 后,相应的语义树 T_1 比较归结前语义树 T "倒塌"了两个分支,随着不断地归结,T 就不断地"倒塌",当 S 是不可满足的得以证明时,T 将倒塌成只剩下根结点。

例如,有子句集 $S = \{P, \sim P \vee Q, \sim P \vee \sim Q\}$,其原子集为 $A = \{P, Q\}$,其封闭语义树和语义树倒塌过程如图 2.6 和图 2.7 所示。

归结过程如下所示:
① P
② $\sim P \vee Q$
③ $\sim P \vee \sim Q$

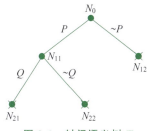
图 2.6 封闭语义树 T

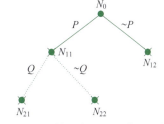
图 2.7 得到第 4 个子句后的语义树 T_1

④ ~P ②,③(此时相应的语义树为 T_1)
⑤ □   ①,④(此时相应的语义树只剩下根结点 N_0)

从封闭语义树 T 上看,先观察 N_{11} 结点,有子结点 N_{21},N_{22} 对应的

$I(N_{21}) = \{P, Q\}$ 使得子句③为假
$I(N_{22}) = \{P, \sim Q\}$ 使得子句②为假

从而 N_{21} 和 N_{22} 都是失败结点,因 $I(N_{11}) = \{P\}$ 不会使 S 的子句为假,所以 N_{11} 不是失败结点,它有两个分支,其对应的子结点 N_{21},N_{22} 都是失败结点。此时相应的子句②,③必可进行归结(含有可归结对 Q 与 $\sim Q$),有归结式 $\sim P$,进而将 $\sim P$ 加入子句集。这时的 $I(N_{11}) = \{P\}$ 已使得子句集 $S \cup \{P\}$ 的子句 $\sim P$ 为假了,因此,N_{11} 是 $S \cup \{P\}$ 的语义树 T 的失败结点,封闭语义树成为 T_1。也就是说,通过这次归结,语义树"倒塌"了两个分支 N_{21},N_{22},或者说 N_{21},N_{22} 被剪枝了。

同理,对 T_1 的结点 N_0,随着归结式新子句⑤的产生,成为新的失败结点。整个语义树倒塌得只剩下一个根结点。此时,有了空子句,归结顺利结束。

这个例子可以说明归结过程和语义树的倒塌过程是一回事。同时可以证明,从子句集 S 的语义树必有两个失败结点相对应的子句可以归结,将归结式放入 S,就会使得语义树 T 倒塌。重复这个过程,直到语义树仅由根结点组成为止。由 Herbrand 定理1可知,不可满足的子句集 S 必有一棵封闭的语义树,经过归结的倒塌过程,一定能使根结点成为失败结点,也就是可以得到空子句。因此,得到不可满足的子句集 S 必然可以通过归结法得以证明的结论,即归结法是完备的。

综上所述,Herbrand 定理是归结法的基础,是归结原理完备性的保证。虽然 Herbrand 定理通过构造在 H 域上的语义树判断一个谓词逻辑命题是否为永真,从而实现了将谓词逻辑转换成命题逻辑判定问题,为归结原理提供了实现的途径。最终还是归结原理使 Herbrand 定理成为现实可用的。

习 题

2.1 什么是合取范式和析取范式?
2.2 什么是子句集?
2.3 什么是归结?
2.4 在命题逻辑中,归结法的逻辑基础是什么?
2.5 什么样的命题可以由归结法证明?
2.6 谓词逻辑和命题逻辑的区别和联系分别是什么?
2.7 怎样才能判断一个一阶谓词逻辑公式为永真或永假?

2.8 如果是计算机进行判定,应该怎么进行?

2.9 什么叫归结策略,归结策略的目的是什么?

2.10 归结法做起来是不是很烦琐,有没有怎么做也做不完的时候?是不是不同的归结顺序导致过程差别比较大?

2.11 总结 Herbrand 定理和归结法之间的关系。

2.12 如果不在 H 域上,应该怎么判定一个谓词公式是永真的?

2.13 基例中的元素个数是多少?能构造一棵完全的语义树吗?

2.14 为什么说归结法是目前为止唯一有效的逻辑判定方法?

2.15 设 $S=\{P(x),Q(f(x),y)\}$,试写出 H 域上的元素,并写出 S 的一个基例。

2.16 将下面的公式化成子句集:

① $G = (((P \lor \sim Q) \to R) \to (P \land R))$

② $G = (\forall x)\{P(x) \to (\forall y)[P(y) \to P(f(x,y))] \land \sim (\forall y)[Q(x,y) \to P(y)]\}$

2.17 已知: $F = (\forall x)((\exists y)(P(x,y) \land Q(y) \to (\exists y)(R(y) \land M(x,y))))$
$G = \sim (\exists x)R(x) \to (\forall x)(\forall y)(P(x,y) \to \sim Q(y))$

求证:G 是 F 的逻辑结论。

2.18 命题是数理逻辑中常用的公式,试使用归结法证明下列命题的正确性:

① $P \to (Q \to P)$

② $(P \to (Q \to R)) \to ((P \to Q) \to (P \to R))$

③ $(Q \to \sim P) \to ((Q \to P) \to \sim Q)$

2.19 下列子句是否可以合一,如果可以,请写出最一般的合一置换:

① $P(x,B,B)$ 和 $P(A,y,z)$

② $P(g(f(v)),g(u))$ 和 $P(x,x)$

③ $P(x,f(x))$ 和 $P(y,y)$

④ $P(y,y,B)$ 和 $P(z,x,z)$

2.20 解释 $P(f(x,x),A)$ 和 $P(f(y,f(y,A)),A)$ 为什么不能合一。

2.21 将下列公式化为 Skolem 子句型:

① $((\exists x)P(x) \lor (\exists x)Q(x)) \to (\exists x)(P(x) \lor Q(x))$

② $(\forall x)(P(x) \to (\forall y)((\forall z)Q(z,y) \to \sim (\forall z)R(y,z)))$

③ $(\forall x)P(x) \to (\exists x)(((\forall z)Q(x,z)) \lor (\forall y)R(x,y,z))$

2.22 用归结法证明,存在一个绿色物体,如果以下条件存在:

① 如果可以推动的物体是蓝色的,那么不可以推动的物体是绿色的;

② 所有的物体或者是蓝色的,或者是绿色的,但不能同时具有两种颜色;

③ 如果存在一个不能推动的物体,那么所有的可推动的物体是蓝色的;

④ 物体 O_1 是可以推动的;

⑤ 物体 O_2 是不可以推动的。

2.23 假设所有不贫穷且聪明的人都快乐。那些看书的人是聪明的。李明能看书且不贫穷。快乐的人过着激动人心的生活。

求证:李明过着激动人心的生活。

给定谓词:某人 x 贫穷,$Poor(x)$;某人 x 聪明,$Smart(x)$;某人 x 快乐,$happy(x)$;某人 x 读书,$Read(x)$;某人 x 过着激动人心的生活,$Exciting(x)$。

2.24 已知

① 如果 x 和 y 是同班同学,则 x 的老师也是 y 的老师。

② 王先生是小李的老师。

③ 小李和小张是同班同学。

问:小张的老师是谁?

第 3 章

知识表示

考察在一定环境下工作的实体时,会不自觉地将系统的整个工作过程分为两部分。如图 3.1 所示,将主体与外界环境分开,分析的焦点集中在主体与环境的信息交换处。因此,有关智能的理论不仅包括主体工作的过程和主体构造的描述,同时也包括信息的传送。而进行这方面描述最重要的就是知识(knowledge)。智能实体根据通过环境所得到的知识,并通过对自身的行为结果的预测而进行操作。

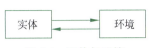

图 3.1 实体与环境

在此过程中,知识是如何获得的? 知识以什么形式出现? 对环境知识要补充些什么? 有没有极限? 如何使用知识? 这些都是人工智能研究中最基本的问题。在这些问题中,知识又是这一切研究的基础。因此,可以说人工智能的问题求解是以知识为基础的。知识是人工智能的重要研究对象。要使计算机具有智能,就必须使它具有知识。而要使计算机具有知识,能处理知识,首先必须解决知识表示的问题。如何将已获得的有关知识以计算机内部代码形式加以合理描述、存储,以便有效地使用这些知识便是知识表示。这实际上应该从对人的神经细胞是如何处理信息的研究开始,可惜这方面人们还知之甚少。知识表示方法的提出,经常是模仿人脑的知识存储方式与结构的。知识表示包括知识表示的概念和知识表示的方法。知识表示的方法可分为替代表示和分布表示。其中,替代表示包括最常用到的陈述性表示,例如谓词逻辑、产生式、语义网络、框架等。同时,根据所表示的知识的确定化程度,知识表示方法又可分为确定性知识表示和不确定性知识表示。本章主要介绍产生式、语义网络和框架等确定性知识表示方法及其推理方法。基于谓词逻辑的知识表示方法及其推理已在第 2 章讨论过了,不确定性知识表示及其推理问题将在第 4 章中讨论。

3.1 概 述

知识表示是人工智能研究中最基本的问题之一。在 AI 系统中给出一个清晰简洁的有关知识的描述是很困难的。有研究报道认为,严格地说,AI 对知识表示的认真、系统的研究才刚刚开始。

3.1.1 知识

提到知识大多数人都不以为然,有自己的习以为常的概念,人们日常生活中涉及的知识是十分广泛的。有的是多数人所熟悉的日常、一般性知识,而有的只是相关领域专家才掌握的专业性知识。但究竟什么是知识?知识有哪些特性?知识有哪些类型?哪些是人工智能研究感兴趣的?大多数人不会想到,也不会认真思考这些问题。但是,人工智能研究过程中必须深入讨论这些问题。

1. 知识的定义

什么是知识?知识是人们在改造客观世界的过程中积累起来的经验及其总结升华的产物。所以,知识首先是对客观世界的描述、名称、数据、数字所构成的信息等。这些描述经过加工整理后才能形成知识。给知识这个概念下一个明确的定义是很困难的,不同的人有不同的理解。下面仅给出几个著名专家的看法。

Feigenbaum:知识是经过削减、塑造、解释和转换的信息。

Bernstein:知识是由特定领域的描述、关系和过程组成的。

Hayes-roth:知识是事实、信念和启发式规则。

从知识库的观点看,知识是某领域中所涉及的有关方面的一种符号表示。

知识作为人类对客观世界的认识的表达,具有相对的正确性。这是由于人们对世界的认识是在一定条件下进行的。所谓正确性,是通过时间证明的,没有绝对正确的真理。从另一个角度看,知识的相对正确性表现在不同环境下其正确性发生变化,有时是真的,有时是假的。例如,这个人个子足够高了,1.78米,参加"八一"篮球队?同时,知识具有不完备性、不确定性、模糊性。不完备性指的是解决问题时不具备该问题所需要的全部知识。人类对问题的认识原本就是从部分到全体,由感性到理性,由表面到本质。整个认识过程的部分性、感性、表面性决定了知识的不完备性。知识的不确定性指的是知识有时不能被完全确定是真还是假,例如,你眼睛发黄→得肝炎了!你能肯定?因此而产生了不确定性知识表示方法和不确定性推理方法,由可能性、可信度、概率等概念描述知识的不确定性。模糊性也是知识非常典型的特性之一,有些概念之间不存在明确的界限。例如,"好"与"较好"。此外,知识还有矛盾性、相容性等性质。不同的知识集合中的知识有时是不一致的,从不同的知识集合,即不同的知识背景出发,会推导出不同的结论。反之,同一知识集合的知识应该是相容的,即不可能推导出不相同的,甚至是矛盾的结论。

总之,人类生活在知识的海洋中,而如何得到、处理、利用好知识却是人们面临的一个重要问题。尤其是在人工智能领域的研究中,这个问题的解决才刚刚开始。人们应铭记培根的名言"知识就是力量"。

2. 知识的分类

从不同的角度、不同的侧面对知识有不同的分类方法。

知识就内容而言,可以分为原理性知识和方法性知识。例如,描述对客观事实原理的认识的知识,包括现象、本质、属性、状态、关系等;利用客观规律解决问题的方法和策略,包括解决问题的步骤、操作、规则、过程、技术以及战术、战略等。

知识就形式而言,可分为显式知识和隐式知识。例如,自然语言、多媒体形式表示的文字、图像、声音等人能直接接收和处理的显式知识,其特点是能以某种媒体的方式在某种载体上直接表示出来;有些知识只可意会不可言传,很难用语言直接表达出来,如开车、游泳、打球等用到的很多知识就属于这类知识。

知识就性质而言,可以分为理论性知识和经验性知识。显然,理论性知识是经验性知识的升华，但是不可以取代经验性知识。知识就性质还可分为原理性知识和方法性知识。原理性的抽象概括性知识是方法性知识的升华，但不可取代具有通用性的方法性知识。

根据知识表达的内容，将知识简单地分为如下几类。

(1) 事实性知识

事实性知识是知识的一般直接表示，如果事实性知识是批量的、有规律的，则往往以表格、图册，甚至数据库等形式出现。这种知识描述一般性的事实，如凡是冷血动物都要冬眠，胎生的都属于哺乳动物等。

(2) 过程性知识

过程性知识表述的是做某件事的过程。标准程序库也是常见的过程性知识，而且是系列化、配套的，如怎样烹制法国大餐等。不直接给出事实本身，只给出它在某方面的行为及其过程，如某种数学模型、微分方程及求解过程。

(3) 元知识

元知识是有关知识的知识。最重要的元知识是如何使用知识的知识。例如，一个好的专家系统应该知道自己能回答什么问题，不能回答什么问题，这就是关于自己知识的知识。元知识常用于如何从知识库中找到想要的知识。元知识经常以控制知识的形式出现。

3. 知识的要素

知识的要素是指构成系统知识集合必需的基本知识元素。这里关心的是一个人工智能系统所处理的知识的组成成分。一般而言，人工智能系统的知识包含事实、规则、控制和元知识。

(1) 事实

事实是知识表示的有关问题所涉及的事物、环境的常识性知识，如事物的分类、属性、事物间关系、科学事实、客观事实等。事实是静态地为人们共享的最低层知识，常以"…是…"形式出现。例如，雪是白色的、人有四肢。

(2) 规则

规则是有关问题中与事物的行动、动作相联系的因果关系知识。这种知识是动态的，常以"如果…那么…"形式出现。例如启发式规则，如果下雨，则出门带伞。

(3) 控制

当有多个动作同时被激活时，选择哪个动作执行的知识称为控制知识。控制知识是有关问题的求解步骤、规划、求解策略等技巧性知识。

(4) 元知识

怎样使用规则、解释规则、校验规则、解释程序结构等知识称为元知识。元知识是有关知识的知识，是知识库中的高层知识。元知识与控制知识有时重叠。

3.1.2 知识表示

1. 知识表示的定义

知识表示是研究用计算机表示知识的可行性、有效性的一般方法，是数据结构与系统控制结构的统一。知识表示的研究既要考虑知识的表示与存储，又要考虑知识的使用。知识表示可看成一组事物描述的约定，是把人类知识表示成机器能处理的数据结构。

2. 知识表示方法的选取

选取何种知识表示方法表示知识，不仅取决于知识类型，还受很多其他因素的影响。

（1）表示知识的表示能力

能否将问题求解所需要的知识正确地、有效地表示出来是知识表示的能力。要求表示内容范围广泛。例如，数理逻辑表示是一种广泛的知识表示办法，如果单纯用数字表示，则范围就有限制。高效地表示领域知识，要便于该领域知识的推理，同时还要考虑对知识的不确定性和模糊性的支持程度。自然界的信息具有先天的模糊性和不精确性，能否表示不精确知识也是考虑的重要因素。许多知识表示方法往往要经过改造，如确定性方法、主观贝叶斯方法等对证据和规则引入了不确定性度量，就是为了表达不精确的知识。

（2）与推理方法的匹配

人工智能只能处理适合推理的知识表示，因此所选用的知识表示必须适合推理，才能完成问题的求解。数学模型（拉格朗日插值法）适合推理，普通的数据库只能供浏览检索，但不适合推理。选择表示方法要考虑是否有高效的求解算法，必须有高效的求解算法，知识表示才有意义。

（3）知识和元知识的一致

知识和元知识属于不同层次的知识，使用统一的表示方法可以简化知识处理。产生式表示法就能比较方便地表示这两种层次的知识，知识表示中要能加入启发信息。在已知的前提下，如何最快地推导出所需的结论，以及如何才能推得最佳的结论，人们的认识往往是不精确的。因此，需要在元知识（控制知识）加入一些控制信息，也就是通常所说的启发信息。

（4）过程性表示与说明性表示

一般认为，说明性的知识表示涉及细节少，抽象程度高，因此可靠性好，修改方便，但执行效率低。过程性知识表示的优缺点与说明性知识表示的相反。表示方法要自然。一般在表示方法尽量自然和使用效率之间取一个折中。例如，对于推理来说，Prolog 比高级语言（如 Visual C++）自然，但牺牲了效率。

3. 知识表示方法的分类

表示方法种类繁多，而且分类的标准也不大相同，通常有直接表示、逻辑表示、产生式规则表示法、语义网络表示法、框架表示法、脚本方法、过程表示、混合型知识表示方法、面向对象的表示方法等。一些主要的知识表示方法彼此间关系可用图 3.2 表示。

人工智能中知识表示研究的特点为：智能行为所特有的灵活性问题。"常识问题"不能概括成一类简洁的理论，表示方法的理论研究是大量小理论的集合。人工智能的任务受到计算装置的约束。这就导致所采用的"表示方法"必须同时满足"刻画智能现象"与"计算装置可接收"这两个有时矛盾的条件。处理矛盾的方法不同导致不同的表示观。知识表示的研究内容集中在两方面，一是表示观的研究；二是表示方法的研究。

3.1.3 知识表示观

表示观是对于"什么是表示"这一基本问题的不同理解和采用的方法论。任何科学研究都有其指导思想、观点，在一定的思想指导下提出一系列的方法体系。知识表示也是如此。人工智能是处理知识的科学，所以对人工智能研究首先从知识表示开始，而指导知识表示的

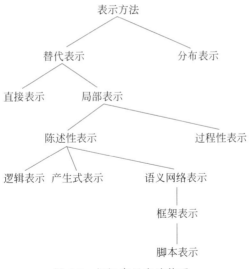

图 3.2　知识表示方法体系

思想观点称为表示观。

不同的表示观规定了智能模拟研究的不同侧面。各种表示观是从不同角度及不同描述层次解释表示的内涵时产生的不同结论。人工智能知识表示观点的争论焦点是常识的处理，表示与推理的关系等问题。

1. 知识表示与推理机分离

这类表示观的思想最早出现于 J.McCarthy 与 P.Hayes 的一篇文章中。该文章主张的核心是将 AI 问题分成两部分：认识论部分与启发式部分。认为 AI 的核心任务就是"常识"形式化。持此类观点的人认为表示是对自然世界的表述，表示自身不显示任何智能行为。其唯一的作用就是携带知识。这意味着表示可以独立于启发式来研究。

其讨论的主要问题是知识的不完全性、知识的不一致性、知识的不确定性和常识的相对性。这些问题目前在 AI 中研究甚少。此类观点认为，理论集合是有限的，常识的集合是无限的。关于常识的研究非常困难。这种困难性首先在于常识知识难以形式化，因为常识知识实在太多了。Doug Lenat 在考虑建立一个人类级智能系统所需要的知识的数量时，认为需要 100 万到 1000 万个事实。其次，没有很好的定义能控制独立于其他部分的边界。概念化一个常识时，可能牵涉太多的实体、功能和关系，使得人们无法确定什么时候它已经"概念化"了。

此类观点的特点是：表示是在特定环境下对世界观察的结果；强调自然世界现象与表示之间的因果关系；认为启发式方法不属于表示研究的内容；认为对常识知识的形式化是非常重要的任务。

2. 表示与推理为一体

持表示与推理为一体观点的代表人物有 D.Lenta，他认为表示是对自然世界的一种近似，它规定了看待自然世界的方式，即一个约定的集合。表示只是描述了关心的一部分，逼真是不可能的。

该观点认为表示主要解决的问题是，表示需对世界的某个部分给予特别关注，以求解。对同一问题可以采用不同的方式记述。对于表示来说，注重的不是"其语言形式，而是其内容"。此内容不是某些特定领域的特殊的专家知识,而是自然世界中那些具有普遍意义的一般知识。同时认为,推理是表示观中不可缺少的一部分,表示研究应与启发式搜索联系起来。认为不考虑推理的纯粹表示是不存在的。计算效率是表示的核心问题之一,有效地组织知识及与领域有关的启发式知识是其提高计算效率的手段。

依据此观点建立一个具有普遍意义的带有一般知识的知识库,将会遇到"相对性"的困难。因为如果站在不同的科学深度将导致不同的约定。什么是其最终的约定呢? 这是此类表示观至今未能解决的问题。

人工智能领域的大师 Minsky 说过:"在解释非常复杂的问题时,我们将不得不同时使用几个完全不同的表示。这是因为每种特别的表示均有其自身的优点与缺陷。对涉及我们称为常识的那些东西时,没有一种表示可以说是足够的。"采用集成的方法克服理论不足所带来的困难,不仅对表示观来说是必然的,而且对其他问题的求解也是必要的。

无论持何种表示观的 AI 研究者都认为,表示是刻画智能行为的理论。这表示无论采用什么样的工作(包括数学的或程序的)所建立的表示方法,立足于什么样的表示观,均需要满足与智能现象一致的条件。鉴于智能现象的复杂性,采用什么表示观,应取决于所面临的问题。笼统地强调好的表示观是没有什么意义的。近几年,一些研究者主张各种表示观应互相渗透。

然而,最常用的表示法很难分清到底依据哪一种观点。一般都是为知识工程的需要而产生的。其特点是将表示理解为一类数据结构以及在其上的操作。对知识的内容更强调与领域的相关性,适合于这个领域的,来自领域专家经验知识是讨论的重点。而表示方法强调工程实现性,它必须在实际的应用中得以实现。

3.2　产生式表示

产生式系统有悠久的历史。据考证,最早提出产生式系统并把它作为计算手段的是美国数学家 Post,大约在 1943 年。他设计的 Post 系统,目的是构造一种形式化的计算工具,并证明它和图灵机有相同的计算能力。几乎同一时期,Chomsky 在研究自然语言结构时,提出了文法分层的概念,并提出文法的"重写规则",即语言生成规则。语言生成规则实际上是特殊的产生式。1960 年,Backus 提出了著名的 BNF(巴科斯范式),用以描述计算机语言的文法。后来发现,BNF 实际上就是 Chomsky 的上下文无关文法。至此,产生式系统的应用范围扩大。产生式知识表示方法具有和图灵机一样的表达能力。产生式表示方法容易描述事实、规则以及它们的不确定性度量。也有心理学家认为,人脑对知识的存储就是产生式形式。

3.2.1　事实与规则的表示

产生式知识表示方法也称为产生式规则知识表示方法。由于该表示方法是建立在因果关系的基础上的,因此可以很容易地描述事实、规则及其不确定性度量。

1. 事实的表示

事实可看成断言一个语言变量的值或多个语言变量间的关系的陈述句,语言变量的值或语言变量间的关系可以是一个词,不一定是数字。

例如,香蕉是黄色的。语言变量是香蕉,值是黄色的。又如,小李喜欢小莉。语言变量是小李、小莉,关系是喜欢。

一般使用三元组(对象,属性,值)或(关系,对象1,对象2)表示事实,其中对象就是语言变量。若考虑不确定性,则变化成用四元组(对象,属性,值,不确定度量值)表示。这种表示的机器内部实现就是一个表。

例如,对事实"老李年龄今年是65岁"可表示成:(老李,年龄,65)。而"老赵和老张是朋友"可写成:(朋友,老赵,老张)。

为便于求解过程搜索,在知识库中可将某类知识以网状、树状结构组织在一起。

2. 规则的表示

规则用于表示事物间的因果关系,以 if condition then action 的单一形式描述,将规则作为知识的单位。其中的 condition 部分称作条件式前件或模式,而 action 部分称作动作、后件或结论。

产生式的一般形式为:前件→后件。前件和后件也可以是由"与""或""非"等逻辑运算符组合的表达式。条件部分常是一些事实的合取或析取,而结论常是某一事实。如果考虑不确定性,需另附可信度度量值。

产生式规则的语义含义:如果前件满足,则可得到后件的结论或者执行后件的相应动作,即后件由前件触发。一个产生式生成的结论可以作为另一个产生式的前提或语言变量使用,进一步可构成产生式系统。

产生式规则的例子有:

① 水被电解→生成氢气与氧气。
② 地上有雪→汽车带防滑链。
③ 小明很聪明∧小明学习很努力→小明学习成绩好。
④ (天下雨∧外出)→(带伞 ∨ 带雨衣)。
⑤ $x>y \wedge y=z \to x>z$。
⑥ 小明想写小说∧(小明想要计算机∧家里有钱∧父母支持小明→买计算机)→用计算机写。
⑦ 发烧∧呕吐∧出现黄疸→肝炎,可信度为 0.7。

自然界的各种知识单元之间存在着大量的因果关系。这些因果关系转换为前提与结论,用产生式规则表示非常方便。产生式规则与逻辑蕴含式非常相似。逻辑蕴含式是产生式的一种特殊形式,蕴含式只能表示确定性知识,其值只能是真或假。使用在谓词逻辑中的蕴含式的匹配规则必须是精确的。

3.2.2 产生式系统的结构

大多数专家系统都以产生式表示知识,把一组产生式放在一起,让它们互相配合,协同工作,一个产生式生成的结论可以供另一个产生式作为前提使用,以这种方式求得问题解决的系统就叫作产生式系统。产生式系统结构图如图 3.3 所示,由知识库和推理机两部分组成。知识库又由数据库和规则库组成。

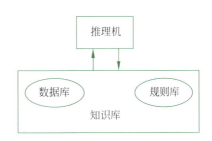

图 3.3 产生式系统结构图

1. 数据库

数据库中存放了构成产生式系统的基本元素,又是产生式的作用对象,包括系统设计时输入的事实、外部数据库输入的事实,以及中间结果和最后结果。数据的格式多种多样,可以是常量、变量、多元组、谓词、表格、图像等。在推理过程中,当规则库中某条规则的前提可以和数据库中的已知事实相匹配时,该规则被激活,由它推出的结论将被作为新的事实放入数据库,成为后面推理的已知事实。

2. 规则库

规则库中存放的是与求解有关的所有产生式规则的集合,每个规则由前件和后件组成。其中包含了将问题从初始状态转换成目标状态所需的所有变换规则。这些规则描述了问题领域中的一般性知识。规则库是产生式系统进行问题求解的基础,其知识的完整性、一致性、准确性、灵活性,以及知识组成的合理性等性质,对产生式系统的运行效率都有重要的影响。

系统运行时通常采用匹配的方法核实前件,即查看当前数据集中是否存在规则前件,如匹配成功,则执行后件规定的动作。这些动作是对数据库进行某种处理,如添加、删除、或是系统的某一个输出等。

3. 推理机

推理机是一个解释程序,控制协同规则库与数据库,负责整个产生式系统的运行,决定问题求解过程的推理路线,实现对问题的求解。

推理机主要包括下面一些工作内容。

① 按一定策略从规则库中选择规则与数据库的已知事实进行匹配。匹配的过程中会产生3种情况:第一种匹配成功,则此条规则将被列入被激活候选集(冲突集);第二种匹配失败,即输入条件与已知条件矛盾,例如,观察的输入为红色果实,已知为黄色果实,则匹配失败,此条规则被完全放弃,今后不予考虑;第三种匹配无结果,即该条规则前件的已知条件中完全与输入事实无关,则将该规则列入待测试规则集,将在下一轮匹配中再次使用,因为有可能推理中间结果符合其前件的已知条件。其中含有一系列策略,如匹配原则、匹配精度、匹配上的规则的选择准则、优先级等。

② 当匹配成功的规则多于一条时,需要从匹配成功的规则中选出一个加以执行,即根据一定的策略消解冲突。例如,优先触发编号最小策略。此策略的原则是:在多个激活的规则中选取规则编号最小的一条加以执行。

③ 解释执行规则后件的动作。如果该规则的后件不是问题的目标,即如果这些后件为一个或多个结论时,将其加入数据库中。如果这些后件是一个或多个操作时,根据一定的策略,有选择、有顺序地执行。

④ 掌握结束产生式系统运行的时机。对要执行的规则,如果该规则的后件满足问题的结束条件,则停止推理。

其中包括推理方式和控制策略,动作的执行方式等问题。推理机是产生式系统的核心,推理机性能的优劣决定了系统的性能。

3.2.3 产生式系统的推理

产生式系统的推理方式有正向推理、反向推理和双向推理。产生式推理可以在与或图的基础上进行。与或图是各个事实之间的逻辑关系图。图3.4给出了一个基于植物规则库的与或树的实例。但本章不介绍有关与或树推理的内容,有兴趣的同学请参考人工智能的相关书籍。

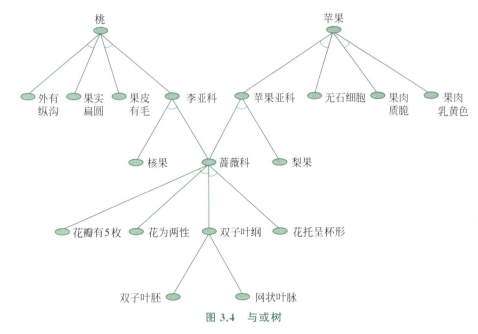

图 3.4 与或树

本节将以一个植物分类的推理系统为例,介绍产生式知识表示的正向推理、反向推理和双向推理的基本思想。

在植物分类系统中,要区分各种植物,可以对每种植物构造一条识别规则,其中规则右部为识别出的植物名,左部为该植物的特征。为了有效地组织推理,还需要经常使用植物分类学中的知识作为产生式规则。下面是植物分类系统规则库的部分内容。

R1: IF 它种子的胚有两个子叶 OR 它的叶脉为网状
THEN 它是双子叶植物

R2: IF 它种子的胚有一个子叶
THEN 它是单子叶植物

R3: IF 它的叶脉平行
THEN 它是单子叶植物

R4: IF 它是双子叶植物 AND 它的花托呈杯形
OR
它是双子叶植物 AND 它的花为两性 AND 它的花瓣有 5 枚
THEN 它是蔷薇科植物

R5: IF 它是蔷薇科植物 AND 它的果实为核果
THEN 它是李亚科植物

R6: IF 它是蔷薇科植物 AND 它的果实为梨果
THEN 它是苹果亚科植物

R7: IF 它是李亚科植物 AND 它的果皮有毛
THEN 它是桃

R8： IF 它是李亚科植物 AND 它的果皮光滑
　　　THEN 它是李

R9： IF 它的果实为扁圆形 AND 它的果实外有纵沟
　　　THEN 它是桃

R10： IF 它是苹果亚科植物 AND 它的果实里无石细胞
　　　THEN 它是苹果

R11： IF 它是苹果亚科植物 AND 它的果实里有石细胞
　　　THEN 它是梨

R12： IF 它的果肉为乳黄色 AND 它的果肉质脆
　　　THEN 它是苹果

1. 正向推理

正向推理是从已知事实出发，通过规则库求得结论，也称为自底向上（bottom-up），或称为数据驱动方式。这种推理方式是正向使用规则，即问题的初始状态作为初始数据库，仅当数据库中的事实满足某条规则的前提时，该规则才能被使用。

正向推理的推理基础是逻辑演绎的推理链。从一组事实出发，使用一组规则，证明目标成立。例如，已知事实 A，规则库中有规则 A→B，B→C，C→D，则正向推理过程可表示为 A→B→C→D。

具体推理步骤如下。

① 读入初始数据（事实）集到工作存储器。

② 取出某条规则，将规则的全部前件与工作存储器中的所有事实进行比较。如果匹配成功，则将规则加入冲突集；如果冲突集为空，则转向③，否则冲突消解；将所选择的规则的结论加入工作存储器；如果达到目标结点，则转向③，否则返回②。

③ 结束。

下面以图 3.4 描述的植物分类库为例，解释正向推理方法。

例如，设我们观察到的事实是：

- 它的果肉为乳黄色；
- 它的果实里无石细胞；
- 它的果实为梨果；
- 它的果皮无毛；
- 它的花托呈杯形；
- 它种子的胚有两个子叶。

其推理过程如下：

① 将初始数据集存入工作存储器。此时存储器中的内容有：

{果肉乳黄色，无石细胞，梨果，果皮无毛，花托呈杯形，双子叶胚}

将待测试规则表清空。

② 寻找与初始事实相匹配的规则。

首先检验第一条规则 R1，数据库中有 R1 的第一个前提"它种子的胚有两个子叶"，不存在它的第二个前提"它的叶脉为网状"。由于该条规则的两个前提是或的关系，因此认为 R1 匹配成功，R1 被激活，或者说被触发。将其结论"它是双子叶植物"放入存储器。此时，存储器的内容为：

{果肉乳黄色,无石细胞,梨果,果皮无毛,花托呈杯形,双子叶胚,双子叶纲}

由于 R1 不是最后一个规则,因此继续匹配。R2 的前件是"它种子的胚有一个子叶",在数据库中找不到相应的事实,无法判定 R2 是否为真。因此,将该条规则放入待测试规则表。此时,待测试规则表的内容为{R2}。

继续测试。与 R2 相同,R3 的前件"它的叶脉平行"找不到相应事实匹配,也将其放入待测试规则表。

规则 R4 的前件分为两部分,首先看第 1 部分"它是双子叶植物 AND 它的花托呈杯形",在数据库中查询到了这两个条件。由于其两部分前件之间是或的关系,因此,此时可以不考虑第 2 部分前件,认为规则匹配成功。将其结论"它是蔷薇科植物"加入存储器。此时的存储器内容为

{果肉乳黄色,无石细胞,梨果,果皮无毛,花托呈杯形,双子叶胚,双子叶纲,蔷薇科}

R5 同 R2 和 R3 一样得不到匹配结果,被放入待测试规则表。

R6 的前件是两个相与的条件,由于 R4 匹配成功而对存储器(数据库)进行了添加,使得这两个条件:它是蔷薇科植物和它的果实为梨果都能得到满足。因此,规则匹配成功,得到触发,其结论"它是苹果亚科植物"加入存储器。此时的存储器内容为

{果肉乳黄色,无石细胞,梨果,果皮无毛,花托呈杯形,双子叶胚,双子叶纲,蔷薇科,苹果亚科}

R7 的两个前件中有一条"它的果皮上有毛"与存储器中的事实"果皮无毛"矛盾,同时由于它的两条前件是与的关系,因此 R7 的匹配是失败的,推理直接转向 R8,存储器和待测试规则表都不发生变化。这意味着,该条规则在本目标推理过程中将不再参加匹配。

R8 与 R9 的匹配结果都得不到确切结论,被放入待测试规则表。

R10 匹配成功,其结论"它是苹果"加入存储器中。

R11 与 R12 的匹配没有结果,将它们放入待测试规则表。

到此为止,第一个工作周期结束,存储器中的内容为

{果肉乳黄色,无石细胞,梨果,果皮无毛,花托呈杯形,双子叶胚,双子叶纲,蔷薇科,苹果亚科,苹果}

待测试规则表为

{R2,R3,R5,R8,R9,R11,R12}

③ 进入第二个工作周期,取出待测试规则表的 7 条规则,在第一周期结束时的存储器内容基础上,对它们进行重新匹配,同时将待测试规则表再次清空。整个工作过程与第一周期完全相同。

④ 该工作周期结束后,检查本周期其中存储器内容是否有变化,以及待测试规则表是否为空。如果存储器内容没有变化,或待测试规则表为空,则推理结束,否则继续下一个工作周期。

本例中推理机给出的推理结果是"苹果"。

2. 反向推理

反向推理是从目标出发,反向使用规则,求得已知事实,也称自顶向下(top-down)推理方式,或称为目标驱动方式。

反向推理的基本原理是从表示目标的谓词或命题出发，使用一组规则证明事实谓词或命题是成立的，即使用一批假设（目标），然后逐一验证这些假设。

反向推理的具体实现策略是，先假设一个可能的目标，系统试图证明它，看此假设是否在数据存储器中，若在，则假设成立，否则将查看这些假设的叶子结点，找出结论部分包含此假设的规则，把它们的前件作为新的假设，并试图证明它。这样周而复始，直到所有目标都被证明，或所有路径都被测试。

正、反向推理方法各有其特点和使用场合。正向推理由数据驱动，从一组事实出发推导结论，其优点是算法简单、容易实现，允许用户一开始就把有关的事实数据存入数据库，在执行过程中系统能很快取得这些数据，而不必等到系统需要数据时才向用户询问。其主要缺点是盲目搜索，可能会求解许多与总目标无关的子目标，每当工作存储器内容更新后都要遍历整个规则库，推理效率低。因此，正向推理策略主要用于已知初始数据，而无法提供推理目标，或解空间很大的一类问题，如监控、预测、规划、设计等问题的求解。

反向推理由目标驱动，从一组假设出发验证结论，其优点是搜索的目的性强，推理效率高，缺点是目标的选择具有盲目性，可能会求解许多假的目标，当可能的结论数目很多，即目标空间很大时，推理效率不高。当规则的后件是执行某种动作，如开门、前进等，而不是结论，如某种疾病等时，反向推理不便使用。因此，反向推理主要用于结论单一或已知目标结论，而要求证实的系统，如选择、分类、故障诊断等问题的求解。

3. 双向推理

双向推理是既自顶向下又自底向上，直至达到某一个中间环节两个方向的结果相符便成功结束的推理方法。显然，这种推理方式的推理网络较小，效率也较高。它也叫作正、反向推理。

正、反向推理是为了克服正向推理和反向推理各自的缺点，综合利用它们的优点而提出的。该类推理方法有多种混合策略，其中一种是通过数据驱动帮助选择某个目标，即从初始证据出发进行正向推理，而以目标驱动求解该目标，通过交替使用正、反向混合推理对问题进行求解，其控制策略比正向推理和反向推理都要复杂。

3.2.4 产生式表示的特点

采用产生式系统结构求解问题的过程和人类求解问题时的思维很相似，因而可以用它模拟人类求解问题的思维过程。可以把产生式系统作为人工智能系统的基本结构单元或基本模型看待，就好像积木世界中的积木块一样。因而，研究产生式系统的基本问题具有一般意义。

产生式表示的优点是表示的格式固定、形式单一、规则间相互独立，整个过程只是前件匹配，后件动作。匹配提供的信息只有成功与失败，匹配一般无递归，没有复杂的计算，所以系统容易建立。模块性好，产生式规则是规则库中最基本的知识单元，各规则之间只能通过综合数据库发生联系，不能相互调用，增加了规则的模块性，有利于对知识进行增加、删除和修改。自然性好，产生式表示法用"If…then…"的形式表示知识，这种表示形式与人类的判断性知识基本一致，直观、自然、便于推理。推理方式单纯，知识库与推理机分离，知识库修改方便，且容易理解。产生式表示法既可以表示确定性知识，又可以表示不确定性知识，既有利于表示启发性知识，又有利于表示过程性知识。

产生式表示的主要缺点是求解效率低。在产生式表示中,各规则之间的联系以数据库为媒介,求解过程是一种反复进行的"匹配—冲突消除—执行"的过程,即先用规则的前提与已知事实匹配,再从规则库中选取可用的规则(当存在多条规则)时,必须有合适的策略,去除规则之间的冲突,最后执行相应的规则。这样的执行效率较低。另一点是不能表示结构性的知识,产生式表示的知识有一定的格式,且规则之间不能直接调用,因此那些具有结构关系或层次关系的知识不易用它表示。

产生式方法是目前专家系统首选的知识表示方法。非常有名的用于化工工业测定分子结构的 DENDRAL 系统,用于诊断脑膜炎和血液病毒感染的 MYCIN 系统,以及用于估计矿藏的 PROSPECTOR 系统,都是用这种方法进行知识表示和推理的。

3.3 语义网络表示

语义网络是由 J.R.Quillian 于 1968 年在研究人类联想记忆时提出的一种心理学模型,是由结点和结点间的有向弧组成的有向图。他在博士论文中提出记忆是由概念间的联系实现的概念,把语义网络作为人类联想记忆的一个显式心理学模型。随后,Quillian 又把它用作一种知识表示方法。1972 年,西蒙在他的自然语言理解系统中也采用了语义网络表示法。1975 年,G.G.Hendrix 又对全称量词的表示提出了语义网络分区技术。目前,语义网络已经成为人工智能中应用较多的一种知识表示方法,尤其在自然语言处理方面。

3.3.1 语义网络的结构

语义网络是一种用实体及其语义关系表达知识的知识表达方式。从结构上看,语义网络一般由一些最基本的语义单元组成。这些最基本的语义单元被称为语义基元,这些语义基元是由有向图表示的三元组(结点1,弧,结点2),如图 3.5 所示。

其中,结点代表实体,表示各种事物、概念、情况、属性、状态、事件、动作等;弧是有方向和标注的,方向体现了结点所代表的实体的主次关系,即结点 1 为主,结点 2 为辅。弧线上的标注表示它所连接的两个实体之间的语义联系。应该注意,在语义网络中,弧的方向是不能随意调换的。

当把多个语义基元用相应的语义联系关联在一起的时候,就形成了一个语义网络。图 3.6 为命题"小学生坐车去春游"的语义网络图。

图 3.5 基本语义网络单元结构　　　　图 3.6 小学生坐车去春游

由语义网络的结构特点可以看出,语义网络不仅可以表示事物的属性、状态、行为等,而且更适合表示事物之间的关系和联系。图 3.6 既表示了小学生的所属(性质),又表示了小学生与"春游""坐车"之间的关系。事实与规则的语义网络的表示结构是相同的,区别仅在于弧上的标注不一样。

语义网络表示法和产生式表示法及谓词逻辑表示法之间有着对应的表示能力。语义网络基元是一种知识的单位,人脑的记忆是由存储了大量的网络基元体现的。而产生式表示方法是以一条产生式规则作为知识单位的,各条产生式规则没有直接的联系。同样,从逻辑表示法看,一个语义网络相当于一个二元谓词。对比第 2 章的谓词逻辑表示法 Relation(Object1,Object2),如果用语义网络表示,则为(Object1,Relation,Object2)。三元组(结点 1,弧,结点 2),同样可以改写成谓词 P(个体 1,个体 2),其中个体分别对应结点,而弧及其弧上标注的结点间关系由谓词 P 体现。

例如,"小李和小王是朋友"的语义网络,如图 3.7 所示,对应的产生式表示法为

If 小李和小王 Then 朋友

如果用逻辑知识表示法,则可以表示为

谓词朋友:朋友(小李,小王)

图 3.7 语义网络示例

3.3.2 基本的语义关系

图 3.8 给出一个例子,表示了一些较复杂的语义关系。

其中,ako 为 A-Kind-of 的缩写,isa 为 Is-a 的缩写。

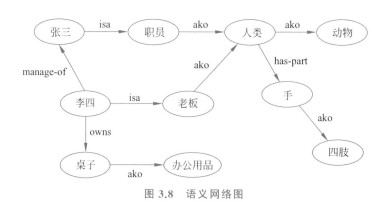

图 3.8 语义网络图

下面分别介绍一些基本的语义关系。

1. Is-a 和 Part-of 型关系

这类关系是指具有共同属性的不同事物间的分类关系、成员关系或实例关系。它体现的是"具体与抽象""个体与集体""部分与整体"的概念。

下面是其常用的属性。

① Is-a:表示一个事物是另一个事物的实例,表示具体与抽象关系,此关系的一个最主要特点是属性的继承性,处在具体层的结点可以继承抽象层结点的所有属性。例如,"灵长类"是"动物"。"灵长类"是"动物"的一个具体实例,如图 3.9 所示。

② Part-of:表示一个事物是另一个事物的一部分,有组织或结构特征的"部分与整体"之间的关系。其特点是 Part-of 关系下的各层结点的属性可能是很不相同的。此关系没有属性的继承性,即处在低层的结点无法继承高层结点的属性。例如,"轮胎是汽车的一部分",但"轮胎"不具备"汽车"的属性,如图 3.10 所示。

图 3.9　Is-a 型语义网络　　　　　图 3.10　Part-of 型语义网络

③ is 表示一个结点是另一个结点的属性。例如,"清华大学的校花是紫荆花",如图 3.11 所示。

2. 属性(类属)关系

属性关系是指事物和其属性之间的关系。常用的属性关系有以下几种。

① Have 表示一个结点具有另一个结点所描述的属性。例如,鸟有翅膀,如图 3.12 所示。

图 3.11　is 型语义网络　　　　　　　图 3.12　Have 属性关系语义网络

② A-Kind-of:表示一个事物是另一个事物的一种类型,表示是一种隶属关系,体现某种类内部的层次。此关系也有属性的继承性,处在低层的结点可以继承高层结点的所有属性。下层结点除可继承、细化、补充上层结点的属性外,还有可能出现变异的情况。例如,"鸭嘴兽是哺乳动物","鸭嘴兽"具有"哺乳动物"的所有特性,但是"鸭嘴兽"某些特性,如"卵生"是它的上层结点"哺乳动物"所不具备的,这便是它的变异情况,如图 3.13 所示。

③ Can 表示一个结点能做另一个结点的事情。例如,"草鱼吃水草",如图 3.14 所示。

图 3.13　ako 属性关系语义网络　　　　图 3.14　Can 属性关系语义网络

3. 其他关系

① 时间关系:指不同事件在其发生时间方面的先后关系。常用的时间关系有以下两种。

Before:表示一个事件在一个事件之前发生。

After:表示一个事件在一个事件之后发生。

例如,地震之后会下大雨。

② 位置关系:指不同事物在位置方面的关系。常用的位置关系有以下几种。

Located-on:一物在另一物之上。

Located-at:一物在何位置。

Located-under:一物在另一物之下。

Located-inside:一物在另一物之中。

Located-outside:一物在另一物之外。

③ 相近关系:指不同事物在形状、内容等方面相似和接近。常用的相近关系有以下两种。

Similar-to:相似。

Near-to:接近。

语义网络所表示的关系可以多种多样。除上述这些简单关系外,对于事件(event)的语义网络描述如图 3.15 所示。

图 3.15 所示的语义网络中,描述了如下的语义。

- the event is 事件;

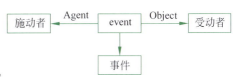

图 3.15　Event 型语义网络

- the agent of the event is 施动者；
- the object of the event is 受动者。

下面的实例将给读者一个直观的表示。

"Micheal is an employee and Jack is his boss. Someday Micheal Kicked his boss." 的语义描述如图 3.16 所示。

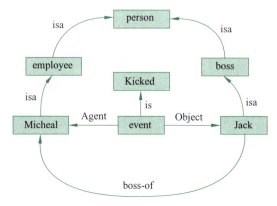

图 3.16　语义网络实例

在图 3.16 中，最外环的语义关系解释了命题中的第一句话，表明了 Jack 和 Micheal 的关系。中间部分的语义网络表示则解释了发生在两人之间的事件：事件的施动者 Micheal 对受动者 Jack 做出了 Kick 的动作。

用语义网络表示两个事件的关系时往往要借助将事物抽象化构成上层结点，再将其一般化加以扩充的手段。例如，张磊每天都和班长李明一起骑自行车上学。这句话可以由图 3.17 的语义网络表示。

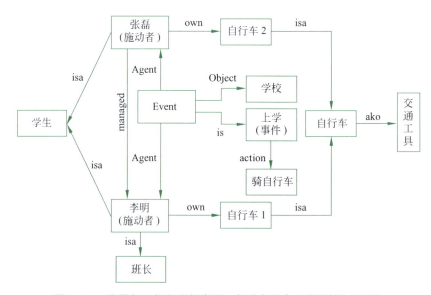

图 3.17　"张磊每天都和班长李明一起骑自行车上学"的语义网络

此外，语义网络是一种网络结构。本质上，结点之间的连接是二元关系。谓词逻辑中一元和多元关系很容易转换为语义网络。例如，谓词逻辑中的一元关系苹果（水果）可以用

图 3.18 表示。

而对于其中的多元逻辑关系，例如，AC 米兰队（AC-ML）和国际米兰队（Inter-ML）在一场足球比赛中的成绩为 0∶1，逻辑表示法为 score(AC-ML，Inter-ML，0∶1)，可以通过加入附加结点的办法将其改成语义网络表示，其根本方法是将多元关系表示成二元关系的组合或合取。本例通过加入附加结点 G22 完成了语义网络的表示，如图 3.19 所示。

从图 3.19 中可以看出，原来的多元关系都变成了 G22 结点的属性。

同样，如果一个概念可由另一个概念推出，概念之间存在因果关系，那么也可以用语义网络表示。例如，"在野外露营时要带帐篷或睡袋"，可表示为图 3.20。

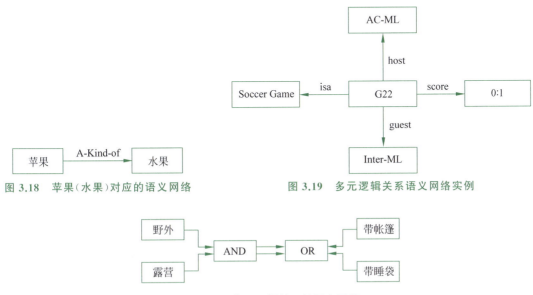

图 3.18 苹果（水果）对应的语义网络　　图 3.19 多元逻辑关系语义网络实例

图 3.20 表示逻辑关系的语义网络

3.3.3 语义网络的推理

不同的知识表示方法有不同的推理机制。语义网络表示下的推理方法不像逻辑表示方法和产生式表示方法的推理方法那样明了。关于语义网络的推理，研究者提出很多思路。有人在语义网络中引入逻辑含义，表示"与""或""非"等逻辑关系，利用归结推理法进行推理；1977 年，Hendrix 提出了网络的分块技术，将复杂问题分解成许多子问题，每个子问题以一个语义网络表示，降低了推理求解的复杂度；还有人将语义网络中的结点看成有限自动机，通过寻找自动机中的会合点达到问题求解的目的。但是总体而言，语义网络作为一种主要的知识表示方法，相应的推理方法还不完善。

用语义网络表示知识的问题求解系统主要由两大部分组成：一部分是由语义网络构成的知识库；另一部分是用于问题求解的推理机构。语义网络的推理过程主要有两种：一种是继承；另一种是匹配。

1. 继承

（1）继承的概念

继承是指把对事物的描述从抽象结点（概念结点、类结点）传递到具体结点（实例结点）。通过继承可以得到所需结点的一些属性值，它通常沿着 Is-a、A-Kind-of 等继承弧进行。例如,从如图 3.21 所示的语义网络推理示意图中可以看到,麻雀是鸟的一个下层结点。鸟有一个属性结点是翅膀,说明鸟是有翅膀的。这个描述可以通过 ako 链传递给下层结点麻雀。因此,虽然麻雀结点没有属性结点"翅膀",但可以通过语义网络推导出,麻雀是有翅膀的。

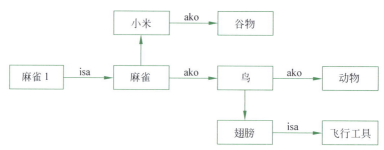

图 3.21 语义网络继承推理示意图

这种推理类似于人的思维过程。一旦知道了某种事物的身份,就可以联想到很多有关此事物的一般特性。例如,提到昆虫,立刻可以想到它们都有 2 对翅膀;说到人一定是两只眼睛、一个鼻子、一个嘴巴、一个脑袋上有头发。至于作为实例的每个人,则具有不同颜色、长短的头发。秃顶者头发长度值设为"零",颜色任意即可。

(2) 继承的一般过程

建立结点表,存放待求结点和所有以 isa、A-Kind-of 等继承弧与此结点相连的那些结点。初始情况下,只有待求解的结点,在此称为 X 结点。

检查表中的第一个结点是否有继承弧,如果有,就将该弧所指的所有结点放入结点表的末尾,记录这些结点的所有属性的值,并从结点表中删除第一个结点。如果没有,仅从结点表中删除第一个结点。将有继承属性的弧记录下来,并将所指向的结点存放到结点表中。重复检查表中的第一个结点是否有继承弧及属性值,直到结点表为空。记录下来的属性及其值就是待求结点的所有属性。

需要注意的是,不是所有的弧都有继承特性。要列举出所有有继承性的弧的种类是不可能的。在此仅给出几种最常用的有继承性的弧及其继承关系和例子。

图 3.22 继承推理关系示意图

设结点 X、Y、Z 的继承关系如图 3.22 所示,X→Y→Z。

下面的继承关系是成立的:

- If　X(ako) Y and Y(ako)Z　　Then　X(ako)Z
- If　X(isa) Y and Y(ako)Z　　Then　X(isa)Z
- If　X(ako) Y and Y(属性)Z　　Then　X(属性)Z
- If　X(isa) Y and Y(属性)Z　　Then　X(属性)Z
- If　X(属性) Y and Y(ako)Z　　Then　X(属性)Z
- If　X(属性) Y and Y(isa)Z　　Then　X(属性)Z

例如:

由 If　X(ako) Y and Y(ako)Z　　Then　X(ako)Z,

例:如果麻雀是一种鸟,同时,鸟是一种动物,则麻雀是一种动物。

由 If　X（isa）Y and Y（ako）Z　　Then　X（isa）Z，

　　例：如果麻雀1是一只麻雀，同时，麻雀是一种鸟，则麻雀1是一种鸟。

由 If　X（ako）Y and Y（属性）Z　　Then　X（属性）Z，

　　例：如果麻雀是一种鸟，同时，鸟有翅膀，则麻雀有翅膀。

由 If　X（isa）Y and Y（属性）Z　　Then　X（属性）Z，

　　例：如果麻雀1是一只麻雀，同时，麻雀吃河南小米，则麻雀1吃河南小米。

由 If　X（属性）Y and Y（ako）Z　　Then　X（属性）Z，

　　例：如果麻雀吃河南小米，同时，河南小米是一种小米，则麻雀吃小米。

由 If　X（属性）Y and Y（isa）Z　　Then　X（属性）Z，

　　例：如果鸟有翅膀，同时，翅膀是飞行工具，则鸟有飞行工具。

实际系统中的推理过程不可能如此简单，有很多复杂的情况。例如，在某些情况下，当不知道具体的属性值时，可以利用已知的信息计算。又如，某些情况下，当对事物所做的假设不十分有把握时，最好在所做的假设上引入不确定性知识表示的描述方法，给出几种选择，或给出选择的可信度。

2. 匹配

继承只能解决部分问题，如类结点和实例结点间的求解问题。很多更复杂的语义网络问题的求解是通过匹配实现的。所谓匹配，就是在知识库的语义网络中寻找与待求问题相符的语义网络模式。

匹配的主要过程为：根据问题的要求构造网络片断，该网络片断中有些结点或弧为空，标记待求解的问题。根据该语义片断在知识库中寻找相应的信息。当待求解的语义网络片断和知识库中的语义网络片断相匹配时，则与询问处（也就是待求解的地方）相匹配的事实就是问题的解。当然，这种匹配不一定是完全匹配，需要考虑匹配程度。

在此举一个简单的例子，已知麻雀是一种鸟，求麻雀的特点。从图3.21的网络中可以得到与"麻雀是一种鸟"相匹配的网络片断，与该片断相关联的有关鸟的特性就是该问题的解。匹配后得到的值应该是"（有）翅膀"。显然，这是非常简单的问题，如果问题复杂，也许不能通过直接匹配得到结果，还需要沿着弧进行搜索。

在语义网络知识表达方法中没有形式语义，也就是说，和谓词逻辑不同，所给定的表达式对语义没有统一的表示法。赋予网络结构的含义完全取决于设计者的定义，根据定义，由管理程序负责解释。在已经设计出的以语义网络为基础的系统中，它们各自采用不同的推理过程，但推理的核心思想无非是继承和匹配。

3.3.4　语义网络表示法的特点

逻辑和产生式表示方法常用于表示有关领域中各个不同状态间的关系，然而用于表示一个事物同其各个部分间的分类知识就不方便了。而槽和填槽表示方法便于表示这种分类知识，这种表示方法包括语义网络、框架、概念从属和脚本。语义网络是其中最简单的，它是这类表示法的先驱。这种分类方法不仅便于存储，更重要的是提出了槽和填槽结构。

语义网络表示方法的优点主要是结构性好。语义网络把事物的属性以及事物间的各种语义联系显式地表现出来，是一种结构化的知识表示法。在这种方法中，下层结点可以继承、新增和变异上层结点的属性，从而实现信息共享。通过与某一结点连接的弧很容易找出相关信息，而不必查找整个知识库，这样可有效地避免搜索时的组合爆炸问题。语义网络表示把各结点之间的联系以明确、简洁的方式表示出来，是一种直观的知识表示方法。语义网络着重强调事物间的语义联系，体现了人类思维的联想过程，符合人们表达事物间关系的习惯，因此较容易把自然语言转换成语义网络。

但是，语义网络也有这样那样的缺点。主要问题是推理规则不十分明了；表达范围有限，一旦结点个数太多，网络结构复杂，推理就难以进行。

3.4 框 架 表 示

1975年，Minsky根据人们在理解情景、故事时的思维过程提出的心理学模型，在论文 *A Framework for Representing Knowledge* 中提出了框架理论。尽管框架理论只是思想方法而非具体实现，但还是引起学术界的重视。用它表示有关事物的知识时，不仅可以表示事物各方面的属性，而且可以表示出事物之间的类属关系。框架理论的基本观点是人脑已存储大量的典型情景，当人们面临新的情景时，不必一点一点地探索新事物的各个细节，最后确定这个新事物的全貌。可以根据对该事物的初步印象，从记忆中选择一个称作框架的基本知识结构。这个框架是以前记忆的一个知识框，它进行鲁棒性的匹配，而其具体内容依照新的情景而改变。通过对这知识框架的细节加工修改和补充，形成对新情景的认识又记忆于人脑中。例如，当人们第一次看到汽车时，我们的第一个意识是：它是一个能自己移动的东西。可以想象它是一辆车(马车或牛车)或者想象它是一个动物(一匹马或一只鹿)。无论从哪个初始基本知识结构开始，都可以通过不断地认知和了解，经过修正总可以得到一个：有多个轮子，有发动机，在某种燃料的驱动下，可以拉人或物的交通工具的框架结构。

像这样根据以往经验认识新事物，是人类经常采用的方法。人们不可能将所有经验全部装在脑子里，只能加以归总，以集中数据结构的形式将其存储起来。当新情况发生时，只要把新的数据加入某通用的数据结构中形成一个实体，便发展成为一个框架。对于一个框架，当人们把观察或认识到的具体细节填入后，就得到了该框架的一个具体实例，框架的这种具体实例被称为实例框架。例如，当人看到一辆加长型小轿车时，就会感叹一句："好长的小轿车呀！"便形成了一个加长型小轿车的实例框架。其中可能新添加了一个侧面"车身长度"，或原有的"车身长度"的侧面值得到更新。

通常，框架采用结点、槽、值表示结构，是一种结构化表示方法。因此，框架也可以定义为一组语义网络的结点和弧，这些结点和弧可以描述格式固定的事物、行为和事件。语义网络可以看作结点和弧的集合，也可以看作框架的集合。

框架理论将框架视作知识的单位，将一组有关的框架连接起来形成框架系统。系统中不同的框架可以有共同的结点，系统的行为由系统内框架的变化表现。推理过程是由框架间的协调完成的。

3.4.1 框架结构

一个框架通常由称为"槽"的结构构成。每个槽拥有一定数量的侧面。每个侧面拥有若干侧面值。一个框架系统中一般都含有多个框架。

框架是表示某一类情景的结构化的数据结构，框架的最顶层是固定的一类事物，基于概念的抽象程度表现出自上而下的分层结构。为了区别不同的框架,需要对框架赋予不同的框架名,同样,槽和侧面也需要赋予相应的槽名和侧面名。槽值可以是逻辑的、数字的,也可以是程序、条件、默认值或是一个子框架。当槽值为另一个框架名时,实际操作中将是一个框架对另一个框架的调用,由此可以体现框架系统中不同框架之间的横向联系。而框架结构本身就具有一种纵向关系。于是,某一论域的全体框架构成的框架系统能比较好地描述系统各方面的联系。

框架可以表示为图 3.23 所示形式。

其中,约束条件是为了给框架、槽、侧面附加说明信息,可以提高框架结构的表达能力和推理能力。

下面给出框架的几个例子。

【框架名】

槽名 A	侧面名 A_1	值 A_{11},值 A_{12},值 A_{13}…
	侧面名 A_2	值 A_{21},值 A_{22},值 A_{23}…
槽名 B	侧面名 B_1	值 B_{11},值 B_{12},值 B_{13}…
	侧面名 B_2	值 B_{21},值 B_{22},值 B_{23}…
槽名 C	侧面名 C_1	值 C_{11},值 C_{12},值 C_{13}…
	侧面名 C_2	值 C_{21},值 C_{22},值 C_{23}…

约束条件:
　　约束条件 1
　　约束条件 2
　　约束条件 3

图 3.23　框架示意图

例 3.1　描述学校的框架。

框架名:＜学校＞

　　类　　属:＜教育机构＞
　　类　　型:范围:(大学,中学,小学)
　　位　　置:(省(直辖市),市)
　　面　　积:单位(平方米)
　　教工人数:
　　学生人数:

例 3.2　描述大学的框架。

框架名:＜大学＞

　　类　　属:＜学校＞
　　类　　型:范围(综合性大学,专科性大学)
　　专　　业:默认值:综合
　　学　院　数:
　　教　学　楼:
　　教工人数:
　　职工人数:
　　学生人数:
　　位　　置:(省(直辖市),市)
　　面　　积:单位(平方米)

例 3.3　描述某所大学的框架。

框架名:＜大学 1＞

　　类　　属:＜大学＞
　　姓　　名:中国医学大学
　　专　　业:医学
　　学　院　数:13
　　教　学　楼:20

办 公 楼：40
学生宿舍：20
教工宿舍：60
教工人数：4000
职工人数：5000
学生人数：20000
位　　置：北京市
面　　积：10000 万平方米
创建时间：2002 年 4 月

从以上例子中可以看出,框架含有槽。如例 3.1 有槽:"类属""类型""位置""面积""教工人数""学生人数"。其中有的槽有槽值,有的槽没有明确的槽值。有的槽值是一个框架名,如"类属"的槽值:<教育机构>。有的槽中有侧面,如槽"类型"的侧面"范围"。该侧面还有 3 个侧面值:"大学""中学"和"小学"。

这 3 个框架是一层一层嵌套的,例 3.3 是一个实例框架。前两个例子描述的是概念,例 3.3 描述的是具体的实物。复杂的框架常常包含一些嵌套的框架结构。例如,一个教室框架可以是墙框架、黑板框架、天花板框架和地板框架的组合。这些框架之间存在着一种层次关系。这种框架之间的层次关系对减少信息冗余有重要意义。上位框架所具有的属性,下位框架也一定具有,下位框架可以从上位框架继承某些槽值或侧面值,同时也做了相应的扩充。众多的框架集合构成框架系统。

图 3.24 所示为一个框架系统基本结构示例。

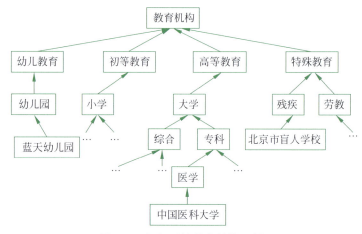

图 3.24　框架系统基本结构示例

3.4.2　框架表示下的推理

框架可以看作一种复杂的语义网络。框架表示法同样没有固定的推理机理,它同语义网络一样遵循匹配和继承的原则。同时,由于框架用于描述具有固定格式的事物、动作和事件,因此可以在新的情况下推论得到未被观察到的事实。

若将一个子框架视为知识单位,如一条产生式规则,这样可将一个问题的求解通过匹配分散为各个有关子框架的协调过程,当然实现起来较为困难。图 3.25 表示了框架推理过程。

图 3.25 框架推理过程

框架表示下的继承就是子框架可以拥有其父框架的槽及其槽值。实现继承的操作有匹配和填槽。匹配就是将问题框架同知识库中的框架进行模式匹配。如果匹配成功，则可以获得有关信息。如果直接匹配不到，则还可以沿着框架间的纵、横向联系进行查找，得到有关信息。例如，当匹配时某个槽是空缺时，可以查找它的父框架，通过特性继承获得信息。实际系统往往在槽中填充有规则，此时需要应用基于规则的推理方法。

填槽方式一般有：继承、查询、附加过程计算。继承是框架填值的最简单方式，也是发挥框架系统知识表示方式的特长。如果在框架的槽或侧面的设计中加入适当的默认值，可以更有效地进行推理，充分表现框架知识表示方式的有效性。查询就是使用系统推理中得出的中间结果，或系统用户新输入的数据。附加过程计算使得框架系统的问题求解通过特定领域的知识而增强。

框架中 If needed、If added 等槽的槽值是附加过程，在推理过程中起重要作用。下面的例子可说明附加过程在推理中的作用。

例如，要确定一个人的性别，已匹配的知识库中的框架为

【槽名
Gender　　NIL
If needed ASK
If added　 CHECK】

启动过程如下。
① 如果没有默认值，则 If needed 条件满足；
② 启动 ASK，向用户查询并等待输入；
③ 若有输入（If added），则执行 CHECK，检查输入的合法性。
若有默认值而无输入，则不执行 CHECK。

继承性是框架最重要的特性。为了很好地表达这个特性，一个框架系统常常被表达为树状结构。树的每个结点也是一个框架结构，子结点和父结点之间通过 Is-a 关系或 A-Kind-of 关系连接。当子结点的某些槽值或侧面没有被直接记录时，可以从父结点继承这些值。这样表达的另一个好处是，相同的信息不必重复存储，节省了空间。

3.4.3　框架表示法的特点

框架系统的数据结构、问题求解过程都与人类的思维、问题求解过程相似。框架结构对事物的描述是有层次的，对其中某些细节作进一步描述，可将其扩充为另外一些框架，如汽车载货或人。可以通过它对一些从感官中没有直接得到的信息进行预测，对于人来说，这种功能是很强的。例如，一想到桌子就可以想到它的腿的形状与位置。可通过它认识某一类

事物。可以通过一系列实例修正框架对某些事物的不完整描述(填充空的框架,修改默认值)。

产生式系统中知识单位是规则,这种知识单位过小,难以处理复杂问题,而且产生式系统的知识库与推理是相互分离的。框架表示法是一种适应性强、结构性好、推理方式灵活、能把陈述性知识与过程性知识相结合的知识表示方法。

但是,框架知识表示方法与语义网络知识表示方法相似,最主要的问题是缺乏形式理论。没有明确的推理机制保证问题求解的可行性。同时,如果框架系统中各个子框架的数据结构不一致,就会影响系统的清晰性,造成推理困难。

3.5 其他表示方法

3.5.1 脚本知识表示方法

脚本是框架的一种特殊形式。脚本方式采用一个专用的框架表示特定领域的知识。脚本通过一些元语作为槽名表示对象的基本行为,描述某些事件的发生序列,有些像电影剧本。

1. 脚本的结构

脚本知识表示方法描述的知识像剧本一样,由开场条件、角色、道具、场景、尾声(结果)等几部分组成。其中,开场条件表明该系统描述的事件发生的条件。例如,医院的脚本,其开场条件就是生病,需要找医生诊治。角色就是脚本所描述的系统中出现的事件的主体(实体),如医生、护士、病人、病人家属等。道具就是系统的事件中动作的对象或工具,如屋子、桌子、椅子、注射器、药、钱等。场景是最主要的部分,可再分为几部分,是一个个独立发展过程的描述。尾声中描述的是整个事件(或一系列事件)发生后的结果。如病人看了病,打了针,取了药,走了。或病人病太重了,住院了。

下面以一个简单的医院的脚本为例,说明脚本各部分的组成。

(1) 开场条件

① 病人有病。

② 病人的病需要找医生诊治。

③ 病人有钱。

④ 病人能去医院。

(2) 角色

病人、医生、护士。

(3) 道具

医院、挂号室、椅子、桌子、药方、药房、钱、药。

(4) 场景

场景1 进入医院。

① 人走进医院。

② 病人挂号。

③ 病人在椅子上坐下等待看病。

场景2 看病。

① 病人进入医生的办公室。
② 病人向医生诉说病状。
③ 医生向病人解释病情。
④ 医生给病人开药方。
场景 3　交费。
① 病人到交费处。
② 病人递交药方。
③ 病人交钱。
④ 病人取回药方及收据。
场景 4　取药。
① 病人到药房。
② 病人递交药方。
③ 病人取药。
场景 5　离开。
病人离开医院。
（5）结果
① 病人看病了,明白了自己的病是怎么回事。
② 病人花了钱,买了药。
③ 医生付出了劳动。
④ 医院的药品少了。

2. 脚本的推理

脚本表使得知识有强烈的因果结构,系统对事件的处理必须是一个动作完成后才能完成另一个。整个过程的启动取决于开场条件,满足脚本的开场条件,脚本中的事件才有可能发生。而脚本的结果就是动作完成后的系统结果。

由于脚本是以非常固定的形式描述的,因此在预言一些没有直接提到的事件方面特别有用。如已知某一脚本适用于所给定的情形,一旦脚本被启用,则可以应用它按照事件发生的顺序推理。如果其中某一个情景的描述发生了跳跃,则可以根据脚本的故事情节推断出整个事件正常进行时所得出的结论。但是,如果事件被强行中断,也就是给定的情节中的某个事件与脚本中的事件不对应时,则脚本便不能预测被中断以后的事件。上例中,如果医生说病人没病,病人就回家了。那么,对于病人所发生的变化,医院的药所发生的变化都不能做出推断。

3. 脚本表示的特点

脚本结构比起语义网络、框架机构等通用结构要呆板得多,知识表达范围也很窄,因此不适用于表达各种知识。但对表达事先构思好的特定知识非常有效。

3.5.2　过程性知识表示法

前面几种知识表示方法均是知识和事实的一种静止的表示方法,一般称这类知识表示方式为陈述式知识表示。它所强调的是事物涉及的对象是什么,是对事物有关知识的静态描述,是知识的一种显式、说明性表达形式。而知识的使用方式则是通过推理方法决定的。

和陈述性知识表达方式对应的是过程性知识表达方式。陈述性的，也就是说明性知识表示给出事物本身的属性及事物之间的相互关系的描述，对问题的解答就隐含在这些知识中。而过程性知识没有现实的描述，知识本身隐含在解决一个问题的具体过程中。过程式知识表示是将有关某一问题领域的知识连同如何使用这些知识的方法均隐式地表达为一个求解过程。

1. 知识表示方式

过程性知识表示方法中，过程所给出的是事实的一些客观规律，表达的是如何求解问题，知识的表述形式就是程序，所有信息均包含在程序之中，知识库是一组程序的集合。这样，当需要对知识库进行修改时，实际上就是对有关程序进行修改操作。

知识过程性的两个含义是：

① 把解决一个问题的过程描述出来，可以称它为解题知识的过程表示。

② 把客观事物的发展过程用某种方式表示出来。

在某些情况下，这两种含义是很难分开的。例如，任何一个解题系统的基本构成都是一个数据集、一组运算符和一个解释程序。过程性知识使用状态表示，在状态空间进行运作。一般情况下，过程性知识表示包含激发条件、推理操作、结束3部分。

"激发条件"如同脚本中的"开场条件"，是整个事件发生与进行的必要条件，也是过程的起始点。只有当知识库中的已有事实与过程的"激发条件"相匹配时，该过程才能被激活。

"推理操作"由一系列子目标构成。过程激活后，将按照规定好的推理操作步骤一步一步进行推理操作。整个操作是在系统状态空间中进行的，而状态空间的转移情况可以通过数据库进行控制。

"结束"是过程规则的最后一个操作。与脚本表示方法的"结果"相似，在此步骤中，过程跳回上级调用点，给出过程所得到的结果。

2. 过程性知识表示的推理

采用过程性知识表示方法的系统中，问题求解的过程是目标到目标，或者说是状态到状态的转移过程。每当有一个新的目标时，就从可以匹配到的过程规则中选择一个满足激发条件的规则加以执行。在该执行过程中可能会产生新的目标，同时在执行过程中系统的状态发生变化。反复进行，直到达到"结束"状态，返回到上级调用接口，并依次按照调用时的相反次序逐级返回。在此过程中如有运行失败的过程规则，就另外选择同级的可匹配过程规则执行，如果不存在这样的过程规则，则返回失败标记，并将执行的控制权移交上一级过程规则。

所有信息均隐含在程序中，推理的效率很高，但没有固定形式，如何描述完全取决于具体的问题。

3. 过程性知识表示的特点

过程性知识表示的最主要特点是效率高。由于是用程序表示知识，知识库与推理机完全合为一体。同时，程序能非常明确地表明过程的先后顺序，直接加入启发性规则。因此，过程性知识表示的推理几乎没有冗余知识产生，也不关心不相关的指示，不需要跟踪不必要的搜索路径，从而大大提高了系统的工作效率。

过程性知识表示的主要缺点是不易修改和添加知识。由于知识是隐含在过程规则之中的，改写知识等于改写程序，其复杂程度是可想而知的。而且，知识又是隐含的，修改知识几乎等于重写知识。同时，当对某一个过程进行修改时，又可能牵扯其他的过程。因此，系统维护不方便。

过程性知识和说明性知识相比，可以看出：说明性知识比较简要、清晰、可靠、便于修改，但往往效率低。过程性知识比较直截了当，效率高。但由于详细给出了解决过程，使得这种知识表示显得复杂、不直观、容易出错、不便于修改。

实际上，说明性表示和过程性表示没有绝对的分界线。因此，任何说明性知识如果要在实际中使用，必须有一个相应的过程解释并执行它。对于一个以使用说明性表示为主的系统来说，这种过程往往隐含在系统中，而不是面向用户。

3.5.3 直接性知识表示方法

到目前为止，本书涉及的知识表示方法，包括陈述性的、过程性的都是局部表示方法。直接性知识表示方法是相对局部性知识表示方法而言的，二者同属于替代性知识表示方法。替代性知识表示指的是所有将知识转换成计算机能够接受、处理、显示、输出的某种符号、代码的知识表示方法。一种知识表示方法可以被接受的前提就是，"该方法必须可以被计算机所接受"。人类的自然方式的知识对于计算机来说是外部表示，必须转换成它的内部表示才能被认可。这种知识转换过程完全是为了适应计算机处理的需要，为了将知识存储到计算机中，让计算机能接受并使用这些知识，达到求解问题的目的。所有模式识别、信号处理的研究也都是为了满足这个需要。而直接性知识表示方法就是力图将自然的知识以自然的方式表达出来，不改变其原有本色，或者是以人类能比较自然接受的形式表示出来，不需要特殊的编码和解码。

早在1963年，Gelernter就提出直接表示方法的思想，并将其用于基于传统欧氏几何证明的几何定理证明器。当时的系统输入是对前提和目标的陈述以及图示（图示是用一系列坐标表示的）。在证明过程中，证明器把图示作为启发式信息，排除在图示中不正确的子目标，从而大大缩小了搜索空间。

长期以来，直接表示没有得到长足发展，主要是因为计算机难以接收并处理直接表示的信息，如文字、语音、图像等。直接表示难以表示定量信息，没有一种合适的语言能够设计采用直接知识表示方法的系统。直接知识表示方法不能描述自然世界的全部信息。

近年来，直接表示方法有所发展，也是因为现在计算机的发展已经使人们认识到，可以用其他媒体表示的方法补充直接表示的不足。模式识别、语音识别、人脸识别、文字识别等技术的成熟，为计算机直接接收人类自然语言表达的知识提供了可能性。与多媒体技术和人机交互技术的结合，将使得直接表示方法有长足的进步。引申的研究是临场AI与虚拟现实技术。近几年，AI对自主智能系统研究（完全由机器完成，人不干预）的失望，导致尝试建立人机一体智能系统。这样，系统对所需环境的要求是直接表示兴起的原因之一。

习　　题

3.1　什么是知识？它有哪些特征？有哪几种主要的知识分类法？

3.2　构成知识的要素有哪些？

3.3　什么是知识表示？知识表示有哪些要求？

3.4 有哪些知识表示方法?

3.5 如何针对具体的问题选取不同的知识表示方法?

3.6 何谓语义网络?它有哪些基本的语义关系?

3.7 说明语义网络表示方法,并与产生式表示方法进行比较。

3.8 说明框架表示方法,并与产生式表示方法进行比较。

3.9 设该系统可以识别老虎、金钱豹、斑马、长颈鹿、企鹅、信天翁 6 种动物。规则库包含以下 15 条规则。要求:根据已知规则画出与或图。

R1: If 有毛发　　Then 是哺乳动物

R2: If 有奶　　Then 是哺乳动物

R3: If 有羽毛　　Then 是鸟

R4: If 会飞 AND 会下蛋　　Then 是鸟

R5: If 吃肉　　Then 是肉食动物

R6: If 有犬齿 AND 有爪 AND 眼盯前方　　Then 肉食动物

R7: If 哺乳动物 AND 有蹄　　Then 有蹄动物

R8: If 哺乳动物 AND 嚼反刍动物　　Then 有蹄动物

R9: If 哺乳动物 AND 肉食动物 AND 是黄褐色 AND 身上有暗斑点　　Then 金钱豹

R10: If 哺乳动物 AND 肉食动物 AND 黄褐色 AND 有黑色条纹　　Then 虎

R11: If 有蹄动物 AND 有长脖子 AND 有长腿 AND 身上有暗斑点　　Then 长颈鹿

R12: If 有蹄动物 AND 身上有黑条纹　　Then 斑马

R13: If 是鸟 AND 有长脖子 AND 有长腿 AND 不会飞　　Then 鸵鸟

R14: If 是鸟 AND 会游泳 AND 不会飞 AND 有黑白两色　　Then 企鹅

R15: If 是鸟 AND 善飞　　Then 信天翁

3.10 用语义网络表示:动物能运动,会吃;鸟是一种动物,鸟有翅膀,会飞;鱼是一种动物,鱼生活在水里,会游泳。

3.11 用语义网络表示:李强是某大学计算机系教师,35 岁,副教授;该大学位于北京。

3.12 在 3.11 题中的语义网络图中再增加事实:李正也是同一所大学的教师,45 岁,教授,与李强在同一个学院但不在同一个系。李正是该学院的院长。

3.13 请把下列命题用一个语义网络表示出来:

① 树和草都是植物。

② 树和草都有叶和根。

③ 水草是草,且生长在水中。

④ 果树是树,且会结果。

⑤ 梨树是果树中的一种,它会结梨。

3.14 给出用来描写硕士研究生的框架,并给出一个实例。

3.15 写出某大学的学生管理框架系统的树状结构。

3.16 从进入条件、角色、道具、场景、结果 5 方面给出描写理发店的脚本。

3.17 给出多边形的层次框架体系。

第 4 章

不确定性推理方法

4.1 概述

不确定性推理是指那种建立在不确定性知识和证据的基础上的推理。一个人工智能系统，由于知识本身的不精确和不完全，采用标准逻辑意义下的推理方法难以达到解决问题的目的。对于一个智能系统来说，知识库是其核心。在这个知识库中，往往包含大量模糊性、随机性、不可靠性或不知道等不确定性因素的知识。为了解决这种条件下的推理计算问题，不确定性推理方法应运而生。可以说，智能主要反映在求解不确定性问题的能力上。因此，不确定推理是人工智能与专家系统的一个核心研究课题。

一个人工智能系统，由于以上某种或多种原因，常采用非标准意义下的不确定性推理方法。对于不确定推理来说，不确定性如何描述以及如何传播是主要问题。概率论是解决不确定性问题的主要理论基础之一，贝叶斯网络方法等概率推理方法受到多方面的关注，DURA 等于 1976 年在 PROSPECTOR 的基础上给出了同属概率推理的主观贝叶斯方法。此外，Shortliffe 等于 1975 年结合 MYCIN 系统的建立提出了确定性理论。Dempster Shafter 同年也提出证据理论。两年后，Zadeh 提出可能性理论，1983 年提出模糊逻辑。这一系列的系统推进了不确定性推理的研究和发展。不确定性推理实际上是一种从不确定的初始证据出发，通过运用不确定性知识，最终推出既保持一定程度的不确定性，又是合理或基本合理的结论的推理过程。

4.1.1 不确定性

客观世界的复杂性、多变性，以及人类自身认识的局限性和主观性，使得人们所获得的信息和知识中，含有大量的不肯定、不准确、不完全、不一致的地方，因而引起人们对不确定性分析方法的研究兴趣。归纳起来，不确定性推理方法研究产生的原因大致有：很多原因导致同一结果；推理所需的信息不完备；背景知识不足；信息描述模糊；信息中含有噪声；规划是模糊的；推理能力不足；解题方案不唯一等。

不确定性产生的原因是多方面的，同样，其表现形式也是多种多样的。其主要性质有随机性、模糊性、不完全性、不一致性和时变性等。随机性主要是因为不确定性推理所要处理的事件的真实性是不完全肯定的，含有一定的可能性，只能给出一个估计值。模糊性主要指的是命题中出现的表达形式是不明确的。不完全性产生于信息的不充分、不全面。往往种种不确定因素,及其在推理过程中的累积,导致一些结论的不一致性。

不精确思维并非专家的习惯或爱好所致,而是客观现实的要求。在人类的知识和思维行为中,确定性只是相对的,不确定性才是绝对的。知识工程需要各种适应不同类的具有不确定性特点的不确定性知识描述方法和推理方法。

在不确定推理中,规则前件(证据)、后件(结论)以及规则本身在某种程度上都是不确定的。

1. 证据的不确定性

证据是智能系统的基本信息,是推理的依据。人们从自然界里获取的或总结归纳得到的信息含有太多的不确定因素。不确定性主要表现在以下几方面。

① 歧义性:证据中含有多种意义明显不同的解释,如果离开具体的上下文和环境,往往难以判断其明确含义。

② 不完全性:对于某事物来说,对于它的知识还不全面、不完整、不充分。

③ 不精确性:证据的观测值与真实值之间存在一定的差别。

④ 模糊性:命题中的词语从概念上讲不明确,无明确的内涵和外延。

⑤ 可信性:专家主观上对证据的可靠性不能完全确定。

⑥ 随机性:命题的真假性不能完全肯定,只能对其真假性给出一个估计。

⑦ 不一致性:在推理过程中发生了前后不相容的结论,或者随着时间的推移或范围的扩大,原来成立的命题变得不成立了。

2. 规则的不确定性

首先,单纯地分析规则的不确定性。规则指的是系统中的启发式知识。系统基于给定的证据,在这些启发式知识的基础上进行推理。这些知识通常来源于专家处理问题的经验,一般情况下很有效。但由于是经验知识,因此,存在着这样那样的不确定性因素。不确定性因素主要包括以下几种情况。

① 证据组合的不确定性:一些规则有若干证据作为前提条件,或者有几个证据都可以激活某一个规则。此时,组合起来的证据到底多大程度上符合前提条件,其中包含着某些不确定的主观度量。

② 规则自身的不确定性:有时领域专家对规则持有某种信任度,即专家也没有十分的把握在某种前提下得到的结果必为真的结论,只能给出一个发生可能性及可能性的度量。

③ 规则结论的不确定性:包含各种不确定因素的前提条件,运用不确定的规则,引出的结论或动作也不可避免地含有不确定的因素。

更进一步说,从一个系统的高层次的角度看,规则的不确定性还来源于各个规则之间的冲突,来源于单个规则、规则间的冲突消解和规则后件间的不相容。知识工程的目的就是尽可能地减少或消解这些不确定性。单个规则的不确定性属于规则检验的一部分。单个规则是正确的并不意味着系统将给出正确的答案。因为规则间的不兼容性,推理链可能不正确,因此有必要进行证实。图 4.1 所示为单个规则产生不确定性的主要原因。

除了规则创建时可能发生的错误之外,规则的不确定性还与不确定性的参数有关。这些不确定性参数的数值的设定是基于人们(专家)的经验,因此存在误差,从而带来不确定性。同样事件的后件也存在着描述不确定性的参数的指定问题,有各种各样的误差。

除此之外,规则之间还互相影响。规则发生冲突时要采取适当的消解策略,各种优先的

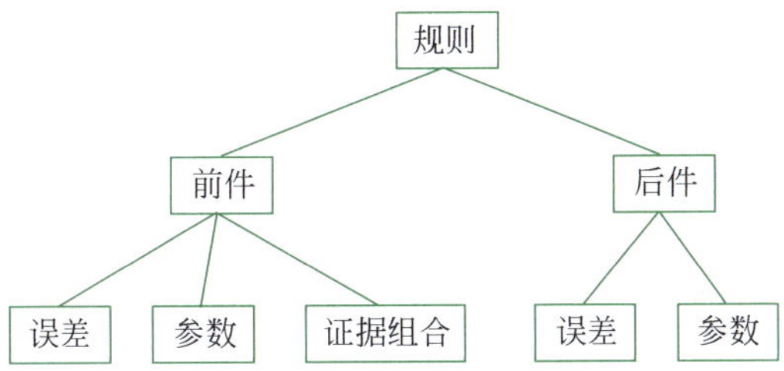

图 4.1 单个规则产生不确定性的主要原因

策略是产生不确定性的原因之一,其中包括规则间的矛盾、规则间相互包含、规则的冗余、规则的遗漏、数据融合不适等。

3. 推理的不确定性

推理的不确定性是由知识不确定性的动态积累和传播过程造成的。在推理的每一步中都需要综合各个证据、规则,引出结论,同时还要处理证据规则的不确定性。为此,整个过程要通过某种不确定的度量,寻找尽可能符合客观世界的计算,最终得到结论的不确定性度量。

4.1.2 不确定性推理的基本问题

在不确定性推理中,除了解决在确定性推理过程中所涉及的推理方向、推理方法、控制策略等基本问题外,一般还需要解决不确定性的表示与度量、不确定性的匹配、不确定性的传递,以及不确定性的合成等问题。将不确定性问题用确定的数学公式表示出来,是不确定性推理研究的基础。

1. 表示问题

表示问题是指用什么方法描述不确定性,这是解决不确定推理的关键一步。通常有数值表示和非数值表示的语义表示方法,$CH(A)$ 是前者的一个例子,"很可能"是后者的一个例子。

2. 计算问题

计算问题主要指不确定性的传播和更新,即获得新信息的过程。例如:

① 已知证据 A 的确定性度量 $P(A)$,规则 $A \rightarrow B$,其可信度度量为 $P(B,A)$,如何计算结论的可信度度量 $P(B)$。

② 从一个规则得到 A 的可信度度量 $P_1(A)$,又从另一个规则得到 A 的另一个可信度度量 $P_2(A)$,如何计算两个规则合成后的最终可信度度量 $P(A)$。

③ 如何由两个证据 A_1 和 A_2 的可信度度量 $P(A_1)$、$P(A_2)$,计算"与""或"等逻辑计算结果的可信度度量 $P(A_1 \land A_2)$ 和 $P(A_1 \lor A_2)$ 等。

初始命题不确定性度量的获得也非常重要,一般由领域内的专家从经验中获得。推理过程可以用推理树直观地表示出来。例如,对于如下的推理过程:

$R_1: A_1 \land A_2 \rightarrow B_1$

$R_2: A_2 \lor A_3 \rightarrow B_2$

$R_3: B_1 \rightarrow B$

$R_4: B_2 \rightarrow B$

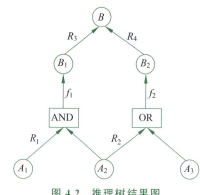

图 4.2 推理树结果图

用推理树可以表示,如图 4.2 所示。

图 4.2 中,最下层是初始证据,经过一些"与(AND)"和"或(OR)"的组合,形成推理中的临时证据,由这些临时证据推导出最终的结论。图 4.2 中,R_i 表示的是推理弧上所使用的规则,图中的 f_i 表示证据或规则的不确定度量值。正是这些值的变化反映了不确定性的传播和更新。

3. 语义问题

语义问题是指如何解释上述表示和计算的含义,目前多用概率方法解决这个问题。

例如,$P(B,A)$ 可理解为当前提 A 为真时结论 B 为真的一种影响程度,$P(A)$ 可理解为 A 为真的程度。对于规则,人们特别关注的是 $P(B,A)$ 的特殊值的意义是什么:

① $A(T) \rightarrow B(T)$,$P(B,A)=?$
② $A(T) \rightarrow B(F)$,$P(B,A)=?$
③ B 独立于 A,$P(B,A)=?$

对于证据的可信度度量 $P(A)$,同样,人们关心的是它在特殊状态下的意义:

① A 为 T,$P(A)=?$
② A 为 F,$P(A)=?$

其中,T 表示 True,F 表示 False。

在任何一个 AI 系统中,都必须较好地解决这 3 个问题。表示问题实际上要解决的是如何表示知识,以便于计算和推理;计算问题实际是在一定的知识表示方式下进行数学运算。当然,上述两个步骤都必须有合理的语义解释,即表示、计算推理所代表的知识含义。

4.1.3 不确定性推理方法的分类

基于不确定性知识的推理称为不确定性推理,也称为不精确推理。

由于不确定性推理是在不确定性知识的基础上进行推理的,因此推理所得的结果仍然是不确定性的。在整个系统设计与使用过程中,不确定性知识是通过某种量化的方式表示的。所以,整个推理过程中始终含有不确定性度量,因此不仅要进行规则匹配,还需要计算不确定性度量的传播。

不确定性推理方法可以分为形式化方法和非形式化方法。形式化方法有逻辑法、新计算法和新概率法。逻辑法是非数值方法,采用多值逻辑和非单调逻辑处理不确定性。新计算法认为概率法不足以描述不确定性,从而出现了证据理论(也叫 Dempster-Shafer,D-S 方法)、确定性方法(CF 法)以及模糊逻辑方法等。新概率法试图在传统的概率论框架内,采用新的计算方法以适应不确定性描述,如主观贝叶斯方法、贝叶斯网络方法等。

非形式化方法是指启发性方法,对不确定性没有给出明确的概念。

另一种观点是,把处理不确定问题的方法分为工程法、控制法和并行确定性法。工程法是将问题简化为忽略哪些不确定性因素。控制法是利用控制策略消除不确定性的影响,如启发式的搜索方法。并行确定性法是把不确定性的推理分解为两个相对独立的过程:一个过程不计不确定性采用标准逻辑进行推理;另一个过程对第一个过程的结论加以不确定性的度量。前一个过程决定信任什么,后一个过程决定信任程度。

本章仅介绍不确定性推理的贝叶斯网络方法、主观贝叶斯方法、确定性方法和证据理论。由于应用较好的系统大多采用基于概率的方法,因此接下来首先回顾概率论的基础知识。

4.2 概率论基础

概率论是研究随机现象中数量规律的科学。所谓随机现象,是指在相同的条件下重复进行某种实验时,所得实验结果不一定完全相同且不可预知的现象。众所周知的是掷硬币的实验。人工智能讨论的不确定性现象,虽然不完全是随机的过程,但是实践证明,采用概率论的思想方法进行思考能得到较好的结果。本节简单介绍一下概率论的基本概念和贝叶斯定理。

4.2.1 随机事件

1. 基本定义

随机实验:一个可观察结果的人工或自然的过程,其产生的结果可能不止一个,且不能事先确定产生什么结果。

随机实验是一个相当广泛的概念。例如,一次科学实验,一个被观察并记录过的自然现象或社会现象,一组数据的采集等,都可以视为一个随机实验。

样本空间:一个随机实验的全部可能出现的结果的集合,通常记作 Ω,Ω 中的点(即一个可能出现的实验结果)称为样本点,通常记作 ω。

随机事件:一个随机实验的一些可能结果的集合,是样本空间的一个子集,常用大写字母 $A,B,C,\cdots$ 表示。

以下简称随机事件为事件,在实际问题中,事件常用一句话描述,当实验的结果(即一个样本点)属于某事件对应的子集时,则称该事件发生。为了便于数学表示,空集也算作一个事件,记作 $\varnothing$,样本空间 Ω 本身也表示一个事件。

例如,将一枚硬币抛掷两次,观察硬币落地后是花面向上还是字面向上。这是一个随机实验,用 H 记花面向上,W 记字面向上,则共有 4 种可能出现的结果(样本点):

$$\omega_1 = HH$$
$$\omega_2 = HW$$
$$\omega_3 = WH$$
$$\omega_4 = WW$$

样本空间 $\Omega = \{\omega_1, \omega_2, \omega_3, \omega_4\}$。

其中,样本点 $\omega_1 = HH$ 表示第一次与第二次均出现花面;$\omega_2 = HW$ 表示第一次出现花面,第二次出现字面;$\omega_3 = WH$ 表示第一次出现字面,第二次出现花面;$\omega_4 = WW$ 表示第一次与第二次均出现字面。

考虑下述事件:

$A = $ "花面、字面各出现一次";

$B = $ "第一次出现花面";

$C =$ "至少出现一次花面";
$D =$ "至多出现一次花面"。
则有
$$A = \{\omega_2, \omega_3\}$$
$$B = \{\omega_1, \omega_2\}$$
$$C = \{\omega_1, \omega_2, \omega_3\}$$
$$D = \{\omega_2, \omega_3, \omega_4\}$$

在实际问题中，要认清样本空间和事件是如何构成的。

2. 事件间的关系与运算

谈到一个以上的事件时，总是对同一实验样本空间上的事件而言。

两个事件 A 与 B 可能有以下几种特殊关系。

① 包含：若事件 B 发生，事件 A 也发生，则称"A 包含 B"，或"B 含于 A"，记作 $A \supset B$ 或 $B \subset A$。

② 等价：若 $A \supset B$ 且 $B \subset A$，即 A 与 B 同时发生或同时不发生，则称 A 与 B 等价，记作 $A = B$。

③ 互斥：若 A 与 B 不能同时发生，则称 A 与 B 互斥，记作 $AB = \varnothing$。

④ 对立：若 A 与 B 互斥，且必有一个发生，则称 A 与 B 对立，记作 $A = \sim B$ 或 $B = \sim A$，又称 A 为 B 的余事件，或 B 为 A 的余事件。

任意两个事件不一定会是上述几种关系中的一种。

由给定的一些事件按下列运算可导出新的事件。

设 $A, B, A_1, A_2, \cdots, A_n$ 为一些事件，它们有下述运算。

① 交：记 $C =$ "A 与 B 同时发生"，称为事件 A 与 B 的交，$C = \{\omega | \omega \in A \text{ 且 } \omega \in B\}$，记作 $C = A \cap B$ 或 $C = AB$。

类似地，用 $\bigcap\limits_{i=1}^{n} A_i = A_1 \cap A_2 \cap \cdots \cap A_n = A_1 A_2 \cdots A_n$ 表示"n 个事件 $A_1, A_2, \cdots, A_n$ 同时发生"。

$$\bigcap_{i=1}^{n} A_i = \{\omega | \omega \in A_i, i = 1, 2, \cdots, n\}$$

② 并：记 $C =$ "A 与 B 中至少有一个发生"，称为事件 A 与 B 的并，$C = \{\omega | \omega \in A \text{ 或 } \omega \in B\}$，记作 $C = A \cup B$。

类似地，用 $\bigcup\limits_{i=1}^{n} A_i = A_1 \cup A_2 \cup \cdots \cup A_n$ 表示"n 个事件 $A_1, A_2, \cdots, A_n$ 中至少有一个发生"。

$$\bigcup_{i=1}^{n} A_i = \{\omega | \omega \in A_i, i = 1, 2, \cdots, n\}$$

③ 差：记 $C =$ "A 发生而 B 不发生"，称为事件 A 与 B 的差，$C = \{\omega | \omega \in A \text{ 但 } \omega \notin B\}$，记作 $C = A \backslash B$ 或 $C = A - B$。

④ 求余：记作 $\sim A = \Omega \backslash A$。

值得注意的是，并和交的运算可以推广到无穷多个事件。

事件的运算有以下几种性质。

① 交换律：$A \cup B = B \cup A$

$$AB = BA$$

② 结合律：$(A \cup B) \cup C = A \cup (B \cup C)$
$(AB)C = A(BC)$

③ 分配律：$(A \cup B)C = (AC) \cup (BC)$
$(AB) \cup C = (A \cup C)(B \cup C)$

④ 德·摩根律：$\sim(\bigcap_{i=1}^{n} A_i) = \bigcup_{i=1}^{n} \sim A_i$
$\sim(\bigcup_{i=1}^{n} A_i) = \bigcap_{i=1}^{n} \sim A_i$

事件计算的优先顺序为：求余、交、差、并。

4.2.2 事件的概率

1. 概率的定义

定义：设 Ω 为一个随机实验的样本空间，对 Ω 上的任意事件 A，规定一个实数与之对应，记为 $P(A)$，若满足以下 3 条基本性质，则称 $P(A)$ 为事件 A 发生的概率：

① $0 \leqslant P(A) \leqslant 1$。

② $P(\Omega) = 1, P(\varnothing) = 0$。

③ 若事件 A 和 B 互斥，即 $AB = \varnothing$，则
$$P(A \cup B) = P(A) + P(B)$$

以上 3 条基本性质是符合常识的。

例如，设一个随机实验只有两个可能的结果，记为 ω_0、ω_1，则所有可能的事件只有 4 个：$\Omega = \{\omega_0, \omega_1\}$、$\{\omega_0\}$、$\{\omega_1\}$ 和空集 $\varnothing$。

每个事件定义一个概率如下：$P(\Omega) = 1$，$P(\{\omega_0\}) = 1 - p$，$P(\{\omega_1\}) = p$，$P(\varnothing) = 0$。其中，p 为介于 0 和 1 的一个正数，容易验证，这样规定的概率满足定义中要求的 3 条基本性质。

2. 概率的性质

除了定义中所列的 3 条性质外，概率还有一些重要性质。

定义：设 $\{A_n, n = 1, 2, 3, \cdots\}$ 为一组有限或可列无穷多个事件，两两不相交，且 $\sum_n A_n = \Omega$，则称事件族 $\{A_n, n = 1, 2, 3, \cdots\}$ 为样本空间 Ω 的一个完备事件族。若对任意事件 B 有 $BA_n = A_n$ 或 $\varnothing$，$n = 1, 2, 3, \cdots$，则称 $\{A_n, n = 1, 2, 3, \cdots\}$ 为基本事件族。

完备事件族与基本事件族有如下性质。

定理：若 $\{A_n, n = 1, 2, 3, \cdots\}$ 为一完备事件族，则 $\sum_n P(A_n) = 1$，且对于一个事件 B，有
$$P(B) = \sum_n P(A_n B)$$

若 $\{A_n, n = 1, 2, 3, \cdots\}$ 为一基本事件族，则
$$P(B) = \sum_{A_n \subset B} P(A_n)$$

3. 统计概率

统计概率，也称为古典概率，是通过某一事件出现的频率定义的。事件 A 出现的概率

描述为

$$f_n(A) = \frac{m}{n}$$

其中，n 是进行实验的总次数，m 是实验中事件 A 发生的次数。有了事件出现的频率，就可以定义概率了。

定义：在同一组条件下进行大量重复实验时，如果事件 A 出现的频率 $f_n(A)$ 总是在区间 $[0,1]$ 上的一个确定常数 p 附近摆动，并且稳定于 p，则称 p 为事件 A 的统计概率，即 $P(A) = p$。

例如，在抛掷硬币实验中，当抛掷硬币次数足够多时，有 f_n（花面向上）$= 0.5$，则称花面向上的概率为 0.5，即 $P(A) = 0.5$。

统计概率的性质如下。

① 对任意事件 A，有 $0 \leqslant P(A) \leqslant 1$。
② 必然事件 Ω 的概率 $P(\Omega) = 1$，不可能事件 $\varnothing$ 的概率 $P(\varnothing) = 0$。
③ 对任意事件 A，都有 $P(\sim A) = 1 - P(A)$。
④ 设事件 $A_1, A_2, \cdots, A_n (k \leqslant n)$ 是两两互不相容的事件，即有 $A_i \cap A_j = \varnothing (i \neq j)$，则 $P(\bigcup_{i=1}^{k} A_i) = P(A_1) + P(A_2) + \cdots + P(A_k)$。
⑤ 设 A, B 是两个事件，则 $P(A \cup B) = P(A) + P(B) - P(A \cap B)$。

4. 条件概率

条件概率是本章论述的不确定性推理方法中应用最多的概率问题之一。这主要是由于此处讨论的都是用一些已知变量的信息获得其他变量值的概率，也就是概率推理，因此涉及的大都是条件概率的问题。

设 B 与 A 是某个随机实验中的两个事件，如果在事件 A 发生的条件下，考虑事件 B 发生的概率，就称它为事件 B 的条件概率。

定义：设 A, B 为事件，且 $P(A) > 0$，称

$$P(B \mid A) = \frac{P(AB)}{P(A)}$$

为事件 A 已发生的条件下，事件 B 的条件概率，$P(A)$ 在概率推理中称为边缘概率。

简称 $P(B|A)$ 为给定 A 时 B 发生的概率。$P(AB)$ 称为 A 与 B 的联合概率。

有联合概率公式：

$$P(AB) = P(B \mid A) P(A)$$

条件概率的概念是基于一种缩小样本空间的思想，即已知 A 发生，则只考虑属于 A 的那些样本点，这由 $P(A|A) = 1$ 及当 $AB = \varnothing$ 时，$P(B|A)$ 可以看出。另外，当 A 已发生时，则 B 也发生，这意味着 A 与 B 同时发生。因此，$P(B|A)$ 与 $P(AB)$ 成正比，而比例因子为 $1/P(A)$。

用统计概率的模型考虑，条件概率值可以表示如下。

$$P(B \mid A) = \frac{P(AB)}{P(A)} = \frac{\dfrac{N_{AB}}{N}}{\dfrac{N_A}{N}} = \frac{N_{AB}}{N_A}$$

其中，N、N_A 和 N_{AB} 分别是样本点总数，A 中的样本点数和 AB 中的样本点数。所以，$P(B|A)$ 定义了在缩小的样本空间 A 上的统计概率。

几个变量基于另几个变量的组合条件概率的定义为

设 A、B、C、D 为事件，称

$$P(AB \mid CD) = \frac{P(CDAB)}{P(CD)}$$

为事件 C、D 已同时发生的条件下，事件 A、B 同时发生的条件概率。

为阅读清晰，也可写成

$$P(A,B \mid C,D) = \frac{P(C,D,A,B)}{P(C,D)}$$

条件概率的性质如下。

① $0 \leqslant P(B|A) \leqslant 1$。
② $P(\Omega|A) = 1$，$P(\varnothing|A) = 0$。
③ 若 $B_1 B_2 = \varnothing$，则 $P(B_1 + B_2 | A) = P(B_1|A) + P(B_2|A)$。
④ 乘法公式：

$$P(AB) = P(A)P(B \mid A)$$
$$P(A_1 A_2 \cdots A_n) = P(A_1)P(A_2 \mid A_1)P(A_3 \mid A_1 A_2) \cdots P(A_n \mid A_1 A_2 \cdots A_{n-1})$$

⑤ 全概率公式：设 $A_1, A_2, \cdots, A_n$ 互不相交，$\sum\limits_i A_i = \Omega$，且 $P(A_i) > 0, i = 1, 2, \cdots, n$，则对于任意事件 A，有

$$P(A) = \sum_i P(A_i) P(A \mid A_i)$$

也可以按照一个条件概率链表达一个联合概率。例如，

$$P(ABCD) = P(A \mid BCD) P(B \mid CD) P(C \mid D) P(D)$$

其一般规则形式为

$$P(A_1 A_2 \cdots A_n) = \prod_{i=1}^{n} P(A_i \mid A_{i-1} A_{i-2} \cdots A_1)$$

此表达方式依赖于事件 A_i 的排序方式。不同的排序方式给出不同的表达式，但是对变量值的相同集合，不同的表达式具有相同的值。在一个联合概率函数中，变量的排序并不重要，可以重写公式得到：

$$P(AB) = P(A \mid B) P(B) = P(B \mid A) P(A) = P(BA)$$

可能大家已经注意到

$$P(B \mid A) = \frac{P(B) P(A \mid B)}{P(A)}$$

这就是著名的贝叶斯公式。贝叶斯定理将在下面详细介绍。

5. 事件的独立性

定义：设 A、B 为两个事件，满足 $P(AB) = P(A)P(B)$，则称事件 A 与事件 B 是相互独立的，简称 A 与 B 独立。

事件独立的性质如下。

① 若 $P(A) = 0$ 或 1，则 A 与任一事件独立；

② 若 A 与 B 独立,且 $P(B)>0$,则 $P(A|B)=P(A)$;
③ 若 A 与 B 独立,则 A 与 $\sim B$,$\sim A$ 与 B,$\sim A$ 与 $\sim B$ 都是相互独立的事件对。

定义:设 $A_1,A_2,\cdots,A_n$ 为 n 个事件,满足下述条件:
$$P(A_iA_j)=P(A_i)P(A_j) \quad 1\leqslant i<j\leqslant n,$$
$$P(A_iA_jA_k)=P(A_i)P(A_j)P(A_k) \quad 1\leqslant i<j<k\leqslant n,$$
……
$$P(A_iA_j\cdots A_n)=P(A_i)P(A_j)\cdots P(A_n)$$

则称事件 $A_1,A_2,\cdots,A_n$ 相互独立。

N 个事件相互独立的性质如下。

① 若 n 个事件 $A_1,A_2,\cdots,A_n$ 相互独立,则对于 $m<n$,其中任意 m 个事件也是相互独立的。值得注意的是,该性质反之不成立,即从大集合中事件相互独立可以推断它的子集合中事件间也相互独立,但是从小集合中事件相互独立不能推断大集合中事件也相互独立。

② 若 n 个事件 $A_1,A_2,\cdots,A_n$ 相互独立,则对于 $0\leqslant m\leqslant n$,其中任意 m 个事件与其余 $n-m$ 个事件的对立事件构成 n 个相互独立的事件。

在实际问题中,判断事件是否独立,不能仅从数学定义出发,而要根据问题的实际背景判断。

在严谨的概率论数学研究中讨论的是如何计算一个随机变量的概率值。而在人工智能领域人们感兴趣的是如何给随机变量分配一个概率值,就像命题演算中由合取公式指称的各种命题的真假是基于应用领域的专家主观判断(或者传感数据的直觉处理),随机变量的概率值同样也依赖专家判断或知觉处理。人们关心的主要是怎么执行计算,以让它告诉人们所感兴趣的变量概率。

4.2.3 贝叶斯定理

贝叶斯定理:设 $A,B_1,B_2,\cdots,B_n$ 为一些事件,$P(A)>0$,$B_1,B_2,\cdots,B_n$ 互不相交,$P(B_i)>0$,$i=1,2,\cdots,n$,且 $\sum_i P(B_i)=1$,则对于 $k=1,2,\cdots,n$,有

$$P(B_k|A)=\frac{P(B_k)P(A|B_k)}{\sum_i P(B_i)P(A|B_i)}$$

贝叶斯公式容易由条件概率的定义、乘法公式和全概率公式得到。在贝叶斯公式中,$P(B_i)$,$i=1,2,\cdots,n$ 称为先验概率,而 $P(B_i|A)$,$i=1,2,\cdots,n$ 称为后验概率,也就是条件概率。贝叶斯原理的含义可解释为:$B_1,B_2,\cdots,B_n$ 为 n 个互不相容的"原因",而 A 为某种"结果"。在实际问题中,"原因"发生的概率 $P(A|B_i)$(也是条件概率)都可以事先估计,可以用贝叶斯反过来计算已知"结果"的某一"原因"产生的条件概率 $P(B_k|A)$。当某个 $P(B_k|A)$ 比较大时,则一观察到 A 就首先考虑是由 B_k 引起的;另外,即使 $P(B_k|A)$ 的值不大,但它与 $P(B_k)$ 相比却大大增加了,这种现象说明 B_k 与 A 有很紧密的联系,因而需充分重视。

贝叶斯定理给出了用逆概率 $P(A|B_i)$ 求原概率 $P(B_i|A)$ 的方法。假设用 A 代表咳嗽,B 代表肺炎,若要得到在咳嗽的人中有多少人是患肺炎的,就相当于求 $P(B|A)$。由于患咳嗽的人较多,因此需要做大量的统计工作。但是,要得到患肺炎的人中有多少人是咳嗽

的,则要容易得多,原因是在所有咳嗽的人中只有一小部分是患肺炎的,即患肺炎的人要比咳嗽的人少得多。贝叶斯定理非常有用,后面将要讨论的主观贝叶斯方法就是在其基础上提出的。

4.2.4 信任概率

到目前为止,已经讨论了作为理想系统中可重复事件的概率。然而,人类擅长计算许多不可重复的事件的概率。例如,医疗诊断,每个病人都是不同的。

例如,一个可能的事件 A 是"病人身上长满了红斑",命题 B 是"病人出麻疹",条件概率为 $P(B|A)$,这一般意义上是一个不必要的概率,如果事件和命题不可重复或者没有一个数学上的依据。相反,$P(B|A)$ 可被解释为当 A 成立时 B 的可信度。

A 为真时,如果 $P(B|A)=1$,那么 B 是真的;如果 $P(B|A)=0$,那么 B 是假的。而当 A 是其他值的时候,$0< P(B|A)<1$,不能完全确定 B 是真还是假。同样,可以使用条件概率表示似然性,如 $P(B|A)$ 就可用来表示在某种证据 A 的基础上的 B 的似然性。

虽然 $P(B|A)$ 有条件概率的形式,但是实际上现在它表示了不同的意义:似然性和可信度。概率适用于重复事件,而似然性适用于表示非重复事件中信任的程度。同时,$P(B|A)$ 可以是在某种证据 A 下,专家对某种假设为真所设定的可信度。当然,如果事件 B 是可重复的,那么 $P(B|A)$ 就仅是概率而已。

另一种表示似然性的形式是考虑事件发生与否的相对可能性。在某事件 A 的前提下,事件发生 B 与不发生 $\sim B$ 的概率的相对比值称作概率 O,其定义为

$$O(B|A) = \frac{P(B|A)}{P(\sim B|A)} = \frac{P(B|A)}{1-P(B|A)}$$

事件 X 或者称证据 X 的概率 $O(X)$ 与 $P(X)$ 概率的关系为

$$P(X) = \frac{O(X)}{1+O(X)}; O(X) = \frac{P(X)}{1-P(X)} = \frac{P(X)}{P(\sim X)}$$

其中,$O(X) = \frac{P(X)}{P(\sim X)}$,称为先验概率,表示证据 X 出现的概率和不出现的概率之比。显然,$O(X)$ 是 $P(X)$ 的增函数,且有

当 $P(X)=0$,有 $O(X)=0$
当 $P(X)=0.5$,有 $O(X)=1$
当 $P(X)=1$,有 $O(X)=\infty$

由此可见,概率函数实际上表示了证据 X 的不确定性。

相应地,有 $O(B|A)$,称为后验概率。

4.3 贝叶斯网络

20世纪80年代,贝叶斯网络成功应用于专家系统,成为表示不确定性专家知识和推理的一种流行方法。基于贝叶斯方法的贝叶斯网络适应性很广,具有坚实的数学理论基础。在综合先验信息(领域知识)和数据样本信息的前提下,还可避免只使用先验信息可能带来的主观偏见。虽然很多贝叶斯网络涉及的学习问题是NP难解的,但是由于已经有一些成

熟的近似解法,加上一些限制后计算可大为简化,很多问题可以利用近似解法求解。

贝叶斯网络方法的不确定性表示基本上保持了概率的表示方式,可信度计算也是概率计算方法,只是在实现时,各具体系统才根据应用背景的需要采用各种各样的近似计算方法。其推理过程称为概率推理。因此,贝叶斯网络没有其他确定性推理方法拥有的确定性表示、计算、语义解释等问题。由于篇幅关系,本节只介绍贝叶斯网络的基本概念和简单的推理方法。

4.3.1 贝叶斯网络基本概念

贝叶斯网络是一系列变量的联合概率分布的图形表示,一般包含两部分,一部分是贝叶斯网络结构图,这是一个有向无环图(directed acyclic graph,DAG),其中图中的每个结点代表相应的变量。当有向弧由结点 A 指向结点 B 时,则称 A 是 B 的父结点,B 是 A 的子结点。

贝叶斯蕴含了条件独立假设,即给定其父结点集,每个变量独立于它的非子孙结点。结点之间的连接关系代表了贝叶斯网络的条件独立语义。另一部分是结点和结点之间的条件概率表(CPT),也就是一系列的概率值,表示了局部条件概率分布。

贝叶斯网络的构造可以分如下 3 步进行。

① 确定为建立网络模型有关的变量及其解释,即确定模型的目标,确定问题相关的解释;确定与问题有关的可能的观测值,并确定其中值得建立模型的子集;将这些观测值组织成互不相容的而且穷尽所有状态的变量。问题是这样做的结果不是唯一的,而且没有通用的解决方案,不过可以从决策分析和统计学得到一些指导原则。

② 建立一个表示条件独立断言的有向无环图。从原理上说,如何从 n 个变量中找出适合条件独立关系的顺序,是一个组合爆炸问题,因为要比较 $n!$ 种变量顺序。不过,在现实问题中通常可以确定变量之间的因果关系,而且因果关系一般都对应条件独立的断言。因此,可以从原因变量到结果变量画一个带箭头的弧直观表示变量之间的因果关系。

③ 指派局部概率分布 $p(x_i|pa_i)$。其中,pa_i 表示变量 x_i 的父结点集。在离散的情形下,需要为每个变量 x_i 的父结点集的各个状态指派一个分布。

以上各步可能需要交叉并反复进行,不是一次简单的顺序进行就可以完成的。

应用于专家系统时,贝叶斯网络结构(包括变量的选择及条件独立关系的确定)和局部条件概率均由领域专家给定,这分别称为先验结构和先验参数。之后,由网络结构中蕴含的变量之间的条件独立关系和给定的局部条件概率分布,就可以利用贝叶斯推断技术,推断出变量的联合概率分布,进而可以推断出所要求解的任意的条件概率或边缘概率。如果一个贝叶斯网络提供了足够的条件概率值,足以计算任何给定的联合概率,则称它是可计算的,即可推理的。

然而,当变量数目较大时,利用领域知识构造贝叶斯网络和给出局部概率分布往往非常困难,也往往是不准确的。因此,人们开始研究从数据中建立贝叶斯网络模型,并且用数据更新领域知识所确定的局部概率分布(先验参数分布),从而得到后验参数分布,然后利用后验参数分布进行概率推断。利用数据由先验信息得到后验信息的过程称为贝叶斯网络的学习。相对于网络结构和网络参数,贝叶斯网络的学习也分为参数学习和结构学习。

1. 因果关系网

下面从一个具体的医疗诊断的实例说明因果关系网络的构造。

假设：

命题 S(smoker)：该患者是一名吸烟者

命题 C(coal miner)：该患者是一名煤矿矿井工人

命题 L(lung cancer)：他患了肺癌

命题 E(emphysema)：他患了肺气肿

由专家给定的假设可知，命题 S 对命题 L 和命题 E 有因果影响，而 C 对 E 也有因果影响。命题之间的关系可以描绘成因果关系图，如图 4.3 所示。每个结点代表一个证据，每条弧代表一条规则(假设)，连接结点的弧表达了由规则给出的结点间的直接因果关系。其中，结点 S 和 C 是 E 的父结点，或称直接前驱结点，E 是 S 和 C 的子结点或后继结点，结点 S 是 L 的父结点，反之 L 是 S 的后继结点。

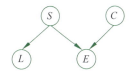

图 4.3 因果关系图例

2. 贝叶斯网络

贝叶斯网络就是一个在弧的连接关系上加入连接强度的因果关系网络，如图 4.3 所示。如果 A 是 B 的父结点，通过概率因果关系，很自然，$P(B|A)$ 就是这两个结点的连接强度。如果 C 也是 B 的一个双亲结点，那么，两个条件概率 $P(B|A)$ 和 $P(B|C)$ 不能单独地说明 A 和 C 是如何互相影响的。它们是联合作用加强，或相互抵消的，所以此处用它们的联合概率 $P(B|AC)$ 描述。贝叶斯网络有一套结点和相应的有向连接弧。每个结点 A 和它的父结点 B_1，B_2，…，B_n 有条件概率 $P(A|B_1B_2\cdots B_n)$。当结点没有父结点时，称其为顶点。顶点虽没有父辈关系的条件概率，但是有无条件概率或先验概率 $P(A)$。对于贝叶斯网络，必须指定顶点如图 4.4 中的 A 和 C 结点的先验概率。先验概率的需求不是来自贝叶斯网络推理中数学上的要求，而是由于人类不确定推理逻辑的需要。所有指定的概率和无环图构成一个贝叶斯网络，概率数据集称为 CPT 表。图 4.4 的 CPT 表包括 $P(A)$、$P(C)$、$P(B|AC)$、$P(E|B)$、$P(B|D)$、$P(F|E)$、$P(G|DEF)$。

图 4.4 表达了贝叶斯网络的两个要素：一是贝叶斯网络的结构，也就是各结点的继承关系；二是条件概率表(CPT)。若一个贝叶斯网络可计算，则这两个条件缺一不可。

值得注意的是，贝叶斯网络是一个有向无环图。图 4.5 是一个有环的网络，不是贝叶斯

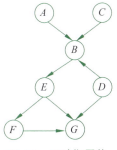

图 4.4 贝叶斯网络

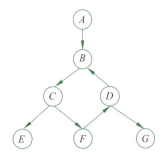

图 4.5 非贝叶斯网络

图注：无环图和指定概率值 $P(A)$、$P(C)$、$P(B|AC)$、$P(E|B)$、$P(B|D)$、$P(F|E)$、$P(G|DEF)$

网络。如果结点间有反馈回路,则从各个方向就可能得到不同的连接权值,使得最后难以确定。到目前为止,还没有计算方法可以计算有循环的因果关系网络。

我们将图4.3所示的因果关系图改写为贝叶斯网络的一个图例,如图4.6所示。其相应的CPT为

$P(S) = 0.4$

$P(C) = 0.3$

$P(E|S, C) = 0.9$

$P(E|S, \sim C) = 0.3$

$P(E|\sim S, C) = 0.5$

$P(E|\sim S, \sim C) = 0.1$

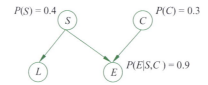

图4.6 贝叶斯网络实例

图注:其指定概率值为$P(S) = 0.4, P(C) = 0.3, P(E|S, C) = 0.9, P(E|S, \sim C) = 0.3$, $P(E|\sim S, C) = 0.5, P(E|\sim S, \sim C) = 0.1$

在本章概述中谈到证据的不确定性、规则的不确定性,以及推理方法本身的不确定性等,但是在贝叶斯网络的不确定性推理中,还体现了相对不确定性的思想。当知道一个人得了肺癌时,总会联想到,他可能抽烟抽得太多了,同时也比较容易想到他是不是也有肺气肿?其实,肺癌和肺气肿并没有直接联系。但是,由于因果网络的联系,肺癌的发生反方向增大了抽烟的概率,而抽烟的概率又正方向影响了肺气肿发生的概率。这就是说,得肺气肿这件事的不确定性是和其他因素有关的,是受其他证据影响的。如果此时已经得知该病人并不抽烟,那么就是他运气太不好,不知是什么原因导致患了肺癌。对由于抽烟而容易发生的肺气肿的怀疑也就自然减少了。

从另一个方面看,如果知道这个人抽烟,只是劝说他当心患肺癌。但当得知他还是矿工时,就会要求他定期检查,看是不是患有肺气肿。因为此时他是一名矿工,肺气肿发生的概率就升高了。

这就是贝叶斯网络推理的基本思路,人的推理也如此。

3. 联合概率

贝叶斯网络由一个有向无环图(DAG)及描述顶点之间的概率表组成。其中每个顶点对应一个随机变量。这个图表达了分布的一系列有条件独立属性,即在给定了父结点(双亲结点)的状态后,每个变量与它在图中的非继承结点在概率上是独立的。只有抓住概率分布的定性结构,才可能产生高效的推理和决策。贝叶斯网络能表示任意概率分布的同时,它们为这些能用简单结构表示的分布提供了可计算优势。

假设对于结点x_i,其父结点集为P_{ai},每个变量x_i的条件概率$P(x_i|P_{ai})$,则结点集合$X = \{x_1, x_2, \cdots, x_n\}$的联合概率分布可按如下公式计算:

$$P(X) = \prod_{i=1}^{n} P(x_i \mid P_{ai})$$

该等式暗示了早先给定的图结构有条件独立语义。它说明贝叶斯网络表示的联合分布作为一些单独的局部交互作用模型的结果具有因式分解的表示形式。

我们把条件独立定义为：有结点 A、B、C，如果
$$P(A \mid BC) = P(A \mid B)$$

即 B 已确定时，C 的任何信息都不能改变 A 的可信度度量，则称 A 与 C 在 B 的条件下是独立的，或给定 B，A 条件独立于 C。

图 4.5 中的联合概率密度为
$$P(S,C,L,E) = P(E \mid S,C,L) * P(L \mid S,C) * P(C \mid S) * P(S)$$

由该图可知：E 与 L 在 S 条件下独立，所以 $P(E|S,C,L) = P(E|S,C)$；L 与 C 在 S，E 条件下独立，所以 $P(L|S,C) = P(L|S)$；C 与 S 在 E 条件下独立，所以 $P(C|S)=P(C)$。

以上 3 个等式的正确性，可以从贝叶斯网的条件独立属性（每个变量与它在图中的非继承结点在概率上是独立的）推出。同样，从后面给出的 D 分离的特性中也可以得到相同的结论。

简化后的联合概率密度为
$$P(S,C,L,E) = P(E \mid S,C) * P(L \mid S) * P(C) * P(S)$$

显然，简化后的公式比原始的数学公式更加简单明了，计算复杂度要低很多。如果原贝叶斯网络中的条件独立语义数量较多，则这种减少更加明显。

贝叶斯网络是一系列变量的联合概率分布的图形表示。这种表示法最早用来对专家的不确定知识编码，今天它们在现代专家系统、诊断引擎和决策支持系统中发挥了关键作用。贝叶斯网络的一个被经常提起的优点是具有形式的概率语义，并且能作为存在于人类头脑中的知识结构的自然映像。这有助于知识在概率分布方面的编码和解释，使基于概率的推理和最佳决策成为可能。

4. D 分离（D-separated）

图 4.6 中有 3 个结点：S、L 和 E。直观上，L 的知识（结果）会影响 S 的知识（起因），S 会影响 E 的知识（另一个结果）。因此，计算推理时必须考虑的因素非常多，大大影响了算法的复杂度，甚至可能影响算法的可实现性。但是，如果给定原因 S 后，L 并不能告诉人们有关 E 的更多事情，即对于 S、L 和 E 是相对独立的，那么，计算 S 和 L 的关系时就不用过多考虑 E 了，这样将会大大降低计算复杂度。在这种情况下，则称 S 能 D 分离 L 和 E。D 分离是一种寻找条件独立的有效方法。

下面首先简单地分析有向网络连接中结点间关系的 3 种情况：串行连接、分叉连接、汇集连接。下面分别讨论这 3 种情况。

（1）串行连接

图 4.7 的串行连接中，事件 A 通过事件 B 影响事件 C，反之事件 C 也是通过事件 B 影响事件 A。但是，如果原因证据 B 是给定的，A 并不能给 C 更多的东西，或者说，不能从 A 那里得到更多的信息。此时，如果 B 是已知的，那么通道就被阻塞，A 和 C 就是独立的，则称 A 和 C 是被 B 结点 D 分离的。

图 4.7 串行连接，B 堵塞了 A 与 C 的通信

(2) 分叉连接

图 4.8 为分叉连接有向图的例子。如果父结点 A 是已知的,没有更多的信息能通过 A 影响到所有子结点。同理,父结点 A 是已知时,子结点 $B,C,\cdots,F$ 是相互独立的,则称子结点 $B,C,\cdots,F$ 是被 A 结点 D 分离的。

(3) 汇集连接

如图 4.9 所示,汇集连接与前两种连接略有不同。如果不从父结点得到推断,子结点 A 就一无所知,那么父结点是相互独立的,它们之间没有相互影响。如果某事件影响了 A,那么各个父结点就不是相互独立的了。该事件可以直接影响 A(见图 4.10(a)),也可以通过它的后继结点影响 A(见图 4.10(b))。这种现象称作条件依存。总之,如果子结点有了变化,或子结点的后继结点发生了变化,信息是可以通过汇集连接传播的。

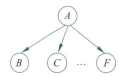
图 4.8 分叉连接,A 结点 D 分离 $B,C,\cdots,F$ 结点

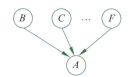
图 4.9 汇集连接,A 结点 D 分离 $B,C,\cdots,F$ 结点

上述 3 种连接概括了所有有向图结点的连接情况,下面给出 D 分离的严格的数学定义。

如图 4.11 所示,对于给定的结点集 ε,如果对贝叶斯网中的结点 V_i 和 V_j 之间的每个无向路径(即不考虑 DAG 图中弧的方向性的路径),在路径上都有某个结点 V_b,如果有属性:

① V_b 在 ε 中,且路径上的两条弧都以 V_b 为尾(即弧在 V_b 处开始(出发),分叉连接);

② V_b 在 ε 中,路径上的一条弧以 V_b 为头,一条弧以 V_b 为尾(串行连接);

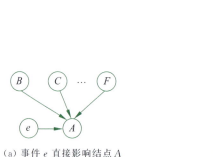

(a) 事件 e 直接影响结点 A

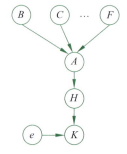

(b) 事件 e 通过后继结点影响 A

图 4.10 事件 e 对结点 A 的影响

③ V_b 和它的任何后继结点都不在 ε 中,路径上的两条弧都以 V_b 为头(即弧在 V_b 处结束,汇集连接,但没有后继结点)。则称 V_i 和 V_j 被 V_b 结点阻塞。

结论是:如果 V_i 和 V_j 被证据集合 ε 中的任意结点阻塞,则称 V_i 和 V_j 是被 ε 集合 D 分离,结点 V_i 和 V_j 条件独立于给定的证据集合 ε,可形式化表示为

$$P(V_i \mid V_j, \varepsilon) = P(V_i \mid \varepsilon)$$

$$P(V_j|V_i,\varepsilon)=P(V_j|\varepsilon)$$
$$I(V_i,V_j|\varepsilon) \text{ 或 } I(V_j,V_i|\varepsilon)$$

由此可以给出条件独立、阻塞、D 分离的明确定义：

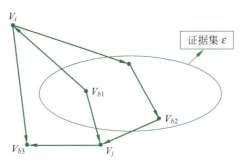

给定证据结点集 ε，V_i 独立 V_j：V_i 到 V_j 的所有 3 条路径都被阻塞

ⓐ V_{b1} 是证据结点，两条弧都以 V_{b1} 为尾
ⓑ V_{b2} 是证据结点，一条弧以 V_{b2} 为头，另一条弧以 V_{b2} 为尾
ⓒ V_{b3} 及其任何后继结点都不在证据结点集中，两条弧都以 V_{b3} 为头

图 4.11 D 分离的阻塞结点条件概率图

条件独立：如具有以上 3 个属性之一，就说结点 V_i 和 V_j 条件独立于给定的结点集 ε。

阻塞：给定证据集合 ε，当上述条件中的任何一个条件满足时，就说 V_b 阻塞相应的那条路径。

D 分离：如果 V_i 和 V_j 之间所有的路径被阻塞，就叫证据集合 ε 可以 D 分离 V_i 和 V_j。

论及路径时，是不考虑方向的；论及"头"和"尾"时，则必须考虑弧的方向。"头"的含义是箭头方向（有向弧）的终止点，"尾"的含义是箭头方向（有向弧）的起始点。

这一分析过程从图 4.11 中可以直观地看出来。

D 分离的概念也可应用于集合。给定证据集合 ε，如果集合 ε_i 中所有结点和集合 ε_j 中所有结点之间的每条无向路径被阻塞，则称 ε_i 和 ε_j 被 ε 集合 D 分离。

回到最开始的图 4.6 中的医疗诊断实例，为简单起见，选择证据集合 ε 为单个结点集合。

对于给定的结点 S，结点 E 阻塞了结点 C 和结点 L 之间的路径，因此 C 和 L 是条件独立的，有 $I(C,L|S)$ 成立。

而对于给定结点 E，S 和 L 之间找不到阻塞结点，因此 S 和 L 不是条件独立的。

D 分离的实质就是寻找贝叶斯网络中的条件独立语义，以简化推理计算。

以上对贝叶斯网络的基本问题进行了阐述，着重点在推理计算上。其本质就是通过各种方法寻找网络中的条件独立性，达到减少计算量和降低复杂性的目的。

4.3.2 贝叶斯网络的推理模式

设所有变量的集合为 $X=\{X_1,X_2,\cdots,X_n\}$，贝叶斯网络推断的根本任务就是给定证据变量集合 $E=e$ 后，计算查询变量集 Q 的概率分布，即

$$p(Q|E=e)=\frac{p(Q,E=e)}{p(E=e)}=\alpha\sum_{x-(QUE)}p(X)$$

其中，α 为一常数，可以是任意的变量集合。具体说，不局限于只顺着弧的方向推理。可以做因果推断、诊断（或者证据）推断、原因之间的推断（解释类型）以及上述 3 种的混合。

实际系统中，这些条件概率和边缘概率经常很难求解，为了简化系统复杂性和可实现性，采用了一些数学上的简化和近似。本节仅以简单的例子介绍 3 种最主要的推理模式：因果推理（由上向下推理）、诊断推理（自底向上推理）和辩解。

1. 因果推理

下面通过图 4.6 所示实例说明因果推理的过程，即已知父结点，计算子结点的条件概率。给定患者是一名吸烟者（S），计算他患肺气肿（E）的概率 $P(E|S)$。S 称为推理的证据，E 称为询问结点。

首先，寻找 E 的一个父结点（C），并进行概率扩展

$$P(E|S) = P(E,C|S) + P(E,\sim C|S)$$

即吸烟的人患肺气肿的概率为吸烟患肺气肿且是矿工的人的概率与吸烟患肺气肿且不是矿工的人的概率之和，也就是全概率公式。

需要寻找该表达式的双亲结点的条件概率，重新表达联合概率 $P(E,C|S)$ 和 $P(E,\sim C|S)$。

利用贝叶斯定理逆公式对公式的右边第一项进行计算：

$$\begin{aligned} P(E,C|S) &= P(E,C,S)/P(S) \\ &= P(E|C,S) \times P(C,S)/P(S) \\ &= P(E|C,S) \times P(C|S) \end{aligned}$$

在图 4.6 中，C 和 S 并没有双亲关系，符合条件独立要求，所以

$P(E,C|S) = P(E|C,S) \times P(C)$，同理可得，公式右边第二项为 $P(E,\sim C|S) = P(E|\sim C,S) \times P(\sim C)$。

由此可得 $P(E|S) = P(E|C,S) \times P(C) + P(E|\sim C,S) \times P(\sim C)$。

如果采用概述中的例题数据，有 $P(\sim C) = 1 - P(C)$，则有 $P(E|S) = 0.9 \times 0.3 + 0.3 \times (1-0.3) = 0.48$。

从这个例子不难得出这种推理的主要操作：

① 按照给定证据的 V 和它的所有双亲的联合概率，重新表达给定证据的询问结点的所求条件概率。

② 直到所有概率值可从 CPT 中得到，推理完成。

2. 诊断推理

同样以图 4.6 为例，计算"不患肺气肿且不是矿工"的概率 $P(\sim C|\sim E)$，即在贝叶斯网中，从一个子结点计算父结点的条件概率。也是从结果推测一个起因的推理，这类推理叫作诊断推理。使用贝叶斯公式就可以把这种推理转换成因果推理。

$$P(\sim C|\sim E) = P(\sim E|\sim C) \times P(\sim C)/P(\sim E)$$

由因果推理可知

$$\begin{aligned} P(\sim E|\sim C) &= P(\sim E,S|\sim C) + P(\sim E,\sim S|\sim C) \\ &= P(\sim E|S,\sim C) \times P(S) + P(\sim E|\sim S,\sim C) \times P(\sim S) \\ &= (1-0.3) \times 0.4 + (1-0.10) \times (1-0.4) = 0.82 \end{aligned}$$

由此得

$$P(\sim C \mid \sim E) = P(\sim E \mid \sim C) \times P(\sim C)/P(\sim E)$$
$$= 0.82 \times (1-0.3)/P(\sim E)$$
$$= 0.574/P(\sim E)$$

同样，
$$P(C \mid \sim E) = P(\sim E \mid C) \times P(C)/P(\sim E)$$
$$= 0.34 \times 0.3/P(\sim E)$$
$$= 0.102/P(\sim E)$$

由于全概率公式 $P(\sim C \mid \sim E) + P(C \mid \sim E) = 1$，代入可得 $P(\sim E) = 0.676$，所以，$P(\sim C \mid \sim E) = 0.849$。

这种推理方式主要利用贝叶斯规则将诊断推理转换成因果推理。

3. 辩解

如果证据仅是 $\sim E$（不是肺气肿），像上述那样，可以计算 $\sim C$ 患者不是煤矿工人的概率。但是，如果也给定 $\sim S$（患者不是吸烟者），那么 $\sim C$ 也应该变得不确定。这种情况下，可以说 $\sim S$ 解释 $\sim E$，使 $\sim C$ 变得不确定。这类推理使用嵌入在一个诊断推理中的因果推理。

由贝叶斯规则可得
$$P(\sim C \mid \sim E, \sim S) = \frac{P(\sim E, \sim S \mid \sim C) \times P(\sim C)}{P(\sim E, \sim S)}$$

由条件概率定义，$P(\sim E, \sim S \mid \sim C) = P(\sim E \mid \sim S, \sim C) \times P(\sim S \mid C)$，所以
$$P(\sim C \mid \sim E, \sim S) = \frac{P(\sim E, \sim S \mid \sim C) \times P(\sim C)}{P(\sim E, \sim S)}$$
$$= \frac{P(\sim E \mid \sim S, \sim C) \times P(\sim S \mid \sim C) \times P(\sim C)}{P(\sim E, \sim S)}$$

由贝叶斯网络结构图 4.5，可知结点 S 与 C 是被 E 结点 D 分离的，即 $P(\sim S \mid \sim C) = P(\sim S)$，所以最终可得
$$P(\sim C \mid \sim E, \sim S) = \frac{P(\sim E, \sim S \mid \sim C) \times P(\sim C)}{P(\sim E, \sim S)}$$
$$= \frac{P(\sim E \mid \sim S, \sim C) \times P(\sim S \mid \sim C) \times P(\sim C)}{P(\sim E, \sim S)}$$
$$= \frac{P(\sim E \mid \sim S, \sim C) \times P(\sim S) \times P(\sim C)}{P(\sim E, \sim S)}$$

对于分母 $P(\sim E, \sim S)$，由联合概率公式可得
$$P(\sim E, \sim S) = P(\sim E \mid \sim S)P(\sim S)$$
$$= (1 - P(E \mid \sim S))(1 - P(S))$$

其中，
$$P(E \mid \sim S) = P(E, C \mid \sim S) + P(E, \sim C \mid \sim S)$$
$$= P(E \mid \sim S, C)P(C) + P(E \mid \sim S, \sim C)P(\sim C)$$
$$= P(E \mid \sim S, C)P(C) + P(E \mid \sim S, \sim C)(1 - P(C))$$

由图 4.6 的 CPT 可计算得到

$$P(\sim C \mid \sim E, \sim S) = \frac{P(\sim E \mid \sim S, \sim C) \times P(\sim S) \times P(\sim C)}{P(\sim E, \sim S)}$$

$$= \frac{(1-P(E \mid \sim S, \sim C))(1-P(S))(1-P(C))}{(1-(P(E \mid \sim S, C)P(C)+P(E \mid \sim S, \sim C)(1-P(C)))(1-P(S))}$$

$$= \frac{(1-0.1)(1-0.4)(1-0.3)}{(1-(0.5 \times 0.3 + 0.1 \times (1-0.3)))(1-0.4)}$$

$$= \frac{0.378}{0.468} = 0.807$$

可以看到,贝叶斯方法的使用在贝叶斯网络推理过程中的重要性。然而,实际应用系统中的网络,不仅相关因素繁多,而且有很多概率值是无法得到的,因此在推理方法中引入了大量近似计算。

4.4 主观贝叶斯方法

不确定性与概率有许多内在联系。在日常生活中,大多数人已经习惯用概率表达一件事发生的可能性有多大,如今天八成要下雨(有百分之八十的可能性要下雨)。人工智能科学家当然也不会放过概率论这个有严谨理论基础的数学手段。现实世界中的不确定性是非常多的,要使用概率描述专家系统中的不确定性,必须将概率的含义加以拓展。在专家系统中,概率一般解释为专家对证据和规则的主观信任度,对概率推理起支撑作用的是贝叶斯理论。

R.O.Duda 等于 1976 年提出一种不确定性推理模型。在这个模型中,称推理方法为主观贝叶斯方法,并成功地将这种方法应用于地矿勘探系统 PROSPECTOR 中。在这种方法中引入了两个数值(LS, LN),前者体现规则成立的充分性,后者则表现了规则成立的必要性,这种表示既考虑了事件 A 的出现对其结果 B 的支持,又考虑了 A 的不出现对 B 的影响。

4.4.1 规则的不确定性

规则就是由证据得到假设的根据。由证据(前件)A 的发生得到假设(后件)B 也发生,则说该事件 B 在某种前提 A 下发生,$A \rightarrow B$。这个问题可以从事件发生的充分性和必然性的角度讨论。

1. 充分性因子

由贝叶斯定理,事件 A 发生后 B 发生的概率为

$$P(B \mid A) = \frac{P(A \mid B)P(B)}{P(A)}$$

B 不发生的概率为

$$P(\sim B \mid A) = \frac{P(A \mid \sim B)P(\sim B)}{P(A)}$$

两式相除可得

$$\frac{P(B \mid A)}{P(\sim B \mid A)} = \frac{P(A \mid B)P(B)}{P(A \mid \sim B)P(\sim B)}$$

如前所述，X 的先验概率为

$$O(X) = \frac{P(X)}{P(\sim X)}$$

后验概率为

$$O(B \mid A) = \frac{P(B \mid A)}{P(\sim B \mid A)}$$

由此定义，对规则 $A \to B$ 的不确定性度量 $f(B,A)$ 以似然率因子 (LS, LN) 描述。

定义似然率因子 LS：

$$LS = \frac{P(A \mid B)}{P(A \mid \sim B)}$$

由定义可得：

$$O(B \mid A) = LS \times O(B)$$

可以将 LS 的表达式改写为如下形式：

$$LS = \frac{O(B \mid A)}{O(B)} = \frac{\dfrac{P(B \mid A)}{P(\sim B \mid A)}}{\dfrac{P(B)}{P(\sim B)}}$$

可以看出，LS 表示了 A 真时对 B 的影响。若 $LS = \infty$，则 $P(\sim B \mid A) = 0$，即 $P(B \mid A) = 1$，说明证据 A 对于得出 B 为真是逻辑充分的，即规则成立的充分性。因此，LS 也称为充分似然性因子。此时，LS 可以由定义求得，可以用概率表达式求解。

2. 必要性因子

与充分性因子相似，可以定义必然似然性因子 LN：

$$LN = \frac{P(\sim A \mid B)}{P(\sim A \mid \sim B)}$$

同时有 $O(B \mid \sim A) = LN \times O(B)$，同样可以推导出：

$$LN = \frac{O(B \mid \sim A)}{O(B)} = \frac{\dfrac{P(B \mid \sim A)}{P(\sim B \mid \sim A)}}{\dfrac{P(B)}{P(\sim B)}}$$

可以看出，如果 $LN = 0$，则有 $P(B \mid \sim A) = 0$，说明 $\sim A$ 为真时，B 必为假。也就是说，A 不存在时，B 必为假，即 A 对 B 是必然的。因此，LN 表示了 A 假时，即 A 不存在时对 B 的影响，说明了规则成立的必要性。

实际应用中概率值不可能求出，所以采用的都是专家给定的 LS、LN 值。从 LS、LN 的数学公式不难看出，LS 表征的是 A 的发生对 B 发生的影响程度，而 LN 表征的是 A 的不发生对 B 发生的影响程度。

可以从几个特殊值讨论 LS、LN 表示的规则的确定性程度：

$$LS = \begin{cases} 1 & O(B \mid A) = O(B) \quad A \text{ 对 } B \text{ 没影响} \\ > 1 & O(B \mid A) > O(B) \quad A \text{ 支持 } B \\ < 1 & O(B \mid A) < O(B) \quad A \text{ 不支持 } B \end{cases}$$

$$LN = \begin{cases} 1 & O(B|\sim A) = O(B) \quad \sim A \text{ 对 } B \text{ 没影响} \\ >1 & O(B|\sim A) > O(B) \quad \sim A \text{ 支持 } B \\ <1 & O(B|\sim A) < O(B) \quad \sim A \text{ 不支持 } B \end{cases}$$

值得注意的是，LS、$LN \geq 0$，且 LS、LN 是不独立的。

可以证明如下：

如果 $LS > 1$，则 $P(A|B) > P(A|\sim B)$，两边同时用 1 减，可得

$$1 - P(A|B) < 1 - P(A|\sim B)$$

由于 $P(\sim A|B) = 1 - P(A|B)$，且 $P(\sim A|\sim B) = 1 - P(A|\sim B)$，所以

$$LN = \frac{P(\sim A|B)}{P(\sim A|\sim B)} = \frac{1 - P(A|B)}{1 - P(A|\sim B)} < 1$$

由此可见，$LS > 1$ 和 $LN < 1$ 是同时成立的。

理论上，对 LS、LN 的取值可以有如下几个范围：

① $LS > 1$，且 $LN < 1$。
② $LS < 1$，且 $LN > 1$。
③ $LS = LN = 1$。

表 4.1 显示了归纳后的 LS、LN 与证据的关系。虽然上述 3 个关系式在数学意义上严格限制了 LS 和 LN 的取值范围，然而，这些情况并非总能在现实世界中存在。对于专家系统 PROSPECTOR 来说，专家指定 $LS > 1$ 且 $LN = 1$ 的情形并不少见。这是由于系统开发的原则是认为专家对证据的观察很重要，而缺少证据并不重要。因此，对于专家意见符合数学要求的情景，这种主观贝叶斯方法是合理的，而在 $LS > 1$ 且 $LN = 1$ 的时候，只能认为贝叶斯理论是不适合的，或者说，PROSPECTOR 系统的基于贝叶斯概率理论的似然理论是不完全的。

表 4.1 LS、LN 的取值与证据间的关系

	取 值	影 响
LS	0	A 为真时 B 为假，或者说 $\sim A$ 对 B 是必然的
	$0 < LS \ll 1$	A 为真时对 B 是不利的
	1	A 为真时对 B 无影响
	$1 \ll LS$	A 为真时对 B 是有利的
	∞	A 为真时对 B 是逻辑充分的，或者说 A 为真时（观察到 A 时）必有 B 为真
LN	0	A 为假时（观察不到 A 时）B 为假，或者说 A 对 B 是必然的
	$0 < LN \ll 1$	A 为假时（观察不到 A 时）对 B 是不利的
	1	A 为假时（观察不到 A 时）对 B 无影响
	$1 \ll LN$	A 为假时（观察不到 A 时）对 B 是有利的
	∞	A 为假时（观察不到 A 时）对 B 是逻辑充分的

在实际系统中，似然值 LS、LN 必须由专家提供，以便计算后验概率。概率公式是非常易于理解的，LS 因子表明当证据存在时，先验概率的变化有多大，LN 因子表明当证据不存在时，先验概率的变化有多大。这种形式使得专家更容易指定 LS 和 LN 因子。

下面是在 PROSPECTOR 专家系统里的一个规则，具体说明了特定矿藏的证据是如何支持假设的。

如果有石英硫矿带,那么必有钾矿带。

对于这条规则来说,LS 和 LN 的值是:$LS=300, LN=0.2$。

这意味着,观测到石英硫矿带非常有用,若不能观测到硫矿带,则没有什么意义。如果 $LN \ll 1$,那么,缺乏硫矿带将强烈表明假设是错误的。以下规则是一个例子:

如果有玻璃褐铁矿,就有最佳的矿产结构。

其中 $LS=1000000, LN=0.01$。

4.4.2 证据的不确定性

在现实世界中,除死亡和诞生外,很少有绝对确定的事物。为了描述证据的不确定性,同样可以引入不确定性描述因子 LS、LN。证据的不确定性度量用概率函数描述如下。

$$O(A) = \frac{P(A)}{1-P(A)} = \begin{cases} 0, & A \text{ 假} \\ \infty, & A \text{ 真} \\ (0, \infty), & \text{一般情况} \end{cases}$$

虽然概率函数与概率函数有不同的形式,概率 $O(A)$ 和概率 $P(A)$ 一样可以表示证据的不确定性。它们的变化趋势是相同的,A 为真的程度越大($P(A)$ 越大),概率函数的值也越大。

由于概率函数是用概率函数定义的,所以在推理过程中经常需要通过概率函数值计算概率函数值,此时可用如下等式:

$$P(A) = \frac{O(A)}{1+O(A)}$$

4.4.3 推理计算

由于是不确定性推理,所以必须讨论证据发生的各种可能性。

1. A 必出现

A 必出现,意味着 $P(A)=1$,此时可以直接使用如下公式计算:

$$O(B \mid A) = LS \times O(B)$$
$$O(B \mid \sim A) = LN \times O(B)$$

求得使用规则 $A \rightarrow B$ 后,$O(B)$ 的更新值为 $O(B|A)$ 和 $O(B|\sim A)$。

若需要以概率的形式表示,可再由公式

$$P(A) = \frac{O(A)}{1+O(A)}$$

计算出 $P(B|A)$ 和 $P(B\sim A)$。

2. A 不确定

当 A 不确定,即 $P(A) \neq 1$ 时,由于 A 本身具有的不确定因素,不能直接应用原来的计算公式求取 A 对 B 的影响,需要进一步分析,想办法去掉不确定因素。

A 是系统中的任意一个证据,或称为观察,是系统的初始条件或推理过程中出现的中间结果。初始条件一般可以想办法,如测量或采用专家意见等得到较确切的数值。但是,由于规则的不确定性,中间结果的不确定性是很难避免的。

为此,当 A 不确定时,要从 A 的前项寻找更确切的信息。设 A' 代表与 A 有关的所有证据，此处的证据 A' 是系统中所有对 A 能够产生影响，或者说和 A 有关系的观察，即 A 的前项。对于规则 $A \to B$ 来说，1976 年 Duda 给出了有关 A' 的关系公式：

$$P(B \mid A') = P(B \mid A)P(A \mid A') + P(B \mid \sim A)P(\sim A \mid A')$$

此公式中出现的关于 A 与 A' 的关系（$P(A|A')$）中，同样存在确定与不确定的问题。对此分以下几种情况进行考虑。

（1）当 $P(A|A') = 1$ 时，即如果证据 A' 出现，则证据 A 必然出现，可以由以下公式计算证据 A' 对结果 B 的影响 $P(B|A')$。

$$P(B \mid A') = P(B \mid A) = \frac{LS \times P(B)}{(LS-1) \times P(B) + 1}$$

此公式的正确性是不难验证的。

$$\frac{LS \times P(B)}{(LS-1) \times P(B) + 1} = \frac{\dfrac{P(A \mid B)}{P(A \mid \sim B)} P(B)}{\left(\dfrac{P(A \mid B)}{P(A \mid \sim B)} - 1\right) P(B) + 1}$$

$$= \frac{P(AB)}{P(AB) - P(A \mid \sim B)P(B) + P(A \mid \sim B)}$$

$$= \frac{P(AB)}{P(AB) + P(A \sim B)}$$

$$= \frac{P(B \mid A)P(A)}{P(B \mid A)P(A) + P(\sim B \mid A)P(A)}$$

$$= \frac{P(B \mid A)}{P(B \mid A) + P(\sim B \mid A)}$$

$$= P(B \mid A)$$

（2）当 $P(A|A') = 0$ 时，即如果证据 A' 出现，则证据 A 必然不出现，同样可以推导出相似的计算公式，计算证据 A' 对结果 B 的影响。

$$P(B \mid A') = P(B \mid \sim A) = \frac{LN \times P(B)}{(LN-1) \times P(B) + 1}$$

（3）当 $P(A|A') = P(A)$ 时，即证据 A' 对 A 没有影响时，A' 对 B 也没有影响，因此

$$P(B \mid A') = P(B)$$

由以上分析可以得到处于 3 种特殊情况时，A' 对 B 的影响，即可以根据 A 与 A' 的关系计算 $P(B|A')$ 值。

$$P(B \mid A') = \begin{cases} \dfrac{LS \times P(B)}{(LS-1)P(B)+1} & P(A \mid A') = 1 \\ \dfrac{LN \times P(B)}{(LN-1)P(B)+1} & P(A \mid A') = 0 \\ P(B) & P(A \mid A') = P(A) \end{cases}$$

下面根据以上 3 点的关系，拟合 $P(A|A')$ 与 $P(B|A')$ 的关系，以通过 A' 对 A 的影响，求取 A' 对 B 的影响。在此，采用插值的方法，根据这 3 点可以得到线性插值公式：

$$P(B \mid A') =$$

$$\begin{cases} P(B\mid\sim A)+\dfrac{P(B)-P(B\mid\sim A)}{P(A)}\times P(A\mid A') & 0\leqslant P(A\mid A')<P(A) \\ P(B)+\dfrac{P(B\mid A)-P(B)}{1-P(A)}\times[P(A\mid A')-P(A)] & P(A)\leqslant P(A\mid A') \end{cases}$$

图 4.12 为线性插值公式示意图。$P(A\mid A')$ 的其他取值情况下的 $P(B\mid A')$ 值,可根据此图通过线性插值法得到。更简单的还有用两点直线插值的,当然也可以用更复杂的插值方法,只要有足够的数据。

综上所述,当证据不确定时,证据理论推理的基本原理是,从该证据 A 往前看,即寻找 A 的出处。如果 A 是由 A' 导出的,即 $A'\to A\to B$,则当 A 不清楚的时候,采用 A' 的相关信息进行计算。如果还不确定,就继续往前推。推理过程是一个递归推导的过程。值得注意的是,A' 是指从 A 向前观察的所有相关证据,所以有时可能存在多个相关证据。

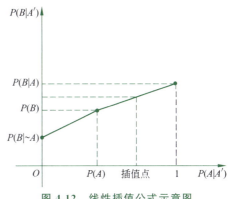

图 4.12 线性插值公式示意图

3. 证据的合成

当出现两个证据,即在证据 A' 下,证据 A_1 和 A_2 存在时,设证据 A_1 和 A_2 单独受 A' 影响的概率分别为 $P(A_1\mid A')$ 和 $P(A_2\mid A')$,那么,

$$P(A_1\wedge A_2\mid A')=\min\{P(A_1\mid A'),P(A_2\mid A')\}$$
$$P(A_1\vee A_2\mid A')=\max\{P(A_1\mid A'),P(A_2\mid A')\}$$

同理,当两个以上的证据存在时,有

$$P(A_1\wedge A_2\wedge\cdots\wedge A_n\mid A')=\min\{P(A_1\mid A'),P(A_2\mid A'),\cdots,P(A_n\mid A')\}$$
$$P(A_1\vee A_2\vee\cdots\vee A_n\mid A')=\max\{P(A_1\mid A'),P(A_2\mid A'),\cdots,P(A_n\mid A')\}$$

4. 证据组合

最简单的情况是一个原因引起一个结果,形式如:如果 A,则 B,可记为 $A\to B$。其中,A 是单个已知证据,由它可以推出 B 为真。遗憾的是,实际情况中不是所有的规则都如此简单,证据往往是复合的,即多个原因引起一个结果。例如,聪明 A_1 而且努力学习 A_2,则考上一流大学 B。

若 $A_1\to B, A_2\to B$ 而 A_1 和 A_2 相互独立,对 A_1 和 A_2 的观察分别为 A_1' 和 A_2',此时假设 B 的后验概率为

$$O(B\mid A_1'\cap A_2')=\dfrac{O(B\mid A_1')}{O(B)}\times\dfrac{O(B\mid A_2')}{O(B)}\times O(B)$$

同理,有 n 规则 $A_1\to B, A_2\to B,\cdots,A_n\to B$ 和 n 个相互独立的证据 $A_1,A_2,\cdots,A_n$,相对 $A_1,A_2,\cdots,A_n$ 的观察分别为 $A_1',A_2',\cdots,A_n'$,那么,由这些独立证据的组合相应得到的假设 B 的后验概率为

$$O(B\mid A_1'\cap A_2'\cap\cdots\cap A_n')=\dfrac{O(B\mid A_1')}{O(B)}\times\dfrac{O(B\mid A_2')}{O(B)}\times\cdots\times\dfrac{O(B\mid A_n')}{O(B)}\times O(B)$$

例 4.1 已知:$P(A)=1, P(B_1)=0.04, P(B_2)=0.02$

$R_1: A\to B_1, LS=20, LN=1;$

$$R_2: B_1 \rightarrow B_2, LS=300, LN=0.001。$$

计算：$P(B_2|A)$。

分析 当使用规则 R_2 时，证据 B_1 并不是确定发生了，即 $P(B_1) \neq 1$，因此要采用插值方法。

解 先依照 A 必然发生，由定义和 R_1 得：

$$O(B_1) = 0.04/(1-0.04) = 0.0417$$
$$O(B_1 | A) = LS \times O(B_1) = 0.83$$
$$P(B_1 | A) = 0.83/(1+0.83) = 0.454$$

然后假设 $P(B_1|A)=1$，计算：

$$P(B_2 | B_1) = 300 \times 0.02/(300 \times 0.02 + 1) = 0.857$$

最后进行插值：由于 $P(B_1|A)=0.454 > P(B_1)=0.04$，所以

$$P(B_2 | A) = 0.02 + (0.857 - 0.02) \times (0.454 - 0.04)/(1 - 0.04)$$
$$= 0.410$$

例 4.2 已知：证据 A_1、A_2 必然发生，且 $P(B_1)=0.03$，有如下规则：

$$R_1: A_1 \rightarrow B_1 \quad LS=20 \quad LN=1；$$
$$R_2: A_2 \rightarrow B_1 \quad LS=300 \quad LN=1。$$

求 B_1 的更新值。

解 由于 A_1、A_2 是必然发生的，因此问题比较简单

依 R_1，$P_1(B)=0.03$

$$O(B_1) = \frac{P(B_1)}{1-P(B_1)} = \frac{0.03}{1-0.03} = 0.0309$$

$$O(B_1 | A_1) = LS \times O(B_1) = 20 \times 0.030927 = 0.61855$$

$$P(B_1 | A_1) = \frac{O(B_1 | A_1)}{1 + O(B_1 | A_1)} = \frac{0.61855}{1 + 0.61855} = 0.382$$

使用规则 R_1 后，B_1 的概率从 0.03 上升到 0.382。

依 R_2：

$$O(B_1 | A_1 A_2) = 300 \times O(B_1 | A_1) = 185.565$$
$$P(B_1 | A_1 A_2) = 185.565/(1 + 185.565) = 0.99464$$

使用规则 R_2 后，B_1 的概率从 0.382 上升到 0.99464。

答：B_1 的概率为 0.99464。

例 4.3 已知：证据 A 必然发生，且有 $P(B_1)=0.03, P(B_2)=0.01$，规则如下：

$$R_1: A \rightarrow B_1 \quad LS=20 \quad LN=1；$$
$$R_2: B_1 \rightarrow B_2 \quad LS=300 \quad LN=0.0001。$$

求 B_2 的更新值。

解 由于 B_1 不确定，所以讨论其前项证据 A 的影响使用插值法。

① 当 A 必然发生时，依 R_1 可得：

$$P_1(B) = 0.03$$

$$O(B_1) = \frac{P(B_1)}{1-P(B_1)} = \frac{0.03}{1-0.03} = 0.0309$$

$$O(B_1 \mid A_1) = LS \times O(B_1) = 20 \times 0.030927 = 0.61855$$

$$P(B_1 \mid A_1) = \frac{O(B_1 \mid A_1)}{1 + O(B_1 \mid A_1)} = \frac{0.61855}{1 + 0.61855} = 0.382$$

② 当 $(B_1 \mid A) = 1$ 时,

$$P(B_2 \mid B_1) = P(B_2 \mid A) = \frac{LS \times P(B_2)}{(LS - 1) \times P(B_2) + 1}$$

$$= \frac{300 \times 0.01}{(300 - 1) \times 0.01 + 1}$$

$$= 0.75188$$

③ A 对 B_1 无影响, $P(B_1 \mid A) = P(B_1) = 0.03$ 时,由已知

$$P(B_2) = 0.01$$

根据这 3 个值可进行插值计算:
由于 $P(B_1) = 0.03 < P(B_1 \mid A) = 0.382$,所以

$$P(B_2 \mid A) = P(B_2) + \frac{P(B_2 \mid B_1) - P(B_2)}{1 - P(B_1)} \times [P(B_1 \mid A) - P(B_1)]$$

$$= 0.01 + \frac{0.75188 - 0.01}{1 - 0.03} \times (0.382 - 0.03)$$

$$= 0.28$$

答: B_2 的概率为 0.28。

总之,主观贝叶斯方法的优点是直观、明了。但是,该方法要求 B_j 个事件相互独立(无关),实际上是不可能的,由此可能引起一系列误差。

实际应用中,$P(A \mid B_i)$ 和 $P(B_i)$ 是难以计算的。为了避开这一点,系统中大多采用 LS 和 LN 的专家给定值。

4.5 确定性方法

确定性理论是 E.H.Shortliffe 等于 1975 年提出的一种不确定性推理模型,属于随机不确定性的一种推理模型。该理论在 MYCIN 系统研制过程中得到很好的应用,该方法是第一个采用不确定推理逻辑的专家系统,在 20 世纪 70 年代非常有名。以产生式作为知识表示方法的医疗诊断专家系统 MYCIN 中,使用不确定推理的确定性推理方法,给出了以确定性因子或称可信度作为不确定性的度量。

如同 4.4 节提到的 PROSPECTOR 探矿专家系统,医疗诊断专家系统同样面临不确定性问题。这两个系统的主要区别是 PROSPECTOR 所涉及的关于矿物的地质假设种类较少,因为自然界中只有 92 种天然元素。而疾病的假设却远远大于这个数字。贝叶斯理论一样可以应用于医疗诊断系统。例如,给定确定的症状,可以用贝叶斯定理确定某种疾病的概率。

$$P(B_i \mid A) = \frac{P(A \mid B_i) P(B_i)}{P(A)} = \frac{P(A \mid B_i) P(B_i)}{\sum_j P(A \mid B_j) P(B_j)}$$

其中,j 是对所有疾病求和,且 B_i 是第 i 种疾病,A 是证据(症状)。$P(A)$ 是已知所有疾病的病人出现这种证据的先验概率,$P(A \mid B_i)$ 是已知患有 B_i 疾病的情况下,病人出现 A

证据的条件概率。

对于一般人群来说，要确定所有这些概率是一致的、完整的，几乎是不可能的。

实际上，证据是一点点积累的，这种积累需要一定的时间和费用，尤其需要检验的试验。这种累计可以用贝叶斯公式表示为

$$P(B_i \mid A) = \frac{P(A_2 \mid B_i \cap A_1)P(B_i \mid A_1)}{\sum_j P(A_2 \mid B_j \cap A_1)P(B_j \mid A_1)}$$

其中，A_2 是已存在证据 A_1 的新增证据，于是得到新证据

$$A = A_1 \cap A_2$$

由于贝叶斯理论的保证，该公式是准确的，但是所有这些概率一般并不知道，也很难得到。而且，随着证据的积累，要求更多的概率，问题求解就会越来越复杂。

除此之外，医疗专家系统的另一个特点是"信任"与"不信任"的关系问题。表面上看，信任与不信任只是一个相反的关系。用概率的形式表示为

$$P(X) = 1 - P(\sim X)$$

但是，事实上不是如此。

例如，MYCIN 系统中有如下规则：

如果① 生物体的染色体呈革兰氏阳性；
　　② 生物体的形态是球形；
　　③ 生物体的生长构造是链状。

则有证据表明这种生物是链球菌的可能性是 0.7(70%)。

这个规则可以简单地理解为：如果一种细菌生物体在革兰氏染色中呈现颜色，并且生物体呈球状链式排列，则有 70% 的可能性确定它是一种链球菌，用后验概率可以表示为

$$P(B \mid A_1 \cap A_2 \cap A_3) = 0.7$$

其中，A_i 是相应的 3 个前件。本规则的数据是医学专家提供的经验得到的结果，因此完全可以得到医生们的认同。

而不是链球菌的可能性变为

$$P(\sim B \mid A_1 \cap A_2 \cap A_3) = 1 - 0.7 = 0.3$$

但是医生们并不认同这个计算结果，这说明 0.7 仅是一种似然度，而不是概率。这也说明了信任和不信任的不一致问题。

根本原因在于，$P(B|A)$ 暗示着 A 与 B 有一种因果关系，但是 A 与 $\sim B$ 可能没有这种因果关系。因此，暗示着 A 与 B 如果有一种因果关系，A 与 $\sim B$ 也会有同样的因果关系式 $P(X) = 1 - P(\sim X)$，在此难以得到接受。

MYCIN 系统提出确定性因子的概念，并提出一套基于确定性因子的不确定推理方法。在此方法中，用综合信任与不信任的情况定义可信度。

该确定性方法遵循了下面的原则：

① 不采用严格的统计理论。使用的是一种接近统计理论的近似方法。

② 用专家的经验估计代替统计数据。

③ 尽量减少需要专家提供的经验数据，尽量使少量数据包含多种信息。

④ 新方法应适用于证据为增量式增加的情况。

⑤ 专家数据的轻微扰动不影响最终的推理结论。

这种方法理论上实质是以定量法为工具、比较法为原则的相对确认理论。因此，采用此方法的 MYCIN 系统的诊断结果不是只给出一个最可信结论及其可信度，而是给出可信度较高的前几位，供人们比较选用。

4.5.1 规则的不确定性度量

在逻辑推理过程中，常以 $A \rightarrow B$ 表示规则。其中 A 表示前提，可以是一些命题的析取或合取；B 表示结论或推论，是在前提 A 下的直接逻辑结果。在精确逻辑推理中，通常只有真假的描述：若 A 真，则 B 必为真。但在不确定推理过程中，通常要考虑 A 为真时对 B 为真的支持程度，甚至还考虑 A 为假(不发生)时对 B 为真的支持程度，如同在 PROSPECTOR 系统中。而在 MYCIN 系统中考虑的是在 A 发生的前提下对 B 的不支持程度，为此引入规则的不确定性度量。

在 MYCIN 系统中，最初确定性因子定义为信任与不信任二者之差。有规则 $A \rightarrow B$，其可信度 $CF(B,A)$ 定义如下：

$$CF(B,A) = MB(B,A) - MD(B,A)$$

其中，CF 是由证据 A 得到的假设 B 的确定性因子。MB 是由证据 A 得到的假设 B 的信任增加度量。MD 是由证据 A 得到的假设 B 的不信任增加度量。确定性因子把信任与不信任组合到了一起。

这种组合的好处是，确定性因子可用来把假设按重要性排序。例如，如果一个病人表现出几种疾病的症状，那么，具有最高 CF 值的疾病被列在首位，优先检查。

用概率定义信任与不信任的度量为

$$MB(B,A) = \begin{cases} 1 & ,P(B)=1 \\ \dfrac{\max\{P(B|A),P(B)\} - P(B)}{1 - P(B)} & ,\text{其他} \end{cases}$$

$$MD(B,A) = \begin{cases} 1 & ,P(B)=0 \\ \dfrac{\min\{P(B|A),P(B)\} - P(B)}{-P(B)} & ,\text{其他} \end{cases}$$

由确定性因子的定义可将其重写成概率表达形式：

$$CF(B,A) = \begin{cases} \dfrac{P(B|A) - P(B)}{1 - P(B)}, & P(B|A) \geqslant P(B) \\ \dfrac{P(B|A) - P(B)}{P(B)}, & P(B|A) < P(B) \end{cases}$$

$CF(B,A)$ 表示的意义是：证据为真时相对于 $P(\sim B) = 1 - P(B)$ 来说，A 对 B 为真的支持程度，即 A 发生便支持 B 发生，此时 $CF(B,A) \geqslant 0$。

相对于 $P(B)$ 来说，A 对 B 为真的不支持程度，即 A 发生不支持 B 发生，此时 $CF(B,A) < 0$。不确定性因子的可信度度量 CF 总满足条件：$-1 \leqslant CF(B,A) \leqslant 1$。与主观贝叶斯方法不同的是，确定性因子讨论的是 A 对 B 的不支持情况，而 LN 表示的是 A 不发生(不存在)对 B 的影响。

$CF(B,A)$ 的特殊值有：

$CF(B,A) = 1$，前提真，结论必真；

$CF(B,A)=-1$,前提真,结论必假;

$CF(B,A)=0$,前提真假与结论无关。

实际应用中,$CF(B,A)$的值由专家确定,并不是由 $P(B|A)$ 和 $P(B)$ 计算得到的。同时还要注意的是,$CF(B,A)$ 表示的是增量 $P(B|A)-P(B)$ 对 $1-P(B)$ 或 $P(B)$ 的比值,而不是绝对量的比值。

4.5.2 证据的不确定性度量

在精确的逻辑推理过程中,前提要么为真,要么为假,不允许不真不假的情况出现。但是,在很多不确定性推理问题中,前提或证据本身是不确定的,介于完全的真和完全的假之间。为了描述这种不确定性的程度,引入了证据的可信度。

证据 A 的可信度用 $CF(A)$ 表示,为了计算方便,规定:

$$-1 \leqslant CF(A) \leqslant 1$$

不难理解,可信度 $CF(A)$ 有如下特殊值,其含义是:

$CF(A)=1$,前提肯定真

$CF(A)=-1$,前提肯定假

$CF(A)=0$,对前提一无所知

$CF(A)>0$,A 以 $CF(A)$ 程度为真

$CF(A)<0$,A 以 $CF(A)$ 程度为假

实际使用时,初始证据的 CF 值由专家根据经验提供,其他证据的 CF 通过规则进行推理计算得到。

4.5.3 不确定性的传播与更新

在推理过程中,不可避免要计算原始证据的与、或、非,还要计算多条规则的使用对计算结果的综合影响。于是,在已知规则和原始证据的可信度度量的情况下,如何计算新的组合证据或规则的不确定性,就成了很关键的问题。在不确定性的传播与更新中,必须解决证据的与、或、非的不确定性计算问题,以及多条规则使用后的组合不确定性计算问题。

① "与"的计算:

$A_1 \wedge A_2 \rightarrow B$

$CF(A_1 \wedge A_2) = \min\{CF(A_1), CF(A_2)\}$

② "或"的计算:

$A_1 \vee A_2 \rightarrow B$

$CF(A_1 \vee A_2) = \max\{CF(A_1), CF(A_2)\}$

③ "非"的计算:

$CF(\sim A) = -CF(A)$

④ 由 $A, A \rightarrow B$,求 $CF(B)$:

$CF(B) = \max(0, CF(A)) \times CF(B,A)$

⑤ 合成:

合成是由两条规则分别求出各自的可信度更新值,再合并得到最终的可信度度量,即由规则 $A_1 \rightarrow B$ 可求得 $CF_1(B)$,同时又由规则 $A_2 \rightarrow B$,求得 $CF_2(B)$。如何根据这两条规则

产生的结果,计算最终合成后的可信度 $CF(B)$,其方法如下:

$$CF_1(B) = \max(0, CF(A_1)) \times CF(B, A_1)$$

$$CF_2(B) = \max(0, CF(A_2)) \times CF(B, A_2)$$

$$CF(B) = \begin{cases} CF_1(B) + CF_2(B) - CF_1(B)CF_2(B), & CF_1(B) \geqslant 0, CF_2(B) \geqslant 0 \\ CF_1(B) + CF_2(B) + CF_1(B)CF_2(B), & CF_1(B) < 0, CF_2(B) < 0 \\ CF_1(B) + CF_2(B), & CF_1(B) \text{ 与 } CF_2(B) \text{ 符号不同} \end{cases}$$

$CF_1(B)$ 和 $CF_2(B)$ 是同时发生的,即可以分别从两条完全独立的途径得到的知识。

应该注意,以上公式不满足组合交换性,即如果有 n 个证据同时作用于一个假设,设 $A_1, A_2, \cdots, A_n$ 为证据通过规则 $R_1, R_2, \cdots, R_n$ 作用于 B,那么使用上式进行逐一计算时,计算结果与各条规则采用的先后顺序有关。

在 EMYCIN 系统(由 MYCIN 发展而成的一个专家工具系统)中对 $CF_1(B)$ 和 $CF_2(B)$ 符号不同时(一个为正,一个为负)的计算进行修正,采用下面的公式:

$$CF(B) = \frac{CF_1(B) + CF_2(B)}{1 - \min\{|CF_1(B)|, |CF_2(B)|\}}$$

该公式的计算结果满足规则组合交换性。

同时,在 MYCIN 系统规定证据的可信度 $CF(A) < 0.2$ 时,就认为由该证据引入的规则不可使用,即 $CF(B) = \max(0.2, CF(A)) \times CF(B, A)$,而不是 $CF(B) = \max(0, CF(A)) \times CF(B, A)$。

⑥ $CF(B)$ 的更新计算:

已知证据 A 的可信度 $CF(A)$,结论 B 的原有可信度 $CF(B)$,求 A 通过规则 $A \rightarrow B$ 作用到 B 后,B 的可信度的更新值 $CF(B|A)$。此条计算规则与"合成"规则不同的是,$CF(B)$ 已有一个不为零的先验值。

由于证据 A 不是必然发生的,是具有一定可信度的,所以必须对可信度的情况进行讨论。

(a) 当 $CF(A) = 1$ 时,即 A 必然发生时:

$$CF(B|A) = \begin{cases} CF(B) + CF(B,A)(1 - CF(B)), & CF(B) \geqslant 0, CF(B,A) \geqslant 0 \\ CF(B) + CF(B,A)(1 + CF(B)), & CF(B) < 0, CF(B,A) < 0 \\ CF(B) + CF(B,A), & \text{其他} \end{cases}$$

(b) 当 $0 < CF(A) \leqslant 1$ 时,即 A 可能发生时:

由于 A 是否发生是不确定的,因此 $CF(B|A)$ 一定比 A 必然发生时小。此时用 $CF(A) * CF(B,A)$ 代替上式中的规则可信度 $CF(B,A)$ 即可,即更新后的可信度公式为

$$CF(B|A) = \begin{cases} CF(B) + CF(A) \times CF(B,A)(1 - CF(B)), & CF(B) \geqslant 0, CF(A) \times CF(B,A) \geqslant 0 \\ CF(B) + CF(A) \times CF(B,A)(1 + CF(B)), & CF(B) < 0, CF(A) \times CF(B,A) < 0 \\ CF(B) + CF(A) \times CF(B,A), & \text{其他} \end{cases}$$

(c) 当 $CF(A) < 0$ 时,即 A 不可能发生时:

规则 $A \rightarrow B$ 不使用,即认为不可能发生的事件(A 为假的事件)对结果 B 没有影响。

应该注意,以上公式与证据合成计算时的公式一样,不满足组合交换性。同样,在 EMYCIN 系统中对于 $CF(B)$ 和 $CF(B,A)$ 符号不同的情况,可采用以下公式:

$$CF(B) = \frac{CF(B) + CF(A) \times CF(B,A)}{1 - \min\{|CF(B)|, |CF(A) \times CF(B,A)|\}}$$

同样，修改后的公式克服了原来的组合不可交换的缺点。

例 4.4 已知 $R_1: A_1 \to B_1$ $CF(B_1, A_1) = 0.8$
  $R_2: A_2 \to B_1$ $CF(B_1, A_2) = 0.5$
  $R_3: B_1 \wedge A_3 \to B_2$ $CF(B_2, B_1 \wedge A_3) = 0.8$
  $CF(A_1) = CF(A_2) = CF(A_3) = 1$；
  $CF(B_1) = CF(B_2) = 0$；

计算 $CF(B_1)$、$CF(B_2)$

本题各命题的逻辑关系可图示化为图 4.13。

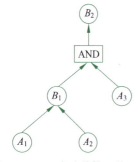

图 4.13 CF 方法的推理关系图

解 依规则 R_1：
$CF(B_1 | A_1) = CF(B_1) + CF(B_1, A_1)$
$(1 - CF(B_1)) = 0.8$

即更新后 $CF(B_1) = 0.8$

依规则 R_2：
$CF(B_1 | A_2) = CF(B_1) + CF(B_1, A_2)$
$(1 - CF(B_1)) = 0.9$

更新后 $CF(B_1) = 0.9$

依规则 R_3，先计算

$CF(B_1 \wedge A_3) = \min(CF(A_3), CF(B_1)) = 0.9$

由于 $CF(B_1 \wedge A_3) < 1$，因此 $CF(B_2 | B_1 \wedge A_3) = CF(B_2) + CF(B_1 \wedge A_3) \times CF(B_2, B_1 \wedge A_3) \times (1 - CF(B_2)) = 0 + 0.9 \times 0.8 \times (1 - 0) = 0.72$

答：更新后的可信度分别是 $CF(B_1) = 0.9, CF(B_2) = 0.72$。

确定性方法的宗旨不是理论上的严密性，而是处理实际问题的可用性，同时也不可一成不变地用于任何领域，甚至也不能适用于所有科学领域。推广至一个新领域时，必须根据具体情况修改。

4.5.4 问题

尽管 MYCIN 系统是以概率论为基本理论基础的，而且在医疗诊断中是成功的，但是确定性因子的理论仍有一定的问题。

CF 方法有其独特的地方，它的主要优点是：通过简单的计算，就可以使得系统各方面的不确定性得到传播，最终得到系统的结果。CF 值的物理意义明确，并且可以将信任与不信任清楚地分开。同时，CF 方法本身也比较容易理解和实现。

然而，CF 方法也存在一定的问题。一个问题是，CF 值可能得出与条件概率相反的数值。例如，若 $P(B_1) = 0.8, P(B_2) = 0.2, P(B_1|A) = 0.9, P(B_2|A) = 0.8$，则 $CF(B_1, A) = 0.5, CF(B_2, A) = 0.75$，就会产生问题。

因为 CF 的一个主要目的是诊断，把假设归类。因此，若一种疾病有很高的条件概率 $P(B|A)$，但有很低的确定性因子 $P(B, A)$，则会产生矛盾。这种矛盾比较容易产生。

另一个问题是，通常 $P(B|A) \neq P(B|A') P(A'|A)$。

其中，A'是基于证据 A 的某些中间假设或结果。然而，在一个推理链中，两条规则的确定性因子却是作为独立概率计算的，即

$$CF(B,A) = CF(B,A')CF(A',A)$$

此公式只有在很特殊的情况下才成立，即具有属性 B 的统计种群包含在具有属性 A' 的统计种群中，并且它们又包含在具有属性 A 的统计种群中。

尽管〔遮挡〕成功的。这可能是由于推理链比较短，并且比较简单的〔遮挡〕应用到其他领域，可能会发生问题。事实上，已有人证〔遮挡〕理论的一个近似。

〔遮挡〕（D-S theory）

证据〔遮挡〕图用一个概率范围，而不是一个简单的概率值模拟不确〔遮挡〕展起来，Shafer 在 1976 年出版的《证据的数学理论》〔遮挡〕。因此，该方法也称 D-S 理论。证据理论是经典概率〔遮挡〕dempster 把证据的信任函数与概率的上下限值相联系〔遮挡〕的一般框架。该理论不仅在人工智能、专家系统的不料〔遮挡〕好地应用于模式识别领域中，主要用于处理那些不确〔遮挡〕证据理论中引入了信任函数，它满足概率论弱公理。不〔遮挡〕又被迫给出时，用证据理论能区分不确定性和不知道〔遮挡〕系统推理方法。当概率值已知时，证据理论就成了概〔遮挡〕特例，有时也称证据论为广义概率论。

〔遮挡〕UGAIWWW/lectures/dempster.html 上有关于〔遮挡〕p://www.quiver.freeserve.co.uk/Dse.htm 上可〔遮挡〕empster Shafer Engine。感兴趣的读者可以下载〔遮挡〕一软件，看看运行效果。

4.〔遮挡〕

〔遮挡〕的完备元素集合 U，如图 4.14 所示。

$U = \{马,牛,羊,鸡,狗,兔\}$

又如，U 中的每个元素可以代表一种疾病。

值得注意的是，这里的元素是两两相斥的。例如，汽车不能是火车，牛不能是羊，等等。如果宇宙间所有的元素都包含在一个集合中，就称该集合是完备的。为了讨论简单，假设 U 是一个有限集合。同时，证据理论中的元素可以是连续变量，有人做过时间、距离和速度等方面的研究工作。

如果从问题与答案的角度考虑，则假定 $U = \{三轮车,汽车,火车\}$；

如果问题是哪些是机械动力车,则答案是U的一个子集$\{A_2,A_3\}=\{$汽车,火车$\}$;

如果问题是哪些是人力动力车,则答案是$\{A_1\}=\{$三轮车$\}$。

这个子集称作单元子集合。讨论一组疾病A发生的可能性时,A就变成了单元的集合。U内元素A_i间是互斥的。

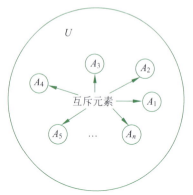

图 4.14 证据理论集合空间分布示意图

例如,U可以表示疾病空间,而每个A_i可以是一类疾病,各类疾病之间是可以交叉的(同时得多种疾病),但是各类疾病本身是不同的。

U的每个子集都可以理解为一个问题的可能正确的答案。由于各个元素是相斥的,集合是完备的,因此只有一个子集是问题的正确答案。当然,并不是所有问题都有实际意义或值得回答。重要的是,子集在所讨论的论域中全都可能是有效的答案。每个子集都可以看作一个隐含的命题,例如,正确答案是$\{A_1,A_2,A_3\}$。

通常,空子集$\varnothing$并不明确标出,它总是对应着答案的假。又因为空子集$\varnothing$不含有任何元素,当集合是完备的,假设相矛盾时,就选择$\varnothing$作为一个答案,即"正确的答案是没有元素"。

当对进行分析的环境了解得不全面时,可能有不能观察到的,或还没有被人们明确认识到的因素,例如致癌的某些因素,就可以用整个论域代表。从下面对论域的叙述中可以看到,证据理论的特点之一是可以对这些不知道的、不明确的成分通过对论域进行一定的不确定性因子的分配来表示。

对未知的处理是证据理论与概率论的根本区别。众所周知,即使在未知时,概率论也必须按照等量进行概率分配。例如,如果没有先验概率知识,就会假设各种可能性的概率为

$$P=\frac{1}{N}$$

其中,N是可能性的个数。P的这种分配是在没有办法时用的,又被称作无差别原理。

当只有两种可能性时,无差别原理会发生极端情况。例如,你房间里有强盗与没有强盗,可记为A与$\sim A$,即使没有任何知识,由概率论可知

$$P(A)+P(\sim A)=1$$

二者都有50%的可能性。每天回家时都想着家里有50%的可能有强盗,是多么可怕的事情呀!

4.6.2 证据的不确定性

在贝叶斯理论中,后验概率是随证据的获取而发生变化的。同样,在证据理论中,证据的不确定性或者说证据的可信度也是可以变化的。

证据理论定义了多个函数值来描述证据及规则的不确定性,其中包括基本概率分配函数、信任函数和似然函数,下面分别介绍它们的定义。

1. 基本概率分配函数 m

证据理论中,将证据的信任度当作物质的质量考虑。基本概率分配函数的概念出自对

概率密度和质量的公式分析。之所以比作物质的质量,是因为这样可以把信任看成一个可以移动、分离和合并的量考虑。下面将看到,可以将基本概率分配函数的各部分重新组合。

基本概率分配函数是在 U 的幂集 2^U 上定义的,任何一个基本概率分配函数值都可形式化表示为从幂集中的元素映射到 $0\sim1$ 的一个实数的函数,即子集的信任可以取 $0\sim1$ 的任何值。该映射可以表示为 $m:2^U\to[0,1]$。

$m(\varnothing)=0$,空的为零;

$\Sigma m(A)=1$,全空间的和为 1(A 属于 U)。

基本概率分配函数的物理意义如下。

- 若 A 属于 U,且不等于 U,则表示对 A 的精确信任度;
- 若 A 等于 U,则表示这个数不知如何分配。

证据理论并不强迫为未知或者反面假设分配一个基本概率分配函数值。相反,只需为那些感兴趣的,想要分配信任的元素、子集合分配一个基本概率分配函数值。没有分配基本概率分配函数值的特殊子集被认为是无信任的,仅与论域 U 有关。给论域 U 分配基本概率分配函数值,一定意义上并不等价于给其他子集分配了任何值。

2. 信任函数 Bel

同样,信任函数 Bel 是一个集合和它所有的子集合的信任总和。信任函数值支持一个集合的全部的基本分配概率函数值。Bel 也是在 U 的幂集 2^U 上定义的,该映射可以表示为

$$2^U\to[0,1]。$$

Bel 是用基本概率分配函数定义的。

$$\mathrm{Bel}(A)=\sum_{B\subseteq A}m(B)$$

A 的信任函数为:包含于 A 中的所有集合的概率分配函数值之和。

根据定义,有

$$\mathrm{Bel}(\varnothing)=m(\varnothing)=0$$

$$\mathrm{Bel}(U)=\Sigma m(B)=1\,(B\text{ 属于 }U)$$

由定义可见,信任函数 Bel 类似于概率密度函数,表示 A 中所有子集的基本概率分配数值的和,表示对 A 的总信任度。因此,它比基本概率分配函数更具有全局性。

3. 似然函数 Pl

如同基本概率函数和信任函数,似然函数 Pl 也是在 U 的幂集 2^U 上定义的,该映射同样可以表示为

$$2^U\to[0,1]$$

似然函数 Pl 的取值也是用基本概率分配函数值计算的,也可以用信任函数值计算。

$$\mathrm{Pl}(A)=1-\mathrm{Bel}(\sim A)=\sum_{B\cap A\neq\varnothing}m(B)$$

A 的似然函数 $\mathrm{Pl}(A)$ 的物理意义为:与 A 的"与"不为零的所有集合的概率分配函数值之和。

根据定义,有 $0\leqslant\mathrm{Bel}(A)\leqslant\mathrm{Pl}(A)\leqslant1$,可见 Bel 是 Pl 的一部分。

4. 信任区间

在证据理论推理中,证据被归纳为一个证据区间,即用区间 $(\mathrm{Bel}(A),\mathrm{Pl}(A))$ 表示证据

A 的不确定性度量,称 $\text{Bel}(A)$ 和 $\text{Pl}(A)$ 是 A 的下限不确定性值和上限不确定性值。其中下限在证据理论中又被称为支持度,上限被称为合情度。该区间被称为信任范围。支持度是证据的最低信任度,合情度是人们愿意给出的最大信任度。

信任区间通过信任函数、似然函数的特殊值,以及这些特殊值的相关关系刻画了对证据 A 所持信任度的情况。设区间函数 $f(\text{Bel}(A),\text{Pl}(A))$ 有下列特殊值,其含义是:

$f(1,1)$ 　　表示 A 为真。

$f(0,0)$ 　　表示 A 为假。

$f(0,1)$ 　　表示对 A 一无所知,因为 $\text{Bel}(A)=0$,说明对 A 不信任,而 $\text{Bel}(\sim A)=1-\text{Pl}(A)=0$,说明对 $\sim A$ 也不信任。

$f(1,0)$ 　　不可能成立。

一般情况都包含在这些特殊值的某一个区间中。可以根据这些特殊值的相对关系判断其可信程度。同时可以看出,$\text{Pl}(A)-\text{Bel}(A)$ 表示了对证据 A 不知道的程度,即既非对证据 A 的信任,又非不信任的那部分。

此外,还可以用函数 $f_1(A)$ 衡量 A 的不确定性,其定义如下:

$$f_1(A) = \text{Bel}(A) + |A|/|U|(\text{Pl}(A) - \text{Bel}(A))$$

其中,$|A|$、$|U|$ 为集合内元素各数。

不难看出,下列式子成立:

$$f_1(\varnothing) = 0$$
$$f_1(U) = 1$$
$$0 \leqslant f_1(A) \leqslant 1, A \text{ 属于 } U$$

4.6.3 规则的不确定性

规则是两个集合之间因果关系的表达。设子集合 A 和 B,其中 $A = \{a_1, a_2, \cdots, a_k\}$,$B = \{b_1, b_2, \cdots, b_k\}$。用相应的向量 $(c_1, c_2, \cdots, c_k)$ 描述规则 $A \rightarrow B$ 的不确定性度量,其中 $c_i \geqslant 0$,$1 \leqslant i \leqslant k$,且 $\sum c_j \leqslant 1$,$1 \leqslant j \leqslant k$。当已知证据 A 的可信度后,可以由 A 的函数 $f_1(A)$ 的值求取假设 B 的概率分配函数值,具体方法稍后给出。

4.6.4 推理计算

① "与"的计算:

$$f_1(A_1 \wedge A_2) = \min\{f_1(A_1), f_1(A_2)\}$$

② "或"的计算:

$$f_1(A_1 \vee A_2) = \max\{f_1(A_1), f_1(A_2)\}$$

③ "非"的计算:

$$f_1(\sim A) = -f_1(A)$$

④ 可信度传播:由规则 $A \rightarrow B$,$f_1(A)$,$(c_1, c_2, \cdots, c_k)$,求 $f_1(B)$。

B 的概率分配函数值可由下式得到:

$$m(\{b_1\}, \{b_2\}, \cdots, \{b_k\}) = (f_1(A)c_1, f_1(A)c_2, \cdots, f_1(A)c_k)$$
$$m(U) = 1 - \sum f_1(A)c_i, i = 1, 2, \cdots, k$$

由概率密度函数值可以得到信任函数和似然函数值,最后可以计算 $f_1(B)$,必要时可以用其进行进一步的推理计算,完成可信度的传播。

⑤ 证据的组合,m_1 和 m_2 在 U 上的合成。

由来源不同的证据,可得到不同的 n 个概率分配函数值,如何取得最终分配函数值,称为证据的组合。

首先讨论两个概率分布函数的合成,设两个概率分配函数 m_1 和 m_2 的合成结果为 m。

定义:$m = m_1 \odot m_2$

规定:$m(\varnothing) = 0$;

$$m(A) = K \sum_{X \cap Y = A} m_1(X) m_2(Y) m(A)$$

其中,

$$K^{-1} = 1 - \sum_{X \cap Y = \varnothing} m_1(X) m_2(Y)$$
$$= \sum_{X \cap Y \neq \varnothing} m_1(X) m_2(Y)$$

且 $K^{-1} \neq 0$。

若组合系数的倒数为 0,即 $K^{-1} = 0$,则认为 m_1 和 m_2 是矛盾的,没有联合基本概率分配函数。

多个证据同时引入一个假设时,逐一进行组合计算。

例 4.5 已知:$f_1(A_1) = 0.40$,$f_1(A_2) = 0.50$,$|U| = 20$

$A_1 \rightarrow B = \{b_1, b_2, b_3\}$,$(c_1, c_2, c_3) = (0.1, 0.2, 0.3)$

$A_2 \rightarrow B = \{b_1, b_2, b_3\}$,$(c_1, c_2, c_3) = (0.5, 0.2, 0.1)$

求:$f_1(B)$。

解

① 先求:

$$m_1(\{b_1\}, \{b_2\}, \{b_3\}) = (0.4 \times 0.1, 0.4 \times 0.2, 0.4 \times 0.3)$$
$$= (0.04, 0.08, 0.12);$$
$$m_1(U) = 1 - [m_1(\{b_1\}) + m_1(\{b_2\}) + m_1(\{b_3\})] = 0.76;$$
$$m_2(\{b_1\}, \{b_2\}, \{b_3\}) = (0.5 \times 0.5, 0.5 \times 0.2, 0.5 \times 0.1)$$
$$= (0.25, 0.10, 0.05);$$
$$m_2(U) = 1 - [m_2(\{b_1\}) + m_2(\{b_2\}) + m_2(\{b_3\})] = 0.70;$$

为求 $m = m_1 \odot m_2$,先求组合系数:

$1/K = m_1(\{b_1\}) * m_2(\{b_1\}) + m_1(\{b_1\}) * m_2(\{U\}) + m_1(\{b_2\}) * m_2(\{b_2\}) +$
$\quad m_1(\{b_2\}) * m_2(\{U\}) + m_1(\{b_3\}) * m_2(\{b_3\}) + m_1(\{b_3\}) * m_2(\{U\}) +$
$\quad m_1(\{U\}) * m_2(\{b_1\}) + m_1(\{U\}) * m_2(\{b_2\}) + m_1(\{U\}) * m_2(\{b_3\}) +$
$\quad m_1(\{U\}) * m_2(\{U\})$
$\quad = 0.01 + 0.028 + 0.008 + 0.056 + 0.06 + 0.084 + 0.19 + 0.076 + 0.038 + 0.532$
$\quad = 1.082$

② 然后计算:

$m(\{b_1\}) = K * (m_1(\{b_1\}) * m_2(\{b_1\}) + m_1(\{b_1\}) * m_2(\{U\}) + m_1(\{U\}) * m_2(\{b_1\}))$

$$= 1/1.082 \times (0.01 + 0.028 + 0.19)$$
$$= 0.211$$
$$m(\{b_2\}) = K \times (m_1(\{b_2\}) \times m_2(\{b_2\}) + m_1(\{b_2\}) \times m_2(\{U\}) + m_1(\{U\}) \times m_2(\{b_2\}))$$
$$= 1/1.082 \times (0.008 + 0.056 + 0.076)$$
$$= 0.129$$
$$m(\{b_3\}) = K \times (m_1(\{b_3\}) \times m_2(\{b_3\}) + m_1(\{b_3\}) \times m_2(\{U\}) + m_1(\{U\}) \times m_2(\{b_3\}))$$
$$= 1/1.082 \times (0.06 + 0.084 + 0.038)$$
$$= 0.168$$
$$m(U) = 1 - [m(\{b_1\}) + m(\{b_2\}) + m(\{b_3\})] = 0.492$$

③ 求信任函数值与似然函数值：

$$\text{Bel}(B) = m(\{b_1\}) + m(\{b_2\}) + m(\{b_3\}) = 0.508$$
$$\text{Pl}(B) = 1 - \text{Bel}(\sim B)$$

由于基本概率分配函数只定义在 B 集合和全集 U 之上，所以其他集合的分配函数值为 0，即 $\text{Bel}(\sim B) = 0$。

所以，可得

$$\text{Pl}(B) = 1 - \text{Bel}(\sim B) = 1$$
$$f_1(B) = \text{Bel}(B) + (\text{Pl}(B) - \text{Bel}(B)) \times |B|/|U|$$
$$= 0.508 + (1 - 0.508) \times 3/20$$
$$= 0.582$$

习 题

4.1 什么是不确定性推理？

4.2 为什么要采取不确定性推理？

4.3 不确定性推理的理论依据是什么？

4.4 不确定性推理要解决哪些基本问题？

4.5 提出不确定推理问题数学模型的关键是什么？

4.6 不确定性推理可分为哪几种类型？

4.7 本章介绍的各个不确定性推理方法的特点分别是什么？

4.8 为什么说确定性方法的基本模型在 CF 值更新时，一个完全肯定的证据足以抵消所有部分否定的证据，一个较否定的证据也可以推翻许多肯定的证据，完全否定的证据甚至导致错误的结论？

4.9 已知：证据 S_1、S_2、S_3 必然发生。

规则：$R_1: S_1 \to F_1, P(F_1|S_1) = 0.7$；

$R_2: S_2 \to F_2, P(F_2|S_2) = 0.6$；

$R_3: S_3 \to T_2, P(T_2|S_3) = 0.02$；

$R_4: F_1 \to T_1, LS = 2, LN = 0.000001$；

$R_5: F_2 \to T_1, LS = 100, LN = 0.000001$；

$R_6: T_1 \to H, LS = 65, LN = 0.01$；

$R_7: T_2 \to H, LS = 300, LN = 0.0001$。

先验概率：$P(F_1) = 0.2, P(F_2) = 0.4, P(T_1) = 0.1, P(T_2) = 0.03, P(H) = 0.01$。

规则间的逻辑关系如图 4.15 所示。

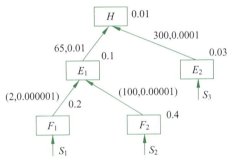

图 4.15 题 4.9 推理网络图

求：$P(H|S_1 \wedge S_2 \wedge S_3)$。

4.10 设有以下知识：

R_1：IF E_1 THEN H (0.9)；

R_2：IF E_2 THEN H (0.6)；

R_3：IF E_3 THEN H (-0.5)；

R_4：IF E_4 AND (E_5 OR E_6) THEN E_1 (0.8)。

已知 $CF(E_2)=0.8$，$CF(E_3)=0.6$，$CF(E_4)=0.5$，$CF(E_5)=0.6$，$CF(E_6)=0.8$。

求：$CF(H)$。

4.11 已知：$U=\{a,b\}$；

$m_1(\{\},\{a\},\{b\},\{a,b\})=(0,0.3,0.5,0.2)$；

$m_2(\{\},\{a\},\{b\},\{a,b\})=(0,0.6,0.3,0.1)$。

求：$m=m_1 \odot m_2$。

4.12 规则：

① 如果 流鼻涕 则 感冒但非过敏性鼻炎(0.9) 或 过敏性鼻炎但非感冒(0.1)；

② 如果 眼睛发炎 则 感冒但非过敏性鼻炎(0.8) 或 过敏性鼻炎但非感冒(0.05)。

事实：

① 小王流鼻涕(0.9)；

② 小王眼睛发炎(0.4)。

问：小王得了什么病？

4.13 有一个变量 x，它的可能取值为 a、b、c，其基本概率分配函数为

$$m(\{a\}) = 0.4$$
$$m(\{a,c\}) = 0.4$$
$$m(\{a,b,c\}) = 0.2$$

请填写表 4.2。

表 4.2 题 4.13 的填充表

A	$\varnothing$	$\{a\}$	$\{b\}$	$\{c\}$	$\{a,b\}$	$\{b,c\}$	$\{a,c\}$	$\{a,b,c\}$
$m(A)$								
$Bel(A)$								
$Pl(A)$								

4.14 设识别框架 $U=\{a,b,c\}$，若基于两组不同证据而导出的基本概率分配函数分别为

$$m_1 = (\{a\},\{a,c\},\{a,b,c\}) = (0.4, 0.4, 0.2)$$

$$m_2 = (\{a\}, \{a,b,c\}) = (0.6, 0.4)$$

求：m_1、m_2 合成后的 m 的各个不确定推理值，如表 4.3 所示。

表 4.3　题 4.14 的填充表

A	$\varnothing$	$\{a\}$	$\{b\}$	$\{c\}$	$\{a,b\}$	$\{a,c\}$	$\{b,c\}$	$\{a,b,c\}$
$m(A)$								
$Bel(A)$								
$Pl(A)$								

4.15　在发生灾难的情况下，人们从高层建筑中疏散主要有两个途径：乘坐电梯或者走消防通道。在发生火灾的情况下，由于安全原因，不允许使用电梯。

已知贝叶斯网络如图 4.16 所示，求 $p(\text{Fire}|\text{Evacuate})$。

变量说明：Fire，火灾；ByLift，乘电梯；ByStair，走消防通道；Evacuate，疏散。

其 CPT 值如表 4.4 所示，DAG 图如图 4.16 所示。

表 4.4　CPT 值

属　　性	概率值
$p(\text{Evacuate}|\text{ByLift}, \text{ByStair})$	0.95
$p(\text{Evacuate}|\text{ByLift}, \neg\text{ByStair})$	0.9
$p(\text{Evacuate}|\neg\text{ByLift}, \text{ByStair})$	0.8
$p(\text{Evacuate}|\neg\text{ByLift}, \neg\text{ByStair})$	0.1
$p(\text{ByLift}|\text{Fire})$	0.0
$p(\text{ByLift}|\neg\text{Fire})$	1.0
$p(\text{ByStair}|\text{Fire})$	0.9
$p(\text{ByStair}|\neg\text{Fire})$	0.1
$p(\text{Fire})$	0.5

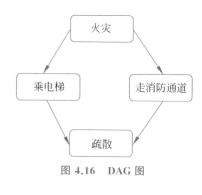

图 4.16　DAG 图

第 5 章

统计机器学习方法

统计机器学习方法在人工智能发展历史上曾经起到过重要作用,当 20 世纪 90 年代初期人工智能陷入低谷时,正是统计机器学习的发展才使得人工智能走出了低谷,逐渐得到广泛的应用,当前的人工智能发展高潮应该与统计机器学习方法的发展紧密相关,虽然热潮来自深度学习。即便在今天,统计机器学习方法也有广泛的应用。

5.1 什么是统计机器学习方法

人之所以能做很多事情,重要的是具有学习能力。我们从小到大一直在学习,通过学习提高做事情的能力。计算机也一样,我们也希望计算机能像人一样,拥有学习能力,一旦拥有了学习能力,计算机就可以帮助人类做更多的事情。这也是人工智能所追求的目标。

著名学者司马贺(赫伯特·西蒙)教授曾经对机器学习给出过一个定义:"如果一个系统能通过执行某个过程改进它的性能,这就是学习。"

统计机器学习就是计算机系统通过运用数据及统计方法提高系统性能的机器学习。其特点是运用统计方法,从数据出发提取数据的特征,抽象出问题的模型,发现数据中所隐含的知识,最终用得到的模型对新的数据进行分析和预测。

统计机器学习一般具有两个过程。一个过程是学习,又称为训练,是从数据抽象模型的过程。另一个过程是使用,用学习到的模型对数据进行分析和预测。为了实现第一个过程,一般需要一个供学习用的数据集,又称为训练集,由训练样本组成的集合,是学习、训练的依据。

表 5.1 给出了一个数据集,数据集中的每个样本由若干特征和类别标签组成,其中的"年龄""发长""鞋跟"和"服装"就是特征,而性别是类别标签。依据这个数据集采用某个统计学习方法建立一个男女性别分类模型,当任意给定一个人的"年龄""发长""鞋跟"和"服装"特征时,模型输出该人的性别。这就是统计学习方法所要解决的问题。

表 5.1 男女性别样本数据表

ID	年龄	发长	鞋跟	服装	性别
1	老年	短发	平底	深色	男性
2	老年	短发	平底	浅色	男性
3	老年	中发	平底	花色	女性

续表

ID	年龄	发长	鞋跟	服装	性别
4	老年	长发	高跟	浅色	女性
5	老年	短发	平底	深色	男性
6	中年	短发	平底	浅色	男性
7	中年	短发	平底	浅色	男性
8	中年	长发	高跟	花色	女性
9	中年	中发	高跟	深色	女性
10	中年	中发	平底	深色	男性
11	青年	长发	高跟	浅色	女性
12	青年	短发	平底	浅色	女性
13	青年	长发	平底	深色	男性
14	青年	短发	平底	花色	男性
15	青年	中发	高跟	深色	女性

当然，这里只是给出一个例子，对于实际问题来说，这个数据集太小了，需要更多的数据，特征数目也不够多，取值也需要再细化。

统计机器学习具有很多种方法，从是否有类别标签的角度，可以划分为以下几种。

1. 有监督学习

有监督学习又称为监督学习、有教师学习，也就是说给定数据集中的样本具有类别标签，如图5.1所示。这就好比小孩认识动物一样，看到了一只猫，妈妈告诉小孩这是一只猫，看到了一只狗，妈妈又告诉小孩这是一只狗，慢慢地小孩就认识了猫和狗。

监督指的就是类别标签信息。这类任务的目的是让人工智能系统学会认识某个事物属于哪个类别，也就是根据特征划分到指定类别，一般称为分类。

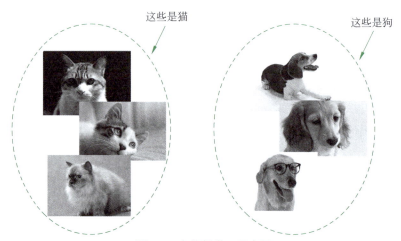

图 5.1 有监督学习示意图

2. 无监督学习

无监督学习又称为无教师学习，与有监督学习刚好相反，给定的数据集中的样本只有特征没有类别标签,如图 5.2 所示。例如,假设一个人从没看到过狗和猫,给他一些猫和狗的照片,他虽然不认识哪个是猫哪个是狗,但是该人观看一会儿照片后,根据两种动物的特点,他可以区分出这是两种不同的动物,进而可以将这些照片划分为两类:一类是狗;另一类是猫,虽然他并不知道每类是什么动物。

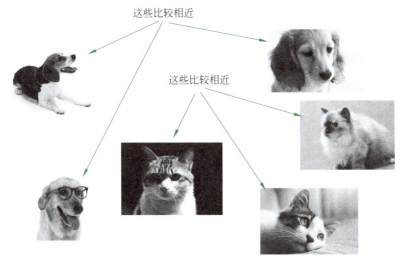

图 5.2　无监督学习示意图

由于没有标签信息,这类任务就是将特征比较接近的东西聚集为一类,一般称为聚类。

3. 半监督学习

顾名思义,半监督学习就是数据集中有部分样本有标签信息,部分样本没有标签信息,如图 5.3 所示。半监督学习就是如何利用这些无标签数据,提高学习系统的性能。例如,在一些猫和狗的照片中,一部分照片标注是猫或者是狗,但是也有一部分照片没有任何类别标注。

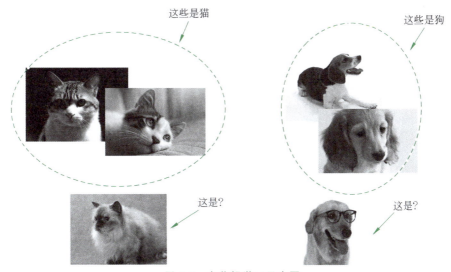

图 5.3　半监督学习示意图

一般来说,半监督学习中大部分样本是有标签的,利用有标签样本可以大概预测出那些无标签样本的类别,利用预测结果可以进一步优化系统的分类性能。当然,预测结果会存在一定的错误,这是半监督学习要解决的问题。

4. 弱监督学习

弱监督学习指的是提供的学习样本中标签信息比较弱,这又可以分为几种情况。第一种是不完全监督学习(见图 5.4),其特点是标签信息不充分,只有少量样本具有类别标签,而大部分样本没有标签信息。

图 5.4　弱监督学习——不完全监督学习

严格来说,半监督学习也可以归类到这类弱监督学习中,都属于不完全监督学习。但是一般情况下,半监督学习带标签样本会更多一些,而弱监督学习中的带标签样本会更少。

第二种弱监督学习是不确切监督学习(见图 5.5),其特点是具有类别标签信息,但是标注对象不明确,只给了一个粗粒度的标注。比如一张遛狗的照片,照片中有狗,也有人,还有其他的东西,标签只说明照片中有狗,但是没有明确指明具体哪个是狗。

图 5.5　弱监督学习——不确切监督学习

这类学习任务难度更大,因为虽然具有标签信息,但是属于粗粒度的标注,学习过程中需要明确具体的标注对象,增加了学习难度。这类学习可以把样本想成一个包,标签信息只说明了包内有什么,而没有说明包内具体所指。

还有一类弱监督学习就是强化学习(见图5.6)。在强化学习中没有明确的数据告诉计算机学习什么,但是可以设置奖惩函数,当结果正确时获得奖励,而结果错误时遭受惩罚,通过不断试错的方法获得数据,从而进行学习。

下围棋的AlphaGo就用到强化学习,而AlphaGo Zero则摆脱了人类数据,完全依靠强化学习达到人类棋手所不能达到的下棋水平。

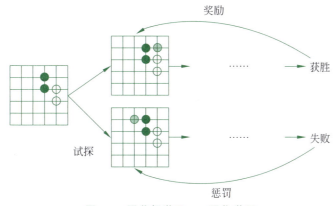

图5.6 弱监督学习——强化学习

除此之外,还有不精确监督学习也属于弱监督学习,其特点是标签信息存在错误标注,比如将个别狗的照片标记成了猫,或者将个别猫的照片标记成了狗。一般来说,数据集大了以后不可避免地存在一些标注错误,有些机器学习方法对少量标注错误并不敏感,有些方法可能比较敏感,即便存在少量错误标注的样本,也可能带来比较大的问题,这就涉及如何剔除这些错误标注样本的问题。

以上从样本标签的角度对机器学习方法做了分类,每类还有不同的机器学习方法。下面几节介绍其中几个典型的监督和非监督统计机器学习方法。

5.2 朴素贝叶斯方法

朴素贝叶斯方法是一种基于概率的分类方法,其基本思想是,对于一个以若干特征表示的待分类样本,依次计算样本属于每个类别的概率,其中所属概率最大的类别作为分类结果输出。

为了叙述方便,我们给出如下的符号表示:设共有 K 个类别,分别用 $y_1, y_2, \cdots, y_K$ 表示。每个样本具有 N 个特征,分别为 $A_1, A_2, \cdots, A_N$,每个特征 A_i 又有 S_i 个可能的取值,分别为 $a_{i1}, a_{i2}, \cdots, a_{iS_i}$。

下面以前面说过的男女性别分类的例子加以说明。在该例子中,共有男性和女性两个类别,所以类别数 K 为2,可以用 y_1 表示男性,用 y_2 表示女性。每个样本有"年龄""发长""鞋跟"和"服装"4种特征,可以用 A_1 表示"年龄",用 A_2 表示"发长",用 A_3 表示"鞋跟",用 A_4 表示"服装"。年龄特征 A_1 可以有"老年""中年"和"青年"3种取值,特征 A_1 的取值个

数 S_1 为 3，分别可以用 a_{11} 表示老年，用 a_{12} 表示中年，用 a_{13} 表示青年。同样，发长特征 A_2 可以有"长发""中发"和"短发"3 种取值，则特征 A_2 的取值个数 S_2 为 3，分别可以用 a_{21} 表示长发，用 a_{22} 表示中发，用 a_{23} 表示短发。以此类推，对于特征"鞋跟"和"服装"，也可以用类似的表示方法表示，这里就不一一说明了。

对于待分类样本，我们用 x 表示：

$$x = (x_1, x_2, \cdots, x_N)$$

其中，x_i 为待分类样本的第 i 个特征 A_i 的取值。

例如，$x=$（青年，中发，平底，花色），表示的是一个年龄特征为青年，发长特征为中发，鞋跟特征为平底，服装特征为花色的样本。

我们的目的是计算给定的待分类样本 x 属于某个类别 y_i 的概率 $P(y_i|x)$，然后将 x 分类到概率值最大的类别中。

一般来说，这个概率并不是太容易计算，需要转换一下。根据贝叶斯公式：

$$P(B|A) = \frac{P(A|B)P(B)}{P(A)} \tag{5.1}$$

假设待分类样本的出现表示事件 A，而属于类别 y_i 表示事件 B，则根据贝叶斯公式有：

$$P(y_i|x) = \frac{P(x|y_i)P(y_i)}{P(x)} \tag{5.2}$$

其中，$P(y_i)$ 表示类别 y_i 出现的概率，$P(x)$ 表示 x 出现的概率，$P(x|y_i)$ 表示在类别 y_i 中出现特征取值为 $x=(x_1, x_2, \cdots, x_N)$ 的概率。

我们的目的是通过贝叶斯公式，计算待分类样本 x 在每个类别中的概率，然后以取得最大概率的类别作为分类结果。

由于待分类样本是给定的，所以对于这个问题来说，$P(x)$ 是固定的，所以求概率 $P(y_i|x)$ 最大与求 $P(x|y_i)P(y_i)$ 最大是等价的。因为我们并不关心属于哪个类别的概率具体是多少，而只关心属于哪个类别的概率最大。

因此，问题转换为如何计算式(5.3)在哪个类别 y_i 下最大问题：

$$P(x|y_i)P(y_i) \tag{5.3}$$

这是两个概率的乘积，如果分别可以计算出两个概率值 $P(x|y_i)$、$P(y_i)$，那么这个问题也就解决了。这样的分类方法称为贝叶斯方法。

其中的概率一般都根据数据统计计算。如果有了训练集，通过训练集就可以计算出这两个概率。

对于男、女性别分类的例子，假设有如表 5.1 所示的数据集。

依据数据集，用属于类别 y_i 的样本数除以总样本数计算出类别概率 $P(y_i)$：

$$P(y_i) = \frac{属于类别 y_i 的样本数}{总样本数} \tag{5.4}$$

表 5.2 中共 15 个样本，其中 8 个类别为男性，7 个类别为女性，所以有

$$P(y_1) = P(男性) = \frac{8}{15} = 0.5333$$

$$P(y_2) = P(女性) = \frac{7}{15} = 0.4667$$

概率 $P(x|y_i)$ 体现的是类别 y_i 中具有 x 特征的概率，与具体的待分类样本有关，前面

给的待分类样本的例子 $x=$(青年,中发,平底,花色),由于数据集中没有这样的样本,所以按照该数据集计算,得到的概率为 0。这就出现问题了,因为无论是男性类别还是女性类别,式(5.3)的计算结果都为 0,无法判断属于哪个类别的概率更大。

对于这个例题来说,数据集中的样本太少,出现 0 概率在所难免,但是本质上并不是数据集大小的问题,而是组合爆炸问题。

为什么会有组合爆炸问题呢?一个样本由多个特征组成,而每个特征又有多个取值,这样每个特征的每个可能取值都会组成一个样本,再考虑不同的类别,都需要计算其概率值,其总数是每个特征取值数的乘积再乘以类别数,当类别数、特征数和特征的取值数比较多时,就出现了组合爆炸问题。以这个例题为例,特征包含了年龄、发长、鞋跟和服装 4 种特征,而年龄、发长和服装 3 个特征均有 3 个取值,鞋跟特征有两个取值,类别分为男性和女性,这样可能的组合数就是 $3\times3\times3\times2\times2=108$ 种。由于这个例题中特征数、特征的取值数和类别数都比较小,组合爆炸问题还不太明显,类别数、特征数和特征的取值数比较多时,需要估计的概率值将会呈指数增加,从而造成组合爆炸。这样,需要非常多的样本才有可能比较准确地估计每种情况下的概率值,而对于实际问题来说,很难做到如此全面地采集数据。

为解决这个问题,可以假设各特征间是独立的。在独立性假设下,特征每个取值的概率可以单独估计,不存在组合问题,也就消除了组合爆炸问题。在这样的假设下,给定类别 y_i 时某个特征组合的联合概率等于该类别下各个特征单独取值概率的乘积,即

$$P(x \mid y_i) = P((x_1, x_2, \cdots, x_N) \mid y_i)$$
$$= \prod_{j=1}^{N} P(x_j \mid y_i)$$

其中,$P(x_j|y_i)$ 为类别为 y_i 时,第 j 个特征 A_j 取值为 x_j 的概率,N 为特征个数。

引入独立性假设后,式(5.3)可以写为

$$P(x \mid y_i)P(y_i) = \prod_{j=1}^{N} P(x_j \mid y_i) \cdot P(y_i)$$
$$= P(y_i) \prod_{j=1}^{N} P(x_j \mid y_i) \tag{5.5}$$

这样,分类问题就变成了求式(5.5)最大时所对应的类别问题。这种引入独立性假设后的贝叶斯分类方法称作朴素贝叶斯方法。

由于引入了独立性假设,对特征每个取值的概率就可以单独计算了,不需要考虑与其他特征的组合情况,减少了对训练集数据量的需求,计算起来也更加简单。下面给出具体的计算方法。

在给定类别 y_i 的情况下,特征 A_k 取值为 a_{kj} 的概率 $P(a_{kj}|y_i)$ 可以通过训练集计算得到:

$$P(a_{kj} \mid y_i) = \frac{\text{类别 } y_i \text{ 的样本中特征 } A_k \text{ 值为 } a_{kj} \text{ 的样本数}}{\text{标记为类别 } y_i \text{ 的样本数}} \tag{5.6}$$

回到我们的例题,由于 $x=$(青年,中发,平底,花色),就是要分别计算以下几个概率的乘积:

$$P(\text{青年} \mid y_i)P(\text{中发} \mid y_i)P(\text{平底} \mid y_i)P(\text{花色} \mid y_i)$$

这样,即便是在表 5.2 这样的小数据集的情况下,也可以求出这几个概率值,而不会出现概率为 0 的情况。这就是引入独立性假设带来的好处。

下面依据表 5.2 的数据计算一下这几个概率。

当类别 y_i 为男性时共有 8 个样本,其中 2 个样本年龄为青年,所以有

$$P(青年 \mid 男性) = \frac{2}{8} = 0.25$$

其中 1 个样本发长为中发,所以有

$$P(中发 \mid 男性) = \frac{1}{8} = 0.125$$

其中 8 个样本鞋跟全部为平底,所以有

$$P(平底 \mid 男性) = \frac{8}{8} = 1$$

其中 1 个样本服装为花色,所以有

$$P(花色 \mid 男性) = \frac{1}{8} = 0.125$$

再加上我们前面已经计算过的:

$$P(男性) = \frac{8}{15} = 0.5333$$

将以上结果代入式(5.3)中,有

$$\begin{aligned}
P(x \mid 男性)P(男性) &= P(青年 \mid 男性)P(中发 \mid 男性)P(平底 \mid 男性)P(花色 \mid 男性)P(男性) \\
&= 0.25 \times 0.125 \times 1 \times 0.125 \times 0.5333 \\
&= 0.002083
\end{aligned} \tag{5.7}$$

当类别 y_i 为女性时共有 7 个样本,其中 3 个样本年龄为青年,所以有

$$P(青年 \mid 女性) = \frac{3}{7} = 0.429$$

其中 3 个样本发长为中发,所以有

$$P(中发 \mid 女性) = \frac{3}{7} = 0.429$$

其中 2 个样本鞋跟为平底,所以有

$$P(平底 \mid 女性) = \frac{2}{7} = 0.286$$

其中 2 个样本服装为花色,所以有

$$P(花色 \mid 女性) = \frac{2}{7} = 0.286$$

再加上我们前面已经计算过的:

$$P(女性) = \frac{7}{15} = 0.4667$$

将以上结果代入式(5.3)中,有

$$\begin{aligned}
P(x \mid 女性)P(女性) &= P(青年 \mid 女性)P(中发 \mid 女性)P(平底 \mid 女性)P(花色 \mid 女性)P(女性) \\
&= 0.429 \times 0.429 \times 0.286 \times 0.286 \times 0.4667 \\
&= 0.007030
\end{aligned} \tag{5.8}$$

式(5.8)的计算结果大于式(5.7)的计算结果,说明待分类样本 $x=$(青年,中发,平底,花色)属于女性的概率大于属于男性的概率,所以应该被分类为女性。

引入独立性假设后问题确实简单了不少,但是实际问题中特征之间一般具有一定的相关性,并不完全满足独立性假设。比如年龄特征和鞋跟特征,对于老年人来说,由于行走不方便,自然穿高跟鞋的就少,二者是有一定相关性的。但是如果不引入独立性假设,参数量也就是需要估计的概率值太多,很难有足够的数据集支持这些参数的估计。所以,引入独立性假设也是不得已采用的一种简化手段,以便于真正将这种方法用于解决实际问题,而且朴素贝叶斯方法也确实在解决实际问题中取得了很好的效果。

实际使用朴素贝叶斯方法进行分类时,一般会根据训练数据集事先计算好所有的概率值,存储起来,这个过程属于训练过程。在具体分类时直接调用所需要的概率值就可以了,这个过程属于分类过程。

另外,由于概率值一般都比较小,式(5.5)是多个概率值的连乘运算,当特征比较多时,连乘运算的结果会变得越乘越小,可能出现计算结果下溢的情况,即当运算结果小于计算机所能表示的最小值之后,就被当作 0 处理了。为此,一般通过取对数的方式将连乘运算转换为累加运算,即用式(5.9)代替式(5.5),二者取得最大值的类别 y_i 是一样的,不影响分类结果。

$$\log(P(x\mid y_i)P(y_i)) = \log\Big(P(y_i)\prod_{j=1}^{N}P(x_j\mid y_i)\Big)$$

$$= \log(P(y_i)) + \sum_{j=1}^{N}\log(P(x_j\mid y_i)) \quad (5.9)$$

即便引入特征的独立性假设后,当用式(5.6)计算概率值时,也不能完全排除概率为 0 的情况出现。比如对于表 5.2 所示的数据集,当类别为男性时鞋跟特征取值为高跟的数据一个也没有,这样就会导致概率 P(高跟|男性)为 0 的情况出现。为此,可以采用拉普拉斯平滑方法避免概率为 0 的情况发生。

拉普拉斯平滑方法的基本思想是,假定每种情况至少出现一次,而无论数据集中是否出现过。也就是说,在用式(5.6)计算概率 $P(a_{kj}\mid y_i)$ 时,对分子中的"类别 y_i 的样本中特征 A_k 值为 a_{kj} 的样本数"进行计数时采用在原有计数的基础上再加 1 的方法,防止出现 0 的情况。对于具有 S_k 个取值的特征 A_k 来说,在类别 y_i 下其所有取值的概率和应该为 1,即

$$\sum_{j=1}^{S_k}P(a_{kj}\mid y_i)=1 \quad (5.10)$$

为此,式(5.6)的分母应该相应地增加 S_k 以满足概率和为 1 这一条件。这样,采用拉普拉斯平滑后,式(5.6)就变成了式(5.11):

$$P(a_{kj}\mid y_i) = \frac{\text{类别 } y_i \text{ 的样本中特征 } A_k \text{ 值为 } a_{kj} \text{ 的样本数}+1}{\text{标记为类别 } y_i \text{ 的样本数}+\text{特征 } A_k \text{ 可能的取值数 } S_k} \quad (5.11)$$

这样就避免了出现概率等于 0 的情况。

因为特征 A_k 具有 S_k 个取值,计数时每个取值的样本数都增加了一个,相当于多了 S_k 个样本,这样,式(5.11)的分母中就需要加上 S_k。这样处理后才能满足式(5.10)概率和为 1 的条件。

对于类别概率,也采用类似的办法,假定每个类别至少存在一个样本,这样类别概率计

算式(5.4)就变成了式(5.12)：

$$P(y_i) = \frac{\text{属于类别 } y_i \text{ 的样本数} + 1}{\text{总样本数} + \text{类别数 } K} \tag{5.12}$$

与式(5.11)的道理相同，由于每个类别增加了一个样本数，共有 K 个类别，相当于增加了 K 个样本，所以分母中要加上类别数 K，以便满足每个类别的概率累加和为 1 的条件。

采用拉普拉斯平滑方法后的概率，按照表 5.2 给出的数据集，我们计算一下两个类别概率和在不同类别下发长特征几个取值的概率，计算结果如下。

表 5.2 中共有 15 个样本，男性和女性两个类别，其中男性有 8 个样本，女性有 7 个样本。按照式(5.12)计算得到类别概率：

$$P(\text{男性}) = \frac{8+1}{15+2} = 0.5294$$

$$P(\text{女性}) = \frac{7+1}{15+2} = 0.4706$$

同样，对于发长特征共有短发、中发和长发 3 个取值，在 8 个男性类别样本中有 6 个短发样本、1 个中发样本和 1 个长发样本。按照式(5.11)计算得到概率：

$$P(\text{短发}|\text{男性}) = \frac{6+1}{8+3} = 0.6364$$

$$P(\text{中发}|\text{男性}) = \frac{1+1}{8+3} = 0.1818$$

$$P(\text{长发}|\text{男性}) = \frac{1+1}{8+3} = 0.1818$$

同样，对于发长特征，在 7 个女性类别样本中有 1 个短发样本、3 个中发样本和 3 个长发样本。按照式(5.11)计算得到概率：

$$P(\text{短发}|\text{女性}) = \frac{1+1}{7+3} = 0.2$$

$$P(\text{中发}|\text{女性}) = \frac{3+1}{7+3} = 0.4$$

$$P(\text{长发}|\text{女性}) = \frac{3+1}{7+3} = 0.4$$

拉普拉斯平滑方法通过在原有计数基础上加 1 的方法，解决了因数据不足造成的概率为 0 问题，看起来是一个小技巧，实际上是有理论依据的，具体就不介绍了。

最后再举一个采用朴素贝叶斯方法做文本分类任务的例子。

所谓文本分类任务，就是对于一个给定文本，按照其内容分配到相应的类别中。比如有 4 个新闻类别分别为体育、财经、政治和军事，新来了一份新闻稿件，应该属于哪个类别呢？这就是文本分类任务所要完成的任务。

为了完成这个任务，首先要收集包含这 4 方面内容的新闻稿件作为训练数据集，我们称之为语料库。语料库中每篇新闻稿件作为一个训练样本。收集到的每篇新闻稿件要标注好所属的文本类别，以便用于计算朴素贝叶斯分类方法中所用到的各种概率。为了防止出现概率等于 0 的情况，我们采用拉普拉斯平滑方法。

首先按照式(5.12)计算 4 个类别的类别概率，以新闻稿件为单位进行计算：

$$P(新闻类别) = \frac{属于该类别的新闻稿件数 + 1}{新闻稿件总数 + 类别数}$$

例如,体育类的概率:

$$P(体育) = \frac{属于体育新闻的稿件数 + 1}{新闻稿件总数 + 4}$$

以新闻稿件中用到的单词为特征,每个具体的单词为特征的取值。为此,事先要建立一个词表,可能用到的单词均包含在此表中。

接下来按照式(5.11)计算词表中每个单词在每个类别中出现的概率:

$$P(单词\ i \mid 类别\ k) = \frac{单词\ i\ 出现在类别\ k\ 新闻稿件中的次数 + 1}{语料库中出现的单词总次数 + 词表长度}$$

比如"足球"出现在"体育"类中的概率:

$$P(足球 \mid 体育) = \frac{足球出现在体育类新闻稿件中的次数 + 1}{语料库中出现的单词总次数 + 词表长度}$$

其中,"词表长度"相当于式(5.11)中的"特征可能的取值数 S_k",词表中有多少个单词,就相当于有多少个可能的取值。

计算完这些概率,取对数后存储起来以便分类时使用,训练过程就结束了。

当来了一个新的新闻稿件后,该稿件属于哪个类别呢? 按照朴素贝叶斯方法,分别将体育、财经、政治和军事 4 个类别代入式(5.9)中计算,取值最大者就是新稿件所属的类别。

$$\log\bigl(P(类别\ i)\bigr) + \sum_{j=1}^{N} \log\bigl(P(稿件中第\ j\ 个单词 \mid 类别\ i)\bigr)$$

其中,N 为新稿件的长度,即新闻稿件包含的单词数,这样就用朴素贝叶斯方法实现了对新闻稿件的文本分类。

5.3 决 策 树

对事物进行分类时,常常先用某个特征将事物划分成几个大类,然后一层层地根据事物特点进行细化,直到划分到具体的类别。

例如,根据饮食习惯可以判断是哪个地方的人。可以先根据是否喜欢吃辣的,划分成喜欢吃辣的和不喜欢吃辣的两大部分。如果喜欢吃辣的,则可能是四川人或者湖南人,再根据是否喜欢吃麻的这一点,区分是四川人还是湖南人。对于不喜欢吃辣的这一部分,如果喜欢吃甜的,则可能是上海人;如果不喜欢吃甜的,但喜欢吃酸的,则可能是山西人,否则就可能是河北人。

这一决策过程,可以表示为图 5.7 所示形式,由于其形式类似于数据结构中的一棵树,所以被称作决策树。

图 5.7 中的圆圈称作结点,结点具有层次性,是一层一层从上到下生成出来的。直接连接在一个结点下面的几个结点称作上面这个结点的子结点,而上面这个结点称作这几个子结点的父结点。子结点和父结点都是相对的,一个父结点可能是其他结点的子结点,同样,一个子结点也可能是其他结点的父结点。比如图 5.7 中,结点"喜欢吃酸"是结点"山西"和结点"河北"的父结点,同时又是结点"喜欢吃甜"的子结点。最上面的结点,也就是没有父结点的结点,称作根结点。最下面的结点,也就是那些没有子结点的结点,称作叶子结点。比

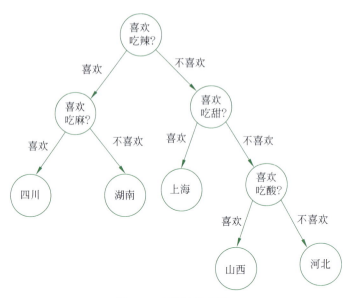

图 5.7 决策树示意图 1

如图 5.7 中,结点"喜欢吃辣"就是这棵树的根结点,而结点"四川""湖南""上海""山西"和"河北"都属于叶子结点。

决策树是一种用于分类的特殊的树结构,其叶子结点表示类别,非叶子结点表示特征,分类时从根结点开始,按照特征的取值逐步细化,最后得到的叶子结点即分类结果。

对于同一个问题,特征使用的次序不同,可以建立多个不同的决策树,比如前面这个例子,也可以建立如图 5.8 所示的决策树。这就遇到一个问题:如何评价一棵决策树的好坏?我们希望建立一棵最好的决策树。

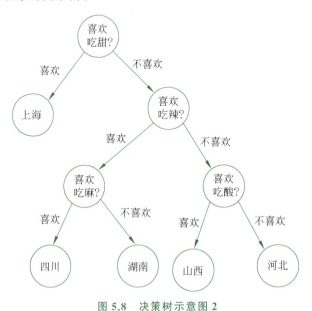

图 5.8 决策树示意图 2

一种简单的方法就是按照特征使用次序的不同,把所有可能的决策树构建出来,测试每棵决策树的分类性能,从中选择一棵性能最好的决策树。但是,这里存在一个问题,当特征数量比较多时,可能构建的决策树数量非常多,又遇到组合爆炸问题。我们不可能把所有可能的决策树都构建起来,一个一个测试以便找到一棵最好的决策树。所以,决策树问题就是如何按照某种策略建立一棵尽可能好的决策树。

为了建立一棵决策树,首先要有一个供训练用的数据集,数据集是建立决策树的依据。我们构建的决策树希望尽可能满足两个条件:一个条件是与数据集的矛盾尽可能小,也就是说,用决策树对数据集中的每个样本进行分类,其结果应该尽可能与样本的标注信息一致;另一个条件是使用该决策树进行实际分类时,正确率尽可能高。后者称作泛化能力,泛化能力越强,实际使用分类效果越好。

这里给出的第一个条件是决策树的结果应该尽可能与样本的标注信息一致,为什么不要求完全一致呢?因为有多个原因可能做不到完全一致。例如,采用的特征不合理或者不完备,利用这些特征就做不到与数据集完全一致的分类,或者数据集本身具有一定的噪声,有些标注信息有错误,这种情况下不一致是正确的,一致了反而会有问题。还有就是数据集中的一些样本比较特殊,代表性不强,如果强制对这类样本做正确分类,其结果可能造成决策树泛化能力下降。后面我们会看到,有时会人为加大决策树分类结果与数据集的不一致性,以便提高决策树的泛化能力。

既然不可能一棵一棵测试可能生成的决策树,那么就要看看是否有什么办法帮助我们构建一棵比较好的决策树,即便不一定是最优的,但也是比较好的。

首先看看如何建立一棵与数据集尽可能一致的决策树,先从这个角度考虑如何构建决策树问题。

在决策树中,按照特征的不同取值,可以将数据集划分为不同的子集,不同的决策树就是使用特征的顺序不同,有的特征先使用,有的特征后使用。由于每个特征的分类能力是不一样的,所以有理由最先使用分类能力强的特征。例如,对于男女性别分类问题,年龄是一个特征,鞋跟高度是一个特征,衣服颜色是一个特征。显然,对于男女性别分类问题来说,年龄特征的分类能力比较弱,鞋跟高度特征分类能力则比较强,而衣服颜色特征则介于二者之间,所以选择鞋跟高度特征优先使用应该是一个不错的选择。

按照这样的思路,可以这样构建一棵决策树:先选用一个对数据集分类能力最强的特征,按照该特征的取值将数据集划分成几个子类。然后,对于每个子类,再选用一个分类能力最强的特征,将每个子类按照该特征的取值进行划分。注意,特征的分类能力与具体的数据集有关,所以这几个子类采用的不一定是同一个特征。这样一直划分下去,直到得到具体的类别为止,这样就完成了一棵决策树的构建。当然,这里只是给出一个构建决策树的基本思路,还涉及很多细节问题。最主要的问题是如何根据数据集衡量一个特征的分类能力。下面介绍两种常用的构建决策树的方法——ID3算法和C4.5算法,不同方法之间最主要的区别是如何评价特征的分类能力。

5.3.1 决策树算法——ID3算法

为了评价特征的分类能力,先看看如何评价一个数据集的混乱程度。以男女性别分类为例,如果一个数据集中有男性数据,也有女性数据,则数据集是比较混乱的;如果一个数据集中只有男性数据或者只有女性数据,则数据集是纯净的;而男女数据各占一半时数据集最混乱,因为在这种情况下如果没有任何其他信息,猜一个样本数据是男性数据还是女性数据的概率是50%,具有最大的不确定性;如果有些类别的数据多,有些类别的数据少,比如男性数据占70%,女性数据占30%,则在这种情况下,当没有其他可用信息时,猜一个样本数据是男性数据还是女性数据,肯定会猜测是男性数据,因为猜对的概率为70%,所以,一个男性数据占70%、女性数据占30%的数据集就不那么混乱。所以,一个数据集的混乱程度与其各个类别的占比,也就是概率有关。为此我们可以引用熵的概念,用熵的大小评价一个数据集的混乱程度。

熵是度量数据集混乱程度的一种方法,通过数据集中各个类别数据的概率可以计算出该数据集的熵。

假设数据集由 n 个类别组成,每个类别的概率为 P_i,则该数据集 D 的熵 $H(D)$ 由式(5.13)给出:

$$H(D) = -\sum_{i=1}^{n} P_i \times \log(P_i) \tag{5.13}$$

其中,log 为以 2 为底的对数运算。概率 P_i 由数据集计算得到:

$$P_i = \frac{\text{数据集中第 } i \text{ 类的样本数}}{\text{数据集中样本总数}} \tag{5.14}$$

由于概率 P_i 都是大于或等于 0 且小于或等于 1 的,所以取对数后 $\log(P_i)$ 是小于或等于 0 的,也就是或者为 0,或者为负数。这样,由式(5.13)可以得到熵一定是大于或等于 0 的。

计算熵时,对于概率 P_i 等于 0 的情况,约定 $P_i \cdot \log(P_i)$ 的值为 0。

下面举一个计算熵的例子。例如,对于男女性别数据集,当男女数据各占一半时,类别为男性的概率和类别为女性的概率均为 0.5,所以这种情况下该数据集的熵为

$$\begin{aligned}H(D) &= -(\text{男性概率} \times \log(\text{男性概率}) + \text{女性概率} \times \log(\text{女性概率})) \\ &= -(0.5 \times \log(0.5) + 0.5 \times \log(0.5)) \\ &= -(0.5 \times (-1) + 0.5 \times (-1)) \\ &= 1\end{aligned}$$

当男性数据为 70%、女性数据为 30% 时,类别为男性的概率为 0.7,类别为女性的概率为 0.3,所以这种情况下该数据集的熵为

$$\begin{aligned}H(D) &= -(\text{男性概率} \times \log(\text{男性概率}) + \text{女性概率} \times \log(\text{女性概率})) \\ &= -(0.7 \times \log(0.7) + 0.3 \times \log(0.3)) \\ &= -(0.7 \times (-0.5146) + 0.3 \times (-1.7370)) \\ &= 0.8813\end{aligned}$$

通过这两个例子可以看出,熵的大小可以反映数据集的混乱程度,熵值越大,数据集越混乱。

如果按照特征的取值,将数据集划分成几个子数据集,这些子数据集的熵变小了,就说明采用这个特征后数据集比之前变得更纯净了。使用特征前后数据集熵的下降程度,反映了一个特征的分类能力。熵的下降程度越大,说明使用特征后的数据集越纯净,特征的分类能力也就越强。如果使用特征之后划分得到的几个子数据集是完全纯净的,也就是每个子集都是同一类别的样本数据,则这种情况下熵的下降程度最大,也是我们希望得到的分类

结果。

为了计算使用特征后多个子数据集的熵，我们引入条件熵的概念，也就是按照特征 A 的取值将数据集 D 划分成几个子数据集，综合计算这几个子数据集的熵，称作条件熵，表示为 $H(D|A)$。

假设数据集为 D，所使用的特征为 A，共有 n 个取值，按照 A 的取值将数据集 D 划分成 n 个子数据集 D_i，则条件熵 $H(D|A)$ 为子数据集的熵按照每个子数据集占数据集的比例的加权和，即

$$H(D|A) = \sum_{i=1}^{n} \frac{|D_i|}{|D|} H(D_i) \tag{5.15}$$

其中，$|D_i|$ 表示第 i 个子数据集 D_i 的样本数，$|D|$ 表示数据集 D 的样本数，$\frac{|D_i|}{|D|}$ 就是第 i 个子数据集 D_i 占数据集 D 的比例，$H(D_i)$ 是第 i 个子数据集 D_i 的熵，同样，按照式(5.13)计算，只是数据采用第 i 个子数据集 D_i 中的样本。

条件熵实质上是每个子数据集熵的加权平均值，权重为每个子数据集占数据集的比例。

使用特征 A 前后数据集熵的下降程度称为信息增益，用 $g(D,A)$ 表示，由式(5.16)给出：

$$g(D,A) = H(D) - H(D|A) \tag{5.16}$$

信息增益是对特征分类能力的评价，信息增益越大的特征，说明该特征的分类能力越强。

由式(5.16)可以看出，信息增益最大为 $H(D)$，此时条件熵 $H(D|A)$ 为 0，说明特征 A 完全可以将数据集 D 划分成几个纯净的子数据集，每个子数据集中的样本都是相同的类别。信息增益最小为 0，说明特征 A 使用前后数据集的熵没有变化，特征 A 没有任何分类能力。

从式(5.16)可以看出，特征的分类能力与具体的数据集有关，在一个数据集下分类能力强的特征，在另一个数据集下其分类能力可能就没那么强了。例如，我们前面讨论过，对于男女性别分类来说，鞋跟高度可能是一个分类能力比较强的特征，这是从一般情况说的，如果一个数据集中全是穿平底鞋的，那么鞋跟高度就没有任何分类能力了。

为此，构建决策树时，先用全部数据集 D 按照信息增益选择一个特征 A，按照特征 A 的取值将数据集 D 划分成 $D_1, D_2, \cdots, D_n$ n 个子数据集，对这 n 个子数据集再分别计算每个特征的信息增益，从每个子数据集 D_i 分别选出对应的信息增益最大的特征 A_i，这几个特征可能是相同的，也可能是不同的，完全由具体的子数据集决定。

这种按照信息增益选择特征构建决策树的方法，称作 ID3 算法。ID3 算法的全称是 Iterative Dichotomiser 3，直译过来是"第三代迭代二分器"的意思。这里，"迭代"是指，对于每个子数据集，包括子数据集的子数据集……，都采用相同的方法选择特征，一层层地逐渐构建决策树。而"二分器"指的是每个结点（对应决策树构建过程中的某个数据集）都可以划分成两部分。但是，实际上 ID3 算法构建的决策树不仅仅是"二分"的，也可以是"多分"的，之所以叫作"二分器"，可能与早期的决策树形式有关，逐渐改进之后也允许"多分"了。

下面首先给出 ID3 算法的具体描述，然后再详细讲解构建决策树的过程。简单地说，ID3 算法就是采用上面提到的构建决策树的思想，按照信息增益选择特征，按照特征的取值

将数据集逐步划分成小的子数据集,采用递归的思想构建决策树。

ID3 算法

输入:训练集 D,特征集 A,阈值 ε

输出:决策树 T

1. 如果 D 中所有样本均属于同一类别 C_k,则 T 为单结点树,将 C_k 作为该结点的类别标志,返回 T;

2. 如果 A 为空,则 T 为单结点树,将 D 中样本最多的类 C_k 作为该结点的类别标志,返回 T;

3. 否则计算 A 中各特征对 D 的信息增益,选择信息增益最大的特征 A_g;

4. 如果 A_g 的信息增益小于阈值 ε,则将 T 视作单结点树,将 D 中样本最多的类 C_k 作为该结点的类别标记,返回 T;

5. 否则按照 A_g 的每个可能取值 a_i,将 D 划分为 n 个子数据集 D_i,作为 D 的子结点;

6. 对于 D 的每个子结点 D_i,如果 D_i 为空,则视 T_i 为单结点树,将 D_i 的父结点 D 中样本最多的类作为 D_i 的类别标记;

7. 否则以 D_i 作为训练集,以 $A-\{A_g\}$ 为特征集,递归地调用算法的 1~6 步,得到子决策树 T_i,返回 T_i。

下面具体解释一下 ID3 算法构建决策树的过程。

首先,算法的输入包括:一个用于训练的数据集;一个特征集,包含所有可以使用的特征;一个大于 0 的阈值 ε,当信息增益小于该阈值时,认为信息增益为 0,特征不具有任何分类能力。

算法的输出就是一棵决策树。由于算法是递归实现的,所以算法输出的也可能只是决策树的某个叶子结点,或者是一棵子决策树,比如由某个子数据集建立的子决策树。

算法的前几步为处理几种特殊情况。第一步,判断数据集 D 是否都为同一类别的样本,如果是同一类别,则说明该数据集不需要再分类了,应该成为决策树的一个叶子结点,按照样本的类别标记该结点的类别。

为什么会出现数据集 D 都是同一类别的情况呢?ID3 算法按照选择的特征逐渐划分数据集,然后再递归地调用 ID3 算法为每个子数据集构建决策树,所以这里的数据集 D 不一定是最原始的训练用数据集,而是算法按照特征对数据集进行划分过程中得到的某个小数据集,这种情况下数据集 D 很可能就是单一类别的样本,而且随着决策树的构建,当用多个特征对数据集划分后,我们也希望最后得到的小数据集是由单一样本组成的,这样才说明这些特征具有比较好的分类效果。例如,对于男女性别分类问题,如果采用鞋跟高度特征后,取值高跟的划分为一个子数据集,取值平底的划分为另一个子数据集,如果穿高跟鞋的刚好都是女性,而穿平底鞋的刚好都是男性,则两个子数据集都是同一个类别的样本数据。

ID3 算法的第二步,如果特征集 A 为空,这时即便数据集 D 中的样本不是单一类别的,由于已经没有特征可用了,也不能继续按照特征的取值对数据集 D 做进一步划分了,这时只能将数据集 D 当作决策树的一个叶子结点,其类别标记为 D 中类别最多样本的类别。

例如，如果这时 D 中的样本有 8 个男性、3 个女性，男性样本多于女性的样本，则将该结点标记为男性类别。

特征集为空的情况也与 ID3 算法的递归调用有关。假设用特征 A_g 的取值将数据集 D 划分为 n 个子数据集 D_i，然后再用信息增益最大的特征 A_i 分别对子数据集 D_i 做划分。对于子数据集 D_i 来说，是用特征 A_g 的取值划分得到的，那么再对子数据集 D_i 做划分时，特征 A_g 已经没有意义，需要从特征集中删除特征 A_g，从其他特征中选择一个信息增益最大的特征。同样，在对数据集 D_i 的子数据集做划分时，也要删除所选择的 A_i 这个特征。这样，随着按照特征取值对数据集做划分的进行，可用的特征会越来越少，最终就可能出现特征集为空的情况。

但是这时也要注意，避免初学者容易犯的错误。下面通过一个具体例子说明。

如图 5.9 所示，数据集 D 由特征 A_g（假定 A_g 有 3 个取值）划分为 D_1、D_2、D_3 3 个子数据集，接下来再对 D_1、D_2、D_3 3 个子数据集划分时，就不能再用特征 A_g 了，因为这 3 个数据集就是根据 A_g 的取值划分的，再用也没有任何意义。然后，D_1 被特征 A_1 划分为 D_{11} 和 D_{12}、D_2 被特征 A_2 划分为 D_{21} 和 D_{22}、D_3 被特征 A_3 划分为 D_{31} 和 D_{32}。A_1、A_2、A_3 这 3 个特征可能相同，也可能不相同，3 个特征之间没有任何关联，完全根据 D_1、D_2、D_3 所包含的样本，依据信息增益进行选择。接下来对 D_{11} 和 D_{12} 两个数据集进行划分时，A_g 和 A_1 两个特征就不能再用了，因为这两个数据集是使用 A_g 和 A_1 两个特征后得到的数据集，但是特征 A_2 和 A_3 还是可以用的，除非这两个特征与 A_g 或者 A_1 相同。同样，在对 D_{21} 和 D_{22} 两个数据集进行划分时，A_g 和 A_2 两个特征不能用了，特征 A_1 和 A_3 是可以用的，除非这两个特征与 A_g 或者 A_2 相同。其他的也都类似。

这个例子说明并不是用过的特征都不能用，只是与当前数据集有关系的特征不能再使用。例如，在这个例子中，D_{11} 和 D_{12} 两个数据集与特征 A_g 和 A_1 有关系，是用这两个特征划分后得到的数据集，所以 D_{11} 和 D_{12} 不能再用特征 A_g 和 A_1，而特征 A_2 和 A_3 与 D_{11} 和 D_{12} 没有关系，所以还可以使用。

ID3 算法的第三步，特征集 A 中的每个特征计算对数据集 D 的信息增益，从中选择一个信息增益最大的特征 A_g。这一步就是计算信息增益的过程，前面介绍过具体方法，这里不再重复。

ID3 算法的第四步，如果最大的信息增益 A_g 小于给定的阈值 ε，则认为该特征已经没有什么分类能力了，基本等同算法第二步的特征集 A 为空的情况，按照同样的办法处理，这里不再赘述。

ID3 算法的第五步，按照特征 A_g 的 n 个取值 $a_1, a_2, \cdots, a_n$ 将数据集 D 划分为 n 个子数据集 D_i，每个子数据集 D_i 作为数据集 D 的子结点连接，如图 5.10 所示。

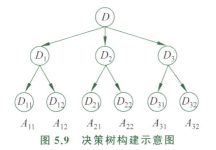

图 5.9 决策树构建示意图

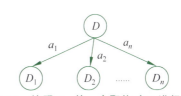

图 5.10 按照 A_g 的 n 个取值对 D 进行划分

对于 ID3 算法的第六步，我们先暂时放一放，最后再做解释。

ID3 算法的第七步，接下来就是以算法第五步产生的每个子数据集 D_i 分别作为训练集，递归地调用 ID3 算法的 1～6 步，为每个子数据集建立一棵子决策树 T_i。由于这几个子数据集是用特征 A_g 的取值划分得到的，所以构建子决策树 T_i 时，要将特征 A_g 从特征集 A 中去除，即以 $A-\{A_g\}$ 为特征集。

最后再说说 ID3 算法的第六步，这一步是对可能遇到的特殊情况进行处理。当按照特征的取值对数据集划分时，可能会遇到某个子数据集为空的情况，也就是该子数据集中一个样本也没有。例如，在图 5.10 中，如果数据集 D 中没有任何样本的 A_g 特征取值为 a_2，则子数据集 D_2 就为空。在这种情况下，我们也要为子数据集 D_2 标记一个类别，以便实际使用时万一有样本落入这个结点时，获得一个分类结果。

叶子结点的类别是按照该结点的数据标注的，在数据集为空的情况下，可以猜测一个类别作为这个叶子结点的分类标记。在 ID3 算法中是这样处理的：以其父结点数据集 D 中样本数最多的类别作为该叶子结点的类别标记。例如，D 中男性样本多于女性样本，则该结点就标记为男性。

下面举例说明使用 ID3 算法构建决策树的过程。采用表 5.1 给出的男、女性别数据作为训练集，建立一棵用于男、女性别分类的决策树。

首先，开始时数据集 D 就是表 5.1 所示的这个表，先计算数据集 D 的熵。

数据集 D 共有 15 个样本，其中男性样本有 8 个，女性样本有 7 个，则男性、女性的概率分别为

$$P(男性)=\frac{8}{15}=0.5333$$

$$P(女性)=\frac{7}{15}=0.4667$$

根据式(5.13)，得到 D 的熵：

$$\begin{aligned}H(D)&=-\sum_{i=1}^{n}P_i\times\log(P_i)\\&=-(P(男性)\times\log(P(男性))+P(女性)\times\log(P(女性)))\\&=-(0.5333\times\log(0.5333)+0.4667\times\log(0.4667))\\&=0.9968\end{aligned}$$

接下来根据式(5.15)计算每个特征的条件熵：

对于年龄特征，共有老年、中年和青年 3 个取值，每个取值都有 5 个样本。当取值为老年时，5 个样本中有 3 个男性、2 个女性，我们得到这个子数据集下男性、女性的概率分别为

$$P(男性)=\frac{3}{5}=0.6$$

$$P(女性)=\frac{2}{5}=0.4$$

所以，对于取值为"老年"时子数据集的熵，我们用 $H(老年)$ 表示：

$$\begin{aligned}H(老年)&=-(P(男性)\times\log(P(男性))+P(女性)\times\log(P(女性)))\\&=-(0.6\times\log(0.6)+0.4\times\log(0.4))\end{aligned}$$

$$= 0.9710$$

相应地,可以计算出取值为"中年""青年"时子数据集的熵,下面直接给出计算结果:
$$H(中年) = 0.9710$$
$$H(青年) = 0.9710$$

根据式(5.15)得到特征年龄的条件熵:

$$H(D \mid 年龄) = \sum_{i=1}^{n} \frac{\mid D_i \mid}{\mid D \mid} H(D_i)$$

$$= \frac{取值为"老年"的样本数}{数据集 D 的样本数} H(老年) + \frac{取值为"中年"的样本数}{数据集 D 的样本数} H(中年) +$$

$$\frac{取值为"青年"的样本数}{数据集 D 的样本数} H(青年)$$

$$= \frac{5}{15} \times 0.9710 + \frac{5}{15} \times 0.9710 + \frac{5}{15} \times 0.9710$$

$$= 0.9710$$

由此得到年龄的信息增益为

$$g(D, 年龄) = H(D) - H(D \mid 年龄)$$
$$= 0.9968 - 0.9710$$
$$= 0.0258$$

对于发长特征,共有短发、中发和长发 3 个取值,其中短发有 7 个样本,中发和短发各有 4 个样本。当取值为"短发"时,7 个样本中有 6 个男性、1 个女性,我们得到这个子数据集下男性、女性的概率分别为

$$P(男性) = \frac{6}{7} = 0.8571$$

$$P(女性) = \frac{1}{7} = 0.1429$$

所以,对于取值为"短发"时子数据集的熵,我们用 $H(短发)$ 表示:

$$H(短发) = -(P(男性) \times \log(P(男性)) + P(女性) \times \log(P(女性)))$$
$$= -(0.8571 \times \log(0.8571) + 0.1429 \times \log(0.1429))$$
$$= 0.5917$$

相应地,可以计算出取值为"中发"和"长发"时子数据集的熵,下面直接给出计算结果:
$$H(中发) = 0.8113$$
$$H(长发) = 0.8113$$

根据式(5.15)得到发长特征的条件熵:

$$H(D \mid 发长) = \sum_{i=1}^{n} \frac{\mid D_i \mid}{\mid D \mid} H(D_i)$$

$$= \frac{取值为"短发"的样本数}{数据集 D 的样本数} H(短发) + \frac{取值为"中发"的样本数}{数据集 D 的样本数} H(中发) +$$

$$\frac{取值为"长发"的样本数}{数据集 D 的样本数} H(长发)$$

$$= \frac{7}{15} \times 0.5917 + \frac{4}{15} \times 0.8113 + \frac{4}{15} \times 0.8113$$

$$= 0.7088$$

由此得到发长的信息增益为
$$g(D, 发长) = H(D) - H(D | 发长)$$
$$= 0.9968 - 0.7088$$
$$= 0.2880$$

对于鞋跟特征,共有"高跟"和"平底"两个取值,其中高跟有 5 个样本,平底有 10 个样本。当取值为"高跟"时,5 个样本均为女性,没有男性样本。可以得到这个子数据集下男性、女性的概率分别为

$$P(男性) = \frac{0}{5} = 0$$

$$P(女性) = \frac{5}{5} = 1$$

所以,对于取值为"高跟"时子数据集的熵,用 $H(高跟)$ 表示:
$$H(高跟) = -(P(男性) \times \log(P(男性)) + P(女性) \times \log(P(女性)))$$
$$= -(0 \times \log(0) + 1 \times \log(1))$$
$$= 0$$

注意,这里遇到了对 0 取对数的问题,前面我们说过,对于概率等于 0 的情况,按照 $0 \times \log(0)$ 等于 0 处理。

相应地,可以计算出取值为"平底"时子数据集的熵,下面直接给出计算结果:
$$H(平底) = 0.7219$$

根据式(5.15)得到鞋跟特征的条件熵:
$$H(D | 鞋跟) = \sum_{i=1}^{n} \frac{|D_i|}{|D|} H(D_i)$$
$$= \frac{\text{取值为"高跟"的样本数}}{\text{数据集 } D \text{ 的样本数}} H(高跟) + \frac{\text{取值为"平底"的样本数}}{\text{数据集 } D \text{ 的样本数}} H(平底)$$
$$= \frac{5}{15} \times 0 + \frac{10}{15} \times 0.7219$$
$$= 0.4813$$

由此得到鞋跟特征的信息增益为
$$g(D, 鞋跟) = H(D) - H(D | 鞋跟)$$
$$= 0.9968 - 0.4813$$
$$= 0.5155$$

对于服装特征,共有深色、浅色和花色 3 个取值,其中深色有 6 个样本,浅色有 6 个样本,花色有 3 个样本。当取值为"深色"时,6 个样本中有 4 个男性、2 个女性,我们得到这个子数据集下男性、女性的概率分别为

$$P(男性) = \frac{4}{6} = 0.6667$$

$$P(女性) = \frac{2}{6} = 0.3333$$

所以,对于取值为"深色"时子数据集的熵,用 $H(深色)$ 表示:

$$H(\text{深色}) = -(P(\text{男性}) \times \log(P(\text{男性})) + P(\text{女性}) \times \log(P(\text{女性})))$$
$$= -(0.6667 \times \log(0.6667) + 0.3333 \times \log(0.3333))$$
$$= 0.9183$$

相应地,可以计算出取值为"浅色"和"花色"时子数据集的熵,下面直接给出计算结果:
$$H(\text{浅色}) = 1$$
$$H(\text{花色}) = 0.9183$$

根据式(5.15)得到服装特征的条件熵:

$$H(D \mid \text{服装}) = \sum_{i=1}^{n} \frac{|D_i|}{|D|} H(D_i) = \frac{\text{取值为"深色"的样本数}}{\text{数据集}D\text{的样本数}} H(\text{深色}) + \frac{\text{取值为"浅色"的样本数}}{\text{数据集}D\text{的样本数}} H(\text{浅色}) + \frac{\text{取值为"花色"的样本数}}{\text{数据集}D\text{的样本数}} H(\text{花色})$$

$$= \frac{6}{15} \times 0.9183 + \frac{6}{15} \times 1 + \frac{3}{15} \times 0.9183$$
$$= 0.9510$$

由此得到服装的信息增益为
$$g(D, \text{服装}) = H(D) - H(D \mid \text{服装})$$
$$= 0.9968 - 0.9510$$
$$= 0.0458$$

比较年龄、发长、鞋跟和服装 4 个特征的信息增益,鞋跟特征的信息增益最大,为 0.5155,所以,对于决策树的根结点,采用鞋跟特征对数据集 D 进行划分,按照特征的"高跟"和"平底"两个取值,得到两个子数据集 D_1 和 D_2,如果用样本 ID 的集合表示子数据集,则有
$$D_1 = \{4, 8, 9, 11, 15\}$$
$$D_2 = \{1, 2, 3, 5, 6, 7, 10, 12, 13, 14\}$$

由于子数据集 D_1 中样本的类别均为女性,所以 D_1 成为决策树的一个叶子结点,其类别标记为女性。

到此我们得到决策树的一个局部,如图 5.11 所示。

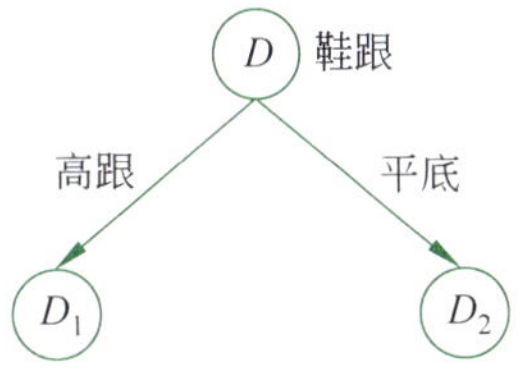

由于子数据集 D_1 是单一类别的样本集,不需要再处理,接下来对 D_2 再次应用 ID3 算法。

图 5.11 使用鞋跟特征后得到的决策树局部

首先计算数据集 D_2 的熵。D_2 中共有 10 个样本 $\{1, 2, 3, 5, 6, 7, 10, 12, 13, 14\}$,数字表示样本的 ID,其中 8 个男性样本、2 个女性样本,所以男性、女性的概率分别为
$$P(\text{男性}) = \frac{D_2 \text{中男性样本数}}{D_2 \text{中的样本数}} = \frac{8}{10} = 0.8$$
$$P(\text{女性}) = \frac{D_2 \text{中女性样本数}}{D_2 \text{中的样本数}} = \frac{2}{10} = 0.2$$

所以得到 D_2 的熵:
$$H(D_2) = -(P(\text{男性}) \times \log(P(\text{男性})) + P(\text{女性}) \times \log(P(\text{女性})))$$

$$= -(0.8 \times \log(0.8) + 0.2 \times \log(0.2))$$
$$= 0.7219$$

下面计算每个特征的信息增益。计算信息增益时,要将鞋跟特征从特征集中删除,再次计算年龄、发长和服装这 3 个特征的信息增益。

注意,这里要再次计算这 3 个特征的信息增益,因为前面虽然计算过这 3 个特征的信息增益,但是是对数据集 D 计算,而现在是对数据集 D_2 计算。我们曾经说过,信息增益是与数据集相关的,不同的数据集计算得到的信息增益可能不一样。

对于数据集 D_2,年龄特征共有老年、中年和青年 3 个取值,其中取值为"老年"的样本有 4 个,取值为"中年"和"青年"的样本各有 3 个。

当取值为"老年"时,4 个样本中有 3 个男性、1 个女性,可以得到这个子数据集下男性、女性的概率分别为

$$P(男性) = \frac{3}{4} = 0.75$$

$$P(女性) = \frac{1}{4} = 0.25$$

所以,取值为"老年"时子数据集的熵,用 $H(老年)$ 表示:

$$H(老年) = -(P(男性) \times \log(P(男性)) + P(女性) \times \log(P(女性)))$$
$$= -(0.75 \times \log(0.75) + 0.25 \times \log(0.25))$$
$$= 0.8113$$

相应地,可以计算出取值为"中年""青年"时子数据集的熵,下面直接给出计算结果:

$$H(中年) = 0$$
$$H(青年) = 0.9183$$

根据式(5.15)得到数据集 D_2 关于年龄特征的条件熵:

$$H(D_2 \mid 年龄) = \sum_{i=1}^{n} \frac{|D_{2i}|}{|D|} H(D_{2i}) = \frac{D_2 中取值为"老年"的样本数}{数据集 D_2 的样本数} H(老年) +$$

$$\frac{D_2 中取值为"中年"的样本数}{数据集 D_2 的样本数} H(中年) +$$

$$\frac{D_2 中取值为"青年"的样本数}{数据集 D_2 的样本数} H(青年)$$

$$= \frac{4}{10} \times 0.8113 + \frac{3}{10} \times 0 + \frac{3}{10} \times 0.9183 = 0.6$$

由此得到年龄特征在数据集 D_2 上的信息增益:

$$g(D_2, 年龄) = H(D_2) - H(D_2 \mid 年龄)$$
$$= 0.7219 - 0.6$$
$$= 0.1219$$

对于发长特征,共有短发、中发和长发 3 个取值,其中取值为"短发"的样本有 7 个,取值为"中发"的样本有 2 个,取值为"长发"的样本有 1 个。

当取值为"短发"时,7 个样本中有 6 个男性、1 个女性,我们得到这个子数据集下男性、女性的概率分别为

$$P(男性) = \frac{6}{7} = 0.8571$$

$$P(女性) = \frac{1}{7} = 0.1429$$

所以，对于取值为"短发"时子数据集的熵，我们用 $H(短发)$ 表示：

$$H(短发) = -(P(男性) \times \log(P(男性)) + P(女性) \times \log(P(女性)))$$
$$= -(0.8571 \times \log(0.8571) + 0.1429 \times \log(0.1429))$$
$$= 0.5917$$

相应地，可以计算出取值为"中发""长发"时子数据集的熵，下面直接给出计算结果：

$$H(中发) = 1$$
$$H(长发) = 0$$

根据式(5.15)得到数据集 D_2 关于发长特征的条件熵：

$$H(D_2 \mid 发长) = \sum_{i=1}^{n} \frac{|D_{2i}|}{|D|} H(D_{2i})$$
$$= \frac{D_2 中取值为"短发"的样本数}{数据集 D_2 的样本数} H(短发) + \frac{D_2 中取值为"中发"的样本数}{数据集 D_2 的样本数} H(中发) + \frac{D_2 中取值为"长发"的样本数}{数据集 D_2 的样本数} H(长发)$$
$$= \frac{7}{10} \times 0.5917 + \frac{2}{10} \times 1 + \frac{1}{10} \times 0 = 0.6142$$

由此得到发长特征在数据集 D_2 上的信息增益：

$$g(D_2, 发长) = H(D_2) - H(D_2 \mid 发长)$$
$$= 0.7219 - 0.6142$$
$$= 0.1077$$

对于服装特征，共有深色、浅色和花色 3 个取值，其中取值为"深色"的样本有 4 个，取值为"浅色"的样本有 4 个，取值为"花色"的样本有 2 个。

当取值为"深色"时，4 个样本均为男性，我们得到这个子数据集下男性、女性的概率分别为

$$P(男性) = \frac{4}{4} = 1$$

$$P(女性) = \frac{0}{4} = 0$$

所以，对于取值为"深色"时子数据集的熵，我们用 $H(深色)$ 表示：

$$H(深色) = -(P(男性) \times \log(P(男性)) + P(女性) \times \log(P(女性)))$$
$$= -(1 \times \log(1) + 0 \times \log(0))$$
$$= 0$$

相应地，可以计算出取值为"浅色""花色"时子数据集的熵，下面直接给出计算结果：

$$H(浅色) = 0.8113$$
$$H(花色) = 1$$

根据式(5.15)得到数据集 D_2 关于服装特征的条件熵：

$$H(D_2 \mid 服装) = \sum_{i=1}^{n} \frac{|D_{2i}|}{|D|} H(D_{2i}) = \frac{D_2 \text{中取值为"深色"的样本数}}{\text{数据集} D_2 \text{的样本数}} H(深色) +$$

$$\frac{D_2 \text{中取值为"浅色"的样本数}}{\text{数据集} D_2 \text{的样本数}} H(浅色) +$$

$$\frac{D_2 \text{中取值为"花色"的样本数}}{\text{数据集} D_2 \text{的样本数}} H(花色)$$

$$= \frac{4}{10} \times 0 + \frac{4}{10} \times 0.8113 + \frac{2}{10} \times 1 = 0.5245$$

由此得到服装特征在数据集 D_2 上的信息增益：

$$g(D_2, 服装) = H(D_2) - H(D_2 \mid 服装)$$
$$= 0.7219 - 0.5245$$
$$= 0.1974$$

比较年龄、发长和服装 3 个特征对数据集 D_2 的信息增益，服装特征的信息增益最大，为 0.1974，所以对于决策树的结点 D_2，根据服装特征进行划分，按照服装特征的深色、浅色和花色 3 个取值，得到数据集 D_2 的 3 个子数据集 D_{21}、D_{22} 和 D_{23}，如果用样本 ID 的集合表示这 3 个子数据集，则有

$$D_{21} = \{1, 5, 10, 13\}$$
$$D_{22} = \{2, 6, 7, 12\}$$
$$D_{23} = \{3, 14\}$$

由于子数据集 D_{21} 中样本的类别均为男性，所以 D_{21} 成为决策树的一个叶子结点，其类别标记为男性。

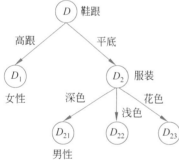

图 5.12 决策树中间结果

到此为止，我们得到如图 5.12 所示的决策树，其中 D_{22} 和 D_{23} 两个子数据集还需要进一步处理。

对于 D_{22} 和 D_{23} 两个子数据集，均还有年龄和发长两个特征可用。经计算，年龄特征和发长特征对数据集 D_{22} 的信息增益分别为 0.8113、0.4868，年龄特征的信息增益较大，按照其 3 个取值老年、中年和青年将数据集 D_{22} 划分为 D_{221}、D_{222}、D_{223} 3 个子数据集，拥有的样本分别为

$$D_{221} = \{2\}$$
$$D_{222} = \{6, 7\}$$
$$D_{223} = \{12\}$$

其中，D_{221} 中的样本为男性，结点被标注为男性，D_{222} 中的样本为男性，结点被标注为男性，D_{223} 中的样本为女性，结点被标注为女性。

经计算，年龄特征和发长特征对数据集 D_{23} 的信息增益都是 1，随机选择一个作为信息增益最大的特征，比如选择发长特征，这样数据集 D_{23} 按照该特征的短发、中发和长发 3 个取值，被划分为 D_{231}、D_{232}、D_{233} 3 个子数据集，拥有的样本分别为

$$D_{231} = \{14\}$$
$$D_{232} = \{3\}$$

$$D_{233} = \{\}$$

其中，D_{231} 中的样本为男性，该结点被标注为男性，D_{232} 中的样本为女性，该结点被标注为女性。D_{233} 是一个空集，没有样本，前面我们讲过，对于这种没有样本的结点，类别按照其父结点中样本最多的类别进行标注。对于 D_{233} 来说，其父结点为 D_{23}，但是 D_{23} 中只有 ID 为 3 和 14 两个样本，这两个样本又分别为男性和女性。这种情况下，可以继续向上看，根据 D_{23} 的父结点 D_2 中的样本情况做标注。在 D_2 中共有 8 个男性样本，2 个女性样本，所以按照样本多的类别，D_{233} 可以标记为男性。这是一个非常特殊的情况，主要是例题样本过少造成的。

至此，我们采用 ID3 算法就完成了决策树的构建，构建的决策树如图 5.13 所示。构建决策树属于训练过程，实际使用时，对于一个待分类样本，依据决策树，按照样本的特征取值就可以实现分类了。例如，对于一个"年龄为青年、鞋跟为平底、发长为中发、服装为浅色"的样本，应该标记为哪个类别呢？按照图 5.13 所示的决策树，该样本应该属于女性。因为按照决策树，从根结点开始，根据鞋跟为平底到达 D_2 结点，再依据服装为浅色，到达 D_{22} 结点，最后根据年龄为青年，到达 D_{223} 结点，而该结点的类别标记为女性，所以有样本"年龄为青年、鞋跟为平底、发长为中发、服装为浅色"被分类为女性。

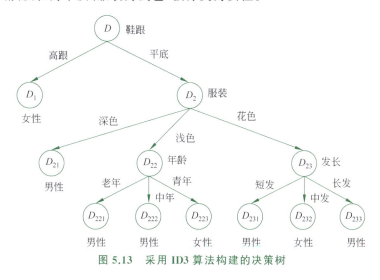

图 5.13　采用 ID3 算法构建的决策树

5.3.2　决策树算法——C4.5 算法

ID3 算法是一个广泛使用的决策树算法，但是也存在一些不足，存在的主要问题是：当按照信息增益选择特征时，会倾向选择一些取值多的特征。为什么会存在这种倾向性呢？可以从信息增益的计算方法分析这个问题。按照式(5.16)，信息增益为

$$g(D,A) = H(D) - H(D|A)$$

当数据集确定时，$H(D)$ 是固定值，信息增益的大小由特征 A 的条件熵 $H(D|A)$ 的大小决定。当特征 A 的可能取值比较多时，数据集 D 被划分为多个子数据集，每个子数据集中的样本数就可能比较少，这样，对于一个含有比较少样本的子数据集来说，里面只包含单一类别样本的可能性就比较大，这样就会导致条件熵比较小，从而使得信息增益比较大。极限情况下，特征 A 的取值特别多，以至于每个样本都有一个不同取值，这样每个子数据集就只含有一个样本，每个子数据集的类别都是确定的。这种情况下，特征 A 的条件熵为 0，

信息增益取得最大值。但是，这样的特征不具有任何归纳能力，泛化能力会非常差。

例如，假设年龄特征就按照真实年龄取值，刚好每个人的年龄都不一样，假设样本中 24 岁的是男性，25 岁的是女性，26 岁、27 岁的是男性……，每个年龄又只有一个样本，这样就完全按照年龄区分了性别，对于待分类样本来说，如果 24 岁的就是男性、25 岁的就是女性，这种情况下的分类结果不是没有任何意义了吗？

归根结底，出现这个问题还是样本不足造成的。设想一下，如果样本足够多，24 岁的样本中有男有女、25 岁的样本也有男有女，正常情况下男女的比例应该各占 50% 左右才正常。在这个比例下，年龄特征的条件熵就会比较大，相应地其信息增益也会比较小。但是，在构建决策树的过程中，数据集逐渐被划分为一个个子数据集，多次划分之后，子数据集中的样本量就会急剧减少，这时用取值比较多的特征对数据集划分，更容易出现样本不足的情况，从而造成信息增益大的假象。为解决这个问题，提出了信息增益率的概念。

类比一下，信息增益好比绝对误差，信息增益率就相当于是相对误差。首先给出分离信息(Split Information)的概念，根据分离信息就可以计算出信息增益率。

分离信息本质上还是熵的概念。数据集 D 的熵 $H(D)$ 是按照 D 中的类别标志，计算每个类别的概率 P_i，然后按照下式计算熵 $H(D)$：

$$H(D) = -\sum_{i=1}^{n} P_i \times \log(P_i)$$

这里的要点是"按照类别的概率计算熵"。可以证明，熵的最大值是 $\log(n)$，这里的 n 为类别数，其中 log 为计算以 2 为底的对数。所以，熵的最大值与类别数有关，类别越多，其熵的最大值越大。当然，这里要注意的是，熵的最大值越大，不是说类别多了，熵就一定大，与数据集 D 中样本分布有关。

与通常用分类概率计算熵不同，分离信息是按照特征的取值计算概率，然后按照该概率值计算熵，与样本的分类无关。所以，分离信息本质上还是熵，只是计算角度不同。若用 $SI(D,A)$ 表示特征 A 在数据集 D 上的分离信息，则

$$\begin{aligned} SI(D,A) &= -\sum_{i=1}^{n} P_i \times \log(P_i) \\ &= -\sum_{i=1}^{n} \frac{D \text{ 中特征 } A \text{ 取第 } i \text{ 个值的样本数}}{D \text{ 中的样本数}} \times \log\left(\frac{D \text{ 中特征 } A \text{ 取第 } i \text{ 个值的样本数}}{D \text{ 中的样本数}}\right) \end{aligned} \tag{5.17}$$

其中，n 为特征 A 的可能取值数。

从公式可以看出分离信息的实质还是熵，只是概率的计算方法是按照特征取值计算，而不是按照类别计算。

前面说过，类别越多，熵的最大值越大。对于分离信息来说，就是特征取值越多，分离信息的最大值越大。所以，可以用分离信息作为惩罚项，对信息增益进行惩罚，这样就得到了特征 A 对数据集 D 的信息增益率 $g_r(D,A)$：

$$g_r(D,A) = \frac{g(D,A)}{SI(D,A)} = \frac{H(D) - H(D|A)}{SI(D,A)} \tag{5.18}$$

信息增益率就是信息增益除以分离信息，对于取值比较多的特征，其分离信息可能比较大，这就弱化了按照信息增益选择特征时倾向选择取值多的特征的问题。

下面给出一个计算信息增益率的例子。

在前面男女性别分类数据集中,共有 15 个样本,发长特征有短发、中发和长发 3 个取值,其中取值为短发的有 7 个样本,取值为中发的有 4 个样本,取值为长发的有 4 个样本,那么发长特征在该数据集上的信息增益率是多少？

前面我们已经计算过,在这个数据集上发长特征的信息增益为 0.2880,可以直接采用这个结果,不再重复计算。

按照式(5.17),发长特征的分离信息为

$SI(D, 发长)$

$= -\sum_{i=1}^{n} \frac{D \text{ 中特征 } A \text{ 取第 } i \text{ 个值的样本数}}{D \text{ 中的样本数}} \times \log\left(\frac{D \text{ 中特征 } A \text{ 取第 } i \text{ 个值的样本数}}{D \text{ 中的样本数}}\right)$

$= -\left(\frac{D \text{ 中特征 } A \text{ 取值为"短发"的样本数}}{D \text{ 中的样本数}} \times \log\left(\frac{D \text{ 中特征 } A \text{ 取值为"短发"的样本数}}{D \text{ 中的样本数}}\right) + \right.$

$\frac{D \text{ 中特征 } A \text{ 取值为"中发"的样本数}}{D \text{ 中的样本数}} \times \log\left(\frac{D \text{ 中特征取值为"中发"的样本数}}{D \text{ 中的样本数}}\right) +$

$\left. \frac{D \text{ 中特征 } A \text{ 取值为"长发"的样本数}}{D \text{ 中的样本数}} \times \log\left(\frac{D \text{ 中特征 } A \text{ 取值的样本数}}{D \text{ 中的样本数}}\right)\right)$

$= -\left(\frac{7}{15} \times \log\left(\frac{7}{15}\right) + \frac{4}{15} \times \log\left(\frac{4}{15}\right) + \frac{4}{15} \times \log\left(\frac{4}{15}\right)\right)$

$= 1.5301$

用发长特征的信息增益除以其分离信息,就得到发长特征的信息增益率:

$$g_r(D, 发长) = \frac{0.2880}{1.5301} = 0.1882$$

将 ID3 算法中按照信息增益选择特征,修改为按照信息增益率选择特征,就成为 C4.5 算法,也就是说,C4.5 算法是对 ID3 算法的一种改进算法。我们不再给出 C4.5 算法的具体描述。

信息增益率是信息增益除以分离信息,如果数据集按照特征取值划分为几个子数据集后,不同子数据集中样本的数量偏差比较大,则分离信息可能就比较小,从而导致比较大的信息增益率。例如,某个特征只有 a、b 两个取值,其中绝大部分样本取 a 值,只有少量样本取 b 值,则取值为 a 的概率接近 1,取值为 b 的概率接近 0,该特征的分离信息就比较小,从而导致比较大的信息增益率。但是,造成这种极端不平衡数据划分的特征对决策树来说并不是一个好的特征,因为其信息增益可能也比较小,应尽量避免使用。为此,在 C4.5 算法中的解决方法是,先选择几个信息增益大的特征,然后从这几个特征中选择信息增益率最大的特征,这样可以保证被选中特征不仅具有比较大的信息增益率,同时也具有比较大的信息增益,在信息增益和信息增益率之间有所平衡。一般选信息增益大于平均值的特征,从中再选取一个信息增益率最大的特征。

C4.5 算法的另一个改进是特征可以取连续值,简单说,就是允许某些特征按照实际值取值,而不需要离散化处理。例如,发长特征就允许取连续值,样本中直接记录其实际发长就可以了,例如 3 厘米、10 厘米等,而不再需要离散化成短发、长发等。

前面曾经举例说过这样的特征具有非常多的取值,会导致泛化能力差,C4.5 算法主要的改进也是采用信息增益率选择特征,目的就是尽量不采用这样的特征。为什么在 C4.5 算法中反而又允许这样的取值呢？其实二者是不一样的。如果将头发的每个长度都作为离散

值使用,确实会出现前面说过的问题,之所以对 ID3 算法做改进提出 C4.5 算法,也确实是为了尽可能避免这样的问题出现。但是,在 C4.5 算法中这样的特征是当作连续值处理的,如果一个特征被标注为连续取值后,其处理方法与离散值特征并不一样。

在 C4.5 算法中,对连续特征是这样处理的。假设特征 A 是连续特征,按照特征 A 的取值对数据集 D 中的样本从小到大排序,排序后第 i 个样本特征 A 的取值为 a_i。对于 D 中任意两个相邻的样本 i 和 $i+1$,我们计算这两个样本特征 A 的中间值 b_i,即

$$b_i = \frac{a_i + a_{i+1}}{2} \tag{5.19}$$

然后按照 b_i 值将数据集 D 划分为两个子数据集,特征 A 取值大于 b_i 的样本为一个子数据集,小于或等于 b_i 的样本为另一个子数据集。经划分后就可以计算该特征的信息增益率。对于具有 m 个样本的数据集 D,排序后计算任意相邻两个样本可以得到一个 b_i,每个 b_i 都可以将数据集 D 划分为两部分,计算出不同的信息增益率。其中最大的信息增益率作为特征 A 的信息增益率,与其他特征的信息增益率进行比较,选出信息增益率最大的特征参与决策树的构建。如果特征 A 的信息增益率刚好最大,则采用信息增益率最大时对应的 b_i 将数据集 D 划分为两个子数据集,这样就实现了对连续取值特征的处理。

总结一下,对于连续取值的特征,C4.5 算法自动将该特征离散化为两个取值,大于 b_i 是一个取值,小于或等于 b_i 是一个取值,而在多个 b_i 中选择信息增益率最大的作为最佳划分。

所以,C4.5 算法处理的还是特征的离散值,只是对连续特征自动按照信息增益率选择一个比较好的离散点,将该特征离散化为二值后再进行处理。

还有一点需要强调:对于离散特征 A 来说,如果该特征将数据集 D 划分为子数据集 D_1 和 D_2,则进一步处理 D_1 和 D_2 时,特征 A 要从特征集中删除。但是,如果特征 A 是连续取值,则特征 A 还需要保留在特征集中,还可以继续在子数据集 D_1、D_2 中使用。这一点也是连续特征与离散特征的不同之处。因为,对于连续特征来说,每次只是利用 b_i 值将数据集划分为两个子数据集,在子数据集中还可以再利用其他的 b_i 进一步划分,所以该特征必须保留在特征集中。

下面通过一个例子说明连续特征时信息增益率是如何计算的。

假设发长是连续取值特征,样本如表 5.2 所示,这里忽略其他特征的取值。

表 5.2 男、女性别分类样本

ID	发长/厘米	类　　别
1	2	男性
2	4	男性
3	10	女性
4	20	女性

首先计算数据集 D 的熵,D 中共有 4 个样本,其中男性 2 个、女性 2 个,所以熵 $H(D)$ 为

$$\begin{aligned} H(D) &= -(P(\text{男性}) \times \log(P(\text{男性})) + P(\text{女性}) \times \log(P(\text{女性}))) \\ &= -\left(\frac{2}{4} \times \log\left(\frac{2}{4}\right) + \frac{2}{4} \times \log\left(\frac{2}{4}\right)\right) \\ &= 1 \end{aligned}$$

发长有 4 个取值，样本按发长取值排序，分别可以在 2 与 4、4 与 10 和 10 与 20 之间分割，得到数据集的 3 种划分结果。

（1）第一个分割点：
$$b_1 = \frac{2+4}{2} = 3$$

发长值比 b_1 小的样本用样本 ID 的集合表示为
$$D_1 = \{1\}$$

发长值比 b_1 大的样本用样本 ID 的集合表示为
$$D_2 = \{2,3,4\}$$

子数据集 D_1 的熵：
$$H(D_1) = -(P(男性) \times \log(P(男性)) + P(女性) \times \log(P(女性)))$$
$$= -\left(\frac{1}{1} \times \log\left(\frac{1}{1}\right) + \frac{0}{1} \times \log\left(\frac{0}{1}\right)\right)$$
$$= 0$$

子数据集 D_2 的熵：
$$H(D_2) = -(P(男性) \times \log(P(男性)) + P(女性) \times \log(P(女性)))$$
$$= -\left(\frac{1}{3} \times \log\left(\frac{1}{3}\right) + \frac{2}{3} \times \log\left(\frac{2}{3}\right)\right)$$
$$= 0.9183$$

根据式（5.15）得到分割点 $b_1 = 3$ 时发长特征的条件熵：
$$H(D \mid 发长) = \sum_{i=1}^{2} \frac{|D_i|}{|D|} H(D_i)$$
$$= \frac{1}{4} \times 0 + \frac{3}{4} \times 0.9183$$
$$= 0.6887$$

根据式（5.16）得到分割点 $b_1 = 3$ 时发长特征的信息增益为
$$g(D, 发长) = H(D) - H(D \mid 发长)$$
$$= 1 - 0.6887$$
$$= 0.3113$$

根据式（5.17）得到分割点 $b_1 = 3$ 时发长特征的分离信息为
$$\text{SI}(D, 发长) = -\sum_{i=1}^{n} P_i \times \log(P_i)$$
$$= -\left(\frac{D 中发长值小于 3 的样本数}{D 中的样本数} \times \log\left(\frac{D 中发长值小于 3 的样本数}{D 中的样本数}\right) + \right.$$
$$\left. \frac{D 中发长值大于 3 的样本数}{D 中的样本数} \times \log\left(\frac{D 中发长值大于 3 的样本数}{D 中的样本数}\right)\right)$$
$$= -\left(\frac{1}{4} \times \log\left(\frac{1}{4}\right) + \frac{3}{4} \times \log\left(\frac{3}{4}\right)\right)$$
$$= 0.8113$$

这样，根据式(5.18)得到分割点 $b_1=3$ 时发长特征的信息增益率为

$$g_r(D,发长) = \frac{g(D,发长)}{SI(D,发长)}$$
$$= \frac{0.3113}{0.8113}$$
$$= 0.3837$$

(2) 第二个分割点：

$$b_2 = \frac{4+10}{2} = 7$$

发长值比 b_2 小的样本用样本 ID 的集合表示为

$$D_1 = \{1,2\}$$

发长值比 b_2 大的样本用样本 ID 的集合表示为

$$D_2 = \{3,4\}$$

子数据集 D_1 的熵：

$$H(D_1) = -(P(男性) \times \log(P(男性)) + P(女性) \times \log(P(女性)))$$
$$= -\left(\frac{2}{2} \times \log\left(\frac{2}{2}\right) + \frac{0}{2} \times \log\left(\frac{0}{2}\right)\right)$$
$$= 0$$

子数据集 D_2 的熵：

$$H(D_2) = -(P(男性) \times \log(P(男性)) + P(女性) \times \log(P(女性)))$$
$$= -\left(\frac{0}{2} \times \log\left(\frac{0}{2}\right) + \frac{2}{2} \times \log\left(\frac{2}{2}\right)\right)$$
$$= 0$$

根据式(5.15)得到分割点 $b_2=7$ 时发长特征的条件熵：

$$H(D \mid 发长) = \sum_{i=1}^{2} \frac{|D_i|}{|D|} H(D_i)$$
$$= \frac{2}{4} \times 0 + \frac{2}{4} \times 0$$
$$= 0$$

根据式(5.16)得到分割点 $b_2=7$ 时发长特征的信息增益为

$$g(D,发长) = H(D) - H(D \mid 发长)$$
$$= 1 - 0$$
$$= 1$$

根据式(5.17)得到分割点 $b_2=7$ 时发长特征的分离信息为

$$SI(D,发长) = -\sum_{i=1}^{n} P_i \times \log(P_i)$$
$$= -\left(\frac{D\ 中发长值小于\ 7\ 的样本数}{D\ 中的样本数} \times \log\left(\frac{D\ 中发长值小于\ 7\ 的样本数}{D\ 中的样本数}\right) + \frac{D\ 中发长值大于\ 7\ 的样本数}{D\ 中的样本数} \times \log\left(\frac{D\ 中发长值大于\ 7\ 的样本数}{D\ 中的样本数}\right)\right) =$$

$$-\left(\frac{2}{4}\times\log\left(\frac{2}{4}\right)+\frac{2}{4}\times\log\left(\frac{2}{4}\right)\right)$$
$$=1$$

这样,根据式(5.18)得到分割点 $b_2=7$ 时发长特征的信息增益率为

$$g_r(D,发长)=\frac{g(D,发长)}{\text{SI}(D,发长)}$$
$$=\frac{1}{1}$$
$$=1$$

(3) 第三个分割点:
$$b_3=\frac{10+20}{2}=15$$

发长值比 b_3 小的样本用样本 ID 的集合表示为
$$D_1=\{1,2,3\}$$

发长值比 b_3 大的样本用样本 ID 的集合表示为
$$D_2=\{4\}$$

子数据集 D_1 的熵:
$$H(D_1)=-(P(男性)\times\log(P(男性))+P(女性)\times\log(P(女性)))$$
$$=-\left(\frac{2}{3}\times\log\left(\frac{2}{3}\right)+\frac{1}{3}\times\log\left(\frac{1}{3}\right)\right)$$
$$=0.9183$$

子数据集 D_2 的熵:
$$H(D_2)=-(P(男性)\times\log(P(男性))+P(女性)\times\log(P(女性)))$$
$$=-\left(\frac{0}{1}\times\log\left(\frac{0}{1}\right)+\frac{1}{1}\times\log\left(\frac{1}{1}\right)\right)$$
$$=0$$

根据式(5.15)得到分割点 $b_3=15$ 时发长特征的条件熵:
$$H(D\mid 发长)=\sum_{i=1}^{2}\frac{|D_i|}{|D|}H(D_i)$$
$$=\frac{3}{4}\times 0.9183+\frac{1}{4}\times 0$$
$$=0.6887$$

根据式(5.16)得到分割点 $b_3=15$ 时发长特征的信息增益为
$$g(D,发长)=H(D)-H(D\mid 发长)$$
$$=1-0.6887$$
$$=0.3113$$

根据式(5.17)得到分割点 $b_3=15$ 时发长特征的分离信息为
$$\text{SI}(D,发长)=-\sum_{i=1}^{n}P_i\times\log(P_i)$$

$$= -\left(\frac{D \text{中发长值小于15的样本数}}{D \text{中的样本数}} \times \log\left(\frac{D \text{中发长值小于15的样本数}}{D \text{中的样本数}}\right) + \right.$$
$$\left. \frac{D \text{中发长值大于15的样本数}}{D \text{中的样本数}} \times \log\left(\frac{D \text{中发长值大于15的样本数}}{D \text{中的样本数}}\right)\right)$$
$$= -\left(\frac{3}{4} \times \log\left(\frac{3}{4}\right) + \frac{1}{4} \times \log\left(\frac{1}{4}\right)\right)$$
$$= 0.8113$$

这样,根据式(5.18)得到分割点 $b_3 = 15$ 时发长特征的信息增益率为

$$g_r(D, 发长) = \frac{g(D, 发长)}{\text{SI}(D, 发长)}$$
$$= \frac{0.3113}{0.8113}$$
$$= 0.3837$$

这样就得到 3 个分割点的信息增益率分别为 0.3837、1、0.3837,其中分割点为 7 时的信息增益率最大,这样我们就以该信息增益率作为发长特征对数据集 D 的信息增益率。

5.3.3 过拟合问题与剪枝

过拟合是机器学习中经常遇到的问题,决策树学习也会遇到过拟合问题。本质上,过拟合问题是由于样本代表性不强造成的。举一个生活中的例子:一对双胞胎,我们很难认出哪个是哥哥、哪个是弟弟,如果刚好哥哥有颗痣,而弟弟没有,则当遇到这对双胞胎时,可以通过是否有痣区分哥哥和弟弟。但是这显然不具有代表性,只适用于这对双胞胎,换成其他双胞胎就完全无效了。如果把这种特殊情况学习成一般规律,就属于过拟合了。

过拟合问题带来的主要影响是导致学习到的决策树泛化能力差。图 5.14 给出一个过拟合问题示意图。

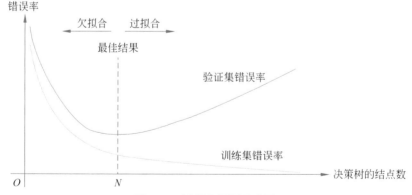

图 5.14 过拟合问题示意图

假设有两个没有重叠的数据集,一个作为训练集用于训练决策树,另一个作为验证集用于测试决策树在不同阶段的性能。在构建决策树的过程中,每增加一个新的结点,就分别用训练集和验证集测试一次决策树的性能,图 5.14 给出了决策树性能变化的示意图。

图中,绿色曲线为在训练集上的错误率曲线,在构建决策树的开始阶段,结点数还比较少,错误率比较高。随着决策树的构建,结点数逐渐增多,训练集上的错误率也逐渐减少。

这一点比较容易理解,因为在构建决策树的过程中,总是选择信息增益或者信息增益率大的特征对数据集进行划分,每使用一次特征,都会降低原来数据集的熵,而熵反映了数据的混乱程度,熵越小,说明数据越趋于规整,反映在训练集上就是错误率越来越小。

图中,红色曲线是在验证集上的错误率曲线,在决策树构建的开始阶段,同训练集上的错误率,验证集上的错误率也是随着决策树的构建逐步降低的,当决策树的结点个数达到 N 时,验证集上的错误率达到最小值。但是,随后随着决策树结点的增加,验证集上的错误率反而逐步加大,这就是过拟合现象。验证集中的数据由于没有参与训练,所以更接近决策树真实使用情况,如果不解决过拟合问题,就会造成决策树的性能下降。

从图 5.14 可以看出,当决策树的结点数小于 N 时,验证集上的错误率比较高,我们称之为欠拟合。过拟合或者欠拟合都不是我们希望的结果,我们希望得到一个恰拟合——最佳拟合结果的决策树,也就是处于 N 这个位置的决策树。

剪枝是解决决策树过拟合问题的一种方法。所谓剪枝,就是把过大的决策树剪掉一部分"树枝",以便使其既不过拟合,也不欠拟合,刚好达到恰拟合的效果。

决策树剪枝分为预剪枝和后剪枝两类方法。预剪枝就是在构建决策树的过程中提前停止决策树某些分枝的建立,达到减小决策树的目的。后剪枝是先按照算法构建决策树,然后对决策树做剪枝。介绍 ID3 算法时,第四步当最大的信息增益小于阈值 ε 时,认为特征已经不具有分类能力,等同于特征集为空,不再对数据集进行划分,将该数据集当作决策树的一个叶子结点标记其类别。这其实就是一种简单的预剪枝,这种预剪枝是需要的,但是有些简单,还不足以解决过拟合问题。

比较常用的是后剪枝方法,下面主要介绍这种方法。先举例说明如何做剪枝。

如图 5.15 所示,剪枝是从决策树的底部开始进行的,将具有同一父结点的几个叶子结点从决策树中删除,只保留其父结点作为一个叶子结点,并将父结点中样本最多的类别作为父结点的类别标记,就完成了一次剪枝。图 5.15 中,左边是剪枝前的决策树,右边是剪枝后的决策树。图 5.15 中将 D_{11}、D_{12}、D_{13} 3 个叶子结点剪掉,D_1 成为叶子结点,按照 D_1 中样本最多的类别标注 D_1 的类别,同样,对 D_2 的子结点也做一次剪枝。完成这两次剪枝后,D_1、D_2 都成为叶子结点,还可以进一步再做剪枝,将 D_1、D_2 剪掉,D 也成为叶子结点。这样,自底向上可以一步步完成剪枝操作。

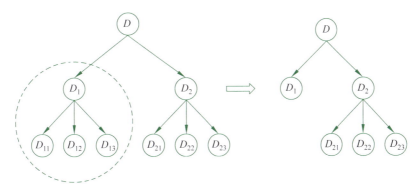

图 5.15 剪枝示意图

那么,剪枝到什么时候为止呢?有两种方法可以做出判断。

第一种方法是利用验证集。每做一次剪枝,都比较剪枝前后决策树在验证集上的错误率,如果剪枝后错误率下降,则接受这次剪枝,否则不接受这次剪枝。然后再试探其他可能的剪枝,直到所有可能的剪枝后错误率都不再下降为止。例如,图 5.15 中,如果 D_1 的子结点剪掉后错误率下降,则接受这个剪枝,否则就要保留这些子结点。同样,如果 D_2 的子结点剪掉后错误率会下降,则也接受这个剪枝,否则就保留这些子结点。如果 D_1、D_2 的子结点都被剪掉了,则作为叶子结点 D_1、D_2 也可以被剪掉,至于最终是否被剪掉,则取决于剪掉后的错误率变大还是变小。如果 D_1 或者 D_2 中有一个结点的子结点被保留了,那么 D_1、D_2 这两个结点也就不能被剪掉了。因为所有子结点被剪掉后,其父结点才可能成为叶子结点。剪枝操作一定是几个作为子结点的叶子结点同时被剪掉,使其父结点成为叶子结点,因为只能对叶子结点进行类别标注。

利用验证集的剪枝方法优点是简单、可靠,前提是验证集具有足够多的样本。一般来说,在实际问题中收集足够多的数据并不是一件容易的事情,何况在训练决策树时也需要足够多的样本,才有可能得到一棵比较好的决策树。有限多的样本要尽可能用在训练上,为此提出了基于损失函数的剪枝方法。

基于损失函数的方法就是充分利用训练集,通过定义损失函数实现剪枝。其想法与利用验证集的剪枝方法基本相同,也是对构建好的决策树自底向上做剪枝,只是在判断剪枝是否合理时,用损失函数代替验证集上的错误率,其关键是如何定义合理的损失函数。不同的损失函数定义方法,产生了不同的剪枝方法。下面以其中一种方法为例,介绍如何利用损失函数做剪枝。

是否为过拟合问题,需要从两方面考虑问题:一是当决策树比较大时,虽然在训练集上的错误率比较低,但是可能产生过拟合问题,剪枝的目的是减小决策树的规模;二是当决策树比较小时,即便在训练集上,也会产生过大的错误率,从而导致欠拟合。所以,解决过拟合问题的关键是在决策树的大小与错误率之间做一个折中选择,找到一个合适的平衡点。

如何评价决策树的大小呢?决策树的叶子结点个数可以作为评价决策树大小的一个指标,叶子结点越多,说明决策树越大、越复杂,叶子结点越少,说明决策树越小、越简单。如何反映决策树在训练集上的错误率呢?我们说过,熵的大小代表了数据的混乱程度,如果一个叶子结点的熵比较小,就说明这个结点的错误率比较小,所以叶子结点的熵与错误率相关,可以用叶子结点的熵表示错误率。但是,对于具有相同熵的两个叶子结点,如果其包含的样本数不同,对错误率的贡献也是不同的,显然,包含样本越多的结点对错误率的贡献越大。这样我们应该对叶子结点的熵按照样本的多少进行加权处理。

为了表示方便,我们用 T 表示一棵决策树,$N(T)$ 表示决策树叶子结点的个数,T_i 表示决策树的第 i 个叶子结点,N_i 表示第 i 个叶子结点 T_i 包含的样本数,$H(T_i)$ 表示叶子结点 T_i 的熵,α 为加权系数。

这样,我们可以定义损失函数:

$$C(T) = \sum_{i=1}^{N(T)} N_i H(T_i) + \alpha N(T) \tag{5.20}$$

式(5.20)的第一部分是叶子结点的熵按照结点所含样本数的加权和,反映的是错误率。第二部分是决策树叶子结点的个数,反映的是决策树的复杂程度,加权系数 α 在两部分之间起到一个调节的作用,较大的 α 会选择较简单的决策树,而较小的 α 会选择复杂一些的模型。

基于损失函数的决策树剪枝,就是用损失函数代替验证集上的错误率,用损失函数评价剪枝的合理性,保留那些使得损失函数下降的剪枝,当所有剪枝都导致损失函数上升时,则停止剪枝。其他方面与使用验证集的剪枝方法一样,就不详细叙述了。

下面以图 5.13 构建的决策树为例,看看如何利用损失函数对决策树进行剪枝。为了方便计算,重画决策树,如图 5.16 所示。

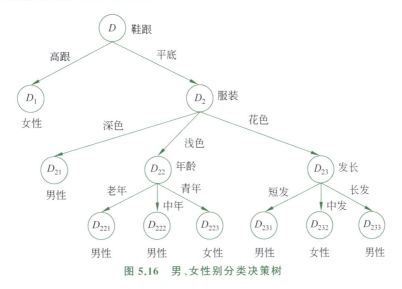

图 5.16 男、女性别分类决策树

首先计算剪枝前的损失函数,假设加权系数 α 为 2。

该决策树共有 8 个叶子结点,每个叶子结点中的样本都是"纯的"男性或者女性,叶子结点的熵均为 0,所以损失函数的第一项为 0。第二项为 α 乘以叶子结点的个数。所以,损失函数为

$$C(T) = \sum_{i=1}^{N(T)} N_i H(T_i) + \alpha N(T)$$
$$= 0 + 2 \times 8$$
$$= 16$$

下面看看如果剪掉结点 D_{22} 的所有子结点是否合理。剪掉结点 D_{22} 的所有子结点后,决策树的叶子结点数为 6,除叶子结点 D_{22} 外,其余叶子结点没有变,这些叶子结点的熵还是 0。下面计算叶子结点 D_{22} 的熵。

根据前面的数据,叶子结点 D_{22} 中共有 4 个样本,其中 3 个男性样本、1 个女性样本,这样得到 D_{22} 的熵:

$$H(D_{22}) = -(P(男性) \times \log(男性) + P(女性) \times \log(女性))$$
$$= -\left(\frac{3}{4} \times \log\left(\frac{3}{4}\right) + \frac{1}{4} \times \log\left(\frac{1}{4}\right)\right)$$
$$= 0.8113$$

所以,剪枝后的损失函数为

$$C(T) = \sum_{i=1}^{N(T)} N_i H(T_i) + \alpha N(T)$$
$$= 4 \times H(D_{22}) + \alpha N(T)$$
$$= 4 \times 0.8113 + 2 \times 6$$

$$= 3.2452 + 12$$
$$= 15.2452$$

这样剪枝后的损失函数 15.2452 小于剪枝前的损失函数 16，所以这个剪枝是合理的，接受该剪枝，得到剪枝后的决策树如图 5.17 所示。其中，由于叶子结点 D_{22} 中男性样本多于女性样本，所以类别标记为男性。

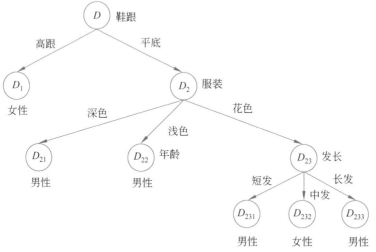

图 5.17 第一次剪枝后的男、女性别分类决策树

接下来再看看如果剪掉结点 D_{23} 的所有子结点是否合理。剪掉结点 D_{23} 的所有子结点后，决策树的叶子结点数为 4，我们已经知道叶子结点 D_1、D_{21} 的熵为 0，D_{22} 的熵刚刚计算过，结果为 0.8113。下面计算叶子结点 D_{23} 的熵。

根据前面的数据，结点 D_{23} 中共有 2 个样本，其中 1 个男性样本、1 个女性样本，这样可得到 D_{23} 的熵：

$$H(D_{23}) = -(P(男性) \times \log(男性) + P(女性) \times \log(女性))$$
$$= -\left(\frac{1}{2} \times \log\left(\frac{1}{2}\right) + \frac{1}{2} \times \log\left(\frac{1}{2}\right)\right)$$
$$= 1$$

所以，剪枝后的损失函数为

$$C(T) = \sum_{i=1}^{N(T)} N_i H(T_i) + \alpha N(T)$$
$$= 4 \times H(D_{22}) + 2 \times H(D_{23}) + \alpha N(T)$$
$$= 4 \times 0.8113 + 2 \times 1 + 2 \times 4$$
$$= 5.2452 + 8$$
$$= 13.2452$$

这样剪枝后的损失函数 13.2452 小于剪枝前的损失函数 15.2452，所以这个剪枝也是合理的，接受该剪枝，得到剪枝后的决策树如图 5.18 所示。由于叶子结点 D_{23} 中男、女样本各有一个，类别标记可以是男性，也可以是女性，假定标注为女性。

注意这里的"剪枝前"指的是对 D_{23} 的子结点做剪枝前，也就是将 D_{22} 的子结点剪掉后的结果，并不是最开始没有剪枝时的损失函数。

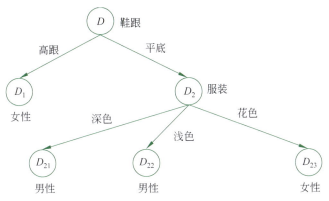

图 5.18　第二次剪枝后的男、女性别分类决策树

到这里为止，我们已经完成两次剪枝，接下来还要看看结点 D_2 的子结点是否可以剪掉。

剪掉结点 D_2 的所有子结点后，决策树的叶子结点数为 2，我们已经知道叶子结点 D_1 的熵为 0。下面计算叶子结点 D_2 的熵。

根据前面的数据，结点 D_2 中共有 10 个样本，其中 8 个男性样本、2 个女性样本，这样得到 D_2 的熵：

$$H(D_2) = -(P(男性) \times \log(男性) + P(女性) \times \log(女性))$$
$$= -\left(\frac{8}{10} \times \log\left(\frac{8}{10}\right) + \frac{2}{10} \times \log\left(\frac{2}{10}\right)\right)$$
$$= 0.7219$$

所以，剪枝后的损失函数为

$$C(T) = \sum_{i=1}^{N(T)} N_i H(T_i) + \alpha N(T)$$
$$= 10 \times H(D_2) + \alpha N(T)$$
$$= 10 \times 0.7219 + 2 \times 2$$
$$= 7.219 + 4$$
$$= 11.219$$

这样剪枝后的损失函数 11.219 小于剪枝前的损失函数 13.2452，所以这个剪枝也是合理的，接受该剪枝，得到剪枝后的决策树如图 5.19 所示。由于叶子结点 D_2 中男性样本多于女性样本，所以叶子结点 D_2 标注为男性。

到这里为止，我们完成了 3 次剪枝，接下来还要看看结点 D 的子结点是否可以剪掉。

剪掉结点 D 的所有子结点后，决策树的叶子结点数为 1，我们计算结点 D 的熵。

根据前面的数据，结点 D 中共有 15 个样本，其中 8 个男性样本、7 个女性样本，这样得到 D 的熵：

图 5.19　第三次剪枝后的男、女性别分类决策树

$$H(D) = -(P(男性) \times \log(男性) + P(女性) \times \log(女性))$$
$$= -\left(\frac{8}{15} \times \log\left(\frac{8}{15}\right) + \frac{7}{15} \times \log\left(\frac{7}{15}\right)\right)$$
$$= 0.9968$$

所以剪枝后的损失函数为

$$C(T) = \sum_{i=1}^{N(T)} N_i H(T_i) + \alpha N(T)$$
$$= 15 \times H(D) + \alpha N(T)$$
$$= 15 \times 0.9968 + 2 \times 1$$
$$= 14.952 + 2$$
$$= 16.952$$

这样剪枝后的损失函数 16.952 大于剪枝前的损失函数 11.219，所以这个剪枝是不合理的，拒绝该剪枝。

至此，不存在其他可能的剪枝了，剪枝过程结束，图 5.19 所示的决策树就是我们最后得到的决策树。由于这个例子数据并不多，其结果不一定典型，不要太在意最后的结果，我们只是通过这个例子演示剪枝的过程。

5.3.4 随机森林算法

下面对决策树算法进行一个扩展讨论。设有一个足够大的数据集，将该数据集分成 n 份，用每份数据集构建一棵决策树，这样对于同一问题就有 n 棵决策树。多棵决策树组合在一起就构成了"决策森林"（见图 5.20）。

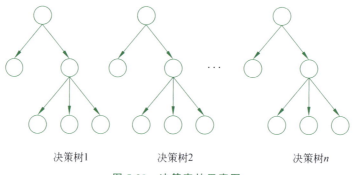

图 5.20 决策森林示意图

这里的 n 棵决策树虽然是为了解决同一问题而建立的，但是由于用到的数据集不同，所以每棵决策树也会各有特点。对于同一个输入的待分类样本，不同的决策树可能会给出不同的分类结果，但是一般情况下，只要每棵决策树具有一定的分类精度，则多数决策树给出的结果应该是正确的分类结果。基于这样的假设，在决策森林中可以采用简单投票的方法，将得票最多的类别作为决策森林的输出。例如，对于男、女性别分类问题，假定共有 11 棵决策树，将一个待分类样本分别输入这 11 棵决策树中，如果有 6 棵以上的决策树输出为男性，则决策森林输出为男性，否则就输出为女性。

对于多个类别，也采用相同的原则，可以按照简单多数原则处理，不要求得票数一定过半数。例如，还是 11 棵决策树，共有 a、b、c、d 4 个类别，假定 a 获得 4 票，b 获得 3 票、c 获得

2 票、d 获得 2 票，则投票结果为 a。

但是我们多次说过，实际应用中数据是非常宝贵的，数据量总是显得不足，构建一棵拥有 10 棵决策树的决策森林需要 10 倍多的数据，因此在决策森林构建问题上，数据不足问题更加严重。为解决数据不足问题，提出了随机森林算法。

设有数据集 D，特征集合 A，为了构建一个具有 n 棵决策树的随机森林，在两个地方用到了"随机"。

一是从拥有 N 个样本的数据集 D 中有放回地随机抽取 N 个样本，用随机抽取到的数据集训练决策树，这样通过有放回抽取数据的方法，就可以构建 n 棵决策树。

这里，"有放回地随机抽取"指的是随机抽取到一个样本后，并不把该样本从数据集中删除，下次抽取时还可能再次被抽取到。这样随机得到的不同数据集之间肯定有大量的重复样本，即便是同一数据集里边，也会有重复样本，这样获取数据集的方法称为自举法。

我们希望决策森林里的每棵决策树都是不同的，这样投票才有意义。如何做到不同呢？只能是训练数据集不同。采用这种"有放回地随机抽取"方式得到的数据集具有与原始数据集 D 一样的大小，但是由于可能随机地出现重复样本，这样得到的 n 个数据集也就不同了，从而可以实现用与原始数据集 D 一样多的数据建立 n 棵不同的决策树。

随机森林算法用到的第二个"随机"是指对特征做随机抽取。为了得到尽可能不同的 n 棵决策树，除对数据集做随机抽取外，每次进行特征选择时对特征也可以做一次随机抽取，只有被抽取到的特征才有可能被选中。这样，即便数据集差别不大，但由于特征集有变化，也会得到不同的决策树。

采用这种方法构建的决策森林称作随机森林。

原则上，决策树越多，随机森林的性能越好，也就是错误率越小。但是，决策树越多，计算量就越大，效率也就越低，所以应该在错误率和效率之间做一个平衡。同时，由于采用有放回的随机抽取方法，采集的数据集数太多时，加大了出现雷同数据集的可能性，这也是我们不希望出现的结果。

当决策树数量达到一定程度后，随着决策树数量的增多，错误率应接近饱和，不会显著下降。可以依据类似的想法确定决策树的数量，这时又要涉及如何得到错误率的问题，因为测试错误率也需要数据。在随机森林中，由于每棵决策树是通过随机采样获得的数据构建的，所以每棵决策树都存在"集外"数据，也就是构建该决策树没有用到的数据。这样，可以用集外数据作为测试用数据。

由于每棵决策树的训练数据集是不同的，所以集外数据也会不同。可以证明，对于每棵决策树来说，原数据集 D 中大约有三分之一的数据采集不到，属于集外数据，准确地说是大约 $\frac{1}{e}=37\%$ 的数据为集外数据。另外，对于数据集 D 中的每个样本来说，大约三分之一的决策树是集外数据。这样，任意一个样本都可以有大约三分之一的决策树组成一个小随机森林，用这个小随机森林对这个样本进行分类。最终可以得到一个分类错误率，我们称该错误率为集外错误率。该集外错误率可以作为随机森林错误率的一个估计。

大量实践证明，随机森林是一个性能很好的分类器，具有很好的泛化能力，充分体现了"三个臭皮匠顶个诸葛亮"的思想，利用多个"皮匠"（决策树），通过投票提高分类器的性能。

除随机抽取数据、随机抽取特征外，随机森林中决策树的构建方法与前面介绍的方法完全一样,而且一般不需要剪枝处理,直接使用构建好的决策树即可。这是因为对于每棵决策树来说,肯定会有过拟合现象发生,但是由于随机森林具有多棵决策树,通过投票方法决定最终的分类结果,过拟合现象并不明显,因为不同的决策树过拟合发生的位置(决策树的某个结点)是不一样的,通过投票可以一定程度上避免过拟合现象的发生。

5.4　k 近邻方法

俗话说,物以类聚人以群分,如果两个事物距离很近,那么我们就有理由认为这两个事物很可能是同一个类别。这样,对于一个待分类样本,可以计算其与训练数据集中所有样本的距离,与其最近的一个样本的类别就可以认为是该待分类样本的类别。这种方法称作最近邻方法。

比如男、女性别分类问题,假定有发长和鞋跟高度两个特征,取值为发长和鞋跟高度的实际值,这样(＜发长＞,＜鞋跟高度＞)就可以构成平面空间中的一个点,如图 5.21 所示。其中"△"为训练集中男性样本的坐标,"○"为女性样本的坐标,x 和 y 为两个待分类样本。从图 5.21 中可以看出 x 与样本 a 的距离比较近,y 与样本 b 的距离比较近,而样本 a、b 分别为男性和女性,所以有理由认为 x 的类别为男性,y 的类别为女性。

图 5.21　最近邻方法示意图

但是,这种方法也有一定的风险,因为数据集大了以后,不可避免地存在噪声或者标识错误,如果样本 a 被错误地标识成女性,x 就会被识别成女性。

一种解决方法是不仅只看与待分类样本距离最近的一个样本的类别,还要看距离它最近的 k 个样本的类别,k 个样本中类别不一定完全一样,哪种类别多就认定该待分类样本是哪个类别。这种方法称作 k 近邻方法,简称 kNN。

图 5.22 给出了 k 近邻方法的示意图。图中距离待分类样本 x 较近的样本有 5 个,虽然样本 a 的类别为女性,但是其余 4 个样本的类别为男性,所以样本 x 还是被识别为男性。这就消除了因个别噪声引起的识别错误。

当具有多个类别时,也可以按照同样的方法处理,就是 k 近邻中哪个类别的样本最多,待分类样本就被识别为哪个类别,不要求一定过半数。

当 k 为 1 时,k 近邻方法就是最近邻方法,受噪声影响比较大,类似于过拟合,但是如果 k 太大,容易造成欠拟合,极限情况下 k 与训练数据集的大小一致时,任何待分类样本都会被固定地识别为数据集中样本数最多的类别。所以,如何选取 k 是 k 近邻方法中主要问题

图 5.22 k 近邻方法的示意图

之一。

图 5.23 给出了 k 取不同值时对识别结果影响的示意图。

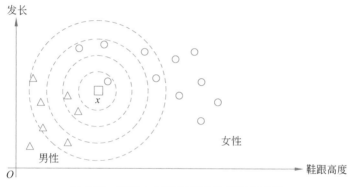

图 5.23 不同 k 值时对结果的影响示意图

可以看出，k 为 1 时，x 被识别为女性；k 为 3 时，3 个近邻中有 2 个男性，x 被识别为男性；k 为 5 时，5 个近邻中有 3 个女性，x 又再次被识别为女性；k 扩大为 11 时，11 个近邻中有 6 个男性，x 又被识别为男性。可见 k 的不同取值对识别结果的影响。多大的 k 值合适，需要根据具体问题的样本情况，通过实验决定，选取一个错误率最小的 k 值。

k 近邻方法直接计算待分类样本与训练数据集中每个样本的距离，所以是一种不需要训练的分类方法，直接存储训练数据集就可以了。

k 近邻方法主要是计算距离，欧几里得距离是比较常用的距离计算方法，但是在 k 近邻方法中并不限于只使用欧几里得距离，任何一种距离计算方法都可用在 k 近邻方法中。下面介绍几种常用的距离计算方法。假定每个样本共有 n 个特征，样本 x_i 的 n 个特征取值为 $(x_{i1}, x_{i2}, \cdots, x_{in})$。

(1) 欧几里得距离

这是最常用的距离计算方法，我们平时说的两点间的距离一般指欧几里得距离。样本 x_i 和样本 x_j 的欧几里得距离为两个样本对应特征值之差的平方和再开方，即

$$L_2(x_i, x_j) = \sqrt{(x_{i1} - x_{j1})^2 + (x_{i2} - x_{j2})^2 + \cdots + (x_{in} - x_{jn})^2} \quad (5.21)$$

(2) 曼哈顿距离

曼哈顿距离是样本 x_i 和样本 x_j 对应特征值之差的绝对值之和，即

$$L_1(x_i, x_j) = |x_{i1} - x_{j1}| + |x_{i2} - x_{j2}| + \cdots + |x_{in} - x_{jn}| \quad (5.22)$$

该距离又称为城区距离,表示的是一个只有横平竖直道路的城区中任意两点间的距离。

(3) 加权欧几里得距离

加权欧几里得距离,顾名思义就是在计算距离时,每个平方项具有不同的权重 α_k,即

$$L_2(x_i, x_j) = \sqrt{\alpha_1 (x_{i1}-x_{j1})^2 + \alpha_2 (x_{i2}-x_{j2})^2 + \cdots + \alpha_n (x_{in}-x_{jn})^2} \quad (5.23)$$

其中的 α_k 可以从两方面考虑:一是重要的特征对应的权重大,在实际应用中根据情况人为给定权重值;二是从特征取值的差异性角度考虑,比如在男、女性别分类中有发长和鞋跟高度两个特征,如果单位都是厘米,那么鞋跟高度取值区间为 0~10 厘米,而发长取值区间为 0~100 厘米。显然,取值区间大的特征,其差的平方比较大,取值区间小的特征,其差的平方也小,当二者差距比较大时,很有可能距离值基本由取值区间大的特征决定,而淹没了取值区间小的特征的作用。为此,可以对取值区间大的特征赋予一个相对比较小的权重,而对取值区间小的特征赋予一个相对比较大的权重。一种方法是计算每个特征 k 取值的方差 S_k,用方差 S_k 的倒数作为权重,即

$$\alpha_k = \frac{1}{S_k} \quad (5.24)$$

这种采用方差的倒数作为权重的加权欧几里得距离又称作标准欧几里得距离,是采用方差归一化的欧几里得距离,消除了特征取值区间不同造成的影响。

还有一些其他的距离计算方法,我们不再多说。另外一些相似性评价方法也可用于 k 近邻中,用相似性取代距离,取 k 个最相似的样本就可以了。

下面给出一个采用 k 近邻方法进行分类的例子。

表 5.3 前 5 列给出了具有 15 个样本的数据集,其中第 1 列是样本 ID,第 2~4 列给出了每个样本的 3 个特征取值,第 5 列是每个样本的所属类别。第 6 列给出了每个样本与待分类样本 $x=(3.5,3.3,0.8)$ 的距离,第 6 列给出了按照距离排序后的序号。从表 5.5 中可以看出,当 k 取值为 5 时,与 x 最近的 5 个样本 ID 分别为 13、14、15、10、2,其中 ID 为 13、14、15 的 3 个样本类别为 C,ID 为 10 的样本类别为 B,ID 为 2 的样本类别为 A。按照 k 近邻方法,待分类样本 x 被识别为类别 C。

表 5.3 k 近邻方法分类

ID	特征 1	特征 2	特征 3	类 别	与 x 的距离	距离排序
1	0.7	1.2	0.9	A	3.50	15
2	1.5	1.3	0.8	A	2.83	5
3	1.1	0.8	1.2	A	3.49	14
4	0.9	1.1	0.7	A	3.41	12
5	1.2	1.4	1.3	A	3.02	7
6	0.2	3.5	0.3	B	3.34	11
7	0.3	4.1	0.7	B	3.30	10
8	0.3	3.2	1.2	B	3.23	9
9	0.1	2.8	0.5	B	3.45	13
10	0.7	3.3	1.1	B	2.82	4
11	2.8	0.2	1.1	C	3.19	8

续表

ID	特征1	特征2	特征3	类别	与x的距离	距离排序
12	3.1	0.5	1.5	C	2.91	6
13	4.5	1.2	1.3	C	2.38	1
14	4.1	0.9	0.9	C	2.48	2
15	2.9	0.7	1.2	C	2.70	3

5.5 支持向量机

5.5.1 什么是支持向量机

请看图 5.24 所示的例子,"○"是一个类别,"△"是一个类别,如果用一条直线将两个类别分开,显然存在无数种方案,图 5.25 所示的红线 A 是其中一种,凭感觉它也是一条比较好的分界线。

图 5.24 两个类别示意图

图 5.25 两个类别示意图——一种划分方法

接下来分析一下,如图 5.26 所示,A、B、C、D 等多条直线都可以作为这个问题的分界线,为什么红线 A 是一条比较好的分界线。

从直觉上看,在两类靠近中间的地方画一条线将两类分开是比较合理的,这样,对于一个待分类样本,看它在红线的哪一边,在哪边就将其分类为哪个类别。如果将直线 B 或者 C 作为分界线,就太靠近其中一个类别了,而直线 D 则是两个类别都很靠近,也不是一个好

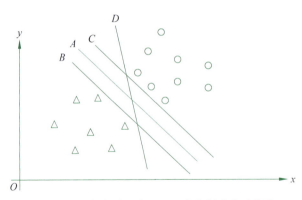

图 5.26　两个类别示意图——多个划分方法比较

的分界线。因为这几个分界线都不利于将来用于分类。

那么,应如何定义最优分界线呢? 可从"中间线"着手给出最优分界线的定义。所谓"中间线",就是不偏不倚,距离两个类别的距离是一样的。直线到类别的距离是指该类别中距离直线最短的样本的距离,而"中间线"就是到两个类别的距离相等。但是"中间线"是否就是最优分界线呢?

看图 5.27 所示的情况,图中 A、B 两条直线距离两个类别的距离都相等,都属于"中间线",但是哪条直线作为两个类别的分界线更好呢? 从图中可以看出,直线 A 好于直线 B,因为 A 到两个类别的距离更远,更适用于分类。

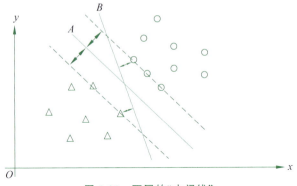

图 5.27　不同的"中间线"

所以,最优分界线只是"中间线"还不够,还希望是距离两个类别的距离最远的"中间线"。综合这两点,可以给出最优分界线的定义:

距离两个类别的距离最大的中间线,就是两个类别的最优分界线,而中间线指的是距离两个类别的距离相等的直线。

如图 5.27 所示,直线 A、B 都是两个类别的中间线,但是直线 A 距离两个类别的距离更大,所以相比直线 B,直线 A 更可能是最优分界线。

上述通过中间线定义了最优分界线,这个定义更容易理解。事实上,最优分界线的定义可以更简单:

最优分界线是使得距离两个类别的距离中最小的距离最大的分界线。

这个定义中虽然没有提到中间线,但是隐含了中间线信息,因为使得两个类别的距离中最小的距离最大,就限制了这个分界线一定是中间线。因为如果不是中间线,就会造成距离一个类别近了。如图 5.28 所示,红色虚线是中间线,绿色线偏离中间线后,距离"△"类更近,就不满足两个类别的距离中最小的距离最大这个条件了,这个条件一定会使得分界线处于中间线位置。

图 5.28　偏离中间线的分界线

图 5.29 中红色直线所示的就是最优分界线。可以看出,最优分界线只由两个类别边缘上的 a、b、c、d、e 几个样本点决定,其他样本点都属于"打酱油"的,可有可无。由于欧几里得空间中的一个点也可以看作一个向量,因此 a、b、c、d、e 这 5 个样本点被称作支持向量,这 5 个支持向量决定了最优分界线。有了最优分界线后,就可以用最优分界线对待分类样本进行分类了。对于任意一个待分类样本,只要看该样本处于最优分界线的哪一边,就可以判断其所属的类别。采用这种方法进行分类的方法称作支持向量机,简写为 SVM。

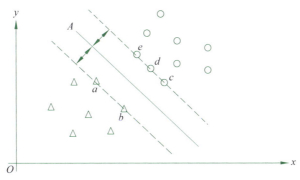

图 5.29　最优分界线示意图

这里一直以平面上的点,也就是样本只有两个特征取值为例进行说明,实际上特征可能有多个,拥有成百上千个特征都是有可能的,这样的样本属于多维欧几里得空间中的一个点。在多维情况下,就不能用直线作为两个类别的分界线了,只能用超平面做分界,最优分界线就变成了最优分界面。这个最优分界面称作分类超平面。

原则上,支持向量机只能实现二分类,不能直接实现多分类,但是我们后面会讲到,任意一个二分类方法都可以经过一定的组合实现多分类问题。这一点待后面介绍,这里只考虑二分类问题。

支持向量机就是要求出这个最优分界面。为了方便介绍,下面先介绍几个术语和概念。

设训练集 T 是 N 个训练样本的集合:

$$T=\{(x_1,y_1),(x_2,y_2),\cdots,(x_N,y_N)\}$$

其中：

$$\boldsymbol{x}_i=(x_i^{(1)},x_i^{(2)},\cdots,x_i^{(n)})$$

是第 i 个训练样本的 n 个特征取值组成的 n 维向量，对应 n 维欧几里得空间中的一个点，$x_i^{(k)}$ 是其第 k 个特征的取值。y_i 是 x_i 的类别，取值为 1 或者 -1，表示正类或者负类。

假设男性类别为 1，女性类别为 -1，一个发长为 10、鞋跟高度为 5 的女性样本可以表示为

$$((10,5),-1)$$

一个发长为 2、鞋跟高度为 1 的男性样本可以表示为

$$((2,1),1)$$

正如前面曾经强调过的，支持向量机求解的是二分类问题，只有两个类别，分别用 1 或 -1 表示，这样的表示方法方便我们后续的推导，在后面的推导中我们用到了这一点。

最优分界面可以用平面方程表示如下：

$$\boldsymbol{w}^*\cdot\boldsymbol{x}+b^*=0 \tag{5.25}$$

其中 $\boldsymbol{w}^*$、$\boldsymbol{x}$ 都是向量：

$$\boldsymbol{w}^*=(w_1^*,w_2^*,\cdots,w_n^*)$$
$$\boldsymbol{x}=(x^{(1)},x^{(2)},\cdots,x^{(n)})$$

$\boldsymbol{w}^*\cdot\boldsymbol{x}$ 表示两个向量的点积，即

$$\boldsymbol{w}^*\cdot\boldsymbol{x}=\sum_{i=1}^n w_i^*\cdot x^{(i)}$$

带"*"号表示的是最优分界面，如果不带"*"号就是一个一般的超平面。一个超平面由 w 和 b 唯一决定，为了方便叙述，我们用 (w,b) 表示一个超平面。

将最优分界面上的点代入式(5.25)的左边，结果刚好等于 0，而将不在最优分界面上的点代入式(5.25)的左边，结果或者大于 0，或者小于 0。大于 0 的点在最优分界面的一边，小于 0 的点在最优分界面的另一边，通过判断大于 0 还是小于 0，就可以知道待分类样本输入哪个类别，大于 0 的为 1 类，小于 0 的为 -1 类。

可以引入一个符号函数 sign，该函数当输入大于 0 时输出为 1，输入小于 0 时输出为 -1。这样，将一个待分类样本代入式(5.25)的左边，然后再通过符号函数 sign 就可以直接得到待分类样本的类别为 1 或者 -1。我们将函数：

$$f(x)=\mathrm{sign}(\boldsymbol{w}^*\cdot\boldsymbol{x}+b^*) \tag{5.26}$$

称作决策函数，对于任意一个待分类样本 x，函数 $f(x)$ 的输出就是 x 的分类结果。

所以，支持向量机就是依据决策函数 $f(x)$ 进行分类的方法。

下面举一个例子。假设二维欧几里得空间中的一个最优分界线方程如下：

$$\frac{1}{2}x^{(1)}+\frac{1}{2}x^{(2)}-2=0$$

判别待分类样本 $x_1=(3,4)$ 和 $x_2=(-2,2)$ 所属的类别。

根据最优分界线方程，有决策函数：

$$f(x)=\mathrm{sign}\left(\frac{1}{2}x^{(1)}+\frac{1}{2}x^{(2)}-2\right)$$

将 $x_1=(3,4)$ 代入决策函数中,有

$$f(x_1) = \text{sign}\left(\frac{1}{2}x^{(1)} + \frac{1}{2}x^{(2)} - 2\right)$$
$$= \text{sign}\left(\frac{1}{2} \times 3 + \frac{1}{2} \times 4 - 2\right)$$
$$= \text{sign}(1.5)$$
$$= 1$$

所以 $x_1=(3,4)$ 的类别标记为 1,属于正类。

将 $x_2=(-2,2)$ 代入决策函数中,有

$$f(x_2) = \text{sign}\left(\frac{1}{2}x^{(1)} + \frac{1}{2}x^{(2)} - 2\right)$$
$$= \text{sign}\left(\frac{1}{2} \times (-2) + \frac{1}{2} \times 2 - 2\right)$$
$$= \text{sign}(-2)$$
$$= -1$$

所以 $x_2=(-2,2)$ 的类别标记为 -1,属于负类。

从上面例子可以看出,不同的样本点 x_i 代入超平面方程 (w,b) 中,具有不同的取值,根据点相对于超平面的不同位置,有的大于 0,有的小于 0,其绝对值的大小反映了该点到超平面的距离。我们称该距离为点 x_i 到超平面 (w,b) 的函数间隔。

当 $\boldsymbol{x}_i$ 属于正类时,其对应的标记 y_i 等于 1;当 $\boldsymbol{x}_i$ 属于负类时,其对应的标记 y_i 等于 -1,所以点 $\boldsymbol{x}_i$ 到超平面 (w,b) 的函数间隔 $\hat{\gamma}_i$ 可以表示为

$$\hat{\gamma}_i = y_i \cdot (\boldsymbol{w} \cdot \boldsymbol{x}_i + b) \tag{5.27}$$

对于一个超平面 (w,b) 来说,w 和 b 同时乘以一个非零的常数 c,该超平面是不变的,也就是说,超平面 (w,b) 和超平面 (cw,cb) 是同一个超平面,但是 $\boldsymbol{x}_i$ 到 (w,b) 的函数间隔和到 (cw,cb) 的函数间隔显然是不一样的,因为 x_i 到 (cw,cb) 的函数间隔:

$$\hat{\gamma}_i = y_i \cdot (c\boldsymbol{w} \cdot \boldsymbol{x}_i + cb)$$
$$= c(y_i \cdot (\boldsymbol{w} \cdot \boldsymbol{x}_i + b))$$

是 x_i 到 (w,b) 函数间隔的 c 倍。

点 x_i 到同一超平面的函数间隔竟然不同,这似乎是一个不太合理的结果,但是在后面的推导过程中,我们也会利用函数间隔的这个特点简化表示,这一点待后面再讲解。

为了解决函数间隔的不合理问题,可以对超平面方程做一个归一化处理,即将超平面方程 (w,b) 除以 w 的范数 $\|w\|$ 后再计算函数间隔,其中范数:

$$\|\boldsymbol{w}\| = \sqrt{w_1^2 + w_2^2 + \cdots + w_n^2}$$

这样计算得到的函数间隔称为几何间隔,用 γ_i 表示:

$$\gamma_i = y_i \cdot \left(\frac{\boldsymbol{w}}{\|\boldsymbol{w}\|} \cdot \boldsymbol{x}_i + \frac{b}{\|\boldsymbol{w}\|}\right) \tag{5.28}$$

对于几何间隔来说,就不会由于同一超平面的不同表示导致其几何间隔的大小不同了。因为对于超平面 (cw,cb) 来说:

$$\gamma_i = y_i \cdot \left(\frac{c\boldsymbol{w}}{\|c\boldsymbol{w}\|} \cdot \boldsymbol{x}_i + \frac{cb}{\|c\boldsymbol{w}\|} \right)$$

$$= y_i \cdot \left(\frac{c\boldsymbol{w}}{c\|\boldsymbol{w}\|} \cdot \boldsymbol{x}_i + \frac{cb}{c\|\boldsymbol{w}\|} \right)$$

$$= y_i \cdot \left(\frac{\boldsymbol{w}}{\|\boldsymbol{w}\|} \cdot \boldsymbol{x}_i + \frac{b}{\|\boldsymbol{w}\|} \right)$$

从这里也可以看出函数间隔 $\hat{\gamma}_i$ 与几何间隔 γ_i 具有如下的关系：

$$\gamma_i = \frac{\hat{\gamma}_i}{\|\boldsymbol{w}\|} \tag{5.29}$$

事实上，几何间隔就是我们平时所说的点到超平面的距离，一个点到一个超平面的距离不会因为超平面的不同表示而导致不同。

我们定义训练集 T 中样本到超平面最小的间隔为训练集 T 到超平面 $(\boldsymbol{w}, b)$ 的间隔。这样，训练集 T 到超平面 $(\boldsymbol{w}, b)$ 的函数间隔为

$$\hat{\gamma} = \min_i \hat{\gamma}_i \tag{5.30}$$

训练集 T 到超平面 $(\boldsymbol{w}, b)$ 的几何间隔为

$$\gamma = \min_i \gamma_i \tag{5.31}$$

同样，有

$$\gamma = \frac{\hat{\gamma}}{\|\boldsymbol{w}\|} \tag{5.32}$$

根据训练集 T 中样本分布的不同，可以构建线性可分支持向量机、线性支持向量机和非线性支持向量机，下面分别讨论这 3 种不同的支持向量机。

5.5.2 线性可分支持向量机

对于给定的训练集 $T = \{(x_1, y_1), (x_2, y_2), \cdots, (x_N, y_N)\}$，如果采用该训练集求得的最优分界面可以将训练集中两类样本严格分开，则得到的支持向量机为线性可分支持向量机。其中的"线性"指的是采用超平面对样本进行分类，"可分"指的是用一个超平面可以将训练集中的样本无差错地分开。图 5.29 所示就是一个线性可分支持向量机。

下面看看当给定一个线性可分的训练集后，如何求得一个线性可分支持向量机，也就是如何求得分类所需要的最优分界面。

前面我们曾经说过，最优分界面是使得到两个类别的距离中最小的距离最大的分界面，分解一下，这句话实际包含两个意思：一是"到两个类别的距离中最小的距离"实际上就是训练集 T 到超平面的几何间隔 γ，由于 γ 是所有样本点到超平面的几何间隔中最小的，也就隐含了满足条件"训练集 T 中所有样本点到超平面的几何间隔都大于或等于 γ"；二是"到两个类别的距离中最小的距离最大"表达的是希望训练集 T 到超平面的几何间隔 γ 最大。这种求解最优分界面的方法称作间隔最大化。

综合上述两点，用数学语言表达就是：

$$\max_{\boldsymbol{w}, b} \gamma$$

$$\text{s.t.} \quad y_i \cdot \left(\frac{\boldsymbol{w}}{\|\boldsymbol{w}\|} \cdot \boldsymbol{x}_i + \frac{b}{\|\boldsymbol{w}\|} \right) \geqslant \gamma \quad i = 1, 2, \cdots, N \tag{5.33}$$

其中"s.t."表示满足条件的意思,也就是说,在满足这个条件时,求一个超平面使得 γ 最大。

式(5.33)中,第一个数学表达式说的是求一个超平面(w,b),使得训练集到超平面的几何间隔 γ 最大;第二个不等式是说训练集中所有样本点到超平面的几何间隔要满足大于或等于 γ 这个条件。

式(5.33)是用几何间隔描述的,根据式(5.29)和式(5.32)给出的几何间隔与函数间隔的关系,式(5.33)也可以采用函数间隔 $\hat{\gamma}$ 描述如下:

$$\max_{w,b} \frac{\hat{\gamma}}{\|w\|}$$
$$\text{s.t.} \quad y_i \cdot (w \cdot x_i + b) \geqslant \hat{\gamma} \quad i=1,2,\cdots,N \tag{5.34}$$

前面介绍过函数间隔的特点,可以任意进行缩放,所以,为了描述简单,可以令 $\hat{\gamma}=1$,这样式(5.34)就可以表述为

$$\max_{w,b} \frac{1}{\|w\|}$$
$$\text{s.t.} \quad y_i \cdot (w \cdot x_i + b) \geqslant 1 \quad i=1,2,\cdots,N \tag{5.35}$$

这就相当于在满足约束条件 $y_i \cdot (w \cdot x_i + b) \geqslant 1$ 的情况下,求 $\frac{1}{\|w\|}$ 的最大值问题。

由于 $\frac{1}{\|w\|}$ 最大与 $\frac{1}{2}\|w\|^2$ 最小是等价的,所以式(5.35)最大值问题可以转换成如下的最小值问题:

$$\min_{w,b} \frac{1}{2} \|w\|^2 \tag{5.36}$$
$$\text{s.t.} \quad y_i \cdot (w \cdot x_i + b) \geqslant 1 \quad i=1,2,\cdots,N$$

这就是线性可分支持向量机问题。

由于乘上一个常数并不影响其最小值的求解,这里乘上一个"$\frac{1}{2}$"主要是为了最终得到的结果形式更加简单。

图 5.30 给出了线性可分支持向量机的示意图,图中中间实线为超平面,其方程为$(w \cdot x_i + b)=0$,两条虚线方程分别为$(w \cdot x_i + b)=1$、$(w \cdot x_i + b)=-1$。虚线到超平面的函数间隔为 1,虚线上的 5 个样本点为支持向量,它们到超平面的函数间隔均为 1。其他样本点到超平面的函数间隔均大于 1。两条虚线之间的函数间隔为 2,根据函数间隔与几何间隔之间的关系,我们知道两条虚线之间的几何间隔为 $\frac{2}{\|w\|}$,这也是训练集中两类样本间的最大间隔。

式(5.36)描述的支持向量机问题是一个含有不等式约束的最优化问题,直接求解比较困难,一般采用拉格朗日乘子法求解。拉格朗日乘子法是一种常用的求解这类具有不等式约束最优化问题的方法,在一般的最优化方面的书中都有介绍,这里不详细介绍该方法,直接给出如何用拉格朗日乘子法求解该最优化问题,并加以解释。

为了构建拉格朗日函数,先对式(5.36)做一个简单的变换,写成如下形式:

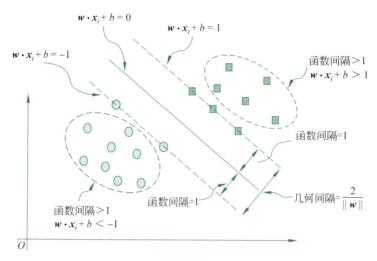

图 5.30　线性可分支持向量机示意图

$$\min_{w,b} \frac{1}{2} \| w \|^2$$
$$\text{s.t.} \quad 1 - y_i \cdot (w \cdot x_i + b) \leqslant 0 \quad i = 1, 2, \cdots, N \tag{5.37}$$

这样，按照式(5.37)就可以直接写出拉格朗日函数 $L(w, b, \alpha)$：

$$L(w, b, \alpha) = \frac{1}{2} \| w \|^2 + \sum_{i=1}^{N} \alpha_i (1 - y_i \cdot (w \cdot x_i + b)) \tag{5.38}$$

其中，$\alpha_i \geqslant 0 (i = 1, 2, \cdots, N)$ 为拉格朗日乘子，$\alpha = (\alpha_1, \alpha_2, \cdots, \alpha_N)$ 为拉格朗日乘子向量。N 是训练集样本的个数，也就是说，一个训练样本 x_i 对应一个 α_i。

式(5.38)所示的拉格朗日函数由两部分组成，其中第一部分为式(5.37)中第一个表达式去掉"min"后的部分 $\frac{1}{2} \| w \|^2$，第二部分为式(5.37)中不等式左边部分乘以拉格朗日乘子后再累加和。

下面简要分析一下如何通过拉格朗日函数求解线性可分支持向量机问题问题，如果想详细了解其中的数学原理，请参看有关最优化问题的书籍。

看下列情况

$$L(w, b, \alpha) = \frac{1}{2} \| w \|^2 + \sum_{i=1}^{N} \alpha_i \underbrace{(1 - y_i \cdot (w \cdot x_i + b))}_{\text{满足约束条件时} \leqslant 0}$$

其中，拉格朗日函数被虚线圈起来的部分为我们要求解的最优化问题的约束条件，由式(5.37)，当满足约束条件时，此项应小于或等于 0，不满足约束条件时此项大于 0。由于 $\frac{1}{2} \| w \|^2 \geqslant 0, \alpha_i \geqslant 0$，当满足不等式约束条件时，$\sum_{i=1}^{N} \alpha_i (1 - y_i \cdot (w \cdot x_i + b)) \leqslant 0$，所以如果以 α 为变量求解拉格朗日函数的最大值，就有

$$\max_{\alpha} L(w, b, \alpha) = \frac{1}{2} \| w \|^2$$

当不满足不等式约束条件时,$(1-y_i \cdot (\boldsymbol{w} \cdot \boldsymbol{x}_i + b)) > 0$,当 α 任意大时,有

$$\sum_{i=1}^{N} \alpha_i (1 - y_i \cdot (\boldsymbol{w} \cdot \boldsymbol{x}_i + b)) > 0$$

所以有

$$\max_{\boldsymbol{\alpha}} L(\boldsymbol{w}, b, \boldsymbol{\alpha}) = \infty$$

综合以上表达,有

$$\max_{\boldsymbol{\alpha}} L(\boldsymbol{w}, b, \boldsymbol{\alpha}) = \begin{cases} \dfrac{1}{2} \|\boldsymbol{w}\|^2, & \text{满足不等式约束条件时} \\ \infty, & \text{不满足不等式约束条件时} \end{cases} \quad (5.39)$$

我们希望得到的超平面应满足不等式约束条件,所以就有

$$\min_{\boldsymbol{w},b} \max_{\boldsymbol{\alpha}} L(\boldsymbol{w}, b, \boldsymbol{\alpha}) = \min_{\boldsymbol{w},b} \frac{1}{2} \|\boldsymbol{w}\|^2 \quad (5.40)$$

并且"自动"满足了不等式约束条件:

$$1 - y_i \cdot (\boldsymbol{w} \cdot \boldsymbol{x}_i + b) \leqslant 0 \quad (5.41)$$

通过拉格朗日乘子法需要求解一次最大化和一次最小化,粗看起来变得更复杂了,且引入了更多的变量 $\boldsymbol{\alpha}$,其分量 α_i 的个数同训练样本一样多。但是,由于"消除"了不等式约束条件这个"拦路虎",变得复杂一些也是值得的,并且还存在简化的可能性。

先看看原问题

$$\min_{\boldsymbol{w},b} \max_{\boldsymbol{\alpha}} L(\boldsymbol{w}, b, \boldsymbol{\alpha})$$

与其对偶问题

$$\max_{\boldsymbol{\alpha}} \min_{\boldsymbol{w},b} L(\boldsymbol{w}, b, \boldsymbol{\alpha})$$

之间的关系。

所谓的对偶问题,简单说就是原问题是先求最大再求最小,其对偶问题是先求最小再求最大。

一般情况下,原问题与其对偶问题之间并不直接相等。例如,假定一个班级中学生身高有高有矮,年龄有大有小,身高有相同的,年龄也有相同的。我们想求身高最高的学生中年龄最小的学生,也就是先求最大身高,然后再求最小年龄。其对偶问题就是年龄最小的学生中身高最高的学生。假设班上身高最高的学生是 A、B,A 的年龄大于 B 的年龄,则原问题的解为 B 学生。再假设 C、D 是班上年龄最小的两位学生,C 的身高比 D 高,则原问题对偶问题的解是学生 C。无论从身高的角度还是从年龄的角度来说,C 都不会大于 B。因为从身高角度说,B 是身高最高的学生之一,所以 C 的身高不会比 B 高。从年龄角度来说,由于 C 是年龄最小的学生之一,所以 C 的年龄也不会比 B 大。所以,无论是身高还是年龄,都有 $C \leqslant B$,即

身高最高的学生中年龄最小的学生 $\geqslant$ 年龄最小的学生中身高最高的学生

只有当 C 和 B 的身高、年龄都相等时等式才成立,这时 C 和 B 可能是同一个学生。

如果等式成立,就可以通过求解对偶问题的解得到原问题的解,前提条件是对偶问题更容易求解。

下面一步步分析这个问题。

拉格朗日函数显然满足下面这个不等式:

$$\min_{w,b}(L(w,b,\alpha)) \leqslant L(w,b,\alpha) \leqslant \max_{\alpha}(L(w,b,\alpha)) \tag{5.42}$$

式中,左边是以 w、b 为变量求最小值,拉格朗日函数显然应该大于或等于该最小值;右边是以 α 为变量求最大值。同样,拉格朗日函数显然应该小于或等于该最大值。

由式(5.42)有

$$\min_{w,b}(L(w,b,\alpha)) \leqslant \max_{\alpha}(L(w,b,\alpha)) \tag{5.43}$$

在任何取值下,式(5.43)右边总是大于或等于左边,那么右边的最小值也一定大于或等于左边的最大值,所以有

$$\max_{\alpha}\min_{w,b}(L(w,b,\alpha)) \leqslant \min_{w,b}\max_{\alpha}(L(w,b,\alpha)) \tag{5.44}$$

式(5.44)右边刚好就是原问题,左边是它的对偶问题。也就是说,原问题总是大于或等于其对偶问题,这与我们前面举例的年龄、身高问题结论是一样的。

那么等号是否成立呢? 只有当等号成立时,才可以用对偶问题求解原问题的解。可以证明,当问题同时满足 KKT 条件时,不等式(5.44)中的等式成立。

KKT 条件是以 3 个提出者的姓氏首字母命名的,这里不详细介绍为什么满足 KKT 条件时不等式(5.44)中的等式成立,只结合具体问题给出具体的 KKT 条件:

$$\begin{aligned}&\nabla_{w,b}L(w,b,\alpha)=0\\&\alpha_i(1-y_i\cdot(w\cdot x_i+b))=0\\&(1-y_i\cdot(w\cdot x_i+b))\leqslant 0\\&\alpha_i \geqslant 0\\&i=1,2,\cdots,N\end{aligned} \tag{5.45}$$

下面逐一分析这几个条件。

第一条 $\nabla_{w,b}L(w,b,\alpha)=0$,这里的"$\nabla$"表示求梯度,也就是求偏导数的意思。这里的 $w=(w_1,w_2,\cdots,w_n)$ 是一个向量,b 是一个标量,梯度等于 0 就相当于条件:

$$\begin{cases}\dfrac{\partial L(w,b,\alpha)}{\partial w_i}=0\\\dfrac{\partial L(w,b,\alpha)}{\partial b}=0\end{cases} \tag{5.46}$$

由于无论是原问题还是对偶问题,都要求拉格朗日函数对 w、b 的最小值,梯度为 0 是最小值需要满足的必要条件。

接下来先看第三条 $(1-y_i\cdot(w\cdot x_i+b))\leqslant 0$,这是式(5.37)中的不等式条件,也是必须满足的条件。

再看第四条 $\alpha_i\geqslant 0$,α_i 是引入的拉格朗日乘子,要求大于或等于 0,所以也是必须满足的条件。

回头看第二条 $\alpha_i(1-y_i\cdot(w\cdot x_i+b))=0$,要满足这个条件,只能是 $\alpha_i=0$,或者是 $(1-y_i\cdot(w\cdot x_i+b))=0$,二者至少有一个为 0。由 KKT 条件的第三条和第四条得知,这两个都有可能为 0。当 α_i 等于 0 时,$(1-y_i\cdot(w\cdot x_i+b))$ 的值可以是任意值;当 α_i 不等于 0 时,$(1-y_i\cdot(w\cdot x_i+b))$ 的值必须为 0。同样,当 $(1-y_i\cdot(w\cdot x_i+b))$ 的值为 0 时,α_i 的值可以是任意值,当 $(1-y_i\cdot(w\cdot x_i+b))$ 的值不为 0 时,α_i 的值必须是 0。

前面说过,支持向量到超平面的函数间隔为 1,所以满足 $(1-y_i\cdot(w\cdot x_i+b))$ 的值为

0 的 x_i 刚好就是支持向量。由于每个拉格朗日乘子 α_i 对应一个样本 x_i，由此也可得知，不等于 0 的 α_i 所对应的 x_i 就是支持向量。

这样，如果同时满足 KKT 条件，不等式(5.44)就可以写为等式：

$$\max_{\alpha} \min_{w,b} (L(w,b,\alpha)) = \min_{w,b} \max_{\alpha} (L(w,b,\alpha)) \tag{5.47}$$

这样，原问题 $\min_{w,b} \max_{\alpha} (L(w,b,\alpha))$ 就可以通过对偶问题 $\max_{\alpha} \min_{w,b} (L(w,b,\alpha))$ 求解了。

对偶问题可以进一步化简。先看看极小值部分 $\min_{w,b}(L(w,b,\alpha))$，为此重写拉格朗日函数如下：

$$L(w,b,\alpha) = \frac{1}{2} \Vert w \Vert^2 + \sum_{i=1}^{N} \alpha_i (1 - y_i \cdot (w \cdot x_i + b)) \tag{5.48}$$

其中 w、x_i 均为向量：

$$w = (w_1, w_2, \cdots, w_n)$$
$$x_i = (x_i^{(1)}, x_i^{(2)}, \cdots, x_i^{(n)})$$
$$\Vert w \Vert^2 = w \cdot w = w_1^2 + w_2^2 + \cdots + w_n^2$$

所以式(5.48)也可以写为

$$\begin{aligned} L(w,b,\alpha) &= \frac{1}{2} w \cdot w + \sum_{i=1}^{N} \alpha_i (1 - y_i \cdot (w \cdot x_i + b)) \\ &= \frac{1}{2} w \cdot w - \sum_{i=1}^{N} \alpha_i y_i \cdot (w \cdot x_i + b) + \sum_{i=1}^{N} \alpha_i \end{aligned} \tag{5.49}$$

或者写为

$$L(w,b,\alpha) = \frac{1}{2}(w_1^2 + w_2^2 + \cdots + w_n^2) + \sum_{i=1}^{N} \alpha_i \left(1 - y_i \cdot \left(\sum_{j=1}^{n} w_j x_i^{(j)} + b \right) \right) \tag{5.50}$$

从式(5.50)可以看出拉格朗日函数是 w、b 的二次函数，偏导数等于 0 处就是该函数的最小值点，我们可以令偏导数等于 0，求出其极值点。而偏导数为 0 也刚好是应该满足的 KKT 条件中第一个梯度为 0 的条件。

$$\frac{\partial L(w,b,\alpha)}{\partial w_j} = w_j - \sum_{i=1}^{N} \alpha_i y_i x_i^{(j)}$$

令上式等于 0，可以求出 w_j：

$$w_j = \sum_{i=1}^{N} \alpha_i y_i x_i^{(j)} \tag{5.51}$$

用向量表示就是

$$w = \sum_{i=1}^{N} \alpha_i y_i x_i \tag{5.52}$$

同样：

$$\frac{\partial L(w,b,\alpha)}{\partial b} = -\sum_{i=1}^{N} \alpha_i y_i$$

令上式等于 0 就是

$$\sum_{i=1}^{N} \alpha_i y_i = 0 \tag{5.53}$$

将式(5.52)代入式(5.49)，有

$$L(\boldsymbol{w},b,\boldsymbol{\alpha}) = \frac{1}{2}\boldsymbol{w}\cdot\boldsymbol{w} - \sum_{i=1}^{N}\alpha_i y_i\cdot(\boldsymbol{w}\cdot\boldsymbol{x}_i + b) + \sum_{i=1}^{N}\alpha_i$$

$$= \frac{1}{2}\Big(\sum_{i=1}^{N}\alpha_i y_i x_i\Big)\cdot\Big(\sum_{j=1}^{N}\alpha_j y_j x_j\Big) - \sum_{i=1}^{N}\alpha_i y_i$$

$$\Big(\Big(\sum_{j=1}^{N}\alpha_j y_j x_j\Big)\cdot x_i + b\Big) + \sum_{i=1}^{N}\alpha_i \tag{5.54}$$

注意,这里的 $\sum_{i=1}^{N}\alpha_i y_i x_i$ 和 $\sum_{j=1}^{N}\alpha_j y_j x_j$ 是相等的,表示的都是 w,因为做累加运算时换下标不影响结果。有时为了方便化简,就采用不同的下标。比如式(5.54)第一项,用 i,j 两个下标后,第一项就可以写成如下形式:

$$\frac{1}{2}\Big(\sum_{i=1}^{N}\alpha_i y_i x_i\Big)\cdot\Big(\sum_{j=1}^{N}\alpha_j y_j x_j\Big) = \frac{1}{2}\Big(\sum_{i=1}^{N}\sum_{j=1}^{N}\alpha_i \alpha_j y_i y_j (x_i\cdot x_j)\Big)$$

式(5.54)第二项可以写为

$$-\sum_{i=1}^{N}\alpha_i y_i\cdot\Big(\Big(\sum_{j=1}^{N}\alpha_j y_j x_j\Big)\cdot x_i + b\Big)$$

$$= -\sum_{i=1}^{N}\sum_{j=1}^{N}\alpha_i \alpha_j y_i y_j (x_j\text{?}\ x_i) - b\sum_{i=1}^{N}\alpha_i y_i$$

由式(5.53)有

$$\sum_{i=1}^{N}\alpha_i y_i = 0$$

将以上结果代入式(5.54),有

$$L(\boldsymbol{w},b,\boldsymbol{\alpha}) = -\frac{1}{2}\sum_{i=1}^{N}\sum_{j=1}^{N}\alpha_i \alpha_j y_i y_j (x_i\cdot x_j) + \sum_{i=1}^{N}\alpha_i$$

这就是 $\min_{\boldsymbol{w},b}(L(\boldsymbol{w},b,\boldsymbol{\alpha}))$ 的结果,即

$$\min_{\boldsymbol{w},b}(L(\boldsymbol{w},b,\boldsymbol{\alpha})) = -\frac{1}{2}\sum_{i=1}^{N}\sum_{j=1}^{N}\alpha_i \alpha_j y_i y_j (x_i\cdot x_j) + \sum_{i=1}^{N}\alpha_i \tag{5.55}$$

因此,对偶问题就变成了求 $\min_{\boldsymbol{w},b}(L(\boldsymbol{w},b,\boldsymbol{\alpha}))$ 对 $\boldsymbol{\alpha}$ 的最大值问题,即

$$\max_{\boldsymbol{\alpha}}\min_{\boldsymbol{w},b}(L(\boldsymbol{w},b,\boldsymbol{\alpha})) = \max_{\boldsymbol{\alpha}}\Big(-\frac{1}{2}\sum_{i=1}^{N}\sum_{j=1}^{N}\alpha_i \alpha_j y_i y_j (x_i\cdot x_j) + \sum_{i=1}^{N}\alpha_i\Big) \tag{5.56}$$

同时要满足条件(5.53)。

对式(5.56)括弧内部分增加一个负号,这样最大值问题就转换为等价的最小值问题,即

$$\min_{\boldsymbol{\alpha}}\Big(\frac{1}{2}\sum_{i=1}^{N}\sum_{j=1}^{N}\alpha_i \alpha_j y_i y_j (x_i\cdot x_j) - \sum_{i=1}^{N}\alpha_i\Big) \tag{5.57}$$

$$\text{s.t.} \quad \sum_{i=1}^{N}\alpha_i y_i = 0$$

$$\alpha_i \geqslant 0, \quad i=1,2,\cdots,N$$

式(5.57)就是最终得到的等价的对偶问题。其中 $\boldsymbol{x}_i\cdot\boldsymbol{x}_j$ 为向量的点积,即

$$\boldsymbol{x}_i\cdot\boldsymbol{x}_j = x_i^{(1)}x_j^{(1)} + x_i^{(2)}x_j^{(2)} + \cdots + x_i^{(n)}x_j^{(n)}$$

其中 $\boldsymbol{x}_i = (x_i^{(1)}, x_i^{(2)}, \cdots, x_i^{(n)}), \boldsymbol{x}_j = (x_j^{(1)}, x_j^{(2)}, \cdots, x_j^{(n)})$。

满足式(5.57)最小值条件的 $\boldsymbol{\alpha}$ 记作 $\boldsymbol{\alpha}^*$：
$$\boldsymbol{\alpha}^* = (\alpha_1^*, \alpha_2^*, \cdots, \alpha_N^*)$$

最优分界超平面方程记为
$$\boldsymbol{w}^* \cdot \boldsymbol{x} + b^* = 0$$

将 $\boldsymbol{\alpha}^*$ 代入式(5.52)，有
$$\boldsymbol{w}^* = \sum_{i=1}^{N} \alpha_i^* y_i x_i \tag{5.58}$$

根据 KKT 条件中的第二条：
$$\alpha_i (1 - y_i \cdot (\boldsymbol{w} \cdot \boldsymbol{x}_i + b)) = 0$$

当 $\alpha_i \neq 0$ 时，有
$$1 - y_i \cdot (\boldsymbol{w} \cdot \boldsymbol{x}_i + b) = 0 \tag{5.59}$$

从 $\boldsymbol{\alpha}^*$ 中任选一个 $\alpha_j^* \neq 0$，同时将 $\boldsymbol{w}^*$ 以及与 α_j^* 对应的 x_j、y_j 一起代入式(5.59)，就可求得 b^* 值如下：
$$\begin{aligned} b^* &= y_j - \boldsymbol{w}^* \cdot \boldsymbol{x}_j \\ &= y_j - \sum_{i=1}^{N} \alpha_i^* y_i (x_i \cdot x_j) \end{aligned} \tag{5.60}$$

注意，前面讲过 y_j 是类别标记，在支持向量机中类别只有正类和负类，分别标记为 1 和 -1，所以 y_j 不是 1 就是 -1，所以 $y_j = \dfrac{1}{y_j}$，式(5.60)的推导中利用了这个结果。

将式(5.58)所示的 $\boldsymbol{w}^*$ 代入最优分界超平面方程 $\boldsymbol{w}^* \cdot \boldsymbol{x} + b^* = 0$ 中，得到最优分界超平面方程：
$$\sum_{i=1}^{N} \alpha_i^* y_i (x \cdot x_i) + b^* = 0 \tag{5.61}$$

其中，b^* 由式(5.60)给出。

这样就得到线性可分支持向量机的分类决策函数：
$$f(x) = \text{sign}\left(\sum_{i=1}^{N} \alpha_i^* y_i (x \cdot x_i) + b^* \right) \tag{5.62}$$

前面曾经讲过，与非零的 α_i^* 对应的 x_i 就是支持向量，从式(5.62)也可以看出，分类决策函数只与训练集中的支持向量有关，对于非支持向量，由于其对应的 α_i^* 等于 0，因此不影响分类决策函数。

支持向量机最终的结果只与支持向量有关，而与非支持向量无关，那些非支持向量就不需要再保存了，只保留支持向量和相应的非零 α_i^* 就可以了。

下面是一个根据训练集样本求解支持向量机的例子。

设有正样本 $x_1 = (3, 3)$、$x_2 = (4, 3)$，负样本 $x_3 = (6, 4)$，求该问题的最优分界面，并据此给出样本 $(1, 1)$ 所属的类别。

根据式(5.57)：
$$\min_{\alpha} \left(\frac{1}{2} \sum_{i=1}^{N} \sum_{j=1}^{N} \alpha_i \alpha_j y_i y_j (x_i \cdot x_j) - \sum_{i=1}^{N} \alpha_i \right)$$
$$\text{s.t.} \quad \sum_{i=1}^{N} \alpha_i y_i = 0$$

$$\alpha_i \geqslant 0, \quad i = 1, 2, \cdots, N$$

该问题有 3 个样本, 所以 $N=3$, 于是有

$$\min_\alpha \left(\frac{1}{2} \sum_{i=1}^{N} \sum_{j=1}^{N} \alpha_i \alpha_j y_i y_j (x_i \cdot x_j) - \sum_{i=1}^{N} \alpha_i \right)$$

$$= \min_\alpha \left(\frac{1}{2} \sum_{i=1}^{3} \sum_{j=1}^{3} \alpha_i \alpha_j y_i y_j (x_i \cdot x_j) - \sum_{i=1}^{3} \alpha_i \right) \tag{5.63}$$

为方便计算, 先计算几个样本点的点积:

$$x_1 \cdot x_1 = 3 \cdot 3 + 3 \cdot 3 = 18$$
$$x_2 \cdot x_2 = 4 \cdot 4 + 3 \cdot 3 = 25$$
$$x_3 \cdot x_3 = 6 \cdot 6 + 4 \cdot 4 = 52$$
$$x_1 \cdot x_2 = x_2 \cdot x_1 = 3 \cdot 4 + 3 \cdot 3 = 21$$
$$x_1 \cdot x_3 = x_3 \cdot x_1 = 3 \cdot 6 + 3 \cdot 4 = 30$$
$$x_2 \cdot x_3 = x_3 \cdot x_2 = 4 \cdot 6 + 3 \cdot 4 = 36$$

代入式(5.63), 有

$$\min_\alpha \left(\frac{1}{2} \sum_{i=1}^{3} \sum_{j=1}^{3} \alpha_i \alpha_j y_i y_j (x_i \cdot x_j) - \sum_{i=1}^{3} \alpha_i \right)$$

$$= \min_\alpha \Big(\frac{1}{2} (\alpha_1 \alpha_1 y_1 y_1 (x_1 \cdot x_1) + \alpha_1 \alpha_2 y_1 y_2 (x_1 \cdot x_2) + \alpha_1 \alpha_3 y_1 y_3 (x_1 \cdot x_3) +$$
$$\alpha_2 \alpha_1 y_2 y_1 (x_2 \cdot x_1) + \alpha_2 \alpha_2 y_2 y_2 (x_2 \cdot x_2) + \alpha_2 \alpha_3 y_2 y_3 (x_2 \cdot x_3) +$$
$$\alpha_3 \alpha_1 y_3 y_1 (x_3 \cdot x_1) + \alpha_3 \alpha_2 y_3 y_2 (x_3 \cdot x_2) + \alpha_3 \alpha_3 y_3 y_3 (x_3 \cdot x_3)) - \alpha_1 - \alpha_2 - \alpha_3 \Big)$$

$$= \min_\alpha \Big(\frac{1}{2} (\alpha_1 \alpha_1 \cdot 1 \cdot 1 \cdot 18 + \alpha_1 \alpha_2 \cdot 1 \cdot 1 \cdot 21 + \alpha_1 \alpha_3 \cdot 1 \cdot (-1) \cdot 30 +$$
$$\alpha_2 \alpha_1 \cdot 1 \cdot 1 \cdot 21 + \alpha_2 \alpha_2 \cdot 1 \cdot 1 \cdot 25 + \alpha_2 \alpha_3 \cdot 1 \cdot (-1) \cdot 36 + \alpha_3 \alpha_1 \cdot (-1) \cdot 1 \cdot 30 +$$
$$\alpha_3 \alpha_2 \cdot (-1) \cdot 1 \cdot 36 + \alpha_3 \alpha_3 \cdot (-1) \cdot (-1) \cdot 52) - \alpha_1 - \alpha_2 - \alpha_3 \Big)$$

$$= \min_\alpha \left(\frac{1}{2} (18\alpha_1^2 + 25\alpha_2^2 + 52\alpha_3^2 + 42\alpha_1\alpha_2 - 60\alpha_1\alpha_3 - 72\alpha_2\alpha_3) - \alpha_1 - \alpha_2 - \alpha_3 \right)$$

s.t. $\sum_{i=1}^{3} \alpha_i y_i = 0$

$\alpha_i \geqslant 0, \quad i = 1, 2, 3$

为方便起见, 上式括号中的部分记为 s:

$$s = \frac{1}{2}(18\alpha_1^2 + 25\alpha_2^2 + 52\alpha_3^2 + 42\alpha_1\alpha_2 - 60\alpha_1\alpha_3 - 72\alpha_2\alpha_3) - \alpha_1 - \alpha_2 - \alpha_3$$

由于同时满足:

$$\sum_{i=1}^{3} \alpha_i y_i = 0$$

所以有

$$\alpha_3 = \alpha_1 + \alpha_2 \tag{5.64}$$

代入 s 中化简后有

$$s = \frac{1}{2}(10\alpha_1^2 + 5\alpha_2^2 + 14\alpha_1\alpha_2) - 2\alpha_1 - 2\alpha_2 \tag{5.65}$$

这样对偶问题就变成了求 s 对 α_1、α_2 的最小值问题。由于 s 是关于 α_1、α_2 的二次函数，是一个凸函数，所以其最小值在偏导数等于 0 处，可以通过计算 s 对 α_1、α_2 的偏导数，并分别令其为 0 求解。

$$\frac{\partial s}{\partial \alpha_1} = 10\alpha_1 + 7\alpha_2 - 2$$

$$\frac{\partial s}{\partial \alpha_2} = 5\alpha_2 + 7\alpha_1 - 2$$

令上述两个偏导数等于 0，得到二元一次方程组：

$$\begin{cases} 10\alpha_1 + 7\alpha_2 - 2 = 0 \\ 5\alpha_2 + 7\alpha_1 - 2 = 0 \end{cases}$$

求解该方程组得到：

$$\alpha_1 = -4$$
$$\alpha_2 = 6$$

由于拉格朗日乘子要求满足大于或等于 0 的条件，如果求得的 α_1、α_2 都满足大于或等于 0 的条件，则这个结果就是我们希望得到的结果。但是这里求得的 $\alpha_1 = -4$ 不满足大于或等于 0 的条件，虽然我们求得的确实是 s 的最小值，但是不是满足约束条件的最小值。如何得到满足约束条件的最小值呢？看一下单变量的情况，单变量时看起来更加直观。

假设 $f(x)$ 是 x 的二次函数，其图像如图 5.31 所示。$f(x)$ 在 $x = x_0$ 处取得最小值 a，但是如果要求 x 大于或等于 0，满足要求的 $f(x)$ 的最小值在 $x = 0$ 处取得，其值为 b。也就是说，如果函数的实际最小值不在我们要求的定义域范围内，则满足要求的最小值应该发生在定义域的边界处，也就是 $x = 0$ 的地方。函数是多变量时，也有类似的结论，只是对于多变量的情况，每个变量都有一个边界，需要计算出每个边界下函数的最小取值，其中最小的一个就是我们要求解的最小值。前提条件是函数是一个凸函数，而拉格朗日函数是关于 α 的二次函数，刚好是凸函数。

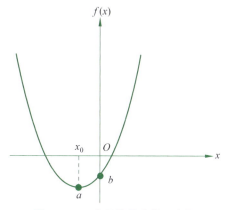

图 5.31 二次函数最小值示意图

由于 α_1 是负的，因此不满足我们的要求。按照上述讨论，要分别计算 $\alpha_1 = 0$ 和 $\alpha_2 = 0$ 两个边界条件下 s 的最小值，然后取其中一个最小的结果作为解答。

下面分别计算两个边界条件下 s 的最小值。

当 $\alpha_1 = 0$ 时，代入式(5.65)，有

$$s = \frac{1}{2}(10\alpha_1^2 + 5\alpha_2^2 + 14\alpha_1\alpha_2) - 2\alpha_1 - 2\alpha_2$$

$$= \frac{1}{2}(5\alpha_2^2) - 2\alpha_2$$

求 s 对 α_2 的导数：
$$\frac{\mathrm{d}s}{\mathrm{d}\alpha_2} = 5\alpha_2 - 2$$

令其为 0：
$$5\alpha_2 - 2 = 0$$

解得：
$$\alpha_2 = \frac{2}{5}$$

将 $\alpha_1 = 0$、$\alpha_2 = \frac{2}{5}$ 代入 s 中，求得 $\alpha_1 = 0$ 时这一边界条件下 s 的最小值为 $-\frac{2}{5}$。

当 $\alpha_2 = 0$ 时，代入式(5.65)，有
$$s = \frac{1}{2}(10\alpha_1^2 + 5\alpha_2^2 + 14\alpha_1\alpha_2) - 2\alpha_1 - 2\alpha_2$$
$$= \frac{1}{2}(10\alpha_1^2) - 2\alpha_1$$

求 s 对 α_1 的导数：
$$\frac{\mathrm{d}s}{\mathrm{d}\alpha_1} = 10\alpha_1 - 2$$

令其为 0：
$$10\alpha_1 - 2 = 0$$

解得：
$$\alpha_1 = \frac{1}{5}$$

将 $\alpha_1 = \frac{1}{5}$、$\alpha_2 = 0$ 代入 s 中，求得 $\alpha_2 = 0$ 时这一边界条件下 s 的最小值为 $-\frac{1}{5}$。

比较两个边界条件下 s 的最小值，$s = -\frac{2}{5}$ 更小一些，所以 $\alpha_1 = 0$、$\alpha_2 = \frac{2}{5}$ 为我们求得的结果。

由式(5.64)，有
$$\alpha_3 = \alpha_1 + \alpha_2$$
$$= 0 + \frac{2}{5}$$
$$= \frac{2}{5}$$

至此就得到使式(5.63)取得最小值并满足约束条件的 α_i^*：
$$\begin{cases} \alpha_1^* = 0 \\ \alpha_2^* = \frac{2}{5} \\ \alpha_3^* = \frac{2}{5} \end{cases}$$

非 0 的 α_i^* 对应的 $\boldsymbol{x}_i$ 为支持向量,所以该例题中的 $\boldsymbol{x}_2$、$\boldsymbol{x}_3$ 为支持向量,x_1 不是支持向量。

由式(5.58)得到超平面方程的 $\boldsymbol{w}^*$ 为

$$\boldsymbol{w}^* = \sum_{i=1}^{3} \alpha_i^* y_i \boldsymbol{x}_i$$
$$= \alpha_1^* y_1 x_1 + \alpha_2^* y_2 \boldsymbol{x}_2 + \alpha_3^* y_3 \boldsymbol{x}_3$$

这里:

$$\boldsymbol{w}^* = (w_1^*, w_2^*)$$
$$\boldsymbol{x}_i = (x_i^{(1)}, x_i^{(2)})$$

均为向量,写成分量形式为

$$w_1^* = \alpha_1^* y_1 x_1^{(1)} + \alpha_2^* y_2 x_2^{(1)} + \alpha_3^* y_3 x_3^{(1)}$$
$$= 0 \times 1 \times 3 + \frac{2}{5} \times 1 \times 4 + \frac{2}{5} \times (-1) \times 6 = -\frac{4}{5}$$
$$w_2^* = \alpha_1^* y_1 x_1^{(2)} + \alpha_2^* y_2 x_2^{(2)} + \alpha_3^* y_3 x_3^{(2)}$$
$$= 0 \times 1 \times 3 + \frac{2}{5} \times 1 \times 3 + \frac{2}{5} \times (-1) \times 4$$
$$= -\frac{2}{5}$$

选一个不为 0 的 α_2^*,由式(5.60)得到超平面方程的 b^* 为

$$b^* = y_2 - \boldsymbol{w}^* \cdot x_2$$
$$= y_2 - \sum_{i=1}^{3} \alpha_i^* y_i (x_i \cdot x_j)$$
$$= y_2 - (\alpha_1^* y_1 (x_1 \cdot x_2) + \alpha_2^* y_2 (x_2 \cdot x_2) + \alpha_3^* y_3 (x_3 \cdot x_2))$$
$$= 1 - \left(0 \times 1 \times 21 + \frac{2}{5} \times 1 \times 25 + \frac{2}{5} \times (-1) \times 36 \right)$$
$$= \frac{27}{5}$$

从而有超平面方程:

$$\boldsymbol{w}^* \cdot \boldsymbol{x} + b^* = 0$$

将 $\boldsymbol{w}^*$、b^* 代入,有

$$w_1^* \cdot x^{(1)} + w_2^* \cdot x^{(2)} + b^* = 0 - \frac{4}{5} \cdot x^{(1)}$$
$$- \frac{2}{5} \cdot x^{(2)} + \frac{27}{5} = 0 \tag{5.66}$$

式(5.66)就是该例题的最优分界超平面方程,如图 5.32 所示。

容易验证,由于样本 $\boldsymbol{x}_2$、$\boldsymbol{x}_3$ 为支持向量,它们到该超平面的函数距离均为 1,x_1 不是支持向量,其到该超平面的函数距离大于 1,等于 $\frac{9}{5}$。

由式(5.66)最优分界超平面方程,可以得到支持向量机的决策函数为

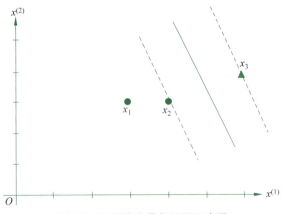

图 5.32 例题的分界超平面示意图

$$f(x) = \text{sign}\left(-\frac{4}{5} \times x^{(1)} - \frac{2}{5} \times x^{(2)} + \frac{27}{5}\right)$$

将例题中的待分类样本 $x=(1,1)$ 代入决策函数：

$$\begin{aligned}
f(x) &= \text{sign}\left(-\frac{4}{5} \times x^{(1)} - \frac{2}{5} \times x^{(2)} + \frac{27}{5}\right) \\
&= \text{sign}\left(-\frac{4}{5} \times 1 - \frac{2}{5} \times 1 + \frac{27}{5}\right) \\
&= \text{sign}\left(\frac{21}{5}\right) \\
&= 1
\end{aligned}$$

由此可知，待分类样本 $x=(1,1)$ 的类别为正类。

5.5.3 线性支持向量机

5.5.2 节介绍的是线性可分支持向量机，针对的是训练样本线性可分的情况。如果绝大部分样本可以用一个超平面分开，但是有少数样本不能区分，如图 5.33 所示两类样本交叉在一起的情况，也可以构建线性支持向量机，只是这种情况下构建的不是线性可分支持向量机，而是线性支持向量机，缺少了"可分"二字。

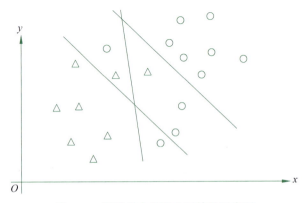

图 5.33 两类样本出现交叉情况示意图

在线性可分支持向量机中,通过最大间隔求解最优分界面,当训练集不具有线性可分性时,如何求解最优分界面呢?

先回顾一下式(5.36)给出的线性可分支持向量机问题:

$$\min_{w,b} \frac{1}{2} \| w \|^2 \tag{5.67}$$
$$\text{s.t.} \quad y_i \cdot (w \cdot x_i + b) \geqslant 1 \quad i=1,2,\cdots,N$$

在该问题中,要求训练集中的所有样本到最优分界面的函数间隔均大于或等于1,也就是满足条件:

$$y_i \cdot (w \cdot x_i + b) \geqslant 1 \quad i=1,2,\cdots,N$$

在训练集线性可分的情况下,可以做到这一点。当训练集不具有线性可分性时,就需要降低要求,弱化该条件,在大多数样本满足该约束条件的情况下,允许少量样本不满足该条件。这里的关键是如何衡量"允许少量样本不满足该条件"。最直接的想法是不满足该条件的样本越少越好,以此作为优化条件。但是,不满足该条件的样本也有程度上的不同。如图5.34所示,假设样本a到最优超平面的函数间隔为0.9,虽然不满足约束条件,但是也只是以微小差距不满足约束条件,样本b到最优超平面的函数间隔为0.1,显然二者不是等价的,如果在a与b中选择一个样本允许其不满足约束条件,我们更愿意选择a,而不是b。再看样本c,其不但不满足约束条件,还"跑"到了超平面的另一端,更是我们希望避免的。

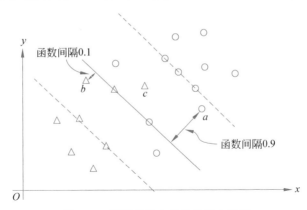

图 5.34　不满足约束条件的样本示例

为此我们引入松弛变量$\xi_i \geqslant 0 (i=1,2,\cdots,N)$,每个样本$x_i$对应一个$\xi_i$,对于满足约束条件的样本$x_i$,其对应的$\xi_i=0$。对于不满足约束条件的$x_i$,我们允许该样本到超平面的函数间隔小于1,但是也不能太离谱,要求大于或等于$1-\xi_i$,也就是式(5.67)中的约束条件修改为

$$y_i \cdot (w \cdot x_i + b) \geqslant 1 - \xi_i \quad i=1,2,\cdots,N$$

同时要使得所有的ξ_i之和尽可能小。

这样,线性支持向量机就变成了求解如下的优化问题:

$$\min_{w,b} \left(\frac{1}{2} \| w \|^2 + C \cdot \sum_{i=1}^{N} \xi_i \right) \tag{5.68}$$
$$\text{s.t.} \quad y_i \cdot (w \cdot x_i + b) \geqslant 1 - \xi_i \quad i=1,2,\cdots,N$$
$$\xi_i \geqslant 0 \quad i=1,2,\cdots,N$$

这里将线性可分支持向量机中求 $\frac{1}{2}\|w\|^2$ 的最小值变成了求 $\left(\frac{1}{2}\|w\|^2 + C \cdot \sum_{i=1}^{N} \xi_i\right)$ 的最小值,其中 $C > 0$ 为惩罚参数,在二者之间起平衡作用,使得 $\frac{1}{2}\|w\|^2$ 和 $\sum_{i=1}^{N} \xi_i$ 都比较小。

这就是线性支持向量机的优化问题,该问题同样可以采用类似于前面介绍过的拉格朗日乘子法,并转换为对偶问题求解,只是由于又引入了新的变量 ξ_i,导致变得更加复杂,这里就不做介绍了,直接给出其对应的对偶问题:

$$\min_{\alpha}\left(\frac{1}{2}\sum_{i=1}^{N}\sum_{j=1}^{N}\alpha_i\alpha_j y_i y_j(x_i \cdot x_j) - \sum_{i=1}^{N}\alpha_i\right) \tag{5.69}$$

$$\text{s.t.} \quad \sum_{i=1}^{N}\alpha_i y_i = 0$$

$$0 \leqslant \alpha_i \leqslant C, \quad i=1,2,\cdots,N$$

对比式(5.69)所示的线性支持向量机对应的优化问题与式(5.57)所示的线性可分支持向量机对应的优化问题,二者基本一致,唯一的区别是对 α_i 的限制条件不同。在式(5.57)中,α_i 只要求大于或等于 0,而在式(5.69)中要求 α_i 大于或等于 0,且小于或等于 C。除此之外,两个式子就完全一样了。

也就是说,在线性可分支持向量机中,α_i 的值可以任意大,但是在线性支持向量机中,α_i 的变化受到限制,不能大于 C 的值,这里的 C 就是式(5.68)中的惩罚参数。可以设想,当 C 接近无穷大时,式(5.68)所示的最小值问题只能是 ξ_i 趋于 0,这时线性支持向量机就与线性可分支持向量机完全一样了。可见,线性可分支持向量机是线性支持向量机当 C 趋近无穷时的一个特例。

同样,满足式(5.69)最小值条件的 α 记作 $\boldsymbol{\alpha}^*$:

$$\boldsymbol{\alpha}^* = (\alpha_1^*, \alpha_2^*, \cdots, \alpha_N^*)$$

最优分界超平面方程为

$$\boldsymbol{w}^* \cdot \boldsymbol{x} + b^* = 0$$

其中:

$$\boldsymbol{w}^* = \sum_{i=1}^{N}\alpha_i^* y_i \boldsymbol{x}_i \tag{5.70}$$

从 $\boldsymbol{\alpha}^*$ 中任选一个 $\alpha_j^* \neq 0$ 且 $\alpha_j^* \neq C$,x_j、y_j 为与 α_j^* 对应的样本及其类别,则 b^* 值如下:

$$\begin{aligned} b^* &= y_j - \boldsymbol{w}^* \cdot \boldsymbol{x}_j \\ &= y_j - \sum_{i=1}^{N}\alpha_i^* y_i(\boldsymbol{x}_i \cdot \boldsymbol{x}_j) \end{aligned} \tag{5.71}$$

将 $\boldsymbol{w}^*$ 代入最优超平面方程 $\boldsymbol{w}^*\boldsymbol{x} + b^* = 0$,有

$$\sum_{i=1}^{N}\alpha_i^* y_i(\boldsymbol{x} \cdot \boldsymbol{x}_i) + b^* = 0 \tag{5.72}$$

由此得到线性支持向量机的分类决策函数:

$$f(x) = \text{sign}\left(\sum_{i=1}^{N}\alpha_i^* y_i(\boldsymbol{x} \cdot \boldsymbol{x}_i) + b^*\right) \tag{5.73}$$

同样，与非零值 α_i^* 对应的样本就是支持向量，只是这里的支持向量有两类：一类是到最佳分界面的函数间隔等于 1 的样本，这是标准的支持向量，与这类样本对应的 $\xi_i=0$、$0<\alpha_i^*<C$；还有一类是到分界面的函数间隔小于 1 的样本，或者是"跑"到最优分界面另一面的样本（即分类错误的样本），也被称作支持向量，与这类样本对应的 $\xi_i>0$、$\alpha_i^*=C$。当 $\xi_i=1$ 时，对应的样本刚好在最优分界面上，分类决策函数为 0，无法判断其对应样本的类别；当 $\xi_i<1$ 时，其对应的样本可以得到正确分类；当 $\xi_i>1$ 时，其对应的样本被错分为另一类。与 $\alpha_i^*=0$ 对应的样本就是非支持向量，最优分界面与这些样本无关，训练结束后可以将其从训练集中删除。

图 5.35 给出一个支持向量与 ξ_i 之间的关系示意图。

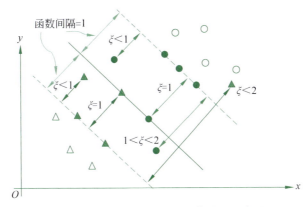

图 5.35　支持向量与 ξ_i 之间的关系示意图

图中，实心样本点均为支持向量，空心样本点均不是支持向量。处于虚线上的 3 个绿色样本点和两个蓝色样本点是标准的支持向量，它们到最优超平面的函数间隔为 1，对应的 ξ_i 值为 0，对应的 α_i^* 满足 $0<\alpha_i^*<C$。$\xi<1$ 对应的样本点，其分类正确，相应的 $\alpha_i^*=C$。$\xi>1$ 对应的样本点，其分类错误，相应的 $\alpha_i^*=C$。

需要强调的是，ξ_i 是引入的中间变量，线性支持向量机并不需要知道 ξ_i 的值。如果想了解每个样本 x_i 对应的 ξ_i 值，可以通过计算得到。首先 $\alpha_i^*=0$ 对应样本点 x_i 不是支持向量，其到最优分界面的函数间隔肯定大于 1，所以对应的 ξ_i 其值也为 0。其次，对于满足条件 $0<\alpha_i^*<C$ 的 α_i^*，其对应的样本点 x_i 是标准的支持向量，其到最优分界面的函数间隔等于 1，所以对应的 ξ_i 其值也为 0。只有 $\alpha_i^*=C$ 对应的 ξ_i 其值为一个大于 0 的数，其对应的 x_i 也为支持向量，应满足条件：

$$y_i \cdot (\boldsymbol{w} \cdot \boldsymbol{x}_i + b) = 1 - \xi_i$$

所以有

$$\xi_i = 1 - y_i \cdot (\boldsymbol{w} \cdot \boldsymbol{x}_i + b) \tag{5.74}$$

将 ξ_i 对应的样本 x_i、y_i 代入式(5.74)，就可以求得对应的 ξ_i 值。

对于分类正确的样本点，如图 5.35 所示的 $\xi_i<1$ 的样本点，其到最优分界面的函数间隔大于 0 且小于 1，所以有 $\xi_i<1$。对于分类错误的样本点，如图 5.35 所示的 $\xi_i>1$ 的样本点，由于出现了分类错误，此时计算的函数间隔 $y_i \cdot (\boldsymbol{w} \cdot \boldsymbol{x}_i + b)$ 是一个负数，所以实际上相当于

$$\xi_i = 1 + |y_i \cdot (\boldsymbol{w} \cdot \boldsymbol{x}_i + b)|$$

所以自然有 $\xi_i > 1$。

我们知道，函数间隔应该是一个非负数值，为什么这里出现了负数呢？在分类正确的情况下，对于正类样本点，$y_i = 1$、$(w \cdot x_i + b) > 0$；对于负类样本点，$y_i = -1$、$(w \cdot x_i + b) < 0$，所以，无论是正类还是负类样本点，均有函数间隔大于 0 的结果。但是，当分类错误时，比如标记为正类的样本点被错分成负类，则 y_i 还是为 1，但是计算得到的 $(w \cdot x_i + b)$ 会小于 0，所以就出现了函数间隔 $y_i \cdot (w \cdot x_i + b)$ 小于 0 的情况。当标记为负类的样本点被错分成正类时，也会出现同样的结果。总之，对于错分类的样本点，其到最优分界面的函数间隔小于 0，是一个负数。也正是由于这一点，对于错分类的样本点，我们也可以通过式(5.74)计算错分类样本点 x_i 对应的 ξ_i 值。

5.5.4 非线性支持向量机

在有些情况下样本的分布可能比较复杂，用超平面很难将两类的大部分样本分开，如图图 5.36 所示，"○"是一个类别，"△"是另一个类别。在这种情况下，不可能用一条直线将大部分样本正确分开。但是，用如图 5.36 所示的椭圆就可以将两个类别正确分开。这是从分界面是曲面的角度思考问题，还可以从另一个角度思考一下这个问题，能否找到一个非线性变换，使得在原来空间不能用超平面分类的样本，经变换后，在新的空间可以用超平面实现分类。如果能做到这一点，就可以在新的空间构建一个线性支持向量机，除增加一个非线性变换外，与前面讲过的线性支持向量机应没有本质的区别。

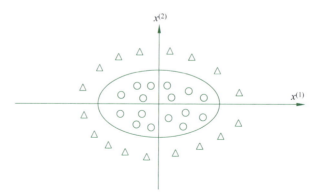

图 5.36 非线性分类示意图

例如，对于图 5.36 给出的示例，设原空间中：
$$x = (x^{(1)}, x^{(2)})$$
变换后的新空间中：
$$z = (z^{(1)}, z^{(2)})$$
可以做这样一个变换：
$$z = \phi(x) = ((x^{(1)})^2, (x^{(2)})^2)$$
这样，原空间中的椭圆方程：
$$w_1 (x^{(1)})^2 + w_2 (x^{(2)})^2 + b = 0$$
在新空间中就是一条直线：
$$w_1 z^{(1)} + w_2 z^{(2)} + b = 0$$

而图 5.36 变换后如图 5.37 所示。

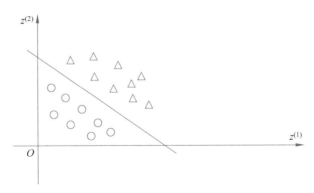

图 5.37 变换后新空间样本分布示意图

这样就如同刚才说过的,在新空间中就可以使用线性支持向量机方法求解最优分界面了,只需要用 $\phi(x_i)$ 代替 x_i 作为训练样本就可以了,也就是将式(5.69)给出的线性支持向量机所对应的优化问题:

$$\min_{\alpha}\left(\frac{1}{2}\sum_{i=1}^{N}\sum_{j=1}^{N}\alpha_i\alpha_j y_i y_j (x_i \cdot x_j) - \sum_{i=1}^{N}\alpha_i\right) \tag{5.75}$$

$$\text{s.t.} \quad \sum_{i=1}^{N}\alpha_i y_i = 0 \quad 0 \leqslant \alpha_i \leqslant C, \quad i=1,2,\cdots,N$$

中的 x_i 替换成 $\phi(x_i)$ 就得到非线性支持向量机对应的优化问题,即

$$\min_{\alpha}\left(\frac{1}{2}\sum_{i=1}^{N}\sum_{j=1}^{N}\alpha_i\alpha_j y_i y_j (\phi(x_i) \cdot \phi(x_j)) - \sum_{i=1}^{N}\alpha_i\right) \tag{5.76}$$

$$\text{s.t.} \quad \sum_{i=1}^{N}\alpha_i y_i = 0$$

$$0 \leqslant \alpha_i \leqslant C, \quad i=1,2,\cdots,N$$

同样,可以得到变换后新空间的最优分界超平面方程为

$$w^* \cdot \phi(x) + b^* = 0$$

其中:

$$w^* = \sum_{i=1}^{N}\alpha_i^* y_i \cdot (x_i) \tag{5.77}$$

从 $\boldsymbol{\alpha}^*$ 中任选一个 $\alpha_j^* \neq 0$ 且 $\alpha_j^* \neq C$,$\eta = \phi(x_j)$、$\phi(y_j)$ 为与 α_j^* 对应的样本及其类别,则 b^* 值如下:

$$b^* = y_j - w^* \cdot \phi(x_j)$$

$$= y_j - \sum_{i=1}^{N}\alpha_i^* y_i (\phi(x_i) \cdot \phi(x_j)) \tag{5.78}$$

将 w^* 代入最优超平面方程 $w^* \cdot (x) + b^* = 0$ 中,有

$$\sum_{i=1}^{N}\alpha_i^* y_i (\phi(x) \cdot \phi(x_i)) + b^* = 0 \tag{5.79}$$

由此得到非线性支持向量机的分类决策函数:

$$f(x) = \text{sign}\left(\sum_{i=1}^{N}\alpha_i^* y_i (\phi(x) \cdot \phi(x_i)) + b^*\right) \tag{5.80}$$

这里的难点问题是如何定义变换函数 $\phi(x)$,一旦有了变换函数 $\phi(x)$,非线性支持向量机的求解就与线性支持向量机求解完全一样了。

一般可以通过升维的办法定义变换函数 $\phi(x)$,因为在 n 维空间如果不能实现线性可分,升维到更高的维度就可能实现线性可分了。下面是一个具体的例子。

设 $x_1=(0,0)$、$x_2=(1,1)$ 属于正类,$x_3=(1,0)$、$x_4=(0,1)$ 属于负类,如图 5.38 所示。显然,在二维平面上该问题不可能用一条直线将两个类别分开。

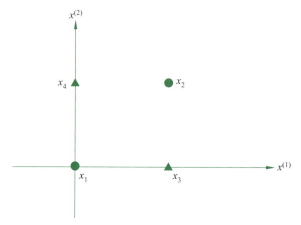

图 5.38 线性不可分样本示意图

但是,如果通过一个变换将该问题升维到三维空间,结果会如何呢?

假设有如下的变换函数 $\phi(x)$,将二维空间上的点 $x=(x^{(1)},x^{(2)})$ 升维到三维空间后对应的点为 $z=(z^{(1)},z^{(2)},z^{(3)})$:

$$z=\phi(x)=((x^{(1)})^2,\sqrt{2}x^{(1)}x^{(2)},(x^{(2)})^2) \tag{5.81}$$

这样,x_1、x_2、x_3、x_4 4 个点经变换后分别为

$$z_1=\phi(x_1)=((x_1^{(1)})^2,\sqrt{2}x_1^{(1)}x_1^{(1)},(x_1^{(2)})^2)=(0,0,0)$$
$$z_2=\phi(x_2)=((x_2^{(1)})^2,\sqrt{2}x_2^{(1)}x_2^{(1)},(x_2^{(2)})^2)=(1,\sqrt{2},1)$$
$$z_3=\phi(x_3)=((x_3^{(1)})^2,\sqrt{2}x_3^{(1)}x_3^{(1)},(x_3^{(2)})^2)=(1,0,0)$$
$$z_4=\phi(x_4)=((x_4^{(1)})^2,\sqrt{2}x_4^{(1)}x_4^{(1)},(x_4^{(2)})^2)=(0,0,1)$$

z_1、z_2、z_3、z_4 4 个点在三维空间上如图 5.39 所示,可以看出,在三维空间上就可以用图 5.39 所示的红色平面将两个类别分开。

理论上可以证明,对于分布在 n 维空间上的两类样本点,总可以找到一个更高维的空间,在该高维空间上两类是线性可分的。不过,这个更高维的空间其维度可能比原空间高很多维,甚至可能是无穷维的。

虽然可以通过升维的办法实现线性可分,但是如何定义变换函数 $\phi(x)$ 仍然是一个比较困难的问题,因为实际问题中样本的分布可能非常复杂,以至于很难定义一个变换函数 $\phi(x)$,使得变换后的训练集是线性可分的,或者训练集中的绝大部分样本是线性可分的。

为了解决变换函数难于定义的问题,研究者提出一种称作核方法的方法,非常完美地解决了这个问题。下面首先介绍一下什么是核方法。

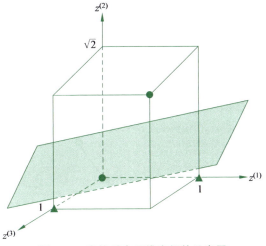

图 5.39 变换后在三维空间的示意图

5.5.5 核函数与核方法

简单地说,如果函数 $K(x_i,x_j)=\phi(x_i)\cdot\phi(x_j)$,则称 $K(x_i,x_j)$ 为核函数。

注意:核函数是在原空间计算的函数,而 $\phi(x_i)\cdot\phi(x_j)$ 是在变换后新空间的向量点积。下面看式(5.76)非线性支持向量机对应的最优化问题:

$$\min_\alpha \left(\frac{1}{2}\sum_{i=1}^N\sum_{j=1}^N \alpha_i\alpha_j y_i y_j(\phi(x_i)\cdot\phi(x_j)) - \sum_{i=1}^N \alpha_i\right)$$

$$\text{s.t.} \quad \sum_{i=1}^N \alpha_i y_i = 0$$

$$0\leqslant \alpha_i \leqslant C, \quad i=1,2,\cdots,N$$

这里主要是计算 $\phi(x_i)\cdot\phi(x_j)$,如果能直接计算 $\phi(x_i)\cdot\phi(x_j)$ 的值,就不必关心具体的变换函数 $\phi(x_i)$ 是什么。如果知道核函数 $K(x_i,x_j)$,利用核函数直接计算出 $\phi(x_i)\cdot\phi(x_j)$ 就可以了。但是,是否存在这样的核函数?即便存在,是否容易定义核函数?如果不能更容易地获得核函数,那么这种通过核函数计算变换后的点积 $\phi(x_i)\cdot\phi(x_j)$ 的方法也就没有实际意义了。

首先,核函数是存在的。例如,对于刚才举例的式(5.81)这个变换:

$$\phi(x)=((x^{(1)})^2,\sqrt{2}\,x^{(1)}x^{(2)},(x^{(2)})^2)$$

其对应的核函数是:

$$K(x_i,x_j)=(x_i\cdot x_j)^2$$

容易验证:

$$K(x_i,x_j)=\phi(x_i)\cdot\phi(x_j)$$

所以 $K(x_i,x_j)=(x_i\cdot x_j)^2$ 是一个核函数。这个例子说明核函数确实存在。

但是,通常核函数对应的变换并不是唯一的,也就是说,同一个核函数可能与多个变换对应。容易验证,与核函数 $K(x_i,x_j)=(x_i\cdot x_j)^2$ 对应的变换也可以是

$$\phi(x)=((x^{(1)})^2,x^{(1)}x^{(2)},x^{(1)}x^{(2)},(x^{(2)})^2)$$

科学家已经为我们找好一些常用的核函数,对于应用研究来说,拿过来用就可以了。

定义核函数后，依照前面讲过的式(5.76)~式(5.80)非线性支持向量机的结果，非线性支持向量机对应的最优化问题为

$$\min_{\alpha}\left(\frac{1}{2}\sum_{i=1}^{N}\sum_{j=1}^{N}\alpha_i\alpha_j y_i y_j(\phi(x_i)\cdot\phi(x_j))-\sum_{i=1}^{N}\alpha_i\right) \tag{5.82}$$

$$\text{s.t.}\quad \sum_{i=1}^{N}\alpha_i y_i=0$$

$$0\leqslant\alpha_i\leqslant C,\quad i=1,2,\cdots,N$$

用核函数表示是：

$$\min_{\alpha}\left(\frac{1}{2}\sum_{i=1}^{N}\sum_{j=1}^{N}\alpha_i\alpha_j y_i y_j K(x_i,x_j)-\sum_{i=1}^{N}\alpha_i\right) \tag{5.83}$$

$$\text{s.t.}\quad \sum_{i=1}^{N}\alpha_i y_i=0$$

$$0\leqslant\alpha_i\leqslant C, i=1,2,\cdots,N$$

设该最小值问题的解：

$$\boldsymbol{\alpha}^*=(\alpha_1^*,\alpha_2^*,\cdots,\alpha_N^*)$$

在变换后的新空间得到最优分界超平面方程：

$$\boldsymbol{w}^*\cdot\phi(x)+b^*=0 \tag{5.84}$$

其中：

$$\boldsymbol{w}^*=\sum_{i=1}^{N}\alpha_i^* y_i\cdot(x_i) \tag{5.85}$$

$$b^*=y_j-\boldsymbol{w}^*\cdot\phi(x_j)$$

$$=y_j-\sum_{i=1}^{N}\alpha_i^* y_i(\phi(x_i)\cdot\phi(x_j))$$

用核函数表示是：

$$b^*=y_j-\sum_{i=1}^{N}\alpha_i^* y_i K(x_i,x_j) \tag{5.86}$$

其中，x_j、y_j 为 $0<\alpha_j^*<C$ 对应的样本及其类别标记。

由于我们并不知道变换函数 $\phi(x)$，所以并不能显式地得到 $\boldsymbol{w}^*$，将 $\boldsymbol{w}^*$ 代入最优超平面方程式(5.84)，有

$$\sum_{i=1}^{N}\alpha_i^* y_i(\phi(x)\cdot\phi(x_i))+b^*=0 \tag{5.87}$$

将式(5.87)中涉及变换后的点积部分 $\phi(x)\cdot\phi(y)$ 用核函数 $K(x,y)$ 代替，有

$$\sum_{i=1}^{N}\alpha_i^* y_i K(x,x_i)+b^*=0 \tag{5.88}$$

这就是在原空间中用核函数表示的非线性支持向量机对应的最优分界超曲面方程。

由此得到非线性支持向量机的分类决策函数：

$$f(x)=\text{sign}\left(\sum_{i=1}^{N}\alpha_i^* y_i K(x,x_i)+b^*\right) \tag{5.89}$$

在变换后的新空间中，最优分界面是一个超平面，式(5.88)给出的是在原空间用核函数

表示的分界超曲面,不再是一个超平面。

下面介绍几个常用的核函数以及相应的最优分界超曲面方程:

(1) 线性核函数

$$K(x,y) = x \cdot y$$

线性核函数其实就是不做任何变换,直接在原空间求解线性支持向量机问题。线性核函数的引入是为了将支持向量机问题统一在核函数框架下。

(2) 多项式核函数

$$K(x,y) = (x \cdot y + 1)^d \tag{5.90}$$

其中,d 是正整数。

将式(5.90)代入式(5.88)中,得最优分界超曲面方程为

$$\sum_{i=1}^{N} \alpha_i^* y_i (x \cdot x_i + 1)^d + b^* = 0 \tag{5.91}$$

其中:

$$b^* = y_j - \sum_{i=1}^{N} \alpha_i^* y_i (x \cdot x_i + 1)^d$$

分类决策函数为

$$f(x) = \text{sign}\left(\sum_{i=1}^{N} \alpha_i^* y_i (x \cdot x_i + 1)^d + b^*\right) \tag{5.92}$$

(3) 高斯核函数

$$K(x,y) = e^{\left(-\frac{\|x-y\|^2}{2\sigma^2}\right)} \tag{5.93}$$

其中,σ 为常量。

将式(5.93)代入式(5.88)中,得最优分界超曲面方程为

$$\sum_{i=1}^{N} \alpha_i^* y_i e^{\left(-\frac{\|x-x_i\|^2}{2\sigma^2}\right)} + b^* = 0 \tag{5.94}$$

其中:

$$b^* = y_j - \sum_{i=1}^{N} \alpha_i^* y_i e^{\left(-\frac{\|x_i-x_j\|^2}{2\sigma^2}\right)}$$

分类决策函数为

$$f(x) = \text{sign}\left(\sum_{i=1}^{N} \alpha_i^* y_i e^{\left(-\frac{\|x-x_i\|^2}{2\sigma^2}\right)} + b^*\right) \tag{5.95}$$

(4) sigmoid 核函数

$$K(x,y) = \tanh(\gamma(x \cdot y) + r) \tag{5.96}$$

其中,tanh 为双曲正切函数,γ、r 为常量。

将式(5.96)代入式(5.88)中,得最优分界超曲面方程为

$$\sum_{i=1}^{N} \alpha_i^* y_i \tanh(\gamma(x \cdot x_i) + r) + b^* = 0 \tag{5.97}$$

$$b^* = y_j - \sum_{i=1}^{N} \alpha_i^* y_i \tanh(\gamma(x_i \cdot x_j) + r)$$

分类决策函数为

$$f(x) = \text{sign}\left(\sum_{i=1}^{N} \alpha_i^* y_i \tanh(\gamma(x \times x_i) + r) + b^*\right) \tag{5.98}$$

值得注意的是,这里的两个超参数 γ、r 并不是在任意取值下都能使得 sigmoid 核函数满足核函数的条件。也就是说,当 γ、r 取值不当时,式(5.96)并不构成一个核函数,不满足非线性支持向量机的优化条件,这样构成的支持向量机就不会有一个好的分类结果。

如何选择核函数是一个经验性的技能,一般来说,如果样本分布是线性可分或者接近线性可分的,则采用线性核函数。多项式核函数也是在样本分布比较接近线性可分时效果比较好,不太适用于样本分布非线性比较严重的场合。高斯核函数是一个比较万能的核函数,多数情况下具有比较好的表现,当对样本分布缺乏了解时,可以首先考虑使用高斯核函数,如果效果不理想,再考虑其他的核函数。对于高斯核函数来说,超参数 σ 如何取值也是值得考虑的因素,σ 取值过大容易造成欠拟合,而取值过小又容易造成过拟合,选择一个好的 σ 值,才会有最好的性能。图 5.40 给出了 σ 不同大小情况下最优分界超曲面示意图。

图 5.40(a)是 σ 值过大的情况,分界超曲面比较平缓,属于欠拟合。图 5.40(b)所示 σ 值比较合适,分界超曲面比较好地将两类分开,是我们希望得到的恰拟合。图 5.40(c)所示 σ 值过小,将一个类别圈成了若干小的圈圈,圈圈内为一个类别,圈圈外为另一个类别,造成过拟合。欠拟合、过拟合都不是我们希望的结果。另外,样本 x 是由多个特征的取值构成的向量,有的特征取值范围比较大,有的特征取值范围比较小,这种情况下无论对哪种核函数都是不利的,会造成支持向量机分类性能下降。解决办法是,对训练集中的样本做归一化处理,尽可能消除因特征取值范围不同造成的影响。这种情况下一定要记住,当使用支持向量机分类时,对待分类样本也要做同样的归一化处理。总的来说,如何选择核函数并没有什么一定之规,实际使用时,可以采用不同的核函数,多做一些实验验证,哪种方法效果好就采用哪种方法,因为毕竟是为了获得一个性能更好的分类器。

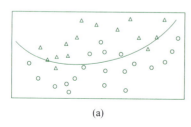
(a)
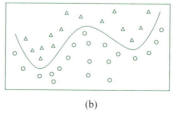
(b)
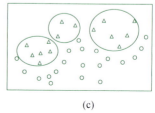
(c)

图 5.40　不同 σ 值下的分界超曲面示意图

下面是一个非线性支持向量机的求解例子。

设 $x_1 = (0,0)$ 为负类,$y_1 = -1$、$x_2 = (1,1)$、$x_3 = (-1,-1)$ 为正类,$y_2 = 1$、$y_3 = 1$。用如下的核函数求解非线性支持向量机问题,并判定 $x = (0,1)$ 的分类结果。

$$K(x,y) = (x \times y + 1)^2$$

先计算几个样本点间的核函数值:

$$K(x_1, x_1) = (0 \times 0 + 0 \times 0 + 1)^2 = 1$$
$$K(x_2, x_2) = (1 \times 1 + 1 \times 1 + 1)^2 = 9$$
$$K(x_3, x_3) = ((-1) \times (-1) + (-1) \times (-1) + 1)^2 = 9$$
$$K(x_1, x_2) = (0 \times 1 + 0 \times 1 + 1)^2 = 1$$
$$K(x_1, x_3) = (0 \times (-1) + 0 \times (-1) + 1)^2 = 1$$

$$K(x_2, x_3) = (1 \times (-1) + 1 \times (-1) + 1)^2 = 1$$

根据式(5.83),令:
$$S = \frac{1}{2}\sum_{i=1}^{3}\sum_{j=1}^{3}\alpha_i\alpha_j y_i y_j K(x_i, x_j) - \sum_{i=1}^{3}\alpha_i$$

将核函数 $K(x,y) = (x \cdot y + 1)^2$ 代入上式,得
$$S = \frac{1}{2}\sum_{i=1}^{3}\sum_{j=1}^{3}\alpha_i\alpha_j y_i y_j K(x_i, x_j) - \sum_{i=1}^{3}\alpha_i$$
$$= \frac{1}{2}\sum_{i=1}^{3}\sum_{j=1}^{3}\alpha_i\alpha_j y_i y_j (x_i \cdot x_j + 1)^2 - \sum_{i=1}^{3}\alpha_i$$

根据式(5.83)中的限制条件:
$$\sum_{i=1}^{3}\alpha_i y_i = 0$$

有
$$\alpha_1 = \alpha_2 + \alpha_3$$

代入 S 中,化简后有
$$S = -2(\alpha_2 + \alpha_3) + 0.5 \cdot (\alpha_2 + \alpha_3)^2 \cdot 1 + 0.5 \cdot \alpha_2^2 \cdot 9 + 0.5 \cdot \alpha_3^2 \cdot 9 -$$
$$(\alpha_2 + \alpha_3) \cdot \alpha_2 \cdot 1 - (\alpha_2 + \alpha_3) \cdot \alpha_3 \cdot 1 + \alpha_2 \cdot \alpha_3 \cdot 1$$
$$= -2(\alpha_2 + \alpha_3) + 4\alpha_2^2 + 4\alpha_3^2$$

为了求 $\min_{\alpha_i} S$,分别求 S 对 α_2、α_3 的偏导,并令其为 0,有方程组:
$$\begin{cases} -2 + 8\alpha_2 = 0 \\ -2 + 8\alpha_3 = 0 \end{cases}$$

求解后得
$$\alpha_2^* = \frac{1}{4}$$
$$\alpha_3^* = \frac{1}{4}$$
$$\alpha_1^* = \alpha_2^* + \alpha_3^*$$
$$= \frac{1}{2}$$

选不为 0 的 α_1^*,代入式(5.86),有
$$b^* = y_1 - \sum_{i=1}^{3}\alpha_i^* y_i K(x_i, x_1)$$
$$= -1 - \left(-\frac{1}{2} + \frac{1}{4} + \frac{1}{4}\right) = -1$$

由式(5.88)得到该例题的最优分界超曲面方程:
$$\sum_{i=1}^{3}\alpha_i^* y_i K(x, x_i) + b^* = 0$$

代入核函数和 $b^* = -1$,有
$$\sum_{i=1}^{3}\alpha_i^* y_i (x \cdot x_i + 1)^2 - 1 = 0$$

代入具体的 α_i^*、x_i 并化简得到在原空间的最优分界超曲面方程为

$$\frac{1}{2}(x^{(1)} + x^{(2)})^2 - 1 = 0$$

从而得到决策函数：

$$f(x) = \text{sign}\left(\frac{1}{2}(x^{(1)} + x^{(2)})^2 - 1\right)$$

将待分类样本 $x = (0, 1)$ 代入决策函数：

$$f(x) = \text{sign}\left(\frac{1}{2} \times (0 + 1)^2 - 1\right)$$

$$= \text{sign}\left(-\frac{1}{2}\right)$$

$$= -1$$

从而得到待分类样本 $x = (0, 1)$ 的类别为负类。

图 5.41 给出了该问题的示意图，在原空间中，最优分界超曲面实际上是两条红色直线，处于两条直线之间的样本点为负类，两条直线之外的样本点为正类。

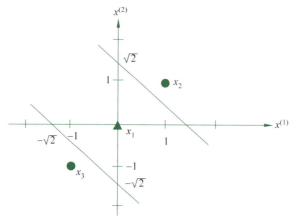

图 5.41 例题的最优分界超曲面示意图

从前面给的两个支持向量机的例子可以看出，虽然通过对偶问题的求解已经大大简化了支持向量机的求解，但无论是线性支持向量机还是非线性支持向量机，求解起来还是比较麻烦的，尤其是当训练样本比较多时更是如此。因此，需要高效地求解支持向量机问题的算法，否则支持向量机很难在实际中得到应用。

支持向量机问题，无论是线性的还是非线性的，最终都转换为一个满足一定约束条件的关于 α_i 的二次函数求最小值问题。由于是一个二次的凸函数，具有唯一的最小极值点，因此有很多算法可以求解该问题。但是，当训练样本比较多时，求解效率是一个问题。事实上，在支持向量机提出后的一段时间，由于缺乏高效的求解算法，支持向量机方法应用得并不多，直到有快速有效的方法提出后，才得到广泛的应用。

序列最小最优化算法（SMO）是一个典型的求解支持向量机问题的算法。SMO 算法采用启发式方法，每次选择两个变量进行优化，迭代地一步步逐步逼近问题的最优解。附录 B 中将详细给出 SMO 算法，这里就不叙述了。

5.5.6 支持向量机用于多分类问题

前面讲解的支持向量机都是针对二分类问题的,也就是说,只有两个类别。支持向量机也可以求解多分类问题,但不是直接求解,而是通过多个二分类支持向量机组合起来求解多分类问题。也有多种不同的组合方法,简单起见,下面以线性支持向量机为例介绍几个常用的组合方法,它们同样适用于非线性支持向量机。

(1) 一对一法

设共有 K 个类别,则任意两个类别建立一个支持向量机,对于一个待识别样本 x,送入每个支持向量机中做分类。这样,每个支持向量机都会有一个结果,该结果可以看作对 x 所属类别的一次投票,哪个类别获得的票数最多,x 就属于哪个类别。例如,想识别猫、狗、兔3种动物,则分别用猫和狗、猫和兔、狗和兔建立3个支持向量机,对于一个待分类的动物样本 x,分别送到这3个支持向量机中做分类。假定第一个支持向量机输出为猫、第二个支持向量机也输出为猫、第三个支持向量机输出为兔,则猫获得2票、兔获得1票、狗获得0票,根据投票结果,猫获得的票数最多,则 x 被分类为猫。

一对一法的优点是识别性能比较好,分类准确率高,但其不足是需要的支持向量机比较多,当类别数为 K 时,需要建立 $K(K-1)/2$ 个支持向量机,约等于 $K^2/2$ 个。例如,对于 0~9 数字识别问题,类别数 K 为 10,需要建立的支持向量机数量为 $10 \times (10-1)/2 = 45$ 个;类别数为 100 时,需要建立的支持向量机数量约为 5000 个;而当类别数为 1000 时,需要建立的支持向量机数量要达到约 500000 个。

图 5.42 给出了一对一法做三分类时的示意图。图中,绿、红、蓝3种颜色分别代表类1、类2和类3,任意两类之间共建立了3个支持向量机,其最优分界线分别为 d_{12}、d_{13} 和 d_{23}。

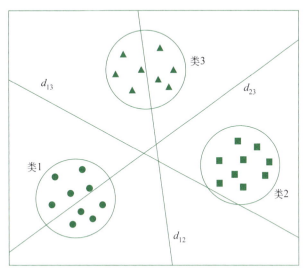

图 5.42 一对一法做三分类方法的示意图

图 5.43 给出了3个类别最优决策边界示意图,其中浅绿色区域为类1、浅红色区域为类2、浅蓝色区域为类3,待识别样本落入哪个区域,就被分类为哪个类别。图中央的黄色三角区域为"三不管地带",因为落入这区域的样本每个类别都会获得一票,从而导致不能分类。这时可以去掉决策函数 $f(x) = \text{sign}(w^* \cdot x + b^*)$ 中的符号函数 sign,以 $f(x) = w^* \cdot$

$x+b^*$作为带符号的函数间隔,按照待识别样本 x 到 3 个支持向量机最优分界线的带符号函数间隔判别其所属类别,距离哪个分界面的带符号函数间隔越大,就分类到哪个类别。

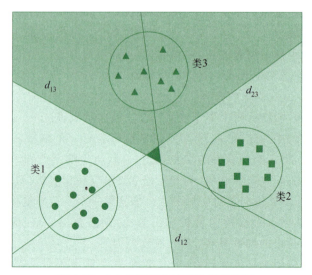

图 5.43　3 个类别最优决策边界示意图

（2）一对多法

对于具有 K 个类别的分类问题,一对多法就是分别用每个类别做正类,其余 $K-1$ 个类别合并在一起做负类,共构建 K 个支持向量机。还是以识别猫、狗、兔 3 种动物为例,需要分别以"猫为正类,狗和兔为负类""狗为正类,猫和兔子为负类""兔为正类,猫和狗为负类"构建 3 个支持向量机。

图 5.44 给出一个一对多法三分类方法示意图,其中直线 d_{1-23} 表示"类 1 为正类、类 23 为负类"构建的支持向量机的最优分界线,"类 23"表示类 2、类 3 两个类别合并后的类别。直线 d_{2-13}、d_{3-12} 的含义也是同样的含义,这里不再叙述。

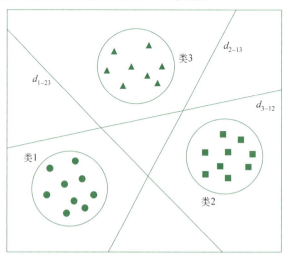

图 5.44　一对多法三分类方法示意图

在这种情况下,因为在 K 个支持向量机中,每个分类结果只有一个正类,而且 K 个结果没有重复,每个类别最多会得到一票,并且会有多个类别得到一票。因此,对于一对多法,不能采用投票法做决策。像在一对一法中处理"三不管地带"一样,去掉决策函数 $f(x)=\text{sign}(\boldsymbol{w}^* \cdot \boldsymbol{x}+b^*)$ 中的符号函数 sign,以 $f(x)=\boldsymbol{w}^* \cdot \boldsymbol{x}+b^*$ 作为带符号的函数间隔,按照待识别样本到 3 个支持向量机最优分界线的带符号函数间隔判别其所属类别,距离哪个分界面的带符号函数间隔大,就分类到哪个类别。图 5.45 给出了 x、y、z 3 个待识别样本,图中用双箭头分别标出 3 个样本到 3 个最优分界线的带符号函数间隔,其中红色表示正的函数间隔,蓝色表示负的函数间隔。对于样本 x,只有到分界线 d_{3-12} 的带符号函数间隔是正的,到另两个分界线的带符号函数间隔均是负的,所以自然被分类为类别 3。对于样本 y,到分界线 d_{1-23} 和 d_{2-13} 的带符号函数间隔是正的,到 d_{3-12} 的带符号函数间隔是负的,所以类别可能是类 1 或者类 2,由于到 d_{1-23} 的带符号函数间隔更大,所以分类结果为类 1。样本 z 比较特殊,到 3 个最优分界线的带符号函数间隔都是负的,但是,由于到 d_{2-13} 的带符号函数间隔最大(绝对值最小),所以分类结果为类 2。

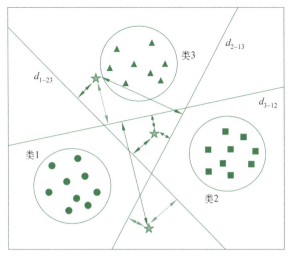

图 5.45 3 个待识别样本到 3 条分界线的函数间隔示意图

图 5.46 给出 3 个类别最优决策边界示意图,其中浅绿色区域为类 1、浅红色区域为类 2、浅蓝色区域为类 3,待识别样本落入哪个区域,就被分类为哪个类别。

一对多法的特点是支持向量机数量比较少,效果也不错,其不足是需要处理样本不均衡问题。因为正类只有一个类别,而负类有 $K-1$ 个类别,训练支持向量机时往往负类样本数量远多于正类样本数量,这样得到的支持向量机一般会偏向负类,影响分类效果。一种解决办法是在求解支持向量机过程中,对正负两类样本设置不同的参数 C,对于正类样本,对应的 α_i 用 α_i^+ 表示;对于负类样本,对应的 α_i 用 α_i^- 表示,则限制条件中要求满足:

$$0 \leqslant \alpha_i^+ \leqslant C^+$$
$$0 \leqslant \alpha_i^- \leqslant C^-$$

取一个比较大的 C^+ 值可以一定程度上缓解训练样本不均衡所带来的问题。

(3) 层次法

对于 K 个类别的分类问题,先将其合并成两大类构建支持向量机,然后将每个类别分别合并成两类构建支持向量机,以此类推,直到最后能区分每个类别。对于待分类样本,按次序输入每个支持向量机进行分类,由前一次分类结果决定下一步采用哪个支持向量机,直到最后得到分类结果。这种方法有点像一棵二叉决策树,从根结点开始用支持向量机决策

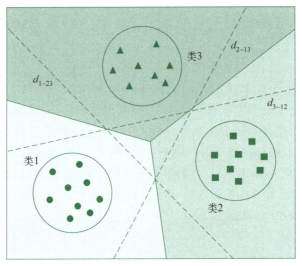

图 5.46　3 个类别最优决策边界示意图

所选择的子结点。图 5.47 给出了用层次法求解四分类问题的示意图。层次法的最大特点是构建的支持向量机数量少，不足是会造成错误的传递，一旦前面的支持向量机出现分类错误，由于后面的分类是以此为基础的，所以只能"将错就错"，没有任何补救的机会。

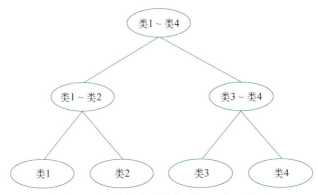

图 5.47　层次法求解四分类问题的示意图

当类别数为奇数时，比如有 5 个类别，则可以按照其中两个类别合并为一类，另外 3 个类别合并为另一类的办法处理。

5.6　K 均值聚类算法

前面介绍的几种方法都属于分类方法，属于有监督学习，其特点是训练集中每个样本均给出了类别的标注信息，统计学习方法根据样本的特征取值以及标注信息进行学习，然后利用学习到的分类器实现对待分类样本的分类。而聚类问题面对的是只有特征取值，而无标注信息的样本，目的是按照样本的特征取值，将最相近的样本聚集在一起，成为一个类别。由于聚类问题缺乏标注信息，不同的相似性评价标准会造成不同的结果。

俗话说"物以类聚，人以群分"，反映的是具有某种相同特征的物或者人聚集在一起，但是什么是相同特征？角度不同时可能有不同的结果。比如图 5.48 所示的 6 个样本，如果按照形状聚类,a 和 d、b 和 e、c 和 f 分别为一类;如果按照大小聚类,则 a、b、c 为一类,d、e、f 为另一类;如果按照颜色聚类,则有 a 和 e、b 和 f、c 和 d 各为一类。按照哪种标注聚类都有一定的道理。

相对来说,分类问题研究得比较充分,有很多比较成熟的算法,而聚类问题研究得还比较欠缺,不如分类问题那么成熟,K 均值算法是其中一种常用的聚类算法。

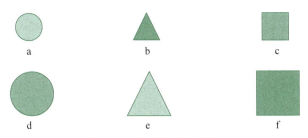

图 5.48 聚类问题示意图

看图 5.49 所示的红、绿、蓝 3 种颜色的样本点(暂时先忽略其中的 3 个黄色五角星"☆"),从图中的样本分布情况看,结果是很显然的,每种颜色的样本点聚集在一起,聚集成 3 个类别就可以了。人一看就明白,相同颜色的样本应该聚集在一起,因为这些样本彼此之间都比较密集,距离比较近,相互簇拥在一起,而与其他颜色的样本距离比较远,因此我们很容易想到,可以采用聚集后相同类别中样本之间的距离之和,也就是簇拥程度评价聚类结果的性能。类内样本越是紧密地簇拥在一起,说明聚类效果越好。

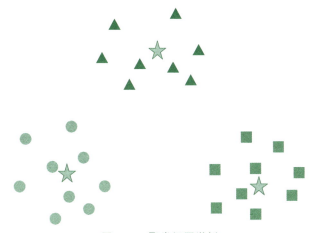

图 5.49 聚类问题举例

如果用 c_k 表示第 k 个类别,则类别 c_k 的簇拥程度可以用类中任意两个样本间的距离平方和 D_k 进行评价:

$$D_k = \sum_{x_i, x_j \in c_k} \| x_i - x_j \|^2 \tag{5.99}$$

其中,$x_i(i=1,2,\cdots,N)$ 为训练样本,$x_i, x_j \in c_k$ 表示被归到 c_k 类的任意两个样本。

我们的目的是希望聚集后的所有类别均比较好地簇拥在一起,所以可以用所有类别的 D_k 之和 J 做评价指标:

$$J = \sum_{k=1}^{K} D_k \tag{5.100}$$

因此，按照前面的分析，J 最小的结果应该是一个合理的聚类结果。

考虑到不同类别包含的样本数有多有少，为了消除因类别样本数多少带来的影响，我们除以类别中的样本数，求 D_k 的平均值 D'_k：

$$D'_k = \frac{D_k}{n_k} = \frac{\sum\limits_{x_i, x_j \in c_k} \|x_i - x_j\|^2}{n_k} \tag{5.101}$$

其中，n_k 为第 k 个类别中含有的样本数。

容易证明[①]：

$$D'_k = \frac{\sum\limits_{x_i, x_j \in c_k} \|x_i - x_j\|^2}{n_k} = 2 \sum\limits_{x_i \in c_k} \|x_i - \overline{x_k}\|^2 \tag{5.102}$$

其中，$\overline{x_k}$ 为类别 k 中所有样本点的平均值，也就是类别中心：

$$\overline{x_k} = \frac{\sum\limits_{x_i \in c_k} x_i}{n_k}$$

由此得知，反映类别簇拥程度的 D'_k 与类内每个样本到类别中心距离的平方和等价。

这样，我们用 D'_k 重新定义 J：

$$J = \sum_{k=1}^{K} \frac{1}{2} D'_k = \sum_{k=1}^{K} \sum_{x_i, x_j \in c_k} \|x_i - \overline{x_k}\|^2 \tag{5.103}$$

所以我们得到聚类目标就是在给定类别数 K 的情况下，寻找一个 J 最小的聚类结果。

对于 N 个样本数、K 个类别的聚类问题，其所有可能的聚类结果数为（为了得到一个简单的表达式，这里假设某个类别包含的样本数可能为 0 的情况）：

$$\frac{K^N}{K!}$$

即便类别数 K 不大，随着样本数 N 的增长，所有可能的聚类结果数也将很快达到天文数字。例如，当 $K=3$、$N=1000$ 时，所有可能的聚类结果数为 2.20×10^{476}，即便在当今最快的计算机上，产生出所有聚类结果需要的时间也可能比宇宙的年龄还要长。所以不可能采用穷举的办法，应采用先产生出所有的聚类结果，然后从中挑选出 J 值最小的结果的方法实现聚类。

按照式(5.103)，为了使 J 最小，应该使每个训练样本到其所在类的中心距离的平方最小。假设我们知道了 K 个类别中心 $\overline{x_k}$，把每个样本归类到其距离类中心最近的类别就可以了，也就是分别计算每个样本到 K 个类别中心的距离，到哪个类别中心的距离最近，就将该

[①] 证明如下：$\sum\limits_{x_i, x_j \in c_k} \|x_i - x_j\|^2 = \sum\limits_{x_i \in c_k} \sum\limits_{x_j \in c_k} \|x_i - x_j\|^2 = \sum\limits_{x_i \in c_k} \sum\limits_{x_j \in c_k} (x_i - x_j)^2 = \sum\limits_{x_i \in c_k} \sum\limits_{x_j \in c_k} (x_i - \overline{x_k} + \overline{x_k} - x_j)^2 = \sum\limits_{x_i \in c_k} \sum\limits_{x_j \in c_k} ((x_i - \overline{x_k})^2 + (x_j - \overline{x_k})^2 - 2(x_i - \overline{x_k})(x_j - \overline{x_k})) = n_k \sum\limits_{x_i \in c_k} (x_i - \overline{x_k})^2 + n_k \sum\limits_{x_j \in c_k} (x_j - \overline{x_k})^2 = 2n_k \sum\limits_{x_i \in c_k} (x_i - \overline{x_k})^2 = 2n_k \sum\limits_{x_i \in c_k} \|x_i - \overline{x_k}\|^2$，所以 $\frac{\sum\limits_{x_i, x_j \in c_k} \|x_i - x_j\|^2}{n_k} = 2 \sum\limits_{x_i \in c_k} \|x_i - \overline{x_k}\|^2$，得证。

样本归类到哪个类别中。因为任何一个样本如果不按照该原则进行归类,都会导致 J 值增加,所以这样得到的结果应该是 J 值最小。问题是如何得到 K 个类别中心 $\overline{x_k}$?

K 均值算法就是为解决该问题提出的一种聚类算法,该算法通过迭代的方法逐步确定每个类别的聚类中心。开始时,先随机地从训练样本集中选择 K 个样本作为类别中心,然后按照距离将样本归类到距离类别中心最近的类别中,这样每个类别就有了一些样本。将同一类别中的所有样本累加在一起,再除以该类别中的样本数,对类别中心进行更新,然后按照新的类别中心对样本做聚类。重复以上操作,直到所有的类别中心不再有变化为止。这就是 K 均值聚类算法,通过一步步迭代的方式逐步确定类别中心,并实现对样本的聚类。

下面举一个例子,样本分布如图 5.50 所示,共有 6 个样本,分别为

$$x_1 = (2,2)$$
$$x_2 = (2,3)$$
$$x_3 = (7,3)$$
$$x_4 = (8,2)$$
$$x_5 = (4,7)$$
$$x_6 = (5,7)$$

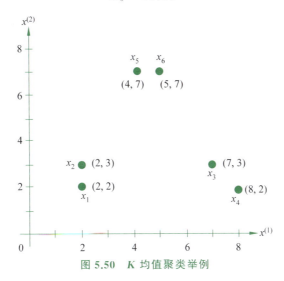

图 5.50 K 均值聚类举例

如何用 K 均值算法将这 6 个样本聚集成 3 个类别?

首先,随机选择 3 个样本作为初始的类别中心。从图 5.50 中可以看出,6 个样本刚好组成了 3 个簇团,如果选择的 3 个样本刚好在 3 个不同的簇团中,比如 x_1、x_3、x_5,则以这 3 个样本点作为 3 个类别的中心,很容易就将 x_1 和 x_2 归类到一个类别、x_3 和 x_4、x_5 和 x_6 分别归类到另两个类别中,这也是我们希望得到的结果。

但是,一般来说我们没有这么好的运气,这时就要通过迭代,一步步地逐步获得每个簇团的类别中心。比如初选的 3 个样本是 x_1、x_2、x_3,分别以这 3 个样本作为类 1、类 2、类 3 这 3 个类别的中心,计算所有样本到 3 个类别的距离平方,结果如表 5.4 所示。

由表 5.4 可以看出,样本 x_1 距离类 1 最近,样本 x_2 和 x_5 距离类 2 最近,样本 x_3、x_4、x_6 距离类 3 最近,由此得到聚类结果:x_1 在第一类、x_2 和 x_5 在第二类,x_3、x_4、x_6 在第三类,如图 5.51 所示。至此我们得到第一次聚类结果。

表 5.4 样本点到类别中心的距离平方 1

类	x_1	x_2	x_3	x_4	x_5	x_6
类 1	0	1	26	36	29	34
类 2	1	0	25	37	20	25
类 3	26	25	0	2	25	20

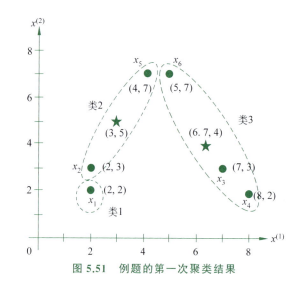

图 5.51 例题的第一次聚类结果

根据第一次聚类结果,重新计算各类别中心,由于第一类只有 x_1 一个样本,所以类别中心还是 x_1。第二类含有 x_2、x_5 两个样本,类别中心为两个样本的平均值 (3,5),如图 5.51 中蓝色"☆"所示。第三类含有 x_3、x_4、x_6 3 个样本,类别中心为 3 个样本的平均值 (6.7,4),如图 5.51 中绿色"☆"所示。

以新的类别中心再次计算每个样本到 3 个类别中心的距离平方,如表 5.5 所示。

表 5.5 样本点到类别中心的距离平方 2

类	x_1	x_2	x_3	x_4	x_5	x_6
类 1	0	1	26	36	29	34
类 2	10	5	20	34	5	8
类 3	25.8	22.8	1.1	5.8	16.1	11.8

依据表 5.5,有样本 x_1 和 x_2 距离类 1 最近,被归类到类 1,样本 x_5 和 x_6 距离类 2 最近,被归类到类 2,样本 x_3 和 x_4 距离类 3 最近,被归类到类 3。

图 5.52 给出了这次的聚类结果,至此我们得到第二次聚类结果。

再次根据新的聚类结果更新 3 个类别中心,得到新的类别中心分别为 (2,2.5)、(4.5,7)、(7.5,2.5),据此结果再次对样本聚类,结果如图 5.53 所示,其中 3 个不同颜色的"☆"代表了 3 个类别中心。该结果与上一次聚类结果一致,更新后的类别中心不再发生变化,K 均值算法结束。得到的最终聚类结果为:类 1 包含样本 x_1、x_2,类 2 包含样本 x_5、x_6,类 3 包含样

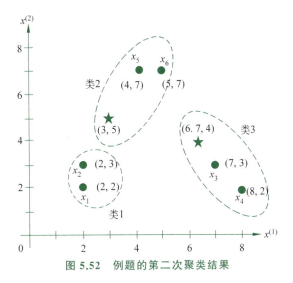

图 5.52 例题的第二次聚类结果

本 x_3、x_4，与我们预想的结果一致。

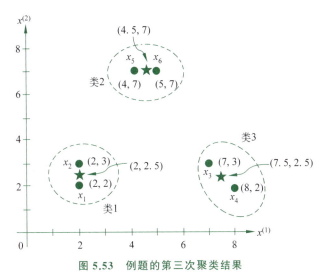

图 5.53 例题的第三次聚类结果

K 均值聚类算法看起来并不复杂，从例题看也取得了很好的效果，但是这样得到的类别中心并不能保证一定是实际的类别中心，因为算法得到的类别中心与初始 K 个样本点的选择有关。不同的选择结果，最终得到的聚类结果可能不一样。为此一般做若干次聚类，从中选择一个聚类效果好，也就是 J 值(见式(5.103))最小的结果作为最终的聚类结果。

原则上，做的聚类次数越多，找到最好的聚类结果的可能性越大，但是效率也就越低。为此，也有学者提出了二分 K 均值聚类算法，该算法相对来说对初始类别中心的选择不那么敏感，可以获得比较好的效果。

二分 K 均值聚类算法的基本思想也比较简单，先将原始样本用 K 均值算法聚类成两个类别，然后从聚类结果中选择一个类别，将该类别再聚类成两个类别，这样一次次"二分"下去，直到得到 K 个类别为止。也就是说，从已有的聚类结果中每次选择一个类别做 K 为 2 的 K 均值聚类，具体选择哪个已有类别做下次二分聚类呢？是否应选包含样本数最多的类别？其实并不尽然。如图 5.54 所示的情况，类 1 是一个大类，D_k 也比较大。但是这个例子中显然将类 1 再二分为两个类别是不合理的，而是应该选择类 2，将类 2 二分成两类才比较合理。由于我们总的聚类目标是使得 J 值最小，所以应选择二分后能最大降低 J 值的类别，与聚类的总目标一致，这样才可能得到一个比较好的聚类结果。如何做到这一点呢？一种简单的办法是对每个已有类别均做一次二分聚类，然后从中选择产生 J 值最大降幅的类别作为结果。

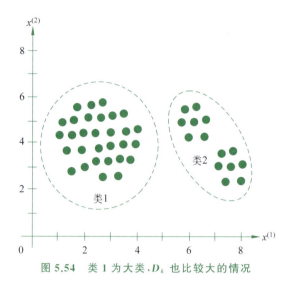

图 5.54　类 1 为大类，D_k 也比较大的情况

虽然这里采用了穷举的方法，但由于一般来说类别数不是太大，而且与类别数是线性关系，并不会产生组合爆炸问题，所以这种情况下穷举方法是可以接受的。

在前面的介绍中，无论是 K 均值算法还是二分 K 均值算法，都假定聚类的类别数 K 是已知的。如何确定类别数 K 是聚类问题的一个重要问题，因为类别数对聚类结果有比较大的影响。不只是 K 均值算法存在这个问题，很多其他的聚类算法也存在类似的问题，或者要求给出类别数，或者虽然不直接要求给出类别数，但也往往转换为其他的指标。下面给出一个相对比较简单的确定类别数 K 的方法。

因为我们希望的聚类结果是 J 值最小，所以可以在给定多个不同 K 的情况下做聚类，观察 J 值的变化情况。一般情况下，K 值越大，J 值就会越小，极限情况下，每个样本为一类时，J 值达到最小值 0，而显然一个样本一个类别不是我们想要的结果，所以不能简单地以 J 值最小作为选择 K 值的原则。

一般来说，当逐步增加 K 值时，开始阶段 J 值会随着 K 值的增加下降得比较快，下降到一定程度后，随着 K 值的增加，J 值的下降开始变得比较缓慢了。因此，一种确定 K 值的办法是先做出 K 值与 J 值的关系曲线，在曲线上找到 J 值下降变缓的拐点，以此处的 K 值作为聚类的类别数。如图 5.55 所示，当 K 值从 1 增加到 4 时，J 值一直下降得比较快，然后 J 值开始下降得比较缓慢，所以类别数为 4 是一个比较合适的结果。

还有一些其他确定 K 值的方法，这里就不详细叙述了。

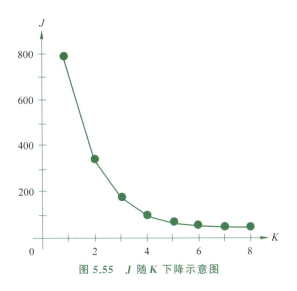

图 5.55　J 随 K 下降示意图

5.7　层次聚类算法

层次聚类算法假设数据具有一定的层次结构，是一种按照分层聚类的聚类方法。

很多数据都有层次上的结构特性。例如，在体育比赛中，100 米、200 米、400 米属于短跑项目，800 米、1500 米属于中跑项目，3000 米、5000 米、10000 米属于长跑项目，跳高、跳远属于跳跃项目，标枪、铁饼属于投掷项目，而短跑、中跑和长跑又属于径赛项目，跳跃、投掷属于田赛项目，径赛项目和田赛项目又同属田径项目……，如图 5.56 所示，第一层就是体育一个大类，第二层有球类、田径、水上项目等类别，第三层是田赛、径赛项目……，不同层次类别粒度大小不一样，越向上粒度越粗，越向下粒度越细。

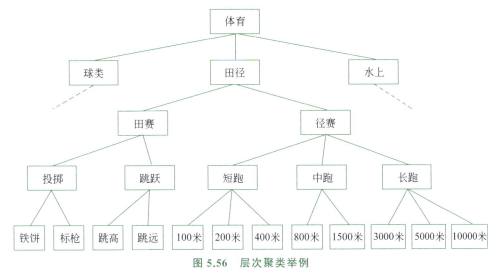

图 5.56　层次聚类举例

从图 5.56 可以看出层次聚类可以得到不同粒度下的聚类结果，可以根据需要选择聚类结果。

层次聚类一般采取自底向上的方式进行。最开始,每个样本为一个类别,然后每次合并两个最相似的类别,逐步增加类别的粒度。如果事先规定了希望聚类的类别数 K,则聚成 K 个类别后算法就可以停止了,或者一直到最终聚成一个类别为止。

其中相似性可以按照距离计算,距离最近的两个类别最相似,也可以采用相似度的计算方法,相似度最大的两个类别最相似。无论是距离还是相似度,都有很多种不同的方法,每种方法都可用来度量两个类别的相似性,这里不再过多介绍了。下面通过图 5.57 说明层次聚类算法的聚类过程。

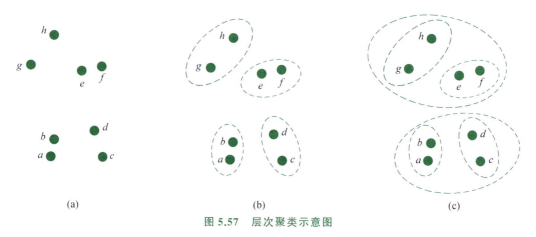

图 5.57　层次聚类示意图

图 5.57(a)给出的是原始的 8 个样本,开始时每个样本为一个类别。按照距离计算任意两个样本的距离,选出距离最小的两个类别聚集为一类。假设 a、b 间距离最小,故将 a、b 合并为一类,称为 ab 类。按此方法依次分别得到 ef 类、dc 类和 gh 类共 4 个类别,如图 5.57(b)所示。如果我们希望的类别数为 4,那么聚类到此结束,否则继续聚类。分别计算 ab、ef、dc 和 gh 4 个类别相互之间的距离,选出距离最小的一对类别,假设 ab 类和 cd 类距离最近,则将 ab 类和 cd 类合并为一个类别 $abcd$。如果我们希望的类别数是 3,则得到 $abcd$ 类、ef 类和 gh 类 3 个类别,否则继续聚类。再次计算 $abcd$ 类、ef 类和 gh 类 3 个类别相互之间的距离,选出距离最小的一对类别,假设是 ef 类和 gh 类,将它们合并为一个类别 $efgh$。至此只有两个类别了,聚类结束,得到图 5.57(c)所示的聚类结果。

前面说过,度量两个类别的相似性从距离角度、相似性角度都有很多不同的方法,即便度量方法确定后,如何具体计算两个类的距离也有不同的方法。方法不同,就会得到不同的聚类结果。下面介绍几种常用的方法。

1) 中心距离法

以两个类别中心的距离作为两个类别之间距离的度量,其中类别中心为该类别中所有样本点的平均值。

2) 平均距离法

以两个类别中任意两个样本间距离的平均值作为两个类别之间距离的度量。注意,这里的"两个样本"分别来自不同的类别。

3) 最小距离法

以两个类别中任意两个样本间距离的最小值作为两个类别之间距离的度量。同样,这里的"两个样本"分别来自不同的类别。

4）最大距离法

与最小距离法刚好相反,以两个类别中任意两个样本间距离的最大值作为两个类别之间距离的度量。

不同的距离计算方法可以得到不同的聚类结果,如最小距离法常常使得类别边界靠得比较近的类别连接起来,可能会得到条状的聚类结果。而最大距离法则强调同一类别中距离最大的样本点相聚得别太远。图 5.58 给出了这样的例子,其中图 5.58(a) 是原始样本点,图 5.58(b) 是采用最小距离法得到的聚类结果,图 5.58(c) 是采用最大距离法得到的聚类结果。

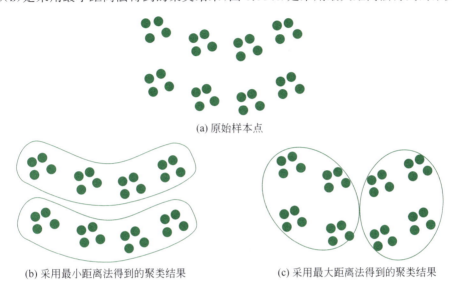

图 5.58　不同方法的聚类效果示意图

5.8　DBSCAN 聚类算法

在实际应用中,采集的数据往往带有噪声,噪声对聚类结果可能带来很大的影响,严重影响聚类效果。如图 5.59 所示,彩色样本点的数据比较可靠,黑色样本点大概率是噪声数据。另外,从直观上看,相同颜色的样本点应该属于同一类别,聚集后每个类别的形状也存在很大的不同,前面介绍的一些方法难于胜任这种情况下的聚类问题。

观察图 5.59 中数据的分布情况,数据有疏有密,不同区域包含的样本点的密度不同,我们有理由认为处于密度大的区域的样本应聚集成一个类别,而处于过于稀疏区域的样本点,大概率属于噪声点。这样就提出了基于密度的聚类算法,DBSCAN 是其中的典型代表,不仅可实现对包含不同"形状"样本的聚类,还可同时消除噪声样本,是一种常用的聚类算法。

在图 5.59 中,之所以认为每种颜色的样本应该组成一个类别,很大程度上是利用了样本分布的密度信息。但是,计算机处理问题容易"只见树木不见森林",DBSCAN 算法是如何实现基于密度的聚类呢? 为了便于说明,先介绍几个基本概念。

(1) 核心样本。以某个样本 p 为圆心,r 为半径做圆,如果包括该样本在内圆内至少包含 minPts 个样本,则称 p 为核心样本。圆内的任一样本 q 称作被 p 包含,或者说 q 相对 p 来说直接可达。其中 r、minPts 为事先给定的参数。核心样本的物理含义是说明该样本处于一个密度比较高的区域,被核心样本包含的样本应该同属一个类别。

图 5.59　不同类别形状并带有噪声的样本示意图

（2）异常样本。如果一个样本既不是核心样本，也不被任何核心样本所包含，则称该样本为异常样本。异常样本说明该样本处于一个比较稀疏的区域，大概率是一个噪声样本。

图 5.60 给出了一些样本，并以每个样本为圆心，r 为半径做圆，为了看起来更直观，图中圆心和圆用了相同的彩色。假设 minPts 为 3，则从图中可以看出，c、d、e、f、j、k 这几个样本均至少包含了 3 个样本，所以属于核心样本。a、b、h、n 这几个样本包含的样本数均少于 3 个，而且没有被任何核心样本所包含，所以属于异常样本。g、i、m 这几个样本虽然包含的样本也少于 3 个，但是由于它们被核心样本所包含，所以不属于异常样本，当然也不属于核心样本。

DBSCAN 算法的核心思想是，先选取一个核心样本 p，将 p 所包含的所有样本加入类 c 中，标记样本 p 被处理过。从类 c 中依次选取没有处理过的核心样本 q，并将 q 所包含的样本加入到类 c 中，标记样本 q 被处理过。在这个过程中，类 c 中的样本逐渐增加，新增加的样本有核心样本，也有非核心样本。重复以上过程，直到类 c 中所有核心样本被标记处理过，则完成了第一个类别的聚类，类 c 中的所有样本为一个类别。再选取一个没有被处理过的核心样本，按照上述方法完成第二个类别的聚类。依次进行下去，直到最后所有的核心样本被处理完，则结束聚类，剩下的异常样本当作噪声被过滤掉。

下面以图 5.60 所示的样本分布为例，说明 DBSCAN 算法是如何实现聚类的。

假设首先选取的核心样本为 c，将 c 及 c 包含的样本 d、e 合并在一起算作类别 1，并标记 c 被处理过。从类别 1 中选取一个没有被处理过的核心样本，假设是样本 d。将 d 包含的样本 c、e 加入类别 1 中，由于这两个样本已经在类别 1 中，所以不做操作，标记 d 被处理过。再次从类别 1 中选取一个没有被处理过的核心样本，假设是样本 e。e 包含的样本中只有样本 f 没有在类别 1 中，将样本 f 加入类别 1 中，标记 e 被处理过。接着从类别 1 中选择核心样本 f，将被 f 包含而且没有在类别 1 中的样本 g 加入类别 1 中，标记 f 被处理过。

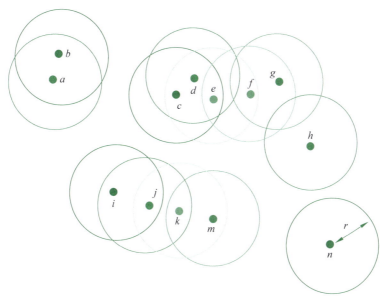

图 5.60　核心样本、异常样本示意图

由于 g 不是核心样本,所以此时类别 1 中已经没有未被处理过的核心样本,到此我们得到第一个聚类结果,类别 1 中包含了样本 c、d、e、f、g。

选择一个未被处理过的核心样本,假设是 j,将 j 包含的样本 i、j、k 一起组成类别 2,标记 j 被处理过。从类别 2 中选择一个核心样本,由于 i 不是核心样本,所以只能选择 k,将 k 包含并且没在类别 2 中的样本 m 加入类别 2 中,标记样本 k 被处理过。此时类别 2 中已经不存在未被处理过的核心样本,所以聚类结束,得到第二个聚类结果,类别 2 中包含了样本 i、j、k 和 m。

至此,所有的核心样本均已经被处理,得到聚集而成的两个类别。剩余的样本 a、b、h、n 均为异常样本,不在任何聚类结果中,算法结束。

总结一下,DBSCAN 算法就是以一个核心样本为基础,把该核心样本所包含的样本加入一个类别中,然后再一步步地将该类别中的其他核心样本所包含的样本也加入这个类别中,直到该类别中所有的核心样本均被处理过为止,这样就完成了一个类别的聚类。然后再按照同样的方法,完成所有类别的聚类。

前面提到过,任何聚类算法或者需要知道类别数 K,或者转换成了其他的参数。从 DBSCAN 算法的描述看,该算法并没有用到类别数 K,但是要事先定义圆的半径 r 和核心样本包含的最小样本数 minPts,这两个参数对最终获得的聚类结果和类别数会产生影响,不同的取值会有不同的结果。以图 5.60 为例,如果 minPts 为 2,那么 a、b 就可以聚为一类,这就多了一个类别。如果 r 再小一点,类 1 或者类 2 也可能被分为两个类别。

5.9　验证与测试问题

在机器学习中经常会遇到超参数确定问题,比如在支持向量机中,高斯核函数的 σ 就是一个超参数。如果 σ 过大,容易造成欠拟合;反之,如果 σ 过小,则容易造成过拟合,我们希

望确定一个合适的 σ，以保证得到一个比较好的分类性能。这就是机器学习中的调参问题，参数确定得是否合理，可能对系统的性能有很大影响。另外，一个训练好的系统具体的分类性能又能达到多少呢？这些都可以通过数据测试确定。

由于可能存在过拟合问题，所以用于确定超参数的数据以及测试性能的数据最好是与训练数据分开的，以便得到一个相对客观的参数和系统性能。

为此，我们一般将数据集划分成训练集、验证集和测试集 3 部分，以便将训练、调参和性能测试 3 部分独立出来。训练集只用于系统训练，这就不用多说了。验证集用于调参，一般是针对不同的超参数取值分别进行训练，然后在验证集上分别测试其性能，取一个性能最好的超参数值作为最终的结果。由于调参是在验证集上选取的最好结果，所以在验证集上获得的系统性能一般偏高。一般地，调节完参数后，需要在测试集上测试，这个结果会更接近真实情况，因为测试集中的样本既没有参与过训练，也没有参与调参，是完全独立的样本，测试结果更加可信。总之，训练集用于训练，验证集用于调参，测试集用于测试分类性能。

无论是训练、验证还是测试，每个数据集都需要比较多的数据，所以当数据量足够多时，通过将数据集划分为训练集、验证集和测试集的方法，确实是一种既简单又有效、可信的方法。但事实上我们往往面临数据量不足的问题。

为了充分利用已有的数据，研究者提出了交叉验证方法，该方法又称作 k 折交叉验证。

k 折交叉验证将数据划分为 k 等份，使用其中的 $k-1$ 份作为训练集，1 份作为验证集。如果只做一次实验，这样划分得到的验证集有点小，结果不可信。但是，如果每份数据轮流做验证集，剩余的 $k-1$ 份做训练集，就可以得到 k 个结果，以 k 个结果的平均值作为最终的性能测试结果。这样，虽然每次验证集并不大，但是综合后的效果相当于利用整个数据集作为验证，充分利用了数据集中的每个数据。一般情况下，k 取 2~10 就可以了，k 太大会造成训练次数过多，而 k 太小则可能导致用于训练的数据不足，因为每次只能用 $k-1$ 份数据做训练。极限情况下，k 最大取值可以为数据个数，每次验证集只剩余一个数据，故这种方法也被称作"余一法"。如果不考虑训练效率问题，余一法是最充分利用数据的方法。

交叉验证方法相当于一份数据同时担当训练集和验证集的作用，但又通过数据划分的方法保持了两个数据集的相对独立性。

使用交叉验证方法时一定要注意数据划分的随机性，训练集中各个类别的比例与整个数据集中的比例最好基本一致，尽量避免训练集中某个类别过于集中的情况出现。

也可以采用类似的方法解决测试集的问题。一种方法是把验证集的测试性能当作最终的分类性能，当然这种方法得到的性能普遍偏高。另一种方法是扩展一下交叉验证方法，每次取一份当作验证集，再取一份当作测试集，剩余的 $k-2$ 份用于训练，数据循环多次使用，最后用测试集上的平均性能作为最终的测试结果。

我们一直说系统的性能，下面介绍一下评价系统性能的方法。

对于分类系统来说，常用的性能指标有准确率、召回率和 F_1 值等，而每个指标又分宏平均和微平均两种。宏平均指的是先分别计算每个类别的各个指标，然后再计算各个类别的平均值，而微平均指的是按照每个样本分类正确与否计算各个指标。下面分别介绍一下各个性能指标是如何计算的，假设共有 K 个类别，N 个样本。

（1）准确率

类别 i 的准确率 P_i 定义为 i 类中分类正确的样本数除以分类到 i 类的样本总数：

$$P_i = \frac{i\text{ 类中分类正确的样本数}}{\text{分类到 }i\text{ 类的样本总数}} \tag{5.104}$$

则宏平均准确率 Macro_P 为所有类别准确率之和除以类别数:

$$\text{Macro\_P} = \frac{1}{K} \sum_{i=1}^{K} P_i \tag{5.105}$$

微平均准确率 Micro_P 是所有分类正确的样本数除以样本总数:

$$\text{Micro\_P} = \frac{\text{所有分类正确的样本数}}{\text{样本总数}} \tag{5.106}$$

准确率是从类别的角度考虑,被分类到这个类别中的样本,有多大程度确实属于这个类别。

(2) 召回率

类别 i 的召回率 R_i 定义为 i 类中分类正确的样本数除以所有样本中属于 i 类的样本总数:

$$R_i = \frac{i\text{ 类中分类正确的样本数}}{\text{属于 }i\text{ 类的样本总数}} \tag{5.107}$$

则宏平均召回率 Macro_R 为所有类别召回率之和除以类别数:

$$\text{Macro\_R} = \frac{1}{K} \sum_{i=1}^{K} R_i \tag{5.108}$$

微平均召回率 Micro_R 是所有分类正确的样本数除以样本总数:

$$\text{Micro\_R} = \frac{\text{所有分类正确的样本数}}{\text{样本总数}} \tag{5.109}$$

在分类场景下,微平均召回率等于微平均准确率。

召回率是指从样本的角度,有多大比例的样本被分类到了正确的类别。

(3) F_1 值

类别 i 的 F_1 值为该类别准确率与召回率的调和平均值:

$$F_{1i} = \frac{1}{\frac{1}{P_i} + \frac{1}{R_i}} = \frac{2P_i R_i}{P_i + R_i} \tag{5.110}$$

则宏平均 F_1 值为所有类别 F_1 值之和除以类别数:

$$\text{Macro\_}F_1 = \frac{1}{K} \sum_{i=1}^{K} F_{1i} \tag{5.111}$$

宏平均 F_1 值也有用宏平均准确率与宏平均召回率的调和平均值计算的,即

$$\text{Macro\_}F_1 = \frac{2\text{Macro\_P} \cdot \text{Macro\_R}}{\text{Macro\_P} + \text{Macro\_R}} \tag{5.112}$$

但是前者用得更多一些。

微平均 F_1 值是微平均准确率和微平均召回率的调和平均值:

$$\text{Micro\_}F_1 = \frac{2\text{Micro\_P} \cdot \text{Micro\_R}}{\text{Micro\_P} + \text{Micro\_R}} \tag{5.113}$$

对于分类问题,由于微平均准确率等于微平均召回率,所以微平均 F_1 值也与它们相等,即有

$$\text{Micro\_}F_1 = \text{Micro\_P} = \text{Micro\_R}$$

准确率和召回率从两个不同的角度分别考察了分类系统的性能，F_1 值是准确率和召回率的调和平均值，是这两个指标的综合体现。由于宏平均指标受测试样本中不同类别样本的比例影响比较小，所以宏平均指标比微平均指标用得更多一些，如果没有具体说明，大多指宏平均指标。

5.10 特征抽取问题

前面介绍了几种基于统计机器学习的分类和聚类方法，无论哪种方法，其处理对象都是特征，用特征取值的向量表示样本，如何定义和抽取特征是统计机器学习方法应用中遇到的重要问题，特征的好坏将直接影响分类、聚类的结果。

在统计机器学习中，样本一般用特征取值的向量表示，通常称之为特征向量，注意这里的特征向量与线性代数中特征向量的区别，二者说的不是一个意思。如何抽取特征也是统计机器学习中的关键问题，经常会听到这样的说法：如果特征选取得好，则用什么方法就显得不那么重要了。这话虽然说得有些极端，不能说方法并不重要，但也确实反映了特征抽取的重要性。

人类识别事物时具有很大的灵活性，可以很好地把握什么时候使用什么特征、什么时候需要组合哪些特征等问题。例如，对于认识汉字来说，如何区别"清"和"请"？由于这两个字的右边完全一样，区别只是在左边的偏旁不同，所以只需关注左边是什么偏旁就可以了。但是，对于计算机来说这是一件非常困难的事情，计算机如何知道右边一样？又如何知道偏旁是什么？让计算机分清楚"右边相同""左边偏旁不一样"这件事的难度并不比识别汉字容易。所以，抽取计算机更容易使用而且具有一定区分性的特征就成为统计机器学习中重要的问题。这里的要点一是"计算机可以使用"，二是"具有一定的区分性"，缺一不可。

抽取什么样的特征与具体要解决的问题有关。下面分别通过两个例子说明如何实现特征抽取。

1）文本分类问题

比如我们想建立一个新闻网站，随时收集各种新闻报道。为了便于阅读，可以对新闻做分类，把类似内容的新闻放在一起。例如，我们可以建立体育类、财经类、军事类和政治类4个类别，这样读者就可以选择自己感兴趣的新闻阅读。每来一篇新的新闻报道，系统就自动地将其分类到相应的类别中，这就是文本分类问题。

任何一种分类方法都可用于文本分类，这里只说明如何抽取特征，构建表示每篇新闻的特征向量。

人类如果对新闻稿件进行分类，首先要阅读新闻，理解新闻是讲什么的，然后根据其内容分类到相应的类别中。这属于基于内容的分类，按理说让计算机实现分类也应该首先理解新闻的内容，然后再进行分类。但是，由于目前计算机还难以做到理解内容，只能通过使用的词汇判别新闻的类别。例如，如果新闻中有比较多的用于描述体育比赛的词汇，则该新闻是体育类的概率比较大。所以，可以以词汇作为分类的特征。

为此，我们首先建立一个词表，这个词表可能比较大，把新闻中所有可能用到的词基本都包括进来，可能涉及几万甚至几十万个词汇。设词表长度，也就是词表包含的词汇数量为 K，则最简单的方法是第 i 篇新闻用一个长度为 K 的向量 T_i 表示，新闻中出现的词在向量的相应位置为 1,否则为 0。

$$T_i = (w_{i1}, w_{i2}, \cdots, w_{iK}) \tag{5.114}$$

如果词表中第 j 个词汇出现在训练集第 i 篇新闻中,则 w_{ij} 为 1,否则为 0。

这种方法只关注了一个词汇是否在新闻中出现,而没有考虑词汇出现的次数,显然词汇出现的次数对新闻所属的类别也是有影响的。

因此,式(5.114)中的 w_{ij} 可以表示为词表中第 j 个词汇出现在训练集第 i 篇新闻中的数量。

单纯采用词汇出现的数量也存在问题,还需要考虑新闻的长度,在词汇出现数量相同的情况下,该词汇对于短新闻的作用应该大于对长新闻的作用。为了消除新闻长短对分类的影响,可以考虑用词频 tf_{ij} 代替式(5.114)中的 w_{ij}。其中 tf_{ij} 表示词表中第 j 个词汇出现在第 i 篇新闻中的词频,即

$$tf_{ij} = \frac{\text{词表中第 } j \text{ 个词汇出现在第 } i \text{ 篇新闻中的数量}}{\text{新闻的长度}} \tag{5.115}$$

其中,新闻的长度用新闻中包含的词汇数量表示。这样,第 i 篇新闻就可表示为

$$T_i = (tf_{i1}, tf_{i2}, \cdots, tf_{iK}) \tag{5.116}$$

这是一种基于词频的特征表示方法。

这种基于词频的特征表示方法,一个假设是新闻中出现的某个词汇数量越多,则这个词汇在分类中就越重要。但是,有些词数量多,确实对分类所起的作用大,比如乒乓球、足球等这些与体育紧密相关的词汇,新闻中包含的越多,其所属体育类的可能性就越大。有些没有明显的具体含义但是又经常被使用的词汇,可能在各个类别的新闻中会经常出现,这样的词汇即便再多,对分类也起不到什么作用,比如"的""地""得"这些词汇,还有"我们""他们"等。这样的词汇不仅对分类起不到什么作用,还可能起到反作用。

一种简单的方法是对词汇表做筛选,只保留对分类有意义的词,如何筛选词成为问题,我们希望探讨一种"自动"筛选词汇的方法。

例如,可以引入这样的假设:一个词汇只在少数新闻中出现,则该词汇对分类的作用可能比较大,比如前面提到的"乒乓球""足球"等。如果一个词汇在很多新闻中都出现,极限情况下,几乎在所有新闻中都出现,则这样的词汇对分类的作用比较小,比如"的""地""得"等。这样的假设具有一定的合理性,但是如何在特征表示中体现出这一点呢?一种方式是以词频为基础,对词频做加权处理。对于像"乒乓球""足球"这样的在少数新闻中出现的词汇,给予一个比较大的权重,而对于"的""地""得"这样的词汇,给予一个比较小的权重,这样就一定程度上体现了不同词汇的重要程度。当然,我们还是希望采用自动的方法对词赋予一定的权重,而不是人为设定。

一种实现方法是在训练集中统计每个词汇在多少个新闻中出现,出现该词汇的新闻越多,说明该词汇对分类的作用越小;出现该词汇的新闻越少,说明该词汇对分类的作用越大。也就是说,词汇的重要性与出现该词汇的新闻数成反比。为此,我们定义词汇 j 的逆文档频率 idf_j:

$$idf_j = \frac{\text{训练集中新闻的数量}}{\text{出现词汇 } j \text{ 的新闻数量} + 1} \tag{5.117}$$

式中,分母中之所以要加 1,是为了防止除以 0 的情况出现。这样,我们就可以用逆文档频

率 idf_j 对词表中的第 j 个词汇的词频做加权,即式(5.114)中的 w_{ij} 为

$$w_{ij} = tf_{ij} \cdot idf_j \tag{5.118}$$

这样,第 i 篇新闻就可以表示为

$$T_i = (tf_{i1} \cdot idf_1, tf_{i2} \cdot idf_2, \cdots, tf_{iK} \cdot idf_K) \tag{5.119}$$

这种方法被称作 tf-idf 方法。

实际使用时,tf-idf 方法具有很多变形,常用的一种变形是对式(5.117)取对数,仍然叫作 idf_j:

$$idf_j = \log\left(\frac{训练集中新闻的数量}{出现词汇 j 的新闻数量 + 1}\right) \tag{5.120}$$

tf-idf 特征不仅仅用在文本分类中,很多文本处理任务也经常使用该特征,是统计机器学习中用得比较多的一种文本特征表示方法。

2) 脱机手写体汉字识别问题

汉字识别就是让计算机认识汉字,这属于分类问题。手写体汉字识别分为两种情景:一种叫联机手写体汉字识别,也就是边写边识别,手机上的手写输入就是这种方式,这种方式的特点是计算机可以获取书写的笔画及顺序信息,识别起来相对容易一些;另一种方式叫脱机手写体汉字识别,这种方式是对手写在纸上的汉字,经扫描仪扫描后汉字作为图像传递给计算机进行识别,由于可利用的信息少,识别起来难度比较大。下面以脱机手写体汉字识别为例,说明如何寻找合适的特征,如果没有特殊说明,后面所说的汉字识别均指脱机手写体汉字识别。

人认识汉字依靠的是偏旁部首、横竖撇捺等信息,可以认为这些是人采用的特征。但是这些特征对于计算机来说并不合适,因为提取偏旁部首、横竖撇捺等信息并不容易,其难度不亚于对汉字的识别。所以,必须寻找既能区分不同汉字、计算机又可以自动处理的特征,才可以比较好地实现汉字识别。

汉字是由横竖撇捺等笔画构成的,不同的笔画、不同的位置,构成了不同的汉字。我们虽然很难提取出这些笔画信息,但是如果能表示出在哪些地方具有"横竖撇捺"这些笔画元素,也可以把每个汉字的特征表达出来,这样就提出一种用于脱机手写体汉字识别的方向线素特征,每个特征可以认为是一个反映笔画的"元素",多个"元素"就表达出了一个汉字。

扫描的汉字图像是由像素组成的,假设每个笔画宽度都是单像素的,则在具有"横"笔画的位置,两个相邻像素间大多是左右关系,具有"竖"笔画的位置,两个相邻像素间大多是上下关系,而具有"撇"或者"捺"的位置,相邻像素间则大多是左下右上或者左上右下的关系。

图 5.61 汉字元素示意图

我们把这 4 种不同的像素关系称作元素,不同的元素反映了不同的笔画,如图 5.61 所示。

我们将一个汉字均匀地划分成几个区域,比如 8×8 共 64 个区域,如图 5.62 所示。分别统计不同区域内不同元素的数量,就可以反映出相应位置出现横竖撇捺的可能性,从而可以作为表示汉字的特征。这样,一个汉字被划分为 64 个区域,每个区域有 4 个特征,一个汉字就可以用一个长度为 256 的特征向量表示了。

手写汉字很不规范,笔画的位置也具有一定的随意性,比

如"木"字的一横，写得靠上一些，就可能进入上面几个区域了，靠下一点的话，又可能进入下面几个区域，这样就造成特征抽取的不稳定性。

为了解决特征抽取的不稳定性问题，需要对这种方法进行改进，尽可能减少书写随意性带来的影响。例如，划分区域时不是采用图 5.62 所示的这种硬划分，而是采用软划分。也就是划分区域时，相邻的区域间具有一定的重叠覆盖，图 5.63 给出了一个中间区域采用软划分的示意图，其中虚线是硬划分的结果，而中间的实线框是软划分的结果，其区域扩大到相邻的几个区域，计算区域内的元素个数时，按照软划分的区域进行计算，并且软划分区域内不同位置的元素具有一定的加权，越是靠近中间位置，权重越大；越是靠近边缘位置，权重越小。这样就可以减小书写随意性带来的不良影响。根据这样的想法，定义方向线素所属区域的隶属度函数，就构成了模糊方向线素特征，这是我们在方向线素特征的基础上提出的一种改进方法。

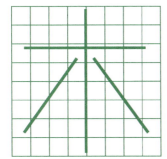 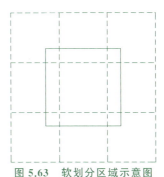

图 5.62　汉字划分成 8×8 个区域示意图　　图 5.63　软划分区域示意图

另外，一般在抽取特征前还要采用一些整型变换方法等对手写汉字图像做预处理，以便使不同书写者书写的同一个汉字尽可能一致。我们曾经提出过一种非线性整型变换方法，对汉字图像做预处理，图 5.64 给出了几个非线性整型变换的实例，其中图 5.64(a) 给出的是书写的原始汉字图像，从中可以看出很不规整。图 5.64(b) 给出的是经非线性整型变换处理后的对应图像，从中可以看出，预处理后的汉字图像显然规整多了，进一步减少了书写不规整带来的影响。

介绍方向线素特征时，假定笔画宽度是单像素的，但是经扫描得到的汉字图像，如图 5.64 所示，笔画一般都比较宽，并不能直接抽取方向线素特征，需要先抽取汉字笔画的"骨架"，对笔画做细化处理，也就是将笔画宽度自动处理成单像素宽度。但是，细化处理并不是一件简单的事情，通常处理结果并不满意。为此我们采用汉字笔画的轮廓代替笔画"骨架"，对汉字笔画的轮廓抽取方向线素特征，而轮廓抽取相对来说要简单得多，这样就比较好地解决了脱机手写体汉字方向线素特征的抽取问题。图 5.65 给出了用笔画的轮廓代替笔画骨架的示意图。

采用以上非线性整型变换方法以及模糊方向线素特征表示方法，并结合汉字识别的特点改进的统计机器学习方法，我们曾经成功实现了大型中文古籍《四库全书》的识别，完成了《四库全书》的数字化。

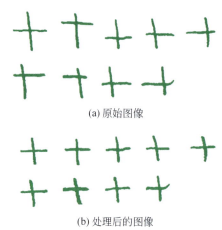

(a) 原始图像

(b) 处理后的图像

图 5.64　非线性整型变换示意图

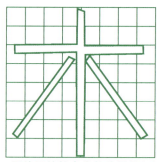

图 5.65　用笔画的轮廓代替笔画骨架的示意图

5.11　总　　结

本章主要结合一些典型的分类、聚类算法介绍统计机器学习方法。

1. 统计机器学习是依据统计学原理而提出的机器学习方法，其特点是，从以特征表示的数据出发，抽象出问题的模型，发现数据中隐含的规律和知识，再用获得的模型对新的数据进行分析和预测。

一般来说，统计机器学习方法，都事先假定了所要学习的模型的"样子"，不同的"样子"决定了不同的学习方法，最终通过数据训练得到模型所需要的参数。比如支持向量机就假定了模型的"样子"是一个超平面，学习的目的是依据训练数据找到一个最优的分界超平面。

2. 贝叶斯方法按照特征的概率分布，依据所属类别的概率大小，将待识别样本分类到概率最大的类别。由于存在特征组合爆炸的问题，假设特征间具有独立性，这样特征的联合分布就可以用每个特征分布的乘积代替，简化了问题的求解。这种引入独立性假设的贝叶斯方法称作朴素贝叶斯方法。

3. 决策树是一种用于分类的特殊树结构，叶子结点代表类别，非叶子结点表示特征。依据特征的取值逐步细化，实现分类。构建决策树的关键问题就是如何依据训练数据选择特征问题，不同的选择原则就有了不同的决策树构建方法，即决策树的训练方法。

按照信息增益选择特征的方法称作 ID3 方法。一个特征的信息增益定义为数据集的熵与该特征条件熵的差值，信息增益越大，说明该特征分类能力越强，ID3 方法选择信息增益最大的特征优先使用。

针对 ID3 算法存在的倾向于选择分值多的特征的问题，提出了 C4.5 方法。C4.5 方法与 ID3 方法的主要区别是采用信息增益率选择特征。信息增益率定义为特征的信息增益与其分离信息之比。特征的分离信息是按照特征取值计算的熵，其最大值反映了特征取值的多少。同时，C4.5 还引入了连续特征，允许特征取连续值。

4. 按照"近朱者赤近墨者黑"的原则，根据距离最近的样本类别对未知样本分类的方法称作最近邻方法。如果将最近的 k 个样本中含有最多样本的类别作为未知样本的类别，这

种分类方法称作 k 近邻方法。k 近邻方法最主要的问题是如何选择 k 值，恰当的 k 值可以达到比较理想的分类效果。可以通过实验测试的方法获取一个比较合理的 k 值，在多个不同的 k 值中，选取错误率最小的 k 值。

5. 支持向量机是以两个类别间隔最大化为原则的二分类方法，按照训练样本的分布情况，分为线性可分支持向量机、线性支持向量机和非线性支持向量机 3 种情况。

线性可分支持向量机要求最优分界面到两类样本的函数间隔大于或等于 1，到最优分界面的函数间隔等于 1 的样本就是支持向量。通过求解对偶问题最优解 α_i^* 的方法可以得到原问题的最优分界面，其中 $\alpha_i^* \geq 0$，不等于 0 的 α_i^* 对应的样本就是支持向量，其他样本为非支持向量。

线性支持向量机允许部分样本到最优分界面的函数间隔小于 1，但要求大于 $1-\xi_i$，其中 $\xi_i \geq 0$。在满足间隔最大化的同时，线性支持向量机要求所有的 ξ_i 之和尽可能地小。同样，通过求解对偶问题最优解 α_i^* 的方法得到原问题的最优分界面，与线性可分支持向量机不同的是，要求满足条件 $0 \leq \alpha_i^* \leq C$。

非线性支持向量机是通过一个变换函数将原问题变换到一个新空间中求解，要求在新空间中样本的分布可以用线性支持向量机求解。一般采用核函数的方法，在不需知道变换函数的情况下，在原空间通过核函数求得新空间的最优分界面，同样用核函数得到原空间的最优分界超曲面。

通过多个二分类支持向量机的组合，可以得到多分类支持向量机。组合方法包括一对一法、一对多法、层次法等。

6. K 均值算法是一种聚类算法，在给定类别数的情况下，通过迭代的方式逐步实现聚类。一般来说，K 均值方法对初始值比较敏感，不同的初始值可能得到不同的聚类结果。二分 K 均值方法每次选定一个类别并将其划分为两类，通过逐步划分的方法得到聚类结果，其特点是对初始值敏感性不强。

K 值的选取对于 K 均值算法至关重要，通常是做出 J 值随 K 值的变化曲线，从比较小的 K 值开始，逐步增加 K 值，当 K 值增加 J 值变化不大时，就认为得到了一个比较好的 K 值。

7. 层次聚类采用自底向上的方法实现聚类，开始时每个训练样本为一个类别，然后逐步合并两个最相似的类别，直到总类别数为指定的类别为止，或者只剩下了两个类别。其特点是可以得到不同粒度下的聚类结果。

8. DBSCAN 算法是一种典型的基于密度的聚类方法。该方法指定一个半径 r 和最少包含的样本数 minPts，以任意一个样本为圆心，以 r 为半径画圆。如果圆内包含的样本数大于或等于 minPts，则称该样本为核心样本。从一个核心样本开始，将其包含的所有样本归为一类，如果类中含有其他核心样本，则将这些核心样本包含的样本也加入进来，迭代该过程，直到类中所有核心样本都处理完毕，就得到一个聚类结果。重复该过程，直到完成所有类别的聚类。

9. 一个数据集可以划分为训练集、验证集和测试集。训练集用于训练分类器，验证集用于得到合适的超参数，测试集用于测试分类器的性能。这 3 个数据集是各自独立的，不包含重复样本。这比较适用于数据量比较大的场合。为了充分利用数据集，可以采用 k 折交叉验证的方法。其基本方法是：将数据分为 k 等份，然后 1 份作为验证集、$k-1$ 份作为训练集。循环使用这些数据,用 k 个验证集的平均指标作为验证集上的结果,用于选择合适的超参数。进一步,也可以扩展为用其中的一份做验证集,另取一份做测试集,剩余的 $k-2$ 份做训练集,同样采用循环使用数据的方法,用平均值作为验证集和测试集上的测试结果,选择超参数的同时,也测试得到了分类器的性能。

分类器常用的评价指标有准确率、召回率和 F_1 值。准确率反映的是分类器得到的结果的可信性,召回率反映的是一个样本被分类到正确类别的可信性。F_1 值是准确率、召回率的调和平均值,是二者的综合评价。

10. 统计机器学习方法处理的是特征数据,好的特征是模型性能的基本保证,如何抽取特征在统计机器学习方法中起着非常重要的作用。好的特征,一方面对面临的任务具有很好的区分性,另一方面计算机可以自动抽取。本章的最后部分以文本分类任务和脱机手写体汉字识别任务为例,分别介绍了两种不同的特征抽取方法。

第 6 章

神经网络与深度学习

近年来,人工智能蓬勃发展,在语音识别、图像识别、自然语言处理等多个领域得到很好的应用。推动这波人工智能浪潮的无疑是深度学习。所谓的深度学习,实际上就是多层神经网络,至少到目前为止,深度学习基本上是用神经网络实现的。神经网络并不是什么新的概念,早在 20 世纪 40 年代就开展了以感知机为代表的神经网络的研究,只是限于当时的客观条件,提出的模型比较简单,只有输入、输出两层,功能有限,连最简单的异或(XOR)问题都不能求解,神经网络的研究走向低潮。

到 20 世纪 80 年代中期,随着反向传播(BP)算法的提出,神经网络再次引发研究热潮。当时被广泛使用的神经网络,在输入层和输出层之间引入了隐含层,不但能轻松求解异或问题,还被证明可以逼近任意连续函数。但限于计算能力和数据资源的不足,神经网络的研究再次陷入低潮。

一直对神经网络情有独钟的多伦多大学的辛顿教授,于 2006 年在 *Science* 上发表了一篇论文,提出深度学习的概念,至此神经网络以深度学习的面貌再次出现在研究者的面前。但是,深度学习并不是简单地重复以往的神经网络,而是针对以往神经网络研究中存在的问题,提出一些解决方法,可以实现更深层次的神经网络,这也是深度学习一词的来源。

随着深度学习方法先后被应用到语音识别、图像识别中,并取得传统方法不可比拟的性能,深度学习引起人工智能研究的再次高潮。

6.1 从数字识别谈起

什么是神经网络呢?下面从一个假想的数字识别谈起。

图 6.1(a)是数字 3 的图像,其中 1 代表有笔画的部分,0 代表没有笔画的部分。假设想对 0~9 这 10 个数字图像进行识别,也就是说,如果任给一个数字图像,我们想让计算机识别出这个图像是数字几,应该如何做呢?

一种简单的办法是对每个数字构造一个模式,比如对数字 3,我们这样构造模式:有笔画的部分用 1 表示,而没有笔画的部分用 −1 表示,如图 6.1(b)所示。当有一个待识别图像时,我们用待识别图像与该模式进行匹配,匹配的方法是用图像和模式的对应位置数字相乘,然后再对相乘结果进行累加,累加的结果称为匹配值。为了方便表示,我们将模式一行一行展开,用 $w_i(i=1,2,\cdots,n)$ 表示模式的每一个点。待识别图像也同样处理,用 $x_i(i=$

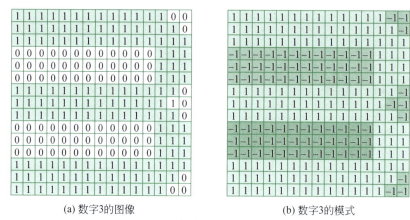

(a) 数字3的图像　　　　　　　　　(b) 数字3的模式

图 6.1　数字 3 的图像和模式

$1,2,\cdots,n$）表示。这里假定模式和待识别图像的大小一样，都由 n 个点组成，则以上所说的匹配可以表示为

$$\text{net}=w_1\cdot x_1+w_2\cdot x_2+\cdots+w_n\cdot x_n$$

如果模式与待识别图像中的笔画是一样的，就会得到一个比较大的匹配结果，如果有不一致的地方，比如模式中某个位置没有笔画，这部分在模式中为 -1，而待识别图像中相应位置有笔画，这部分在待识别图像中为 1，这样对应位置相乘就是 -1，相当于对结果做了惩罚，会使得匹配结果变小。所以可以设想，匹配结果越大，说明待识别图像与模式越一致，否则差别就比较大。

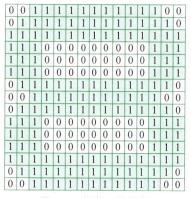

图 6.2　数字 8 的图像

下面以数字 3 和 8 举例说明。图 6.2 所示是数字 8 的图像。这两个数字的区别只是在最左边是否有笔画，当用 8 与 3 的模式匹配时，8 的左边部分与 3 的模式的左边部分相乘，会得到负值，这样匹配结果受到了惩罚，降低了匹配值。相反，如果当 3 与 8 的模式匹配时，由于 3 的左边没有笔画，值为 0，与 8 的左边对应位置相乘，得到的结果是 0，也同样受到了惩罚，降低了匹配值。只有当待识别图像与模式笔画一致时，才会得到最大的匹配值。

通过计算可以得知，数字 3 与模式 3 的匹配值是 143，而数字 8 与模式 3 的匹配值是 115。可见前者远大于后者。图 6.3 给出了数字 8 与模式 3 匹配的示意图，为表示方便，这里用了一个小图。

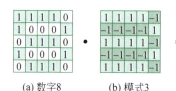

(a) 数字8　　　(b) 模式3

图 6.3　数字 8 与模式 3 的对应位置相乘再累加

这样，如果想识别一个数字是 3 还是 8，只要将其分别和这两个数字的模式进行匹配，看与哪个模式的匹配值大，就可以认为是哪个数字。比如想识别 0~9 这 10 个数字，只要分

别建造这 10 个数字的模式就可以了。对于一个待识别图像,分别与 10 个模式匹配,选取匹配值最大的作为识别结果。但是,由于不同数字的笔画有多有少,比如 1 的笔画就少,而 8 的笔画比较多,所以识别结果的匹配值也会有大有小,为此可以对匹配值用一个称作 sigmoid 的函数进行变换,将匹配值变换到 0~1。sigmoid 函数如下式所示,通常用 σ 表示。

$$\sigma(x) = \frac{1}{1+e^{-x}}$$

其图形如图 6.4 所示。

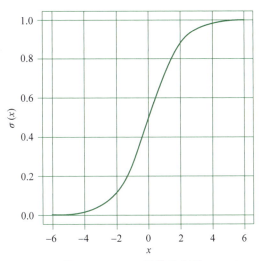

图 6.4　sigmoid 函数示意图

可以看出,当 x 比较大时,sigmoid 输出接近 1,而 x 比较小时(负数),sigmoid 输出接近 0。经过 sigmoid 函数变换后的结果可以认为是待识别图像属于该数字的概率。从图 6.4 中也可以看出,当输入大于 4 时,sigmoid 函数的输出基本接近 1,所以不能直接将匹配结果输入 sigmoid 函数,需要"平移"一下,加上一个适当的偏置 b,使得加上偏置后,两个结果分别在 sigmoid 函数中心线的两边,来解决这个问题:

$$\text{net} = w_1 \cdot x_1 + w_2 \cdot x_2 + \cdots + w_n \cdot x_n + b$$

对于前面的例子,可以让 $b=-129$,之后再输入给 sigmoid 函数,则分别有

$$\text{sigmoid}(143-129) = 0.999999$$
$$\text{sigmoid}(115-129) = 0.000001$$

这样区分就十分明显了,接近 1 的就是识别结果,而接近 0 的就不是。

当然,这里的偏置 b 并不是固定的,不同的数字模式具有不同的 b,b 也是模式的组成部分,这样也可以解决前面提到的不同数字之间笔画有多有少的问题。

以上的匹配方法可以画成图的形式,如图 6.5 所示。假设有数字 3 和 8 两个模式,和前面介绍的一样,用 $x_1,x_2,\cdots,x_n$ 表示待识别图像,$w_{3,1},w_{3,2},\cdots,w_{3,n}$ 和 $w_{8,1},w_{8,2},\cdots,w_{8,n}$ 分别表示 3 的模式和 8 的模式,可以看成每条边的权重。b_3、b_8 分别表示模式 3 和

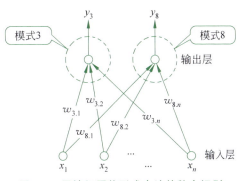

图 6.5　用神经网络形式表达的数字识别

8 的偏置。如果用 y_3、y_8 分别表示识别为 3 或者 8 的概率,则这个示意图实际表示的和前面介绍的数字识别方法是完全一样的,只不过是换成了用网络的形式表达。这实际上就是一个可以识别 3 和 8 的神经网络。

在图 6.5 中,下边表示输入层,每个圆圈对应输入图像在位置 i 的值 x_i,上边一层表示输出层,每个圆圈代表了一个神经元,所有的神经元都采取同样的运算:输入的加权和,加上偏置,再经过 sigmoid 函数得到输出值。这样的一个神经网络,实际表示的是如下的计算过程:

$$y_3 = \text{sigmoid}(w_{3,1} \cdot x_1 + w_{3,2} \cdot x_2 + \cdots + w_{3,n} \cdot x_n + b_3)$$
$$y_8 = \text{sigmoid}(w_{8,1} \cdot x_1 + w_{8,2} \cdot x_2 + \cdots + w_{8,n} \cdot x_n + b_8)$$

图 6.5 中包含了两个神经元:一个神经元代表的是数字 3 的模式;另一个神经元代表的是数字 8 的模式。输入一个待识别图像,分别与两个神经元进行匹配,哪个神经元的输出大,则待识别图像就被识别为哪个数字。进一步,如果在输出层补足了 0~9 这 10 个数字的模式,就可以实现数字识别了。

不过,上述神经网络过于简单了,要想构造复杂一些的网络,有两个途径。例如,一个数字可以有不同的写法,这样,同一数字就可以构造多个不同的模式,只要匹配上一个模式,就可以认为是这个数字。这是一种横向的扩展,如图 6.6(a) 所示,图中增加了数字 3 和 8 的新模式。另一个途径是构造局部的模式。例如,可以将一个数字划分为上、下、左、右 4 部分,每部分是一个模式,多个模式组合在一起合成一个数字。不同的数字,也可以共享相同的局部模式。例如,3 和 8 在右上、右下部分,模式可以是相同的,而区别在左上和左下的模式上。要实现这样的功能,需要在神经网络的输入层、输出层之间增加一层表示局部模式的神经元,这层神经元由于在神经网络的中间部分,所以被称为隐含层。如图 6.6(b) 所示,输入层到隐含层的神经元之间都有带权重的连接,而隐含层到输出层之间也同样具有带权重的连接。隐含层的每个神经元,均表示了某种局部模式。这是一种纵向的扩展。还可以通过增加隐含层的数量刻画更细致的模式,每增加一层隐含层,模式就被刻画得更详细一些,这样就建立了一个深层的神经网络,越靠近输入层的神经元,刻画的模式越细致,体现得越是细微信息的特征;越是靠近输出层的神经元,刻画的模式越体现了整体信息的特征。这样,通过不同层次的神经元体现的是不同粒度的特征。每一层隐含层也可以横向扩展,在同一层中每增加一个神经元,就增加了一种与同层神经元相同粒度特征的模式。神经网络越深,越能刻画不同粒度特征的模式,而横向神经元越多,则越能表示不同的模式。

上面构造了一个假想的数字识别方法,其中的难点是如何构造模式。事实上,我们很难手工构造这些模式。在后面我们可以看到,这些模式,也就是神经网络的权重和偏置是可以通过样本训练得到的,也就是根据标注好的样本,神经网络会自动学习这些权值,也就是模式,从而实现数字识别。

通过上述讲解,我们了解了神经元可以表示某种模式,不同层次的神经元可以表示不同粒度的特征,从输入层开始,越往上表示的特征粒度越大,从开始的细粒度特征,到中间层次的中粒度特征,再到最上层的全局特征,利用这些特征就可以实现对数字的识别。如果网络足够复杂,神经网络不仅可以实现数字识别,还可以实现更多的智能系统,如人脸识别、图像识别、语音识别、机器翻译等。

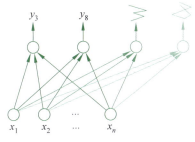

(a) 神经网络横向扩展——表达更多的模式

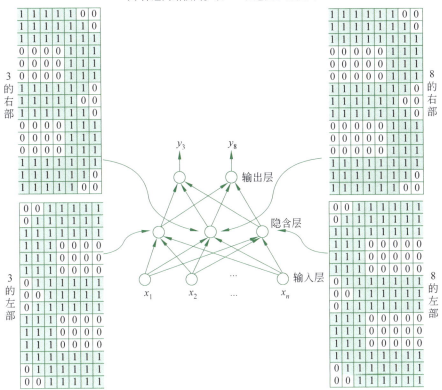

(b) 神经网络纵向扩展——表达更细的模式

图 6.6　扩展神经网络

6.2　神经元与神经网络

前面通过一个假想的数字识别介绍了什么是神经元、什么是神经网络。下面给出神经元和神经网络的一般性描述。

首先需要强调的是，这里所说的神经元和神经网络，指的是人工神经元和人工神经网络，为了简化起见，常常省略"人工"二字。

什么是神经元呢？图 6.7 所示就是一个神经元，它有 $x_1, x_2, \cdots, x_n$ 共 n 个输入，每个输入对应一个权重 $w_1, w_2, \cdots, w_n$，一个神经元还有一个偏置 b，每个输入乘以对应的权重并求和，再加上偏置 b，我们用 net 表示：

$$net = w_1 \cdot x_1 + w_2 \cdot x_2 + \cdots + w_n \cdot x_n + b$$
$$= \sum_{i=1}^{n} w_i \cdot x_i + b$$

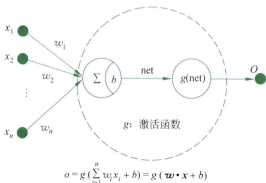

$$o = g(\sum_{i=1}^{n} w_i x_i + b) = g(\boldsymbol{w} \cdot \boldsymbol{x} + b)$$

图 6.7 神经元示意图

对 net 再施加一个函数 g，就得到神经元的输出 o：
$$o = g(net)$$

这就是神经元的一般描述。为了更方便地描述神经元，我们引入 $x_0 = 1$，并令 $w_0 = b$，则 net 也可以表示为
$$net = w_0 \cdot x_0 + w_1 \cdot x_1 + w_2 \cdot x_2 + \cdots + w_n \cdot x_n$$
$$= \sum_{i=0}^{n} w_i \cdot x_i$$

经过这样的表示后，偏置也可以认为是一个特殊的权重。

n 个输入 x_i 可以表示为一个向量 $\boldsymbol{x}$：$\boldsymbol{x} = [x_0, x_1, \cdots, x_n]$

同样，权重也可以表示为一个向量 $\boldsymbol{w}$：$\boldsymbol{w} = [w_0, w_1, \cdots, w_n]$

这样，net 就可以表示为两个向量的点积：
$$net = \boldsymbol{w} \cdot \boldsymbol{x}$$

向量的点积，就是两个向量对应元素相乘再求和。从相似性的角度，向量的点积表达了两个向量的相似程度，从这里也可以看出，为什么说一个神经元的输出表达了输入与模式的匹配程度。

有了向量表示，神经元的输出 o 就可以表达为
$$o = g(net) = g(\boldsymbol{w} \cdot \boldsymbol{x})$$

其中 g 称作激活函数，sigmoid 函数就是激活函数的一种。除 sigmoid 函数外，激活函数还可以有其他的形式，以下是常用的几种。

(1) 符号函数：
$$g(net) = \text{sgn}(net) = \begin{cases} 1, & net \geq 0 \\ -1, & net < 0 \end{cases}$$

其图形为

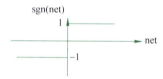

（2）sigmoid 函数

$$g(\text{net}) = \sigma(\text{net}) = \frac{1}{1 + e^{-\text{net}}}$$

其图形为

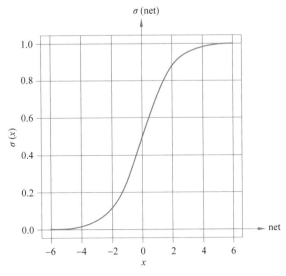

（3）双曲正切函数

$$g(\text{net}) = \tanh(\text{net}) = \frac{e^{\text{net}} - e^{-\text{net}}}{e^{\text{net}} + e^{-\text{net}}}$$

其图形为

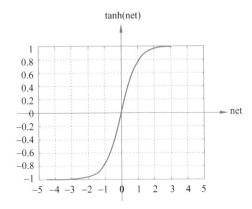

（4）线性整流函数

$$g(\text{net}) = \text{ReLU}(\text{net}) = \max(0, \text{net})$$

其图形如下

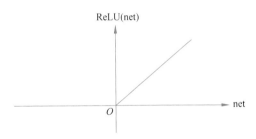

多个神经元连接在一起,就组成了一个神经网络。图 6.8 所示的就是一个神经网络示意图。

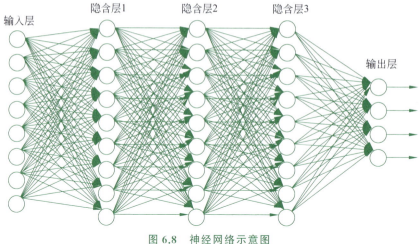

图 6.8 神经网络示意图

在这个神经网络中,有一个输入层和一个输出层,中间有 3 个隐含层,每个连接都有一个权重。

下面举例说明神经网络的功能。假定这是一个训练好的识别宠物的神经网络,并假定第一个输出代表狗、第二个输出代表猫……,当输入一个动物图像时,如果第一个输出接近于 1,而其他输出接近于 0,则这个动物图像被识别为狗;如果第二个输出接近于 1,其他输出接近于 0,则这个动物被识别为猫。至于哪个输出代表什么,则是人为事先规定好的。这样的网络可以识别宠物,也可以识别花草,还可以识别是哪个人。用什么数据做训练,就可以做到识别什么,网络结构并没有什么大的变化。

图 6.8 所示的神经网络,对于相邻两层的神经元,每两个神经元之间都有连接,我们把这种神经网络称为全连接神经网络。同时,计算时,是从输入层一层一层向输出层计算,所以又称为前馈神经网络。对应全连接神经网络有非全连接神经网络,对应前馈神经网络有其他形式的神经网络,这些将在以后介绍。

6.3 神经网络的训练方法

神经网络是如何训练的呢?设想我们是如何认识动物的。小时候,每当看到一个小动物时,父母就会告诉我们这是什么动物,见得多了,慢慢地就认识这些小动物了。神经网络也是通过一个个样本认识动物的。只是人很聪明,见到一次猫,下次可能就认识这是猫了,但是神经网络有点笨,需要给他大量的样本才可能训练好。例如,要建一个可以识别猫和狗两种动物的神经网络,首先需要收集大量的猫和狗的照片,不同品种、不同大小、不同姿势的照片都要收集,并标注好哪些照片是猫,哪些照片是狗,就像父母告诉我们哪个是猫哪个是狗一样。这是训练一个神经网络的第一步,数据越多越好。其实,人类有时候也会这么做,所谓的"熟读唐诗三百首、不会作诗也会吟",说的就是这个道理,所谓的见多识广。

准备好数据后,下一步就要进行训练了。所谓训练,就是调整神经网络的权重,使得当输入一个猫的照片时,猫对应的输出接近于 1,狗对应的输出接近于 0,而当输入一个狗的照片时,狗对应的输出接近于 1,猫对应的输出接近于 0。

如何做到这一点呢？先举一个日常生活中如何调节淋浴器的例子。如图 6.9 所示,淋浴器上有两个旋钮阀门,一个调节热水,一个调节冷水,如果感觉水热了,就调大冷水,如果感觉水冷了,就调大热水。或者感觉水热时调小热水,感觉水冷时调小冷水。究竟调整哪个阀门可能还需要看水量的大小。比如感觉水热了,但是水量也很大,这时就可以调节热水变小,如果水量不够大,则可以调节冷水变大。总之,要根据水温和水量两个因素进行调节。此外,还要考虑调节的大小,如果感觉水温与自己的理想温度差别比较大,就一次把阀门多调节一些,如果差别不大,就少调节一些,经过多次调整后,就可以得到比较理想的水温和水量了。

图 6.9　淋浴器调节示意图

把淋浴器抽象成图 6.10 的样子,其实就是一个简单的神经网络。两个输入是热水和冷水,冷热水的两个阀门大小相当于权重,冷热水汇合的地方相当于加权求和,最后从喷头出来的水相当于两个输出,一个是水温,一个是水量。我们调节淋浴器阀门的过程就是一个训练过程。

调整淋浴器阀门的时候可以向大调,也可以向小调,这是调整的方向,也可以一次调整得多一些,也可以调整得小一些,这是调整量的大小,还有就是调整哪个阀门,或者两个阀门都调整,但是大小和方向可能是不同的。

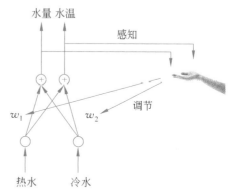

图 6.10　淋浴器可以表达为一个神经网络

什么情况下认为淋浴器调节好了呢？需要有一个衡量标准。比如用 $t_{水温}$ 表示希望设定的水温,而用 $o_{水温}$ 表示实际的水温,用 $t_{水量}$ 表示希望的水量,用 $o_{水量}$ 表示实际的水量,这样就可以用希望值与实际值的误差衡量淋浴器是否调节好了,即当误差比较小时,认为水温和水量调节得差不多了。但是,由于误差有可能是正的(实际值小于希望值时),也可能是负的(实际值大于希望值时),不方便使用,所以我们常常用输出的"误差平方和"作为衡量标准,如下式所示。

$$E(阀门) = (t_{水温} - o_{水温})^2 + (t_{水量} - o_{水量})^2$$

其中 E 是阀门大小的函数,通过适当调节冷、热水阀门的大小,就可以使得 E 取得比较小的值,当 E 比较小时,就认为淋浴器调节好了。这里的"阀门"相当于神经网络的权值 w。

对于一个神经网络来说,假定有 M 个输出,对于一个输入样本 d,用 $o_{kd}(k=1,2,\cdots,M)$ 表示网络的第 k 个实际输出值,其对应的期望输出值为 $t_{kd}(k=1,2,\cdots,M)$,对于该样本 d,神经网络输出的误差平方和可表示为

$$E_d(w) = \sum_{k=1}^{M}(t_{kd}-o_{kd})^2$$

这是对于某一个样本 d 的输出误差平方和,如果是对于所有的样本呢?只要把所有样本的输出误差平方和累加到一起即可,我们用 $E(w)$ 表示:

$$E(w) = \sum_{d=1}^{N}E_d(w) = \sum_{d=1}^{N}\sum_{k=1}^{M}(t_{kd}-o_{kd})^2$$

这里的 N 表示样本的总数。

通常称 $E(w)$ 为损失函数,当然还有其他形式的损失函数,误差平方和只是其中的一个。这里的 w 是一个由神经网络的所有权重组成的向量。神经网络的训练问题,就是求得合适的权值,使得损失函数最小。

这是一个典型的最优化问题。我们先从一个简单的例子说起,假定函数 $f(\theta)$ 如图 6.11 所示,该函数只有一个变量 θ,我们想求它的最小值,怎么求解呢?

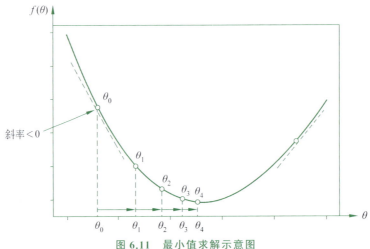

图 6.11 最小值求解示意图

基本想法是:开始时随机取一个 θ 值为 θ_0,然后对 θ_0 进行修改得到 θ_1,再对 θ_1 做修改得到 θ_2,这样一步步地迭代下去,使得 $f(\theta_i)$ 逐渐接近最小值。

假设当前值为 θ_i,对 θ_i 的修改量为 θ_i',则

$$\theta_{i+1} = \theta_i + \theta_i'$$

如何计算 θ_i' 呢?这里有两点需要确定:一个是修改量的大小;另一个是修改的方向,即加大还是减少。

从图 6.11 可以看出,在图的两边距离最小值比较远的地方比较陡峭,而靠近最小值处则比较平缓,所以在没有其他信息的情况下,有理由认为,越是陡峭的地方距离最小值越远,此处对 θ 的修改量应该加大,而平缓的地方则说明距离最小值比较近了,修改量要比较小一

些，以免越过最小值点。所以，修改量的大小，也就是 θ_i 的绝对值，应该与该处的陡峭程度有关，越是陡峭，修改量越大，而越是平缓，则修改量越小。

可以用函数在某一点的导数值度量曲线在某点的陡峭程度。导数就是曲线在该点切线的斜率，斜率的大小直接反映了该处的陡峭程度。

接下来的问题是如何确定 θ 的修改方向，也就是 θ 是加大还是减小。就像前面说过的，在某一点的导数就是曲线在该点切线的斜率，我们看图 6.11 的左半部分，曲线的切线是从左上到右下的，其斜率也就是导数值是小于 0 的负数，而在图 6.11 的右半部分，曲线的切线是从左下到右上的，其斜率也就是导数值是大于 0 的正数。左边的导数值是负的，这时 θ 值应该加大，右边的导数值是正的，这时 θ 值应该减小，这样才能使得 θ 值向中间靠近，逐步接近 $f(\theta)$ 取值最小的地方。所以，θ 的修改方向刚好与导数值的正负号相反。因此，可以这样修改 θ_i 值：

$$\theta_{i+1} = \theta_i + \Delta\theta_i$$
$$\theta_i = -\frac{\mathrm{d}f}{\mathrm{d}\theta}$$

其中，$\frac{\mathrm{d}f}{\mathrm{d}\theta}$ 表示函数 $f(\theta)$ 的导数。

如果导数值比较大，按照这种修改方式可能使得修改量过大，错过了最佳值，出现如图 6.12 所示的"震荡"，降低求解效率。如何解决这一问题呢？一种简单的处理办法是对修改量乘以一个叫作步长的常量 η，这是一个小于 1 的正数，让修改量人为变小，也就是：

$$\theta_i = -\eta\frac{\mathrm{d}f}{\mathrm{d}\theta}$$

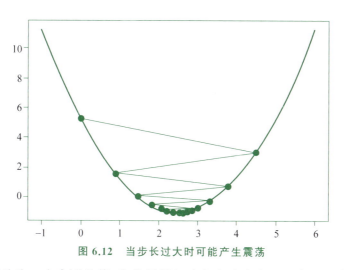

图 6.12　当步长过大时可能产生震荡

步长 η 需要选取一个合适的值，往往根据经验和实验决定。也有一些自动选择步长，甚至变步长的方法，这里就不讲了，如果有兴趣，可以阅读相关材料。

可以用类似同样的方法通过求解 $E(\boldsymbol{w})$ 的最小值达到神经网络训练的目的，所不同的是，$E(\boldsymbol{w})$ 是一个多变量函数，所有的权重都是变量，都要求解，每个权重的修改方式与前面讲的 θ 的修改方式是一样的，只是导数要用偏导数代替。如果用 w_i 表示某个权重，则采用下式对权重 w_i 进行更新：

$$w_i^{\text{new}} = w_i^{\text{old}} + \Delta w_i$$
$$\Delta w_i = -\eta \frac{\partial E(\boldsymbol{w})}{\partial w_i}$$

其中，w_i^{old}、w_i^{new}分别表示w_i修改前、修改后的值，$\frac{\partial E(\boldsymbol{w})}{\partial w_i}$表示$E(\boldsymbol{w})$对$w_i$的偏导数。所有对$w_i$的偏导数组成的向量称为梯度，记作$\nabla_{\boldsymbol{w}} E(\boldsymbol{w})$：

$$\nabla_{\boldsymbol{w}} E(\boldsymbol{w}) = \left[\frac{\partial E(\boldsymbol{w})}{\partial w_1}, \frac{\partial E(\boldsymbol{w})}{\partial w_2}, \cdots, \frac{\partial E(\boldsymbol{w})}{\partial w_n}\right]$$

所以，对所有$\boldsymbol{w}$的修改，可以用梯度表示为

$$\boldsymbol{w}^{\text{new}} = \boldsymbol{w}^{\text{old}} + \Delta \boldsymbol{w}$$
$$\Delta \boldsymbol{w} = -\eta \nabla_{\boldsymbol{w}} E(\boldsymbol{w})$$

这里的$\boldsymbol{w}^{\text{old}}$、$\boldsymbol{w}^{\text{new}}$、$\Delta \boldsymbol{w}$、$\nabla_{\boldsymbol{w}} E(\boldsymbol{w})$均为向量，$\eta$是常量。两个向量相加为对应元素相加，一个常量乘以一个向量，则是该常量与向量的每个元素相乘，结果还是向量。

如同只有一个变量时的导数表示函数曲线在某个点处的陡峭程度一样，梯度反映的是多维空间中一个曲面在某点的陡峭程度。就如同下山时，每次都选择我们当前站的位置最陡峭的方向一样，如图6.13所示。所以，这种求解函数最小值的方法又称作梯度下降算法。接下来的问题就是如何计算梯度了。

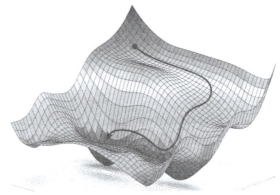

图 6.13　梯度下降算法示意图

对于一个神经网络来说，由于包含很多在不同层的神经元，计算梯度还是有些复杂的。计算时，也分3种情况：一种是这里所说的标准梯度下降方法。在计算梯度时要用到所有的训练样本，这种方法称作批量梯度下降方法。一般来说，训练样本量是很大的，每更新一次权重都要计算所有样本的输出，计算量会比较大。另一种极端的方法是，对每个样本都计算一次梯度，然后更新一次权重，这种方法称为随机梯度下降。由于每个样本都调整一次w的值，所以计算速度会比较快，一般情况下可以比较快地得到一个还不错的结果。使用这个方法时，要求训练样本要随机排列，比如训练一个识别猫和狗的神经网络，不能前面都用猫训练，后面都用狗训练，而是猫和狗随机交错地使用，这样才可能得到一个比较好的结果。这也是随机梯度下降算法这一名称的由来。

随机梯度下降算法也会存在一些问题。随机梯度下降方法在训练的开始阶段可能下降得比较快，但在后期，尤其是接近最小值时，可能效果并不好，毕竟梯度是由一个样本计算得到的，并不能代表所有样本的梯度方向。另外就是可能有个别不好的样本，甚至标注错了的

样本，会对结果产生比较大的影响。为此，可以在批量梯度下降算法和随机梯度下降算法之间采取一个折中，即每次训练用一小部分样本计算梯度，修改权重 w 的值。这种方法称作小批量梯度下降算法，是目前用得最多的方法。

其实，以上 3 种方法只是计算时用的样本量有所不同，梯度的计算方法是差不多的，为了简单起见，我们以随机梯度下降算法为例说明，很容易推广到梯度下降算法或者小批量梯度下降算法。

下面以随机梯度下降算法为例，给出具体的算法描述，附录 A 中给出了该算法的推导过程。

利用随机梯度下降算法训练神经网络，就是求下式的最小值：

$$E_d(\boldsymbol{w}) = \sum_{k=1}^{M}(t_{kd} - o_{kd})^2$$

其中，d 为给定的样本，M 是输出层神经元的个数，$t_{kd}(k=1,2,\cdots,M)$ 是样本 d 希望得到的输出值，$o_{kd}(k=1,2,\cdots,M)$ 是样本 d 的实际输出值。

作为损失函数，一般我们会乘以 $\frac{1}{2}$，即

$$E_d(\boldsymbol{w}) = \frac{1}{2}\sum_{k=1}^{M}(t_{kd} - o_{kd})^2$$

之所以乘以 $\frac{1}{2}$，一是因为乘以一个常量，不影响取得最小值的位置；二是因为乘以一个 $\frac{1}{2}$ 后，在最后的结果中，刚好可以消掉这个 $\frac{1}{2}$，使得结果更加简练。

为了叙述方便，对于神经网络中的任意一个神经元 j，我们约定如下符号：神经元 j 的第 i 个输入为 x_{ji}，对应的权重为 w_{ji}。这里的神经元 j 可能是输出层的，也可能是隐含层的。x_{ji} 不一定是神经网络的输入，也可能是神经元 j 所在层的前一层的第 i 个神经元的输出，直接连接到了神经元 j。我们得到随机梯度下降算法如下。

算法 随机梯度下降算法：
1. 对神经网络的所有权值赋一个比较小的随机值，如范围 $[-0.05, 0.05]$ 内的随机值
2. 在满足结束条件前做：
3.   对于每个训练样本
4.   把样本输入神经网络，从输入层到输出层，计算每个神经元的输出
5.   对于输出层神经元 k，计算误差项：

$$\delta_k = (t_k - o_k)o_k(1 - o_k)$$

6.   对于隐含层神经元 h，计算误差项：

$$\delta_h = o_h(1 - o_h)\sum_{k \in 后继(h)}\delta_k w_{kh}$$

7.   更新每个权值：

$$\Delta w_{ji} = \eta \delta_j x_{ji}$$
$$w_{ji} = w_{ji} + \Delta w_{ji}$$

其中算法第二行的结束条件，可以设定为所有样本中最大的 $E_d(\boldsymbol{w})$ 小于某个给定值时，或

者所有样本中最大的$|w_{ji}|$小于给定值时,算法结束。

这里的h是隐含层的神经元,它的输出会连接到它的下一层神经元中,"后续(h)"指的是所有的以h的输出作为输入的神经元,对于全连接神经网络来说,就是h所在层的下一层的所有神经元。

第6行公式中:

$$\sum_{k \in 后续(h)} \delta_k w_{kh}$$

就是用h的每个后续神经元的误差项δ_k乘以h到神经元k的输入权重,再求和得到。

当给定一个训练样本后,算法先是利用当前的权重从输入向输出方向计算每个神经元的输出值,然后再从输出层开始反向计算每个神经元的δ值,从而对每个神经元的权重进行更新,如图6.14所示。其巧妙之处在于,更新权重时,每次从输出层开始,先计算输出层每个神经元的δ值,有了δ值,就可以对输出层神经元的权重进行更新。然后再利用输出层神经元的δ值,计算其前一层神经元的δ,这样就可以更新前一层的神经元的权重,这样一层层往前推,每次利用后一层的δ值计算前一层的δ值,从而实现对所有神经元的权重更新。正是由于采用这样一种反向一层层向前推进的计算过程,所以它有个名称叫"反向传播算法",简称BP算法(Backpropagation Algorithm)。该算法也是神经网络训练的基本算法,不只是可以训练全连接神经网络,到目前为止的任何神经网络都是采用这个算法或者该算法的改进算法,只是根据神经网络的结构不同,具体计算上有所不同。另外,在训练过程中需要多轮次反复迭代,逐渐减小损失函数值,直到满足结束条件为止。

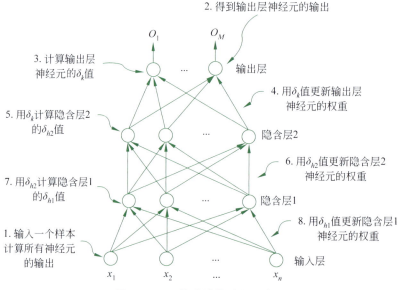

图6.14 BP算法计算过程示意图

在训练过程中,全部样本使用一次称为"一轮",这里的"多轮次"指的是反复、一遍一遍地使用样本进行训练。因为神经网络需要多轮次训练,才可能得到一个比较好的训练结果。

前面介绍的随机梯度算法中的具体计算方法,是在损失函数采用误差平方和,并且激活函数采用sigmoid函数这种特殊情况下推导出来的,如果用其他的损失函数,或者用其他的激活函数,其具体的计算方法会有所改变,这一点读者一定要注意。

损失函数有很多种，还有一种常用的损失函数叫交叉熵损失函数，其表达式如下：

$$H_d(w) = -\sum_{k=1}^{M} t_{kd} \log(o_{kd})$$

这是对于一个样本 d 的损失函数，如果是对于所有的样本，则为

$$H(w) = \sum_{d=1}^{N} H_d(w) = -\sum_{d=1}^{N}\sum_{k=1}^{M} t_{kd} \log(o_{kd})$$

其中，t_{kd} 表示样本 d 在输出层第 k 个神经元的希望输出，o_{kd} 表示样本 d 在输出层第 k 个神经元的实际输出，$\log(o_{kd})$ 表示对输出 o_{kd} 求对数。

交叉熵损失函数有什么具体的物理含义呢？我们在前面举过猫狗识别的例子，在例子中，神经网络的输出一个代表猫，一个代表狗。当输入为猫时，代表猫的输出希望为1，另一个希望为0；当输入为狗时，则代表狗的输出希望为1，另一个希望为0。这里的希望输出1或者0，可以认为就是概率值。我们也可以让神经网络的输出为识别为猫或者狗的概率。

如果希望在输出层获得概率值，需要满足概率的两个主要属性：一个取值在0~1；另一个是所有输出累加和为1。为此需要用到一个名为softmax的激活函数。该激活函数与我们介绍过的只作用于一个神经元的激活函数不同，softmax作用在输出层的所有神经元上。

设 $net_1, net_2, \cdots, net_M$ 分别为输出层每个神经元未加激活函数的输出，则经过softmax激活函数之后，第 i 个神经元的输出 o_i 为

$$o_i = \frac{e^{net_i}}{e^{net_1} + e^{net_2} + \cdots + e^{net_M}}$$

很容易验证这样的输出值可以满足概率的两个属性。这样我们就可以将神经网络的输出当作概率使用了，后面会看到这种用法非常普遍。

从概率的角度来说，我们希望与输入对应的输出概率比较大，而其他输出概率比较小。对于一个分类问题，当输入样本给定时，M 个希望输出中只有一个为1，其他均为0，所以这时的交叉熵中求和部分实际上只有一项不为0，其他项均为0，所以

$$H_d(w) = -\log(o_{kd})$$

我们求 $-\log(o_{kd})$ 最小，去掉负号实际就是求 $\log(o_{kd})$ 最大，也就是求样本 d 对应输出的概率值 o_{kd} 最大。由于输出层用得是softmax激活函数，输出层所有神经元输出之和为1，样本 d 对应的输出变大了，其他输出自然也就变小了。

从上面的分析可以看出，交叉熵损失函数更适合于分类问题，直接优化输出的概率值。而前面我们采用的误差平方和损失函数比较适合预测等问题。所谓的预测问题，指的是输出是预测某个具有具体大小的数值的问题。例如，我们根据今天的天气情况，预测明天的最高气温，就属于预测问题，因为我们预测的是气温的具体数值。

6.4 卷积神经网络

除全连接神经网络外，另一种常用的神经网络是卷积神经网络。为什么要提出卷积神经网络呢？我们先分析一下全连接神经网络有什么不足。

正如其名称一样，在全连接神经网络中，两个相邻层的神经元都有连接，当神经元个数比较多时，连接权重会非常多，一方面会影响神经网络的训练速度，另一方面，使用神经网络

时也会影响计算速度。实际上,在有些情况下,神经元是可以共享的。

前面我们说过,一个神经元就相当于一个模式,模式体现在权重上,通过运算,可以抽取出相应的模式。神经元的输出可以看作与指定模式匹配的程度或者概率。

检测在一个图像的局部是否有某个模式,概率有多大,用一个小粒度的模式,在一个局部范围内匹配就可以了。例如,假设 $k=\begin{bmatrix} -1, & 0, & 1 \\ -1, & 0, & 1 \\ -1, & 0, & 1 \end{bmatrix}$ 表示了一个 3×3 的模式,先不管这个模式代表了什么,我们想知道在一个更大的图像中,比如 5×5 大小的图像上是否具有这种模式,由于图像比模式大,具有多个 3×3 的区域,每个区域上都可能具有这个模式,这样,我们就需要用模式 k 在每个区域上做匹配得到每个区域的匹配值,匹配值的大小反映了每个区域与模式的匹配程度。图 6.15 给出了左上角 3×3 区域与模式 k 的匹配结果,图 6.16 给出的是中间 3×3 区域与模式 k 的匹配结果。如果先按行、再按列,每次移动一个位置进行匹配,就得到了图 6.15 和图 6.16 中的输出结果。

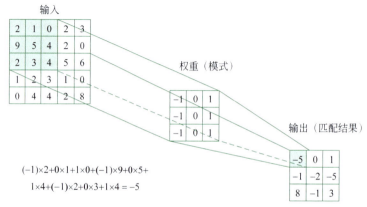

图 6.15 左上角区域与模式匹配示意图

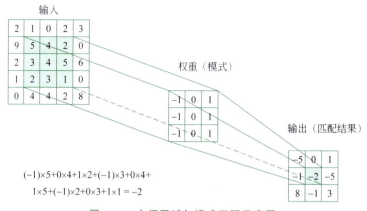

图 6.16 中间区域与模式匹配示意图

图 6.15 和图 6.16 也可以看成一个图 6.17 所示的神经网络,5×5 的图像就是输入层,最终得到的 3×3 的匹配结果就可以看成输出层。

图 6.17 所示的神经网络与我们之前介绍的全连接神经网络有什么不同呢?从图中可以看出两层之间的神经元不是全部有连接的,比如输出层左上角的神经元只与输入层左上

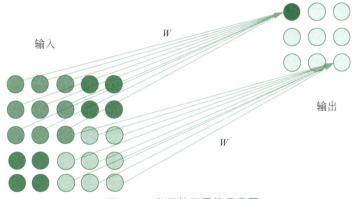

图 6.17 卷积神经网络示意图

角区域的 9 个神经元有连接,而输出层右下角的神经元只与输入层右下角区域的 9 个神经元有连接,其他神经元虽然没有画出来,也是同样的结果。

这就是所谓的局部连接。因为我们只是查看一个局部范围内是否有这种模式,所以只需要局部连接就可以了,既减少了连接数量,又达到了局部匹配的目的,这样就减少了连接权重,可以加快计算速度。

另外,如图 6.17 所示,无论是与图像的左上角匹配,还是与右下角匹配,我们都是与同一个模式进行匹配,因此图中红色的连接权重和绿色的连接权重应该是一样的,这样匹配的才可能是同一个模式。在这种情况下,权重一共就 9 个,再加上神经元的偏置项 b,一共 10 个参数。而且与输入层有多少个神经元无关,这就是所谓的权值共享。

如果是全连接神经网络,输入是 5×5 共 25 个输入,输出是 3×3 共 9 个神经元,在全连接的情况下,则需要 $25 \times 9 = 225$ 个权重参数,再加上每个神经元有一个偏置项 b,则总的参数量为 $225 + 9 = 234$ 个。而在局部连接、权值共享的情况下,神经网络则只需要 10 个参数,极大地减少了神经网络的参数量。

这样的神经网络称为卷积神经网络,其中的模式 k 称作卷积核。其特点是局部连接、权值共享。

卷积核可以根据需要设置不同的大小,卷积核越小,表示的模式粒度就越小。由于卷积核相当于抽取具有某种模式的特征,所以又被称作过滤器。

下面再看一个例子。图 6.18 是 "口" 字的图像,我们想提取图像中 "横" 模式的特征,可以使用如图 6.19 所示的 3×3 卷积核对其进行匹配,卷积结果如图 6.20(a) 所示。

图 6.20(a) 中,绿色部分反映了 "口" 字上下两个 "横" 的上边缘信息,除两端的匹配结果为 3 外,其余均为 4,匹配值都比较大。而黄色部分反映的是 "口" 字上下两个 "横" 的下边缘信息,除两端匹配值为 -3 外,其余均为 -4,匹配值的绝对值也都比较大。"口" 字中间部分如图 6.18 所示的蓝色部分是没有笔画的,可以认为是一个没有笔画的 "虚横",其上边缘反映在图 6.20(a) 中的粉色部分,匹配值为 -3 或 -4,而下边缘对应图 6.20(a) 的灰色部分,匹配值为 3 或者 4。对于 "口" 字的其他与 "横" 没有关系的部分,匹配值基本为 0,少数几个与 "横" 连接的位置匹配值是 1 或者 -1。由此可见,只要是与 "横" 有关的,匹配值的绝对值都比较大,大多为 4,少数位置为 3,而与 "横" 无关的部分,匹配值的绝对值都比较小,大多为 0,少数地方为 1。

图 6.18 "口"字的图像

图 6.19 反映"横"模式特征的卷积核

(a) "口"字卷积结果（没有加激活函数）

(b) "口"字卷积结果（加了激活函数）

图 6.20 "口"字卷积结果

同前面介绍过的数字识别的例子，也可以在卷积神经元中加一个 sigmoid 函数，表示是不是"横"的概率。使用 sigmoid 函数后的结果如图 6.20(b) 所示，可以看出，与"横"的上边缘有关的位置概率值基本为 1.0，下边缘位置概率值基本为 0.0；与此相反，与"虚横"（空白组成的"横"）的上边缘有关的位置概率值基本为 0.0，下边缘位置概率值基本为 1.0；而其他位置的概率值基本为 0.5，说明结果不确定。所以，图 6.19 所示的卷积核起到了提取"横"模式特征的作用，其值是"横"的上边缘或者"虚横"的下边缘的概率。同样，也可以用类似的方法提取"竖"模式特征。

同全连接神经网络，卷积核也就是权重，也是可以通过 BP 算法训练出来的，不需要人工设计。只是对于卷积神经网络来说，由于有局部连接和权值共享等，因此需要重新推导具体的 BP 算法，其算法思想是完全一样的。

卷积神经网络也可以有多层，在一层卷积后，还可以再添加卷积层。

在图 6.15 中，输入层有 5×5 个神经元，经过一个 3×3 的卷积操作后，下一层就只有 3×3 个神经元了，这样一层层加上卷积层后，每层的神经元会变得越来越少。如果想保持经过一个卷积层后神经元个数不变,可以通过在前一层神经元四周填充 0 的办法解决。比如图 6.15 的例子,可以在输入层填充一圈 0,由原来的 5×5 变为 7×7,这样卷积层的输出还是保持 5×5 的大小,如图 6.21 所示。究竟需要补充几圈 0,与卷积核的大小有关,对于 3×3 的卷积核,需要补充一圈 0,而对于 5×5 的卷积核,则需要补充两圈 0,才能使得输出的神经元数与输入保持一致。事实上,在讲图 6.18 所示的"口"字的例子时,为了保持输出的神经元个数与输入一致,我们已经进行了填充操作。

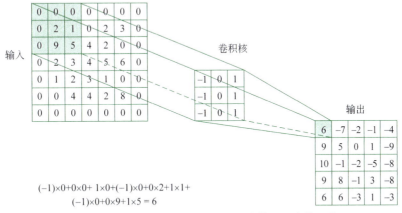

图 6.21 通过填充使得卷积层前后的神经元个数不变

对于同一个输入,也可以有多个不同的卷积核,每个卷积核得到一个输出,称作通道,有多少个卷积核,就得到多少个通道,不同的通道并列起来作为输出。如图 6.22 所示,具有两个卷积核,得到两个通道的输出。

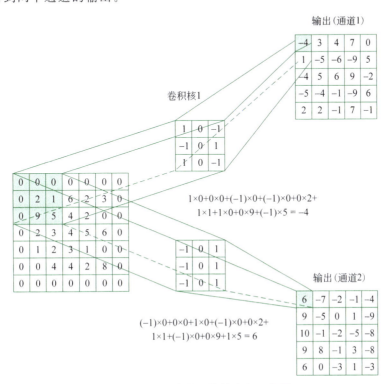

图 6.22 有两个卷积核的卷积示意图

如图 6.22 所示，输出得到了两个通道，如果在后面再接一个卷积层，由于输入变成了两个通道，这时卷积如何计算呢？这涉及了多通道卷积问题。这时的卷积核可以看成"立体"的，除高和宽外，又多了一个"厚度"，厚度的大小与输入的通道数一样。图 6.23 给出了一个多通道输入时卷积示意图。

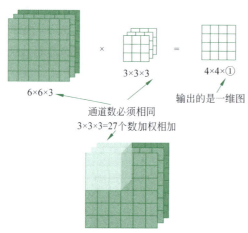

图 6.23 多通道输入时卷积示意图

在图 6.23 中，输入由 3 个通道组成，所以卷积核的厚度与通道数一致，也为 3。这样，卷积核的参数共有 $3\times3\times3+1=28$ 个。前面的 3×3 是卷积核的大小，最后一个 3 对应 3 个通道，加 1 是偏置 b。计算时与单通道时一样，也是从左上角开始，按照先行后列的方式，依次从输入中取 $3\times3\times3$ 的区域，与卷积核对应位置的权重相乘，再求和，得到一个输出值。值得注意的是，无论有几个输入通道，如果只有一个卷积核，那么输出的通道数也只有一个。如果有多个卷积核，则输出的通道数就有多个，与卷积核数一致。图 6.24 给出了一个输入具有两个通道的卷积计算示例。

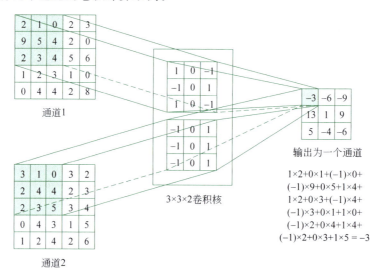

图 6.24 两通道卷积示意图

图 6.24 中，最左边是输入的两个通道，中间是与两个通道对应的厚度为 2 的卷积核，最右边是卷积的结果，由于只有一个卷积核，因此结果也只有一个通道。同样，可以通过多个卷积核得到多个通道的输出。

由于卷积核的厚度总是与输入的通道数一致，所以平时说卷积核时，往往会省略其厚度，只说卷积核的高和宽，比如上例中的卷积核为 3×3，不用说具体的厚度是多少，默认厚度就是输入的通道数。

卷积核的大小体现了其"视野"的范围。卷积核越小，关注的"视野"范围也越小，提取的特征粒度也就越小。反之，卷积核越大，其"视野"范围也大，提取的特征粒度也就越大。但是，这些都是在同样的输入情况下来说的。由于多个卷积层可以串联起来，同样大小的卷积核在不同的层次上，其提取的特征粒度也是不一样的，因为不同层的卷积其输入是不同的。以图像处理为例，如果输入是原始图像，则输入都是一个个的像素，卷积核只能在像素级提取特征。如果是下一个卷积层，输入是已经抽取的特征，则是在特征级的水平上再次抽取特征，所以这两种情况下，即便卷积核大小是相同的，其抽取的特征粒度也是不同的，越是上层（靠近输出层），提取到的特征粒度越大。下面举一个简单的例子说明这个道理。

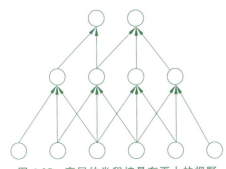

图 6.25　高层的卷积核具有更大的视野

图 6.25 给出了一个简单的卷积核大小为 3 的例子。中间一层神经元（可以认为是一个卷积核）每个只能感受到下面 3 个输入的信息，最上边的神经元，虽然卷积核也是 3，但是通过中间层的 3 个神经元，可以感受到输入层的 5 个输入信息，相当于视野扩大了，提取的特征粒度也就变大了。

卷积核对输入进行"扫描"时，每次不一定只移动一个位置，也可以按照设定的步长，移动多个位置，如步长如果设置为 2，则每次移动两个位置。

在卷积层之后，可以加入一个被称作"池化"的层对特征进行筛选，保留明显的特征，去掉不明显的特征。

图 6.26 展示的是一个窗口为 2×2、步长为 2 的最大池化示意图。池化窗口先行后列进行移动，每次移动一个步长，在这个例子中就是两个位置，然后取窗口内的最大值作为池化的输出，这就是最大池化方法。窗口和步长的大小是可以设置的，最常用的是窗口为 2×2、步长为 2 池化。经过这种最大池化后，保留了每个窗口内最大的模式特征，同时使得神经元的个数减少到原来的四分之一，起到了数据压缩的作用。

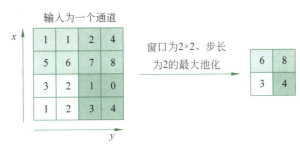

图 6.26　最大池化示意图

除最大池化方法外，还有平均池化方法，取窗口内的平均值作为输出。最大池化体现的是一个局部区域内的主要特征，平均池化体现的是一个局部区域内特征的平均值。

另外需要强调的是，池化方法是作用在每个通道上的，池化前后的通道数是一样多的。

下面介绍一个数字识别的实际例子，该例子通过联合应用全连接神经网络和卷积神经网络实现手写数字的识别，如图 6.27 所示。

这是一个比较早期的用于手写数字识别的神经网络 LeNet，输入是 32×32 的灰度数字图像，第一个卷积层采用 6 个无填充、步长为 1 的 5×5 卷积核，这样就得到 6 个通道，每个通道为 28×28 个输出。然后使用一个 2×2 的步长为 2 的最大池化，得到 6 个 14×14 的通

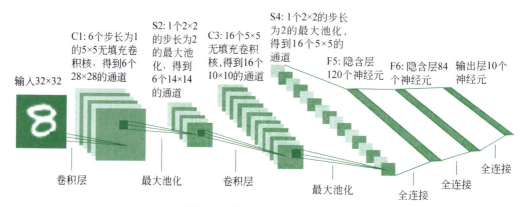

图 6.27　数字识别方法示意图

道。第二个卷积层采用 16 个无填充、步长为 1 的 5×5 卷积核，得到 16 个通道、每个通道为 10×10 的输出。再使用一个 2×2 步长为 2 的最大池化，进一步压缩为 16 个通道、每个通道为 5×5 个输出。接下来连接两个全连接的隐含层，神经元个数分别为 120 和 84，最后一层是 10 个输出，分别对应 10 个数字的识别结果。每个卷积核或者神经元均带有激活函数，早期激活函数大多采用 sigmoid 函数，现在一般在输出层用 softmax 激活函数，其他层用 ReLU 激活函数。

下面计算一下，这个数字识别系统共有多少个参数？

第一个卷积层是 5×5 的卷积核，输入是单通道，每个卷积核 25 个参数，共 6 个卷积核，所以参数个数为 5×5×6＝150；第二个卷积层的卷积核还是 5×5 的，但是通道数为 6，所以每个卷积核参数个数为 5×5×6 个参数，共有 16 个卷积核，所以参数个数为 5×5×6×16＝2400；第一个全连接输入是 16 个 5×5 的通道，所以共有 5×5×16 个神经元，这些神经元与其下一层的 120 个神经元一一相连，所以有 5×5×16×120＝48000 个参数，该 120 个神经元又与下一层的 84 个神经元全连接，所以有 120×84＝10080 个参数；这层的 84 个神经元与输出层的 10 个神经元全连接，有 84×10＝840 个参数。所以，这个神经网络的全部参数个数为上述参数个数之和，即 150＋2400＋48000＋10080＋840＝61470 个参数。

除权重参数外，偏置 b 也属于参数。对于卷积核来说，由于共享参数，所以一个卷积核有一个 b，而对于全连接部分来说，每个神经元有一个 b。这样，第一个卷积层有 6 个卷积核，所以有 6 个 b，第二个卷积层有 16 个卷积核，所以有 16 个 b，而后面的全连接层分别有 120 个、84 个和 10 个神经元，所以偏置的数量分别是 120、84 和 10。这样算的话，在前面参数的基础上，应该再加上 6＋16＋120＋84＋10＝236 个参数，所以全部参数是 61470＋236＝61706。

图 6.27 所示最后一个卷积层共有 16 个 5×5 的通道，怎么跟下一个全连接层的 120 个神经元全连接呢？16 个 5×5 通道共有 400 个神经元，可以把它们展开成一长串，认为是 400 个神经元与下一层的 120 个神经元全连接。

下面再举一个规模比较大的神经网络 VGG-16 的例子，如图 6.28 所示。该神经网络曾经参加 ImageNet 比赛，以微弱差距获得第二名。ImageNet 是一个图像识别的比赛，有 1000 个类别的输出，该项比赛有力地促进了图像识别研究的发展。

该神经网络非常规整，像一个电视塔一样，下面从输入到输出分块介绍其组成。

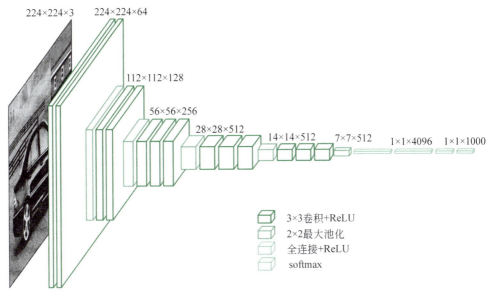

图 6.28　VGG-16 神经网络示意图

(1) 由于处理的是彩色图像,所以输入是由红、绿、蓝 3 种颜色组成的 3 个通道,大小为 224×224×3,这里的 3 是指 3 个通道。

(2) 连续 2 层带填充步长为 1 的 3×3 卷积层(即边缘补充 0),每层都有 64 个卷积核,输出是 64 个通道,每个通道为 224×224。每个卷积核均附加 ReLU 激活函数。后面的卷积核均附加了 ReLU 激活函数,如果没有特殊情况,就不再单独说明了。

(3) 2×2 步长为 2 的最大池化,池化不改变通道数,还是 64 个通道,每个通道被压缩到 112×112。

(4) 连续 2 层带填充步长为 1 的 3×3 卷积层,每层都有 128 个卷积核,输出是 128 个通道,每个通道为 112×112。

(5) 2×2 步长为 2 的最大池化,输出是 128 个通道,每个通道被压缩到 56×56。

(6) 连续 3 层带填充步长为 1 的 3×3 卷积层,每层都有 256 个卷积核,输出是 256 个通道,每个通道为 56×56。

(7) 2×2 步长为 2 的最大池化,输出是 256 个通道,每个通道被压缩到 28×28。

(8) 连续 3 层带填充步长为 1 的 3×3 卷积层,每层都有 512 个卷积核,输出是 512 个通道,每个通道为 28×28。

(9) 2×2 步长为 2 的最大池化,输出是 512 个通道,每个通道被压缩到 14×14。

(10) 连续 3 层带填充步长为 1 的 3×3 卷积层,每层都有 512 个卷积核,输出是 512 个通道,每个通道为 14×14。

(11) 2×2 步长为 2 的最大池化,输出是 512 个通道,每个通道被压缩到 7×7。

(12) 连续 2 层全连接层,每层 4096 个神经元,均附带 ReLU 激活函数。

(13) 由于输出是 1000 个类别,所以输出层有 1000 个神经元,最后加一个 softmax 激活函数,将输出转换为概率。

6.5 梯度消失问题

什么是梯度消失问题呢？先复习一下 BP 算法中权值的更新公式：

$$\delta_h = o_h(1-o_h)\sum_{k\in 后继(h)}\delta_k w_{kh}$$

$$\Delta w_{ji} = \eta \delta_j x_{ji}$$

$$w_{ji} = w_{ji} + \Delta w_{ji}$$

BP 算法中主要是根据后一层的 δ 值计算前一层的 δ 值，一层一层反向传播。由 δ 的计算公式可以看到，每次都要乘一个 $o_h(1-o_h)$，其中 o_h 是神经元 h 的输出。当采用 sigmoid 激活函数时，o_h 取值在 0～1，无论 o_h 接近 1 还是接近 0，$o_h(1-o_h)$ 的值都比较小，即便是最大值，也只有 0.25（当 $o_h = 0.5$ 时）。如果神经网络的层数比较多，反复乘以一个比较小的数，会造成靠近输入层的 δ_h 趋近于 0，从而无法对权重进行更新，失去了训练的能力。这一现象称作梯度消失。而 $o_h(1-o_h)$ 刚好是 sigmoid 函数的导数，所以用 sigmoid 激活函数，很容易造成梯度消失。

前面介绍的两个具体例子中，均提到 ReLU 这个激活函数，为什么要采用这个激活函数呢？由于 ReLU(net) = max(0, net)，当 net > 0 时，ReLU 的导数等于 1，$o_h(1-o_h)$ 这一项就可以用 1 代替了，从而减少了梯度消失现象的发生。当然，梯度消失并不完全是激活函数造成的，为了建造更多层的神经网络，研究者也提出其他的一些减少梯度消失现象发生的方法。梯度消失问题是多层神经网络面临的重要问题之一，是深度学习发展过程中一直要解决的问题。

下面通过两个比较典型的例子，说明在实际应用中是如何解决梯度消失问题的。

第一个例子是 GoogLeNet，该神经网络在 ImageNet 比赛中曾经获得第一名。

注意，这里中间的"L"用的是大写，并不是写错了。前面介绍过一个早期的识别手写数字的神经网络 LeNet，可以说其是最早达到实用水平的神经网络，所以 GoogLeNet 在命名时有意将 L 大写（后边 5 个字符刚好是 LeNet），以示该网络是在 LeNet 的基础上发展而来的。

GoogLeNet 有些复杂，其结构如图 6.29 所示，输入层在最下边。该网络主要有两个特点，第一个特点与解决梯度消失问题有关。

不同于一般的神经网络只有一个输出层，GoogLeNet 分别在不同的深度位置设置了 3 个输出，图 6.29 中用黄颜色表示，分别命名为 softmax0、softmax1 和 softmax2，从名称就可以看出，3 个输出均采用了 softmax 激活函数。对 3 个输出分别构造损失函数，再通过加权的方式整合在一起作为总体的损失函数。这样，3 个处于不同深度的输出，分别反向传播梯度值，同时配合使用 ReLU 激活函数，就比较好地解决了梯度消失问题。

采用 3 个输出怎么就解决了梯度消失问题呢？下面以高楼供水系统为例，做一个类比。在高层住宅楼中，如果只用一套供水系统，低层住户用水正常时，高层住户可能由于水压不够而水流很小甚至无水，这就相当于出现了梯度消失现象。

这个问题并不是那么简单，不能简单地通过加大水压的办法解决。因为水压太大，可能会造成低层的水管、水龙头破裂，即便没有这些情况，由于水压太大，水流太急，对住户来说也很不友好，所以不能随意加大水压。

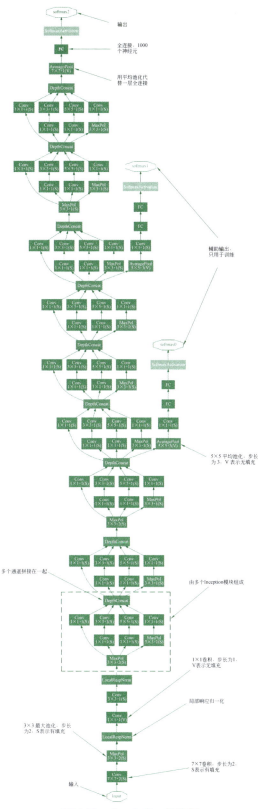

图 6.29 GoogLeNet 示意图

高层住宅楼是采用多套供水系统解决这个问题的。图 6.30 给出了一个高楼供水系统示意图。图中采用了分层供水的方法，即将高楼划分为低、中、高 3 个区域，每个区域单独供水，这样就解决了高楼供水中的"梯度消失问题"。

图 6.30　高楼供水系统

GoogLeNet 也是采用类似的原理解决梯度消失问题。当然，在 GoogLeNet 中神经网络是一个整体，不可能划分为几个独立的部分单独训练，而是每个输出均反传梯度信息，并综合在一起使用更新权重。对于比较靠近最终输出层的神经元，全部梯度信息来自输出 softmax2，对于中间附近的神经元，梯度信息分别来自 softmax1 和 softmax2，而对于靠近输入层的神经元来说，则接收来自 3 个输出的梯度信息，虽然从输出 softmax2 获得的梯度信息可能很小，但是从 softmax0 处可以得到足够的梯度信息，从 softmax1 处也可以获取一些梯度信息，这样就比较好地解决了神经网络训练中可能出现的梯度消失问题。

在 GoogLeNet 中，最上边的 softmax2 是真正的输出，另外两个是辅助输出，只用于训练，训练完成后就不再使用。

GoogLeNet 的第二个特点是整个网络由 9 个称作 inception 的模块组成，图 6.29 中虚线框出的部分就是第一个 inception 模块，后面还有 8 个这样的模块。

先介绍一下最原始的 inception 模块，图 6.31(a)所示就是一个原始的 inception 模块，它由横向的 4 部分组成，从左到右分别是 1×1 卷积、3×3 卷积和 5×5 卷积，最右边还有一个 3×3 的最大池化。每种卷积都有多个卷积核，假定 1×1 卷积有 a 个卷积核，3×3 卷积有 b 个卷积核，5×5 卷积有 c 个卷积核，那么这 3 个卷积得到的通道数就分别为 a、b、c 个，最右边的 3×3 最大池化得到的通道数与输入一致，假设为 d。将这 4 部分得到的通道再并列拼接在一起，则每个 inception 的输出共有 $a+b+c+d$ 个通道。

前面介绍的卷积神经网络，同一层用的都是大小相同的卷积核，而在 inception 模块中则是将不同大小的卷积核集成在同一层，这也是 GoogLeNet 的创新之一。我们介绍过，不同大小的卷积核可以抽取不同粒度的特征，GoogLeNet 通过 inception 模块在每一层都抽取不同粒度的特征之后再聚合在一起，达到充分利用不同粒度特征的目的。

在原始的 inception 模块基础上有很多种改进模块，下面介绍一个比较典型的改进模

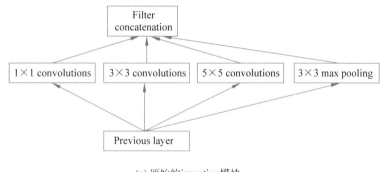

(a) 原始的inception模块

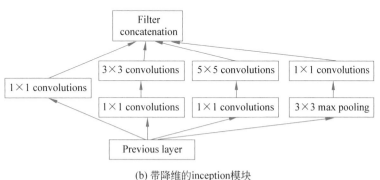

(b) 带降维的inception模块

图 6.31 inception 模块

块。其基本思想是引入了"网中网"的概念，主要目的是减少神经网络的参数量，也就是减少权重的数量，从而提高训练速度。图 6.31(b)给出的是一个带降维的 inception 模块示意图，与原始的模块相比，主要引入了 3 个 1×1 卷积，其中两个分别放在 3×3 卷积和 5×5 卷积的前面，另一个放在最右边 3×3 最大池化的后边。

引入 1×1 卷积的作用主要有两个：第一，1×1 卷积核由于还有个厚度，相当于在每个通道上的相同位置各选取一个点进行计算，每个点代表了某种模式特征，不同通道代表不同特征，所以其结果就相当于对同一位置的不同特征进行了一次特征组合；第二，用 1×1 卷积对输入和输出的通道数做变换，减少通道数或者增多通道数，如果输出的通道数少于输入的通道数，就相当于进行降维，反之则是升维。例如，输入 100 个通道，如果用了 60 个 1×1 的卷积核，则输出具有 60 个通道，通道数减少了 40%，就实现了降维操作。在 inception 模块中增加的 3 个 1×1 卷积均属于降维，所以这种模块被称为带降维的 inception 模块。降维的作用是有效减少神经网络的参数量。

假设 inception 模块的输入有 192 个通道，使用 32 个 5×5 的卷积核，那么原始 inception 模块共有多少个参数呢？

由于输入是 192 个通道，则一个卷积核有 5×5×192+1 个参数，其中的 1 是偏置 b。一共 32 个卷积核，则全部参数共有 (5×5×192+1)×32=153632 个。

如果在 5×5 卷积前增加一层具有 32 个卷积核的 1×1 的卷积，则总参数又是多少个呢？

1×1 卷积的输入是 192 个通道，则一个卷积核的参数个数为 1×1×192+1，共 32 个卷积核，则参数共有 (1×1×192+1)×32=6176 个。1×1 的卷积输出有 32 个通道，输入到

32个卷积核的5×5卷积层,这层的参数总数为(5×5×32+1)×32=25632个。两层加在一起共有6176+25632=31808个参数。

从这里可以看出,在没有降维前参数共有153632个,降维后的参数量只有31808个,只占降维前参数量的20%左右,可见降维的作用明显。

池化操作不涉及训练参数,图6.31(b)右边在最大池化后面加入1×1卷积层,其目的纯粹是降维。因为输入的通道数可能比较多,用1×1卷积可把通道数降下来。

图6.32给出了GoogLeNet中第一个inception模块采用的卷积核数,这里就不再具体介绍了。

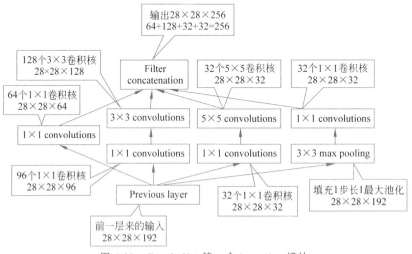

图6.32 GoogLeNet第一个inception模块

此外,GoogLeNet还用了其他一些小技巧。在靠近输出层用了一层7×7的平均池化。在神经网络中这一层一般是一个全连接层,GoogLeNet用平均池化代替了一个全连接层。由于池化是作用在单个通道上的,而每个通道抽取的是相同模式的特征,所以平均池化反映了该通道特征的平均分布情况,起到了对特征的平滑作用。据GoogLeNet的提出者介绍,这样不仅减少了参数量,还可以提高系统性能。另外就是在第一个inception模块之前分别加入了两层局部响应归一化。在适当的地方加入归一化层是一种常用的手段,其目的是防止数据的分布不产生太大的变化,因为神经网络在训练过程中每一层的参数都在更新,如果前面一层的参数分布发生了变化,那么下一层的数据分布也会随之变化,归一化的作用就是防止这种变化不要太大。除局部响应归一化外,现在用得更多的是批量归一化。具体的归一化方法这里不再介绍,有兴趣的读者可以参阅有关文献。

另外再说明一下,inception 一词来源于电影《盗梦空间》的英文名,如图6.33所示。电影中有一句对话:We need to go deeper(我们需要更加深入),讲述的就是如何在某人大脑中植入思想,寓意进行更深刻的感知。近年来,神经网络一直在向更深的方向发展,层数越来越多,"更加深入"也正是神经网络研究者所希望的,所以就以inception作为模块名。

为什么神经网络强调向更深的方向发展呢?原则上,神经网络越深,其性能应该越好。假设已经有一个k层的神经网络,如果在其基础上再增加一层变成$k+1$层后,由于又增加了新的学习参数,$k+1$层的神经网络性能应该不会比原来k层的差。但是,如何建造更深的网络并不是那么容易,简单地增加层数效果往往并不理想,甚至会更差。所以,我们虽然

图 6.33 电影《盗梦空间》

希望构建更深层的神经网络,但由于有梯度消失等问题,深层神经网络训练会更加困难。虽然有些方法可以减弱梯度消失的影响,但当网络达到一定深度后,这一问题还是会出现。实验结果表明,随着神经网络层数的增加,还会发生退化现象,当网络达到一定深度后,即便在训练集上简单地增加网络层数,损失函数值不但不会减少,反而会出现增加的现象。注意,这个现象即便在训练集上,也会出现,与我们后续将要讲到的过拟合问题还不是一回事。图 6.34 给出了这样的例子。

在图 6.34 中,横坐标是训练的迭代次数,纵坐标是错误率,其中左边是在训练集上的错误率,右边是在测试集上的错误率。从图中可以看出,无论在训练集上还是在测试集上,56 层神经网络的错误率都高于 20 层神经网络的错误率。

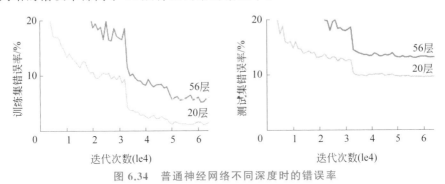

图 6.34 普通神经网络不同深度时的错误率

为什么会出现这种情况呢?这个问题比较复杂,并不是单纯地由梯度消失问题造成的。原因可能有很多,还有待于从理论上进行分析和解释。这个例子说明,虽然神经网络加深后原则上效果应该会更好,但是并不是简单地加深网络就可以,必须有新的思路解决网络加深后所带来的问题。

残差网络(ResNet)的提出一定程度上解决了这个问题。

残差网络在 GoogLeNet 之后,曾经以 3.57% 的错误率获得 ImageNet 比赛的第一名,在 ImageNet 测试集上首次达到低于人类错误率的水平。

图 6.35 给出了一个 34 层的残差网络示意图,而参加 ImageNet 比赛的残差网络,达到了 152 层。图中最上面是神经网络的输入层,最下面是输出层。

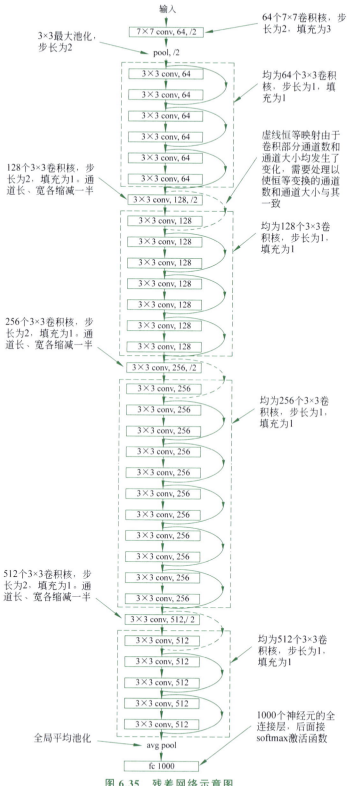

图 6.35 残差网络示意图

残差网络主要由多个如图 6.36 所示的残差模块堆砌而成。一个残差模块含有两个卷积层,第一层卷积后面接一个 ReLU 激活函数,第二层卷积不直接连接激活函数,其输出与一个恒等映射相加后再接 ReLU 激活函数,作为残差模块的输出。这里的恒等映射其实就是把残差模块的输入直接"引"过来,与两个卷积层的输出相加。这里的"相加"指的是"按位相加",即对应通道、对应位置进行相加,显然这要求输入的通道数和通道的大小与两层卷积后的输出完全一致。如果残差模块的输入用 X 表示(X 表示具有一定大小的多通道输入),两层卷积输出用 $F(X)$ 表示,则残差模块的输出 $F'(X)$ 为

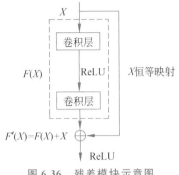

图 6.36 残差模块示意图

$$F'(X) = F(X) + X$$

这是一个非常巧妙的设计。其一,通过"短路",可以将梯度几乎无衰减地反传到任意一个残差模块,消除梯度消失带来的不利影响。其二,前面说过,由于存在网络退化现象,在一个 k 层神经网络基础上增加一层变成 $k+1$ 层后,神经网络的性能不但不能提高,还可能下降。残差网络的设计思路是,通过增加残差模块提高神经网络的深度。由于残差模块存在一个恒等映射,会把前面 k 层神经网络的输出直接"引用"过来,而残差模块中的 $F(X)$ 部分相当于起到一个"补充"的作用,弥补前面 k 层神经网络不足的部分,二者加起来作为输出,这样既很好地保留了前面 k 层神经网络的信息,又通过新增加的残差模块提供了新的补充信息,有利于提高神经网络的性能。可以说残差网络通过引入残差模块,同时避免了梯度消失和网络退化现象,可谓一箭双雕。

因为在残差模块中恒等映射部分是没有学习参数的,只有 $F(X)$ 部分有需要学习的参数,如果把 $F'(X)$ 看作一个理想的结果,$F(X) = F'(X) - X$ 就相当于对误差的估计,残差网络通过一层层增加残差模块,逐步减少估计误差,所以取名残差网络。

神经网络是一个比较复杂的系统,还有很多问题目前还没有研究透彻。残差网络也不是可以无限制地添加残差模块。有实验表明,当网络深度增加到 1000 多层时,性能也会下降,虽然下降得并不明显。

在图 6.35 所示的残差网络中,有 3 个残差模块的恒等映射画成了虚线,而其他部分则是实线,虚线与实线有什么不同呢?

这 3 处虚线确实与其他的恒等映射有所不同。画实线的恒等映射将前面残差模块的输出直接引用过来,是货真价实的恒等映射,而画虚线的恒等映射是需要做一些变换的。

前面介绍过,残差模块的输出是恒等映射和 2 个卷积层的输出按位相加后再连接激活函数,按位相加就必须通道数一样,通道的大小也一样。而在画虚线的残差模块中,第一个卷积核的步长是 2,使得通道大小的宽和高各缩减了一半。另外,卷积核的个数与输入的通道数也不一样了,这样就造成在该残差模块的卷积层输出不能与恒等映射的输出直接相加,为此需要对恒等映射进行改造,使得其输出的通道数和通道大小与卷积层的输出一致。一种简单的改造办法是在恒等映射时加上一个 3×3 的卷积层,其步长和卷积核数与该模块的第一个卷积层一致,这样就得到和模块的两个卷积层之后同样大小、同样通道数的"恒等映射"输出,可以实现直接按位相加了。当然,这样处理后的恒等映射已经不是纯粹的恒等映

射了。

此外,还有一点需要说明,图 6.35 所示的残差网络中,同 GoogLeNet 一样,在输出层的前面用一个平均池化代替一个全连接层,但是这里用的是一个全局平均池化。所谓全局平均池化,就是每个通道求一个平均值,经过全局平均池化后,每个通道就变成了只有一个平均数,或者说,通道的大小变成 1×1 了。这相当于用一个具有代表性的平均值代替了一个通道。测试表明其效果不仅有效减少了要学习的参数个数,还可以提高神经网络的性能。

6.6 过拟合问题

这些年,神经网络的发展越来越复杂,应用领域越来越广,性能也越来越好,但是训练方法还是依靠 BP 算法。也有一些对 BP 算法的改进算法,但是思路基本一样,只是对 BP 算法个别地方的一些小改进,如变步长、自适应步长等。需要注意的是,由于训练数据存在噪声,训练神经网络时也并不是损失函数越小越好。当损失函数特别小时,可能会出现所谓的"过拟合"问题,导致神经网络在实际使用时性能严重下降。

如图 6.37 所示,图中蓝色圆点给出的是 6 个样本点,假设这些样本点来自某个曲线带噪声的采样,但是我们又不知道原曲线是什么样子,如何根据这 6 个样本点"恢复"出原曲线呢?这就是曲线拟合问题。图 6.37 给出了 3 种拟合方案,其中绿色的是一条直线,显然拟合的有些粗糙,蓝色曲线有点复杂,经过了每一个样本点,该曲线与 6 个采样点完美地拟合在一起,似乎是一个不错的结果,但是为此付出的代价是曲线弯弯曲曲,感觉是为拟合而拟合,没有考虑 6 个样本点的分布趋势。考虑到采样过程中往往是含有噪声的,这种所谓的完美拟合其实并不完美。红色曲线虽然没有经过每个样本点,但是更能反映 6 个样本点的分布趋势,很可能更接近原曲线,所以有理由认为红色曲线更接近原始曲线,是我们想要的拟合结果。如果用拟合函数与样本点的误差平方和作为拟合好坏的评价,也就是损失函数,绿色曲线由于距离样本点比较远,损失函数最大,蓝色曲线由于经过了每个样本点,误差为 0,损失函数最小,而红色曲线的损失函数介于二者之间。绿色曲线由于拟合得不够,因此称为欠拟合,蓝色曲线由于拟合过度,因此称为过拟合,而红色曲线是我们希望的拟合结果,称为恰拟合。在神经网络的训练中,也会出现类似的欠拟合和过拟合的问题,我们希望得到一个恰拟合的结果。

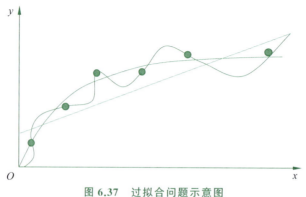

图 6.37　过拟合问题示意图

欠拟合不好比较容易理解,但是为什么过拟合也不好呢?我们做一个实验,把样本集分成训练集和测试集两个集合,训练集用于神经网络的训练,测试集用于测试神经网络的性能。如图 6.38 所示,纵坐标是错误率,横坐标是训练时的迭代轮次。红色曲线是在训练集上的错误率,蓝色曲线是在测试集上的错误率。每经过一定的训练迭代轮次后,就测试一次在训练集和测试集上的错误率。可以发现,在训练的开始阶段,由于处于欠拟合状态,无论是在训练集上的错误率还是在测试集上的错误率,都随着训练的进行逐步下降。但是,当训练迭代轮次达到 N 后,测试集上的错误率反而逐步上升了,这就是出现了过拟合现象。测试集上的错误率相当于神经网络在实际使用中的表现,因此我们希望得到一个合适的拟合结果,使得测试集上的错误率最小,所以应该在迭代轮次达到 N 时就结束训练,以防止出现过拟合现象。

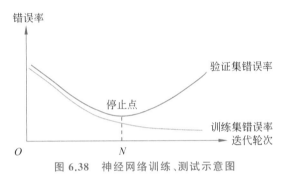

图 6.38　神经网络训练、测试示意图

何时开始出现过拟合并不容易判断。一种简单的方法是使用测试集,做出像图 6.38 那样的错误率曲线,找到 N 点,用在 N 点得到的参数值作为神经网络的参数值。这是一种简单、有效的方法,但是这种方法要求样本集合比较大,因为无论是训练还是测试都需要足够多的样本,而实际使用时往往面临样本不足的问题。

为解决过拟合问题,研究者提出一些方法,可以有效缓解过拟合问题。下面介绍几种常用的方法,当然每种方法都不是万能的,只能说一定程度上弱化了过拟合问题。

1. 正则化项法

前面讨论过误差平方和损失函数:

$$E_d(\boldsymbol{w}) = \sum_{k=1}^{M} (t_{kd} - o_{kd})^2$$

在这个损失函数上增加一个正则化项 $\|\boldsymbol{w}\|_2^2$,变成下式:

$$E_d(\boldsymbol{w}) = \sum_{k=1}^{M} (t_{kd} - o_{kd})^2 + \|\boldsymbol{w}\|_2^2$$

其中,$\|\boldsymbol{w}\|_2$ 表示权重 $\boldsymbol{w}$ 的 2-范数,$\|\boldsymbol{w}\|_2^2$ 表示 2-范数的平方。

$\boldsymbol{w}$ 的 2-范数就是每个权重 w_i 的平方和再开方,这里用的是 2-范数的平方,所以就是权重的平方和了。如果用 $w_i(i=1,2,\cdots,N)$ 表示第 i 个权重,则

$$\|\boldsymbol{w}\|_2^2 = w_1^2 + w_2^2 + \cdots + w_N^2$$

当然,这里并不局限于 2-范数,也可以用其他的范数。

添加了正则化项的损失函数,相当于在最小化损失函数的同时,要求权重尽可能地小,简单说就是限制了权重的变化范围。还是以图 6.39 所示的曲线拟合为例说明,作为一般的情况,一个曲线拟合函数 $f(x)$ 通过取其泰勒展开的前 n 项,可以表达为如下形式:

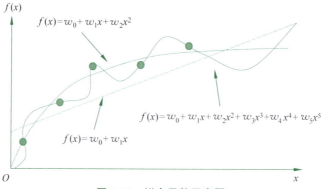

图 6.39 拟合函数示意图

如果 $f(x)$ 中包含的 x^n 项越多，n 越大，则 $f(x)$ 越可以表示复杂的曲线，拟合能力就越强，也更容易造成过拟合。

例如，在图 6.39 所示的 3 条曲线中，绿色曲线是一条直线，其形式为

$$f(x)=w_0+w_1x$$

只含有 x 项，只能表示直线，所以就表现为欠拟合。而对于其中的蓝色曲线，其形式为

$$f(x)=w_0+w_1x+w_2x^2+w_3x^3+w_4x^4+w_5x^5$$

含有 5 个 x^n 项，表达能力比较强，从而造成了过拟合。而对于其中的红色曲线，其形式为

$$f(x)=w_0+w_1x+w_2x^2$$

含有 2 个 x^n 项，对于这个问题来说，可能刚好合适，所以体现了比较好的拟合效果。但是，实际中，我们很难知道应该有多少个 x^n 项是合适的，有可能 x^n 项数多于实际情况，通过在损失函数中加入正则化项，使得权重 w 尽可能地小，一定程度上可以限制过拟合情况的发生。例如，对于蓝色曲线：

$$f(x)=w_0+w_1x+w_2x^2+w_3x^3+w_4x^4+w_5x^5$$

虽然它含有 5 个 x^n 项，但是如果最终得到的 w_3、w_4、w_5 都比较小，那么就与红色曲线：

$$f(x)=w_0+w_1x+w_2x^2$$

比较接近了。

一个复杂的神经网络，一般具有很强的表达能力，如果不采取专门的方法加以限制，很容易造成过拟合。通过在损失函数中增加正则化项，可以一定程度上弱化过拟合问题。

2. 舍弃法

所谓的舍弃法，就是在训练神经网络的过程中随机地临时删除一些神经元，只对剩余的神经元进行训练。哪些神经元被舍弃是随机的，并且是临时的，只在这次权重更新中被舍弃，下次更新时哪些神经元被舍弃，再重新随机选择，也就是说，每进行一次权重更新，都要重新做一次随机舍弃。图 6.40 给出了一个舍弃法示意图，图中虚线展示的神经元表示被临时舍弃了，可以认为这些

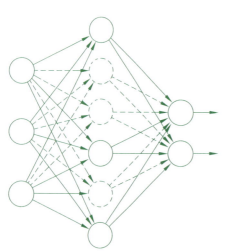

图 6.40 舍弃法示意图

神经元被临时从神经网络中删除了。舍弃只发生在训练时，训练完成后再使用神经网络时，所有神经元都被使用。

这么做为什么可以减少过拟合呢？一个神经网络含有的神经元越多，表达能力越强，越容易造成过拟合。所以，简单理解就是，在训练阶段通过舍弃减少神经元的数量，得到一个简化的神经网络，降低了神经网络的表达能力。但是，由于每次舍弃的神经元不一样，相当于训练了多个简化的神经网络，使用神经网络时又是使用所有神经元，所以相当于多个简化的神经网络集成在一起使用，既可以减少过拟合，又能保持神经网络的性能。举一个例子说明这样做的合理性。比如有 10 个同学组成一个小组做实验，如果 10 个同学每次都一起做，很可能就是两三个学霸在起主要作用，其他同学得不到充分的训练。但是如果引入"舍弃机制"，每次都随机地从 10 名同学中选 5 名同学做实验，这样会有更多的同学得到充分的训练。当 10 名同学组合在一起开展研究时，由于每个同学都得到了充分的训练，所以 10 人组合在一起会具有更强的研究能力。

舍弃是在神经网络的每一层进行的，除输入层和输出层外，每一层都会舍弃，舍弃的比例大概是 50%，也就是说，在神经网络的每一层，都大约舍弃掉 50% 的神经元。

3. 数据增强法

还有一种防止过拟合的方法称作数据增强法。在曲线拟合中，如果数据足够多，过拟合的风险就会变小，因为足够多的数据会限制拟合函数的激烈变化，使得拟合函数更接近原函数。

为此，除尽可能收集更多的数据外，可以利用已有的数据产生一些新数据。比如想识别猫和狗，我们已经有了一些猫和狗的图片，那么可以通过旋转、缩放、局部截取、改变颜色等方法，将一张图片变换成很多张图片，使得训练样本数量数十倍、数百倍地增加。实验表明，通过数据增强可以有效提高神经网络的性能。辛顿教授和他的学生采用深度学习方法参加 ImageNet 比赛时，就采用了这种数据增强方法。

6.7 词 向 量

6.7.1 词的向量表示

前面我们基本是以图像为处理对象介绍神经网络的，由于处理图像讲起来比较形象，更容易理解，所以我们基本是以图像处理为例讲解的。那么，神经网络是否可以处理文本信息呢？

图像处理之所以讲起来比较形象，是因为图像的基本元素是像素，而像素是由数字表示的，可以直接处理。文本的基本元素是词，要处理文本，首先要解决词的表示问题。

最简单的词表示方法称作"独热"(one-hot)编码。下面举例说明什么是独热编码方法。

假设有个句子：

　　我在清华大学读书，生活在美丽的清华园中。

以这句话中出现的词组成一个共有 8 个词的词表：

{我,在,清华大学,读书,生活,美丽的,清华园,中}

独热编码方法就是用一个与词表等长的向量表示一个词，该向量只有一个位置为 1，其他位置均为0。具体哪个位置为1呢？就看单词在词表中处于第几位，如果处于第 n 位，那么在向量的第 n 个位置就为1。这也是"独热编码"一词的来源。

比如"清华大学"一词处于词表的第3个位置，则该词就可以表示为

"清华大学"=[0,0,1,0,0,0,0,0,0]

同样，"清华园""美丽的"分别可以表示为

"清华园"=[0,0,0,0,0,0,0,1,0]

"美丽的"=[0,0,0,0,0,1,0,0]

这种表示的优点是比较简单，事先做好一个词表，词表确定后词的表示就确定了。但它有很多不足，例如，如果处理真实文本，常用词至少需要10万个，每个词都需要表示为一个长度为10万的向量。显然，这种表示方法过于庞大了，而且也无法通过计算的办法获得两个词的相似性。例如，在自然语言处理中，常常用欧几里得距离衡量两个词的相似性或者是否为近义词，欧几里得距离越小，说明两个词越相似。但是，对于独热编码来说，任何词都只有一个位置为1，且只要不是同一个词，则1的位置一定是不一样的，所以任何两个词的欧几里得距离都是$\sqrt{2}$，如"清华大学"与"清华园"的欧几里得距离为

‖"清华大学"−"清华园"‖$_2$

$= \sqrt{(0-0)^2+(0-0)^2+(1-0)^2+(0-0)^2+(0-0)^2+(0-0)^2+(0-1)^2+(0-0)^2}$

$= \sqrt{2}$

"美丽的"与"清华园"的欧几里得距离为

‖"美丽的"−"清华园"‖$_2$

$= \sqrt{(0-0)^2+(0-0)^2+(0-0)^2+(0-0)^2+(0-0)^2+(1-0)^2+(0-1)^2+(0-0)^2}$

$= \sqrt{2}$

从语义的角度来说，"清华大学"与"清华园"的距离小于"美丽的"与"清华园"的距离才比较合理。

为了解决独热编码存在的不足，研究者提出了"稠密向量"表示方法。还是用向量表示一个词，但是不再是一个向量只有一位为1，其余为0了，而是向量的每一位都有具体的数值，并且数值也不只限于0和1，而是可以是任何实数，这也是为何称为"稠密向量"的原因。这种表示方法，由于"动用"向量的每一位"联合起来"表示一个词，所以向量长度也没有必要和词表一样长，一般只需要几百位就可以了，大大节省了表示空间，而且还可以利用向量间的距离求解两个词的语义相似性。由于向量的每一位都参与了词的表示，所以这种方法又称为词的分布式表示。

下面举例说明如何用稠密向量表示一个词。假设想表达一些与动植物有关的词，那么可以从哪几个角度表示呢？动植物可能是动物，也可能是植物，动植物也有可能作为食物。为了简单起见，我们假设从动物、植物、食物这3个角度表示与动植物有关的词，这样我们可分别以动物、植物、食物作为坐标轴建立一个三维空间，而与动植物有关的词表示为三维空间上的一个点，点的坐标就组成了一个三维向量，该向量就是对应词的稠密向量表示。如图6.41所示，给出了猪、羊、熊猫、白菜和竹子在该空间上的表示。

图中的含义可以这么理解，例如"猪"是动物，所以其在该空间的动物坐标值就可以认为是1.0，又由于猪也是食物，所以其食物坐标值也认为是1.0，虽然猪不是植物，但由于猪吃草

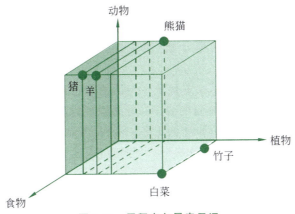

图 6.41 用稠密向量表示词

等植物,也与植物有些关系,假设其植物坐标值为 0.1。这样,如果用(<动物>,<植物>,<食物>)三维坐标表示猪这个词,就得到猪的向量表示为(1.0,0.1,1.0)。"羊"跟"猪"具有差不多的属性,但由于羊主要以植物为其食物,所以相对来说羊与植物的联系比猪更强一些,因此可以假定羊的植物坐标值为 0.2,这样就得到"羊"这个词的向量表示为(1.0,0.2,1.0)。"熊猫"与"猪"和"羊"的区别是不能作为食物,所以其食物坐标值为 0.0,由于熊猫主要以竹子为食物,可以认为熊猫与植物的关系更强一些,假定其植物坐标为 0.3,这样就获得了"熊猫"的向量表示为(1.0,0.3,0.0)。同样,我们也可以给出"白菜""竹子"等词分别表示为(0.0,1.0,1.0)和(0.0,1.0,0.1)。依据这些词的坐标值分别将它们标注在三维空间上,就得到了图 6.41。

词的这种稠密向量表示方法从某种程度来说表达了词的语义信息,语义相近的词在空间中的位置也比较近。例如,从图 6.41 可以看出,猪、羊语义相近,在空间上的位置也比较近,熊猫与猪、羊的语义就远一点,在空间上距离猪、羊也比较远,但是比熊猫距离白菜的距离要近一些。熊猫距离白菜的距离又远于距离竹子的距离,这是因为熊猫以竹子为主要食物,二者应该更接近一些。这些都可以根据词的坐标计算得到,比如熊猫与白菜、竹子的欧几里得距离分别为

$$\|熊猫-白菜\|_2 = \sqrt{(1.0-0.0)^2+(0.3-1.0)^2+(0.0-1.0)^2} = 1.57$$

$$\|熊猫-竹子\|_2 = \sqrt{(1.0-0.0)^2+(0.3-1.0)^2+(0.0-0.1)^2} = 1.22$$

由此可以看出词的稠密向量词表示方法的优势所在,可以通过词向量的距离计算不同词的语义相似性。

6.7.2 神经网络语言模型

如何获得词的稠密向量表示呢?为此先介绍一下神经网络语言模型。

简单地说,当给定一句话的前 $n-1$ 个词后,预测第 n 个词是什么词的概率,这样的一个预测模型称为语言模型。比如给定了前 4 个词是"清华大学""计算机""科学""与",那么第 5 个词可能是什么呢?第 5 个词是"技术"的可能性比较大,因为这句话很可能是"清华大学计算机科学与技术系"。第 5 个词是"工程"的可能性也不小,因为"清华大学计算机科学与工程系"也比较通顺。但是,如果是"清华大学计算机科学与白菜",虽然从语法层面这句

话也没有什么问题,但是很少出现将"计算机科学"和"白菜"并列的情况,所以第 5 个词是"白菜"的概率就非常小了。语言模型就是用来评价一句话是否像"人话",如果像"人话",则概率比较大,否则概率就比较小,甚至为 0。如果语言模型是用神经网络实现的,则称为神经网络语言模型。

注意,这里说的前 $n-1$ 个词不一定是从一句话的开始计算,可以是从一句话的任意一个位置开始计算,总之,是当前词前面的 $n-1$ 个词就可以,不管当前词具体在哪个位置。如果前面不足 $n-1$ 个词,则有几个词就算几个。例如,当前词在第 t 个位置,则其前面 $n-1$ 个词为 $w_{t-n+1}w_{t-n+2}\cdots w_{t-2}w_{t-1}$,这 $n-1$ 个词称作 w_t 的"上下文",用 $\text{context}(w_t)$ 表示,其中 w_i 表示词,n 被称作窗口的大小,表示只考虑窗口内的 n 个词。

图 6.42 给出了一个最常见的用全连接神经网络实现的神经网络语言模型示意图。在这个图中,我们简化了其中的各种连接,下面具体解释一下这个模型。

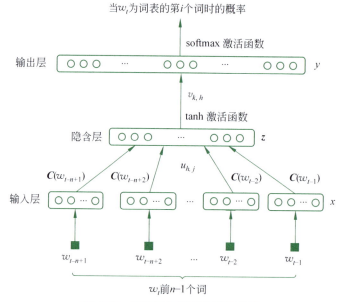

图 6.42 神经网络语言模型示意图

图 6.42 所示的语言模型就是一个全连接神经网络,与普通的全连接网络不同的是,输入层分成了 $(n-1)$ 组,每组由 m 个输入组成,共 $m(n-1)$ 个输入。每组中 m 个数值组成一个向量,对应 w_t 的上下文中的一个词,该向量用 $C(w_{t-l})(l=1,2,\cdots,n-1)$ 表示。所有的 $C(w_{t-l})$ 拼接在一起组成一个长度为 $m(n-1)$ 的向量,用 $\boldsymbol{x}=[x_1,x_2,\cdots,x_{(n-1)m}]$ 表示。如果不考虑分组,与普通全连接神经网络的输入层是一样的,也就是 $\boldsymbol{x}$ 是神经网络的输入。

这里,每一组输入组成的向量对应当前上下文的一个词,当上下文发生变化时,要通过查表的办法将组成上下文的词对应的向量取出来,放到神经网络输入层的相应位置。为此,在构建神经网络语言模型时,首先要确定一个词表,这个词表通常很大,要包含所有可能出现的词,通常有几十万个词。每个词对应一个长度为 m 的向量,并在词和向量之间建立某种联系,以便需要时可以方便地提取出来。

我们暂且不考虑如何获得词向量,现在只需知道一个词对应一个向量就可以了,后面再说如何得到这个向量。

接下来看图 6.42 的隐含层,这一层没有什么特殊性,就是普通的隐含层,共 H 个神经元,每个神经元都与输入层的神经元有连接,权重为 $u_{h,j}$,表示输入层第 j 个输入到隐含层第 h 个神经元的连接权重。隐含层的每个神经元连接一个双曲正切激活函数(tanh)作为该神经元的输出。隐含层所有神经元的输出组成向量 $z=\{z_1,z_2,\cdots,z_H\}$,第 h 个神经元的输出用公式表示如下:

$$z_h = \tanh(u_{h,1}x_1 + u_{h,2}x_2 + \cdots + u_{h,(n-1)m}x_{(n-1)m} + p_h)$$

其中,p_h 为第 h 个神经元的偏置。

输出层神经元的个数与词表的大小一致,一个神经元对应一个词,神经元连接 softmax 激活函数得到输出结果,每个神经元的输出值表示在当前上下文环境第 n 个词 w_n 为该神经元对应的词时的概率。例如,假定输出层的第 3 个神经元对应"技术"一词,第 5 个神经元对应"工程"一词,当上下文为"清华大学 计算机 科学 与"时,则输出层第 3 个神经元的输出值就表示"清华大学 计算机 科学 与"之后连接"技术"一词的概率,而第 5 个神经元的输出值表示"清华大学 计算机 科学 与"之后连接"工程"一词的概率。

从隐含层到输出层也是全连接,每个输出层的神经元都与隐含层的神经元有连接,权重为 $v_{k,h}$,表示隐含层第 h 个神经元到输出层第 k 个神经元的连接权重。为了在输出层得到一个概率输出,最后加一个 softmax 激活函数。假设输出层所有神经元在连接激活函数前的输出组成向量 $y=\{y_1,y_2,\cdots,y_K\}$,其中 K 为词表长度,则第 k 个神经元的输出用公式表示如下:

$$y_k = v_{k,1}z_1 + v_{k,2}z_2 + \cdots + v_{k,H}z_H + q_k$$

其中,q_k 为输出层第 k 个神经元的偏置。

加上 softmax 激活函数后,输出层第 k 个神经元的输出为

$$p(w=k \mid \text{context}(w)) = \frac{e^{y_k}}{\sum_{i=1}^{K} e^{y_i}}$$

表示的是输出层第 k 个神经元所对应的单词 w 出现在当前上下文后面的概率。

这里,输出层的哪个神经元对应哪个词并不重要,只要事先规定好一个神经元对应唯一的词就可以。

为了训练这个模型,需要有训练样本,对于语言模型来说,样本就是一个含有 n 个词的词串,前 $n-1$ 个词就是上下文,第 n 个词相当于标记。我们可以收集大量的文本构成训练语料库,库中任意一个长度为 n 的连续词串就构成了训练样本。例如,语料库中有语句"清华 大学 计算机 科学 与 技术 系",假定窗口大小为 5,则"清华 大学 计算机 科学 与""大学 计算机 科学 与 技术""计算机 科学 与 技术 系"都是训练样本。

有了训练样本后,还需要定义一个损失函数。先看一个例子。假定语料库就三句话:"计算机 科学""计算机 科学""计算机 工程",窗口大小为 2,我们希望通过该语料库估计出两个概率值:$p(科学|计算机)$ 和 $p(工程|计算机)$,分别表示当前一个词为"计算机"时,后一个词为"科学"的概率和后一个词为"工程"的概率。这两个概率分别取多少才合理呢?语料库中的三句话可以看成 3 个样本,假定这 3 个样本的出现是独立的,所以它们的联合概率可以用各自出现概率的乘积表示,即

$$p(\text{"计算机科学"},\text{"计算机科学"},\text{"计算机工程"})$$

$$= p(科学 \mid 计算机) \cdot p(科学 \mid 计算机) \cdot p(工程 \mid 计算机)$$
$$= p(科学 \mid 计算机)^2 \cdot p(工程 \mid 计算机)$$

由于这个例子中"计算机"后面出现的词只有"科学"和"工程"两种可能,所以在"计算机"后面出现"科学"或者"工程"的概率和应该等于1,即

$$p(科学 \mid 计算机) + p(工程 \mid 计算机) = 1$$

所以有

$$p("计算机科学","计算机科学","计算机工程")$$
$$= p(科学 \mid 计算机)^2 \cdot (1 - p(科学 \mid 计算机))$$

对于不同的概率取值,$p("计算机科学","计算机科学","计算机工程")$的值是不同的,如当$p(科学 \mid 计算机) = 0.5$时:

$$p("计算机科学","计算机科学","计算机工程")$$
$$= 0.5^2 \times (1 - 0.5)$$
$$= 0.125$$

而当$p(科学 \mid 计算机) = 0.6$时:

$$p("计算机科学","计算机科学","计算机工程")$$
$$= 0.6^2 \times (1 - 0.6)$$
$$= 0.144$$

那么,这个概率取多大才是合理的?目前我们只有语料库提供的三句话,所以只能以这三句话为依据进行估计,既然这3个样本同时出现了,那么我们就应该接受这个事实,让它们同时出现的联合概率最大,所以估计概率的原则是当$p(科学 \mid 计算机)$取值多少时,能使它们的联合概率最大。

为此,可以通过令联合概率的导数等于0的方法求其最大值。

$$p("计算机科学","计算机科学","计算机工程") 的导数$$
$$= p(科学 \mid 计算机)^2 \cdot (1 - p(科学 \mid 计算机)) 的导数$$
$$= 2p(科学 \mid 计算机) - 3p(科学 \mid 计算机)^2$$

令$2p(科学 \mid 计算机) - 3p(科学 \mid 计算机)^2 = 0$,于是有

$$2 - 3p(科学 \mid 计算机) = 0$$

所以

$$p(科学 \mid 计算机) = \frac{2}{3}$$

由于

$$p(科学 \mid 计算机) + p(工程 \mid 计算机) = 1$$

所以

$$p(工程 \mid 计算机) = \frac{1}{3}$$

语料库中有两句话是"计算机 科学",一句话是"计算机工程",当前面一个词是"计算机"时,后面出现"科学"的概率是2/3、出现"工程"的概率是1/3。与我们的计算结果是一致的。

通过联合概率最大化估计概率的方法称作最大似然估计。但是一般不是直接估计概率

值,因为联合概率分布是一个含有参数的函数,而是通过最大似然方法估计该联合概率分布的参数。对于神经网络语言模型来说,概率是用神经网络表示的,所以就是估计神经网络的参数。根据前面介绍过的神经网络语言模型(见图 6.42),对于语料库中的任何一个词 w,我们假定窗口大小为 n,依据 w 在语料库中的位置,会有一个 w 的上下文 context(w),也就是 w 的前 $n-1$ 个词,以 context(w) 作为神经网络语言模型的输入,在输出层词 w 对应的位置 k 会得到一个输出值,该值表示的是在给定的上下文下,下一个词是 w 的概率。依据最大似然估计方法,我们希望在该语料库上,所有词在给定上下文环境下的概率乘积最大,即

$$\max_{\theta} \prod_{w \in C} p(w = k \mid \text{context}(w), \theta)$$

其中,θ 表示神经网络的所有参数,C 表示语料库,符号"$\prod$"表示连乘的意思。式子 $\prod_{w \in C} p(w = k \mid \text{context}(w), \theta)$ 称为似然函数。所以,我们的目标是训练神经网络语言模型,确定参数 θ,使得似然函数在给定的训练集上最大。

训练神经网络一般是用 BP 算法求损失函数最小,为此我们需要做一个变换,以便使用 BP 算法求解。

为了计算方便,首先通过对似然函数做对数运算,将连乘变换为连加,因为经过对数运算就将原来的连乘运算转换成了连加运算。

$$\max_{\theta} \prod_{w \in C} p(w = k \mid \text{context}(w), \theta)$$

取对数后为

$$\max_{\theta} \log \prod_{w \in C} p(w = k \mid \text{context}(w), \theta)$$
$$= \max_{\theta} \sum_{w \in C} \log p(w = k \mid \text{context}(w), \theta)$$

如果在上式前面增加一个"负号",原来的最大化问题则转换为最小化问题:

$$\min_{\theta} \left(- \sum_{w \in C} \log p(w = k \mid \text{context}(w), \theta) \right)$$

这样我们就可以用下式作为损失函数,然后用 BP 算法求解。

$$L(\theta) = - \sum_{w \in C} \log p(w = k \mid \text{context}(w), \theta)$$

其中,$- \sum_{w \in C} \log p(w = k \mid \text{context}(w), \theta)$ 称为负对数似然函数。

经这样的变换后,神经网络语言模型就与普通的全连接神经网络没有任何区别了。从这里也可以看出,神经网络只是提供了一个一般性方法,具体用它求解什么问题,根据问题的特点,定义好输入、输出以及损失函数就可以了。但是,在这个问题中,与普通神经网络还有一个不太一样的地方。

前面我们在介绍神经网络语言模型结构的时候,还留下一个伏笔。在讲解图 6.42 所示的神经网络语言模型时,我们只说了每个词 w 都对应一个长度为 m 的向量 $C(w)$,这些向量拼接在一起构成了神经网络语言模型的输入 x,当时并没有说如何得到 $C(w)$。如何获得 $C(w)$ 是神经网络语言模型与普通全连接神经网络不一样的地方。开始训练时 $C(w)$ 的值是随机设置的,词表中每个词均对应一个随机设置的向量 $C(w)$。在训练过程中,与神经

网络的权重一样，$C(w)$ 也一同被训练，把它当作参数看待就可以了。当训练结束时，词表中的每个词都得到一个对应的向量，这个向量就是该词的一种稠密向量表示。我们称这个向量为词向量。

这里的 $C(w)$ 虽然是神经网络的输入，但是也可以像权重那样进行训练，道理是一样的。下面举例说明。

图 6.43(a) 是一个简单的神经网络，x_1、x_2、x_3 是输入，w_1、w_2、w_3 是权重。我们像图 6.43(b) 那样，在下边增加一个只含有一个输入的输入层，输入恒定为 1，将中间 3 个输入看作隐含层的神经元，而将 x_1、x_2、x_3 看作输入层到隐含层的 3 个权重。这样，图 6.43(b) 所示的神经网络与图 6.43(a) 所示的神经网络完全等价。所以，x_1、x_2、x_3 这 3 个原来的输入就可以当作权重看待，像训练权重一样训练了。

采用这样的方法，我们就可以通过训练一个神经网络语言模型得到词的稠密表示——词向量。这里，训练模型不是目的，而是通过训练模型得到词的稠密向量表示，也就是词向量。

这样得到的词向量有什么特点呢？一般来说，语义相近的词，其上下文往往也比较一致，比如"计算机""电脑"两个词，几乎可以任意互换，这样语义近似的词得到的词向量也比较接近，就可以通过计算两个词向量的距离等方式"计算"两个词的语义相似性。这样得到的词向量还可以进行向量运算，满足一些向量的性质。

图 6.44 给出了"国王""王后""男人""女人"4 个词的词向量关系示意图。"国王"相对于"男人"的关系，可以等同地看作"王后"与"女人"的关系，所以：

$$C(国王) - C(男人) = C(王后) - C(女人)$$

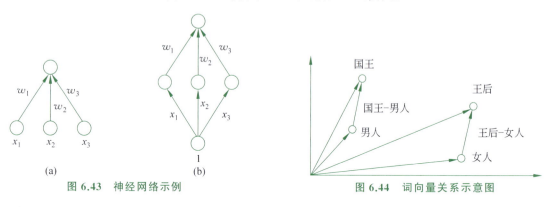

图 6.43　神经网络示例　　　　　图 6.44　词向量关系示意图

其中，$C(w)$ 表示词 w 的词向量，符号"−"表示向量减法，下面用到的符号"+"是指向量加法。这样，如果假设我们不知道"王后"的词向量，就可以利用向量运算计算得到：

$$C(王后) = C(女人) + C(国王) - C(男人)$$

这些都体现了这种词向量表示的优越性，也体现了这样得到的词向量确实能体现出词义信息。

6.7.3　word2vec 模型

前面介绍的这个神经网络语言模型有一个明显不足，就是计算起来太慢了。其原因是常用词一般有几十万个，每个词均对应一个神经网络的输出，又由于采用了 softmax 激活函数,每次计算 softmax 需要用到所有的输出值,因为计算 softmax 时分母部分要对所有输出计算 e^{y_k},再求和,运算量很大,严重影响计算速度,为此提出了一种称作 word2vec 的简化模型,如图 6.45(a)所示。word2vec 模型有两种实现方式,这里给出的是其中一种,称作连续词袋模型(CBOW)。

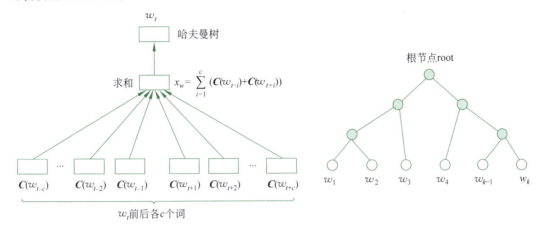

(a) CBOW模型示意图   (b) CBOW模型中的哈夫曼树示意图

图 6.45 CBOW 模型及哈夫曼树

在这个模型中,输入的上下文不是当前词的前 $n-1$ 个词,而是当前词 w_t 的前 c 个词 $w_{t-c},\cdots,w_{t-1}$ 和后 c 个词 $w_{t+1},\cdots,w_{t+c}$,窗口大小为 $2c$。同样,上下文中的每个词对应一个长度为 m 的向量 $C(w_i)$,共有 $2c$ 个。$C(w_i)$ 的含义与前面介绍的神经网络语言模型一样,是对应词的词向量。中间层的构成是将这 $2c$ 个向量按位相加在一起,构成向量 x_w,该向量的长度同样为 m,而不是像前面介绍的神经网络语言模型那样将词向量拼接在一起,减少了神经网络的参数量。该模型的输出同样是在给定上下文环境下某个词 w_t 的概率,但是为了避免计算 softmax 以提高计算速度,采用了一种称作层次 softmax 的方法,近似 softmax 的效果。

这里用到了哈夫曼树的概念,先介绍一下什么是哈夫曼树。

图 6.45(b)所示是一个词表的哈夫曼树示意图。最上边的实心圆为树的根结点 root,下边的空心圆为叶子结点,每个叶子结点对应词表中的一个词,词表有多大,就有多少个叶子结点。哈夫曼树是一棵二叉树,也就是说,每个结点最多可以有两个子结点。从哈夫曼树可以得到词表中每个词的唯一编码。

对于图 6.45(b),从根结点 root 到任何叶子结点都存在一条路径,从 root 开始向下,每遇到一个结点需要选择向左还是向右,最终可以到达某个叶子结点。从 root 开始,选择"左左右"就到达了 w_2,选择"左右"就到达了 w_3。如果"左"用"1"表示,"右"用"0"表示,就可以得到一个词的编码,比如 w_2 的编码为"110",w_3 的编码为"10"等。这就是词的哈夫曼编码。这种编码的特点是不等长,哈夫曼树可以根据每个词的使用频度产生,可以使得常用词的编码短,非常用词的编码长,而且任何一个短的编码都不会是另一个长的编码的前一部分,比如"10"是 w_3 的编码,则除 w_3 外,不可能有其他词的编码是以"10"开始的。所以,如果用哈夫曼编码表示一篇文章,词的编码之间不需要空格等分隔符就可以区分出来。比如"10110"只能拆分为"10""110",而不可能有其他的拆分结果。因为越是常用词其编码越短,所以哈夫曼编码也是一种平均编码长度最短的编码方法。

构建一棵哈夫曼树并不复杂,这部分内容就不展开讲了,知道如何根据哈夫曼树得到一个词的编码就可以了,有兴趣的读者可以阅读相关资料。

在图 6.45(a)中,词 w_t 的上下文对应的词向量经求和后得到 x_w。哈夫曼树的每一个非叶子结点,也就是图中的灰色结点,都可单独看作一个神经元,输入是 x_w,输出是一个概率值,表示到达这个结点后向右走的概率 $p(R)$,那么向左走的概率就是 $p(L)=1-p(R)$。这样,任何一个词 w 依据其哈夫曼编码就可以得到一个从 root 到达该词的概率。例如,对于词 w_2 其哈夫曼编码为"110",从 root 开始,第一个结点应该向左走,其概率为 $p_1(L)$,第二个结点还是向左走,其概率为 $p_2(L)$,第三个结点向右走,其概率为 $p_3(R)$。这样,从 root 到达 w_2 的概率就应该是 3 个概率的乘积,即

$$p_1(L) \cdot p_2(L) \cdot p_3(R)$$
$$=(1-p_1(R)) \cdot (1-p_2(R)) \cdot p_3(R)$$

训练时,词表中的每一个词,也就是哈夫曼树的任何一个叶子结点,都对应这样的概率,训练目标就是使该概率值最大。同前面讲的神经网络语言模型一样,我们也同样通过求对数再加负号的办法,将该最大值问题转换为最小值问题,并以此作为损失函数,以便可以用 BP 算法求解。例如,对于词 w_2 来说,其损失函数是:

$$-(\log(1-p_1(R))+\log(1-p_2(R))+\log p_3(R))$$

哈夫曼树的每个非叶子结点都可看作一个神经元,注意不是神经网络,是一个单独的神经元,每个神经元的输入都一样,均为 $x_w=[x_1,x_2,\cdots,x_m]$,但是每个神经元有各自的参数,即权重 w,最后再加一个 sigmoid 激活函数,神经元的输出就是向右走的概率 $p(R)$,而用 1 减去向右走的概率就是向左走的概率 $p(L)$。

这样做的好处是,每次训练一个词时只需修改与本词相关的参数,不涉及其他参数,不像前面讲过的神经网络语言模型那样,计算 softmax 时,要计算所有词的概率值,从而提高了训练速度。同时,由于使用了哈夫曼编码,常用词的编码短,涉及的神经元就少,从而进一步提高了计算速度。

另外,这也是一种神经网络语言模型,作为词向量的输入,同前面讲过的神经网络语言模型一样,也是通过训练得到。以上就是 word2vec 模型的实现方法之一——连续词袋模型。

word2vec 模型除连续词袋模型外,还有一种模型称作跳词模型(Skip-Gram)。

对于连续词袋模型来说,是通过词 w 两侧的上下文预测 w 出现的概率,而跳词模型刚好相反,是通过词 w 预测它两侧出现哪些词的概率。图 6.46 给出了跳词模型的示意图。

总之,通过训练神经网络语言模型的办法,可以获得词的向量表示,有了这种向量表示后,就可以用神经网络进行文本处理了。

6.7.4 词向量应用举例

下面举一个用神经网络对一句话的情感信息进行分类的例子。在这个例子中同时用到全连接神经网络和卷积神经网络。

首先介绍一下什么是情感分类。例如刚看完一部电影,评论说:"我很喜欢这部电影",这就体现了正的情感,如果说的是:"这部电影不好看",体现的就是负的情感。把一句具有

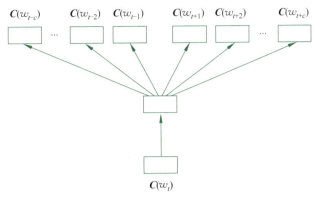

图 6.46 跳词模型的示意图

感情色彩的话分成正的情感或者负的情感,就是情感分类问题。

图 6.47 给出了一个用于情感分类的神经网络示意图,该模型被称作 TextCNN,Text 就是文本的意思,而 CNN 则是卷积神经网络的英文缩写。下面仔细解释一下这个神经网络。首先说明一下,这只是一个示意图,只是为了举例用,图中的一些超参数(人为设定的参数,如卷积核的个数、词向量长度等均属于超参数)并不是真实的数值,比如词向量长度图中设定为 5,实际系统中词向量长度可能是 300、400 左右的样子。

该神经网络的输入是一句话,图中示例的是"我 非常 喜欢 这部 城市 题材 电影",共由 7 个词组成。假定事先训练好了长度为 5 的词向量,依次取出句中每个词的词向量,一个词向量占一行从上到下排列,这样就得到一个 7 行 5 列的句子矩阵。

这个句子矩阵看起来与一幅"图像"没什么本质区别,可以像处理图像那样用神经网络处理文本矩阵。但是也有不一样的地方,处理图像时,卷积核一般是方形的,大小是 3×3、5×5 等,但是对于文本来说,由于每行对应一个独立的词,一个词向量不易从中间断开处理,所以在做卷积的时候需要有些变化,以便适应这个情况。对于 3×3、5×5 这样的卷积核,我们称之为二维卷积,对于文本来说,我们要用到一维卷积。也就是说,卷积核的宽度默认与词向量的长度一致,我们只规定卷积核的高度,而卷积核按照给定的步长,只在纵向移动,其他的与前面讲的卷积运算一样。

下面给出一个文本卷积示意图,如图 6.48 所示。

在图 6.48 中,输入是一个 4×5 的句子矩阵,词向量长度为 5,卷积核的大小为 3,即卷积核的高为 3,宽与词向量长度一致为 5。卷积得到两个结果:一个是卷积核与句子矩阵上面 3 行的卷积结果 −8,见图 6.48(a)。然后按照卷积步长 1,向下移动一行后,得到卷积的第二个结果,即句子矩阵后 3 行与卷积核的卷积结果 −7,见图 6.48(b)。这里只是为了示意如何做一维卷积,卷积结果没有连接激活函数,实际系统中一般要连接激活函数。

从这里也可以看出卷积神经网络处理文本与处理图像的不同。处理图像时,卷积核要先行后列对图像进行扫描,用的是二维卷积。但是,在处理文本时,由于一行与一个词向量对应,不能将词向量断开处理,所以采用一维卷积进行处理,只沿着纵向扫描。

这就是文本卷积与图像卷积的不同之处,其他都一样。例如,多个卷积核就可以得到多个通道,对于多通道卷积,卷积核也有"厚度",其厚度值与输入的通道数一致,这些也都是默认的。

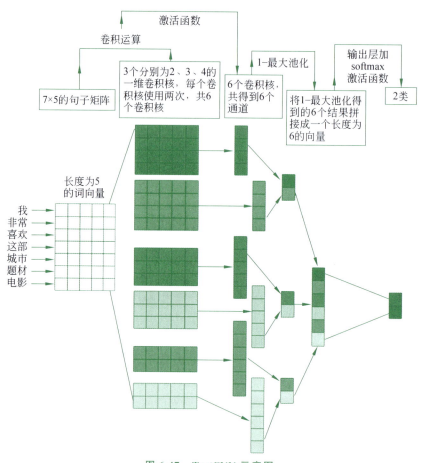

图 6.47 TextCNN 示意图

弄清楚一维卷积运算后,图 6.47 的其他部分就不难懂了。在这个神经网络中,输入层直接连了一个卷积层,共有 6 个不同大小的卷积核,大小分别为 2、3、4,每种各两个,共获得 6 个通道。卷积时没有加填充,所以不同大小的卷积核得到的通道大小也不一样,分别为 6、5、4。然后对每个通道做一次"1-最大池化",也就是从每个通道中选取一个最大值作为池化的结果,再把这 6 个结果拼接成一个长度为 6 的向量,向量的每个元素可以看作一个神经元,再与输出层的两个神经元做全连接,最后通过 softmax 输出。输出层的两个神经元分别代表输入句子具有正情感或负情感的概率,这样就可以实现对句子情感的两级分类。

如果是在训练阶段,则需要标注好大量的情感句子,利用这些标注好的样本,采用 BP 算法训练神经网络。

当固定卷积核的大小后,对于不同长度的文本,卷积后结果的大小是不一样的,在 TextCNN 中,由于采用了 1-最大池化,无论句子长或短,一个通道最后都得到一个最大的结果,所以从某种角度来说,这种方法也是可以处理不同长度的文本的,但是文本长度也不能变化太大。

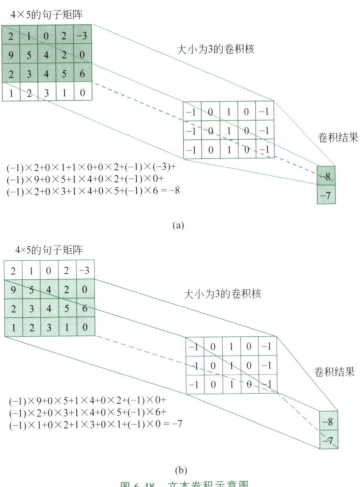

图 6.48 文本卷积示意图

6.8 循环神经网络

6.7 节提到的 TextCNN 虽然可以处理文本信息，但是很受限制，文本长度不能变化太大，效果也不是很好。是否有更好的处理文本信息的神经网络方法呢？下面介绍一种可以处理不等长文本的神经网络——循环神经网络（RNN），通过循环神经网络，可以将一句话表示为一个向量。

我们阅读一个句子的时候，是一个词一个词地阅读的，当阅读了前几个词之后，对句子所表达的内容就已经有所了解，每增加一个词，句子表达的意思就清楚一些，直到看完句子的全部词，就完全了解了该句子所要表达的准确含义。对句子的理解是一点一点地渐进理解的。

比如前面举例子的这个句子："我非常喜欢这部城市题材电影"。第一个词只有一个"我"，这时我们知道这句话可能是要表达"我如何"；当第二个词"非常"出现后，就了解到这句话可能是想表达"我非常如何"，可能是喜欢，也可能是讨厌等。随着第三个词"喜欢"的出现，我们就知道可能想表达"我非常喜欢"某种东西或者某件事情……，以此类推，直到句子结束,我们就知道了这句话表达的是什么内容。这个过程用图示的形式表达出来,如图 6.49 所示,图中每个圆圈接收当前词和之前所有词的语义信息作为输入,而圆圈的输出就是到当前这个词时,包括当前词在内的前面几个词合在一起的语义信息,最后一个圆圈的输出则表达了整个句子的语义信息。

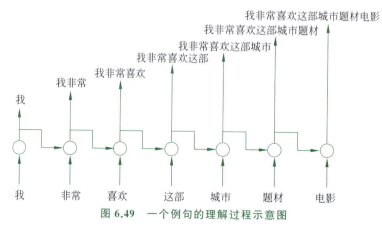

图 6.49 一个例句的理解过程示意图

按照这个思路可以设计一个神经网络,像人类阅读一样处理句子。

假设第 i 个词用长度为 n 的词向量 $\boldsymbol{x}^{(i)} = [x_1^{(i)}, x_2^{(i)}, \cdots, x_n^{(i)}]$ 表示,一句话从第一个词到第 i 个词所包含的语义信息我们用长度为 m 的向量 $\boldsymbol{h}^{(i)}$ 表示,$\boldsymbol{h}^{(i)} = [h_1^{(i)}, h_2^{(i)}, \cdots, h_m^{(i)}]$,那么就可以设计如图 6.50 所示的一个循环神经网络,图中每个圆圈可以看成一个只有输入层和输出层的全连接神经网络,我们称之为子网络。该循环神经网络由若干这样的子网络由左到右连接组成,其中第 i 个子网络的输入分别为当前词的词向量 $\boldsymbol{x}^{(i)}$,前面 $i-1$ 个词的向量表示为 $\boldsymbol{h}^{(i-1)}$,输出为前面 i 个词合在一起的向量 $\boldsymbol{h}^{(i)}$。这样一句话中最后一个子网络的输出 $\boldsymbol{h}^{(t)}$ 就可以认为是这句话的向量表示,我们可以称之为句向量。这种神经网络由于是一个词一个词地处理一句话中的每一个词,所以称为循环神经网络,简称 RNN。

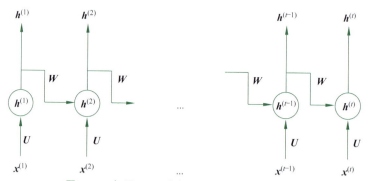

图 6.50 与图 6.49 对应的循环神经网络示意图

下面拆开具体介绍一下这个网络。就像前面已经说过的,图中每个圆圈就是一个只有输入层和输出层的全连接神经网络——我们称之为子网络,每个子网络如图 6.51(a)所示,输入分别是词向量 $\boldsymbol{x}^{(i)}$、前面 $i-1$ 个词的向量 $\boldsymbol{h}^{(i-1)}$,输出是前 i 个词合在一起的向量 $\boldsymbol{h}^{(i)}$。为了表达得更清楚,可以将图 6.51(a)画成图 6.51(b)的样子,这样更容易与一个全连接神经网络对应起来。输入分成 $\boldsymbol{h}^{(i-1)} = [h_1^{(i-1)}, h_2^{(i-1)}, \cdots, h_m^{(i-1)}]$ 和 $\boldsymbol{x}^{(i)} = [x_1^{(i)}, x_2^{(i)}, \cdots, x_n^{(i)}]$ 两组，这两组输入连接在一起可以看成子网络的输入，输出层每个神经元对应 $\boldsymbol{h}^{(i)}$ 的一个分量，$\boldsymbol{h}^{(i-1)}$ 和 $\boldsymbol{x}^{(i)}$ 的每个分量到输出层的每个神经元都有连接，如果 $\boldsymbol{h}^{(i-1)}$ 的第 j 个分量到输出层第 k 个神经元的权重为 $w_{k,j}$，$\boldsymbol{x}^{(i)}$ 的第 l 个分量到输出层第 k 个神经元的权重为 $u_{k,l}$，则施以 tanh 激活函数后，输出层第 k 个神经元的输出 $h_k^{(i)}$ 为

$$h_k^{(i)} = \tanh(w_{k,1} \cdot h_1^{(i-1)} + w_{k,2} \cdot h_2^{(i-1)} + \cdots + w_{k,m} \cdot h_m^{(i-1)} + \\ u_{k,1} \cdot x_1^{(i)} + u_{k,2} \cdot x_2^{(i)} + \cdots + u_{k,n} \cdot x_n^{(i)})$$

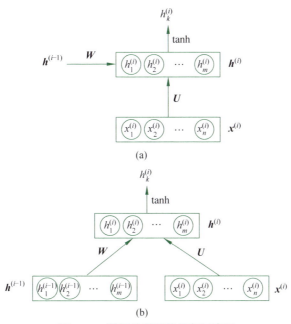

图 6.51　循环神经网络局部示意图

从以上介绍可以看出，每个子网络都是一个标准的全连接神经网络，然后若干子网络再横向串联在一起，就组成了循环神经网络。对于第一个子网络，它对应的是一句话的第一个词，前面没有其他词了，$\boldsymbol{h}^{(0)}$ 可以默认为 0，也就是 $\boldsymbol{h}^{(0)}$ 的每个分量都设置为 0，相当于对于 $\boldsymbol{h}^{(1)}$ 来说，只有输入 $\boldsymbol{x}^{(1)}$，而没有 $\boldsymbol{h}^{(0)}$ 一样。

如何训练这样的循环神经网络呢？前面讲的无论是训练全连接神经网络，还是训练神经网络语言模型，总有一个希望的输出，并以此为根据设计损失函数，用 BP 算法求损失函数最小，从而达到训练目的。但是，在循环神经网络中，只是说一个句子中最后一个子网络的输出 $\boldsymbol{h}^{(t)}$ 是句向量，并不知道句向量的希望输出是什么，这样的话如何构造损失函数呢？

一般来说，循环神经网络并不直接用于训练，一般会在 $\boldsymbol{h}^{(t)}$ 上面再连接一层，用于求解某个任务，该任务是有明确的希望输出的，依靠该任务构造损失函数。也就是说，要结合具体任务进行训练。

比如前面我们曾经举过的短文本情感分类的例子，我们可以在图 6.50 的基础上，在 $\boldsymbol{h}^{(t)}$ 上面再连接一个具有两个神经元的全连接层 $\boldsymbol{o}^t = [o_1^{(t)}, o_2^{(t)}]$，最后通过 softmax 激活函数获得两个输出 $\boldsymbol{y}^t = [y_1^{(t)}, y_2^{(t)}]$，分别表示输入句子属于正情感的概率和属于负情感的概率。

图 6.52 给出了用于句子情感分类的循环神经网络示意图。图 6.53 则给出了最后一个

子网络的示意图,与图 6.51(b)相比,就是在 $h^{(t)}$ 的上面增加了一个具有两个神经元的全连接层 $o^t=[o_1^{(t)},o_2^{(t)}]$,再加一个 softmax 激活函数得到情感的概率输出。

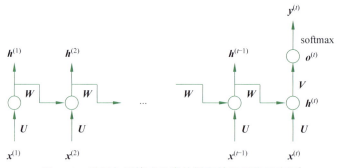

图 6.52　用于句子情感分类的循环神经网络示意图

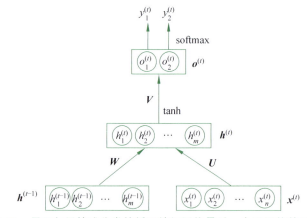

图6.53　用于句子情感分类的循环神经网络最后一个子网络的示意图

设 $h_k^{(t)}$ 到 $o_l^{(t)}$ 的连接权重为 $v_{l,k}$,用公式表示如下：

$$o_1^{(t)}=v_{1,1}\cdot h_1^{(t)}+v_{1,2}\cdot h_2^{(t)}+\cdots+v_{1,m}\cdot h_m^{(t)}$$
$$o_2^{(t)}=v_{2,1}\cdot h_1^{(t)}+v_{2,2}\cdot h_2^{(t)}+\cdots+v_{2,m}\cdot h_m^{(t)}$$
$$y_1^{(t)}=\frac{e^{o_1^{(t)}}}{e^{o_1^{(t)}}+e^{o_2^{(t)}}}$$
$$y_2^{(t)}=\frac{e^{o_2^{(t)}}}{e^{o_1^{(t)}}+e^{o_2^{(t)}}}$$

结合具体任务就可以对循环神经网络进行训练了,在这个例子中,由于属于分类问题,因此可以采用交叉熵损失函数进行训练。

更一般的情况下,不只是在最后一个子网络可以添加全连接层,每个子网络也都可以添加全连接层,如图 6.54 所示,给出的就是每个子网络都增加了全连接层的情况。在有些任务下,可能会用到所有子网络的输出。

在循环神经网络中子网络的数量与句子中词的数量一样多,但是每个子网络都是一样的,包括子网络中的那些权重 W、U、V 等,在不同的子网络中都是共享的,也就是说,每个子网络的权值都是一样的,所以本质上只有一个子网络,只是一个词一个词地输入进来,每输入一个词,就可以得到一个输出,直到句子结束就获得了整个句子的输出,我们之所以展开

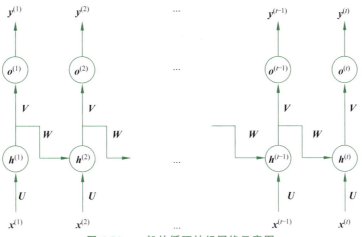

图 6.54 一般的循环神经网络示意图

成多个子网络串联在一起,只是为了更容易理解,实际上图 6.54 所示的一般的循环神经网络可以画成图 6.55 的形式,这种形式更体现出了"循环"神经网络的含义。图 6.55 中的黑方块表示延迟一拍的意思,也就是表示前面 $n-1$ 个词的向量表示与当前词的词向量一起作为输入。这样,循环神经网络实际上只有一个子网络,该子网络被一句话中不同的词共享,每输入一个词,都会得到一个输出,句子中的词输入结束后,就得到句子的向量表示。从这里可以看出,循环神经网络对输入的句子长度是没有限制的,有多少个词都可以,从而达到了处理不定长短文本的目的。

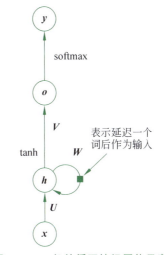

图 6.55 一般的循环神经网络示意图

下面举例介绍几种循环神经网络的应用,在例子中,我们只对网络的关键部分加以说明,其他部分就不详细说明了,与前面的内容大同小异。

1)汉语句子分词问题

汉语中句子是以字为单位书写的,但是理解是以词为单位的,由于书写时词间没有像空格这样的标记,在汉语自然语言处理时,首先遇到的就是分词问题。分词问题有很多研究,也提出了很多不同的算法,下面给出一个如何用循环神经网络做汉语分词的例子,如图 6.56 所示。

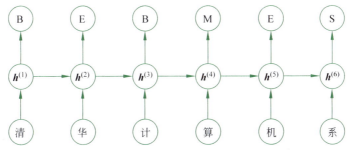

图 6.56 用循环神经网络求解汉语分词问题示意图

以"清华计算机系"为例，分词结果应该为"清华 计算机 系"。由于分词问题输入是以字为单位的，所以该循环神经网络的输入是一句话中所含字的字向量。字向量与词向量类似，也可以通过神经网络语言模型获得。输出是"B""E""M"和"S"这4个字母的概率，4个字母的含义如下。

B：当前字为词首字，也就是词的第一个字的概率，如"计算机"中"计"为词首字。对于单字词，则没有词首字，会单独处理。

E：当前字为词尾字，也就是词的最后一个字的概率，如"计算机"中"机"为词尾字。同样，对于单字词，也没有词尾字。

M：当前字为词中字，也就是处于词的中间的概率，如"计算机"中"算"为词中字。一个词的词中字可能有多个，比如"人工智能"中，"工"和"智"都是词中字，也可能没有词中字，比如"清华"一词就没有词中字。

S：当前字为单字词的概率。比如"系"就是一个单字词。

还是以"清华计算机系"为例，正确的标记为

清/B 华/E 计/B 算/M 机/E 系/S

子网络的输出共4个神经元，分别对应这4个字母的概率。这样，分词问题就转换成对句子中的字进行分类的问题。

2）看图说话问题

看图说话问题就是用一句话对给定的照片进行描述。例如，如果输入如图6.57所示的照片，神经网络根据照片内容输出"草地上有一只漂亮的小狗"。

首先，对于循环神经网络来说，输入是一个序列，比如我们在前面的例子中，输入是词的序列。而看图说话问题输入只有一幅图像，可以认为是这幅图像重复多次而构成一个序列，或者说对于循环神经网络的每个子网络，其输入都是一样的，都是这幅图像。

图6.57　看图说话：草地上有一只漂亮的小狗

其次，循环神经网络的输入是一个向量，而图像是二维的，需要将二维的图像信息转换为一个向量。最简单的方法是直接将图像展开成一个向量，比如可以将图像信息看成一个矩阵，然后一行一行地连接在一起，构成一个一维向量。由于图像一般比较大，显然这种方法不是一种好方法。另一种方法是像前面介绍的处理图像的各种神经网络那样，将图像输入给一个神经网络，最后一层用一个全连接层，得到一个图像的向量表示。

图6.58给出了一个用循环神经网络实现的看图说话系统示意图。图中，$x^{(t)}$为图像的向量表示，就像刚才说过的一样，该图像要输入循环神经网络的每个子网络中。输出是与图像内容相关的一句话，$y^{(t)} = [y_1^{(t)}, y_2^{(t)}, \cdots, y_K^{(t)}]$对应这句话的第$t$个词，其中$K$为词表长度，$y_k^{(t)}$表示句中第$t$个词为词表中第$k$个词的概率。

由于一句话中前后词之间是有关联的，所以在普通循环神经网络的基础上，图6.58增加了将第$t-1$个输出，也就是$y^{(t-1)}$引入第t个子网络的输入，以适应这种前后词之间的关联。

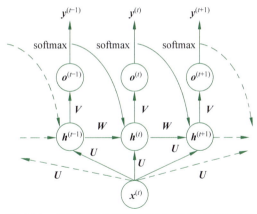

图 6.58　用循环神经网络实现"看图说话"示意图

为了训练，需要收集训练样本，样本就是"图像—内容描述"对，由多个这样的样本组成训练集，训练算法还是 BP 算法。

在具体应用中循环神经网络还存在一些问题。例如，循环神经网络在处理文本时，是从前向后一个词一个词地处理的，当一个句子比较长时，前面的内容就有可能被后面的内容淹没，从而影响了对一句话的全面表达。

为此，研究者提出双向循环神经网络，如图 6.59 所示。其基本思路是：对于一个输入序列，正向处理一次，反向处理一次，然后将两次处理的结果拼接在一起用于后续处理。比如"我 喜欢 看 电影"这句话，正向处理就是"我 喜欢 看 电影"，反向处理就是"电影 看 喜欢 我"，这样对于这句话的第 i 个词，我们可以从正向得到一个向量表示 $h^{(i)}$，也可以从反向得到一个向量表示 $g^{(i)}$，然后将 $h^{(i)}$ 和 $g^{(i)}$ 拼接成一个向量使用，其他就与普通循环神经网络一样了。由于正向、反向各计算了一次，从而削弱了一句话中前面内容被后面内容淹没的问题。

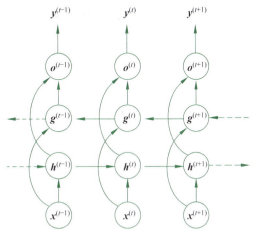

图 6.59　双向循环神经网络

3）序列到序列循环神经网络

在前面我们介绍的句子情感分类例子中，循环神经网络将一个句子表达为一个向量，然后再做分类。而在看图说话例子中，输入是一个向量，通过循环神经网络将向量又表达为一个序列。其实也可以把这两种循环神经网络连接在一起,先将一句话表达为一个向量,再通过一个循环神经网络将该向量表达为一个序列,如图6.60所示。其中将一个句子表达为向量通常称为编码,而将一个向量又表达为一个序列通常称为解码。这种循环神经网络称为序列到序列循环神经网络。

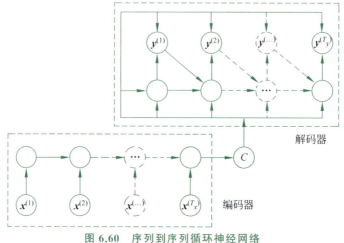

图 6.60 序列到序列循环神经网络

这种循环神经网络有很多用处,如用作机器翻译。编码部分将一种语言进行编码,而在解码部分将得到的编码解码为另一种语言,就实现了语言翻译。也可以用在问答系统中,编码部分将自然语言表述的问题进行编码,解码部分将编码解码为问题的答案,这样就实现了输入一个问题,描述得到问题的答案的目的。

循环神经网络不仅可以求解自然语言处理相关的问题,还可用于求解很多其他方面的问题,只要该问题可以表达为一个序列求解问题,如语音识别问题,输入是一个语音序列。

6.9　长短期记忆网络

6.8节介绍的循环神经网络,子网络的结构还比较简单,存在不少问题。例如,当句子比较长时,也存在类似梯度消失的问题,只是这种梯度消失不是沿着纵向发生的,而是沿着横向产生。

以图6.52所示的句子情感分类为例。这种方法其实是先将句子编码为一个向量,再利用该向量进行情感分类。这样,用BP算法求解时,梯度是从最后的输出反传到句子的最后一个词,再到倒数第二个词……,这样一个词一个词地最后传到第一个词。这样的反传过程中,与层数比较多的神经网络一样,可能造成梯度消失问题。

除梯度消失问题外,还有其他问题。对于不同的任务,一句话中不同的词所起的作用是不一样的。例如,对于情感分类问题,"我非常喜欢看这部城市题材电影"这句话中,"非常""喜欢"的作用就比较大,"这部"的作用比较小,"城市""题材"也有些作用,但远没有"喜欢"的作用大。但是,如果是对于内容分类任务来说,"看""电影"的作用可能就比较大,而"喜欢"的作用就小得多。所以,对于相同的一句话,对于不同的任务,句中每个词的作用是不一样的,在网络中应尽可能体现出这种不同。

为了解决普通循环神经网络存在的这种不足,研究者提出了改进方案,长短期记忆网络就是其中一种。图 6.61 给出了一个长短期记忆网络模块示意图,简称为 LSTM(Long Short-Term Memory),该模块相当于普通循环神经网络中的子网络。

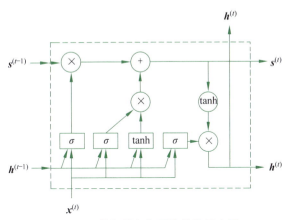

图 6.61　长短期记忆网络模块示意图

在 LSTM 中,最主要的是引入了遗忘门、输入门和输出门 3 个门。

所谓"门",其实就是一个只有输入层和输出层的神经网络,输出层连接 sigmoid 激活函数,每个神经元的输出为 0~1 的一个值,用于对某些信息进行选择。如图 6.62(a)给出了一个门的示意图,图 6.62(b)是它的简化图,其中虚线框出部分就是一个"门",输入为 $x=[x_1,x_2,\cdots,x_n]$,输出为 $g=[g_1,g_2,\cdots,g_m]$,由于在输出层使用了 sigmoid 激活函数,所以输出层的每个神经元的输出值 g_i 都满足 $0 \leqslant g_i \leqslant 1$。门是一种可选的让信息通过的方式,如果用 g_i 乘以某个量,则实现了对该量有选择地通过的目的。$g_i=1$ 时,则该量全部通过;$g_i=0$ 时,则该量被阻挡,而当 g_i 介于 0 和 1 时,则该量部分通过,这也是"门"名称的由来。图 6.62(a)中最上边 $s=[s_1,s_2,\cdots,s_m]$ 就是被门控制的向量,其每个元素 s_i 与 g_i 相乘(图中"⊗"表示相乘),根据 g_i 的大小对 s_i 进行选择,选择后的结果形成向量 $s'=[s'_1,s'_2,\cdots,s'_m]$。

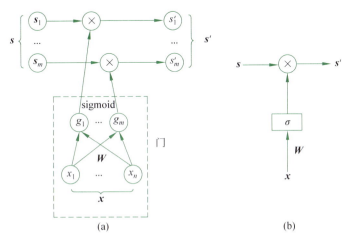

图 6.62　"门"的示意图

下面再看图 6.61 所示的 LSTM 模块,图中 $h^{(t)}=[h_1^{(t)},h_2^{(t)},\cdots,h_m^{(t)}]$ 是模块的输出,与图 6.54 所示的普通循环神经网络中的 $h^{(t)}$ 含义是一样的。与普通循环神经网络不同的是,多了一个表示状态的向量 $\boldsymbol{s}^{(t)}=[s_1^{(t)},s_2^{(t)},\cdots,s_m^{(t)}]$,如图 6.63 红色部分所示。引入状态是为了信息在横向连接的各模块中畅通,其作用是防止信息被淹没和梯度消失现象。但是,状态并不是直接传递到下一个模块的,而是经过了一个被称作遗忘门的选择(图中红色部分的"⊗")以及添加了与当前输入有关的信息后(图中红色部分的"⊕")再传递到下一个模块,其作用是有选择地对之前的状态信息加以利用,并同时叠加上当前输入的信息。

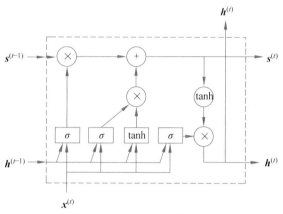

图 6.63　LSTM 中的状态 s

通过遗忘门实现对状态的选择。图 6.64 中的红色部分就是 LSTM 的遗忘门,输入是前一个模块的输出 $\boldsymbol{h}^{(t-1)}=[h_1^{(t-1)},h_2^{(t-1)},\cdots,h_m^{(t-1)}]$ 与当前输入 $\boldsymbol{x}^{(t)}=[x_1^{(t)},x_2^{(t)},\cdots,x_n^{(t)}]$ 的拼接,输出是 $\boldsymbol{f}^{(t)}=[f_1^{(t)},f_2^{(t)},\cdots,f_m^{(t)}]$。如同前面介绍过的,遗忘门就是一个典型的只有输入层和输出层的全连接神经网络,只是输入由 $\boldsymbol{x}^{(t)}$ 和 $\boldsymbol{h}^{(t-1)}$ 两部分组成,相当于两个向量拼接成一个长度为 $n+m$ 的向量共同组成输入。图 6.65 给出了遗忘门的示意图。

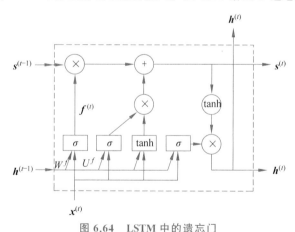

图 6.64　LSTM 中的遗忘门

遗忘门的具体计算如下:

$$f_i^{(t)}=\sigma\left(\sum_{j=1}^m W_{i,j}^f h_j^{(t-1)} + \sum_{j=1}^n U_{i,j}^f x_j^{(t)} + b_i^f\right)$$

其中,$W_{i,j}^f(i=1,2,\cdots,m;j=1,2,\cdots,m)$ 为前一个模块的输出第 j 个分量 $h_j^{(t-1)}$ 到遗忘门输出层第 i 个神经元的连接权重,$U_{i,j}^f(i=1,2,\cdots,m;j=1,2,\cdots,n)$ 为当前输入第 j 个分量 $x_j^{(t)}$ 到遗忘门输出层第 i 个神经元的连接权重,$b_i^f(i=1,2,\cdots,m)$ 为遗忘门输出层第 i 个神

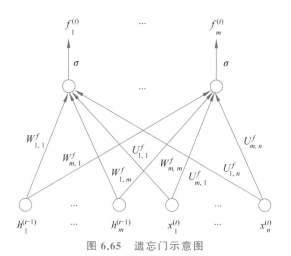

图 6.65 遗忘门示意图

经元的偏置，σ 为 sigmoid 激活函数。

遗忘门的作用是对前一个状态 $s^{(t-1)}$ 进行选择，重要的信息选择通过，非重要的信息选择不通过，也就是"遗忘"，所以叫作遗忘门。

$s^{(t-1)}$ 经选择后再加上当前输入信息有关的内容，成为该模块的状态输出 $s^{(t)}$，具体的计算方法等介绍完输入信息的处理后再详细介绍。

LSTM 模块的第二个门是输入门，是对当前输入信息进行选择，如图 6.66 所示。输入门的结构与遗忘门基本一样，其输入也是前一个模块的输出 $h^{(t-1)} = [h_1^{(t-1)}, h_2^{(t-1)}, \cdots, h_m^{(t-1)}]$ 与当前输入 $x^{(t)} = [x_1^{(t)}, x_2^{(t)}, \cdots, x_n^{(t)}]$ 的拼接，输出是 $g^{(t)} = [g_1^{(t)}, g_2^{(t)}, \cdots, g_m^{(t)}]$。输入门的具体计算如下：

$$g_i^{(t)} = \sigma\left(\sum_{j=1}^m W_{i,j}^g h_j^{(t-1)} + \sum_{j=1}^n U_{i,j}^g x_j^{(t)} + b_i^g \right)$$

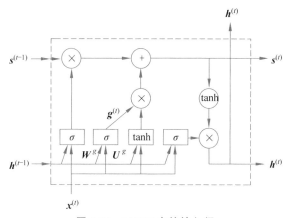

图 6.66 LSTM 中的输入门

其中，$W_{i,j}^g (i=1,2,\cdots,m; j=1,2,\cdots,m)$ 为前一个模块的输出第 j 个分量 $h_j^{(t-1)}$ 到输入门输出层第 i 个神经元的连接权重，$U_{i,j}^g (i=1,2,\cdots,m; j=1,2,\cdots,n)$ 为当前输入第 j 个分量 $x_j^{(t)}$ 到输入门输出层第 i 个神经元的连接权重，$b_i^g (i=1,2,\cdots,m)$ 为输入门输出层第 i 个神经元的偏置，σ 为 sigmoid 激活函数。

图 6.67 给出了 LSTM 处理输入信息的示意图,为了表述方便,我们称之为输入处理单元。从图中可以看出,输入处理单元与输入门基本一样,只是输出的激活函数换成了双曲正切(tanh),输入也是前一个模块的输出 $\boldsymbol{h}^{(t-1)}=[h_1^{(t-1)},h_2^{(t-1)},\cdots,h_m^{(t-1)}]$ 与当前输入 $\boldsymbol{x}^{(t)}=[x_1^{(t)},x_2^{(t)},\cdots,x_n^{(t)}]$ 的拼接,输出是 $\boldsymbol{i}^{(t)}=[i_1^{(t)},i_2^{(t)},\cdots,i_m^{(t)}]$。这里的 $\boldsymbol{i}^{(t)}$ 就是对输入信息处理的结果,每一维 $i_i^{(t)}$ 是一个 $-1\sim1$ 的数值,然后用输入门与其按位相乘,实现对输入信息的选择,具体计算如下。

$$i_k^{(t)}=\tanh\left(\sum_{j=1}^m W_{k,j}^i h_j^{(t-1)}+\sum_{j=1}^n U_{k,j}^i x_j^{(t)}+b_k^i\right)$$

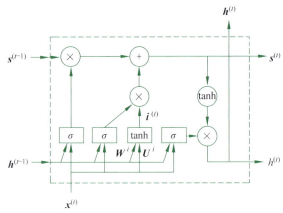

图 6.67　LSTM 中输入处理单元示意图

其中,$W_{k,j}^i(k=1,2,\cdots,m;j=1,2,\cdots m)$ 为前一个模块的输出第 j 个分量 $h_j^{(t-1)}$ 到输入处理单元输出层第 k 个神经元的连接权重,$U_{k,j}^i(k=1,2,\cdots,m;j=1,2,\cdots n)$ 为当前输入第 j 个分量 $x_j^{(t)}$ 到输入处理单元输出层第 k 个神经元的连接权重,$b_k^i(i=1,2,\cdots,m)$ 为输入处理单元输出层第 k 个神经元的偏置,激活函数为 tanh。

有了遗忘门和输入门后,就可以获得新的状态信息了,图 6.68 给出了示意图。简单说,就是用遗忘门对前一个状态 $\boldsymbol{s}^{(t-1)}$ 进行选择,用输入门对当前输入相关信息 $\boldsymbol{i}^{(t)}$ 进行选择,然后二者相加得到新的状态 $\boldsymbol{s}^{(t)}=[s_1^{(t)},s_2^{(t)},\cdots,s_m^{(t)}]$,具体计算方法如下。

$$s_j^{(t)}=f_j^{(t)}\times s_j^{(t-1)}+g_j^{(t)}\times i_j^{(t)}$$

LSTM 模块的第三个门是输出门,顾名思义,是对模块的输出信息进行选择,如图 6.69 所示。输出门的结构同遗忘门基本一样,其输入是前一个模块的输出 $\boldsymbol{h}^{(t-1)}=[h_1^{(t-1)},h_2^{(t-1)},\cdots,h_m^{(t-1)}]$ 与当前输入 $\boldsymbol{x}^{(t)}=[x_1^{(t)},x_2^{(t)},\cdots,x_n^{(t)}]$ 的拼接,输出是 $\boldsymbol{q}^{(t)}=[q_1^{(t)},q_2^{(t)},\cdots,q_m^{(t)}]$。输出门的具体计算如下。

$$q_i^{(t)}=\sigma\left(\sum_{j=1}^m W_{i,j}^q h_j^{(t-1)}+\sum_{j=1}^n U_{i,j}^q x_j^{(t)}+b_i^q\right)$$

其中,$W_{i,j}^q(i=1,2,\cdots,m;j=1,2,\cdots,m)$ 为前一个模块的输出第 j 个分量 $h_j^{(t-1)}$ 到输出门输出层第 i 个神经元的连接权重,$U_{i,j}^q(i=1,2,\cdots,m;j=1,2,\cdots n)$ 为当前输入第 j 个分量 $x_j^{(t)}$ 到输出门输出层第 i 个神经元的连接权重,$b_i^q(i=1,2,\cdots,m)$ 为输出门输出层第 i 个神经元的偏置,σ 为 sigmoid 激活函数。

图 6.70 给出了 LSTM 处理输出信息的示意图。同样,为了表述方便,我们称之为输出

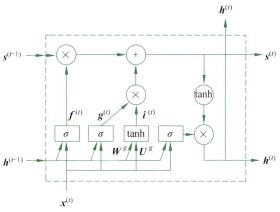

图 6.68 新状态获取示意图

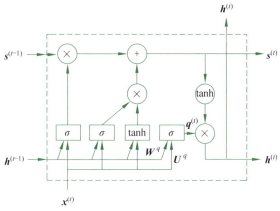

图 6.69 LSTM 中的输出门

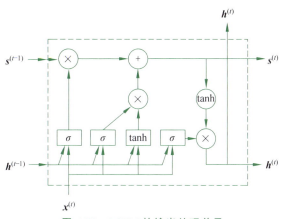

图 6.70 LSTM 的输出处理单元

处理单元。但是,与输入处理单元不同的是,输出处理单元没有参数,只是简单地用一个 tanh 激活函数对状态 $s^{(t)}=[s_1^{(t)},s_2^{(t)},\cdots,s_m^{(t)}]$ 进行转换,然后用输出门对其进行选择,得到模块的输出 $h^{(t)}=[h_1^{(t)},h_2^{(t)},\cdots,h_m^{(t)}]$,如图 6.71 所示。具体计算如下。

$$h_i^{(t)} = q_i^{(t)} \tanh(s_i^{(t)})$$

至此,我们就介绍完了 LSTM,与一般的循环神经网络相比,主要引入了一个状态 s,用于传

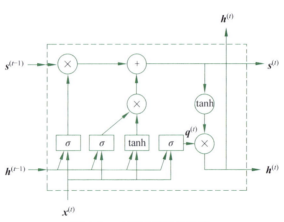

图 6.71 LSTM 模块的输出

递不同模块之间的信息,通过引入遗忘门、输入门和输出门 3 个门,对状态、输入和输出进行有针对性的选择。3 个门结构是完全一样的,输入也一样,但是各自有自己的参数,也就是权重,从而实现对不同信息的选择。

需要强调的是,LSTM 是循环神经网络的一种具体实现,与一般的循环神经网络中子网络是共用的一样,LSTM 模块也是共用的,并不是由多个模块横向串联在一起,只是不同的时刻 t 输入信息不一样,输出也不同。当 LSTM 处理完一个序列后,最后的输出就是对该序列的一个表达。

另外,LSTM 还有多个变种,其中最常用的一个简化版是 GRU,这里就不一一介绍了,有兴趣的读者请参阅有关资料。

与前面介绍过的普通循环神经网络用法一样,事实上,前面介绍的所有循环神经网络中的子网络,都可以用 LSTM 模块代替。模块中的权重等参数也是通过 BP 算法进行学习的。

最后,作为例子,我们给出一个用 LSTM 实现的机器翻译示意图,如图 6.72 所示,输入是中文"我是一个学生 <EOS>",输出是英文翻译"I am a student <EOS>",其中<EOS>是一句话的结束标记。

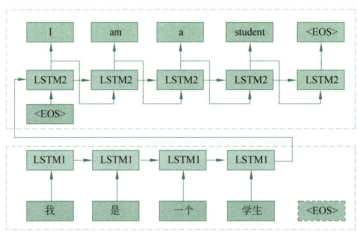

图 6.72 用 LSTM 实现的机器翻译示意图

图 6.72 分为编码和解码两部分,绿色虚线框出的是编码部分,输入是一句中文,句中每

个词均用词向量表示,经过 LSTM 处理后,得到这句话的向量表示。黄色虚线框出的是解码部分,将编码后的中文作为输入,经 LSTM 解码后得到对应的英文。

在解码过程中,为了体现前后词之间的关系,前一个词的输出又作为后一个 LSTM 模块的输入,以提高解码的准确率。

这个例子与图 6.60 所示的序列到序列的循环神经网络一样,只是用 LSTM 模块代替了其中的子网络。通过这种代替的方法,前面介绍过的汉语分词、看图说话等中用到的循环神经网络,都可以用 LSTM 实现。

6.10 深度学习框架

现在的深度学习发展很快,所用的神经网络也越来越复杂,无论这些网络多么复杂,都是采用 BP 算法进行训练的。对于复杂的网络,实现起来还是非常麻烦的,为此研究者实现了很多深度学习框架,这些框架是专门为搭建各种神经网络设计的,利用深度学习框架,可以很方便地实现各种复杂的神经网络,实现对神经网络的训练。

有些公司设计了很多不同的框架,目前用得比较多的有 TensorFlow、PyTorch、Keras 等,近几年国内也推出一些框架,如百度公司的飞桨(paddlepaddle)、一流科技公司的 OneFlow 等,都是可以选用的框架。这些内容涉及很多编程的内容,而且一直在发展中,这里不再介绍,有很多参考书可以参考。

6.11 总　　结

本章全面介绍了深度学习的相关内容,总结如下。

(1) 以一个简单的数字识别引出什么是神经元,什么是神经网络。

(2) 详细介绍了神经元的结构以及全连接神经网络,并以如何调节热水器作类比,讲解了神经网络训练的基本原理和 BP 算法。

(3) 介绍了神经网络训练中可能遇到的过拟合问题、梯度消失问题,以及常用的解决方法。

(4) 介绍了什么是卷积神经网络,并列举了一些具体用例。

(5) 介绍了什么是循环神经网络,并列举了一些具体用例。

(6) 简单介绍了深度学习框架。

这些年,神经网络的研究和应用发展都非常快,出现了很多新的网络结构和应用,这里介绍的只是最基本的内容,要想解决实际问题,还需要多看相关论文,了解别人的工作,结合自己要解决的问题,提出合适的架构。有了这些基础,学习其他内容起来也就相对比较容易了。

第 7 章

对 抗 搜 索

我们将下棋类问题称作对抗搜索问题。下棋一直被认为是人类的高智商活动,从人工智能诞生的那一天开始,研究者就开始研究计算机如何下棋问题。图灵很早就对计算机下棋做过研究,信息论的提出者香农早期也发表过论文《计算机下棋程序》,提出了极小极大算法,成为计算机下棋的最基础的算法。著名人工智能学者、图灵奖获得者约翰·麦卡锡在 20 世纪 50 年代就开始从事计算机下棋方面的研究工作,并提出了著名的 $\alpha\text{-}\beta$ 剪枝算法的雏形。很长时间内,$\alpha\text{-}\beta$ 剪枝算法成为计算机下棋程序的核心算法,著名的国际象棋程序"深蓝"采用的就是该算法框架。

1996 年,正值人工智能诞生 40 周年之际,一场举世瞩目的国际象棋大战在"深蓝"与卡斯帕罗夫之间举行,可惜当时的"深蓝"功夫欠佳,以 2∶4 的比分败下阵来,如图 7.1 所示。1997 年,经过改进的"深蓝"再战卡斯帕罗夫,这次"深蓝"不负众望,终于以 3.5∶2.5 的比分战胜卡斯帕罗夫,可以说是人工智能发展史上的一个里程碑事件。

图 7.1 卡斯帕罗夫与"深蓝"对弈

2006 年,为了庆祝人工智能诞生 50 周年,中国人工智能学会主办了浪潮杯中国象棋人机大战(见图 7.2),先期举行的机器博弈锦标赛获得前 5 名的中国象棋系统,分别与汪洋、柳大华、卜凤波、张强、徐天红 5 位中国象棋大师对弈,人机分别先行共战两轮 10 局比赛,双方互有胜负,最终机器以 11∶9 的总成绩战胜人类大师队。

转眼到了 2016 年,又值人工智能诞生 60 周年,人工智能的发展已不可同日而语,呈现出蓬勃发展之势。沉默多年的计算机围棋界突然冒出一个 AlphaGo,先是 4∶1 战胜韩国棋

(a) 比赛前的记者见面会　　　　　(b) 5人同时在对局室内对战

图 7.2　浪潮杯中国象棋人机大战

手李世石,转年又战胜我国著名棋手柯洁,如图 7.3 所示。至此,在计算机下棋这个领域,机器已经完全碾压人类棋手,机器战胜人类最高水平棋手已无任何悬念。

图 7.3　李世石、柯洁分别对战 AlphaGo

三次重要事件均与人工智能提出的秩年有关,三大棋类机器战胜人类顶级棋手的时间顺序也刚好与三大棋类可能出现的状态数的多少一致,这也许只是一种巧合,在本章正文中可以看到,状态数的多少并不是棋类难度的主要问题。

7.1　能穷举吗?

先从一个简单的"分钱币"游戏说起。

分钱币游戏是这样的,桌上有若干堆钱币,每次对弈的一方选定一堆钱币,并将该堆钱币分成不等的两堆,这一过程称为行棋。甲乙双方轮流行棋,直到有一方不能行棋为止,则对方取胜。图 7.4 给出了初始状态为 8 个钱币的例子,且给出了该问题所有可能的走法。

假设甲方先行行棋,甲方可以将 8 枚硬币分成(6,2)两堆,或者(5,3)两堆,或者(7,1)两堆,但不能分成(4,4),因为这是分成了相等的两堆,是规则所不允许的。下一步轮到乙方行棋,"1"这堆不能选,因为无法分成两堆,"2"这堆也不能选,因为不能分成不相等的两堆,"6" "5" "7"都是可选的,但是要注意"6"只能分成(4,2)或者(5,1),而不能分成(3,3),因为(3,3)是相等的两堆。按照这样的原则,我们在图 7.4 中给出了所有可能的行棋方法。

如图 7.4 所示,甲方如果按照红色箭头走成(7,1),则乙只能选择"7"这堆,将"7"分成(6,1)或者(5,2)或者(4,3),也就是图中按照黄色箭头得到(6,1,1)、(5,2,1)、(4,3,1)。无论对于这三种情况中的哪一种,甲方都可以按照红色箭头选择行棋到(4,2,1,1),比如乙方

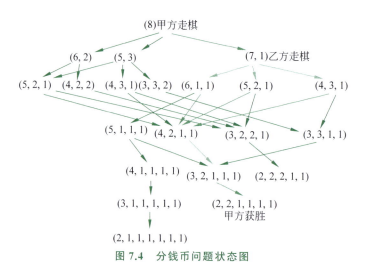

图 7.4　分钱币问题状态图

行棋到了(6,1,1),则甲方将"6"分成(4,2),如果乙方走的是(5,2,1),则甲方将"5"分成(4,1)即可。而一旦甲方走到了(4,2,1,1),则乙方只能行棋到(3,2,1,1,1),这时甲方只需将"3"分成(2,1),得到(2,2,1,1,1,1),则乙方无棋可走,必输无疑。也就是说,对于这样一个简单的分钱币游戏,甲方是存在必胜策略的。只要甲方走棋正确,乙方无论如何是不可能获胜的。这称作存在"必胜策略"。

对于分钱币游戏这样的简单问题,或者再稍微复杂一点的游戏,依靠穷举所有可能的方法也许可以找到必胜策略,但是对于象棋、围棋这样变化非常多的棋类,是不可能穷举其所有可能的。这也是目前一些人存在的误解,认为现在计算机速度这么快,存储这么大,对于国际象棋、中国象棋这样的棋类,完全可以依靠穷举战胜人类。其实这是非常错误的看法。

下面以中国象棋为例分析一下。在考虑不同的走棋顺序的情况下,总的状态数大约为10^{150}个,假设 1ns 可以产生一个状态,则产生出这些状态大约需要10^{134}年。这是什么概念呢?从存储上考虑,地球上的原子总数约10^{50}个,如果一个原子可以存储一个状态,则需要10^{100}个地球才有可能存储得下这么多状态。从时间上考虑,按照宇宙大爆炸的理论推算,宇宙年龄大概为1.38×10^{10}年,假设从宇宙诞生那刻起就有一台高速计算机以每毫纳秒生成一个状态的速度运行,到目前为止也只产生了其中的$1.38\times 10^{-124}\%$,也就是0.000000000000000000000000000000000000000000000000000000000000000000000000000000000000000000000000000000000000000000000000000000138%。

国际象棋的状态数比中国象棋稍微少一些,但相差也不太大,围棋的状态数则更多。由此可知,依靠穷举所有可能的状态获得必胜策略的想法是行不通的。

7.2　极小-极大模型

人在下棋时一般考虑:轮到我方行棋时,我会考虑有哪几种下法,再考虑对于我方的每种下法对方会如何考虑,我再如何考虑……,然后看几步棋之后的局面如何,我再选择一个我认为对我方有利的走步。新手可能考虑得比较少,职业棋手可能考虑得比较多,能达到7、8步、8、9步之多。

人类下棋的思考过程可以用图 7.5 示意。图 7.5 中最上方的方框表示当前棋局,轮到甲方行棋,甲方考虑自己有 a 和 b 两种走法,下一步轮到乙方行棋,针对棋局 a,乙方可以有 c、d 两种走法,而对于棋局 b,乙方可以有 e、f 两种走法。下一轮又该轮到甲方行棋……。假设甲方只思考了 4 步棋,则形成图 7.5 的搜索图,最后一行就是双方四步后可能出现的棋局。从甲方的角度来说,他希望最后走到一个对自己有利的局面,而对乙方来说他也希望走到一个对乙方有利的局面。

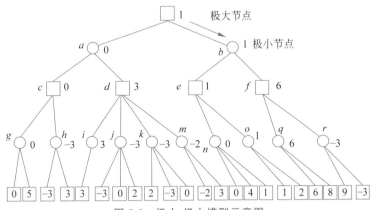

图 7.5 极小-极大模型示意图

假设局面是否有利可以用一个分值表示,大于 0 的分值表示对甲方有利,而小于 0 的分值表示对乙方有利,等于 0 则表示双方势均力敌,是一个双方都可以接受的局面。我们从倒数第二行的圆圈开始考虑,这一行应该轮到乙方行棋。例如,对于结点 g,乙方可以有两个选择,一个可以得到分值 0,一个可以得到分值 5。由于分值越小对乙方越有利,所以乙方肯定会选择走获得 0 分值的那一步,而不会选择走获得 5 分值的那一步。对于结点 h 也一样,乙方肯定会选择获得 -3 分值的那一步。这一行的其他结点也一样,都是从其子结点中选择获得分值最小的那步棋。所以,我们可以总结为,对于这一层来说,乙方总是选择具有极小值的结点作为自己的走步。图 7.5 中倒数第二行结点边标的数字就是乙方获得的分值。

再看倒数第三行的方框,这一行应该轮到甲方行棋。甲方刚好与乙方相反,他肯定会选择子结点中分值最大的那步棋。例如,对于结点 c,甲方可以选择走到 g,可以获得 0 分值,也可以选择 h 获得 -3 分值。由于分值越大对甲方越有利,甲方只会选择行棋到 g 获得 0 分值,而不会选择 h 获得 -3 分值。这一行的其他结点也同样,图 7.5 中标出了其他结点可以获得的分值。

最后再看 a、b 两个结点。这两个结点又是轮到乙方行棋。乙方同样会从其子结点中选取分值小的结点作为走步,这样 a 可以获得 0 分值,b 可以获得 1 分值。而 a 和 b 是当前局面下可能的两个选择。如果选择 a,无论对方如何行棋,甲方都可以至少获得 0 分值,如果选择 b,无论对方如何行棋,甲方都可以至少获得 1 分值。虽然 0 分值对于甲方也是可以接受的,但是 1 分值结果会更好。所以,经过这么一番思考后,甲方决定如图 7.5 中红色箭头所示,选择行棋到 b。这个过程模仿了人类下棋的过程,不过棋手下棋时可能只是判断棋局是否有利,而不会计算具体的数字。例子中之所以用数字表示,一方面是为了量化局面的有利程度,另一方面是为了以后用到计算机下棋,计算机处理的话,必须表示为数字。

由于这种方法一层求最小值、一层求最大值交替进行,所以称作极小-极大模型,是通过模仿人类的下棋过程得到的一个模型。其中求最小值的结点称作极小结点,求最大值的结点称作极大结点。

需要说明的是,上述过程模仿的是甲方为了走一步棋,在他大脑内的思考过程,并不是甲乙双方真的在行棋。经过一番这样的思考后,甲方选择一步行棋,等待乙方下完一步棋后,甲方根据乙方的行棋结果再次进行这样的思考。所以,上述极小-极大模型只是描述了甲方走一步棋的过程。

对于实际的下棋过程,计算量还是非常大的。以下国际象棋的"深蓝"为例,基本上要搜索12步,搜索树的结点数在10^{18}量级,据估算,即便在"深蓝"这样的专用计算机上,完成一次搜索也需要大概17年的时间,所以这个极小-极大模型只是用来描述这样一种模拟人类下棋的过程,并不能真用于计算机下棋,一些简单的棋类或许还可以,稍微复杂一点的棋类可能就无能为力了。

7.3 α-β 剪枝算法

虽说极小-极大模型一定程度上模拟了人类的下棋过程,但由于采用的是穷举式的模拟方法,存在组合爆炸问题,计算量过于庞大而不具有实用性。

再次考虑人类棋手是如何下棋的这个问题,虽然棋手也是采用向前看几步的方法,但并不是遍历每种可能的走法,而是根据自己的经验只考虑在当前棋局下最重要的几个可能的走法。比如下象棋时,开始几步可能只考虑炮、马、车等,基本不考虑帅、士等。

如何让计算机也像人类棋手一样,每步只考虑一些重要的走步,而不是穷举每种可能呢?我们可以换一个思路,假设并不是一开始就将整个搜索图生成出来,而是按照一定的原则一点一点地产生。例如,图 7.6 是一个搜索图,我们假设一开始并没有这个图,而是按照从上到下从左到右的优先顺序生成这个图。先从最上边一个结点开始,按顺序产生 a、c、g、r 四个结点,假设就考虑4步棋,这时就不再向下生成结点了。由于 r 的分值为 0,而 g 是极小结点,所以我们知道 g 的分值应该 ≤0。接下来再生成 s 结点,由于 s 的分值为 5,g 是极小结点且没有其他子结点了,所以 g 的分值等于 0。由于 c 是极大结点,根据 g 的分值为 0,有 c 的分值 ≥0。再看 c 的其他后辈结点情况,生成 h 和 t 两个结点,由于 t 的分值为 −3,而 h 是极小结点,所以有 h 的分值 ≤−3。

由于 c 的分值 ≥0,而 h 的分值 ≤−3,所以这时 u 的分值是多少就无关紧要了。因为 u 的分值如果大于 h 的当前分值 −3,则不影响 h 的分值,即便 u 的分值小于 −3,比如 −5,虽然改变 h 的分值为 ≤−5,但是由于 c 是极大结点,c 的当前分值已经至少为 0 了,所以 h 的分值变小也不会改变 c 的分值。

基于这样的分析,遇到图 7.6 中这种 h 的当前分值小于或等于 c 的当前分值这种情况时,由于 u 的分值是多少都不会影响 c 的分值,所以就没必要生成 u 这个结点了。这种情况称为剪枝,其剪枝条件是如果一个后辈的极小结点(如图 7.6 中的 h),其当前的分值小于或等于其祖先极大结点的分值(如图 7.6 中的 c),则该后辈结点的其余子结点(如图 7.6 中的 u)就没有必要生成了,可以剪掉。注意,这里用的是后辈结点和祖先结点,这是一种推广,因为这种剪枝并不局限于父结点和子结点的关系,后面会给出具体的例子。

在确认了 c 的分值为 0 之后,同样的理由,可以确认 a 的分值 ≤0。生成 a 的后辈结点

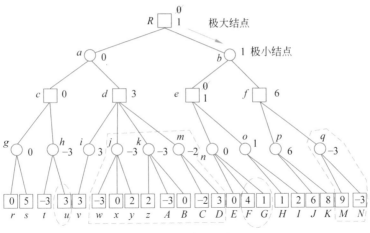

图 7.6 α-β 剪枝示意图

d、i、v，由于 v 的分值为 3，且 d 向下就一条路，所以有 d 的分值 $\geqslant 3$。由于 a 的分值最大为 0，而 d 的分值最小为 3，所以大的红圈圈起来的那些分支的分值是多少又没有意义了，a 取 c 和 d 中分值最小的，最终 a 取值为 0，大红圈圈起来的部分都没有必要生成了，又可以剪掉。这里我们又发现另外一个剪枝条件：如果一个后辈的极大结点的分值（如图 7.6 中结点 d）大于或等于其祖先极小结点的分值时（如图 7.6 中结点 a），则该后辈结点还没有被生成的结点可以被剪掉，如图中大红圈圈起来的那些结点。这里同样是后辈结点与其祖先结点进行比较，而不只是与其父结点做比较。注意，总结的两个剪枝条件，一个是后辈的极小结点与祖先的极大结点比较，一个是后辈的极大结点与祖先的极小结点比较，这是两种不同的剪枝。

a 的分值被确定为 0 之后，就可以确定 R 的分值 $\geqslant 0$，继续向下生成结点 b、e、n、E，由于 E 的分值为 0，所以有 n 的分值 $\leqslant 0$。n 是极小结点，其极大结点祖先有 e 和 R，e 这时还没有值，但是 R 的分值 $\geqslant 0$，所以满足后辈极小结点的分值小于或等于其祖先极大结点分值的剪枝条件，n 的两个子结点 F 和 G 都没有生成的必要，又可以被剪掉了。这是一种后辈极小结点的分值小于或等于其祖先极大结点分值的情况，也可以做剪枝，这种情况需要注意，很容易被初学者漏掉。

n 的分值被确定为 0，从而有 e 的分值 $\geqslant 0$。接着生成结点 o 和 H，由于 H 的分值为 1，有 o 的分值 $\leqslant 1$，不满足剪枝条件，生成结点 I，I 的分值为 2，o 是极小结点，所以 o 的分值确定为 1。e 是极大结点，从 n 和 o 的分值中选取最大的，从而更新 e 的取值，由原来的 0 修改为 1。e 的分值确定为 1 后，有 b 的分值 $\leqslant 1$。继续生成 b 的后辈结点 f、p、J，J 的分值为 6，得到 p 的分值 $\leqslant 6$，不满足剪枝条件，继续生成子结点 K，得到 K 的分值为 8，p 是极小结点，选取子结点中最小的值 6，从而确定 f 的分值 $\geqslant 6$。后辈极大结点 f 的分值 6 大于或等于其前辈极小结点 b 的分值 1，满足剪枝条件，q、M、N 三个结点被剪枝，从而确定 b 的分值为 1。R 的分值取 a、b 中最大者，从而用从结点 b 得到的 1 代替原来从 a 得到的 0。搜索过程到此结束，按照刚才的搜索结果，甲方应该选择 b 作为行棋的最佳走步，如图 7.6 中的红色箭头所示。

这种方法被称作 α-β 剪枝算法，其核心思想是利用已有的搜索结果，剪掉一些不必要的分枝,有效提高了搜索效率。

战胜国际象棋大师卡斯帕罗夫的"深蓝"采用的就是α-β剪枝算法,从而可以在规定时间内完成一次行棋过程。

从前面的介绍可以知道,α-β剪枝只是剪掉了那些不改变结果的分枝,不会影响最终选择的走步,所以得到的结果与极小-极大模型是一样的。

有了α-β剪枝算法之后,最重要的是如何获得搜索过程中最后一行结点的分值。据"深蓝"的研发者介绍说,他们首先聘请了好几位国际象棋大师帮助他们整理知识用于估算分值,但是基本思想并不复杂,大概就是根据甲乙双方剩余棋子进行加权求和,比如一个皇后算10分,一个车算7分,一个马算4分等。然后,还要考虑棋子是否具有保护,比如两个相互保护的马,分数会更高一些,其他棋子也大体如此。之后再考虑各种残局等,按照残局的结果进行估分。当然,这里给出的各个棋子的分数只是大概而已。最后,甲方得分减去乙方得分就是该棋局的分值。

这个估值虽然看起来有些粗糙,但是由于在剪枝过程中探索得比较深,对于象棋来说,无论是国际象棋还是中国象棋,在探索得比较深的情况下,凭借棋子的多少基本就可以评判局面的优劣,所以可以得到比较准确的估值。

从这里也可以看出,对于计算机下棋来说,探索得越深,其估值越准确,其棋力也就越强,在可能的情况下,应该尽可能探索得更深一些。当然,探索得越深,需要的算力就越大,需要在搜索深度和算力之间取得一定的平衡。

α-β剪枝的关键点总结如下。

(1) 判断是否剪枝时,都是后辈极小结点与祖先极大结点做比较、后辈极大结点与祖先极小结点做比较。当后辈极小结点的值小于或等于祖先极大结点的值时,发生剪枝;当后辈极大结点的值大于或等于前辈极小结点的值时,发生剪枝。

(2) 判断是否剪枝时,一定要注意不只是与父结点做比较,还要考虑祖先结点。

(3) 完成一次α-β剪枝后,只是选择了一次行棋,下次应该走什么棋,应该在对方走完一步棋后,根据棋局变化再次进行α-β剪枝过程,根据搜索结果确定如何行棋。

7.4 蒙特卡洛树搜索

α-β剪枝算法不仅在国际象棋上取得了成功,在中国象棋上也取得了成功。前面介绍过的浪潮杯中国象棋人机大战,采用的就是α-β剪枝方法。也有研究者将这种方法用于求解围棋问题,但是都没有成功,采用这种方法设计的围棋软件水平很低,别说是专业棋手了,就连普通业余棋手也不能战胜。

很多人对其原因进行过分析,其中一个观点是,围棋可能的状态多,比象棋复杂,所以实现的计算机下棋软件水平不行。这种观点是不对的。围棋可能的状态确实比象棋多,可能的状态数多也确实带来很大的难度,但这并不是根本原因。前面讨论过,α-β剪枝算法严重依赖对局面评估的准确性,在这方面无论是国际象棋还是中国象棋,都相对容易一些,而且不同高手间对于局面评估的一致性也比较好。也就是说,同一个局面究竟是对甲方有利,还是对乙方有利,不同棋手之间看法基本一致,不会有太大的分歧。但是,对于围棋来说,局面评估难度就大多了,而且由于不同棋手之间的风格不同,局面评估的一致性也比较差。另外，对于象棋来说，棋子之间的联系不像围棋那么强，可以通过对每个棋子评估实现对整个局面的评估，像前面提到过的，通过对每个棋子单独评分再求和就可以实现对整个局面的评估。而围棋棋子之间是紧密联系的，单个棋子与其他棋子联系在一起考虑，才有可能体现出它的作用。这些均给围棋局面评估带来很大难度。另外，脑科学研究也表明，棋手下象棋时很多时候用的是左半脑，下围棋时很多时候用的是右半脑，一般认为左半脑负责逻辑思维，右半脑负责形象思维，而计算机处理逻辑思维的能力强于处理形象思维的能力。

正是由于这样的原因，以前以 α-β 剪枝算法为基础的围棋程序都没有取得成功。所以，如果想提高计算机下围棋的水平，首先要解决围棋的局面评估问题。正是在这一背景下，蒙特卡洛树搜索方法被提出。

这一方法是将传统的蒙特卡洛方法与下棋问题中的搜索树相结合而产生的一种方法。

下面简单介绍一下蒙特卡洛方法。这个方法是一类基于概率方法的统称，不特指某种具体的方法，最早由冯·诺依曼和乌拉姆等发明，用概率方法求解一些计算问题，"蒙特卡洛"这个名称来源于摩纳哥的一个赌场的名字。

为了对这一方法有所体会，下面举一个用蒙特卡洛方法计算 π 值的例子。

目前有很多种计算 π 的方法，最早祖冲之就采用割圆术计算 π 值，得出 π 值介于 3.1415926 和 3.1415927 之间的结论。在当时没有任何计算工具的情况下，这是一项很了不起的成就。如果只给一张带格子的稿纸和一根针，能计算 π 值吗？这似乎是一项不可能完成的任务，但是法国数学家蒲丰非常神奇地给出了一种称作"蒲丰投针"的计算 π 值的方法（见图 7.7），只利用一张带格子的稿纸和一根针就可以计算 π 值，这其实就是最早的蒙特卡洛方法的运用。

如图 7.8 所示，假设有一张放在桌子上带格子的稿纸，随机向纸上扔一根针，那么针与格子之间会呈现出不同的状态，有时候针会与格子相交，有时候针会落在两条线之间。

图 7.7 蒲丰投针

图 7.8 蒲丰投针示意图

为了方便计算，可以将蒲丰投针问题简化为图 7.9 所示的情况。图中，左边是针与格子相交的情况，假设针的长度为 l，格子的宽度为 d，针与格子底线的夹角为 α，针的中间位置到格子底线的距离为 x。图中右边是一种针刚好与底线相交的边缘情况，针如果再向上一点,就不会与格子底线相交了。所以这时的 x_0 就是针与底线相交的最大值。当 $x \leqslant x_0$ 时,针与底线是相交的,否则针就不会与底线相交。

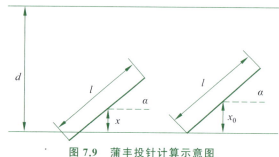

图 7.9　蒲丰投针计算示意图

按照三角函数公式有:

$$x_0 = \frac{l}{2}\sin(\alpha)$$

所以,针与底线相交的条件是:

$$x \leqslant \frac{l}{2}\sin(\alpha)$$

夹角 α 的可能变化范围应该是 $[0, 2\pi]$,对于针来说,如果不区分针头和针尾,夹角 α 处于 $[0, \pi]$ 和 $[\pi, 2\pi]$ 是一样的,所以为了简化起见,我们只考虑 $[0, \pi]$ 这一变化区间。同理,对于针的中间位置是处于格子的上半段还是下半段也一样,因为如果处于下半段,就看是否与底线相交;如果处于上半段,就看是否与顶线相交,所以我们也只考虑是否与底线相交这种情况。在这样的假定下有 x 的取值范围为 $[0, d/2]$, α 的取值范围为 $[0, \pi]$。

一旦确定了 α 和 x,针的位置就确定了。如图 7.10 所示,绿色长方形内任何一点 (α, x) 就确定了一次投针的位置,按照针与底线相交的条件,黄色区域代表针与底线相交,绿色长方形内的白色区域,代表针没有与底线相交。所以,黄色区域的面积除以绿色长方形的面积,就是针与底线相交的概率 $p_{相交}$。

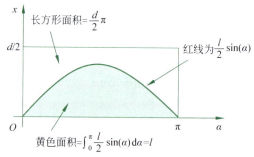

图 7.10　蒲丰投针计算 π 值示意图

按照面积的计算公式,绿色长方形的面积为

$$S_{长方形} = \frac{d}{2}\pi$$

黄色部分的面积为

$$S_{黄色} = \int_0^\pi \frac{l}{2}\sin(\alpha)\,\mathrm{d}\alpha = l$$

所以，针与底线相交的概率 $p_{相交}$ 为

$$p_{相交} = \frac{S_{黄色}}{S_{长方形}} = \frac{l}{\frac{d}{2}\pi} = \frac{2l}{d\pi}$$

如果投掷了 n 次针，其中有 m 次针与底线是相交的，那么针与底线相交的概率就是：

$$p_{相交} = \frac{m}{n}$$

所以有

$$\frac{2l}{d\pi} = \frac{m}{n}$$

所以

$$\pi = \frac{2nl}{md}$$

只要投掷针的次数足够多，就可以求得一个一定精度的 π 值。

这种方法就是蒙特卡洛方法，通过将一个计算问题转换为概率问题后，利用随机性，通过求解概率的方法求解原始问题的解。

前面提到过围棋问题最大的问题就是棋局的估值问题。既然棋局估值问题不容易解决，我们是否也可以采用蒙特卡洛方法，利用随机模拟的办法评价棋局呢？例如，对于给定的围棋棋局，我们让计算机随机地交替行白棋和黑棋，直到一局棋结束，判定出胜负。这样就得到一次模拟结果。当然，一次模拟结果不说明任何问题，计算机的优势就是速度快，可以在短时间内几万、几十万次地进行模拟。如果模拟的次数足够多，就可以相信这个模拟结果。如果大量模拟结果显示黑棋获胜概率大，那么就有理由认为当前的棋局对黑方有利，否则就认为对白方有利。

由于下棋是甲、乙双方一步一步轮流进行的，我们在模拟过程中也要考虑到这个因素，就像前面讲过的极小-极大模型中说过的一样，甲方希望走对自己最有利的棋，乙方也希望走对自己最有利的棋，双方是一个对抗的过程。所以，在模拟过程中应该考虑到这种一人一步的对抗性问题，将搜索树考虑进来。正是在这样的思想指导下，才提出下面要讲的蒙特卡洛树搜索方法，在随机模拟的过程中，将一人一步的搜索过程考虑进来。

为此，有研究者将蒙特卡洛方法与下棋问题的搜索树相结合，提出蒙特卡洛树搜索方法。

蒙特卡洛树搜索方法如图 7.11 所示，共包括 4 个过程。

（1）选择过程：如图 7.11 第一个图所示，从根结点 r 出发，按照某种原则自上而下地选择结点，直到第一次遇到一个结点，该结点还存在未生成的子结点为止。如图 7.11 所示，从根结点 r 开始，从 r 的 3 个子结点中按照某种原则选择一个结点，假设选择了结点 a。接下来又从 a 的子结点中选择结点，假设选择了 b。这时发现 b 还存在子结点没有生成，则选择过程结束，结点 b 被选中。

（2）扩展过程：如图 7.11 第二个图所示，生成出被选中结点的一个子结点，并添加到搜索树中。由于在上一步选中的结点为 b，所以生成出 b 的一个子结点 c，然后将结点 c 添加到搜索树中。

（3）模拟过程：如图 7.11 第三个图所示，对新生成的结点 c 进行随机模拟，即黑白轮流

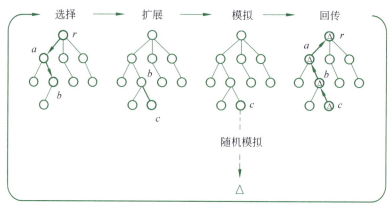

图 7.11　蒙特卡洛树搜索示意图

随机行棋,直到分出胜负为止。然后根据模拟的胜负结果计算结点 c 的收益。

(4) 回传过程:如图 7.11 第四个图所示,将收益向结点 c 的祖先进行传递。因为对结点 c 的一次模拟也相当于对 c 的祖先结点 b、a、r 各进行了一次模拟,所以要将对结点 c 的模拟结果回传到 c 的祖先结点 b、a、r。

在上述 4 个过程中,第二个扩展过程比较简单,直接生成一个被选中结点的子结点,并添加到搜索树上就可以了。第三个模拟过程也比较简单,就是随机地轮流选择黑白棋,按规则行棋就可以了,直到能分出胜负为止。当然,具体如何随机行棋、如何计算胜负等与具体的围棋规则有关,这里就不具体讨论了。第四个回传过程与具体的收益表示方法有关,留待后面结合具体例子详细讲解。下面重点介绍第一个过程——选择过程。

选择过程就是选择哪个结点进行模拟,这里的模拟不一定是直接对该结点做随机模拟,也可能是通过对其后辈结点的模拟达到对该结点模拟的目的。如同在回传过程中所说的,后辈结点的一次模拟,相当于对其祖先结点做了一次模拟。所以,在选择过程中,如果一个结点的子结点全部生成完了,则要继续从其子结点中进行选择,直到发现某个结点,它还有未生成的子结点为止。

选择的目的是在有限的时间内对重点结点进行模拟,以便挑选出最好的行棋走步,比如学校要举行篮球比赛,体委要挑选上场队员。有些队员体委比较了解,因为体委知道这些队员以前打球比较好,有些队员体委不太了解,不知道他们水平如何。为了确定上场队员,体委计划打几场热身赛考察队员。考察过程中,对于以前体委认为打球好的队员,可能会让他们上场打打试试,看是否还继续保持高水平。对于体委不太了解的队员,也可能让他们上场试试,以便了解他们的水平究竟如何。

为了全面了解队员的情况,体委考虑打几场热身赛,在热身赛中体委可考虑以这样的原则挑选上场队员:

(1) 对不充分了解的队员的考察;

(2) 对以往水平比较高队员的确认。

选择哪些结点进行模拟就如同在热身赛中考察队员,也遵循这两个原则。在蒙特卡洛树搜索的过程中,根据到目前为止的模拟结果,搜索树上的每个结点都获得了一定的模拟次数和一个收益值,模拟次数可能有多有少,收益值也有大有小。收益值大的结点就相当于以往打球水平比较高的队员,这些结点的收益值是真高呢? 还是因为模拟得不够充分暂时体现出虚假的高分呢？需要进一步模拟考察。而对于那些模拟次数比较少的结点,相当于不充分了解的队员,由于模拟的次数比较少,无论其收益值高或低,都应该优先选择以便进一步模拟,了解其真实情况。

在这样的原则下,选择结点时应该同时考虑到目前为止结点的收益值和模拟次数,例如,对于某个结点 x,如果它的收益值高但模拟次数比较少,这样的结点应该优先选择,以便确认它的收益值的真实性。如果它的收益值比较低但模拟次数比较多,说明这个低收益值已经比较可靠了,没必要再进一步模拟。所以,我们可以得出结论:结点被选择的可能性与其收益值正相关,而与其模拟次数负相关,可以将收益值和模拟次数综合在一起确定选择哪个结点。

类似的问题早就有学者研究过,我们可以借用,比如多臂老虎机模型就是求解此类问题的一种模型。

多臂老虎机(见图 7.12)是一个具有多个拉杆的赌博机,投入一个筹码之后,可以选择拉动一个拉杆,每个拉杆的中奖概率不一样。多臂老虎机问题就是在有限次行动下,通过选择不同的拉杆,以获得最大的收益。

图 7.12　多臂老虎机示意图

选择哪个结点进行模拟,就相当于选择拉动多臂老虎机的哪个拉杆,而模拟得到的收益,则相当于拉动拉杆后获得的收益。

经过学者的研究,对于多臂老虎机问题,提出一种称作信心上限(Upper Confidence Bound,UCB)的算法。

该算法的基本思想是,作为初始化,先每个拉杆拉动一次,记录每个拉杆的收益和被拉动次数,此时拉动次数都是 1。然后按照下式计算拉杆 j 的信息上限值 I_j:

$$I_j = \bar{X}_j + \sqrt{\frac{2\ln(n)}{T_j(n)}}$$

信心上限算法就是每次选择拉动 I_j 值最大的拉杆。其中 $\bar{X}_j$ 表示第 j 个拉杆到目前为止的平均收益,n 是所有拉杆被拉动的总次数,$\ln(n)$ 是以 e 为底取对数运算,$T_j(n)$ 是总拉动次数为 n 时,第 j 个拉杆被拉动的次数。重复以上过程,直到达到拉杆被拉动的总次数结束。

上述信心上限方法可以推广到蒙特卡洛树搜索过程的选择过程,也就是从上向下一层层选择结点时,按照信心上限方法,选择 I_j 值最大的子结点,直到某个含有未被生成子结点的结点为止。在具体使用过程中,一般会增加一个调节系数,以方便调节收益和模拟次数间的权重，如下式所示：

$$I_j = \overline{X}_j + c\sqrt{\frac{2\ln(n)}{T_j(n)}}$$

下面通过一个具体例子说明蒙特卡洛树搜索的具体过程，同时也通过这个例子说明如何实现收益的回传过程。为此，先给出记录收益和模拟次数的方法。对于搜索树中的每个结点，我们用 $\frac{m}{n}$ 记录该结点的获胜次数 m 和模拟次数 n，收益用胜率表示，即 $\frac{m}{n}$。注意，这里的"获胜"均是从结点方考虑的，也就是这个结点是由甲方走成的，则获胜是指甲方获胜，如果这个结点是由乙方走成的，则获胜指乙方获胜。例如，在图 7.11 所示最后一个图中，假设对结点 c 的模拟结果是获胜，则 c 的获胜数加 1，同时向上传递该结果，由于 b 是对方走成的结点，我方获胜就是对方失败，所以 b 的获胜次数不增加。模拟收益再向上传到结点 a，a 也是我方走成的结点，c 获胜也相当于 a 获胜，所以 a 的获胜数也加 1。同样，结点 r 是对方走成的结点，所以 r 的获胜次数就不增加。

需要注意的是，如何回传与我们选用的表示方法是有关的，如果采用其他的表示方法，可能就会有所变化。例如，如果获胜用 1 表示，失败用 -1 表示，则回传时就可能是加 1、减 1 交替地进行。

参照图 7.13，我们用这个具体例子再说明一下蒙特卡洛树的搜索过程。为了简单起见，在计算信心上限 I_j 时，我们假定收益 $\overline{X}_j$ 为胜率，并假定调节参数 $c=0$，也就是说，假定信心上限 $I_j = \overline{X}_j$。当然，这只是为了举例方便计算才这样假设的，实际使用时不会这样。

图 7.13(a) 是当前的搜索树，从结点 r 开始进行选择，结点 r 的 3 个子结点中，a 的信心上限值最大为 $\frac{2}{3}$，所以选择结点 a。假定 a 没有其他未生成的子结点了，所以继续从 a 的两个子结点中选择，结点 b 的信心上限值最大为 $\frac{1}{2}$，同样假定 b 也没有其他未生成的子结点了，继续从 b 的两个子结点中进行选择，结点 c 的信心上限值最大为 $\frac{1}{1}$，而且由于 c 存在未生成的子结点，所以选择过程结束，结点 c 被选中。

进入扩展过程，如图 7.13(b) 所示，结点 d 被生成并添加到搜索树中成为结点 c 的子结点。扩展过程结束。

接下来进入模拟过程，如图 7.13(c) 所示，对结点 d 进行随机模拟，黑白双方随机选择行棋点，直到决出胜负。假定模拟结果是胜利，也就是说结点 d 经模拟后获得了一次胜利。模拟过程结束。

最后是回传过程，首先记录结点 d 的模拟结果为 1/1，表示 d 被模拟了一次，获胜一次。向上传递。结点 c 之前的模拟结果是 1/1，这次由于 d 被模拟一次，所以相当于 c 也被模拟了一次，但是从 c 的角度来说，这次的模拟结果是失败。所以 c 的模拟次数增加一次，但获胜次数保持不变，更新 c 的模拟结果为 1/2。继续回传到 b，b 之前的模拟结果为 1/2，这次模拟次数和获胜次数均加 1，所以更新 b 的模拟结果为 2/3。再回传到结点 a，该结点只增加模拟次数 1 次，不改变获胜次数，更新 a 的模拟结果为 2/4。最后再回传到根结点 r，该结点获胜次数和模拟次数均增加 1 次，所以模拟结果为 5/8。

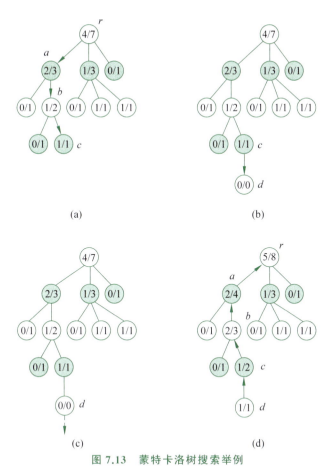

图 7.13　蒙特卡洛树搜索举例

至此就完成了一轮蒙特卡洛树搜索，反复该过程，直到达到一定的模拟次数或者规定的时间，蒙特卡洛树搜索过程结束。

搜索结束后，根据根结点 r 的子结点的胜率，选择胜率最大的子结点作为我方的行棋点。因为按照刚刚结束的蒙特卡洛树搜索结果，这样可以获得最大收益。

细心的读者可能会提出这样的问题：在选择过程中，一直都是选择信心上限 I_j 的最大值，哪里体现出像极小-极大过程中我方取最大、对方取最小的思想呢？按理说到对方结点时，应该选取胜率小的才对啊。

其实，这与我们采用的表示方法有关。刚才讲解如何标记模拟结果时，我们记录的是从结点方角度考虑的获胜次数，也就是我方走成的结点记录的是我方的获胜次数，对方走成的结点记录的是对方的获胜次数。所以，当我方选择时选择的是信心上限最大的结点，如果只考虑胜率，就相当于选择胜率最大的结点。而当对方选择时，虽然也是选择信心上限最大的结点，但是其中与胜率有关的 $\overline{X}_j$ 用的是对方的胜率，所以选的是对对方最有利而对我方最不利的结点，所以与极小-极大模型的思想是一致的，之所以极小-极大模型中我方选最大、对方选最小，是因为表示棋局的数字都是从我方角度考虑的，而这里胜率是从各自角度考虑的。这样做的好处是，在选择过程中可以不考虑我方和对方，都统一选择信心上限 I_j 最大就可以了，比较方便统一，也有利于编程实现。

7.5　AlphaGo 原理

蒙特卡洛树搜索方法于 2006 年被应用于计算机围棋中，使得计算机围棋的水平有了质的飞跃，可以达到业余中高手的水平，可以说是计算机围棋发展史上的一个里程碑。但是，距离职业棋手的水平还有很大差距，经历了一段时间的发展后，很快又进入停滞期，水平很难再次提高。

依靠随机模拟的方法估算概率必须有足够的模拟次数，由于围棋可能的状态数太多，虽然在蒙特卡洛树搜索中通过信心上限有选择地做模拟，但是模拟的还是有些盲目，没有利用围棋本身的一些特性或者知识，在规定的时间内模拟次数不够，估算的概率不够准确，从而影响了计算机围棋的水平。

取得突破的是 AlphaGo。AlphaGo 将深度学习方法，也就是神经网络与蒙特卡洛树搜索有效地结合在一起，巧妙地解决了这个问题。

前面分析过以前的计算机围棋水平比较低的原因，其中提到有关逻辑思维、形象思维问题，人在下围棋的过程中用到的更多的是形象思维，而不是逻辑思维。长期以来一直认为计算机更擅长处理逻辑思维问题，而不擅长处理形象思维问题，但是深度学习方法的提出改变了这一看法，利用深度学习也可以很好地处理一些形象思维的问题，如图像识别等。围棋的棋局看起来更像一幅图像，所以可能更适合用深度学习方法处理，通过深度学习方法从围棋棋谱中学习围棋知识，与蒙特卡洛树搜索结合在一起，可提高蒙特卡洛树搜索的效率和随机模拟的准确性。

事实上，如何下围棋问题可以等效为一个图像分类问题。

围棋就是在给定的棋局下选择一个好的落子点行棋。如果将给定棋局看作一个待识别图像，那么在哪一点行棋就可以看成图像的分类标记。这样，将给定棋局作为待识别图像，下一步把最佳落子点当作图像的标记，则围棋问题就可以用类似图像识别的方法，采用神经网络学习给定棋局下的最佳落子点。图 7.14 给出了一个示意图。

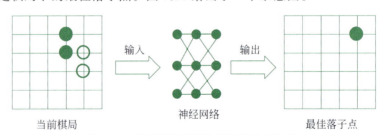

图 7.14　将围棋问题类比为图像分类问题

历史上有很多专业棋手的下棋棋谱，这些棋谱都可以当作训练样本使用。假定棋谱中胜方每一步棋都是正确的走步，胜方的每一步棋都可以对应一个训练样本——当前棋局作为输入，下一步行棋点作为该输入的分类标记，这样，根据历史棋局就可以获得大量的训练用样本，利用这些样本就可以实现训练一个具有围棋下棋知识的神经网络。

在此想法的指导下，AlphaGo 构建了两个神经网络：一个是策略网络；另一个是估值网络。先介绍这两个神经网络的功能以及具体的实现方法。

策略网络由一个神经网络构成，其输入是当前棋局，输出共 $19 \times 19 = 361$ 个，每个输出对应棋盘上落子点的行棋概率。行棋概率越大的点,越说明这是一个好的可下棋点,应优先选择在这里行棋。

图7.15给出了AlphaGo的策略网络示意图。输入由48个大小为19×19的通道组成,表示当前棋局。其中每个通道用来表示当前棋局的一些特征。例如,一个通道是当前棋局有我方棋子的位置为1,其他位置为0;一个通道是当前棋局有对方棋子的位置为1,其他位置为0;还有一个通道是当前棋局中没有落子的位置为1,其他位置为0。用8个通道分别表示当前棋局中一个棋链所具有的气数,这里的棋链可以理解为连接在一起的相同颜色的一块棋。比如一个棋链的气数是5,则在气数为5的通道中用1表示,其他位置为0。这样,8个通道分别表示气数1到气数8。这里所说的气数是围棋中一个很重要的概念,涉及一些围棋知识,这里就不详细介绍了,简单地说就是与棋链紧邻位置为空的数量。还有8个通道记录最近的8个棋局。其余的几个通道就不具体说了,都与围棋知识有关。类似的特征共用48个通道表示。表7.1给出了49个通道的简要说明,其中前48个通道用于策略网络的输入,第49个通道只用于后面将要讲到的估值网络。

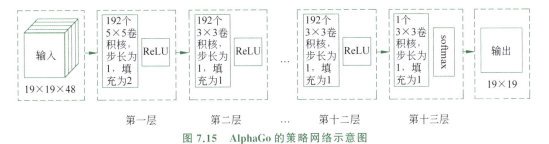

图7.15 AlphaGo的策略网络示意图

表7.1 AlphaGo用到的输入通道说明

特 征	通道数量	描 述
执子颜色	3	分别为执子方、对手方、空点位置
1平面	1	全部填入1
0平面	1	全部填入0
明智度	1	合法落子点且不会填补本方眼位,填入1,否则为0
回合数	8	记录一个落子距离当前的回合数,第 n 个通道记录到当前 n 个回合的落子
气数	8	当前落子棋链的气数
动作后气数	8	落子之后剩余气数
吃子数	8	落子后吃掉对方棋子数
自劫争数	8	落子后乙方有多少子会陷入劫争(可能被提掉)
征子提子	1	这个子是否会被征子提掉
引征	1	这个子是否起到引征的作用
当前执子方	1	当前执子为黑棋全部填1,否则全部填0,该通道只用于估值网络,策略网络不使用

接下来就是一个普通的卷积神经网络,第一个卷积层由192个5×5的卷积核组成,步

长为1,填充为2,接 ReLU 激活函数后,得到 192 个 19×19 的通道。第二层到第十二层都一样,每层 192 个 3×3 卷积核,步长为 1,填充为 1,接 ReLU 激活函数。第十三层是 1 个 3×3 的卷积核,步长为 1,填充为 1,接 softmax 激活函数,得到策略网络最终大小为 19×19 的输出,输出值范围为 0~1,表示棋盘上每个点的行棋概率。

在 AlphaGo 中共用了 16 万盘人类棋手棋谱进行训练,棋谱的每一步行棋都可作为一个训练样本。策略网络的目标是学会"像人类那样下棋"。所以,如果棋谱中人类棋手在 a 处走了一步棋,则可以认为在 a 处下棋的概率为 1,我们用 t_a 表示。如果用 p_a 表示策略网络给出的在 a 处下棋的概率,则 p_a 应该逼近 t_a。前面介绍过,围棋问题可以类比为一个图像分类问题,所以可以采用分类问题中常用的交叉熵损失函数,即

$$L(w) = -t_a \log(p_a)$$

这样我们就可以通过优化该损失函数,使得策略网络的性能逐步逼近人类棋手的水平。

首先,这种逼近是对 16 万盘人类棋谱的逼近,可以说是扬长避短,吸取了众多高手之精华。其次,后面还要讲到,AlphaGo 是将策略网络等与蒙特卡洛树搜索融合在一起,通过大规模的随机模拟选取一个最佳走步,蒙特卡洛树搜索相当于起到一个"智力放大器"的作用,这可能是 AlphaGo 强大的真正原因。

从上述介绍可知,策略网络与神经网络用于图像分类原理是一样的,当前棋局相当于图像,在哪个位置行棋相当于类别标记。所以求解一个新问题时,要看是否能套用到一个已知问题上,利用已知问题的求解方法求解新的问题,而不是重新造"轮子"。当然,利用已知问题的求解方法时,往往还需要结合新问题对原有方法进行改造,以适应新问题的求解。

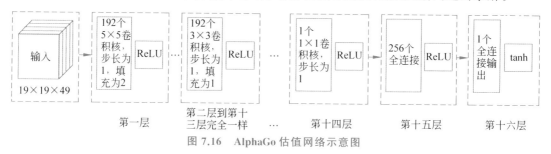

图 7.16 AlphaGo 估值网络示意图

下面介绍 AlphaGo 用到的另一个神经网络——估值网络。估值网络对当前棋局进行评估,输入是当前棋局,输出是一个在 -1~1 的数值,表示棋局对当前执子方的有利程度,即收益。当数值大于 0 时,表示对当前执子方有利,而小于 0 表示对对方有利。

图 7.16 给出了 AlphaGo 估值网络示意图。输入为 49 个大小为 19×19 的通道,其中前 48 个通道与策略网络的输入通道是一样的,但是比策略网络多了一个与当前执子方有关的通道,如果执子方为黑棋,则该通道全部为 1,否则全部为 0。估值网络共由 16 层组成,其中第一层为 192 个 5×5 的卷积核,步长为 1,填充为 2,后面接 ReLU 激活函数。第二层到第十三层是完全一样的卷积层,每层为 192 个 3×3 的卷积核,步长为 1,填充为 1,后面接 ReLU 激活函数。第十四层为 1 个 1×1 的卷积核,步长为 1,后面接 ReLU 激活函数。第十五层为含有 256 个神经元的全连接层,每个神经元接 ReLU 激活函数。第十六层为只有一个神经元的全连接层,该神经元接 tanh 激活函数,得到取值在 -1~1 的整个神经网络的输出。

估值网络的训练样本同样来自 16 万盘人类棋手的棋谱,将一盘棋出现的所有棋局作为

训练样本，获胜方的棋局标签为 1，失败方的棋局标签为 −1。估值网络的目标是预测一盘棋的胜负，对我方占优的局面，其输出值应接近 1，对对方占优的局面，其输出值应接近 −1。为此，损失函数可以采用误差的平方。具体的损失函数如下：

$$L(w) = (R - V(s))^2$$

其中，s 表示棋局即输入的样本，R 为该局棋的胜负情况，获胜时 R 取值为 1，失败时 R 取值为 −1，$V(s)$ 为估值网络的输出。

无论是策略网络还是估值网络，其实就是一个普通的卷积神经网络。其实也不是 AlphaGo 第一次将神经网络用于围棋中，以前也有团队曾经尝试过。AlphaGo 的主要贡献是将神经网络与蒙特卡洛树搜索巧妙地结合在一起，这才有了战胜人类最高水平棋手的能力。

在蒙特卡洛树搜索中最主要的是如何选择待模拟的结点，一般的方法是优先选择信心上限最大的结点，该策略同时考虑了收益和模拟次数两方面因素，第 j 个落子点的信心上限 I_j 计算公式如下：

$$I_j = \overline{X}_j + c\sqrt{\frac{2\ln(n)}{T_j(n)}}$$

其中，$\overline{X}_j$ 是落子点 j 的平均收益，$T_j(n)$ 是落子点 j 的模拟次数，n 是 j 的父结点的模拟次数，c 为加权系数。

在蒙特卡洛树搜索中，收益值是通过随机模拟获得的，被选择模拟的次数越多，其收益值越准确。一方面，信心上限策略对于已经被选择过多次的结点，其收益值已经比较可信，倾向选择收益最好的结点，以便进一步确认其收益值。另一方面，对于被选择次数比较少的结点，其收益值的多少并不可信，希望再多被选择几次，以便提高其收益值的准确性。在 AlphaGo 中又增加了第三个原则，策略网络会提供每个可落子点的概率，具有高概率的可落子点应该是一个比较好的走步，希望具有高概率的可落子点优先被选择。

为此，AlphaGo 对信心上限的计算做了修改，以便更多地利用策略网络和估值网络的结果，因为这两个网络是从人类棋手的棋谱中学到的，有理由相信这两个网络的计算结果，但其基本思想并没有改变，还是同时考虑收益和模拟次数两方面因素，只是引入了更多的量。

对于一个棋局 s，可以通过两个途径获得其收益：一个途径是通过估值网络获得，用 $\text{value}(s)$ 表示；另一个途径是通过随机模拟获得，用 $\text{rollout}(s)$ 表示。我们用二者的加权平均作为棋局 s 第 i 次模拟的收益：

$$v_i(s) = \lambda\,\text{value}(s) + (1-\lambda)\text{rollout}(s)$$

其中，$0 \leq \lambda \leq 1$ 为加权系数。

为了方便起见，我们假设当前棋局为 s，一个可行的落子点为 a，在棋局 s 下在 a 处落子后得到的棋局用 s_a 表示，用 $Q(s_a)$ 表示棋局 s_a 的平均收益，则

$$Q(s_a) = \frac{\sum_{i=1}^{n} v_i(s_a)}{n}$$

$Q(s_a)$ 相当于信心上限 I_j 计算公式中的平均收益 $\overline{X}_j$。对于还没有模拟过的结点，$Q(s_a) = \text{value}(s)$。

在 AlphaGo 中定义了一个与模拟次数有关的函数 $u(s_a)$，并引入了可落子点概率：

$$u(s_a) = c \cdot p(s_a) \frac{\sqrt{N(s)}}{N(s_a)+1}$$

其中，$p(s_a)$ 为策略网络给出的在 s 棋局下在 a 处行棋的概率，$N(s)$ 为棋局 s 的模拟次数，$N(s_a)$ 为棋局 s_a 的模拟次数，注意 s_a 是在 s 棋局下在 a 处行棋后得到的棋局。c 为加权系数。

$u(s_a)$ 与信心上限 I_j 计算公式中的第二项 $c\sqrt{\frac{2\ln(n)}{T_j(n)}}$ 对应。所以，在蒙特卡洛树搜索的选择阶段，用 $Q(s_a)+u(s_a)$ 代替信心上限 I_j，优先选择 $Q(s_a)+u(s_a)$ 大的子结点。

这样，在选择过程中，从搜索树的根结点开始，从上向下每次都优先选择 $Q(s_a)+u(s_a)$ 大的子结点，直到被选择的结点为叶子结点为止，该叶子结点被选中，选择过程结束。

上述选择过程的结束条件与我们前面介绍的蒙特卡洛树搜索有些区别，在前面讲蒙特卡洛树搜索时，选择过程是遇到一个含有未扩展的子结点的结点时，选择过程结束。而这里是被选择的结点为叶子结点时结束。这是 AlphaGo 做的一点小改进，与下面将要讲到的扩展方式有关。在 AlphaGo 中是一次性扩展出被选中结点的所有子结点，但只对被选中的节点进行模拟，这是因为即便是没有模拟过的结点，也可以根据策略网络和估值网络的输出计算出 $Q(s_a)+u(s_a)$ 从而进行选择，这样就可以只对被选中的结点进行模拟，从而提高了效率。

如同刚才讲过的，扩展过程就是生成被选中结点的所有子结点，每个子结点对应一个可能的走步，并通过策略网络、估值网络分别计算出每个子结点的行棋概率和估值。

接下来就是模拟过程，对被选中的结点进行随机模拟。如果模拟结果获胜，则收益为 1；若模拟结果失败，则收益为 -1。将模拟结果和估值网络计算出的收益估值加权平均后作为被选中结点本次模拟的收益 $v_i(s)$。这里有一个需要注意的地方，就是模拟的是被选中的结点，而不是该结点的子结点，这些子结点是否被模拟以及什么时候模拟，需要看后续是否被选中。这也是与之前讲的传统蒙特卡洛树搜索不一样的地方。

在蒙特卡洛树搜索的模拟过程中，AlphaGo 并不是完全随机地行棋模拟，而是按照策略网络给出的每个落子点的概率进行模拟。前面说过，随机模拟的次数越多，其结果越可信，为了在一定的时间内获得更多次的模拟，AlphaGo 中又设计了一个快速网络，该网络的功能与策略网络完全一样，只是神经网络的结构更简单，虽然牺牲了一些性能，但是速度很快，大概是策略网络的 1000 倍。

在蒙特卡洛树搜索的回传过程中，每次模拟得到的结果 $v_i(s)$ 要逐层向上回传到其祖先结点，在回传过程中要注意正负号的变化，因为对于一方是正的收益，对于另一方就是负的收益。如图 7.17 所示，a 是当前棋局，b、c、d 是依次产生的后辈结点，经模拟后 d 获得收益 v，该收益依次向上传，由于 b 和 d 是同一方产生的结点，所以 d 的收益要加到 b 的总收益中，而 c、a 是 d 对手方产生的结点，所以要从 c、a 的总收益中减去 v。

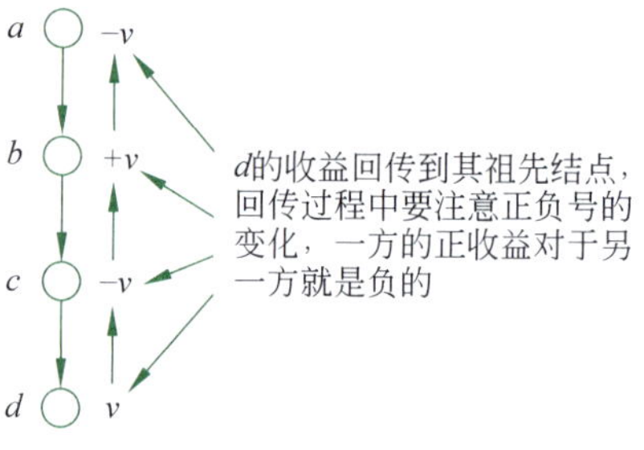

d 的收益回传到其祖先结点，回传过程中要注意正负号的变化，一方的正收益对于另一方就是负的

图 7.17 回传过程示意图

除了刚刚讲过的选择过程中的小改进外，在 AlphaGo 中对蒙特卡洛树搜索还做了以下

几个小改进。

(1) 在蒙特卡洛树搜索中,并不是一直生成新的结点,当达到指定深度后,就不再生成新的子结点了。也就是说,只生成指定深度内的结点。

(2) 规定了一个总模拟次数,当达到该模拟次数后,则蒙特卡洛树搜索结束。选择当前棋局的子结点中被模拟次数最多的结点作为选择的行棋点,而不是收益最高的子结点。这样做的原因主要是防止由于模拟次数不足造成的虚假高收益。不过,按照蒙特卡洛树搜索的选择方法,绝大多数情况下模拟次数最多的结点与收益最高的结点是一致的,个别情况不一致时,选择模拟次数最多的结点,这样会更加可靠。

最后再把 AlphaGo 的蒙特卡洛树搜索过程梳理一遍,图 7.18 给出了搜索示意图,这是一个简化图,一些结点并没有画出来。

(1) 每个结点记录以下信息。
- 总收益:包括该结点初次被选中时通过模拟和估值网络获得的加权平均收益,以及在搜索过程中,其后辈结点收益回传得到的收益总和。
- 行棋概率:从其父结点行棋到该结点的概率值,通过策略网络计算得到。
- 选中次数:该结点被选中的总次数。

(2) 以当前棋局为根结点开始进行蒙特卡洛树搜索。

(3) 选择过程如图 7.18(a)所示,从根结点开始从上到下依次选择 $Q(s_a)+u(s_a)$ 最大的子结点,直到被选择的结点为叶子结点为止。图中假定先后选择了 a、b、c,其中 c 为最后选定的结点。

(4) 扩展过程如图 7.18(b)所示,生成 c 的所有子结点,并通过策略网络计算出从结点 c 到每个子结点的概率,通过估值网络计算出 c 的每个子结点的估值。设置这些子结点的总收益为 0,选中次数为 0。在 AlphaGo 中,为了不使搜索树过于庞大,限定了一个最大搜索深度,如果被选定的结点已经达到这个深度,就不再对其做扩展,也就是不再生成其子结点。

(5) 模拟过程如图 7.18(c)所示,随机对 c 进行模拟,根据模拟结果获得收益,获胜为 1,失败为 -1。计算模拟结果和估值收益的加权平均值并将其作为 c 的此次模拟的收益 v。注意,这里模拟的对象是 c,而不是 c 的子结点。这与一般的蒙特卡洛树搜索有所不同。

(6) 回传过程如图 7.18(d)所示,将 c 的收益 v 回传给 c 的祖先结点。注意,对于一方的收益为 v 的话,对于另一方的收益就是 $-v$,所以回传时 v 的正负号要交替改变,按照回传的正负号将收益 v 或者 $-v$ 累加到 c 的祖先结点中,更新这些结点的总收益,并且对包括 c 在内的相关结点的选中次数加 1。

(7) 重复步骤(3)~(6)的过程,直到达到给定的模拟次数,或者用完给定的时限。

(8) 从根结点的所有子结点中选择一个被选中次数最多的结点,作为本轮的行棋点下棋。等待对手行棋后,再根据对手的行棋情况再次进行蒙特卡洛树搜索,选择自己的行棋点,直到双方分出胜负,对弈结束。

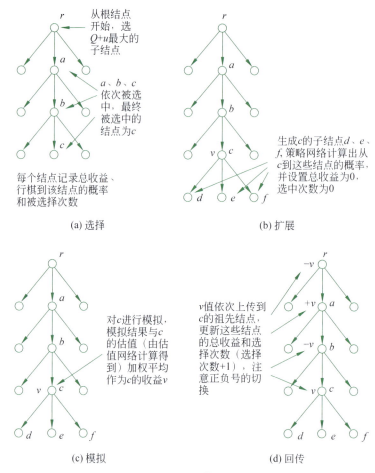

图 7.18　AlphaGo 的蒙特卡洛树搜索

7.6　围棋中的深度强化学习方法

为了提高 AlphaGo 的下棋性能，还采用了一种左右手互搏的学习方法。左右手互搏是一种通俗的说法，AlphaGo 采用深度强化学习方法，通过自己与自己对弈提高自己的下棋水平。

什么是深度强化学习呢？下面以动物表演为例介绍其概念。一群可爱的小狗在训狗师的带领下，会表演很多复杂的动作。这些小狗是如何学会表演的呢？训练起来并不容易。开始小狗可能什么也不知道，在训狗师的指挥下做动作，有些时候动作可能做对了，更多的时候可能做得不对。每当做对一个动作时，训狗师就给小狗一些奖励，比如一些小狗喜欢吃的东西，做错了，可能小狗会被训斥，甚至挨打。慢慢地小狗就学会了在什么情况下做什么动作。训练过程中的小狗就是在进行强化学习。这里有两个主要内容：一个是交互，即训狗师的手势和小狗的动作；另一个是收益，得到小狗喜欢的食物就是正的收益，而被训斥就是负的收益。对于一个聪明的小狗来说，它总是想获得更多的正的收益。开始小狗并不知道训狗师的手势是什么意思，它只是尝试做出一些动作，慢慢地通过是否获得奖赏或惩罚，小狗就明白了训狗师各种手势的不同含义,并做出正确的动作,学会了表演。

图 7.19(a)给出了小狗训练示意图。

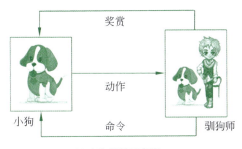

(a) 小狗训练示意图

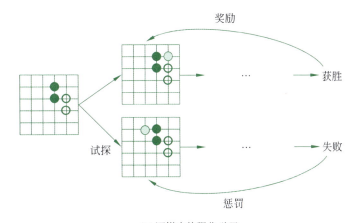

(b) 围棋中的强化学习

图 7.19　强化学习示意图

在训练小狗的任务中,训狗师会发出指令,并根据小狗接收到指令后的动作给出奖励或者惩罚,也就是小狗的收益是很及时的,小狗马上就知道刚才的动作是对还是错。这对小狗的学习是非常有利的。但是,在围棋场景下并没有一个人类围棋大师随时对计算机走的每一步棋做出评价,对于计算机来说,只能在一局棋结束后才会知道哪一方获得了胜利,哪一方失败,存在奖惩延迟的问题,如图 7.19(b)所示。

另外,一局棋是由很多步完成的,获胜方并不是每一步行棋都正确,失败方也不是每一步都走得不好。这也是围棋中的强化学习与训练小狗所不同的地方。

在围棋中,虽然不能保证胜利方每一步走的都正确,但是对于胜利一方来说,绝大多数行棋还是正确的,这样的假设基本是合理的。围棋中的强化学习就是利用这个假设,将自我对弈得到的棋谱作为训练样本,胜方的每步行棋都认为是正确的,应加大其正确行棋的概率,而失败方的每步行棋都认为是不好的,应减弱其相应的行棋概率。在这样的思想下,可以设计不同的强化学习方法。

存在不同的实现强化学习的手段,采用神经网络实现强化学习的方法称作深度强化学习。围棋中最常用的强化学习方法有 3 种,都是结合神经网络实现的,所以都属于深度强化学习方法。这里的关键因素是如何确定训练样本、如何标记和定义什么样的损失函数。确定这些内容后,剩下的工作就与普通神经网络的训练没有本质区别了,还是用 BP 算法对神经网络的权重进行调节、训练。简单地说,围棋中的强化学习方法,就是利用计算机自我对弈产生的数据,用对局的胜负作为标记,再定义适当的损失函数,利用 BP 算法进行训练的过程。

要实现围棋的深度强化学习,首先要让计算机实现对我对弈。这实现起来并不难,假设已经有一个策略网络,这个策略网络可以是根据人类棋手的棋谱训练出来的,也可以是随机设定的权值得到的一个初始网络,那么,对于任何一个棋局,策略网络都可以给出所有可落子点的概率值。我们把策略网络复制成两份,一个当作甲方,另一个当作乙方,甲乙双方依据策略网络给出的落子概率实现对弈,每次选择概率值最大的可落子点作为行棋点,甲乙双方就可以实现对弈了。最后双方究竟谁是获胜者,可以用一个写好的程序判定,至于具体的判定方法,由于涉及很多围棋知识,我们不再介绍了。在甲乙双方下棋过程中,记录下每一步棋局,并标记最终的胜方或者负方,这些具有胜负标记的棋局就可以作为样本用于强化学习了。

下面介绍围棋中 3 种常用的强化学习方法。

7.6.1 基于策略梯度的强化学习

假设当前棋局为 s,a 是在自我对弈过程中甲方选择的走步,p_a 是策略网络输出的在 a 处行棋的概率,并且假定最终甲方获得了胜利。由于在 a 处行棋最终获胜了,所以我们有理由认为在 s 棋局下在 a 处行棋是合理的,此时在 a 处行棋的理想概率 t_a 应该为 1,而其他可落子点的理想概率应该为 0。经过训练后,p_a 应该逼近 t_a 才是合理的。为了达到这一目的,我们可以选择交叉熵损失函数,即

$$L(w) = -t_a \log(p_a)$$

因为当用交叉熵损失函数进行优化时,刚好达到让 p_a 尽可能逼近 t_a 的目的。

由于甲方获胜时 t_a 为 1,所以实际上损失函数就是:

$$L(w) = -\log(p_a)$$

对于甲方失败的情况,t_a 为 -1 是否可以直接代入呢?实际情况确实是这么处理的,但是对于交叉熵损失函数来说,理论上不能直接处理失败的情况,因为这里用的是概率,而概率不能是负数。这样处理的话需要给出一个合理的解释。

在获胜的情况下,BP 算法根据梯度的大小和方向通过调节神经网络的权重达到提高 p_a 值的目的。在失败的情况下,说明在 a 处不是一个好的行棋点,应该减小在 a 处下棋的概率,也就是应该调整权重使得策略网络在 a 处的输出值 p_a 下降。我们可以认为对于获胜或者失败,对权重调整的大小是一样的,只是方向相反。例如,对于获胜的情况,如果对于某个权重 w_i,BP 算法加大了 w_i 的值,则同样条件下,对于失败的情况就应该是减少 w_i 的值,且加大或减少的大小是一样的。在这样的假设下,对于失败的样本,直接令 t_a 为 -1 就可以了,因为对于交叉熵损失函数来说,这样处理后的梯度方向刚好与获胜样本的梯度方向相反,而梯度的绝对值又是一样大的,刚好符合我们希望的结果。

下面给出基于策略梯度的强化学习方法的学习流程,如图 7.20 所示。

首先用当前已有的策略网络构建一个围棋系统,初始的策略网络通过对权重随机赋值获得。分别复制该系统为甲方和乙方进行多轮对弈,记录其行棋过程获取数据,然后用基于策略梯度的强化学习方法训练该策略网络,得到更新版策略网络。由于数据是通过自我对弈产生的,不能保证数据的质量,尤其是在初始阶段数据质量更差,所以这样得到的更新版

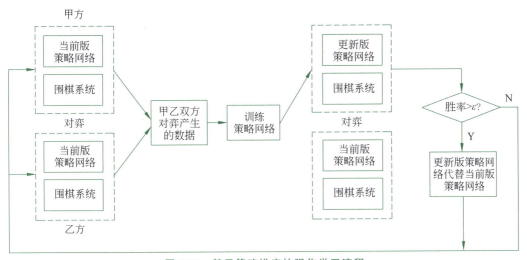

图 7.20　基于策略梯度的强化学习流程

策略网络性能不能得到保证。为此,用更新版策略网络构建的围棋系统和当前版进行多轮对弈,计算更新版的胜率,如果胜率大于给定值 ε,则接受更新版,用更新版代替当前版继续进行新一轮的强化学习,否则就舍弃更新版继续用当前版进行强化学习。反复重复以上过程,直到获得一个性能满意的策略网络为止。

　　这里有两点需要注意:一是在强化学习过程中,每个样本只使用一次,因为强化学习的样本是自我对弈产生的,如同前面说过的一样,对于获胜者来说,并不是他的每一步行棋都是正确的,可能含有很大的噪声,尤其是在学习的早期阶段,当策略网络性能比较差的时候更是如此。所以,为了防止错误的样本被强化,每个样本只使用一次。由于样本来自自我对弈,可以产生足够多的样本,所以也不存在样本不够的问题,需要多少产生多少就可以了。这与非强化学习中用人类棋手棋谱训练时样本被多次反复使用有所不同,因为人类棋谱质量是比较可靠的,而且棋谱也是有限的,不可能随意增加。二是基于策略梯度的强化学习方法学习的是在每个可落子点行棋的获胜概率,因为样本标记就是获胜或者失败。这与从人类棋谱中学习策略网络也有所区别,后者学习的是在某个可落子点行棋的概率。它们虽然概念上有所不同,但是都可作为策略网络使用。

7.6.2　基于价值评估的强化学习

　　在围棋比赛直播中,讲解员在讲解时经常会说这步棋下在这里比较好、下在那里不太好、这是一步好棋等,或者说目前的局势对黑方有利或者对白方有利、双方局面相差不多等。类似的评论信息其实就是对围棋局面的评估。基于价值评估的强化学习就是想训练一个称作行动-价值网络的神经网络,对每个可能的走步做出评估。

　　行动-价值网络如图 7.21 所示,有两个输入:一个为当前棋局;一个为可能的落子点。输出是一个 $-1\sim1$ 的数值,表示这步棋之后所形成的棋局的估值,也就是收益。大于 0 表示对我方有利,小于 0 表示对对方有利。

　　训练样本同样来自自我博弈,将当前棋局以及下一步的行棋点作为一个样本,将这盘棋的最终胜负作为样本的标记,获胜标记为 1,失败标记为 -1,这也是行动-价值网络的学习目标。行动-价值网络的输出为 $-1\sim1$ 的一个数值,该数值是对这盘棋最终胜负情况的一个预测。所以,行动-价值网络的输出应尽可能接近 1 或者 −1,为此我们可以选择误差的平方作为损失函数,也就是将棋局最终的胜负值与行动-价值网络的输出值之差的平方作为损失函数,即

$$L(w) = (R - V(s,a))^2$$

其中,R 为胜负标记,$V(s,a)$ 为当前棋局 s 下在 a 处落子时估值网络的输出。

图 7.22 给出了行动-价值网络示意图。对于当前棋局输入部分,先通过几个卷积层、全连接层处理后,再与当前落子点输入部分"汇合",之后经过几个全连接层,最后有一个单个神经元的输出层,经过 tanh 激活函数将输出转换到 −1～1,这也是我们希望的输出范围。

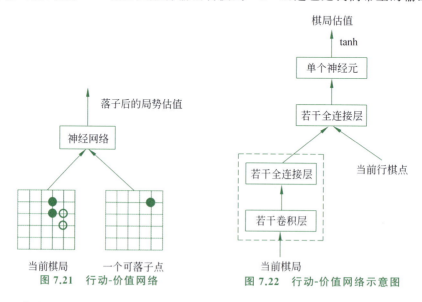

图 7.21　行动-价值网络　　　　图 7.22　行动-价值网络示意图

图 7.22 中有两个输入,左边的输入是当前棋局,经过处理后与右边的输入当前行棋点合并。虚线部分可以认为是照搬策略网络过来的,在策略网络中为了得到每个行棋点的行棋概率,需要对当前棋局进行详细分析。在行动-价值网络中,为了预测局势估值,有理由认为在策略网络中用到的这些分析也是必需的,所以在对当前局势进行一定处理后,再与当前选择的行棋点结合,对局势估值进行预测。图 7.22 给出的行动-价值网络就是在这样的想法下给出的示意图,当然也不排除有其他的设计思想,并没有定论一定需要这样的设计,这里给出的只是一种实现办法。

基于价值评估强化学习方法采用图 7.20 类似的学习流程,只是要把其中的策略网络替换成行动-价值网络,这里就不再介绍了。

7.6.3　基于演员-评价方法的强化学习

下完棋后进行复盘是提高棋艺的有效手段。所谓复盘,就是对刚下完的一盘棋一步一步再复现一次,分析哪一步走得好,哪一步走得不好,尤其是分析那些具有决定作用的行棋,比如走得特别好的、确定了优势的走步,或者走得不好的、从此转向劣势的走步,对这些行棋做重点分析。复盘对提高下棋者的下棋水平具有非常重要的作用。

这里特别强调那些扭转乾坤或者被扭转乾坤的行棋。这就好比在篮球比赛中,在比分已经领先比较多的情况下,投进几个 3 分球固然精彩,但是对于胜败所起的作用并不大,但

是如果在落后的情况下,比如在最后几秒还落后 1、2 分的情况下,投进一个 3 分球,那绝对是扭转乾坤之举,直接关系到最后的胜败。基于演员-评价方法的强化学习,就是想体现出这种想法,重点学习那些决定成败的走法。

其中演员是一种类比,就好比一个演员在学习表演,一位老师在指导他。每次演员表演完后,老师对他的表演进行评价,指出做得好的地方和做得不好的地方,演员按照老师的评价,发扬优点,改进不足,反复重复下去,演员逐渐就提高了自己的表演水平。与老师在围棋复盘时对下棋者进行指导是一样的。

为了实现对重点走步的评价,我们引入收益增量的概念。

设当前棋局为 s,其预期收益为 $V(s)$,在 a 处走一步棋后的收益为 $Q(s,a)$,二者的取值范围均在 $-1 \sim 1$,则在 a 处行棋后的收益增量 A 为

$$A = Q(s,a) - V(s)$$

由于 $V(s)$、$Q(s,a)$ 的取值范围都在 $-1 \sim 1$,所以 A 的取值范围在 $-2 \sim 2$。

可以这样理解收益增量这个概念。假设当前棋局 s 已经对甲方很有利了,也就是 $V(s)$ 值很大,已经接近 1 了,当在 a 处行棋之后,局面仍然对甲方有利,那么在 a 处行棋的收益增量并不是很大,就如同在篮球比赛中处于绝对领先的情况下,投进一个三分球一样。但是,如果在 a 处行棋之后,本来处于优势的甲方变成劣势了,那么在 a 处行棋的收益增量就是负的,说明走了一个败招。反之,如果当前局势对甲方是不利的,也就是 $V(s)$ 值是负的,如果这时在 a 处行棋之后,局势变得对甲方有利了,那么在 a 处的行棋绝对是一步扭转乾坤的棋,获得比较大的收益增量。收益增量就是对关键棋的评价。收益增量在 0 左右时,说明下了一步比较正常的棋,在 a 处行棋前后双方局势没有大的变化。收益增量接近 2 时,则是下了一步妙招,而收益增量接近 -2 时,则表示走了一个大败招。这两种情况均表示双方的局面发生了大逆转。

接下来的问题是如何计算 $V(s)$、$Q(s,a)$ 这两个量。$V(s)$ 的值可以用一个神经网络进行估计,$Q(s,a)$ 的值可以用一盘棋最终的收益 R 代替,获胜时 R 值为 1,失败时 R 值为 -1。这样,实际应用时收益增量可通过以下公式计算:

$$A = R - V(s)$$

这里的收益增量 A 相当于教师对演员的评价。

我们用强化学习训练的是策略网络,策略网络就相当于演员。我们希望利用"教师"信息 A 辅助训练策略网络。实际上,基于演员-评价方法的强化学习相当于我们前面讲过的基于策略梯度的强化学习和基于价值评估方法的强化学习两种方法的融合。

在基于演员-评价方法的强化学习中,采用了一个具有两个输出的神经网络,分别作为策略网络的输出和收益 $V(s)$,如图 7.23 所示。该网络称作演员-评价网络。

在进行强化学习的时候,样本同样来自自我对弈产生的棋谱,每一个棋局标记一个这局棋的胜负收益,即 1 或者 -1,同时还有一个通过 $A = R - V(s)$ 计算得到的收益增量,其中 R 就是这局棋的胜负收益,而 $V(s)$ 就是图 7.23 所示的演员-评价网络右边的输出值,也就是预测的当前棋局收益。

图 7.23 具有两个输出,需要分别定义损失函数,然后再通过加权的形式组合在一起。对于演员-评价网络来说,相当于策略网络和估值网络两个网络的组合。对于其中的策略网络部分来说,损失函数选取类似于前面讲过的基于策略梯度的强化学习方法中的交叉熵

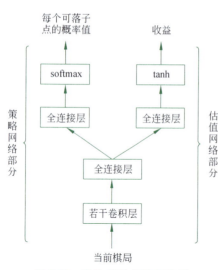

图 7.23 演员-评价网络示意图

损失函数,只是将损失函数中的胜负值用这里给出的收益增量代替,这也是为了体现加强对重点走法的学习,因为收益增量可以评价每种走法的重要程度,具体如下。

设 s 是当前棋局,p_a 是策略函数部分给出的在 a 处下棋的概率,A 是收益增量,则这部分的损失函数如下所示,可以看作采用收益增量加权的交叉熵损失函数。

$$L_1(w) = -A\log(p_a)$$

对于估值网络部分来说,输出 $V(s)$ 就是对胜负值 R 的预测,这种情况下一般采用误差的平方损失函数,即

$$L_2(w) = (R - V(s))^2$$

两个损失函数组合在一起可作为演员-评价网络总的损失函数:

$$L(w) = L_1(w) + \lambda L_2(w) = -A\log(p_a) + \lambda(R - V(s))^2$$

其中,λ 为调整参数,在两个损失函数之间进行调节。

通过图 7.23 所示的神经网络,以及上述的组合损失函数,基于演员-评价的强化学习方法,同时学习策略网络和估值网络,并通过将收益增量引入损失函数中,实现对重要走法的学习。

演员-评价强化学习方法的学习流程也同图 7.20 类似,只是要把其中的策略网络替换成演员-评价网络。

上面介绍了3种典型的用于计算机围棋的强化学习方法,这3种方法总体来说大同小异,都是通过自我博弈实现自我学习,逐步提高下棋水平。3种方法学习重点不同,通过设计不同的损失函数达到不同的学习目的。对于基于策略梯度的强化学习方法来说,通过每局棋的胜负指导学习,学习到的是每个落子点获胜的概率,使用时依据获胜概率选择行棋点。对于基于价值评估的强化学习方法来说,虽然也是通过每局棋的胜负指导学习,但学习到的是在每个落子点的胜负收益,使用时选取收益最大的落子点作为行棋点。而对于基于演员-评价的强化学习方法来说,强调的是重要行棋点的学习,也就是一局棋中一些重要走法的学习,通过收益增量对每种走法的重要性进行评价,最终策略网络学习到的是每个落子点获得最大收益增量的概率。

回想一下,AlphaGo 中的策略网络是利用人类棋谱作为样本进行学习的,其习得的是人类棋手在该点行棋的概率,所以,虽然最终训练的都是策略网络,但是其具体含义是不同的,体现了不同的学习策略。

7.7 AlphaGo Zero 原理

AlphaGo Zero 是继 AlphaGo 之后的一个升级版本,完全抛弃了人类数据,实现了从零学习,这也是其名称的由来,英文 Zero 是零的意思。

AlphaGo 有策略网络和估值网络两个神经网络,训练时用到大约 16 万盘的人类棋谱,虽然也用到一些深度强化学习技术,但是主要还是从人类棋谱中学习。而 AlphaGo Zero 不再用任何人类棋谱,利用深度强化学习方法,从开始的随机下棋开始,不断地总结学习,逐步提高其下棋水平,并且最终达到了远高于 AlphaGo 的水平。从零学习指的就是在训练过程中不用任何人类提供的相关数据。

为了实现从零学习,AlphaGo Zero 从总体框架上做了一些改进,在构建策略网络和估值网络时,采用了性能更好的残差网络 ResNet,并且将策略网络和估值网络整合在一起构建了一个"双头"神经网络,即同时包含策略网络输出和估值网络输出两个"头",而共用残差网络组成的神经网络"体",又将深度强化学习与蒙特卡洛树搜索紧密地结合在一起,使得深度强化学习更加有效。

AlphaGo 中有策略网络和估值网络两个神经网络,两个网络输入的都是当前棋局,策略网络输出在每个可落子点行棋的概率,估值网络输出当前棋局的收益。先看看 AlphaGo Zero 是如何将这两个网络融合在一起的,为了说明方便,我们将整合后的网络称作策略-估值网络,图 7.24 给出了策略-估值网络的示意图。

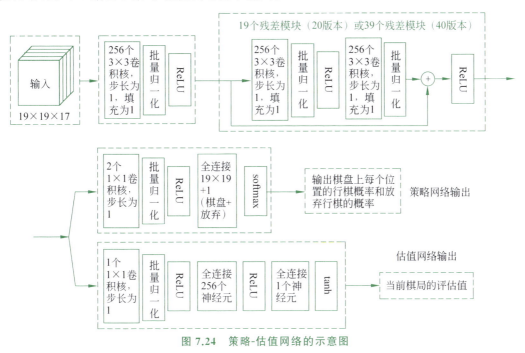

图 7.24 策略-估值网络的示意图

图 7.24 中上半部分是一个残差网络,组成了策略-估值网络的"体",称作策略-估值网络体,输入为 17 个 19×19 的通道。与 AlphaGo 的策略网络有 48 个输入通道和估值网络有 49 个输入通道不同,AlphaGo Zero 的策略-估值网络只用了 17 个输入通道,而且这些通道都是围棋中很自然的特征,排除了一些人为抽取的特征,以体现 AlphaGo Zero 从零学习的特性。这 17 个通道分别为:①一个通道记录当前棋局黑棋在棋盘上的位置,有黑棋的位置为 1,否则为 0;②一个通道记录当前棋局白棋在棋盘上的位置,有白棋的位置为 1,否则为 0;③用 14 个通道分别记录前七个棋局,每个棋局用两个通道分别记录有黑棋的位置和有白棋的位置,七个棋局共 14 个通道;④一个通道记录当前的行棋方,轮到执黑棋方行棋,则

全部填 1；轮到执白棋方行棋，则全部填 0。这样，共 17 个通道，完全是对棋局的自然记录，没有任何人工的处理。

策略-估值网络的第一层是卷积层，有 256 个 3×3 的卷积核，步长为 1，填充为 1，后接一个批量归一化后，再接 ReLU 激活函数。

这里的批量指的是采用 BP 算法进行训练时，每次选取的样本个数，而批量归一化指的是在每个批量完成参数更新之后，对卷积层的输出做一次均值为 0、方差为 1 的归一化，以防止训练过程中数据产生漂移。批量归一化的引入可以有效提高训练速度，并减少过拟合现象的发生。相关内容我们就不讲解了，有兴趣的话可以查看相关资料。

接下来是连续 19 个残差模块或者 39 个残差模块，对应 AlphaGo Zero 的策略-估值网络的两个不同版本。除了组成的残差模块数量不同外，其他部分都相同。每个残差模块由两层卷积网络组成，第一个卷积层为 256 个 3×3 的卷积核，步长为 1，填充为 1，经批量归一化后接 ReLU 激活函数。第二个卷积层同样是 256 个 3×3 的卷积核，步长为 1，填充为 1，经批量归一化后，与该残差模块的输入相加后再接 ReLU 激活函数。这是策略-估值网络共用的 "体" 部分，接下来分成两路分别组成策略网络和估值网路两个 "头" 部输出。对于策略网络部分来说，其头部由两层组成，第一层是 2 个 1×1 的卷积核，步长为 1，经批量归一化后接 ReLU 激活函数，第二层是 19×19+1 个神经元组成的全连接层，接 softmax 激活函数后作为策略网络的输出。

策略网络的输出是在每个可落子点行棋的概率，围棋棋盘大小是 19×19，有 19×19 个输出就可以了，为什么要加 1 呢？在围棋中，甲乙双方在下棋过程中都可以选择放弃行棋，如果双方都选择了放弃，那么这局棋就结束了。在 AlphaGo 中何时选择放弃是通过一段程序判断的，AlphaGo Zero 为了突出从零学习的特点，尽可能减少人为的干预，"放弃" 也作为一步行棋，通过学习获得。所以，这里的策略网络的输出就需要多一个，用来表示放弃行棋的概率。因此，策略网络具有 19×19+1 个输出。

对于估值网络部分来说，其头部由 3 层组成：第一层是 1 个 1×1 的卷积核，步长为 1，经批量归一化后接 ReLU 激活函数；第二层是 256 个神经元组成的全连接层，后接 ReLU 激活函数；最后一层是只有一个神经元的全连接层，经 tanh 激活函数后得到估值网络的输出。估值网络输出的是当前棋局的收益，收益的取值范围在 −1～1，大于 0 时表示正的收益，小于 0 时表示负的收益。所以，通过 tanh 激活函数将估值网络的输出变换到 −1～1。

下面先假定策略-估值网络已经训练好了，至于是如何训练得到的，留待后面介绍。先讲讲 AlphaGo Zero 是如何将策略-估值网络与蒙特卡洛树搜索相结合实现下棋的，这对于理解其训练过程有帮助。

AlphaGo Zero 中的蒙特卡洛树搜索与 AlphaGo 中的基本差不多，只有一个变化，我们只讲这个变化就可以了，其他相同的部分就不再讲解了。

在 AlphaGo 中，当选择到一个叶子结点后，会通过两种办法计算该结点的收益：一个是通过估值网络计算；一个是通过随机模拟获得，并将二者的加权平均值作为该结点的收益。而在 AlphaGo Zero 中，去掉了随机模拟过程，直接用估值网络的计算结果作为该结点的收益。其他地方基本与 AlphaGo 一样了，不再详细讲解。

下面看看为什么可以去掉模拟过程。

在 AlphaGo 中，最后选择要模拟的结点，其收益通过下式将估值网络的计算结果和随机模拟结果进行加权平均获得：
$$v_i(s) = \lambda \text{value}(s) + (1-\lambda)\text{rollout}(s)$$
其中，value(s)表示通过估值网络计算得到的收益，rollout(s)表示通过随机模拟得到的收益，$0 \leq \lambda \leq 1$为加权系数。

而在AlphaGo Zero中，直接使用估值网络的计算结果作为该结点的收益，相当于λ取1的情况。之所以这么做，是因为AlphaGo Zero的设计者认为估值网络的结果已经足够可信，不再需要进行随机模拟了。这样一来，当需要随机模拟的时候，直接通过估值网络计算就可以了，加快了蒙特卡洛树搜索的速度。

下面介绍一下AlphaGo Zero是如何实现深度强化学习的。

在AlphaGo Zero中采用的深度强化学习方法与我们前面介绍过的深度强化学习方法总体上思路差不多，通过自我对弈产生样本，用以训练策略-估值网络，从而提高系统的下棋水平。在AlphaGo的强化学习中，自我对弈只使用了策略网络和估值网络，并通过深度强化学习方法改善策略网络和估值网络的性能，在强化学习阶段并没有与蒙特卡洛树搜索结合在一起。既然策略网络和估值网络与蒙特卡洛树搜索结合后可以表现出更强的下棋能力，为什么不在强化学习阶段就将蒙特卡洛树搜索结合进来呢？这样通过自我博弈产生的训练数据不是更可靠吗？AlphaGo Zero正是采用了这样的方法。结合蒙特卡洛树搜索后系统的下棋水平更高，获得的训练数据更可靠，可以有效提高强化学习的效果。

图7.25给出了AlphaGo Zero中采用的深度强化学习流程。开始时先随机设置策略-估值网络中的参数，作为当前版的策略-估值网络使用。复制两套系统作为甲乙双方进行对弈，对弈时均结合蒙特卡洛树搜索，获得若干盘对弈结果并将其作为棋谱保留。用得到的棋谱采用深度强化学习方法对策略-估值网络进行调整训练，得到更新版策略-估值网络。为了测试更新版策略-估值网络的性能，用更新版和当前版策略-估值网络进行若干盘对弈，二者均结合蒙特卡洛树搜索。如果更新版胜率大于给定值ε，则接受更新版，用更新版代替当前版策略-估值网络；否则保留当前版策略-估值网络，甲乙双方再次进行多轮对弈，获取数据。重复以上过程，直到达到一定的更新次数，获得一个高水平的策略-估值网络为止。

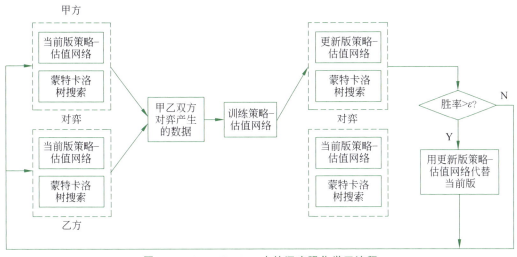

图7.25　AlphaGo Zero中的深度强化学习流程

这样，AlphaGo Zero 就实现了从零学习，不过需要非常大的计算量。AlphaGo 团队也一直在改进他们的方法，使得训练更加有效。在比较早期的版本中，采用 176 个 GPU 进行训练，而与李世石比赛的版本用了几台机器和 48 个 TPU（TPU 是谷歌公司专门用于深度学习的加速器）。到了 AlphaGo Zero，其效率有极大提高，只用了一台配备 4 个 TPU 的机器就完成了训练，不过用时还是比较长，虽然训练 3 天后就可以战胜与李世石比赛的版本，但是需要训练 40 天才能赶上与柯洁比赛的版本。这也说明了和柯洁的比赛版本具有更好的性能。

下面介绍一下 AlphaGo Zero 的训练过程。

首先，AlphaGo Zero 在自我对弈的过程中要记录下全部棋谱用于强化学习，用这些棋谱当作训练样本，对策略-估值网络进行训练。

策略-估值网络有两个输出，分别用两个不同的损失函数组合在一起。对于估值网络部分，其输出只有一个收益，用的是误差的平方损失函数，即

$$L_{估值} = (z - v)^2$$

其中，z 为自我博弈的结果，获胜时为 1，失败时为 -1；v 为估值网络的输出，其值在 $-1 \sim 1$，通过训练使得 v 的值尽可能与 z 接近。

策略网络部分的损失函数在 AlphaGo Zero 中又使用了一个技巧，这也是将蒙特卡洛树搜索融合到强化学习中比较关键的一点。大家应该还记得在蒙特卡洛树搜索结束后，会选择选中次数最多的结点作为最佳行棋点，这样的选择方法可以使系统性能更稳定。AlphaGo Zero 进行强化学习时，是和蒙特卡洛树搜索紧密结合在一起的，既然搜索结束后是选择选中次数最多的结点为最佳行棋点，那么我们在用 BP 算法优化时，也可以按照选中次数进行优化。

假设 s 是当前棋局，完成蒙特卡洛树搜索之后，其每个子结点，也就是在棋局 s 下所有可能的行棋点，都有一个选中次数，最佳走步就是选中次数最多的子结点。为了优化选中次数，AlphaGo Zero 将选中次数转换为概率，并训练策略网络的输出尽可能与该概率一致，从而达到优化选中次数的目的。

下面举例说明 AlphaGo Zero 是如何做到这一点的。

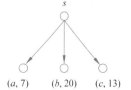

图 7.26 选中次数转换为概率示意图

如图 7.26 所示，假设 a、b、c 是当前棋局 s 的 3 个子结点，在蒙特卡洛树搜索结束时，3 个子结点被选中的次数分别为 7、20、13，每个结点被选中的概率就是该结点的选中次数除以 3 个结点选中的总次数。这样，a、b、c 3 个结点的选中概率用 π 表示，分别为

$$\pi(a) = \frac{7}{7+20+13} = 0.175$$

$$\pi(b) = \frac{20}{7+20+13} = 0.5$$

$$\pi(c) = \frac{13}{7+20+13} = 0.325$$

这 3 个概率是通过蒙特卡洛树搜索得到的。对于策略网络部分来说，当输入当前棋局

s 后,对 a、b、c 3 个子结点也会输出概率值,我们记为 $p(a)$、$p(b)$、$p(c)$。$p(a)$、$p(b)$、$p(c)$ 的值应该尽可能与 $\pi(a)$、$\pi(b)$、$\pi(c)$ 的值接近,这是我们的训练目标。为此,可以采用交叉熵损失函数达到这一目的,因为交叉熵损失函数可以衡量两个概率分布的差异性。

$$L = -\pi(a)\log(p(a)) - \pi(b)\log(p(b)) - \pi(c)\log(p(c))$$

在 AlphaGo Zero 中,策略网络部分也采用同样的损失函数。为了表达方便,我们用 π_i ($i=1,2,\cdots,362$) 表示通过蒙特卡洛树搜索得到的当前棋局 s 的每个子结点的选中概率,之所以共有 362 个,是因为在 19×19 的围棋盘上共有 361 个行棋点,然后将是否放弃行棋也作为一个行棋点对待,所以共有 362 个。策略网络部分的输出也是 362 个,分别用 p_i ($i=1,2,\cdots,362$) 表示,这样交叉熵损失函数可以表示为

$$L_{策略} = -\pi_1\log(p_1) - \pi_2\log(p_2) - \cdots - \pi_{362}\log(p_{362})$$

因为在 AlphaGo Zero 中策略网络和估值网络融合在一起形成了一个神经网络,所以需要将两个网络的损失函数合并在一起,同时,为了减少过拟合现象的发生,在损失函数中又增加了一个正则化项,综合以后的损失函数为

$$L = L_{估值} + L_{策略} + \|\theta\|_2^2$$
$$= (z-v)^2 - \pi_1\log(p_1) - \pi_2\log(p_2) - \cdots - \pi_{362}\log(p_{362}) + \|\theta\|_2^2$$

其中,θ 表示神经网络的所有参数,$\|\theta\|_2^2$ 是 2-范数正则化项。有关过拟合与正则化项的关系,可以参看第 6 章相关内容。

通过自我对弈实现从零学习是 AlphaGo Zero 的最大特点,由于这种学习是完全没有人类指导的随机学习,就像人会迷路一样,可能会走向错误的方向。为了防止这种现象发生,一种有效的方法是在蒙特卡洛树搜索过程中,对策略网络得到的概率增加一定的噪声,人为加大某些落子点的行棋概率,探索更多的行棋可能性,减少因缺少随机模拟带来的多样性不够问题。

引入多样性后虽然可能会探索一些不太好的走法,但是蒙特卡洛树搜索具有消除这些不好走法所带来影响的能力。因为如果这些落子点不是一个好的行棋点,经过多次蒙特卡洛树搜索的选择之后,其收益会逐步降低,选择过程最终还是会选择那些更好的行棋点,而放弃不好的行棋点。但万一是好的行棋点呢?就像发现新大陆一样,探索出一片新天地。这也是蒙特卡洛树搜索的特点之一,在多次搜索之后,是有机会摆脱掉那些不好的探索方向的。

为此,AlphaGo Zero 采用了利用狄利克雷分布抽取噪声的方法。狄利克雷分布是一个关于概率分布的概率分布,在参数的控制下,可以产生一些符合一定条件的概率分布。狄利克雷分布有两个参数:一个是向量长度 n,即产生的概率分布由多少个元素组成,这 n 个元素组成的向量构成了狄利克雷分布的抽样结果。由于抽样结果也是一个概率分布,所以应满足概率分布的一些性质,比如 n 个元素值之和为 1。另一个参数是分布浓度 α,当 α 比较大时,产生的概率分布比较平缓,也就是说 n 个元素的概率值相差不大。当 α 比较小时,产生的概率分布具有"突变"性,也就是说 n 个元素中绝大部分取值接近 0,但有少量几个元素值比较大。图 7.27 给出了一个当 α 比较小时狄利克雷分布采样示意图。

在 AlphaGo Zero 中,利用 α 比较小时狄利克雷分布采样的这种性质,通过狄利克雷分布产生一个与策略网络输出同样大小的向量作为噪声,然后在策略网络输出与狄利克雷分

图 7.27　α 比较小时狄利克雷分布采样示意图

布输出之间做加权平均,以代替策略网络的输出。

设 p_a 是策略网络给出的落子点在 a 处的行棋概率,p_d 是通过狄利克雷分布采样得到的 a 处的概率,则加入噪声后在 a 处的行棋概率为

$$\lambda p_a + (1-\lambda) p_d$$

其中,$0 \leqslant \lambda \leqslant 1$ 为加权因子。

由于这样得到的狄利克雷分布采样的绝大部分元素接近 0,所以策略网络的绝大部分输出并没有受到影响,只有那些个别的处于"突变"点上的概率被人为加大了,这也刚好符合我们对落子概率增加噪声的初衷。

从以上介绍可以看出,AlphaGo Zero 将深度学习与蒙特卡洛树搜索巧妙地融合在一起,神经网络部分也简化成了一个,并在蒙特卡洛树搜索中取消了随机模拟,用估值结果代替,这样性能得到了极大的提高,计算量反而降低了,在一台服务器上加 4 个 TPU 就可以完成训练。这也是不断磨炼,精益求精的结果。

7.8　总　结

本章全面介绍了计算机实现下棋的几种方法,总结如下。

(1) 通过一个简单分钱币问题引出计算机下棋问题。对于简单的下棋问题或许可以通过穷举所有可能状态的方法找出最佳的行棋策略。但是,对于像围棋、象棋这样的棋类,由于其庞大的状态空间,是不可能通过穷举的办法寻找最佳行棋策略的。

(2) 受人类下棋思考过程的启发,提出了下棋的极小-极大模型。但是,由于该模型需要搜索给定深度内所有可能的状态,搜索时间过长,同样不适合于像围棋、象棋这样的棋类。

(3) 为了减少一些不必要的搜索,提出了 α-β 剪枝算法。α-β 剪枝算法利用已有的搜索结果,剪掉一些不必要的分枝,有效提高了搜索效率。国际象棋、中国象棋的计算机程序均采用了这个框架。

(4) α-β 剪枝算法的性能严重依赖棋局的估值,由于围棋存在不容易估值问题,该方法不适用于计算机求解围棋问题,为此引入了蒙特卡洛树搜索方法,通过随机模拟的方法解决围棋棋局估值的问题,使得计算机围棋水平有了很大提高。

(5) 蒙特卡洛树搜索仍然具有盲目性,没有有效地利用围棋的相关知识。AlphaGo 将深度学习,也就是神经网络与蒙特卡洛树搜索有效地融合在一起,利用策略网络和估值网络引导蒙特卡洛树搜索,有效地提高了计算机围棋的性能,达到了战胜人类大师的水平。

(6) 强化学习利用自己产生的数据进行学习。深度强化学习是一种用神经网络实现的强化学习方法。根据围棋的特点,提出了 3 种常用的深度强化学习方法:基于策略梯度的强化学习、基于价值评估的强化学习和基于演员-评价方法的强化学习。3 种方法均利用自我对弈产生的数据进行训练,但解决问题的角度不同,主要体现在不同的损失函数定义上,但最终殊途同归,均通过强化学习、自我提高的方法训练策略网络和估值网络。

（7）AlphaGo Zero 实现了从零学习，并达到了更高的围棋水平。AlphaGo Zero 完全抛弃了人类棋手的棋谱，完全利用自我对弈产生的数据和强化学习方法从零开始学习，逐步提高下围棋的水平。

本章内容虽然以计算机下棋方法为主，但并不单纯是学习这些方法，编写一个下棋程序，更重要的是从中学习解决问题的思想。无论是 AlphaGo 还是 AlphaGo Zero，并没有什么创新的新技术，更多的是如何利用已有技术，将围棋问题转换为这些技术能求解的问题，并有机地将这些方法融合在一起，最终达到战胜人类最高水平棋手的目的，是集成创新的典范。

第 8 章 高级搜索

前面介绍了深度优先、宽度优先、A* 算法等常规的搜索算法。深度优先、宽度优先等盲目搜索算法就不用说了，即便是 A* 算法，一般情况下，其算法复杂性仍然是指数时间级的。因此，当问题的规模大到一定程度后，这些常规的搜索算法就显得无能为力了。本章将介绍一些随机搜索方法，如局部搜索、模拟退火算法和遗传算法等。这些算法的一个共同特点是引入了随机因素，每次运行并不能保证能求得问题的最优解，但经过多次运行后，一般总能得到一个与最优解相差不太大的满意解。以放弃每次必然找到最佳解的目标，换取算法时间复杂度的降低，以适于求解大规模的优化问题。

8.1 基本概念

8.1.1 组合优化问题

在现实世界中，很多问题属于优化问题，或者可以转换为优化问题求解。比如前面介绍过的旅行商问题(TSP)，就是求解旅行商在满足给定的约束条件下的最短路径问题。这里的约束条件是"从某个城市出发，经过 n 个指定的城市，每个城市只能且必须经过一次，最后再回到出发的城市"。还有皇后问题，它要求在一个 $n \times n$ 格的国际象棋棋盘上摆放 n 个皇后，使得 n 个皇后之间不能相互"捕捉"，即在任何一行、一列和一个斜线上，只能有一个皇后。皇后问题本身并不是一个优化问题，但可以转换为优化问题来求解。比如可以定义指标函数为棋盘上能相互"捕捉"的皇后数，显然该指标函数的取值范围是一个大于或等于 0 的整数。当棋盘上摆放 n 个皇后，且其指标函数取值为最小值 0 时，刚好是问题的解。因此，皇后问题转变成求解该指标函数最小的优化问题。

设 x 是决策变量，D 是 x 的定义域，$f(x)$ 是指标函数，$g(x)$ 是约束条件集合，则优化问题可表示为，求解满足 $g(x)$ 的 $f(x)$ 最小值问题，即

$$\min_{x \in D}(f(x) \mid g(x)) \tag{8-1}$$

如果在定义域 D 上满足条件 $g(x)$ 的解是有限的，则优化问题称为组合优化问题。现实世界中的大量优化问题，属于组合优化问题。像旅行商问题、皇后问题等是组合优化问题的典型代表。

对于组合优化问题，由于其可能的解是有限的，当问题的规模比较小时，总可以通过枚举的方法获得问题的最优解。但当问题的规模比较大时，其状态数往往呈指数级增长，这样

就很难通过枚举的方式获得问题的最优解了。

一个问题的大小通常用输入数据量 n 衡量，如旅行商问题中的城市数目，皇后问题中的皇后数目等。对于同一个问题，不同求解方法的效率是不同的，差别可能非常大。通常用算法的时间复杂性评价一个求解方法的好坏。常用的算法复杂性函数按复杂性从小到大排列为

$$O(\log n), O(n), O(n\log n), O(n^2), O(n^{\log n}), O(2^n), O(n!), O(n^n)$$

其中，$O(h(n))$ 表示该算法的复杂性为 $h(n)$ 量级。如 n 皇后问题，由问题的约束条件，可以知道每一行、每一列只能并且必须放一个皇后。如果不考虑对角线的情况，先用枚举法生成 n 个皇后不在同一行、同一列的所有状态，再从中找出满足约束条件的解。从第一行开始放起，则第一行每个位置都可以放皇后，因此共有 n 种方法；第二行除第一行皇后的所在列外，其他位置都可以放皇后，因此共有 $n-1$ 种方法；以此类推，第 i 行共有 $n-i$ 种摆放方法。所以，所有可能的状态数共 $n!$ 个。这样可以大概估算出，用这样一种枚举法求解 n 皇后问题，花费的时间与 $n!$ 呈正比关系，其时间复杂性用算法复杂性函数表示就是 $O(n!)$。

Nirwan Ansari 和 Edwin Hou 在他们的书中给出了假定计算机在处理速度为每秒钟执行 10 亿次运算的条件下，不同输入数据量下各种复杂性函数所需要的计算时间，如表 8.1 所示。

表 8.1 时间复杂性函数比较

复杂性函数	输入量 n				
	10	20	30	40	100
n	10ns	20ns	30ns	40ns	100ns
$n\log n$	10ns	26.0ns	44.3ns	64.1ns	200ns
n^2	100ns	400ns	900ns	1.6μs	10μs
2^n	1.0μs	1.0ms	1.1s	18.3min	4.0 世纪
$n!$	3.6ms	77.1 年	8.4×10^{13} 世纪	2.6×10^{29} 世纪	3.0×10^{139} 世纪

当一个算法的时间复杂性可以表示为多项式形式时，则称为多项式时间算法，否则就是一个指数时间算法。从表 8.1 中可以看出，如果一个算法是指数时间算法（2^n 或者 $n!$），那么当 n 大到一定程度时，因为所花费的时间太长，以至于不可能求解。

一些组合优化问题已经找到了多项式时间算法，如线性规划问题。还有一些被称为难以求解的组合优化问题，至今还没有找到求解这些问题的最优解的多项式时间算法。像旅行商问题、背包问题、装箱问题等，都属于这类难以求解的组合优化问题。由于这些问题都有很强的实际背景，为此人们研究一些不一定能求得最优解，但往往能得到一个满意解的算法，以此降低算法的复杂性。实际上，很多情况下追求最优解并不一定有意义，一个满意解就足够了。这就如同夏天去买西瓜。你没有必要非买一个北京市最甜的西瓜，甚至也没有必要买一个西瓜摊中最甜的西瓜，因为这样选择的工作量太大了。你从面前的 3～5 个西瓜中选择一个最好的就可以。当感觉面前的这几个西瓜都不合适时，可以换一个位置，或者换另一个西瓜摊重新选择。如果你对西瓜的评价是正确的，那么这样选择出来的西瓜应该是一个令你满意的西瓜，与"最甜的西瓜"差别也不会太大。

8.1.2 邻域

在后面的介绍中经常会用到邻域的概念,下面先给出邻域的定义。

邻域,简单地说就是一个点附近的其他点的集合。在距离空间中,邻域一般定义为以该点为中心的一个圆。在组合优化问题中,距离的概念不一定适用,为此提出其他的邻域定义。

设 D 是问题的定义域,若存在一个映射 N,使得

$$N: S \in D \to N(S) \in 2^D \tag{8-2}$$

则称 $N(S)$ 为 S 的邻域,称 $S' \in N(S)$ 为 S 的邻居。

下面举几个例子。

例 8.1 皇后问题。为了简单起见,以四皇后问题为例进行说明。

图 8.1 四皇后问题的一个格局

设棋盘从左到右依次为第一列、第二列、……、第四列,从上到下依次为第一行、第二行、……、第四行。用 $1 \sim 4$ 的一个序列 $S = (s_i)(i = 1, 2, 3, 4; s_i = 1, 2, 3, 4)$ 表示 4 皇后问题的一个可能的解。其中 s_i 表示在第 i 行、第 s_i 列有一个皇后。如 $S = (2, 4, 1, 3)$ 表示的是如图 8.1 所示的棋盘格局。

定义映射 N 为棋盘上任意两个皇后的所在行或列进行交换,即 S 中任意两个元素交换位置,这样可以得到 S 的所有邻居共 $C_4^2 = 6$ 个,所有邻居的集合就是 S 的邻域。当 $S = (2, 4, 1, 3)$ 时,其邻域为

$$N(S) = \{(4, 2, 1, 3), (1, 4, 2, 3), (3, 4, 1, 2), (2, 1, 4, 3),$$
$$(2, 3, 1, 4), (2, 4, 3, 1)\}$$

交换不一定限制在两个皇后之间进行,也可以选择 3 个皇后进行交换。不同的交换方式,得到的邻域可能不同。

例 8.2 旅行商问题。

旅行商问题可以用一个城市序列表示一个可能的解。可以采用与皇后问题类似的方法,通过交换两个城市的位置获取 S 的邻居。

设 $S = (x_1, x_2, \cdots, x_{i-1}, x_i, x_{i+1}, \cdots, x_{j-1}, x_j, x_{j+1}, \cdots, x_n)$

则通过交换 x_i 和 x_j 两个城市的位置,可以得到 S 的一个邻居:

$$S' = (x_1, x_2, \cdots, x_{i-1}, x_j, x_{i+1}, \cdots, x_{j-1}, x_i, x_{j+1}, \cdots, x_n)$$

图 8.2 给出了这种位置交换方式的示意图。

也可以采取逆序交换的方式获取 S 的邻居。设 i, j 是选取的两个整数,$i < j$,$0 \leqslant i$,$j \leqslant n+1$。所谓的逆序交换方式,是指通过逆转 x_i、x_j 两个城市之间的城市次序得到 S 的邻居,即

$$S' = (x_1, x_2, \cdots, x_{i-1}, x_i, x_{j-1}, x_{j-2}, \cdots, x_{i+1}, x_j, x_{j+1}, \cdots, x_n)$$

图 8.3 给出了逆序交换方式的示意图。

在一个邻域内的最优解称为局部最优解。相应地,在整个定义域上的最优解称为全局最优解。

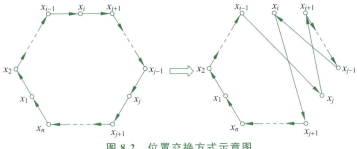

图 8.2 位置交换方式示意图

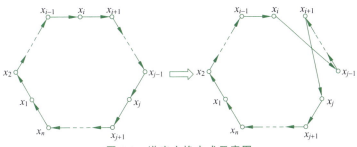

图 8.3 逆序交换方式示意图

8.2 局部搜索算法

局部搜索算法是从爬山法改进而来的。设要爬一座自己从未爬过的高山,目标是爬到山顶,那么如何设计一种策略,使得人们可以最快到达山顶呢? 一般情况下,如果没有任何有关山顶的其他信息,沿着最陡的山坡向上爬,应该是一种不错的选择。这就是局部搜索算法中最基本的思想,即在搜索过程中始终向离目标最近的方向搜索。当然,最优解可以是求解最大值,也可以是求解最小值,二者的思想是一样的。在下面的讨论中,如果没有特殊说明,均假定最优解求解的是最小值。

下面首先给出局部搜索的最一般算法,在下面算法的描述中,";"号后面的内容为算法的注释。

局部搜索算法(local search)的一般过程是:

① 随机选择一个初始的可能解 $x_0 \in D, x_b = x_0, P = N(x_b)$;$D$ 是问题的定义域,x_b 用于记录到目标位置得到的最优解,P 为 x_b 的邻域。

② 如果不满足结束条件,则结束条件包括达到了规定的循环次数、P 为空等。

③ Begin。

④ 选择 P 的一个子集 P',x_n 为 P' 中的最优解。

⑤ 如果 $f(x_n) < f(x_b)$,则 $x_b = x_n$,$P = N(x_b)$,转②;$f(x)$ 为指标函数。

⑥ 否则 $P = P - P'$,转②。

⑦ End。

⑧ 输出计算结果。

⑨ 结束。

在算法的第④步,选择 P 的一个子集 P',可以根据问题的特点,选择适当大小的子集。

极端情况下，可以选择 P' 为 P 本身，或者是 P 的一个元素。在后者情况下可以采用随机选择的方式从 P 中得到一个元素。

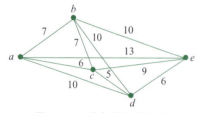

图 8.4 五城市旅行商问题

例 8.3 设五城市旅行商问题如图 8.4 所示，用局部搜索方法求解该问题。

假设从城市 a 出发，用城市的序列表示该问题的一个可能解。设初始生成的可能解为

$$x_0 = (a, b, c, d, e)$$

则根据各城市间的距离计算得到旅行商的旅行距离：

$$f(x_b) = f(x_0) = 38$$

首先选择两个城市间的位置交换方式得到一个可能解的邻域，并在算法的第④步从 P 中随机选择一个元素的方法，则算法的执行过程如下：

$$P = \{(a, c, b, d, e), (a, d, c, b, e), (a, e, c, d, b), (a, b, d, c, e),$$
$$(a, b, e, d, c), (a, b, c, e, d)\}$$

第 1 次循环：

从 P 中随机选择一个元素，假设 $x_n = (a, c, b, d, e)$，$f(x_n) = 42$，$f(x_n) > f(x_b)$，$P = P - \{x_n\} = \{(a, d, c, b, e), (a, e, c, d, b), (a, b, d, c, e), (a, b, e, d, c), (a, b, c, e, d)\}$。

第 2 次循环：

从 P 中随机选择一个元素，假设 $x_n = (a, d, c, b, e)$，$f(x_n) = 45$，$f(x_n) > f(x_b)$，$P = P - \{x_n\} = \{(a, e, c, d, b), (a, b, d, c, e), (a, b, e, d, c), (a, b, c, e, d)\}$。

第 3 次循环：

从 P 中随机选择一个元素，假设 $x_n = (a, e, c, d, b)$，$f(x_n) = 44$，$f(x_n) > f(x_b)$，$P = P - \{x_n\} = \{(a, b, d, c, e), (a, b, e, d, c), (a, b, c, e, d)\}$。

第 4 次循环：

从 P 中随机选择一个元素，假设 $x_n = (a, b, d, c, e)$，$f(x_n) = 44$，$f(x_n) > f(x_b)$，$P = P - \{x_n\} = \{(a, b, e, d, c), (a, b, c, e, d)\}$。

第 5 次循环：

从 P 中随机选择一个元素，假设 $x_n = (a, b, e, d, c)$，$f(x_n) = 34$，$f(x_n) < f(x_b)$，$x_b = (a, b, e, d, c)$，$P = \{(a, e, b, d, c), (a, d, e, b, c), (a, c, e, d, b), (a, b, d, e, c), (a, b, c, d, e), (a, b, e, c, d)\}$。

第 6 次循环：

从 P 中随机选择一个元素，假设 $x_n = (a, e, b, d, c)$，$f(x_n) = 44$，$f(x_n) > f(x_b)$，$P = P - \{x_n\} = \{(a, d, e, b, c), (a, c, e, d, b), (a, b, d, e, c), (a, b, c, d, e), (a, b, e, c, d)\}$。

第 7 次循环：

从 P 中随机选择一个元素，假设 $x_n = (a, d, e, b, c)$，$f(x_n) = 39$，$f(x_n) > f(x_b)$，$P = P - \{x_n\} = \{(a, c, e, d, b), (a, b, d, e, c), (a, b, c, d, e), (a, b, e, c, d)\}$。

第 8 次循环：

从 P 中随机选择一个元素，假设 $x_n = (a, c, e, d, b)$，$f(x_n) = 38$，$f(x_n) > f(x_b)$，$P = P - \{x_n\} = \{(a, b, d, e, c), (a, b, c, d, e), (a, b, e, c, d)\}$。

第 9 次循环：

从 P 中随机选择一个元素，假设 $x_n = (a, b, d, e, c)$，$f(x_n) = 38$，$f(x_n) > f(x_b)$，$P = P - \{x_n\} = \{(a, b, c, d, e), (a, b, e, c, d)\}$。

第 10 次循环：

从 P 中随机选择一个元素，假设 $x_n = (a, b, c, d, e)$，$f(x_n) = 38$，$f(x_n) > f(x_b)$，$P = P - \{x_n\} = \{(a, b, e, c, d)\}$。

第 11 次循环：

从 P 中随机选择一个元素，假设 $x_n = (a, b, e, c, d)$，$f(x_n) = 41$，$f(x_n) > f(x_b)$，$P = P - \{x_n\} = \{\}$。

P 等于空，算法结束，得到的结果为 $x_b = (a, b, e, d, c)$，$f(x_b) = 34$。

在该问题中，由于初始值 (a, b, c, d, e) 的指标函数为 38，已经是一个比较不错的结果了，在 11 次循环的搜索过程中，指标函数只下降了一次，最终的结果指标函数为 34，刚好是该问题的最优解。

从局部搜索的一般算法可以看出，该方法非常简单，但也存在一些问题。一般情况下，并不能像上例那样幸运，得到问题的最优解。

一般的局部搜索算法主要有以下几个问题。

(1) 局部最优问题

如果指标函数 f 在定义域 D 上只有一个极值点，一般的局部搜索算法可以找到该极值点。但现实中的问题，其指标函数 f 在定义域 D 上往往有多个局部的极值点，就如同一座群山中往往有多个小山峰一样。按照局部搜索的一般方法，一旦陷入局部极值点，算法将在该点处结束，这时得到的可能是一个非常糟糕的结果。解决的办法是在算法的第④步，每次并不一定选择邻域内最优的点，而是依据一定的概率从邻域内选择一个点，指标函数优的点被选中的概率比较大，而指标函数差的点被选中的概率比较小，并考虑归一化的问题，使得邻域内所有点被选中的概率之和为 1。

当前点的一个邻居被选中的概率可以由邻域中所有邻居的指标函数值计算得到。设 x 为当前点，其邻域为 $N(x)$，当求解的最优解为极大值时，$x_i \in N(x_i)$ 被选中的概率 $P_{\max}(x_i)$ 可定义为

$$P_{\max}(x_i) = \frac{f(x_i)}{\sum_{x_j \in N(x)} f(x_j)} \tag{8-3}$$

其中，$f(x_i)$ 是 x_i 的指标函数值。

这样的概率定义既符合概率和为 1 的归一化条件，又与"指标函数优的点被选中的概率大，而指标函数差的点被选中的概率小"的思想一致。

当求解的最优解为最小值时，也可以使用类似的思想定义概率值。比如用 $1 - P_{\max}(x_i)$ 作为 x_i 被选中的概率，进行归一化处理后表示为 $P_{\min}(x_i)$，于是有

$$P_{\min}(x_i) = \frac{1 - P_{\max}(x_i)}{\sum_{x_j \in N(x)} (1 - P_{\max}(x_j))}$$

$$= \frac{1 - f(x_i) \Big/ \sum_{x_j \in N(x)} f(x_j)}{\sum_{x_j \in N(x)} \left(1 - f(x_j) \Big/ \sum_{x_k \in N(x)} f(x_k)\right)}$$

$$= \frac{\sum_{x_j \in N(x)} f(x_j) - f(x_i)}{\sum_{x_j \in N(x)} \left(\sum_{x_k \in N(x)} f(x_k) - f(x_j)\right)}$$

$$= \frac{\sum_{x_j \in N(x)} f(x_j) - f(x_i)}{(|N(x)| - 1) \sum_{x_j \in N(x)} (f(x_j))}$$

$$= \frac{1}{|N(x)| - 1} \left(1 - f(x_i) \Big/ \sum_{x_j \in N(x)} f(x_j)\right)$$

$$= \frac{1}{|N(x)| - 1} (1 - P_{\max}(x_i)) \tag{8-4}$$

根据这样的思想,可以得到改进的局部搜索算法,通常称之为局部搜索算法1(local search 1),其过程如下。

① 随机选择一个初始的可能解 $x_0 \in D$,$x_b = x_0$,$P = N(x_b)$;D 是问题的定义域,x_b 用于记录到目标位置得到的最优解,P 为 x_b 的邻域。

② 如果不满足结束条件,则继续;结束条件包括达到规定的循环次数、P 为空等。

③ Begin。

④ 对于所有的 $x \in P$,计算指标函数 $f(x)$,并按照式(8-3)或者式(8-4)计算每个点 x 的概率。

⑤ 依计算的概率值,从 P 中随机选择一个点 x_n,$x_b = x_n$,$P = N(x_b)$,转②继续。

⑥ End。

⑦ 输出计算结果。

⑧ 结束。

局部搜索算法1通过引入随机的机制,有可能从局部最优解处跳出,但由于该算法会随机地选择一些不太好的点,因此有些情况下得到的结果可能不太好,但总体上来说,效果会比一般的局部搜索算法好。

(2) 步长问题

在距离空间中,邻域可以简单地定义为距离当前点固定距离的点。这里的固定距离称为步长。如果步长选择得不合适,即便是单极值的指标函数,一般的局部搜索算法也可能找不到一个可以接受的解。

图8.5(a)给出了一个例子。求解该函数的最大值时,起始点和步长选择得不合适,找到的就是一个非常糟糕的解。那么,是否可以通过选择更小的步长改进搜索呢?一方面,步长太小,会使得搜索耗费太多的时间;另一方面,由于事先对函数的形状和分布不了解,不知道步长到底小到什么程度才合适。

一种可行的方法是将固定步长的搜索方法变为动态步长,开始时选择比较大的步长,随着搜索的进行,逐步减小步长。这样既解决了固定步长所带来的问题,又一定程度上解决了

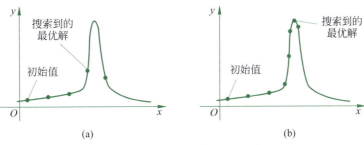

(a)   (b)

图 8.5 局部搜索中步长问题示意图

小步长搜索耗时的问题。图 8.5(b)给出了这种搜索方法的示例。

对于组合优化问题,虽然有时距离的概念并不适用,但仍存在"步长"问题。这里的"步长"不是一般意义下的步长的概念,而是指一个点到它的邻居的变化程度。以旅行商问题为例,邻居可以通过交换两个城市获得,也可以通过交换 3 个,或者更多的城市获得。显然,交换 3 个城市比交换两个城市变化大,可以认为交换 3 个城市比交换两个城市的"步长"长。

从变步长的角度,可以得到如下的局部搜索算法 2(local search 2),其过程如下。

① 随机选择一个初始的可能解 $x_0 \in D$,$x_b = x_0$,确定一个初始步长计算 $P = N(x_b)$;D 是问题的定义域,x_b 用于记录到目标位置得到的最优解,P 为 x_b 的邻域。

② 如果不满足结束条件,则继续;结束条件包括达到了规定的循环次数、P 为空等。

③ Begin。

④ 选择 P 的一个子集 P',x_n 为 P' 中的最优解。

⑤ 如果 $f(x_n) < f(x_b)$,则 $x_b = x_n$。

⑥ 按照某种策略改变步长,计算 $P = N(x_b)$,转②;$f(x)$ 为指标函数。

⑦ 否则 $P = P - P'$,转②。

⑧ End。

⑨ 输出计算结果。

⑩ 结束。

(3) 起始点问题

一般的局部搜索算法是否能找到全局最优解,与初始点的位置有很强的依赖关系。在图 8.6 所示的例子中,从初始点 A 开始搜索,可以找到函数的全局最大值,而如果从 B 点开始搜索,则只能找到函数的局部最大值。

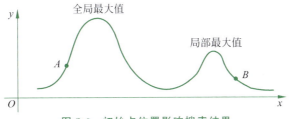

图 8.6 初始点位置影响搜索结果

一种改进的方法是随机生成一些初始点,从每个初始点出发进行搜索,找到各自的最优解。再从这些最优解中选择一个最好的结果作为最终的结果。改进后的算法称为局部搜索算法 3(local search 3),其过程如下。

① $k = 0$。

② 随机选择一个初始的可能解 $x_0 \in D, x_b = x_0, P = N(x_b)$; D 是问题的定义域,x_b 用于记录到目标位置得到的最优解,P 为 x_b 的邻域。

③ 如果不满足结束条件,则继续;结束条件包括达到了规定的循环次数、P 为空等。

④ Begin。

⑤ 选择 P 的一个子集 P',x_n 为 P' 中的最优解。

⑥ 如果 $f(x_n) < f(x_b)$,则 $x_b = x_n, P = N(x_b)$,转③;$f(x)$ 为指标函数。

⑦ 否则 $P = P - P'$,转③。

⑧ End。

⑨ $k = k+1$。

⑩ 如果 k 达到指定的次数,则从 k 个结果中选择一个最好的结果输出,否则转②。

⑪ 输出结果。

⑫ 结束。

根据一般的局部搜索算法存在的问题,给出了 3 个改进的局部搜索算法,这 3 种改进方法往往并不是孤立使用的,而是互相结合在一起使用。如把局部搜索算法 1 和局部搜索算法 2 结合在一起,就是将在后面介绍的模拟退火算法。

J. Gu 在其论文中探讨了用局部搜索算法求解大数目的皇后问题。采用回溯算法难以求解大数目的皇后问题,一般认为当皇后数目达到 100 左右时,回溯方法就已经难以求解了。而 J. Gu 用局部搜索算法成功求解了多达百万量级的皇后问题。

J. Gu 的皇后搜索算法称为皇后搜索(queen search)算法,其过程如下。

① 随机将 n 个皇后分布在棋盘上,使得棋盘的每行、每列只有一个皇后。

② 计算皇后间的冲突数 conflicts。

③ 如果冲突数 conflicts 等于 0,则转⑥。

④ 对于棋盘上的任意两个皇后,交换它们的行或者列,如果交换后的冲突数 conflicts 减少,则接受这种交换,更新冲突数 conflicts,转③。

⑤ 如果陷入了局部极小,即交换了所有的皇后,冲突数仍然不能下降,则转①。

⑥ 输出结果。

⑦ 结束。

笔者利用以上算法,在奔腾Ⅲ微机上完成了一些测试,在不同的规模下,求解皇后问题所需的平均时间如表 8.2 所示。需要说明的是,由于局部搜索算法是一种随机算法,对于同样规模的问题,每次求解所需的时间是不同的,这里给出的是几次运行的平均时间。

表 8.2 不同规模下皇后问题的平均求解时间

皇 后 数	100	500	1000	2000	5000	10000	30000
平均时间/s	5	5	12	28	170	900	10000

8.3 模拟退火算法

模拟退火算法是局部搜索算法的一种扩展,该算法的思想最早由 Metropolis 在 1953 年提出,Kirkpatrick 等在 1983 年成功地将模拟退火算法用于求解组合优化问题。作为求解复杂组合优化问题的一种有效的方法,模拟退化算法已经在许多工程和科学领域得到广泛应用。

8.3.1 固体退火过程

模拟退火算法是根据复杂组合优化问题与固体的退火过程之间的相似之处,在它们之间建立联系而提出的。

固体的退火过程是一种物理现象,属于热力学和统计物理学的研究范畴。当对一个固体进行加热时,粒子的热运动不断增加,随着温度的不断上升,粒子逐渐脱离其平衡位置,变得越来越自由,直到达到固体的熔化温度,粒子排列从原来的有序状态变为完全的无序状态,这就是固体的熔化过程。退火过程与熔化过程刚好相反。随着温度的下降,粒子的热运动逐渐减弱,粒子逐渐停留在不同的状态,其排列也从无序向有序方向发展,直至温度很低时,粒子重新以一定的结构排列。粒子不同的排列结构,对应不同的能量水平。如果退火过程是缓慢进行的,也就是说,温度的下降如果非常缓慢,在每个温度下,粒子的排列都达到一种平衡态,则当温度趋于 0(绝对温度)时,系统的能量将趋于最小值。

如果以粒子的排列或者相应的能量表达固体所处的状态,在温度 T 下,固体所处的状态就具有一定的随机性。一方面,物理系统倾向能量较低的状态;另一方面,热运动又妨碍了系统准确落入低能状态。根据这一物理现象,Metropolis 给出了从状态 i 转换为状态 j 的准则。

如果 $E(j) \leqslant E(i)$,则状态转换被接受;

如果 $E(j) > E(i)$,则状态转移被接受的概率为

$$e^{\frac{E(i)-E(j)}{KT}} \tag{8-5}$$

其中,$E(i)$、$E(j)$ 分别表示在状态 i、j 下的能量,T 是温度,$K>0$ 是玻尔兹曼常数。

Metropolis 准则表达了这样一种现象:在温度 T 下,系统处于某种状态,由于粒子的运动,系统的状态发生微小的变化,导致系统能量变化。如果这种变化使得系统的能量减少,则接受这种转换;如果变换使得系统的能量增加,则以一定的概率接受这种转换。

在给定温度 T 下,当进行足够多次的状态转换后,系统将达到热平衡,此时系统处于某个状态 i 的概率由 Boltzmann 分布给出:

$$P_i(T) = \frac{e^{-\frac{E(i)}{KT}}}{Z_T} \tag{8-6}$$

其中,$Z_T = \sum_{j \in S} e^{-\frac{E(j)}{KT}}$ 为归一化因子,S 是所有可能状态的集合。

下面考察式(8-6)随温度 T 的变化情况。

在给定温度 T 下,设有 i、j 两个状态,$E(i) < E(j)$。

由式(8-6)有

$$P_i(T) - P_j(T) = \frac{e^{-\frac{E(i)}{KT}}}{Z_T} - \frac{e^{-\frac{E(j)}{KT}}}{Z_T}$$

$$= \frac{1}{Z_T} e^{-\frac{E(i)}{KT}} \left(1 - \frac{e^{-\frac{E(j)}{KT}}}{e^{-\frac{E(i)}{KT}}}\right)$$

$$= \frac{1}{Z_T} e^{-\frac{E(i)}{KT}} \left(1 - e^{-\frac{E(j)-E(i)}{KT}}\right) \tag{8-7}$$

由于 $E(i) < E(j)$,所以

$$e^{-\frac{E(j)-E(i)}{KT}} < 1$$

所以有

$$P_i(T) - P_j(T) > 0 \tag{8-8}$$

即在任何温度 T 下,系统处于能量低的状态的概率大于处于能量高的状态的概率。

当温度很高时,由式(8-6)有

$$\lim_{T \to \infty}(P_i(T)) = \lim_{T \to \infty}\left(\frac{e^{-\frac{E(i)}{KT}}}{\sum_{j \in S} e^{-\frac{E(j)}{KT}}}\right) = \frac{1}{|S|} \tag{8-9}$$

其中,$|S|$ 表示系统所有可能的状态数。

由式(8-9)可以看出,当温度很高时,系统处于各个状态的概率基本相等,接近平均值,与所处状态的能量几乎无关。

当温度很低时,由式(8-6)有

$$\lim_{T \to 0}(P_i(T)) = \lim_{T \to 0}\left(\frac{e^{-\frac{E(i)}{KT}}}{\sum_{j \in S} e^{-\frac{E(j)}{KT}}}\right) \tag{8-10}$$

设 S_m 表示系统最小能量状态的集合,E_m 是系统的最小能量。式(8-10)中,分子、分母同乘以 $e^{\frac{E_m}{KT}}$,有

$$\lim_{T \to 0}(P_i(T)) = \lim_{T \to 0}\left(\frac{e^{-\frac{E(i)-E_m}{KT}}}{\sum_{j \in S} e^{-\frac{E(j)-E_m}{KT}}}\right)$$

$$= \lim_{T \to 0}\left(\frac{e^{-\frac{E(i)-E_m}{KT}}}{\sum_{j \in S_m} e^{-\frac{E(j)-E_m}{KT}} + \sum_{j \notin S_m} e^{-\frac{E(j)-E_m}{KT}}}\right)$$

$$= \lim_{T \to 0}\left(\frac{e^{-\frac{E(i)-E_m}{KT}}}{\sum_{j \in S_m} e^{-\frac{E(j)-E_m}{KT}}}\right)$$

$$= \begin{cases} \frac{1}{|S_m|} & i \in S_m \\ 0 & i \notin S_m \end{cases} \tag{8-11}$$

由式(8-11)可以看出,当温度趋近 0 时,系统以等概率趋近几个能量最小的状态之一,而系统处于其他状态的概率为 0。

由于

$$\frac{\partial P_i(T)}{\partial T} = \frac{\partial}{\partial T}\left(\frac{e^{-\frac{E(i)}{KT}}}{Z_T}\right)$$

$$= \frac{E(i)}{KT^2} \frac{e^{-\frac{E(i)}{KT}}}{Z_T} - \frac{1}{Z_T^2} e^{-\frac{E(i)}{KT}} \frac{\partial Z_T}{\partial T}$$

$$= \frac{E(i)}{KT^2} P_i(T) - \frac{P_i(T)}{Z_T} \frac{\partial Z_T}{\partial T}$$

$$= \frac{E(i)}{KT^2} P_i(T) - \frac{P_i(T)}{Z_T} \frac{1}{KT^2} \sum_{j \in S} E(j) e^{-\frac{E(j)}{KT}}$$

$$= \frac{P_i(T)}{KT^2}\left(E(i) - \sum_{j \in S} E(j) \frac{e^{-\frac{E(j)}{KT}}}{Z_T}\right)$$

$$= \frac{P_i(T)}{KT^2}\left(E(i) - \sum_{j \in S} E(j) P_j(T)\right)$$

$$= \frac{P_i(T)}{KT^2}(E(i) - \overline{E_T}) \tag{8-12}$$

其中,

$$\overline{E_T} = \sum_{j \in S} E(j) P_j(T) \tag{8-13}$$

是温度 T 下各状态能量的期望值。

由于 $P_i(T)$、K、T 均大于 0,因此由式(8-12),有

$$\frac{\partial P_i(T)}{\partial T}\begin{cases}>0 & E(i)>\overline{E_T}\\<0 & E(i)<\overline{E_T}\end{cases} \tag{8-14}$$

由此可以看出,系统落入能量较低的状态的概率是随温度 T 单调下降的,而系统落入高能量状态的概率是随温度 T 单调上升的。也就是说,系统落入低能量状态的概率随着温度的下降单调上升,而系统落入高能量状态的概率随着温度的下降单调下降。

总结以上内容,可以得出如下结论:

在高温下,系统基本处于无序状态,基本以等概率落入各个状态。在给定的温度下,系统落入低能量状态的概率大于系统落入高能量状态的概率。这样,在同一温度下,如果系统交换得足够充分,则会趋向落入较低能量的状态。随着温度缓慢下降,系统落入低能量状态的概率逐步增加,而落入高能量状态的概率逐步减少,使得系统各状态能量的期望值随温度的下降单调下降,而只有那些能量小于期望值的状态,其概率才随温度下降而增加,其他状态均随温度下降而下降。因此,随着能量期望值逐步下降,能量低于期望值的状态逐步减少,当温度趋于 0 时,只剩下具有最小能量的状态,系统处于其他状态的概率趋近 0。因此,最终系统将以概率 1 处于具有最小能量的一个状态。

固体退火过程,最终达到最小能量的一个状态,从理论上来说,必须满足以下 3 个条件。

① 初始温度必须足够高;
② 在每个温度下,状态的交换必须足够充分;
③ 温度 T 的下降必须足够缓慢。

8.3.2 模拟退火算法

受固体退火过程的启发,Kirkpatrick 等意识到组合优化问题与固体退火过程的类似性,将组合优化问题类比为固体的退火过程,提出了求解组合优化问题的模拟退火算法。

表 8.3 给出了组合优化问题与固体退火过程的类比关系。

表 8.3 组合优化问题与固体退火过程的类比关系

固体退火过程	组合优化问题
物理系统中的一个状态	组合优化问题的解
状态的能量	解的指标函数
能量最低状态	最优解
温度	控制参数

设一个定义在有限集 S 上的组合优化问题,$i \in S$ 是该问题的一个解,$f(i)$ 是解 i 的指标函数。由表 8.3 给出的类比关系,i 对应物理系统的一个状态,$f(i)$ 对应该状态的能量 $E(i)$,一个用于控制算法的进程其值随算法进程递减的控制参数 t 对应固体退火中的温度 T,粒子的热运动则用解在邻域中的交换代替。这样就将一个组合优化问题与固体的退火过程建立了联系。

求解组合优化问题时,首先给定一个比较大的 t 值,这相当于给定一个比较高的温度 T。随机给定一个问题的解 i,作为问题的初始解。在给定的 t 下,随机产生一个问题的解 j,$j \in N(i)$,其中 $N(i)$ 是 i 的邻域。从解 i 到新解 j 的转移概率,按照 Metropolis 准则确定,即

$$P_t(i \Rightarrow j) = \begin{cases} 1, & f(j) < f(i) \\ e^{-\frac{f(j)-f(i)}{t}}, & \text{其他} \end{cases} \quad (8-15)$$

如果新解 j 被接受,则以解 j 代替解 i,否则继续保持解 i。重复该过程,直到在该控制参数 t 下达到平衡。与退火过程中的温度 T 缓慢下降对应,进行足够多的状态转移后,控制参数 t 要缓慢下降,并在每个参数 t 下重复以上过程,直到控制参数 t 降低到足够小为止。最终得到的是该组合优化问题的一个最优解。由于这样一个过程模拟的是退火过程,所以被称为模拟退火算法。

下面给出模拟退火算法的描述。

① 随机选择一个解 i,$k=0$,$t_0 = T_{\max}$(初始温度),计算指标函数 $f(i)$。
② 如果满足结束条件,则转⑮。
③ Begin。
④ 如果在该温度内达到了平衡条件,则转⑬。
⑤ Begin。
⑥ 从 i 的邻域 $N(i)$ 中随机选择一个解 j。
⑦ 计算指标函数 $f(j)$。
⑧ 如果 $f(j) < f(i)$,则 $i = j$,$f(i) = f(j)$,转④。
⑨ 计算 $P_t(i \Rightarrow j) = e^{-\frac{f(j)-f(i)}{t}}$。

⑩ 如果 $P_t(i=>j)>\text{Random}(0,1)$，则 $i=j, f(i)=f(j)$。
⑪ 转④。
⑫ End。
⑬ $t_{k+1}=\text{Drop}(t_k), k=k+1$。
⑭ End。
⑮ 输出结果。
⑯ 结束。

该算法有内外两层循环。内循环模拟的是在给定温度下系统达到热平衡的过程。每次循环随机产生一个新解，然后按照 Metropolis 准则随机接受该解。算法中的 Random(0, 1)，是一个在[0，1]区间均匀分布的随机数发生器，与从解 i 到劣解 j 的转移概率相结合，模拟系统是否接受了劣解 j。外循环模拟的是温度的下降过程，控制参数 t_k 起到与温度 T 类似的作用，表示的是第 k 次循环时系统所处的温度。算法中的 $\text{Drop}(t_k)$ 是一个温度下降函数，它按照一定的原则实施温度的缓慢下降。

模拟退火算法与局部搜索算法相似，二者最大的不同是模拟退火算法按照 Metropolis 准则随机接受一些劣解，即指标函数值大的解。当温度比较高时，接受劣解的概率比较大，在初始高温下，以接近 100% 的概率接受劣解。随着温度的下降，接受劣解的概率逐渐减少，直到温度趋于 0 时，接受劣解的概率也同时趋于 0，这样将有利于算法从局部最优解中跳出，求得问题的全局最优解。

上述模拟退火算法只是给出了一个算法的框架，其中重要的 3 个条件：初始温度的选取，内循环的结束条件和外循环的结束条件，算法中都没有提及，而这正是模拟退火算法的关键所在。正像前面叙述的那样，对于固体退火过程来说，要使得物理系统以概率 1 处于能量最小的一个状态，在退火过程中必须满足以下 3 个条件。

① 初始温度必须足够高；
② 在每个温度下，状态的交换必须足够充分；
③ 温度 T 的下降必须足够缓慢。

这 3 个条件刚好与算法中未提及的 3 个重要条件对应。与固体退火过程一样，为了使模拟退火算法以概率 1 求解到问题的最优解，则至少要满足这 3 个条件。然而，"初始温度必须足够高，状态的交换必须足够充分，温度的下降必须足够缓慢"这样的条件与人们试图给出求解组合优化问题的低复杂度算法的初衷是相违背的。如果模拟退火算法仍然是一个指数复杂度的算法，则对于求解复杂组合优化问题，不会带来任何帮助。现在的问题是，如何弱化一些条件，使得人们能在一个多项式时间复杂度内求得一个组合优化问题的满意解。后面将讨论这些问题，给出一些如何确定初始温度以及内、外循环结束条件的基本方法。

在模拟退火过程中，给定温度下状态（解）的转移可以视为一个马尔可夫链。对于任意两个状态 i 和 j，用 $P_t(i,j)$ 表示温度 t 下从状态 i 转移到状态 j 的一步转移概率，则有

$$P_t(i,j) = \begin{cases} G_t(i,j)A_t(i,j), & i \neq j \\ 1-\sum_{l \in N(i), l \neq i} G_t(i,l)A_t(i,l), & i = j \end{cases} \quad (8-16)$$

其中，$G_t(i,j)$ 是产生概率，表示从状态 i 产生状态 j 的概率。如果在邻域内等概率选取，则

$$G_t(i,j) = \begin{cases} 0, & j \notin N(i) \\ \dfrac{1}{|N(i)|}, & j \in N(i) \end{cases} \quad (8\text{-}17)$$

$A_t(i,j)$ 是接收概率，表示在状态 i 产生状态 j 后，接受状态 j 的概率。如按照 Metropolis 准则的接收概率为

$$A_t(i,j) = \begin{cases} 1, & f(j) < f(i) \\ e^{-\frac{f(j)-f(i)}{t}}, & \text{其他} \end{cases} \quad (8\text{-}18)$$

在定义的邻域满足一定的条件情况下，可以证明，这样得到的马尔可夫链满足不可约和非周期性条件，其平稳分布唯一存在。在给定的 t 下，经过足够多次的转移后，得到解 i 的概率为

$$P_t(i) = \frac{e^{-\frac{f(i)}{t}}}{\sum_{j \in S} e^{-\frac{f(j)}{t}}} \quad (8\text{-}19)$$

该式与式(8-6)基本一致，仿照类似的分析，有

$$\lim_{t \to 0}(P_t(i)) = \begin{cases} \dfrac{1}{|S_m|}, & i \in S_m \\ 0, & i \notin S_m \end{cases} \quad (8\text{-}20)$$

所以

$$\lim_{t \to 0}(P_t(i \in S_m)) = \sum_{j \in S_m} \frac{1}{|S_m|} = 1 \quad (8\text{-}21)$$

该式说明，只要在每个 t 下进行足够多次的状态转移，使得达到式(8-19)所示的平衡分布，则模拟退火算法将以概率 1 得到问题的全局最优解。

一般情况下，关于平稳分布和全局最优问题，有下列定理。

定理 8.1：

如果 $G_t(i,j)$ 和 $A_t(i,j)$ 满足以下条件：

① $G_t(i,j)$ 与 t 无关；

② $\forall i,j \in S$，均有 $G_t(i,j) = G_t(j,i)$，并且存在 $q \geq 1, l_0, l_1, \cdots, l_q \in S, l_0 = i, l_q = j$，使得

$$G_t(l_k, l_{k+1}) > 0, k = 0, 1, \cdots, q-1;$$

③ $\forall i,j,k \in S, f(i) \leq f(j) \leq f(k)$，均有 $A_t(i,k) = A_t(i,j)A_t(j,k)$；

④ $\forall i,j \in S, f(i) > f(j)$，均有 $A_t(i,j) = 1$；

⑤ $\forall i,j \in S, t > 0, f(i) < f(j)$，均有 $0 < A_t(i,j) < 1$；

则与模拟退火算法相伴的时齐马尔可夫链存在平稳分布，其分布概率为

$$P_t(i) = \frac{A_t(i_m, i)}{\sum_{j \in S} A_t(i_m, j)}, \forall i \in S \quad (8\text{-}22)$$

其中，$i_m \in S_m$。

当 $A_t(i,j)$ 由式(8-18)给出时，很容易从式(8-22)推出式(8-19)。

定理 8.1 给出了与模拟退火算法相伴的时齐马尔可夫链存在平稳分布的充分条件，这些条件中，有些条件还是比较强的，如条件②，该条件包含两部分内容：第一要求产生概率是对称的，即从状态 i 产生状态 j 的概率与从状态 j 产生状态 i 的概率相等；第二要求邻域

是连通的,即从任意一个状态 $i\in S$ 都可能经过有限次的状态转移后,到达任意一个状态 $j\in S$。

容易验证,由式(8-18)定义的 $A_t(i,j)$ 满足定理 8.1 的③、④和⑤3 个条件。如果定义 $G_t(i,j)$ 为

$$G_t(i,j)=\begin{cases}\dfrac{1}{N}, & j\in N(i)\\ 0, & \text{其他}\end{cases} \tag{8-23}$$

其中,N 是一个正常数,则 $G_t(i,j)$ 满足定理 8.1 条件②的前半部分,后半部分由于要求邻域是连通的,与具体的邻域生成算法有关。

式(8-23)是式(8-17)在任意一个状态的邻域其长度都相等条件下的一个特例。

定理 8.2：

在定理 8.1 的条件下,如果对于任意两个状态 $i,j\in S$,都有

$$f(i)<f(j)\Rightarrow \lim_{t\to 0}A_t(i,j)=0 \tag{8-24}$$

则有

$$\lim_{t\to 0}P_t(i)=\begin{cases}\dfrac{1}{|S_m|}, & i\in S_m\\ 0, & \text{其他}\end{cases} \tag{8-25}$$

定理 8.1 和定理 8.2 给出了与模拟退火算法相伴的时齐马尔可夫链全局收敛的充分条件。这些条件要求还是比较苛刻的。例如,当不同状态的邻域不是等长时,式(8-17)就不满足定理 8.1 的条件②。定理 8.3 给出了稍微放宽一些的充分条件。

定理 8.3：

$G_t(i,j)$ 和 $A_t(i,j)$ 满足定理 8.1 中除条件②外的所有其他条件,并且:

① 对于任意两个状态 $i,j\in S$,它们相互为邻居或者相互都不为邻居;

② 对于任意 $i\in S,G_t(i,j)$ 都满足:

$$G_t(i,j)=\begin{cases}\dfrac{1}{|N(i)|}, & j\in N(i)\\ 0, & \text{其他}\end{cases} \tag{8-26}$$

③ 状态空间 S 对于邻域是连通的;

则与模拟退火算法相伴的时齐马尔可夫链存在平稳分布,其分布概率为

$$P_t(i)=\dfrac{|N(i)|A_t(i_m,i)}{\sum_{j\in S}|N(j)|A_t(i_m,j)},\forall i\in S \tag{8-27}$$

有些学者还给出一些其他的时齐马尔可夫链存在平稳分布的充分条件,这里就不一一列举了。

定理 8.1、定理 8.2 和定理 8.3 的证明,需要用到一些马尔可夫链的有关知识,这里就不给出证明了,感兴趣的读者可以参见有关参考文献。这 3 个定理保证了只要合适地构造 $G_t(i,j)$、$A_t(i,j)$ 和邻域,就可以保证模拟退火算法以概率 1 找到全局最优解。

8.3.3 参数的确定

从以上分析可以知道,模拟退火算法以概率 1 找到全局最优解的基本条件,是初始温度

必须足够高,在每个温度下状态的交换必须足够充分,温度 t 的下降必须足够缓慢,因此初始温度 t_0、在每个温度下状态的交换次数、温度 t 的下降方法,以及温度下降到什么程度算法结束等参数的确定,成为模拟退火算法求解问题时必须考虑的问题。因为从理论上来说,模拟退火算法逐渐达到最优解的能力是以搜索过程的无限次状态转移为前提的,在要求必须得到最优解的情况下,其算法的时间复杂性仍然是指数时间的,无法用于大规模的组合优化问题求解。但是,对于很多实际问题,正如 8.1 节已经讨论的那样,求解问题最优解的意义并不大,一个满意解就足够了。而是否能在一个多项式的时间内得到问题的满意解,则是我们关心的主要问题。

并不是任何一组参数都能保证模拟退火算法收敛于某个近似解,大量实验表明,解的质量与算法的运行时间是呈正比关系的,很难做到两全其美。下面给出模拟退火算法中一些参数或者准则的确定方法,试图在求解时间与解的质量之间做一个折中的选择。这些参数或者准则包括:

① 初始温度 t_0;
② 温度 t 的衰减函数,即温度的下降方法;
③ 算法的终止准则,用终止温度 t_f 或者终止条件给出;
④ 每个温度 t 下的马尔可夫链长度 L_k。

1. 初始温度 t_0 的选取

模拟退火算法要求初始温度足够高,这样才能使得在初始温度下,以等概率处于任何一个状态。多高的温度才算"足够高"呢?这显然与具体的问题有关,就像金属材料中不同的材料具有不同溶解温度一样。因此,初始温度应根据具体问题而定。

一个合适的初始温度,应保证平稳分布中每个状态的概率基本相等,也就是接受概率 P_0 近似等于 1。在 Metropolis 准则下,要求

$$e^{-\frac{\Delta f(i,j)}{t_0}} \approx 1 \tag{8-28}$$

如果给定一个比较大的接收概率 P_0,如 $P_0=0.9$ 或者 0.8,就可以从式(8-28)计算出 t_0 值:

$$t_0 = \frac{\Delta f(i,j)}{\ln(P_0^{-1})} \tag{8-29}$$

其中,$\Delta f(i,j)$ 可以取最大值:

$$\Delta f(i,j) = \max_{i \in S}(f(i)) - \min_{i \in S}(f(i)) \tag{8-30}$$

或者是平均值:

$$\Delta f(i,j) = \frac{\sum_{i,j \in S} |f(i) - f(j)|}{|S|^2} \tag{8-31}$$

式(8-31)计算起来复杂性太高,可以用式(8-32)代替:

$$\Delta f(i,j) = \frac{\sum_{i=0}^{|S'|-1} |f(S'(i)) - f(S'(i+1))|}{|S'|} \tag{8-32}$$

其中,S' 是由 S 随机产生的一个有序集,$S'(i)$ 表示 S' 的第 i 个元素。

对于比较复杂的问题,产生出所有的状态具有一定的难度,也没有必要,一般可以随机

产生一些状态,代替集合 S 进行上述计算。

例 8.4 当 $P_0=0.9$, $\Delta f(i,j)=100$ 时,通过式(8-29)可以得到:
$$t_0 = \frac{\Delta f(i,j)}{\ln(P_0^{-1})} = \frac{100}{\ln(0.9^{-1})} = 949$$

与式(8-29)的得出过程类似,也可以通过下述方法得到 t_0 值。

假设在 t_0 下随机生成一个状态序列,分别用 m_1 和 m_2 表示指标函数下降的状态数和指标函数上升的状态数,$\Delta f(i,j)$ 表示状态增加的平均值,则 m_2 个状态中被接受的个数为
$$m_2 e^{-\frac{\Delta f(i,j)}{t_0}}$$

所以,平均接受率为
$$P_0 = \frac{m_1 + m_2 e^{-\frac{\Delta f(i,j)}{t_0}}}{m_1 + m_2} \tag{8-33}$$

求解后有
$$t_0 = \frac{\Delta f(i,j)}{\ln\left(\dfrac{m_2}{m_2 P_0 - m_1(1-P_0)}\right)} \tag{8-34}$$

对比式(8-29)和式(8-34),可以发现,在不考虑 m_1 的情况下,这两个计算公式是一样的。也就是说,用式(8-29)计算得到的 t_0 比较保守。因为由式(8-34)有
$$\frac{m_2}{m_2 P_0 - m_1(1-P_0)} = \frac{1}{P_0 - \dfrac{m_1}{m_2}(1-P_0)} > \frac{1}{P_0} \tag{8-35}$$

所以,由式(8-34)计算得到的 t_0 要小于由式(8-29)计算得到的 t_0。

表 8.4 给出了在 $m_1=m_2$ 情况下,由式(8-29)得到的 t_0 与由式(8-34)得到的 t_0 之比(表中用 $t_0(29)/t_0(34)$ 表示),从表 8.4 中可以看出,式(8-29)得到的 t_0 大约是式(8-34)得到的 t_0 的 2 倍。

表 8.4 分别由式(8-29)和式(8-34)得到的 t_0 之比

P_0	0.8	0.85	0.9	0.95
$t_0(29)/t_0(34)$	2.29	2.20	2.12	2.05

仿照固体的升温过程,也可以通过逐步升温的方法,得到一个合适的初始温度,方法如下。

① 给定一个希望的初始接收概率 P_0,一个较低的初始温度 t_0,如 $t_0=1$;

② 随机产生一个状态序列,并计算该序列的接收率:
$$\frac{\text{接收的状态数}}{\text{产生的状态总数}}$$
如果接收率大于给定的初始接收概率 P_0,则转④;

③ 提高温度,更新 t_0,转②;

④ 结束。

其中,更新 t_0 可以采用每次加倍的方法:
$$t_0 = 2 \times t_0$$

也可以采用每次加固定值的方法：
$$t_0 = t_0 + T$$
这里的 T 为一个事先给定的常量。

2. 温度的下降方法

退火过程要求温度下降足够缓慢，常用的温度下降方法有以下 3 种。

① 等比例下降。

该方法通过设置一个衰减系数，使得温度每次以相同的比率下降：
$$t_{k+1} = \alpha t_k, k = 0, 1, \cdots \tag{8-36}$$

其中，t_k 是当前温度，t_{k+1} 是下一时刻的温度，$0 < \alpha < 1$ 是一个常数。α 越接近 1，温度下降得越慢，一般选取 $0.8 \sim 0.95$ 的一个值。该方法简单、实用，是一种常用的温度下降方法。

② 等值下降。

该方法每次温度的下降幅度是一个固定值：
$$t_{k+1} = t_k - \Delta t \tag{8-37}$$

设 K 是希望的温度下降总次数，则
$$\Delta t = \frac{t_0}{K} \tag{8-38}$$

其中，t_0 是初始温度。

该方法的好处是可以控制总的温度下降次数，但由于每次温度下降的是一个固定值，如果该固定值设置得过小，则在高温时温度下降得太慢；如果该固定值设置得过大，在低温下温度下降得又过快。

③ 基于距离参数的下降方法。

由定理 8.1 可以知道，在一定条件下，与模拟退火算法相伴的时齐马尔可夫链存在平稳分布。如果温度每次下降的幅度比较小，则相邻温度下的平稳分布应该变化不大，也就是说，对于任意一个状态 $i \in S$，相邻温度下的平稳分布应满足：
$$\frac{1}{1+\delta} < \frac{P_{t_k}(i)}{P_{t_{k+1}}(i)} < 1+\delta, k = 0, 1, \cdots \tag{8-39}$$

其中，δ 是一个较小的正数，被称为距离参数。

使得式(8-39)成立的一个充分条件是：对于任意一个状态 $i \in S$，都有
$$\frac{e^{-\frac{f(i)-f_m}{t_k}}}{e^{-\frac{f(i)-f_m}{t_{k+1}}}} < 1+\delta, k = 0, 1, \cdots \tag{8-40}$$

其中，f_m 表示最优解的指标函数值。

由式(8-40)有
$$e^{-\frac{f(i)-f_m}{t_k}} < (1+\delta) e^{-\frac{f(i)-f_m}{t_{k+1}}}, k = 0, 1, \cdots$$

两边取对数，整理可得：
$$t_{k+1} > \frac{t_k}{1 + \frac{t_k \ln(1+\delta)}{f(i) - f_m}}, k = 0, 1, \cdots$$

用 $3\sigma_{t_k}$ 代替 $f(i) - f_m$ 可得温度的衰减函数：

$$t_{k+1} = \frac{t_k}{1 + \frac{t_k \ln(1+\delta)}{3\sigma_{t_k}}}, k=0,1,\cdots \quad (8\text{-}41)$$

其中，σ_{t_k}为温度t_k下产生的状态的指标函数值的标准差，实际计算时，可通过样本值计算近似得到。

①、②两种方法独立于具体的问题，而方法③是与具体问题有关的温度下降方法。

3. 每个温度下的停止准则

在每个温度下，模拟退火算法都要求产生足够的状态交换，如果用L_k表示在温度t_k下的迭代次数，则L_k应使得在这一温度下的马尔可夫链基本达到平稳状态。

有以下几种常用的停止准则。

(1) 固定长度方法。

这是最简单的一种方法，在每个温度下，都使用相同的L_k。L_k的选取与具体的问题相关，一般与邻域的大小直接关联，通常选择为问题规模n的一个多项式函数，如在n城市的旅行商问题中，如果采用交换两个城市的方法产生邻域，邻域的大小为$\frac{n(n-1)}{2}$，则L_k可以选取为Cn、Cn^2等，其中C为常数。

(2) 基于接收率的停止准则。

由前面对退火过程的分析知道，在比较高的温度时，系统处于每个状态的概率基本相同，而且每个状态的接收概率也接近1。因此，在高温时，即便比较小的迭代数，也可以基本达到平稳状态。而随着温度的下降，被拒绝的状态数随之增加，因此在低温下迭代数应增加，以免由于迭代数太少，而过早地陷入局部最优状态。因此，一个直观的想法就是随着温度的下降，适当增加迭代次数。

一种方法是，规定一个接收次数R，在某一温度下，只有被接收的状态数达到R时，在该温度下的迭代才停止，转入下一个温度。由于随着温度的下降，状态被接收的概率随之下降，因此这样的一种准则是满足随着温度的下降适当增加迭代次数的。但由于在温度比较低时，接收概率很低，为了防止出现过多的迭代次数，一般设置一个迭代次数的上限。当迭代次数达到上限时，即便不满足接受次数R，也停止这一温度的迭代过程。

与上一种方法类似，可以规定一个状态接收率R，R等于该温度下接收的状态数除以生成的总状态数。如果接收率达到R，则停止该温度下的迭代，转入下一个温度。为了防止迭代次数过少或者过多，一般定义一个迭代次数的下限和上限，只有当迭代次数达到下限并且满足所要求的接收率R时，或者达到了迭代次数的上限时，才停止这一温度的迭代。

还可以通过引入"代"的概念定义停止准则。在迭代的过程中，若干相邻的状态称为"一代"，如果相邻两代的解的指标函数差值小于规定的值，则停止该温度下的迭代。

在某一温度下的迭代次数与温度的下降是紧密相关的。如果温度下降的幅度比较小，则相邻两个温度之间的平稳分布相差也应比较小。一些研究表明，过长的迭代次数对提高解的质量关系不大，只会导致增加系统的运算时间。因此，一般选取比较小的温度衰减值，只要迭代次数适当大就可以了。

4. 算法的终止原则

模拟退火算法从初始温度t_0开始逐步下降温度，最终当温度下降到一定值时，算法结束。合理的结束条件,应使得算法收敛于问题的某一个近似解,同时应能保证解具有一定的质量,并且应在一个可以接受的有限时间内停止求解。

一般有下面几种确定算法终止的方法。

(1) 零度法。

理论上,当温度趋近 0 时,模拟退火算法才结束。因此,可以设定一个正常数 ε,当 $t_k < \varepsilon$ 时,算法结束。

(2) 循环总控制法。

给定一个指定的温度下降次数 K,当温度的迭代次数达到 K 次时,算法停止。这要求给定一个合适的 K。如果 K 值选择不合适,对于小规模问题将导致增加算法无谓的运行时间,而对于大规模问题,则可能难以得到高质量的解。

(3) 无变化控制法。

随着温度的下降,虽然由于模拟退火算法会随机接收一些不好的解,但总体上来说,得到的解的质量应该逐步提高,温度比较低时,更是如此。如果在相邻的 n 个温度中,得到的解的指标函数值无任何变化,则说明算法已经收敛。即便是收敛于局部最优解,由于在低温下跳出局部最优解的可能性很小,因此算法可以终止。

(4) 接收概率控制法

给定一个小的概率值 p,如果在当前温度下除局部最优状态外,其他状态的接收概率小于 p 值,则算法结束。

(5) 邻域平均概率控制法

设大小为 N 的一个邻域,在邻域内一个状态被接收的平均概率为 $1/N$。设 f_0、f_1 为该邻域中的局部最优值和局部次最优值。按照式(8-17)、式(8-18)给出的产生概率和接收概率,则次最优解是除局部最优解外接收概率最大的,其接收概率为

$$e^{-\frac{f_1 - f_0}{t}}$$

如果该概率值小于平均值 $1/N$,即

$$e^{-\frac{f_1 - f_0}{t}} < \frac{1}{N} \tag{8-42}$$

则可以认为从局部最优解跳出的可能性已经很小了,因此可以终止算法。此时的终止温度 t_f 为

$$t_f \leqslant \frac{f_1 - f_0}{\ln N} \tag{8-43}$$

(6) 相对误差估计法

设温度 t 时指标函数的期望值为

$$\langle f(t) \rangle = \sum_{i \in S} f(i) P_t(i) \tag{8-44}$$

则当终止温度 $t_f \ll 1$ 时,由泰勒展开近似有

$$\langle f(t_f) \rangle - f_m \approx t_f \frac{d\langle f(t) \rangle}{dt} \bigg|_{t = t_f} \tag{8-45}$$

其中,f_m 是最优解的指标函数值。

由式(8-20)和式(8-44)得

$$\begin{aligned}
\lim_{t\to 0}(\langle f(t)\rangle) &= \lim_{t\to 0}\Big(\sum_{i\in S} f(i) P_t(i)\Big) \\
&= \sum_{i\in S} \lim_{t\to 0}(f(i)) \lim_{t\to 0}(P_t(i)) \\
&= \sum_{i\in S_m} \lim_{t\to 0}(f(i)) \lim_{t\to 0}(P_t(i)) + \sum_{i\notin S_m} \lim_{t\to 0}(f(i)) \lim_{t\to 0}(P_t(i)) \\
&= \sum_{i\in S_m} \lim_{t\to 0}(f(i)) \lim_{t\to 0}(P_t(i)) \\
&= \sum_{i\in S_m} f_m \frac{1}{|S_m|} \\
&= f_m
\end{aligned} \qquad (8\text{-}46)$$

所以，当 $t_f \ll 1$ 时，可以用式(8-45)估算当前解与最优解之间的误差。为了消除指标函数值大小的影响，可以用相对于 $\langle f(\infty)\rangle$ 的误差表示。当相对误差满足如下条件时，算法停止。

$$\frac{t_f}{\langle f(\infty)\rangle} \frac{\mathrm{d}\langle f(t)\rangle}{\mathrm{d}t}\bigg|_{t=t_f} < \varepsilon \qquad (8\text{-}47)$$

其中，ε 是一个给定的小正数，称为停止参数。

由于

$$\frac{\mathrm{d}\langle f(t)\rangle}{\mathrm{d}t} = \sum_{i\in S} f(i) \frac{\mathrm{d}P_t(i)}{\mathrm{d}t} \qquad (8\text{-}48)$$

当 $P_t(i)$ 由式(8-27)给出时：

$$\begin{aligned}
\frac{\mathrm{d}P_t(i)}{\mathrm{d}t} &= \frac{\mathrm{d}\left(\dfrac{|N(i)|A_t(i_m,i)}{\sum_{j\in S}|N(j)|A_t(i_m,j)}\right)}{\mathrm{d}t} \\
&= \frac{\mathrm{d}\left(\dfrac{|N(i)|\mathrm{e}^{-\frac{f(i)-f_m}{t}}}{\sum_{j\in S}|N(j)|\mathrm{e}^{-\frac{f(j)-f_m}{t}}}\right)}{\mathrm{d}t} \\
&= \frac{\mathrm{d}\left(\dfrac{|N(i)|\mathrm{e}^{\frac{f(i)}{t}}}{\sum_{j\in S}|N(j)|\mathrm{e}^{\frac{f(j)}{t}}}\right)}{\mathrm{d}t} \\
&= \frac{|N(i)|\mathrm{e}^{-\frac{f(i)}{t}} f(i)}{t^2\Big(\sum_{j\in S}|N(j)|\mathrm{e}^{-\frac{f(j)}{t}}\Big)} - \frac{|N(i)|\mathrm{e}^{-\frac{f(i)}{t}}\sum_{j\in S}|N(j)|f(j)\mathrm{e}^{-\frac{f(j)}{t}}}{t^2\Big(\sum_{j\in S}|N(j)|\mathrm{e}^{-\frac{f(j)}{t}}\Big)^2} \\
&= \frac{P_t(i)f(i) - P_t(i)\langle f(t)\rangle}{t^2}
\end{aligned} \qquad (8\text{-}49)$$

将式(8-49)代入式(8-48)，有

$$\begin{aligned}
\frac{\mathrm{d}\langle f(t)\rangle}{\mathrm{d}t} &= \sum_{i\in S} f(i) \frac{\mathrm{d}P_t(i)}{\mathrm{d}t} \\
&= \sum_{i\in S} f(i) \frac{P_t(i)f(i) - P_t\langle f(t)\rangle}{t^2}
\end{aligned}$$

$$= \frac{\langle f^2(t) \rangle - \langle f(t) \rangle^2}{t^2} \qquad (8\text{-}50)$$

其中二阶矩：

$$\langle f^2(t) \rangle = \sum f^2(i) P_t(i) \qquad (8\text{-}51)$$

将式(8-50)代入式(8-47)，有

$$\frac{t_f}{\langle f(\infty) \rangle} \frac{\mathrm{d}\langle f(t) \rangle}{\mathrm{d}t}\bigg|_{t=t_f} = \frac{t_f}{\langle f(\infty) \rangle} \frac{\langle f^2(t_f) \rangle - \langle f(t_f) \rangle^2}{t_f^2}$$

$$= \frac{\langle f^2(t_f) \rangle - \langle f(t_f) \rangle^2}{t_f \langle f(\infty) \rangle}$$

$$= \frac{\sigma_{t_f}^2}{t_f \langle f(\infty) \rangle} < \varepsilon \qquad (8\text{-}52)$$

其中，σ_{t_f} 是在温度 t_f 下的指标函数的标准差。

实际计算时，$\langle f(\infty) \rangle$ 用 $\langle f(t_0) \rangle$ 代替，指标函数的期望值、标准差等均通过样本值近似计算得到，即算法的停止准则可以表述为

$$\frac{\overline{f^2(t_f)} - \overline{f(t_f)}^2}{t_f \overline{f(t_0)}} < \varepsilon \qquad (8\text{-}53)$$

其中，

$$\overline{f(t)} = \frac{1}{n} \sum_{i=1}^{n} f(X_i) \qquad (8\text{-}54)$$

$$\overline{f^2(t)} = \frac{1}{n} \sum_{i=1}^{n} f^2(X_i) \qquad (8\text{-}55)$$

其中，$X_i (i=1,2,\cdots,n)$ 是温度为 t 时状态的 n 个样本。

以上给出了用模拟退火算法求解组合优化问题时确定算法参数的一些方法，这些方法基本上都是基于经验的，并没有太多的理论指导，需要具体问题具体分析，确定具体的方法和参数。

8.3.4 应用举例——旅行商问题

下面通过旅行商问题具体说明如何应用模拟退火方法求解组合优化问题。

例 8.5 旅行商问题。

设有 n 个城市，城市间的距离用矩阵 $\boldsymbol{D} = [d_{ij}] (i,j=1,2,\cdots,n)$ 表示，其中 d_{ij} 表示城市 i 与城市 j 之间的距离。当问题对称时，有 $d_{ij} = d_{ji}$。有一个旅行商从一个城市出发，每个城市访问一次，并且只能访问一次，最后再回到出发城市。问如何行走才能使得行走的路径长度最短。

(1) 解空间

n 个城市的任何一种排列 $(\pi_1, \pi_2, \cdots, \pi_n)$ 均是问题的一个可能解。其中 $\pi_i = j (j=1, 2, \cdots, n)$ 表示第 i 个到达的城市是 j，并且默认 $\pi_{n+1} = \pi_1$。当规定了出发城市时，解空间的规模为 $(n-1)!$。

(2) 指标函数

由于问题本身要求解最短长度的行走路径，很自然选用访问所有城市的路径长度为问

题的指标函数，即

$$f(\pi_1,\pi_2,\cdots,\pi_n)=\sum_{i=1}^{n}d\pi_i\pi_{i+1} \tag{8-56}$$

注意默认 $\pi_{n+1}=\pi_1$。

（3）新解的产生

采用 8.1 节介绍的两个城市间的逆序交换方式得到问题的一个新解。

设当前解是 $(\pi_1,\pi_2,\cdots,\pi_n)$，被选中要逆序交换的城市是第 u 和第 v 个到访的城市，$u<v,0\leqslant u,v\leqslant n+1$。则逆序排列 u 和 v 之间的城市，得到问题的新解为

$$(\pi_1,\pi_2,\cdots,\pi_u,\pi_{v-1},\cdots,\pi_{u+1},\pi_v,\pi_{v+1},\cdots,\pi_n) \tag{8-57}$$

（4）指标函数差

考虑到城市间距离的对称性，式(8-57)所示的新解与原解之间的指标函数差只涉及两对城市间的变化，因此指标函数差为

$$\Delta f=(d_{\pi_u\pi_{v-1}}+d_{\pi_{u+1}\pi_v})-(d_{\pi_u\pi_{u+1}}+d_{\pi_{v-1}\pi_v}) \tag{8-58}$$

（5）新解的接受准则

$$A_t=\begin{cases}1, & \Delta f<0 \\ e^{\frac{\Delta f}{t}}, & 其他\end{cases} \tag{8-59}$$

（6）参数确定

康立山等在其著作中对用模拟退火算法求解旅行商问题进行了大量的实验分析，确定了一组比较合适的参数，该组参数权衡了运行时间和解的质量等因素。下面给出这组参数，以使大家有一个感性的认识。

- 初始温度 $t_0=280$；
- 在每个温度下采用固定的迭代次数，$L_k=100n$，n 为城市数；
- 温度的衰减系数 $\alpha=0.92$，即 $t_{k+1}=0.92\times t_k$；
- 算法的停止准则为：当相邻两个温度得到的解无任何变化时，算法停止。

Nirwan Ansari 和 Edwin Hou 两人在他们的著作中采用了另外一组参数：

- 初始温度 t_0 是这样确定的：从 $t_0=1$ 出发，并以 $t_0=1.05\times t_0$ 对 t_0 进行更新，直到接收概率大于或等于 0.9 时为止，此时得到的温度为初始温度；
- 在每个温度下采用固定的迭代次数，$L_k=10n$，n 为城市数；
- 温度的衰减系数 $\alpha=0.95$，即 $t_{k+1}=0.95\times t_k$；
- 算法的停止准则为温度低于 0.01，或者没有任何新解生成。

（7）实验结果分析

下面给出 Nirwan Ansari 和 Edwin Hou 两人给出的 10 城市旅行商问题和 20 城市旅行商问题的求解结果。其中 10 城市旅行商问题由表 8.5 给出，20 城市旅行商问题由表 8.6 给出。

表 8.5　10 城市旅行商问题

城　　市	x 坐标	y 坐标
A	0.4000	0.4439
B	0.2439	0.1463

城　　市	x 坐标	y 坐标
C	0.1707	0.2293
D	0.2293	0.7610
E	0.5171	0.9414
F	0.8732	0.6536
G	0.6878	0.5219
H	0.8488	0.3609
I	0.6683	0.2536
J	0.6195	0.2634

表 8.6　20 城市旅行商问题

城　　市	x 坐标	y 坐标
A	5.294	1.558
B	4.286	3.622
C	4.719	2.774
D	4.185	2.230
E	0.915	3.821
F	4.771	6.041
G	1.524	2.871
H	3.447	2.111
I	3.718	3.665
J	2.649	2.556
K	4.399	1.194
L	4.660	2.949
M	1.232	6.440
N	5.036	0.244
O	2.710	3.140
P	1.072	3.454
Q	5.855	6.203
R	0.194	1.862
S	1.762	2.693
T	2.682	6.097

表 8.7 和表 8.8 分别给出了 10 城市和 20 城市旅行商问题的求解结果。表中的出现次数是 1000 次运行中出现该结果的次数，平均转移次数是每次运行中状态被接受的平均转移

次数,路径是城市的访问次序,路径长度是该路径的长度。最差指的是 1000 次运行中得到的最差结果。

表 8.7 10 城市旅行商问题的求解结果

等级	路径长度	出现次数	平均转移次数	路径
最优	2.691	906	3952	BCADEFGHIJ
次优	2.752	46	4056	BCADEGFHIJ
第三	2.769	10	4053	DEFGHIJCBA
最差	2.898	5	4497	ABCDEFHIJG

表 8.8 20 城市旅行商问题的求解结果

等级	路径长度	出现次数	平均转移次数	路径
最优	24.38	792	8740	ACLBIQFTMEPRGSOJHDKN
次优	24.62	167	8638	ADCLBIQFTMEPRGSOJHKN
第三	25.17	39	9902	ANKDHIOJSGRPEMTFQBLC
最差	25.50	1	5794	AQFTMEPRGSJOIBLCDHKN

对于 10 城市旅行商问题,在 1000 次运行中共有 906 次求得了最优解,得到最优解的有效解答率为 90.6%,平均转移次数为 3952 次。

对于 20 城市旅行商问题,在 1000 次运行中,共有 792 次求得了最优解,得到最优解的有效解答率为 79.2%,平均转移次数为 8740 次。

从两个表中可以得出这样的结论:模拟退火算法求解旅行商问题还是非常有效的。大多数情况下都能找到最优解结束,即便不是最优解,也是一个可以接受的满意解。即使是最差的结果,与最优解的差距也不是很大。

8.4 遗传算法

遗传算法是根据自然界的"物竞天择,适者生存"现象而提出的一种随机搜索算法,20 世纪 70 年代由美国密执根大学的 Holland 教授首先提出。该算法将优化问题看作自然界中生物的进化过程,通过模拟大自然中生物进化过程中的遗传规律,达到寻优的目的。近年来,遗传算法作为一种有效的工具,已广泛应用于最优化问题求解中。

8.4.1 生物进化与遗传算法

根据达尔文的进化论,在生物进化的过程中,只有那些最能适应环境的种群才得以生存下来。生物的进化过程可以用图 8.7 所示的进化圈表示。

该进化圈以群体为一个循环的起点。按照优胜劣汰的原则,经自然选择后,一部分群体由于无法适应环境而遭淘汰,退出进化圈。在自然界中,自然选择包括恶劣的天气和气候、食物的短缺、天敌的侵害等。另一部分群体,由于适应环境的能力强而生存下来。它们或者是因为身体强壮而逃脱天敌的侵害,或者因为耐寒冷、耐饥饿能力强而存活下来。总之,这

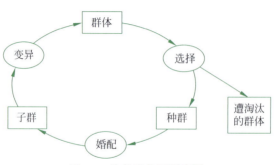

图 8.7　生物进化圈示意图

些群体之所以能够生存,是因为它们具有某种适应周围环境的能力。从适应环境的能力方面来说,这些群体从总体上考察是优良的,被淘汰的是那些体弱病残、不能适应环境生存的个体,即便因偶然因素一些弱者侥幸生存下来,但在婚配的竞争中它们也往往处于劣势。因此,可以说只有那些适应环境能力强的优良品种才能成为种群。经过种群的交配,繁衍出下一代子群。一般来说,子群中的个体遗传了父代双亲的优势,加快了后代的进化,使之更能适应环境。例如,一个身体强壮的个体和一个耐寒冷能力强的个体交配后,繁殖的后代可能同时具有身体强壮和耐寒冷的能力。在进化的过程中,个别个体可能会发生一些变异,从而产生新的个体,使得群体的组成更加多样化。综合以上过程,经过一个循环的进化,新的群体生长起来,取代旧群体,又进入新的一轮进化中。经过多次竞争、淘汰、进化过程,最终在群体中生存下来的是那些最能适应环境的优秀个体。

虽然人们对生物进化的一些细节还不是很清楚,但一些进化理论的特性已经普遍被研究者所接受。刘勇等在其著作中对生物进化特性总结如下。

① 进化过程发生在染色体上,而不是发生在它们所编码的生物体上;

② 自然选择把染色体以及由它们所译成的结构的表现联系在一起,那些适应性好的个体的染色体经常比差的染色体有更多的繁殖机会;

③ 繁殖过程是进化发生的那一刻。变异可以使生物体子代的染色体不同于它们父代的染色体。通过结合两个父代染色体中的物质,重组过程可以在子代中产生很大差异的染色体;

④ 生物进化没有记忆。有关产生个体的信息包含在个体所携带的染色体的集合以及染色体编码的结构中,这些个体会很好地适应它们的环境。

总之,生物在进化过程中经过优胜劣汰的自然选择,会使得种群逐步优化。经过长期演化,优良的物种得以保留。不同的环境,不同物种的基因结构,导致最终的物种群不同,但它们都有一个共同的特征:最能适应自己所处的生存环境。

受达尔文进化论"物竞天择,适者生存"思想的启发,美国密执根大学的 Holland 教授把优化问题求解与生物进化过程对应起来,将生物进化的思想引入复杂问题求解中,提出了求解优化问题的遗传算法。

在遗传算法中,首先对优化问题的解进行编码,编码后的一个解称为一个染色体,组成染色体的元素称为基因。一个群体由若干染色体组成,染色体的个数称为群体的规模。与自然界中的生存环境对应,在遗传算法中用适应函数表示环境,它是已编码的解的函数,是一个解适应环境程度的评价。适应函数的构造一般与优化问题的指标函数相关。在简单的情况下，直接用指标函数或者指标函数经过简单的变换后作为适应函数使用。一般情况下，适应函数值大表示所对应的染色体适应环境的能力强。适应函数起着与自然界中环境类似的作用。当适应函数确定后，自然选择规律将以适应函数值的大小决定一个染色体是否继续生存下去的概率。生存下来的染色体成为种群，它们中的部分或者全部以一定的概率进行交配、繁衍，从而得到下一代群体。交配是一个生殖过程，发生在两个染色体之间，作为双亲的两个染色体，交换部分基因后，生殖出两个新的染色体，即问题的新解。交配或者称为杂交，是遗传算法区别于其他优化算法的主要特征。在进化过程中，染色体的某些基因可能发生变异，即表示染色体的编码发生了某些变化。一个群体的进化需要染色体的多样性，而变异对保持群体的多样性具有一定的作用。

表 8.9 给出了生物进化与遗传算法之间的对应关系。

表 8.9 生物进化与遗传算法之间的对应关系

生物进化中的概念	遗传算法中的作用
环境	适应函数
适应性	适应值函数
适者生存	适应函数值最大的解被保留的概率最大
个体	问题的一个解
染色体	解的编码
基因	编码的元素
群体	被选定的一组解(以编码形式表示)
种群	根据适应函数选择的一组解(以编码形式表示)
交配	以一定的方式由双亲产生后代的过程
变异	编码的某些分量发生变化的过程

选择、交配和变异是遗传算法的 3 个主要操作。

依据适应值的大小，选择操作从规模为 N 的群体中随机选择若干染色体构成种群，种群的规模可以与原来群体的规模一致，也可以不一致。这里假设二者的规模是一致的，即从群体中选择 N 个染色体构成种群。由于是依据适应值的大小进行随机选择的，因此虽然种群的规模与群体的规模一致，但二者并不完全一样，因为适应值大的染色体可能被多次从群体选出，而适应值小的染色体有可能失去被选中的机会。因此，一些适应值大的染色体可能重复出现在种群中，而一些适应值小的染色体则可能被淘汰。这一点体现的正是自然界中"优胜劣汰，适者生存"的选择规律。

可以有多种方式从群体中选择存活的染色体。其中经常使用的是一种被称为"轮盘赌"的方法，如图 8.8 所示。该方法简述如下。

设群体的规模为 N，$F(x_i)(i=1,2,\cdots,N)$ 是其中 N 个染色体的适应值，则第 i 个染色体被选中的概率由式(8-60)给出：

$$p(x_i) = \frac{F(x_i)}{\sum_{j=1}^{N} F(x_j)} \tag{8-60}$$

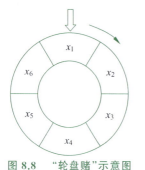

图 8.8 "轮盘赌"示意图

有一个共有 N 个格子的转盘,每个 x_i 在转盘上占一格,而格子的大小与 $p(x_i)$ 呈正比关系。选择一个染色体时,先转动轮盘,待转盘停下后,指针指向的格子对应的 x_i 就是被选中的染色体。

实际程序实现时,可以这样模拟"轮盘赌":

① $r = \text{random}(0, 1), s = 0, i = 0$;
② 如果 $s \geqslant r$,则转④;
③ $s = s + p(x_i), i = i + 1$,转②;
④ x_{i-1} 即被选中的染色体,输出 $i-1$;
⑤ 结束。

其中 $\text{random}(0, 1)$ 是一个产生在 $[0, 1]$ 均匀分布的随机数的函数。这样,经过 N 次"轮盘赌"后,就得到了规模为 N 的种群。

另一种选择方法被称为"确定性"选择方法,其方法如下。

对于规模为 N 的群体,一个选择概率为 $p(x_i)$ 的染色体 x_i 被选择次数的期望值 $e(x_i)$:

$$e(x_i) = p(x_i) N \tag{8-61}$$

对于群体中的每个 x_i,首先选择 $\lfloor e(x_i) \rfloor$ 次。其中符号"$\lfloor \ \rfloor$"表示向下取整。这样共得到 $\sum_{i=1}^{N} \lfloor e(x_i) \rfloor$ 个染色体,然后按照 $e(x_i) - \lfloor e(x_i) \rfloor$ 从大到小对染色体排序,依次取出 $N - \sum_{i=1}^{N} \lfloor e(x_i) \rfloor$ 个染色体,这样就得到 N 个染色体,以这 N 个染色体组成种群。

交配发生在两个染色体之间,由两个被称为双亲的父代染色体,经杂交后,产生两个具有双亲的部分基因的新染色体。当染色体采用二进制形式编码时,交配过程是以这样一种形式进行的:

设 a、b 是两个交配的染色体:

$$a: a_1 a_2 \cdots a_i a_{i+1} \cdots a_n$$
$$b: b_1 b_2 \cdots b_i b_{i+1} \cdots b_n$$

其中,a_i、$b_i \in \{0, 1\}$。随机产生一个交配位并设为 i,则 a、b 两个染色体从 $i+1$ 以后的基因进行交换,得到两个新的染色体。图 8.9 给出了两个染色体的交配示意图。

图 8.9 染色体交配示意图

例如,对于 $x_1 = 11001$ 和 $x_2 = 01111$ 两个二进制编码的染色体,当交配位置为 2 时,则产生 y_1 和 y_2 两个子代染色体:

$$\left. \begin{array}{l} x_1 = 11001 \\ x_2 = 01111 \end{array} \right\} \longrightarrow \begin{array}{l} y_1 = 11111 \\ y_2 = 01001 \end{array}$$

在进化过程中,通常交配以一定的概率发生,而不是 100% 发生。

变异发生在染色体的某个基因上,当以二进制编码时,变异的基因由 0 变成 1,或者由 1

变成 0。如对于染色体 $x=11001$，如果变异位发生在第三位，则变异后的染色体变成 $y=11101$。

变异对于一个群体保持多样性具有好处，但也有很强的破坏作用，因此总是以一个很小的概率控制变异的发生。

遗传算法的控制参数包括群体的规模 N、算法的停止准则，以及交配概率 p_c 和变异概率 p_m。

下面具体描述遗传算法。其中每一代中群体的规模是固定的，变量 t 表示当前的代数，以适应值最大者为最优解。

遗传算法的具体过程如下。
① 给定群体规模 N，交配概率 p_c 和变异概率 p_m，$t=0$；
② 随机生成 N 个染色体，并将其作为初始群体；
③ 对于群体中的每个染色体 $x_i(i=1,2,\cdots,N)$ 分别计算其适应值 $F(x_i)$；
④ 如果算法满足停止准则，则转⑩；
⑤ 对群体中的每个染色体 x_i 依式(8-60)计算概率；
⑥ 依据计算得到的概率值，从群体中随机选取 N 个染色体，得到种群；
⑦ 依据交配概率 p_c 从种群中选择染色体进行交配，其子代进入新的群体，种群中未进行交配的染色体，直接复制到新群体中；
⑧ 依据变异概率 p_m 从新群体中选择染色体进行变异，用变异后的染色体代替新群体中的原染色体；
⑨ 用新群体代替旧群体，$t=t+1$，转③；
⑩ 进化过程中适应值最大的染色体，经解码后作为最优解输出；
⑪ 结束。

下面通过一个简单的例子，说明遗传算法是如何进化的。

例 8.6 求解下列函数的最大值，其中 x 为 $[0,31]$ 的整数。
$$f(x)=x^2 \qquad (8-62)$$

该问题很简单，因为在区间 $[0,31]$ $f(x)$ 是单调上升的，其最大值显然在 $x=31$ 处取得。下面介绍如何用遗传算法求得该问题的解。

首先是编码问题，二进制编码方法是其中最简单的方法。由于 x 的定义域是 $[0,31]$ 的整数，刚好可以用 5 位二进制数表示，因此可以用 5 位二进制数表示该问题的解，即染色体。如 00000 表示 $x=0$，10101 表示 $x=21$，11111 表示 $x=31$ 等。其中的 0、1 即基因。

由于要求解 $f(x)$ 的最大值，很自然地想到可以直接用 $f(x)$ 作为适应函数。有些情况下，适应函数与指标函数并不是完全一样的，为了区别起见，用 $F(x)$ 表示适应函数。在这个问题中，$F(x)=f(x)$。

假设群体的规模 $N=4$，交配概率 $p_c=100$，变异概率 $p_m=1\%$。设随机生成的初始群体为

01101，11000，01000，10011

第 0 代群体的总体情况由表 8.10 给出，为了说明方便，其中的选中次数依据"确定性"方法得到。

表 8.10 第 0 代群体的情况表

序 号	群 体	适应值	选择概率/%	期望次数	选中次数
1	01101	169	14.44	0.58	1
2	11000	576	49.23	1.97	2
3	01000	64	5.47	0.22	0
4	10011	361	30.85	1.23	1

由表 8.10 可以得到,在第 0 代中,最大适应值为 576,最小适应值为 64,平均适应值为 292.5。

经选择后,得到第 0 代的种群为
01101,11000,11000,10011

其中染色体 11000 在种群中出现了两次,而染色体 01000 由于适应值太小而被淘汰。

由于假定交配概率为 100%,所以种群中的所有染色体均参与杂交。假定种群中的染色体按顺序两两配对杂交,即第一、二两个染色体交配,第三、四两个染色体交配,则交配情况由表 8.11 给出。

经交配后得到的新群体为 01100、11001、11011 和 10000。其中最大适应值为 729,最小适应值为 144,平均适应值为 438.5。与第 0 代群体相比,最大适应值由 576 提高到 729,平均适应值由 292.5 提高到 438.5。

由于变异概率比较小,假定在这次循环中没有变异发生,则 01100、11001、11011 和 10000 即为进化得到的第 1 代群体。

表 8.11 第 0 代种群的交配情况

序 号	种 群	交配对象	交 配 位	子 代	适 应 值
1	01101	2	4	01100	144
2	11000	1	4	11001	625
3	11000	4	2	11011	729
4	10011	3	2	10000	256

表 8.12、表 8.13 给出了第 1 代的选择和交配情况。第 1 代群体经交配后虽然平均适应值由 438.5 提高到 584.75,但是最大适应值没有发生任何变化。对于这个简单问题来说,很容易知道最优解发生在 11111 处,而从得到的新群体 11011、11001、10000 和 11011 看,第三位基因均为 0,因此已经不可能通过交配达到最优解了。这种过早陷入局部最优解的现象称为早熟。

扩大群体的规模可以防止早熟现象发生。因此,遗传算法一般要求具有一定的群体规模。变异也可以提高群体的多样性,从而为防止出现早熟起到一定的作用。例如,在表 8.12 所示的子代中,如果在第二个染色体的第三位发生了变异,则该染色体由原来的 11001 变为 11101,这样就得到了第 2 代群体:11011、11101、10000 和 11011。表 8.14 给出了这种变异的情况。

表 8.12　第 1 代群体的情况表

序　号	群　　体	适应值	选择概率/%	期望次数	选中次数
1	01100	144	8.21	0.33	0
2	11001	625	35.62	1.42	1
3	11011	729	41.56	1.66	2
4	10000	256	14.60	0.58	1

表 8.13　第 1 代种群的交配情况

序　号	种　群	交配对象	交配位	子　代	适应值
1	11001	2	3	11011	729
2	11011	1	3	11001	625
3	11011	4	1	10000	256
4	10000	3	1	11011	729

表 8.14　第 1 代变异情况

序　号	群　体	是否变异	变　异　位	新群体	适　应　值
1	11011	N		11011	729
2	11001	Y	3	11101	841
3	10000	N		10000	256
4	11011	N		11011	729

表 8.15、表 8.16 给出了第 2 代的选择和交配情况，得到第 3 代群体：11001、11111、10001 和 11010。其中平均适应值为 637.75，最大适应值为 961，这刚好是该问题指标函数的最大值，其对应的染色体为 11111，经解码后，得到问题的最优解发生在点 $x=31$。

表 8.15　第 2 代群体的情况表

序　号	群　　体	适应值	选择概率/%	期望次数	选中次数
1	11011	729	28.53	1.14	1
2	11101	841	32.92	1.31	1
3	10000	256	10.02	0.40	1
4	11011	729	28.53	1.14	1

表 8.16　第 2 代种群的交配情况

序　号	种　群	交配对象	交配位	子　代	适　应　值
1	11011	2	3	11001	625
2	11101	1	3	11111	961
3	10000	4	2	10001	289
4	11011	3	2	11010	676

算法的停止准则一般可以通过规定进化的最大代数定义，达到指定的进化代后，算法就停止。或者定义为经过连续的几代进化后，得到的最优解没有任何变化就停止。

图 8.10 给出了该问题的最大适应值和平均适应值随进化过程的变化情况。其中纵坐标是适应函数值，横坐标是进化代数，代与代之间的一个点是交配后的结果。从图 8.10 中可以看出，无论是最大适应值还是平均适应值，均随进化的进行呈上升趋势。

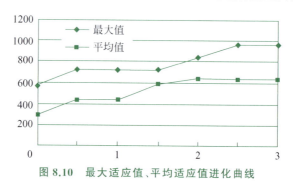

图 8.10　最大适应值、平均适应值进化曲线

通过以上介绍，可以总结出遗传算法具有如下特点。

① 遗传算法是一个随机搜索算法，适用于数值求解具有多参数、多变量、多目标的复杂最优化问题。

② 遗传算法对待求解问题的指标函数没有什么特殊的要求，比如不要求诸如连续性、导数存在、单峰值假设等，甚至不需要显式地写出指标函数。

③ 经过编码后，遗传算法几乎不需要任何与问题有关的知识，唯一需要的信息是适应值的计算。也不需要使用者对问题有很深入的了解和求解技巧，通过选择、交配和变异等简单的操作求解复杂的问题，是一个比较通用的优化算法。

④ 遗传算法具有天然的并行性，适用于并行求解。

由于遗传算法是一个随机搜索算法，程序的每一次运行，得到的结果可能是不一样的。那么遗传算法得到的解的质量是否有保证呢？得到最优解的可能性如何呢？下面给出遗传算法的收敛性定理。

定理 8.4　如果在代的进化过程中，遗传算法每次保留到目前为止的最好解，并且算法以交配和变异为其随机化操作，则对于一个全局最优化问题，当进化代数趋于无穷时，遗传算法找到最优解的概率为 1。

该定理从理论上保证了只要进化的代数足够多，则遗传算法找到最优解的可能性会非常大。在实际使用中，由于要考虑在可接受的有限时间内算法停止的问题，因此解的质量与算法的控制参数，如群体的规模、交配概率、变异概率和进化代数等有很大关系。这些参数的选取问题将在后面讨论。

8.4.2　遗传算法的实现问题

1. 编码问题

用遗传算法求解问题时，首先遇到的是编码问题。将问题的解以适合于遗传算法求解的形式进行编码，称为遗传算法的表示。而交配、变异等操作与编码的形式有关。因此，对问题进行编码时，要考虑交配和变异问题。最简单的编码是二进制形式，此外还有整数编码、实数编码、树编码等。采用什么样的编码形式与具体的问题有关。下面给出几个采用二进制编码形式进行编码的例子。

例 8.7 对于例 8.6 中的问题，当 x 不限于整数时，如何编码？

对于该问题，可以将 x 的值表示为一个二进制向量。一般来说，对于区间 $[a,b]$ 上的实数，当用 n 位的二进制向量表示时，其分辨率，即最大误差为 $\frac{b-a}{2^n-1}$。如果设 $\varepsilon>0$ 为所允许的最大误差，即

$$\frac{b-a}{2^n-1}<\varepsilon \tag{8-63}$$

由于

$$\log_2(b-a)-\log_2(2^n-1)<\log_2(b-a)-n$$

所以，当

$$\begin{aligned}n&\geqslant\log_2(b-a)-\log_2\varepsilon\\&=\log_2\frac{b-a}{\varepsilon}\end{aligned} \tag{8-64}$$

时，满足式(8-63)的误差要求。

这样，一个 $x\in[a,b]$ 的实数，在满足所允许的误差要求下，可以表示为

$$x=a+(b-a)\frac{y}{2^n} \tag{8-65}$$

其中，y 为 $[0,2^n-1]$ 的二进制数。

对于该问题，设最大误差 $\varepsilon=1/8$，则

$$\begin{aligned}\log_2\frac{b-a}{\varepsilon}&=\log_2\frac{31}{\frac{1}{8}}\\&=\log_2(31\times8)\\&<\log_2(32\times8)\\&=\log_2(2^8)\\&=8\end{aligned}$$

所以，用 8 位二进制向量可以满足最大误差要求。

x 与 8 位二进制向量的对应关系为

$$x=31\times\frac{y}{255}$$

其中，y 为 $[0,255]$ 的二进制数。例如，10001101 表示 17.14，00110011 表示 6.2 等。

例 8.8 该例子选自刘勇等的著作。十杆桁架问题如图 8.11 所示，其中 10 个截面积分别为 $A_1,A_2,\cdots,A_{10}$。该桁架由左边的墙支撑，并且它必须承受如图 8.11 所示的两个负载。每个杆上的应力必须在允许范围内，该范围由该杆的应力以约束表示。问题是如何设计每个杆的截面，使得建造该桁架的材料总费用最少。

假设每个杆的截面积在 0.1~10.0，在该范围内有 16 个取值，这样可以用 4 位二进制向量表示截面积的可能取值，其中 0000 表示 0.1，1111 表示 10.0，余下的 14 位二进制向量表

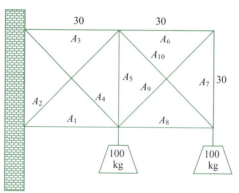

图 8.11 十杆桁架问题

示其他截面积的可能取值。这样,10 个杆共用 40 位二进制向量表示一个十杆桁架问题的染色体。例如,该问题的一个染色体为

0010 1110 0001 0011 1011 0011 1111 0011 0011 1010

实际求解时,群体规模 N 取 200,最大进化代数 M 取 40,求解得到的十杆桁架设计方案,其材料总费用不超过已知最佳方案的 1%。

例 8.9 人工蚁问题,该例子选自刘勇等的著作。

一个人工蚁在一个 32×32 的网格上移动,其起始位置在网格的左上角,坐标为 $(0,0)$,并且开始时人工蚁面朝东。

"圣菲轨道"是一个不规则的弯曲轨道,上面放置了 89 块食物。该轨道不是直的和连续的,而是有间隙的,如图 8.12 所示,"×"表示食物,"○"表示轨道上的间隙。有单间隙、二间隙和三间隙,有些间隙发生在拐角处。

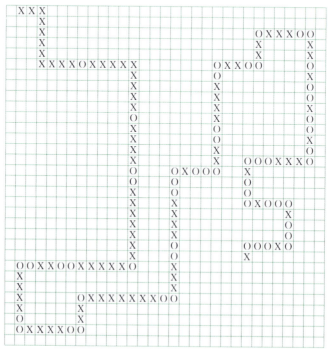

图 8.12 人工蚁问题的圣菲轨道

人工蚁的视线非常有限，只能探询到它面对的相邻一格中是否有食物，而且其动作只有以下4种。

① 右转90°（无移动）；
② 左转90°（无移动）；
③ 朝它所面向的网格前进一步，如果该网格中有食物，就吃到该食物；
④ 不动。

要求设计一个有限状态自动机，该自动机可以在有限时间步内引导人工蚁吃到所有的食物。

为了能更好地理解该问题，首先介绍四状态自动机的情况。一个四状态自动机状态变化示意图如图8.13所示，其中状态00为初始状态。

该自动机共有4个状态，分别是00、01、10和11，其中状态00是初始状态。自动机的输入来自人工蚁的传感器，由一位组成，"1"表示人工蚁面对的相邻网格上有食物，"0"则表示人工蚁面对的相邻网格上没有食物。

图8.13中，圆圈表示状态，圆圈间的弧线及其标注的信息，表示状态间的转换、转换条件及人工蚁采取的动作。例如，从状态00到状态01之间有一个弧线，弧线旁的标记信息为"0/右转"，表示在状态00下，如果输入信息为0，则人工蚁右转，进入状态01。所以，图8.13所示的

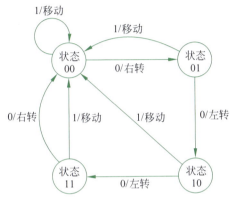

图 8.13　四状态自动机状态变化示意图

自动机完全决定了人工蚁的行为：在00状态下，如果探明到前面有食物，则前进一步，吃掉食物，然后回到状态00（注意，只是状态回到了00，其位置并没有回到原来的位置）；如果在00状态下没有探明到前面有食物，则人工蚁右转进入状态01。在01状态下，如果探明到前方有食物，则前进一步，吃掉食物，进入状态00；如果在01状态没有探明到前方有食物，则人工蚁左转，进入状态10。在状态10，如果探明到前方有食物，则前进一步，进入状态00。事实上，这个状态转换是不可能发生的，因为从状态00到状态01，再到状态10，人工蚁在原位置右转、左转，又在原位置回到了原来所面对的方向，而该方位前方并没有食物。之所以在图8.13中标出了这个状态转换，只是为了图的完备。在状态10，如果没有探明前方有食物，则左转进入状态11。在状态11，如果探明前方有食物，则人工蚁前进一步，吃掉食物，进入状态00；如果在11状态没有探明前方有食物，则人工蚁右转，进入状态00。

由以上分析可以知道，如果初始状态00，在人工蚁的前方，或者右方，或者左方有食物，则人工蚁会移到那个网格，将食物吃掉，并返回到初始状态00。接着，人工蚁在新的位置重复这一过程。如果食物始终出现在人工蚁的前方，或者右方，或者左方，则该四状态自动机会引导人工蚁爬过轨道。但是，如果在某一个位置，在人工蚁的前方、右方和左方均没有食物，则自动机将进入死循环。由于圣菲轨道在轨道间存在间隙，所以这样一个四状态自动机不可能引导人工蚁爬过轨道，只有加入更多的状态，才有可能解决问题。

图8.13所示的四状态自动机也可以用表8.17表示，其中人工蚁的动作用01、10和11分别表示左转、右转和移动。

如果将该表最后两列的数据连接在一起,并把初始状态 00 放在数据的最前面,则得到该四状态自动机的一种二进制编码形式,即染色体。与表 8.17 对应的染色体是一个具有 34 位二进制的向量:

00 0110 0011 1001 0011 1101 0011 0010 0011

这样的一个 34 位的二进制向量最多能表示一个四状态自动机,而人工蚁的解决需要更多状态的自动机,因此必须采用更大规模的二进制向量表示。因为在常规的遗传算法中,表示问题的二进制向量的长度在问题求解过程中是不变的。

为求解人工蚁问题,Jefferson 等将自动机的状态数增加到 32 个。这样,为了表示 32 个状态,需要 5 位二进制数表示不同的状态;每个状态下有两种可能的输入,因此像表 8.17 那样的状态转换表需要 64 行;输入仍然用 2 位二进制数表示,所以共需要 $(5+2) \times 64 = 448$ 位二进制数,再加上表示初始状态的 5 位,因此染色体需要用 453 位的二进制向量表示。

表 8.17 四状态自动机状态转换表

序 号	当前状态	输 入	下一个状态	动 作
1	00	0	01	10
2	00	1	00	11
3	01	0	10	01
4	01	1	00	11
5	10	0	11	01
6	10	1	00	11
7	11	0	00	10
8	11	1	00	11

一个染色体决定了一个具有 32 个状态的自动机,人工蚁完全在自动机的引导下行动。因此,一个给定的染色体的适应值可以用人工蚁在该自动机的引导下吃掉的食物数计算。由于要考虑自动机可能会陷入死循环,以及防止自动机对所有 $32 \times 32 = 1024$ 个网格的穷举搜索,可以设置一个最大的时间步,在达到最大的时间步后,人工蚁将结束操作。而一个染色体的适应值就是该染色体所规定的自动机,在最大时间步内,引导人工蚁吃到的食物数。该数值为 0~89 的一个整数。实际求解时,最大的时间步设为 200。

在 Jefferson 等的求解人工蚁问题的程序中,控制参数群体规模 N 为 65536,进化的最大代数 M 为 200,在一个大规模的并行连接机上成功地求解了该问题。

例 8.10 旅行商问题的编码。

对于 n 个城市的旅行商问题,可以用一个矩阵表示一个可能解。例如,对于 4 城市的旅行商问题,如下的矩阵可以表示一个可能解。

$$\begin{array}{c} & \begin{array}{cccc} 1 & 2 & 3 & 4 \end{array} \\ \begin{array}{c} A \\ B \\ C \\ D \end{array} & \left[\begin{array}{cccc} 0 & 1 & 0 & 0 \\ 1 & 0 & 0 & 0 \\ 0 & 0 & 0 & 1 \\ 0 & 0 & 1 & 0 \end{array} \right] \end{array}$$

其中，行表示不同的城市，列表示城市的访问顺序。第 i 行第 j 列如果为 1，则表示第 j 个访问的城市是城市 i，并默认最后一个城市之后访问第一个城市。上例中给出的旅行商的旅行路线是：$BADCB$。如果按行展开该矩阵，则该可能解可以用一个 4×4 的二进制向量表示为 0100100000010010。对于 n 城市的旅行商问题，可以用 $n\times n$ 位二进制向量表示一个可能的旅行路线。

一个 $n\times n$ 位二进制向量，所有可能的编码个数为 $2^{n\times n}$，而一个对称的 n 城市旅行商问题的可能解个数为 $n!/2$，只占编码个数非常小的比例。以 $n=10$ 为例，编码个数为可能解个数的 7.0×10^{23} 倍。可能解在整个状态空间中是非常稀疏的，交配和变异所产生的是大量的非可能解。可以想象，对于旅行商问题来说，这样的编码方式将导致求解效率低下。

对于 n 城市旅行商问题，一种很自然的想法是，对城市进行编号，每个城市分别用 $1\sim n$ 不同的整数表示，n 个整数的一个排列就代表了旅行商问题的一个可能解。这就是所谓的整数编码问题。对于整数编码，所要解决的是如何交配和变异的问题，这一点将在后面介绍。

2. 遗传算法的评价

定理 8.4 给出了当进化代数趋于无穷时，遗传算法找到最优解的概率为 1，即保证了遗传算法的收敛性。但实际计算时，希望随时了解遗传算法的进展情况，监视算法的变化趋势。常用的方法有如下几种。

(1) 当前最好法。

该方法在每一代进化过程中，记录得到的最好解，通过最好解的变化，了解算法的变化趋势。不同的算法之间，也可以通过该最好解的变化情况进行横向比较。

(2) 在线比较法。

该方法用当前代中染色体的平均指标函数值刻画算法的变化趋势，计算方法如下。

$$v_{\text{on\_line}} = \frac{1}{T}\sum_{t=1}^{T} f(t) \tag{8-66}$$

其中，T 为当前代中染色体的个数，$f(t)$ 为第 t 个染色体的指标函数值。

在以最大化为问题的优化目标时，在进化过程中，每代的值可能出现一些波动，但总的趋势应该是上升的，并逐渐趋于稳定。

(3) 离线比较法。

该方法与在线比较法有些相似，但是用进化过程中每代最好解的指标函数值的平均值评价算法的进化过程，计算方法如下。

$$v_{\text{off\_line}} = \frac{1}{T}\sum_{t=1}^{T} f^*(t) \tag{8-67}$$

其中，T 是到目前为止的进化代数，$f^*(t)$ 是第 t 代中染色体的最好指标函数值。在以最大化为问题的优化目标时，随着算法的进化，该值具有上升趋势。

以上每种方法，都可以监控算法的进化趋势，掌握遗传算法的进化情况，从而决定算法是否停止。

3. 适应函数

由于任何一个最小化优化问题都可以转换为最大化优化问题，因此在下面的讨论中，均假定以最大化为问题的优化目标。一般情况下，可以直接选取问题的指标函数作为适应函数。如求函数 $f(x)$ 的最大值,就可以直接采用 $f(x)$ 为适应函数。

但在有些情况下,函数 $f(x)$ 在最大值附近的变化可能非常小,以至于它们的适应值非常接近,很难区分出哪个染色体占优。在这种情况下,希望定义新的适应函数,要求该适应函数与问题的指标函数具有相同的变化趋势,但变化的速度更快。

一种方法是非线性加速适应函数。该方法利用已有的信息构造适应函数:

$$f'(x) = \begin{cases} \dfrac{1}{f_{\max} - f(x)}, & f(x) < f_{\max} \\ M, & \text{其他} \end{cases} \tag{8-68}$$

其中,$f(x)$ 是问题的指标函数,$f_{\max}$ 是当前得到的最优指标函数值,M 是一个充分大的数。M 值的大小将影响算法以怎样的概率选取种群。M 不一定是一个常量,可随着算法的进行而变化,开始时可以相对小一些,以保证种群的多样性,然后可以逐步增大。

与非线性加速适应函数对应的是线性加速适应函数,其定义如下。

$$f'(x) = \alpha f(x) + \beta \tag{8-69}$$

其中,α、β 由下述方程确定:

$$\begin{cases} \alpha \dfrac{\sum_{i=1}^{m} f(x_i)}{m} + \beta = \dfrac{\sum_{i=1}^{m} f(x_i)}{m} \\ \alpha \max_{1 \leqslant i \leqslant m} \{f(x_i)\} + \beta = M \dfrac{\sum_{i=1}^{m} f(x_i)}{m} \end{cases} \tag{8-70}$$

其中,$x_i(i=1,2,\cdots,m)$ 为当前代中的染色体。

式(8-70)中的第一个方程表示变换前后的平均值不变,第二个方程表示将当前的最优值放大为平均值的 M 倍。这样,通过选择适当的 M 值,可以拉开不同染色体间适应值的差距。

求解方程组(8-70)可得如下解。

$$\alpha = \dfrac{(M-1) \dfrac{\sum_{i=1}^{m} f(x_i)}{m}}{\max_{1 \leqslant i \leqslant m} \{f(x_i)\} - \dfrac{\sum_{i=1}^{m} f(x_i)}{m}} \tag{8-71}$$

$$\beta = \dfrac{\sum_{i=1}^{m} f(x_i)}{m} \left[\dfrac{\max_{1 \leqslant i \leqslant m} \{f(x_i)\} - M \dfrac{\sum_{i=1}^{m} f(x_i)}{m}}{\max_{1 \leqslant i \leqslant m} \{f(x_i)\} - \dfrac{\sum_{i=1}^{m} f(x_i)}{m}} \right] \tag{8-72}$$

另一种定义适应函数的方法是利用染色体指标函数值从小到大的排列序号作为适应函数值,利用该值采用轮盘赌的方法得到每个染色体被选中的概率。

设染色体按照其指标函数值从小到大排序,其序号分别为 1 到 m。按照轮盘赌的方法,

染色体 i 被选中的概率为

$$p(i) = \frac{i}{\sum_{i=1}^{m} i} = \frac{2i}{m(m+1)} \quad (8\text{-}73)$$

该方法的特点是一个染色体被选中的概率与指标函数的区分度无关,只与该染色体在当前群体中按指标函数值从小到大排序的位置有关。具有最大指标函数值的染色体总是固定地以 $\frac{2}{m+1}$ 的概率被选中,而具有最小指标函数值的染色体被选中的概率则总是 $\frac{2}{m(m+1)}$。最大概率是最小概率的 m 倍。

4. 二进制编码的交配规则

在遗传算法中,常用的交配规则有如下几个。

(1) 双亲双子法。

该方法就是前面已经介绍过的最常用的交配方法。当参与交配的两个双亲染色体确定后,随机产生一个交配位,双亲染色体交换各自的交配位后的基因给对方,得到两个子染色体,其交配示意图如图 8.14 所示。

图 8.14 双亲双子法交配示意图

(2) 变化交配法。

该方法是对双亲双子法的一种改进。在有些情况下,采用双亲双子法交配得到的两个子染色体与其双亲完全一致,这样的交配起不到任何作用。比如下面所示的两个染色体:

1 1 0 1 0 0 1
1 1 0 0 0 1 0

由于两个父染色体的前 3 位完全一致,因此,当交配位选择在前 3 位时,其子染色体将与两个父染色体完全一致。

变化交配法就是在随机产生交配位时,排除这样的交配位。

(3) 多交配位法

顾名思义,多交配位法就是不止产生一个交配位,而是产生多个交配位进行交配。交配时采用交配区间交替进行的方法。对于长度为 n 的染色体,设有 $1,2,\cdots,m,m+1$ 交配位,其中 $m+1$ 等于 n,是为了叙述方便而增加的一个交配位。交配时,两个父染色体交换 $2i-1$ 和 $2i$ $\left(i=1,2,\cdots,\left\lfloor\frac{m+1}{2}\right\rfloor\right)$ 两个交配位之间的基因,而不交换 $2i$ 和 $2i+1$ $\left(i=1,2,\cdots,\left\lfloor\frac{m+1}{2}\right\rfloor\right)$ 两个交配位之间的基因。

图 8.15 给出的是 3 个交配位的情况($m=3$),3 个交配位分别为 2、4、6:

$$11|01|00|1 \quad \longrightarrow \quad 11|00|00|0$$
$$11|00|01|0 \quad \quad\quad\quad 11|01|01|1$$

图 8.15　多交配位法交配示意图

(4) 双亲单子法。

该方法是两个染色体交配后只产生一个子染色体。一般从交配法得到的两个子染色体中随机选择一个,或者选择适应值大的那一个子染色体。

5. 整数编码的交配规则

对于旅行商问题,一个很自然的想法是采用 $1\sim n$ 的排列表示一个可能解,即所谓的整数编码。在这种情况下,如果采取交换两个父染色体的部分基因的方法进行交配,产生的子染色体就不一定刚好是 $1\sim n$ 的一个排列,从而产生无效解,为此必须选择能保持编码有效性的交配规则。下面以旅行商问题为例,介绍几种整数编码的交配规则。

(1) 常规交配法。

该方法与二进制编码的双亲双子法类似。设有父代 1 和父代 2,交配后产生子代 1 和子代 2。随机选取一个交配位,子代 1 交配位之前的基因选自父代 1 交配位之前的基因,交配位之后的基因,从父代 2 中按顺序选取没有出现过的基因。子代 2 也进行类似的处理。图 8.16 给出了常规交配法的例子。

```
          交配位                    交配位
父代 1：  1 2 3 4 | 5 6 7 8       子代 1：  1 2 3 4 | 5 7 8 6
父代 2：  5 2 1 7 | 3 8 4 6       子代 2：  5 2 1 7 | 3 4 6 8
```

图 8.16　常规交配法示意图

其中,子代 1 交配位前的 4 个基因 1234 选择父代 1 的前 4 个基因,交配位后的 4 个基因按顺序从父代 2 中选取与前 4 个基因 1234 不同的基因,依次选择的结果为 5786。

(2) 基于次序的交配法。

对于两个选定的父代染色体父代 1 和父代 2,首先随机选定一组位置。设父代 1 中与所选位置对应的数字从左到右依次为 $x_1, x_2, \cdots, x_k$,然后从父代 2 中也找到这 k 个数字,并从父代 2 中把它们去除,这样,在父代 2 中就有了 k 个空位置。将 $x_1, x_2, \cdots, x_k$ 依次填入父代 2 的空位置中,就得到交配后的一个子染色体子代 1。采用同样的方法处理父代 1,可以得到另一个子染色体子代 2。

例如:

父代 1：1　2　3　4　5　6　7　8　9　10
父代 2：5　9　2　4　6　1　10　7　3　8
所选位置：　　*　*　　　*　　　　*

父代 1 中与所选位置对应的数字为 2、3、5、8。从父代 2 中找出这些数字并删除它们,其中 b 表示空位置:

父代 2：b　9　b　4　6　1　10　7　b　b

将 2、3、5、8 依次填入上述父代 2 的空位置中,得到子代 1:

子代 1：2　9　3　4　6　1　10　7　5　8

同理,父代 2 中与所选位置相对应的数字为 9、2、6、7。从父代 1 中找出这些数字,并删除它们，其中 b 表示空位置：

父代1：1　b　3　4　5　b　b　8　b　10

用9、2、6、7依次填入上述父代1的空位置，得到子代2：

父代2：1　9　3　4　5　2　6　8　7　10

(3) 基于位置的交配法。

同方法(2)，对于两个选定的父代染色体父代1和父代2，首先随机产生一组位置。对于这些位置上的基因，子代1从父代2中直接得到，子代1的其他位置的基因，按顺序从父代1中选取不相重的基因。子代2也进行类似的处理。例如：

父代1：1 2 3 4 5 6 7 8 9

父代2：5 9 2 4 6 1 7 3 8

　　　　 * *　*　　 *

其中，"*"表示被随机选中的位置。

由于父代2中被选中位置的基因为9 2 6 3，它们分别在父代2的第2、3、5、8位置上，因此子代1的第2、3、5、8位置上的基因依次为9、2、6、3。子代1的其他位置上的基因，从父代1中按顺序选取除9、2、6、3外的其他基因，按顺序填补到子代1中，得到：

子代1：1 9 2 4 6 5 7 3 8

采用同样的办法也可得到子代2：

子代2：9 2 3 4 5 6 1 8 7

(4) 基于部分映射的交配法。

对于两个选定的父代染色体父代1和父代2，随机产生两个位置，两个父代在这两个位置之间的基因产生对应对，然后用这种对应对分别替换两个父代的基因，从而产生两个子代，例如：

父代1：2 6 4 3 8 1 5 7 9

父代2：8 5 1 7 6 2 4 3 9

　　　　　　* 　　　　 *

其中，"*"表示两个选定的位置，从而得到对应对3：7、8：6、1：2。然后按照该对应对分别替换父代1和父代2中的基因，得到两个子代：

子代1：1 8 4 7 6 2 5 3 9

子代2：6 5 2 3 8 1 4 7 9

还有其他一些交配方法，这里不再一一列举。

6. 变异规则

变异发生在某个染色体的某个基因上，它将可变性引入群体中，增强了群体的多样性，从而提供了从局部最优中逃脱出来的一种手段。

当问题以二进制编码形式表示时，随机产生一个变异位，被选中的基因由"0"变为"1"，或者由"1"变为"0"。假定变异发生在染色体的第三位，则对于如下的二进制编码，变异前后的变化如图8.17所示。

当问题以整数形式进行编码时，被选中的基因可以由一个整数随机变为另一个整数，但这时还要考虑染色体的合理性。这时要根据问题本身的性质，合理定义变异方法。对于旅行商问题，有以下几种变异方法。

(1) 基于位置的变异。

该方法随机产生两个变异位,然后将第二个变异位上的基因移到第一变异位前。假定两个变异位分别为 2 和 5,则对于整数编码 2136457,变异前、后的编码变化如图 8.18 所示。

图 8.17　变异前、后的编码变化　　　图 8.18　基于位置的变异

(2) 基于次序的变异。

该方法随机产生两个变异位,然后交换这两个变异位上的基因。假定两个随机产生的变异位分别为 2 和 5,则对于整数编码 2136457,变异前、后的变化如图 8.19 所示。

(3) 打乱变异。

该方法随机选取染色体上的一段,然后打乱在该段内的基因次序。如随机选取的段为染色体的第 2~5 位,则对于整数编码 2136457,其可能的一种变异结果如图 8.20 所示。

图 8.19　基于次序的变异　　　图 8.20　打乱变异

在本章开始时介绍的采用逆序交换方式(见图 8.3)产生一个状态的邻域的方法,可以认为是打乱变异的一个特例。

变异虽然可以带来群体的多样性,但因其具有很强的破坏性,因此一般通过一个很小的变异概率控制它的使用。

7. 性能评价

如何对遗传算法的性能进行评价是一件很困难的事情,为此需要确定性能度量和一些具有代表性的函数。一般可以用达到最优点时性能函数值的平均计算次数和计算所需要的时间进行度量。一些学者给出如下的测试函数集,这些函数或者是多峰值的,或者是不连续的,或者是具有一定噪声的,对于求解它们的最小值具有一定难度。

$$F_1: f_1(x) = \sum_{i=1}^{3} x_i^2, -5.12 \leqslant x_i \leqslant 5.12$$

$$F_2: f_2(x) = 100(x_1^2 - x_2)^2 + (1 - x_1)^2, -2.048 \leqslant x_i \leqslant 2.048$$

$$F_3: f_3(x) = \sum_{i=1}^{5} \text{integer}(x_i), -5.12 \leqslant x_i \leqslant 5.12$$

$$F_4: f_4(x) = \sum_{i=1}^{30} i x_i^4 + \text{Gauss}(0,1), -1.28 \leqslant x_i \leqslant 1.28$$

$$F_5: f_5(x) = 0.002 + \sum_{j=1}^{25} \frac{1}{j + \sum_{i=1}^{2}(x_i - a_{ij})^6}, -65.536 \leqslant x_i \leqslant 65.536$$

其中：
$a_{1j} = \{-32,-16,0,16,32,-32,-16,0,16,32,-32,-16,0,16,32,-32,$
$\quad -16,0,16,32,-32,-16,0,16,32\}$
$a_{2j} = \{-32,-32,-32,-32,-32,-16,-16,-16,-16,$
$\quad -16,0,0,0,0,0,16,16,16,16,16,32,32,32,32\}$

$$F_6: f_6(x) = nA + \sum_{i=1}^{n}[x_i^2 - A\cos(2\pi x_i)], -5.12 \leqslant x_i \leqslant 5.12$$

$$F_7: f_7(x) = -\sum_{i=1}^{n} x_i \sin(\sqrt{|x_i|}), -500 \leqslant x_i \leqslant 500$$

$$F_8: f_8(x) = \sum_{i=1}^{n}\frac{x_i^2}{4000} - \prod_{i=1}^{n}\cos\left(\frac{x_i}{\sqrt{i}}\right) + 1, -600 \leqslant x_i \leqslant 600$$

$$F_9: f_9(x) = [1+(x_1+x_2+1)^2(19-14x_1+3x_1^2-14x_2+6x_1x_2+$$
$$3x_2^2)][30+(2x_1-3x_2)^2(18-32x_1+12x_1^2+48x_2-$$
$$36x_1x_2+27x_2^2)], -2 \leqslant x_i \leqslant 2$$

$$F_{10}: f_{10}(x) = a(x_2 - bx_1^2 + cx_1 - d)^2 + e(1-f)\cos(x_1) + e,$$
$$-5 \leqslant x_1 \leqslant 10, 0 \leqslant x_2 \leqslant 15$$

其中：$a=1, b=\dfrac{5.1}{4\pi^2}, c=\dfrac{5}{\pi}, d=6, e=10, f=\dfrac{1}{8\pi}$。

$$F_{11}: f_{11}(x) = \frac{\pi}{n}\left\{k_1\sin^2(\pi y_1) + \sum_{i=1}^{n-1}(y_i-k_2)^2[1+k_1\sin^2(\pi y_{i+1})] + (y_n-k_2)^2\right\},$$
$$-10 \leqslant x_i \leqslant 10$$

其中：$y_i = 1 + \dfrac{1}{4}(x_i+1), k_1=10, k_2=1$。

$$F_{12}: f_{12}(x) = k_3\{\sin^2(\pi k_4 x_1) + \sum_{i=1}^{n-1}(x_i-k_5)^2[1+k_6\sin^2(\pi k_4 x_{i+1})] +$$
$$(x_n-k_5)^2[1+k_6\sin^2(\pi k_7 x_n)]\}, -5 \leqslant x_i \leqslant 5$$

其中：$k_3=0.1, k_4=3, k_5=1, k_6=1, k_7=2$。

作为参考，以上各函数中的 n 可以分别取以下值（用 $n(i)$ 表示 n 在函数 F_i 中的值）：$n(6)=20, n(7)=10, n(8)=10, n(11)=3, n(12)=5$。

以上对近年来发展起来的局部搜索算法、模拟退化算法和遗传算法等优化算法分别进行了介绍，使得大家对这些算法有一个简单的了解。这里介绍的都是最基本的内容，如果想用这些方法求解复杂问题，还需要进行更深入的学习和研究。

习　题

8.1　分别用回溯方法和局部搜索方法，实现一个求解 N 皇后问题的程序，当 N 比较大时，比较两种方法所用的求解时间。

8.2　用模拟退火方法求解 TSP 问题，并讨论其求解效率问题。

8.3　用遗传算法求解 TSP 问题，并与模拟退火方法进行比较。

附录

附录 A BP 算法

BP 算法是反向传播(Back Propagation)算法的简称,是训练神经网络的基本算法,神经网络通过 BP 算法确定其网络参数,也就是权重,从而实现某种功能,如汉字识别、语音识别、机器翻译等。

BP 算法本质上是梯度下降算法,根据给定的训练数据,求解神经网络的权重,使得损失函数最小化。

A.1 求导数的链式法则

BP 算法的推导过程主要是利用导数计算的链式法则进行推导,为此我们先复习一下复合函数求导数的链式法则,主要有以下两种形式。

1) 单变量链式法则

设

$$y = f(u) \tag{A.1}$$

$$u = g(x) \tag{A.2}$$

则

$$\frac{\mathrm{d}y}{\mathrm{d}x} = \frac{\mathrm{d}y}{\mathrm{d}u} \frac{\mathrm{d}u}{\mathrm{d}x} \tag{A.3}$$

例如,对于 sigmoid 函数:

$$o = \frac{1}{1 + \mathrm{e}^{-net}}$$

可以写为如下的复合形式:

$$o = \frac{1}{u}$$

$$u = 1 + \mathrm{e}^{-net}$$

利用复合函数求导数的链式法则,有

$$\frac{\mathrm{d}o}{\mathrm{d}net} = \frac{\mathrm{d}o}{\mathrm{d}u} \frac{\mathrm{d}u}{\mathrm{d}net}$$

分别求导,有

$$\frac{\mathrm{d}o}{\mathrm{d}u} = \frac{-1}{u^2} = \frac{-1}{(1+\mathrm{e}^{-\mathrm{net}})^2}$$

$$\frac{\mathrm{d}u}{\mathrm{d}\mathrm{net}} = -\mathrm{e}^{-\mathrm{net}}$$

所以,有

$$\frac{\mathrm{d}o}{\mathrm{d}\mathrm{net}} = \frac{\mathrm{d}o}{\mathrm{d}u} \frac{\mathrm{d}u}{\mathrm{d}\mathrm{net}}$$

$$= \frac{-1}{(1+\mathrm{e}^{-\mathrm{net}})^2}(-\mathrm{e}^{-\mathrm{net}})$$

$$= \frac{\mathrm{e}^{-\mathrm{net}}}{(1+\mathrm{e}^{-\mathrm{net}})^2}$$

该求导结果也可以用 o 表示如下:

$$\frac{\mathrm{d}o}{\mathrm{d}\mathrm{net}} = \frac{\mathrm{e}^{-\mathrm{net}}}{(1+\mathrm{e}^{-\mathrm{net}})^2}$$

$$= \frac{1}{1+\mathrm{e}^{-\mathrm{net}}} \frac{\mathrm{e}^{-\mathrm{net}}}{1+\mathrm{e}^{-\mathrm{net}}}$$

$$= o(1-o) \quad (A.4)$$

在后面的推导过程中会用到这个结果。

2) 多变量链式法则

设

$$z = f(u,v)$$
$$u = g(x,y) \quad (A.5)$$
$$v = h(x,y)$$

则

$$\frac{\partial z}{\partial x} = \frac{\partial z}{\partial u}\frac{\partial u}{\partial x} + \frac{\partial z}{\partial v}\frac{\partial v}{\partial x} \quad (A.6)$$

$$\frac{\partial z}{\partial y} = \frac{\partial z}{\partial u}\frac{\partial u}{\partial y} + \frac{\partial z}{\partial v}\frac{\partial v}{\partial y} \quad (A.7)$$

例如,设

$$z = u^2 + v^2$$
$$u = ax + by$$
$$v = qx + py$$

则

$$\frac{\partial z}{\partial x} = \frac{\partial z}{\partial u}\frac{\partial u}{\partial x} + \frac{\partial z}{\partial v}\frac{\partial v}{\partial x}$$

$$= 2ua + 2vq$$

$$\frac{\partial z}{\partial y} = \frac{\partial z}{\partial u}\frac{\partial u}{\partial y} + \frac{\partial z}{\partial v}\frac{\partial v}{\partial y}$$

$$= 2ub + 2vp$$

A.2 符号约定

为了叙述方便,先给出一些符号说明。

编号为 j 的神经元如图 A.1 所示,其中 $x_{j1}, x_{j2}, \cdots, x_{jn}$ 表示该神经元的 n 个输入,$w_{j1}, w_{j2}, \cdots, w_{jn}$ 是其对应的权重,net_j 为该神经元的输入加权和,即

$$\text{net}_j = \sum_{i=1}^{n} w_{ji} x_{ji} + b_j$$

引入 $x_{j0}=1$、$w_{j0}=b_j$,则有

$$\text{net}_j = \sum_{i=0}^{n} w_{ji} x_{ji} \tag{A.8}$$

o_j 为该神经元的输出,σ 为 sigmoid 激活函数,于是有

$$o_j = \sigma(\text{net}_j) = \frac{1}{1+\mathrm{e}^{\text{net}_j}} \tag{A.9}$$

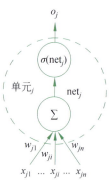

图 A.1 神经元

设 $E(w)$ 为损失函数,其中 w 是神经网络所有权重组成的权重向量。按照梯度下降算法,依照式(A.10)对编号为 j 的神经元的第 i 个权重 w_{ji} 进行更新:

$$w_{ji}^{\text{new}} = w_{ji}^{\text{old}} + \Delta w_{ji} \tag{A.10}$$

$$\Delta w_{ji} = -\eta \frac{\partial E(w)}{\partial w_{ji}} \tag{A.11}$$

其中,w_{ji}^{old}、w_{ji}^{new} 分别表示 w_{ji} 修改前、修改后的值,$\frac{\partial E(w)}{\partial w_{ji}}$ 表示 $E(w)$ 对 w_{ji} 的偏导数,η 是常量,表示步长。

这里的关键是如何求解偏导数 $\frac{\partial E(w)}{\partial w_{ji}}$,BP 算法的关键是推导出如何计算该偏导数。

前面我们曾经提到过,用于训练神经网络的梯度下降算法可分为批量梯度下降、小批量梯度下降和随机梯度下降。为了方便起见,下面的推导以随机梯度下降为例,也就是每处理一个样本就进行一次梯度下降,对权重进行一次调节。

这样,当用误差的平方作为损失函数时,损失函数定义如下:

$$E(w) = \frac{1}{2} \sum_{k=1}^{m} (t_k - o_k)^2 \tag{A.12}$$

其中,t_k 表示神经网络输出层第 k 个神经元的希望输出值,o_k 表示神经网络输出层的第 k 个神经元的实际输出值。

神经网络的训练,就是使用梯度下降算法求损失函数 $E(w)$ 的最小值,为此需要计算偏导数 $\frac{\partial E(w)}{\partial w_{ji}}$。由于神经网络构成的复杂性,这是一个比较复杂的复合函数计算偏导数问题,主要通过链式法则求解。

A.3 对于输出层的神经元

假定神经网络如图 A.2(a)所示,神经元 j 是该神经网络输出层的一个神经元,其详细

结构如图 A.2(b)所示，我们看看如何求解损失函数对该神经元的权重的偏导数，即 $\frac{\partial E(\boldsymbol{w})}{\partial w_{ji}}$。在下面的推导过程中，如果没有特殊说明，激活函数 σ 均为 sigmoid 函数。

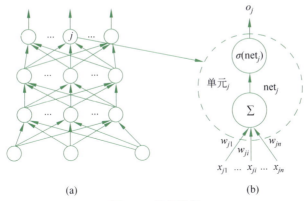

图 A.2　神经网络

为了应用链式法则求偏导数 $\frac{\partial E(\boldsymbol{w})}{\partial w_{ji}}$，我们总是寻找一个中间变量作为过渡。这里，我们首先选择以图 A.2(b)中的 net_j 作为中间变量，利用链式法则求解，有

$$\frac{\partial E(\boldsymbol{w})}{\partial w_{ji}} = \frac{\partial E(\boldsymbol{w})}{\partial \text{net}_j} \frac{\partial \text{net}_j}{\partial w_{ji}} \tag{A.13}$$

同样，为了求解 $\frac{\partial E(\boldsymbol{w})}{\partial \text{net}_j}$，我们选择神经元 j 的输出 o_j 作为中间变量，于是有

$$\frac{\partial E(\boldsymbol{w})}{\partial \text{net}_j} = \frac{\partial E(\boldsymbol{w})}{\partial o_j} \frac{\partial o_j}{\partial \text{net}_j} \tag{A.14}$$

由式(A.12)有

$$E(\boldsymbol{w}) = \frac{1}{2} \sum_{k=1}^{m} (t_k - o_k)^2$$

求偏导后有

$$\frac{\partial E(\boldsymbol{w})}{\partial o_j} = -(t_j - o_j) \tag{A.15}$$

由式(A.9)有

$$o_j = \sigma(\text{net}_j) = \frac{1}{1 + e^{\text{net}_j}}$$

就是 sigmoid 激活函数，式(A.4)已经给出了这个函数的偏导数：

$$\frac{\partial o_j}{\partial \text{net}_j} = o_j(1 - o_j) \tag{A.16}$$

将式(A.15)和式(A.16)代入式(A.14)中，有

$$\frac{\partial E(\boldsymbol{w})}{\partial \text{net}_j} = \frac{\partial E(\boldsymbol{w})}{\partial o_j} \frac{\partial o_j}{\partial \text{net}_j} = -(t_j - o_j)o_j(1 - o_j) \tag{A.17}$$

由式(A.8)有

$$\text{net}_j = \sum_{i=0}^{n} w_{ji} x_{ji}$$

求偏导后有

$$\frac{\partial \operatorname{net}_j}{\partial w_{ji}} = x_{ji} \tag{A.18}$$

为了表示上的方便,我们令:

$$\delta_j = -\frac{\partial E(\boldsymbol{w})}{\partial \operatorname{net}_j}$$

由式(A.17)有

$$\delta_j = -\frac{\partial E(\boldsymbol{w})}{\partial \operatorname{net}_j} = (t_j - o_j) o_j (1 - o_j) \tag{A.19}$$

将式(A.18)和式(A.19)代入式(A.13),有

$$\begin{aligned}\frac{\partial E(\boldsymbol{w})}{\partial w_{ji}} &= \frac{\partial E(\boldsymbol{w})}{\partial \operatorname{net}_j} \frac{\partial \operatorname{net}_j}{\partial w_{ji}} \\ &= -\delta_j x_{ji}\end{aligned} \tag{A.20}$$

这样,对于输出层的神经元,就可以通过式(A.20)计算损失函数对其每个权重的偏导数,从而可以利用式(A.10)和式(A.11)实现对输出层神经元权重的更新,达到训练的目的。

A.4 对于隐含层的神经元

假定神经网络如图 A.3(a)所示,是一个具有两个隐含层的神经网络,假定神经元 j 是该神经网络隐含层 2 中的一个神经元,其详细结构如图 A.3(b)所示。神经元 j 的输出 o_j 作为输出层神经元的输入,连接到输出层的每一个神经元。这些,以神经元 j 的输出作为输入的全体神经元,称作神经元 j 的后继。

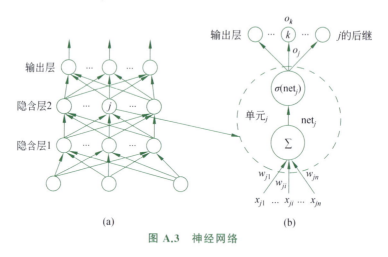

图 A.3 神经网络

我们看看在这种情况下如何求解损失函数对该神经元的权重的偏导数,即 $\frac{\partial E(\boldsymbol{w})}{\partial w_{ji}}$。

同样,以 net_j 为中间变量,采用链式法则,有

$$\frac{\partial E(\boldsymbol{w})}{\partial w_{ji}} = \frac{\partial E(\boldsymbol{w})}{\partial \operatorname{net}_j} \frac{\partial \operatorname{net}_j}{\partial w_{ji}} \tag{A.21}$$

先看 $\frac{\partial \operatorname{net}_j}{\partial w_{ji}}$,这个式子与式(A.18)一样,均是神经元 j 的 net_j 对该神经元权重计算偏导

数,有
$$\frac{\partial \text{net}_j}{\partial w_{ji}} = x_{ji} \tag{A.22}$$

与输出层的神经元不同,隐含层 2 的神经元输出会输入到输出层的每个神经元,所以为了求解 $\frac{\partial E(\boldsymbol{w})}{\partial \text{net}_j}$,我们以输出层神经元 k 的 $\text{net}_k(k=1,2,\cdots,m,m$ 为输出层神经元的个数)作为中间变量,按照多变量链式法则求解,有

$$\frac{\partial E(\boldsymbol{w})}{\partial \text{net}_j} = \sum_{k=1}^{K} \frac{\partial E(\boldsymbol{w})}{\partial \text{net}_k} \cdot \frac{\partial \text{net}_k}{\partial \text{net}_j} \tag{A.23}$$

由于输出层的所有神经元均为神经元 j 的后继,所以式(A.23)又可以表示为

$$\frac{\partial E(\boldsymbol{w})}{\partial \text{net}_j} = \sum_{k \in \text{后继}(j)} \frac{\partial E(\boldsymbol{w})}{\partial \text{net}_k} \cdot \frac{\partial \text{net}_k}{\partial \text{net}_j} \tag{A.24}$$

由于这里的神经元 k 属于输出层,我们前面已经求解出了 $\frac{\partial E(\boldsymbol{w})}{\partial \text{net}_k}$,由式(A.19)有

$$\frac{\partial E(\boldsymbol{w})}{\partial \text{net}_k} = -\delta_k \tag{A.25}$$

对于 $\frac{\partial \text{net}_k}{\partial \text{net}_j}$ 的计算,我们以隐含层 2 的神经元 j 的输出 o_j 作为中间变量,再次运用链式法则有:

$$\frac{\partial \text{net}_k}{\partial \text{net}_j} = \frac{\partial \text{net}_k}{\partial o_j} \cdot \frac{\partial o_j}{\partial \text{net}_j} \tag{A.26}$$

由式(A.8)有

$$\text{net}_k = \sum_{i=0}^{n} w_{ki} x_{ki} \tag{A.27}$$

由图 A.3(a)可以看出,输出层每个神经元的输入都是由隐含层 2 所有神经元的输出构成的,所以:

$$x_{ki} = o_i \tag{A.28}$$

其中,$i=1,2,\cdots,n,n$ 为隐含层 2 的神经元个数。

将式(A.28)代入式(A.27),有

$$\text{net}_k = \sum_{i=0}^{n} w_{ki} o_i \tag{A.29}$$

求偏导后有

$$\frac{\partial \text{net}_k}{\partial o_j} = w_{kj} \tag{A.30}$$

由式(A.9)有

$$o_j = \sigma(\text{net}_j) = \frac{1}{1+e^{\text{net}_j}}$$

这就是 sigmoid 激活函数,式(A.4)已经给出了这个函数的偏导数:

$$\frac{\partial o_j}{\partial \text{net}_j} = o_j(1-o_j) \tag{A.31}$$

将式(A.30)和式(A.31)代入式(A.26),有

$$\frac{\partial \operatorname{net}_k}{\partial \operatorname{net}_j} = \frac{\partial \operatorname{net}_k}{\partial o_j} \cdot \frac{\partial o_j}{\partial \operatorname{net}_j} = w_{kj} o_j (1 - o_j) \tag{A.32}$$

将式(A.25)和式(A.32)代入式(A.24),有

$$\begin{aligned}\frac{\partial E(\boldsymbol{w})}{\partial \operatorname{net}_j} &= \sum_{k \in \text{后继}(j)} \frac{\partial E(\boldsymbol{w})}{\partial \operatorname{net}_k} \cdot \frac{\partial \operatorname{net}_k}{\partial \operatorname{net}_j} \\ &= \sum_{k \in \text{后继}(j)} -\delta_k w_{kj} o_j (1 - o_j) \end{aligned} \tag{A.33}$$

注意,这里的 $\delta_k = -\dfrac{\partial E(\boldsymbol{w})}{\partial \operatorname{net}_k}$ 对应的是输出层神经元 k,而对于隐含层 2 的神经元 j,我们也同样采用类似的标记法,令

$$\delta_j = -\frac{\partial E(\boldsymbol{w})}{\partial \operatorname{net}_j} \tag{A.34}$$

则对于隐含层 2 的神经元,由式(A.33)有

$$\delta_j = -\frac{\partial E(\boldsymbol{w})}{\partial \operatorname{net}_j} = \sum_{k \in \text{后继}(j)} \delta_k w_{kj} o_j (1 - o_j) \tag{A.35}$$

将式(A.22)和式(A.34)代入式(A.21),有

$$\begin{aligned}\frac{\partial E(\boldsymbol{w})}{\partial w_{ji}} &= \frac{\partial E(\boldsymbol{w})}{\partial \operatorname{net}_j} \frac{\partial \operatorname{net}_j}{\partial w_{ji}} \\ &= -\delta_j x_{ji} \end{aligned} \tag{A.36}$$

这样,对于隐含层 2 的神经元 j,我们就得到损失函数对其权重的偏导数,从而利用式(A.10)和式(A.11)实现对隐含层 2 的神经元权重的更新,达到训练的目的。

对比式(A.20),我们发现无论是输出层的神经元,还是隐含层的神经元,损失函数对其偏导数的计算公式形式上是一样的,只是二者的 δ 计算不同。对于输出层的神经元 k 来说,其 δ_k 按照式(A.19)计算,而对于隐含层 2 的神经元 j 来说,其 δ_j 按照式(A.35)计算,δ_j 的计算中,用到其后继神经元,也就是输出层神经元的 δ_k。

采用类似的推导方法,可以推导出损失函数对隐含层 1 的神经元权重的偏导数,其计算公式形式上与式(A.36)完全一样,只是这里的 j 表示的是隐含层 1 的神经元,其对应的 δ_j 的计算公式形式上也与式(A.35)完全一样,只是这时式(A.35)中的 k 对应隐含层 2 的神经元。

由此推广下去,当神经网络有多个隐含层时,每一层的偏导数计算公式都是一样的,均由式(A.35)和式(A.36)给出。首先计算输出层神经元的 δ 值,然后由输出层开始逐层反向传播,由前一层神经元的 δ 值,计算后一层神经元的 δ 值,并通过各自的 δ 值计算损失函数对相应神经元权重的偏导数,最终通过偏导数按照式(A.10)和式(A.11)对每个神经元的权重进行更新。从这里也可以看出 BP 算法——反向传播算法名称的来源。

注意,上述偏导数是在以下假设条件下推导出来的,若条件有变化其结果也会随之改变,但是推导的思路是完全一样的。

1) 全连接网络
2) 激活函数为 sigmoid 函数
3) 损失函数为误差的平方和函数
4) 随机梯度下降方法

A.5 BP算法——随机梯度下降版

这样给出随机梯度下降版的 BP 算法描述。

BP 算法：
1. 初始化所有权值小的随机值(如[−0.05, 0.05])。
2. 在满足结束条件前。
3. 对于训练集中的每个训练样例。
4. 随机选择一个样例输入到神经网络，计算每个单元 u 的输出 o_u。
5. 对于输出层单元 k，计算误差项：

$$\delta_k = (t_k - o_k)o_k(1 - o_k)$$

其中，t_k 是神经网络第 k 个神经元的希望输出值，o_k 是其对应的实际输出值。

6. 对于每一层隐含层的神经元 h，由上往下逐层反向传播，依次计算每一层隐含层神经元的误差项：

$$\delta_h = o_h(1 - o_h)\sum_{k \in 后(h)} \delta_k w_{kh}$$

7. 更新每个权值：

$$\Delta w_{ji} = \eta \delta_j x_{ji}$$
$$w_{ji} = w_{ji} + \Delta w_{ji}$$

其中，$\eta > 0$ 为步长。

在上述算法中，每次随机选择一个样本进行训练，这也是随机梯度下降法名称的来源。样本集中每个样本被使用一次，称作一个轮次，BP 算法需要反复、多个轮次使用训练集进行训练，直到损失函数 $E(w)$ 达到了给定的最小值，或者达到了一定的训练轮次算法才结束。

附录 B　序列最小最优化(SMO)算法

非线性支持向量机问题，可以通过如下的凸二次规划问题求解：

$$\min_{\alpha} \left(\frac{1}{2} \sum_{i=1}^{N} \sum_{j=1}^{N} \alpha_i \alpha_j y_i y_j K(x_i, x_j) - \sum_{i=1}^{N} \alpha_i \right) \tag{B.1}$$

$$\text{s.t.} \quad \sum_{i=1}^{N} \alpha_i y_i = 0 \tag{B.2}$$

$$0 \leqslant \alpha_i \leqslant C, \quad i = 1, 2, \cdots, N \tag{B.3}$$

其中，变量 α_i 为拉格朗日乘子，与训练样本 x_i 一一对应，训练集中有多少个训练样本就有多少个拉格朗日乘子，N 为训练样本的个数，y_i 为样本 x_i 的类别标记，分别用 1、−1 表示正负类别。

对于凸二次规划问题，存在唯一的全局最优解，虽然有很多种方法可以求解该优化问题，但当训练样本数也就是变量 α_i 数量比较多时，如何高效求解该优化问题成为支持向量机解决实际问题的关键。

序列最小最优化(Sequential Minimal Optimization, SMO)算法就是 1998 年 Platt 提出的一种求解支持向量机问题的快速算法。

下面首先介绍一下 SMO 算法的基本思想，然后再详细介绍该算法的具体实现。

B.1　SMO 算法的基本思想

令：

$$W(\boldsymbol{\alpha}) = \frac{1}{2} \sum_{i=1}^{N} \sum_{j=1}^{N} \alpha_i \alpha_j y_i y_j K(x_i, x_j) - \sum_{i=1}^{N} \alpha_i \tag{B.4}$$

其中，$\boldsymbol{\alpha} = [\alpha_1, \alpha_2, \cdots, \alpha_N]$。

这样，非线性支持向量机问题，转换为在满足式(B.2)和式(B.3)的约束条件下，求 $W(\boldsymbol{\alpha})$ 最小化问题。可以采用梯度下降法求解该最小化问题，即

$$\boldsymbol{\alpha}^{\text{new}} = \boldsymbol{\alpha}^{\text{old}} + \Delta \boldsymbol{\alpha} \tag{B.5}$$

$$\Delta \boldsymbol{\alpha} = -\eta \, \nabla_{\boldsymbol{\alpha}} W(\boldsymbol{\alpha}) \tag{B.6}$$

其中，η 为步长，$\nabla_{\boldsymbol{\alpha}} W(\boldsymbol{\alpha})$ 表示梯度：

$$\nabla_{\boldsymbol{\alpha}} W(\boldsymbol{\alpha}) = \left[\frac{\partial W(\boldsymbol{\alpha})}{\partial \alpha_1}, \frac{\partial W(\boldsymbol{\alpha})}{\partial \alpha_2}, \cdots, \frac{\partial W(\boldsymbol{\alpha})}{\partial \alpha_N} \right] \tag{B.7}$$

梯度下降法在迭代计算的过程中，综合考虑所有的变量，每次选择最"陡峭"的方向下降，沿着一条最速下降曲线一步步逼近 $W(\boldsymbol{\alpha})$ 的最小值。图 B.1 给出了两个变量时梯度下降法的示意图。

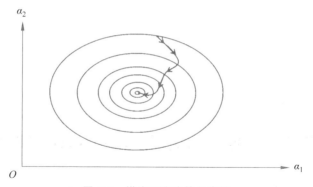

图 B.1　梯度下降法的示意图

由于 $W(\boldsymbol{\alpha})$ 是 $\boldsymbol{\alpha}$ 的二次函数，只有一个极值，所以梯度下降法一定可以找到 $W(\boldsymbol{\alpha})$ 的最小值，看起来这是一个不错的算法。但是，当变量数比较多时，由于要对每个变量计算偏导数，梯度下降法会变得非常低效，以至于无法应用于实际问题中。

那么，有没有提高算法求解效率的方法呢？一种可行的方法是每次只选择一个变量，其他变量暂时当作常量，沿着一个变量的坐标方向下降，也就是在迭代过程中每次只处理一个变量，这种方法被称作坐标下降法。图 B.2 给出了两个变量时坐标下降法的示意图。

对于我们的问题，假设选择的变量是 α_1，其他 $\alpha_i (i \neq 1)$ 暂时当作常量，则 $W(\boldsymbol{\alpha}) = W(\alpha_1)$ 是关于 α_1 的二次函数。对于二次函数来说，可以直接求解 $W(\alpha_1)$ 的最优值，而不需要一步步迭代求解，从而提高了求解效率。

例如，对于如下的二次函数 $f(x)$，可以通过令其导数等于 0 求解其最优值：

$$f(x) = ax^2 + bx + c$$

求导数：

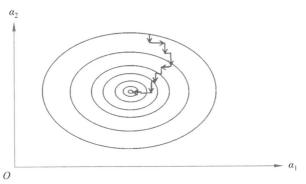

图 B.2 坐标下降法的示意图

$$\frac{\mathrm{d}f(x)}{\mathrm{d}x} = 2ax + b$$

令导数等于 0：

$$2ax + b = 0$$

求解得：

$$x = \frac{-b}{2a}$$

当然，这样得到的只是其他变量暂时固定情况下的最优解，不一定是 $W(\boldsymbol{\alpha})$ 的最优解。如果每次都选择一个变量如此操作，经过多轮迭代计算后，就可以逐步逼近 $W(\boldsymbol{\alpha})$ 的最优解。

但是，对于我们的问题来说，求解的 $\boldsymbol{\alpha}$ 还需要满足式(B.2)给出的约束条件，按照以上方法得到的 $\boldsymbol{\alpha}$ 不一定能满足这个条件。

为此，可以每次选择两个变量，假定为 α_1、α_2，其他 $\alpha_i(i\geqslant 3)$ 暂时当作常量，则 $W(\boldsymbol{\alpha}) = W(\alpha_1, \alpha_2)$ 是关于 α_1、α_2 的二次函数。

由于 $\boldsymbol{\alpha}$ 还要满足式(B.2)给出的限制条件，所以有

$$\sum_{i=1}^{N} \alpha_i y_i = 0$$

$$\alpha_1 y_1 + \alpha_2 y_2 + \sum_{i=3}^{N} \alpha_i y_i = 0 \tag{B.8}$$

其中，y_1、y_2 为样本 x_1、x_2 的标签。在支持向量机中，标签 y_i 等于 1 或者 -1。

由于暂时假定 $\alpha_i(i\geqslant 3)$ 为常量，我们将式(B.8)中的常量部分记作 $-\zeta$，则有

$$\zeta = -\sum_{i=3}^{N} \alpha_i y_i \tag{B.9}$$

$$\alpha_1 y_1 + \alpha_2 y_2 = \zeta \tag{B.10}$$

式(B.10)两边同时乘以 y_1，由于 y_1 等于 1 或者 -1，所以 $y_1^2 = 1$，有

$$\alpha_1 + \alpha_2 y_1 y_2 = y_1 \zeta \tag{B.11}$$

所以有

$$\alpha_1 = y_1 \zeta - \alpha_2 y_1 y_2 \tag{B.12}$$

将式(B.12)代入 $W(\alpha_1, \alpha_2)$ 中，则 $W(\alpha_1, \alpha_2)$ 成为只含有变量 α_2 的二次函数 $W(\alpha_2)$。同

样,可以通过令导数等于 0 的方法求得 $W(\alpha_2)$ 最优值对应的 α_2,并用式(B.12)求出 α_1。这样求解的 α_1、α_2 自然就满足了式(B.2)给出的约束条件。

这样我们就可以通过每次选择两个变量的方法,逐步迭代计算 $W(\boldsymbol{\alpha})$ 的最优值,并且满足式(B.2)给出的约束条件。

但是,根据式(B.3),还有一个约束条件需要满足:
$$0 \leqslant \alpha_i \leqslant C, \quad i=1,2,\cdots,N$$

这预示着 α_1、α_2 的取值必须在一个边长为 C 的正方形内,如图 B.3 所示。

怎么解决这个问题呢?那就是在每一步计算出 α_2 之后,如果 α_2 满足这个条件,就不需要任何处理。如果不满足这个条件,就需要对 α_2 进行"裁剪",使它满足这个条件,然后再计算 α_1 的值。

具体裁剪方法如下。

根据式(B.10),α_1、α_2 满足式(B.13):
$$\alpha_1 y_1 + \alpha_2 y_2 = \zeta \qquad (B.13)$$

其中,ζ 为常数,y_1、y_2 分别取 1 或者 -1。

图 B.3 α_1、α_2 的取值范围

下面分两种情况讨论。

1) 当 $y_1 \neq y_2$ 时

也就是 y_1、y_2 中一个等于 1,一个等于 -1。由式(B.13)知有两种情况:
$$\alpha_1 - \alpha_2 = \zeta \qquad (B.14)$$

或者:
$$-\alpha_1 + \alpha_2 = \zeta \qquad (B.15)$$

事实上,当 $\zeta<0$ 时,式(B.14)与式(B.15)$\zeta>0$ 的情况等价。同样,当 $\zeta<0$ 时,式(B.15)也与式(B.14)$\zeta>0$ 的情况等价。所以,我们只讨论 $\zeta>0$ 或者 $\zeta<0$ 情况下的式(B.14)就可以了。

虽然 α_1、α_2 的取值范围在如图 B.3 所示的边长为 C 的正方形内,但由于存在式(B.14)给出的约束关系,所以 α_1、α_2 的取值一定在平行于正方形对角线的线段上。当 $\zeta>0$ 时,该线段在对角线的下方;当 $\zeta<0$ 时,该线段在对角线的上方,如图 B.4 所示。

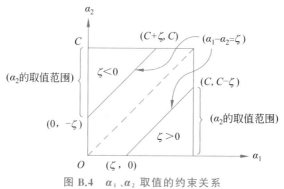

图 B.4 α_1、α_2 取值的约束关系

根据式(B.14)很容易计算出,当 $\zeta>0$ 时,线段与正方形的交点坐标分别为 $(\zeta,0)$ 和 $(C,$

$C-\zeta$)。当 $\zeta<0$ 时,线段与正方形的交点坐标分别为$(0,-\zeta)$和$(C+\zeta,C)$。

从图 B.4 容易看出,α_2 的取值范围为$[0,C-\zeta]$(当 $\zeta>0$ 时),或者$[-\zeta,C]$(当 $\zeta<0$ 时)。综合这两种情况,可以知道 α_2 必须同时满足 $\alpha_2\geqslant 0$、$\alpha_2\geqslant-\zeta$,也就是 $\alpha_2\geqslant\max(0,-\zeta)$,以及 α_2 必须同时满足 $\alpha_2\leqslant C-\zeta$、$\alpha_2\leqslant C$,也就是 $\alpha_2\leqslant\min(C-\zeta,C)$。这样,如果分别用 L、H 表示:

$$L=\max(0,-\zeta) \tag{B.16}$$

$$H=\min(C-\zeta,C) \tag{B.17}$$

则有 α_2 的取值范围为$[L,H]$。

考虑到是采用迭代的方法逐步更新 α 的值,我们用 α^{old} 表示当前值,用 α^{new} 表示更新后的值,由于更新前后都满足式(B.14),所以 ζ 可以用 α^{old} 表示:

$$\zeta=\alpha_1^{\text{old}}-\alpha_2^{\text{old}} \tag{B.18}$$

这样,式(B.16)和式(B.17)可以表示为

$$L=\max(0,\alpha_2^{\text{old}}-\alpha_1^{\text{old}}) \tag{B.19}$$

$$H=\min(C+\alpha_2^{\text{old}}-\alpha_1^{\text{old}},C) \tag{B.20}$$

这样,更新后的 α_2^{new} 的取值范围为

$$\alpha_2^{\text{new}}\in[L,H] \tag{B.21}$$

为了叙述方便,裁剪前的 α_2 用 $\alpha_2^{\text{new,unc}}$ 表示,α_2^{new} 表示裁剪后的 α_2。如果 $\alpha_2^{\text{new,unc}}\in[L,H]$,则 $\alpha_2^{\text{new}}=\alpha_2^{\text{new,unc}}$。如果 $\alpha_2^{\text{new,unc}}\notin[L,H]$,则 α_2^{new} 取边界值 L 或者 H,依据 $\alpha_2^{\text{new}}<L$ 还是 $\alpha_2^{\text{new}}>H$ 而定,即

$$\alpha_2^{\text{new}}=\begin{cases}L & \alpha_2^{\text{new,unc}}<L \\ \alpha_2^{\text{new,unc}} & L\leqslant\alpha_2^{\text{new,unc}}\leqslant H \\ H & \alpha_2^{\text{new,unc}}>H\end{cases} \tag{B.22}$$

α_2^{new} 确定后,由式(B.14)有

$$\alpha_1^{\text{new}}=\zeta+\alpha_2^{\text{new}} \tag{B.23}$$

将式(B.18)代入,有

$$\alpha_1^{\text{new}}=\alpha_1^{\text{old}}-\alpha_2^{\text{old}}+\alpha_2^{\text{new}}=\alpha_1^{\text{old}}-(\alpha_2^{\text{old}}-\alpha_2^{\text{new}}) \tag{B.24}$$

由于现在讨论的是 $y_1\neq y_2$ 的情况,所以有

$$y_1 y_2=-1 \tag{B.25}$$

所以 α_1^{new} 又可以表示为

$$\alpha_1^{\text{new}}=\alpha_1^{\text{old}}+y_1 y_2(\alpha_2^{\text{old}}-\alpha_2^{\text{new}}) \tag{B.26}$$

2)当 $y_1=y_2$ 时

也就是 y_1、y_2 均等于 1,或者均等于 -1。

由式(B.13)有

$$\alpha_1+\alpha_2=\zeta \tag{B.27}$$

或者:

$$\alpha_1+\alpha_2=-\zeta \tag{B.28}$$

由于 $\alpha_i\geqslant 0$,所以只有当 $\zeta>0$ 时的式(B.27)或者 $\zeta<0$ 时的式(B.28)能满足约束条件 $\alpha_i\geqslant 0$,而二者又是等价的,所以我们只讨论 $\zeta>0$ 下的式(B.27)就可以了。

采用与前面类似的分析方法，可以得到 α_1、α_2 之间的约束关系如图 B.5 所示。我们不再给出具体的推导过程，直接给出结果如下：

$$L = \max(0, \zeta - C) \tag{B.29}$$

$$H = \min(\zeta, C) \tag{B.30}$$

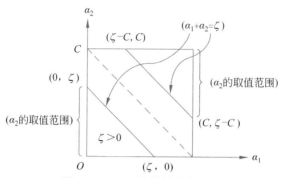

图 B.5　α_1、α_2 取值的约束关系

由于更新前后都满足式(B.27)，所以 ζ 可以用 α^{old} 表示：

$$\zeta = \alpha_1^{\text{old}} + \alpha_2^{\text{old}} \tag{B.31}$$

这样，式(B.29)和式(B.30)可以表示为

$$L = \max(0, \alpha_1^{\text{old}} + \alpha_2^{\text{old}} - C) \tag{B.32}$$

$$H = \min(\alpha_1^{\text{old}} + \alpha_2^{\text{old}}, C) \tag{B.33}$$

$$\alpha_2^{\text{new}} \in [L, H] \tag{B.34}$$

同样，根据 $\alpha_2^{\text{new,unc}}$ 是否在区间内，对 $\alpha_2^{\text{new,unc}}$ 进行裁剪，有

$$\alpha_2^{\text{new}} = \begin{cases} L & \alpha_2^{\text{new,unc}} < L \\ \alpha_2^{\text{new,unc}} & L \leqslant \alpha_2^{\text{new,unc}} \leqslant H \\ H & \alpha_2^{\text{new,unc}} > H \end{cases} \tag{B.35}$$

α_2^{new} 确定后，由式(B.27)有

$$\alpha_1^{\text{new}} = \zeta - \alpha_2^{\text{new}} \tag{B.36}$$

将式(B.31)代入，有

$$\begin{aligned}\alpha_1^{\text{new}} &= \alpha_1^{\text{old}} + \alpha_2^{\text{old}} - \alpha_2^{\text{new}} \\ &= \alpha_1^{\text{old}} + (\alpha_2^{\text{old}} - \alpha_2^{\text{new}})\end{aligned} \tag{B.37}$$

由于现在讨论的是 $y_1 = y_2$ 的情况，所以有

$$y_1 y_2 = 1$$

所以 α_1^{new} 又可以表示为

$$\alpha_1^{\text{new}} = \alpha_1^{\text{old}} + y_1 y_2 (\alpha_2^{\text{old}} - \alpha_2^{\text{new}}) \tag{B.38}$$

对比式(B.26)和式(B.38)，我们发现无论在 $y_1 \neq y_2$ 还是 $y_1 = y_2$ 的情况下，都可以获得一个统一的 α_1^{new} 更新表达式。

最后总结一下 SMO 算法的算法思路。

1. 初始化，令 $\alpha_i = 0, i = 1, 2, \cdots, N$。
2. 选择两个变量，假定为 α_1、α_2，其他 $\alpha_i (i \geqslant 3)$ 暂时当作常量。
3. 依据约束条件式(B.2)，令：

$$\zeta = -\sum_{i=3}^{N}\alpha_i y_i \tag{B.39}$$

得到：

$$\alpha_1 = y_1\zeta - \alpha_2 y_1 y_2 \tag{B.40}$$

4. 将式(B.40)代入式(B.4)，得到关于 α_2 的二次凸函数 $W(\alpha_2)$。

5. 令：

$$\frac{dW(\alpha_2)}{d\alpha_2} = 0 \tag{B.41}$$

求解后得到 $W(\alpha_2)$ 的最优解 $\alpha_2^{\text{new,unc}}$。

6. 如果 $y_1 \neq y_2$，则按照式(B.19)和式(B.20)计算 L 和 H，否则根据式(B.32)和式(B.33)计算 L 和 H。

7. 按照式(B.22)或者式(B.35)对 $\alpha_2^{\text{new,unc}}$ 进行裁剪，得到 α_2^{new}。

8. 按照式(B.26)或者式(B.38)计算 α_1^{new}。

9. 重复以上过程，直到所有的 α_i 均满足 KKT 条件：

$$\alpha_i = 0 \Rightarrow y_i g(x_i) \geqslant 1 \tag{B.42}$$
$$0 < \alpha_i < C \Rightarrow y_i g(x_i) = 1 \tag{B.43}$$
$$\alpha_i = C \Rightarrow y_i g(x_i) \leqslant 1 \tag{B.44}$$

以上就是 SMO 算法的基本过程，这里还遗留了一些问题，比如如何选择 α_1、α_2 才能使得算法的效率更高，以及一些具体的计算等，下面将详细讲解。

B.2 SMO 算法的详细计算过程

下面根据前面给出的 SMO 算法的基本求解思想，给出该算法的详细计算过程，主要就是如何根据上一次的 **α** 值更新得到新的 **α** 值。

非线性支持向量机问题，可以通过式(B.1)~式(B.3)给出的凸二次规划问题求解。

还是用 $W(\boldsymbol{\alpha})$ 表示优化的目标函数，为了方便起见，我们用 K_{ij} 表示核函数 $K(x_i, x_j)$，这样 $W(\boldsymbol{\alpha})$ 可表示为

$$W(\boldsymbol{\alpha}) = \frac{1}{2}\sum_{i=1}^{N}\sum_{j=1}^{N}\alpha_i \alpha_j y_i y_j K_{ij} - \sum_{i=1}^{N}\alpha_i \tag{B.45}$$

同时，在下面的推导过程中，要注意核函数是满足对称关系的，即

$$K_{ij} = K_{ji}$$

同前面一样，我们用 α_1、α_2 表示选择的两个变量，其他变量暂时当作常量，从而目标函数是 α_1、α_2 两个变量的函数，则式(B.45)展开后可以表示为

$$W(\alpha_1, \alpha_2) = \frac{1}{2}K_{11}\alpha_1^2 + \frac{1}{2}K_{22}\alpha_2^2 + y_1 y_2 K_{12}\alpha_1\alpha_2 - \alpha_1 - \alpha_2 +$$
$$y_1\alpha_1\sum_{i=3}^{N}y_i\alpha_i K_{i1} + y_2\alpha_2\sum_{i=3}^{N}y_i\alpha_i K_{i2} + \text{constant} \tag{B.46}$$

其中，constant 是不包含 α_1、α_2 的常数项。

同前面一样，令：

$$\zeta = -\sum_{i=3}^{N}\alpha_i y_i \tag{B.47}$$

则根据约束条件式(B.2)有

$$\alpha_1 y_1 + \alpha_2 y_2 = \zeta \tag{B.48}$$

由于 y_1、y_2 取值为 1 或者 -1，所以有

$$\alpha_1 = (\zeta - \alpha_2 y_2) y_1 \tag{B.49}$$

将式(B.49)代入式(B.46)中并化简，得到只含变量 α_2 的目标函数：

$$W(\alpha_2) = \frac{1}{2} K_{11} (\zeta - \alpha_2 y_2)^2 + \frac{1}{2} K_{22} \alpha_2^2 + y_2 K_{12} (\zeta - \alpha_2 y_2) \alpha_2 - (\zeta - \alpha_2 y_2) y_1 - \alpha_2 +$$

$$(\zeta - \alpha_2 y_2) \sum_{i=3}^{N} y_i \alpha_i K_{i1} + y_2 \alpha_2 \sum_{i=3}^{N} y_i \alpha_i K_{i2} + \text{constant} \tag{B.50}$$

令：

$$v_j = \sum_{i=3}^{N} y_i \alpha_i K_{ij}, \quad j = 1, 2 \tag{B.51}$$

代入式(B.50)中，有

$$W(\alpha_2) = \frac{1}{2} K_{11} (\zeta - \alpha_2 y_2)^2 + \frac{1}{2} K_{22} \alpha_2^2 + y_2 K_{12} (\zeta - \alpha_2 y_2) \alpha_2 - (\zeta - \alpha_2 y_2) y_1 - \alpha_2 +$$

$$(\zeta - \alpha_2 y_2) v_1 + y_2 \alpha_2 v_2 + \text{constant} \tag{B.52}$$

这是只含有一个变量 α_2 的二次函数，只存在一个极值，可以通过求导数并令导数等于 0 求得。

$$\frac{dW(\alpha_2)}{d\alpha_2} = -y_2 K_{11} (\zeta - \alpha_2 y_2) + K_{22} \alpha_2 + y_2 K_{12} (\zeta - 2\alpha_2 y_2) +$$

$$y_1 y_2 - 1 - y_2 v_1 + y_2 v_2 \tag{B.53}$$

由于 y_2 等于 1 或者 -1，所以式(B.53)中的 1 可以用 y_2^2 代替，式(B.53)化简后有

$$\frac{dW(\alpha_2)}{d\alpha_2} = K_{11} \alpha_2 + K_{22} \alpha_2 - 2K_{12} \alpha_2 - y_2 \zeta K_{11} + y_2 \zeta K_{12} +$$

$$y_1 y_2 - y_2^2 - y_2 v_1 + y_2 v_2 \tag{B.54}$$

令式(B.54)等于 0，整理后有

$$(K_{11} + K_{22} - 2K_{12}) \alpha_2 = y_2 (\zeta K_{11} - \zeta K_{12} - y_1 + y_2 + v_1 - v_2) \tag{B.55}$$

同前面一样，我们用 $\alpha_i^{\text{new,unc}}$ 表示裁剪前的 α_i 值，用 α_i^{old} 表示上一次得到的 α_i 值。我们的目的是得到通过 α_i^{old} 计算 $\alpha_i^{\text{new,unc}}$ 的递推公式。

根据式(B.48)和式(B.51)，我们得到用 α_i^{old} 表示的 ζ、v_1、v_2 如下：

$$\zeta = \alpha_1^{\text{old}} y_1 + \alpha_2^{\text{old}} y_2 \tag{B.56}$$

$$v_1 = \sum_{i=3}^{N} y_i \alpha_i^{\text{old}} K_{i1} \tag{B.57}$$

$$v_2 = \sum_{i=3}^{N} y_i \alpha_i^{\text{old}} K_{i2} \tag{B.58}$$

引入 $g(x)$：

$$g(x) = \sum_{i=1}^{N} y_i \alpha_i^{\text{old}} K(x_i, x) + b \tag{B.59}$$

分别将 x_1、x_2 代入，有

$$g(x_1) = \sum_{i=1}^{N} y_i \alpha_i^{\text{old}} K(x_i, x_1) + b$$
$$= \sum_{i=1}^{N} y_i \alpha_i^{\text{old}} K_{i1} + b \tag{B.60}$$

$$g(x_2) = \sum_{i=1}^{N} y_i \alpha_i^{\text{old}} K(x_i, x_2) + b$$
$$= \sum_{i=1}^{N} y_i \alpha_i^{\text{old}} K_{i2} + b \tag{B.61}$$

分别比较式(B.60)与式(B.57)、式(B.61)与式(B.58),有

$$v_1 = \sum_{i=3}^{N} y_i \alpha_i^{\text{old}} K_{i1}$$
$$= g(x_1) - \sum_{i=1}^{2} y_i \alpha_i^{\text{old}} K_{i1} - b \tag{B.62}$$

$$v_2 = \sum_{i=3}^{N} y_i \alpha_i^{\text{old}} K_{i2}$$
$$= g(x_2) - \sum_{i=1}^{2} y_i \alpha_i^{\text{old}} K_{i2} - b \tag{B.63}$$

将式(B.56)~式(B.63)代入方程式(B.55)右边,而左边的 α_2 用 $\alpha_i^{\text{new,unc}}$ 表示。注意,核函数的对称性,也就是 $K_{12} = K_{21}$,整理后有

$$(K_{11} + K_{22} - 2K_{12})\alpha_2^{\text{new,unc}} = y_2[(K_{11} + K_{22} - 2K_{12})\alpha_2^{\text{old}} y_2 + (g(x_1) - y_1) - (g(x_2) - y_2)] \tag{B.64}$$

令:
$$\eta = K_{11} + K_{22} - 2K_{12} \tag{B.65}$$
$$E_1 = g(x_1) - y_1 \tag{B.66}$$
$$E_2 = g(x_2) - y_2 \tag{B.67}$$

这样我们就得到计算 $\alpha_2^{\text{new,unc}}$ 的递推公式:

$$\alpha_2^{\text{new,unc}} = \alpha_2^{\text{old}} + \frac{y_2(E_1 - E_2)}{\eta} \tag{B.68}$$

下面看看 $E_i(i=1,2)$ 的物理含义。

由式(B.59)可以看出,$g(x)$ 就是去掉了符号函数后支持向量机的决策函数,相当于是对 x 分类结果的预测值。而 $E_i = g(x_i) - y_i (i=1,2)$ 反映的是对 x_i 分类结果的预测值与其类别标识的差。

同前面一样,我们需要对得到的 $\alpha_2^{\text{new,unc}}$ 进行裁剪,设裁剪后的结果为 α_2^{new},利用式(B.22)或式(B.35)对 $\alpha_2^{\text{new,unc}}$ 做裁剪:

$$\alpha_2^{\text{new}} = \begin{cases} L & \alpha_2^{\text{new,unc}} < L \\ \alpha_2^{\text{new,unc}} & L \leqslant \alpha_2^{\text{new,unc}} \leqslant H \\ H & \alpha_2^{\text{new,unc}} > H \end{cases} \tag{B.69}$$

再利用式(B.26)或式(B.38)对 α_1^{new} 进行更新：
$$\alpha_1^{\text{new}} = \alpha_1^{\text{old}} + y_1 y_2 (\alpha_2^{\text{old}} - \alpha_2^{\text{new}}) \tag{B.70}$$

这样我们就可以每次对选择的两个变量 α_1、α_2 进行迭代更新了。

那么，应该如何选取这两个变量做更新呢？

我们知道，α_i 应该满足 KKT 条件，即
$$\alpha_i = 0 \Rightarrow y_i g(x_i) \geqslant 1 \tag{B.71}$$
$$0 < \alpha_i < C \Rightarrow y_i g(x_i) = 1 \tag{B.72}$$
$$\alpha_i = C \Rightarrow y_i g(x_i) \leqslant 1 \tag{B.73}$$

其中，$g(x_i)$ 由式(B.59)给出：
$$g(x_i) = \sum_{j=1}^{N} y_j \alpha_j K(x_j, x_i) + b$$

所以我们可以采用启发式的方法首先选择变量 α_1，也就是选取一个违反 KKT 条件最严重的样本，其对应的变量作为 α_1。具体方法如下。

(1) 遍历所有满足 $0 < \alpha_i < C$ 条件的样本点，检验其是否满足 $y_i g(x_i) = 1$ 这个条件，找到一个最偏离该条件的样本，将其对应的变量作为 α_1。

(2) 如果不存在这样的样本点，则遍历其他样本点，对于 $\alpha_i = 0$ 对应的样本点，检验其是否满足 $y_i g(x_i) \geqslant 1$，对于 $\alpha_i = C$ 对应的样本点，检验其是否满足 $y_i g(x_i) \leqslant 1$。找到一个最偏离这些条件的样本，将其对应的变量作为 α_1。

确定 α_1 后，再确定 α_2。原则是我们希望 α_2 的更新量最大，这样可以使得算法尽快收敛。由式(B.68)我们知道 α_2 的更新量依赖 $|E_1 - E_2|$，在 α_1 确定后，E_1 值也是确定的，因此我们可以选择使得 $|E_1 - E_i|$ 最大的样本对应的变量作为 α_2，这样就可以达到让 α_2 更新量最大的目的。

以上只是一个启发式确定 α_1、α_2 的方法，在一些特殊情况下并不一定能做到让目标函数式(B.52)有足够下降的样本。遇到这种情况时，可以采用如下的补救方法：

(1) 遍历所有满足条件 $0 < \alpha_i < C$ 对应的样本点，其对应的变量作为 α_2，直到找到一个让目标函数足够下降的样本为止。

(2) 如果找不到这样的样本点，则扩充至 $\alpha_i = 0$ 对应的样本点或者 $\alpha_i = C$ 对应的样本点，直到找到一个让目标函数足够下降的样本为止。

(3) 如果仍然找不到合适的 α_2，则放弃前面找到的 α_1，重新找一个 α_1，再次依照前面的方法确定 α_2。

每次对 α_1、α_2 更新之后，需要重新计算式(B.59) $g(x)$ 中偏置 b 的值，我们也希望得到一个更新 b 的递推公式。

根据 KKT 条件式(B.72)，当 $0 < \alpha_1^{\text{new}} < C$ 时，有
$$y_1 g(x_1) = 1 \tag{B.74}$$

两边乘以 y_1（注意 $y_1 = 1$ 或者 $y_1 = -1$），有
$$g(x_1) = y_1 \tag{B.75}$$

将更新后的 α_1^{new} 代入式(B.59)，有
$$g(x_1) = \sum_{i=1}^{N} y_i \alpha_i^{\text{new}} K_{i1} + b \tag{B.76}$$

将式(B.76)代入式(B.75),有

$$\sum_{i=1}^{N} y_i \alpha_i^{\text{new}} K_{i1} + b = y_1 \tag{B.77}$$

式(B.77)可以展开为

$$\sum_{i=3}^{N} y_i \alpha_i^{\text{new}} K_{i1} + y_1 \alpha_1^{\text{new}} K_{11} + y_2 \alpha_2^{\text{new}} K_{21} + b = y_1 \tag{B.78}$$

由式(B.78)可以得到用 α_1^{new}、α_2^{new} 更新偏置 b 的公式,我们用 b^{new} 表示:

$$b^{\text{new}} = y_1 - \sum_{i=3}^{N} y_i \alpha_i^{\text{new}} K_{i1} - y_1 \alpha_1^{\text{new}} K_{11} - y_2 \alpha_2^{\text{new}} K_{21} \tag{B.79}$$

将式(B.60)代入式(B.66),有

$$E_1 = \sum_{i=1}^{N} y_i \alpha_i^{\text{old}} K_{i1} + b - y_1 \tag{B.80}$$

式(B.80)可以展开为式(B.81),由于这里是通过 α_i^{old} 计算的,所以式中的 b 用 b^{old} 表示:

$$E_1 = \sum_{i=3}^{N} y_i \alpha_i^{\text{old}} K_{i1} + y_1 \alpha_1^{\text{old}} K_{11} + y_2 \alpha_2^{\text{old}} K_{21} + b^{\text{old}} - y_1 \tag{B.81}$$

由式(B.81)有

$$y_1 - \sum_{i=3}^{N} y_i \alpha_i^{\text{new}} K_{i1} = -E_1 + y_1 \alpha_1^{\text{old}} K_{11} + y_2 \alpha_2^{\text{old}} K_{21} + b^{\text{old}} \tag{B.82}$$

由于我们假设 $\alpha_i (i \geqslant 3)$ 为常量,在优化 α_1、α_2 的过程中,$\alpha_i (i \geqslant 3)$ 的值保持不变,所以 $\alpha_i^{\text{old}} = \alpha_i^{\text{new}} (i \geqslant 3)$。这样,式(B.82)的左边刚好是式(B.79)的前两项,代入式(B.79)中,有

$$b^{\text{new}} = -E_1 + y_1 \alpha_1^{\text{old}} K_{11} + y_2 \alpha_2^{\text{old}} K_{21} + b^{\text{old}} - y_1 \alpha_1^{\text{new}} K_{11} - y_2 \alpha_2^{\text{new}} K_{21} \tag{B.83}$$

整理后有

$$b^{\text{new}} = -E_1 - y_1 K_{11} (\alpha_1^{\text{new}} - \alpha_1^{\text{old}}) - y_2 K_{21} (\alpha_2^{\text{new}} - \alpha_2^{\text{old}}) + b^{\text{old}} \tag{B.84}$$

这样,当 $0 < \alpha_1^{\text{new}} < C$ 时就得到偏置 b 的迭代计算公式,我们将其用 b_1^{new} 表示:

$$b_1^{\text{new}} = -E_1 - y_1 K_{11} (\alpha_1^{\text{new}} - \alpha_1^{\text{old}}) - y_2 K_{21} (\alpha_2^{\text{new}} - \alpha_2^{\text{old}}) + b^{\text{old}} \tag{B.85}$$

同样的推导过程,当 $0 < \alpha_2^{\text{new}} < C$ 时,也可以得到偏置 b 的迭代计算公式,我们将其用 b_2^{new} 表示,于是有

$$b_2^{\text{new}} = -E_2 - y_1 K_{12} (\alpha_1^{\text{new}} - \alpha_1^{\text{old}}) - y_2 K_{22} (\alpha_2^{\text{new}} - \alpha_2^{\text{old}}) + b^{\text{old}} \tag{B.86}$$

当同时满足 $0 < \alpha_i^{\text{new}} < C (i=1,2)$ 时,b_1^{new} 等于 b_2^{new}。其他情况下,α_1^{new}、α_2^{new} 或者为 0 或者为 C。为 0 时满足 KKT 条件式(B.71),为 C 时满足 KKT 条件式(B.73)。二者均为不等式约束,可以推出这种情况下的偏置在一个区间内满足该 KKT 条件。这种情况下,仍旧可以通过式(B.85)和式(B.86)计算出 b_1^{new} 和 b_2^{new},然后用二者的平均值作为新的偏置值,即

$$b^{\text{new}} = \frac{b_1^{\text{new}} + b_2^{\text{new}}}{2} \tag{B.87}$$

完成偏置值的更新后,还需要对 $E_i (i=1,2)$ 进行更新,设更新后的 E_i 为 E_i^{new},则根据式(B.66)和式(B.67) E_i 的定义,将式(B.60)和式(B.61)代入,用新的变量值和偏置计算,有

$$E_i^{\text{new}} = \sum_{j=1}^{N} y_j \alpha_j^{\text{new}} K_{ji} + b^{\text{new}} - y_i, (i=1,2) \tag{B.88}$$

至此就完成了 SMO 算法的全部计算,整理算法如下。

SMO 算法：

输入：训练集 $T=\{(\boldsymbol{x}_1,y_1),(\boldsymbol{x}_2,y_2),\cdots,(\boldsymbol{x}_N,y_N)\}$，其中 $\boldsymbol{x}_i \in R^n$ 为第 i 个样本的特征组成的 n 维向量，$y_i \in \{1,-1\}$ 为第 i 个样本的标记。

输出：满足最优条件式(B.1)~式(B.3)和 KKT 条件(B.71)~式(B.73)的解 α。

(1) 初始化，令 $\alpha_i^{\text{old}}=0, i=1,2,\cdots,N, b^{\text{old}}=0$

(2) 选择两个优化变量作为 α_1, α_2，计算：

$$E_i = \sum_{j=1}^{N} y_j \alpha_j^{\text{new}} K_{ji} + b^{\text{new}} - y_i, \quad i=1,2$$

$$\eta = K_{11} + K_{22} - 2K_{12}$$

(3) 更新变量 α_2：

$$\alpha_2^{\text{new,unc}} = \alpha_2^{\text{old}} + \frac{y_2(E_1 - E_2)}{\eta}$$

(4) 裁剪变量 α_2：

$$\alpha_2^{\text{new}} = \begin{cases} L & \alpha_2^{\text{new,unc}} < L \\ \alpha_2^{\text{new,unc}} & L \leqslant \alpha_2^{\text{new,unc}} \leqslant H \\ H & \alpha_2^{\text{new,unc}} > H \end{cases}$$

(5) 更新变量 α_1：

$$\alpha_1^{\text{new}} = \alpha_1^{\text{old}} + y_1 y_2 (\alpha_2^{\text{old}} - \alpha_2^{\text{new}})$$

(6) 更新偏置 b：

$$b_1^{\text{new}} = -E_1 - y_1 K_{11}(\alpha_1^{\text{new}} - \alpha_1^{\text{old}}) - y_2 K_{21}(\alpha_2^{\text{new}} - \alpha_2^{\text{old}}) + b^{\text{old}}$$

$$b_2^{\text{new}} = -E_2 - y_1 K_{12}(\alpha_1^{\text{new}} - \alpha_1^{\text{old}}) - y_2 K_{22}(\alpha_2^{\text{new}} - \alpha_2^{\text{old}}) + b^{\text{old}}$$

如果 $0 < \alpha_1^{\text{new}} < C$，则：

$$b^{\text{new}} = b_1^{\text{new}}$$

如果 $0 < \alpha_2^{\text{new}} < C$，则：

$$b^{\text{new}} = b_2^{\text{new}}$$

否则：

$$b^{\text{new}} = (b_1^{\text{new}} + b_2^{\text{new}})/2$$

(7) 为下次循环做准备：

$$\alpha_1^{\text{old}} = \alpha_1^{\text{new}}$$

$$\alpha_2^{\text{old}} = \alpha_2^{\text{new}}$$

$$b^{\text{old}} = b^{\text{new}}$$

(8) 重复步骤(2)~(7)，直到满足如下的 KKT 条件：

$$\alpha_i^{\text{old}} = 0 \Rightarrow y_i g(x_i) \geqslant 1$$

$$0 < \alpha_i^{\text{old}} < C \Rightarrow y_i g(x_i) = 1$$

$$\alpha_i^{\text{old}} = C \Rightarrow y_i g(x_i) \leqslant 1$$

$$i = 1, 2, \cdots, N$$